普通高等教育"十一五"国家级规划教材

大学基础物理学

（第3版）

张三慧 编著

阮东 安宇 修订

清華大學出版社

北京

内容简介

《大学基础物理学》(第3版)分上下两册,上册内容包括力学和热学。力学篇讲述经典的质点力学、理想流体的运动规律、刚体转动的基本内容和狭义相对论基础知识等。热学篇着重在分子论的基础上用统计概念说明温度、气体的压强以及麦克斯韦分布率。下册内容包括电磁学、波动与光学、量子物理基础。电磁学篇按传统体系讲述了电场、电势、磁场、电磁感应和电磁波的基本概念和规律,还说明了电场和磁场的相对性。波动与光学篇介绍了振动与波的基本特征和光的干涉、衍射和偏振的基本规律。量子物理基础篇介绍了波粒二象性、概率波、不确定关系和能量量子化等基本概念以及原子和固体中电子的状态和分布的规律,最后还介绍了原子核的结合能、放射性衰变和核反应等基本知识。"今日物理趣闻"栏目介绍了一些现代物理理论发展及其应用的前沿课题。本书还编写了大量来自生活、实用技术以及自然现象等方面的例题和习题。

本书上下册内容概括了大学物理学教学的基本要求,可作为高等院校物理课程的教材,也可作为中学物理教师或其他读者的自学参考书。

与本书配套的《大学基础物理学学习辅导与习题解答(第3版)》、电子教案、教师用书(电子版)均由清华大学出版社出版。

图书在版编目(CIP)数据

大学基础物理学.下/张三慧编著.—3版.—北京:清华大学出版社,2017(2025.1重印)
ISBN 978-7-302-45585-1

Ⅰ.①大… Ⅱ.①张… Ⅲ.①物理学－高等学校－教材 Ⅳ.①O4

中国版本图书馆CIP数据核字(2016)第283887号

责任编辑:朱红莲
封面设计:傅瑞学
责任校对:赵丽敏
责任印制:丛怀宇

出版发行:清华大学出版社
网　　址:https://www.tup.com.cn,https://www.wqxuetang.com
地　　址:北京清华大学学研大厦A座　　**邮　　编**:100084
社 总 机:010-83470000　　**邮　　购**:010-62786544
投稿与读者服务:010-62776969,c-service@tup.tsinghua.edu.cn
质量反馈:010-62772015,zhiliang@tup.tsinghua.edu.cn
印 装 者:三河市少明印务有限公司
经　　销:全国新华书店
开　　本:185mm×260mm　　**印　　张**:23.5　　**字　　数**:571千字
版　　次:2003年11月第1版　2017年2月第3版　　**印　　次**:2025年1月第20次印刷
定　　价:66.00元

产品编号:062613-04

第3版前言

FOREWORD

大学物理课程在高等学校理工科专业类人才培养中具有其他课程所不能替代的重要作用。大学物理教学不仅教给学生一些必要的物理基础知识，更重要的是引导学生在学习过程中，逐渐形成正确的科学观，掌握科学方法，树立科学精神。物理学还可以开拓学生视野，提高创新意识。

《大学基础物理学》(第3版)是在《大学基础物理学》(第2版)(清华大学出版社，2006年)的基础上，根据教育部高等学校物理基础课程教学指导委员会于2011年2月出版的《理工科类大学物理课程教学基本要求》的精神，结合不同类型高校、不同层次教学实践的需要，并听取近些年高等院校师生的反馈信息修订而成的。其中阮东负责第二、四、五篇；安宇负责第一、三篇。本次修订保持了第2版整体结构严谨、精炼，讲述简明、流畅，便于教学的特点。主要修改了第2版中的一些文字表述，更换了部分图表，订正了排版错误。考虑到当今网络使用的便捷和海量资源共享，我们只保留了部分与书中教学内容关联紧密的、有趣的课外阅读材料，以激发学习兴趣，丰富学生的知识面。

阮　东　安　宇

2016年12月于清华园

第2版前言

FOREWORD

大学物理课程是大学阶段一门重要的基础课，它将在高中物理的基础上进一步提高学生的现代科学素质。为此，物理课程应提供内容更广泛更深入的系统的现代物理学知识，并在介绍这些知识的同时进一步培养学生的科学思想、方法和态度并引发学生的创新意识和能力。

根据上述对大学物理课程任务的理解，本书在高中物理的基础上系统而又严谨地讲述了基本的物理原理。内容的安排总体上是按传统的力、热、电、光、量子物理的顺序。所以"固守"此传统，是因为到目前为止，物理学的发展并没有达到可能和必要在基础物理教学上改变这一总体系的程度。书中具体内容主要是经典物理基本知识，但同时也包含了许多现代物理，乃至一些物理学前沿的理论和实验以及它们在现代技术中应用的知识。本书还开辟了"今日物理趣闻"专栏，简要地介绍了如奇妙的对称性、宇宙发展、全息等课题，以开阔学生视野，激发其学习兴趣，并启迪其创造性。

本书选编了大量联系实际的例题和习题，从光盘到打印机，从跳水到蹦极，从火箭到对撞机，从人造卫星到行星、星云等等都有涉及。其中还特别注意选用了我国古老文明与现代科技的资料，如王充论力，苏东坡的回文诗，神舟飞船的升空，热核反应的实验等。对这些例题和习题的分析与求解能使学生更实在又深刻地理解物理概念和规律，了解物理基础知识的重要的实际意义，同时也有助于培养学生联系实际的学风，增强民族自信心。为了便于理解，本书取材力求少而精，论述力求简而明。

本书是在第1版(清华大学出版社 2003)的基础上，参考老师和学生的意见和建议，并融入了笔者对教学内容的新体会重新修改而成。

本书分上下两册，共包括五篇：力学、热学、电磁学、波动与光学、量子物理简介。

力学篇完全按传统体系讲述。以牛顿定律为基础和出发点，引入动量、角动量和能量概念，导出动量、角动量和机械能等的守恒定律，最后将它们都推广到普遍的形式。守恒定律在物理思想和方法上讲固然是重要的，但在解决实际问题时经典的动力学概念与规律也常是不可或缺的。本书对后者也作了较详细的讲解。力学篇还强调了参考系的概念，说明了守恒定律的意义，并注意到物理概念和理论的衍生和发展。

热学篇除了对系统——特别是气体——的宏观性质及其变化规律作了清晰的介绍外，大大加强了在分子理论基础上的统计概念和规律的讲解。除了在第7章温度和气体动理论中着重介绍了统计规律外，在其他各章对功、热的实质、热力学第一定律、热力学第二定律以及熵的微观意义和宏观表示式等都结合统计概念作了许多独特而清晰的讲解。

电磁学篇以库仑定律、毕奥-萨伐尔定律和法拉第定律为基础展开，直至麦克斯韦方程组。在分析方法上，本篇强调了对称性的分析，如在求电场和磁场的分布时，都应用了空间对称性的概念。

波动与光学篇主要着眼于清晰地讲解波、光的干涉和衍射的基本现象和规律。

量子物理基础篇的重点放在最基本的量子力学概念方面，如波粒二象性、不确定关系等，至于薛定谔方程及其应用、原子中电子运动的规律、固体物理等只作了很简要的陈述。

本书内容概括了大学物理学教学的最基本要求。为了帮助学生掌握各篇内容的体系结构与脉络，每篇开始都编制了该篇内容及基本知识系统图。本书还简述了若干位科学家的生平、品德与贡献，用以提高学生素养，鼓励成才。书末附有物理学常用数据的最新公认取值的"数值表"，便于学生查阅和应用。

诚挚地欢迎各位读者对本书的各种意见和建议。

张三慧

2006年11月于清华园

第3篇　电　磁　学

今日物理趣闻C 全息照相

第5篇 量子物理基础

第3篇 电磁学

电磁学是研究电磁现象的规律的学科。关于电磁现象的观察记录,可以追溯到公元前6世纪希腊学者泰勒斯(Thales),他观察到用布摩擦过的琥珀能吸引轻微物体。在我国,最早是在公元前4到3世纪战国时期《韩非子》中有关“司南”(一种用天然磁石做成的指向工具)和《吕氏春秋》中有关“慈石召铁”的记载。公元1世纪王充所著《论衡》一书中记有“顿牟缀芥,磁石引针”字句(顿牟即琥珀,缀芥即吸拾轻小物体)。西方在16世纪末年,吉尔伯特(William Gilbert, 1540—1603年)对“顿牟缀芥”现象以及磁石的相互作用做了较仔细的观察和记录,electricity(电)这个字就是他根据希腊字ἠλεκτρου(原意琥珀)创造的。在我国,“电”字最早见于周朝(公元前8世纪)遗物青铜器“畓生簋”上的铭文中,是雷电这种自然现象的观察记录。对“电”字赋以科学的含义当在近代西学东渐之后。

关于电磁现象的定量的理论研究,最早可以从库仑1785年研究电荷之间的相互作用算起。其后通过泊松、高斯等人的研究形成了静电场(以及静磁场)的(超距作用)理论。伽伐尼于1786年发现了电流,后经伏特、欧姆、法拉第等人发现了关于电流的定律。1820年奥斯特发现了电流的磁效应,很快(一两年内),毕奥、萨伐尔、安培、拉普拉斯等作了进一步定量的研究。1831年法拉第发现了有名的电磁感应现象,并提出了场和力线的概念,进一步揭示了电与磁的联系。在这样的基础上,麦克斯韦集前人之大成,再加上他极富创见的关于感应电场和位移电流的假说,建立了以一套方程组为基础的完整的宏观的电磁场理论。在这一历史过程中,有偶然的机遇,也有有目的的探索;有精巧的实验技术,也有大胆的理论独创,有天才的物理模型设想,也有严密的数学方法应用。最后形成的麦克斯韦电磁场方程组是“完整的”,它使人类对宏观电磁现象的认识达到了一个新的高度。麦克斯韦的这一成就可以认为是从牛顿建立力学理论到爱因斯坦提出相对论的这段时期中物理学史上最重要的理论成果。

1905 年爱因斯坦创立了相对论。它不但使人们对牛顿力学有了更全面的认识,也使人们对已知的电磁现象和理论有了更深刻的理解。根据电磁现象的规律必须满足相对论时空洛伦兹变换(这本质上是自然界的一种重要的对称性——匀速直线运动的对称性或洛伦兹对称性的表现)的要求,可以证明,从不同的参考系观测,同一电磁场可表现为只是电场,或只是磁场,或电场和磁场并存。更确切地说,表征电磁场的物理量——电场强度和磁感应强度——是随参考系改变的。这说明电磁场是一个统一的实体,而且麦克斯韦方程组可以在此基础上加以统一的论证。

本篇介绍的是经典的电磁理论,它是基于电磁场是连续地分布在空间这种认识的。20 世纪初关于光电效应及热辐射规律的研究提出了电磁场是由不带电的分立的粒子——光子——组成的观点,从而建立了量子场论,它更全面而深刻地阐明了电磁场的规律。本书在第 5 篇量子物理基础中介绍光子的概念及其若干应用,对于量子场论,由于其理论艰深,本书作为基础物理教材,不再涉及。

本篇所采用的电磁学知识系统图

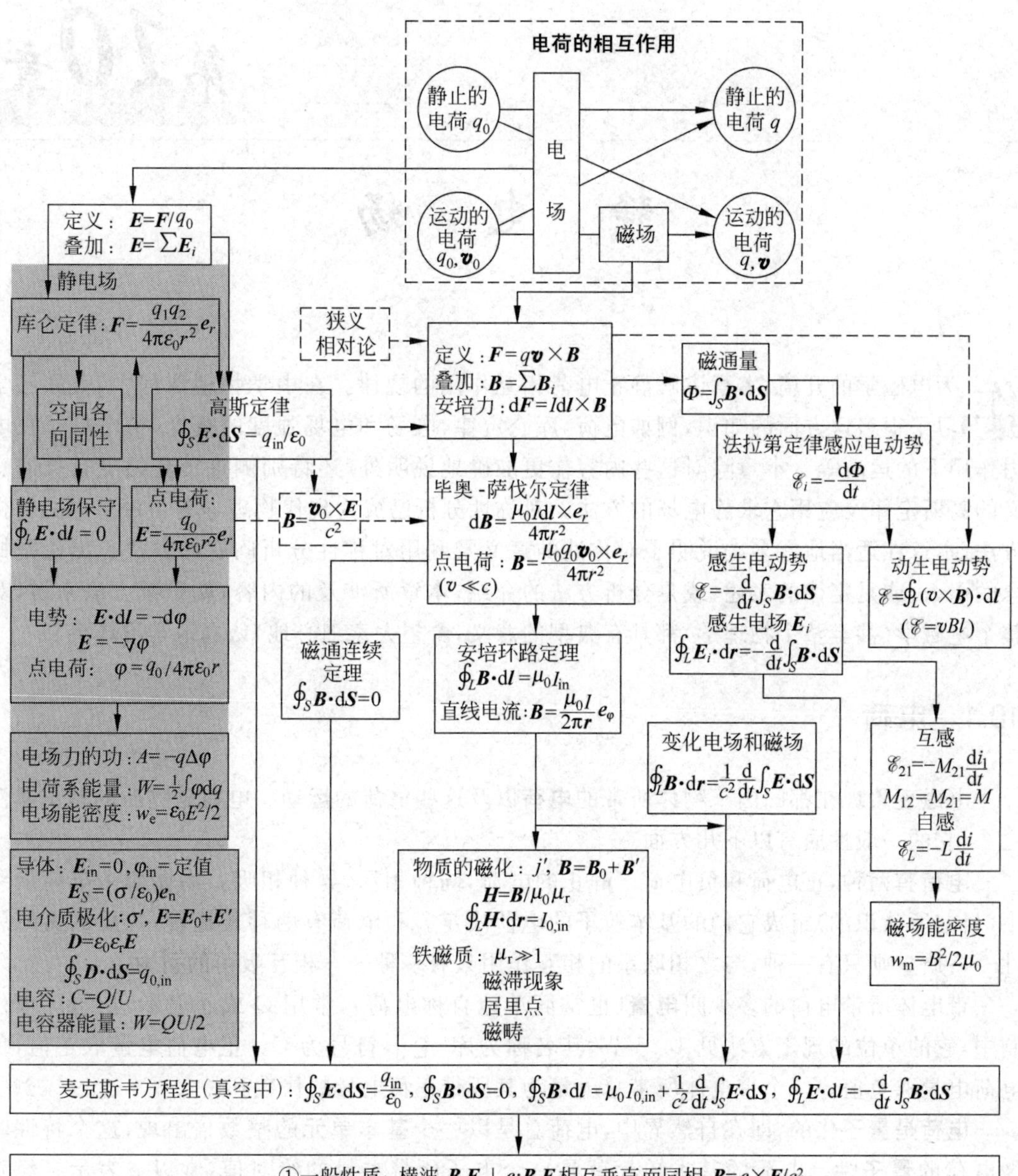

第10章

静　电　场

作为电磁学的开篇，本章讲解静止电荷相互作用的规律。在中学物理课程中，大家已学习了很多这方面的知识，例如电荷，库仑定律，电场和电场强度的概念，带电粒子在电力作用下的运动等。本章除对这些内容作更准确地说明外，还特别侧重于介绍更具普遍意义的高斯定律及应用它求静电场的方法。对称性分析已成为现代物理学的一种基本的分析方法，本章在适当地方多次说明了对称性的意义及利用对称性分析问题的方法。无论是概念的引入，或是定律的表述，或是分析方法的介绍，本章所涉及的内容，就思维方法来讲，对整个电磁学(甚至整个物理学)都具有典型的意义，希望大家细心地、认真地学习体会。

10.1　电荷

电磁现象现在都归因于物体所带的**电荷**以及这些电荷的运动。电荷是物质的基本属性之一，它的一般性质有以下几方面。

电荷有两种，正电荷和负电荷。静止的电荷，同种相斥，异种相吸。物体所带电荷最终由(目前所认识的)组成它们的基本粒子的电荷决定。和电荷有两种相比较，物质的另一属性——质量则只有一种，与之相联系的相互作用只有一种——相互吸引的引力。

带电体所带电荷的多少叫**电量**(也常简单地直称电荷)，常用 Q 或 q 表示，在国际单位制中，它的单位的规定方法见 14.5 节，其名称为库[仑]，符号为 C。正电荷电量取正值，负电荷电量取负值。一个带电体所带总电量为其所带正负电量的代数和。

电荷是量子化的，即在自然界中，电荷总是以一个**基本单元**的整数倍出现，这个特性叫做电荷的**量子性**。电荷的基本单元就是一个电子所带电量的绝对值，常以 e 表示。经测定为

$$e = 1.602 \times 10^{-19}\,\mathrm{C}$$

是正整数或负整数。近代物理理论认为每一个夸克或反夸克可能带有 $\pm\frac{1}{3}e$ 或 $\pm\frac{2}{3}e$ 的电量。然而至今单独存在的夸克尚未在实验中发现(即使发现了，也不过把基元电荷的大小缩小到目前的 1/3，电荷的量子性依然存在)。

本章讨论电磁现象的宏观规律，所涉及的电荷常常是基元电荷的许多倍。在这种情况下，将只从平均效果上考虑，认为电荷**连续**地分布在带电体上，而忽略电荷的量子性所引起

的微观起伏。尽管如此,在阐明某些宏观现象的微观本质时,还是要从电荷的量子性出发。

在以后的讨论中经常用到点电荷这一概念。当一个带电体本身的线度比所研究的问题中所涉及的距离小很多时,该带电体的形状与电荷在其上的分布状况均无关紧要,该带电体就可看作一个带电的点,叫**点电荷**。由此可见,点电荷是个相对的概念。至于带电体的线度比问题所涉及的距离小多少时,它才能被当作点电荷,这要依问题所要求的精度而定。当在宏观意义上谈论电子、质子等带电粒子时,完全可以把它们视为点电荷。

电荷是守恒的,即对于一个系统,如果没有净电荷出入其边界,则该系统的正、负电荷的电量的代数和将保持不变。这就是**电荷守恒定律**。这个守恒是局域守恒,因此,针对的系统应该是局限在小区域的。宏观物体的带电、电中和以及物体内的电流等现象实质上是由于微观带电粒子在物体内运动的结果。因此,电荷守恒实际上也就是在各种变化中,系统内粒子的总电荷数守恒。

现代物理研究已表明,在粒子的相互作用过程中,电荷是可以产生和消失(或湮灭)的。然而在已观察到的这种过程中,正、负电荷总是成对出现或成对消失,所以这种电荷的产生和消失并不改变系统中的电荷数的代数和,因而电荷守恒定律仍然保持有效。

和电荷守恒相比,质量也是守恒的,相应地也有质量守恒定律。不过,在爱因斯坦创立相对论以后,它已和能量守恒定律合二而一了。

电荷与带电体的运动速率无关,即随着带电体的运动速率的变化,它所具有的电荷的电量是不改变的。由于同一带电体的速率在不同的参考系内可以不同,因而电荷的这一性质也可说成是电荷与参考系无关。因此,电荷的这一性质又被称为电荷的**相对论不变性**。

和电荷的相对论不变性相比较,物体的质量是随其速率变化的,在高速领域更是这样。

10.2 电场和电场强度

自法拉第 1830 年代提出电荷是通过中间介质发生相互作用并把这种中间介质称为“**场**”以来,今天的物理学家们已普遍地接受了场的概念并作出了许多有关场的非常深入的研究。现已确认:两个电荷,无论运动与否,它们之间的相互作用是靠场来传递的。其中一种相互作用叫**电场力**,而传递这种力的场称为**电场**。下面我们就来说明什么是电场以及如何描述电场①。

在图 10.1 中,电荷 Q 和 q 通过它们的场发生相互作用。当我们研究 q 受 Q 的作用时,Q 称为**场源电荷**或源电荷。它周围存在着与它相联系的,或说是“由 Q 产生的”场。q 在这场中某点(这点称为**场点**)时就受到在该点处 Q 产生的场的作用力,这力称为**场力**。为了描述 Q 的场在各处的特征,我们将被称为**检验电荷**的点电荷 q 放在这场内某场点 P 处,使其**保持静止**并测量它受的场力。以 $\boldsymbol{F}$ 表示所测得的场力,然后依次把 q 放到其他场点处做同样的实验。结果表明,对于一定的场源电荷 Q,同一检验电荷 q 在各场点所受

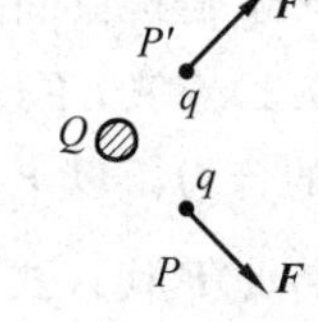

图 10.1 静止的检验电荷受的电场力

① 电荷之间的另一种相互作用是磁场力,它和电荷的运动有关,磁场和磁场力将在第 13 和 14 章介绍。

的场力的方向和大小一般都不相同。但电量不同的同种检验电荷 q 在同一场点所受场力的方向都是一样的，而且尽管由于 q 不同所受场力的大小不等，但是比值 F/q 在同一场点对不同的 q 却是一个定值，它与 q 无关而只决定于场点所在的位置。这样就可以用比值 $\boldsymbol{F}/q$ 连方向带大小来确定场源电荷周围各场点的场的特征。这种利用**静止的**检验电荷 q 确定的场称为**电场**，$\boldsymbol{F}$ 就称为**电场力**而比值 $\boldsymbol{F}/q$ 就称为各点的**电场强度**。以 $\boldsymbol{E}$ 表示电场强度，就有定义公式

$$\boldsymbol{E}=\frac{\boldsymbol{F}}{q}\quad(q\ \text{静止})\tag{10.1}$$

这就是说，电场中某场点的电场强度的方向为静止的正的检验电荷受场力的方向，而其大小等于静止的单位电荷受的场力。在场源电荷静止的情况下，其周围的电场称为**静电场**。这时，由式(10.1)所定义的电场强度(也常简称为电场)是空间坐标的矢量函数。

电场强度的SI单位为牛[顿]每库[仑]，符号为N/C①。一些典型的电场强度的值由表10.1所给出。

表10.1 一些电场强度的数值 N/C

铀核表面	2×10^{21}
中子星表面	约 10^{14}
氢原子电子内轨道处	6×10^{11}
X射线管内	5×10^{6}
空气的电击穿强度	3×10^{6}
范德格拉夫静电加速器内	2×10^{6}
电视机的电子枪内	10^{5}
电闪内	10^{4}
雷达发射器近旁	7×10^{3}
太阳光内(平均)	1×10^{3}
晴天大气中(地表面附近)	1×10^{2}
小型激光器发射的激光束内(平均)	1×10^{2}
日光灯内	10
无线电波内	约 10^{-1}
家庭用电路线内	约 3×10^{-2}
宇宙背景辐射内(平均)	3×10^{-6}

几个电荷可以同时在同一空间内产生自己的电场。这时空间中某一场点的电场强度仍由式(10.1)定义，不过式中 $\boldsymbol{F}$ 应是各场源电荷单独存在时在该场点的电场对检验电荷 q 的电场力的合力。以 $\boldsymbol{F}_i$ 表示一个场源电荷单独存在时在某场点的 q 所受的电场力，则 $\boldsymbol{F}=\sum\boldsymbol{F}_i$。将此 $\boldsymbol{F}$ 代入式(10.1)可得该场点的电场强度为

$$\boldsymbol{E}=\frac{\boldsymbol{F}}{q}=\frac{\sum\boldsymbol{F}_i}{q}=\sum\frac{\boldsymbol{F}_i}{q}\tag{10.2}$$

但由式(10.1)可知 $\boldsymbol{F}_i/q$ 为一个场源电荷单独在有关场点产生的电场强度 $\boldsymbol{E}_i$，所以由

① 电场强度的另一SI单位为伏[特]每米，符号为V/m，它和单位N/C完全等效。

式(10.2)又可得

$$\boldsymbol{E}=\sum_{i=1}^{n}\boldsymbol{E}_i \tag{10.3}$$

此式表示：**在 n 个电荷产生的电场中某场点的电场强度等于每个电荷单独存在时在该点所产生的电场强度的矢量和**。这个结论叫**电场叠加原理**。

10.3 库仑定律与静电场的计算

电荷既然是通过它们的场相互作用的，那么，要想求出一个电荷受的电场力以及其运动情况，就必须先知道电场的分布状况。场源电荷和它在周围产生的电场的分布有什么关系呢？我们将从最简单的情况开始讨论，即先考虑在真空中一个静止的电荷 q 的周围的电场分布。

1785 年法国科学家库仑用扭秤做实验确定了电荷间相互作用的基本定律，现在就叫**库仑定律**。它的内容是：**在真空中两个静止的点电荷之间的作用力的方向沿着两个点电荷的连线(同性相斥，异性相吸)，作用力的大小 F 和两个点电荷的电量 q_1 和 q_2 都成正比，和它们之间的距离 r 的平方成反比**。用 SI 单位，写成数学等式，就有

$$F=\frac{kq_1q_2}{r^2} \tag{10.4}$$

式中的比例常量 k 称为**静电力常量**，其一般计算用值为

$$k=q\times10^9\ \mathrm{N\cdot m^2/C^2} \tag{10.5}$$

为了从数学上简化电磁学规律的表达式和计算，又常引入另一常量 ε_0 并令

$$\varepsilon_0=\frac{1}{4\pi k}=8.85\times10^{-12}\mathrm{C^2/(N\cdot m^2)}① \tag{10.6}$$

这 ε_0 称为**真空介电常量**(或**真空电容率**)。用 ε_0 取代 k，式(10.4)又可写成

$$F=\frac{q_1q_2}{4\pi\varepsilon_0r^2} \tag{10.7}$$

在此式中，如果把 q_2 当作检验电荷，F 就是它在 q_1 的电场中所受的电场力。根据电场强度的定义，式(10.1)，$F/q_2=q_1/4\pi\varepsilon_0r^2$ 就是 q_2 所在处的 q_1 的电场的电场强度。去掉 q_1 的下标，我们就可以得到一般的一个在真空中静止的点电荷 q 在它的周围产生的电场的电场强度的大小为

$$E=\frac{q}{4\pi\varepsilon_0r^2} \tag{10.8}$$

其中 r 是从场源电荷到场点的距离。用一正检验电荷放在此场点可以确定此电场的方向是：如果 q 为正电荷，则电场指离 q；如果 q 是负电荷，则电场指向 q(图 10.2)。

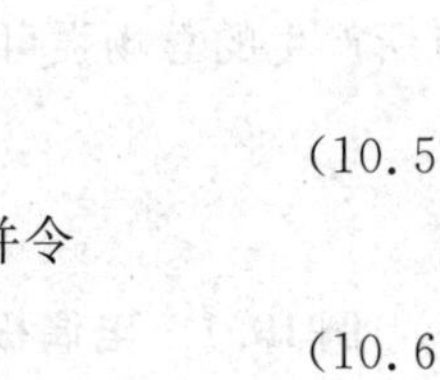

将式(10.8)表示的电场强度的大小和上面关于电场强度方向的说明结合起来，一个在真空中静止的点电荷 q 在离它的距离为 r 的场点产生的电场强度可用下一矢量式表示：

(a)

(b)

图 10.2 电场方向

(a) $q>0$；(b) $q<0$

① 单位 $\mathrm{C^2/(N\cdot m^2)}$ 也写成 F/m，F 是电容的单位，见第 12 章。

$$\boldsymbol{E}=\frac{q}{4\pi\varepsilon_0 r^2}\boldsymbol{e}_r \tag{10.9}$$

式中 $\boldsymbol{e}_r$ 是从点电荷 q 指向场点 P 的单位矢量(图 10.2)。

由于式(10.9)表示 $\boldsymbol{E}$ 只和矢径 $\boldsymbol{r}$ 的大小和方向有关,所以,从总体上看,一个点电荷的静电场具有以该点电荷为中心的**球对称**分布。

有了点电荷的电场强度公式,式(10.9),再根据电场叠加原理,式(10.3),原则上我们就可以求在真空中任意的静止的场源电荷的电场分布了。对于点电荷 $q_1,q_2,\cdots,q_n$ 的静电场中任一点的场强,我们有

$$\boldsymbol{E}=\sum_{i=1}^{n}\frac{q_i}{4\pi\varepsilon_0 r_i^2}\boldsymbol{e}_{ri} \tag{10.10}$$

式中,r_i 为 q_i 到场点的距离,$\boldsymbol{e}_{ri}$ 为从 q_i 指向场点的单位矢量。

若带电体的电荷是连续分布的,可认为该带电体的电荷是由许多无限小的电荷元 $\mathrm{d}q$ 组成的,而每个电荷元都可以当作点电荷处理。设其中任一个电荷元 $\mathrm{d}q$ 在 P 点产生的场强为 $\mathrm{d}\boldsymbol{E}$,按式(10.9)有

$$\mathrm{d}\boldsymbol{E}=\frac{\mathrm{d}q}{4\pi\varepsilon_0 r^2}\boldsymbol{e}_r$$

式中 r 是从电荷元 $\mathrm{d}q$ 到场点 P 的距离,而 $\boldsymbol{e}_r$ 是这一方向上的单位矢量。整个带电体在 P 点所产生的总场强可用积分计算为

$$\boldsymbol{E}=\int\mathrm{d}\boldsymbol{E}=\int\frac{\mathrm{d}q}{4\pi\varepsilon_0 r^2}\boldsymbol{e}_r \tag{10.11}$$

例 10.1 电偶极子的静电场。相距一段小距离 l 的一对等量正负电荷构成一个电偶极子,求电偶极子中垂线上离电偶极子甚远处(即 $r\gg l$)任一场点的静电场强度。

解 设 $+q$ 和 $-q$ 到偶极子中垂线上任一点 P 处的位置矢量分别为 $\boldsymbol{r}_+$ 和 $\boldsymbol{r}_-$,而 $r_+=r_-$(图 10.3)。由式(10.9),$+q$,$-q$ 在 P 点处的场强 $\boldsymbol{E}_+$,$\boldsymbol{E}_-$ 分别为(以 $\boldsymbol{r}/r$ 代替 $\boldsymbol{e}_r$)

$$\boldsymbol{E}_+=\frac{q\boldsymbol{r}_+}{4\pi\varepsilon_0 r_+^3}$$

$$\boldsymbol{E}_-=\frac{-q\boldsymbol{r}_-}{4\pi\varepsilon_0 r_-^3}$$

以 r 表示电偶极子中心到 P 点的距离,则

$$r_+=r_-=\sqrt{r^2+\frac{l^2}{4}}=r\sqrt{1+\frac{l^2}{4r^2}}$$

$$=r\left(1+\frac{l^2}{8r^2}+\cdots\right)$$

在距电偶极子甚远时,即当 $r\gg l$ 时,取一级近似,有 $r_+=r_-=r$,而 P 点的总场强为

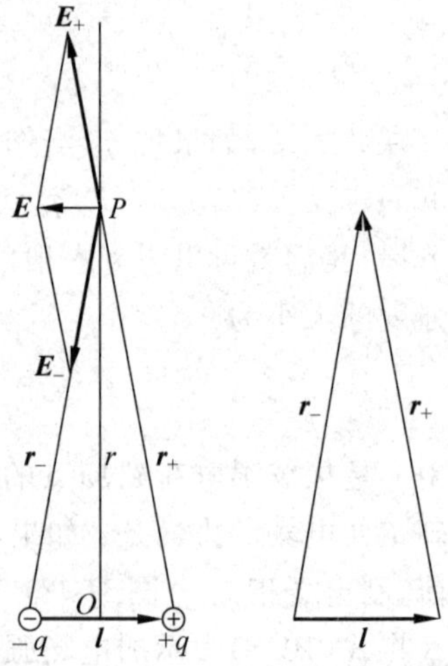

$$\boldsymbol{E}=\boldsymbol{E}_++\boldsymbol{E}_-=\frac{q}{4\pi\varepsilon_0 r^3}(\boldsymbol{r}_+-\boldsymbol{r}_-)$$

图 10.3 电偶极子的电场

以 $\boldsymbol{l}$ 表示从负电荷指向正电荷的矢量间距,则 $\boldsymbol{r}_+-\boldsymbol{r}_-=-\boldsymbol{l}$,而上式化为

$$\boldsymbol{E}=\frac{-q\boldsymbol{l}}{4\pi\varepsilon_0 r^3}$$

此式中的乘积 $q\boldsymbol{l}$ 称为电偶极子的**电偶极矩**,简称**电矩**。以 $\boldsymbol{p}$ 表示此电矩,则

$$\boldsymbol{p}=q\boldsymbol{l} \tag{10.12}$$

而上述结果又可写成

$$\boldsymbol{E}=\frac{-\boldsymbol{p}}{4\pi\varepsilon_0 r^3} \tag{10.13}$$

此结果表明，电偶极子中垂线上距离电偶极子中心较远处各点的电场强度与电偶极子的电矩成正比，与该点离电偶极子中心的距离的三次方成反比，方向与电矩的方向相反。

从总体上看电偶极子的静电场具有以电偶极子轴线为轴的**轴对称**分布，式(10.13)给出了电偶极子中垂面上的电场分布。

例 10.2 带电直线段的静电场。一根带电直棒，如果限于考虑离棒的距离比棒的截面尺寸大得多的地方的电场，则该带电直棒就可以看作一条带电直线。今设一均匀带电直线段，长为 L(图 10.4)，线电荷密度(即单位长度上的电荷)为 λ(设 $\lambda>0$)，求此直线段中垂线上一点的场强。

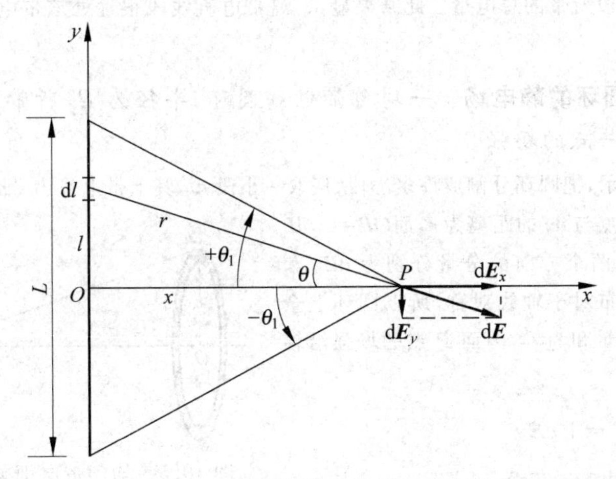

图 10.4 带电直线中垂线上的电场

解 在带电直线段上任取一长为 $\mathrm{d}l$ 的电荷元，其电量 $\mathrm{d}q=\lambda\mathrm{d}l$。以带电直线段中点 O 为原点，取坐标轴 Ox，Oy 如图 10.4 所示。电荷元 $\mathrm{d}q$ 在 P 点的场强为 $\mathrm{d}\boldsymbol{E}$，$\mathrm{d}\boldsymbol{E}$ 沿两个轴方向的分量分别为 $\mathrm{d}\boldsymbol{E}_x$ 和 $\mathrm{d}\boldsymbol{E}_y$。由于电荷分布对于 OP 直线的对称性，所以全部电荷在 P 点的场强沿 y 轴方向的分量之和为零，因而 P 点的总场强 $\boldsymbol{E}$ 应沿 x 轴方向，并且

$$E=\int\mathrm{d}E_x$$

而

$$\mathrm{d}E_x=\mathrm{d}E\cos\theta=\frac{\lambda\mathrm{d}lx}{4\pi\varepsilon_0 r^3}$$

由于 $l=x\tan\theta$，从而 $\mathrm{d}l=\dfrac{x}{\cos^2\theta}\mathrm{d}\theta$。由图 10.4 知 $r=\dfrac{x}{\cos\theta}$，所以

$$\mathrm{d}E_x=\frac{\lambda\mathrm{d}lx}{4\pi\varepsilon_0 r^3}=\frac{\lambda\cos\theta}{4\pi\varepsilon_0 x}\mathrm{d}\theta$$

由于对整个带电直线段来说，θ 的变化范围是从 $-\theta_1$ 到 $+\theta_1$，所以

$$E=\int_{-\theta_1}^{+\theta_1}\frac{\lambda\cos\theta}{4\pi\varepsilon_0 x}\mathrm{d}\theta=\frac{\lambda\sin\theta_1}{2\pi\varepsilon_0 x}$$

将 $\sin\theta_1=\dfrac{L/2}{\sqrt{(L/2)^2+x^2}}$ 代入，可得

$$E=\frac{\lambda L}{4\pi\varepsilon_0 x(x^2+L^2/4)^{1/2}} \tag{10.14}$$

此电场的方向垂直于带电直线段而指向远方。

均匀带电直线段的静电场从总体上看具有相对于带电直线段(及其延长线)的轴对称分布。式(10.14)给出了带电直线段中垂面上电场的分布。

式(10.14)给出,当 $x \ll L$ 时,即在带电直线段中部近旁区域内,有

$$E\approx\frac{\lambda}{2\pi\varepsilon_0 x} \tag{10.15}$$

此时相对于距离 x,可将该带电直线段看作"无限长"。因此,可以说,在一无限长带电直线周围任意点的场强与该点到带电直线的距离成反比。

式(10.14)还给出,当 $x \gg L$ 时,即在远离带电直线段的区域内,有

$$E\approx\frac{\lambda L}{4\pi\varepsilon_0 x^2}=\frac{q}{4\pi\varepsilon_0 x^2}$$

其中 $q=\lambda L$ 为带电直线段所带的总电量。此结果显示,离带电直线段很远处该带电直线段的电场相当于一个点电荷 q 的电场。

例 10.3 带电圆环的静电场。一均匀带电细圆环,半径为 R,所带总电量为 q(设 $q>0$),求圆环轴线上任一点的场强。

解 如图10.5所示,把圆环分割成许多小段,任取一小段 $\mathrm{d}l$,其上带电量为 $\mathrm{d}q$。设此电荷元 $\mathrm{d}q$ 在 P 点的场强为 $\mathrm{d}\boldsymbol{E}$,并设 P 点与 $\mathrm{d}q$ 的距离为 r,而 $OP=x$,$\mathrm{d}\boldsymbol{E}$ 沿平行和垂直于轴线的两个方向的分量分别为 $\mathrm{d}\boldsymbol{E}_{/\!/}$ 和 $\mathrm{d}\boldsymbol{E}_{\perp}$。由于圆环电荷分布对于轴线对称,所以圆环上全部电荷的 $\mathrm{d}\boldsymbol{E}_{\perp}$ 分量的矢量和为零,因而 P 点的场强沿轴线方向,且

$$E=\int_q \mathrm{d}E_{/\!/}$$

式中积分为对环上全部电荷 q 积分。

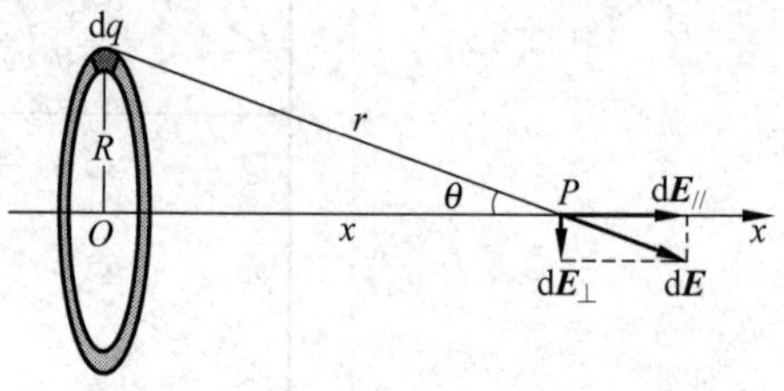

图 10.5 均匀带电细圆环轴线上的电场

由于

$$\mathrm{d}E_{/\!/}=\mathrm{d}E\cos\theta=\frac{\mathrm{d}q}{4\pi\varepsilon_0 r^2}\cos\theta$$

其中 θ 为 $\mathrm{d}\boldsymbol{E}$ 与 x 轴的夹角,所以

$$E=\int_q \mathrm{d}E_{/\!/}=\int_q\frac{\mathrm{d}q}{4\pi\varepsilon_0 r^2}\cos\theta=\frac{\cos\theta}{4\pi\varepsilon_0 r^2}\int_q \mathrm{d}q$$

此式中的积分值即为整个环上的电荷 q,所以

$$E=\frac{q\cos\theta}{4\pi\varepsilon_0 r^2}$$

考虑到 $\cos\theta=x/r$,而 $r=\sqrt{R^2+x^2}$,可将上式改写成

$$E=\frac{qx}{4\pi\varepsilon_0 (R^2+x^2)^{3/2}} \tag{10.16}$$

$\boldsymbol{E}$ 的方向为沿轴线指向远方。

从总体上看,均匀带电圆环的静电场的分布具有相对于圆环轴线的轴对称性,也具有相对于圆环平面的镜面对称性。式(10.16)只给出了圆环轴线上的电场分布。

当 $x \gg R$ 时,$(x^2+R^2)^{3/2}\approx x^3$,则式(10.16)给出 $\boldsymbol{E}$ 的大小为

$$E\approx\frac{q}{4\pi\varepsilon_0 x^2}$$

此结果说明,远离环心处的电场也相当于一个点电荷 q 所产生的电场。

例 10.4 带电圆面的静电场。一带电平板，如果限于考虑离板的距离比板的厚度大得多的地方的电场，则该带电板就可以看作一个带电平面。今设一均匀带电圆面，半径为 R（图 10.6），面电荷密度（即单位面积上的电荷）为 σ（设 $\sigma>0$），求圆面轴线上任一点的场强。

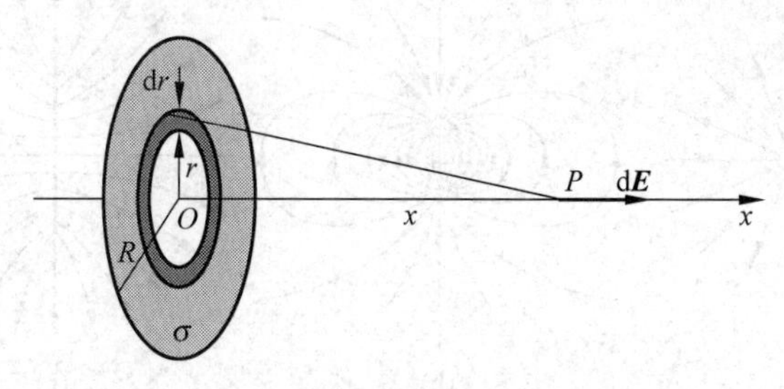

图 10.6 均匀带电圆面轴线上的电场

解 带电圆面可看成由许多同心的带电细圆环组成。取一半径为 r，宽度为 dr 的细圆环。由于此环带有电荷 $\sigma\cdot 2\pi r dr$，所以由上例可知，此圆环电荷在 P 点的场强大小为

$$dE=\frac{\sigma\cdot 2\pi r dr\cdot x}{4\pi\varepsilon_0(r^2+x^2)^{3/2}}$$

方向沿着轴线指向远方。由于组成圆面的各圆环的电场 $d\boldsymbol{E}$ 的方向都相同，所以 P 点的场强为

$$E=\int dE=\frac{\sigma x}{2\varepsilon_0}\int_0^R\frac{r dr}{(r^2+x^2)^{3/2}}=\frac{\sigma}{2\varepsilon_0}\left[1-\frac{x}{(R^2+x^2)^{1/2}}\right] \tag{10.17}$$

其方向也垂直于圆面指向远方。

从总体上看，均匀带电圆盘的静电场的分布具有和均匀带电圆环的静电场相似的对称性。式(10.17)只给出了圆盘轴线上的电场分布。

当 $x\ll R$ 时，式(10.17)给出

$$E=\frac{\sigma}{2\varepsilon_0} \tag{10.18}$$

此时相对于 x，可将该带电圆面看作"无限大"带电平面。因此，可以说，在一无限大均匀带电平面附近，电场是一个均匀场，其大小由式(10.15)给出。

当 $x\gg R$ 时，式(10.17)给出

$$(R^2+x^2)^{-1/2}=\frac{1}{x}\left(1-\frac{R^2}{2x^2}+\cdots\right)$$

$$\approx\frac{1}{x}\left(1-\frac{R^2}{2x^2}\right)$$

于是

$$E\approx\frac{\pi R^2\sigma}{4\pi\varepsilon_0 x^2}=\frac{q}{4\pi\varepsilon_0 x^2}$$

式中 $q=\sigma\pi R^2$ 为圆面所带的总电量。这一结果也说明，在远离带电圆面处的电场也相当于一个点电荷的电场。

10.4 电场线和电通量

为了形象地描绘电场在空间的分布，可以画电场线图。电场线是按下述规定在电场中画出的一系列假想的曲线：曲线上每一点的切线方向表示该点场强的方向；电场中某点场强的大小，等于该点处的**电场线密度**，即通过该点与电场方向垂直的单位面积的电场线条数。可以证明，这样画出的电场线都是连续的曲线，互不相交而且起自正电荷终于负电荷

(见10.5节)。图10.7画出了几种不同电荷系统的静电场的电场线,它们都是各种静电场的包含场源电荷在内的对称平面内的电场线分布。

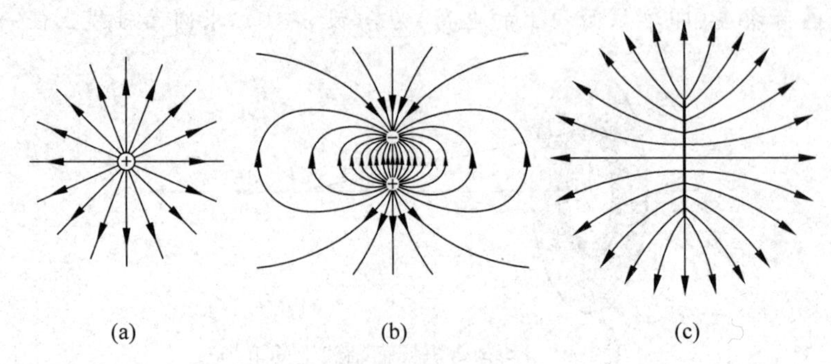

图10.7　几种静止的电荷的电场线图

(a) 点电荷;(b) 电偶极子;(c) 均匀带电直线段

10.3节式(10.13)、式(10.14)、式(10.16)和式(10.17)表示了几种场源电荷的电场分布和场源电荷的关系,它们都基于库仑定律和电场叠加原理。利用电场线概念,可以将场源电荷和它们的电场分布的一般关系用另一种形式——高斯定律表示出来。为了导出这一形式,我们需要引入**电场通量**,简称**电通量**的概念。

先考虑通过电场中一微小面元 $\mathrm{d}S$ 的电通量 $\mathrm{d}\Phi_e$。关于面元,我们规定垂直面元 $\mathrm{d}S$ 的某一方向为面元的法线正方向,并以单位矢量 $\boldsymbol{e}_n$ 表示之。这时面元就用矢量面元 $\mathrm{d}\boldsymbol{S}=\mathrm{d}S\boldsymbol{e}_n$ 表示。此时通过面元 $\mathrm{d}\boldsymbol{S}$ 的电通量定义为

$$\mathrm{d}\Phi_e = \boldsymbol{E}\cdot\mathrm{d}\boldsymbol{S} \tag{10.19}$$

假设电场 $\boldsymbol{E}$ 与 $\boldsymbol{e}_n$ 之间的夹角为 θ,则由标量积的定义得 $\mathrm{d}\Phi_e=E\mathrm{d}S\cos\theta$,但显然由此式决定的电通量 $\mathrm{d}\Phi_e$ 有正、负之别。当 $0\leqslant\theta<\pi/2$ 时,$\mathrm{d}\Phi_e$ 为正;当 $\theta=\pi/2$ 时,$\mathrm{d}\Phi_e=0$;当 $\pi/2<\theta\leqslant\pi$ 时,$\mathrm{d}\Phi_e$ 为负。电通量 $\mathrm{d}\Phi_e$ 也可以理解为穿过面元 $\mathrm{d}\boldsymbol{S}$ 的电场线根数。或者我们可以依据通过垂直于电场截面的电通量的值,来决定该处究竟该画几根电场线。

为了求出通过任意曲面 S 的电通量(图10.8),可将曲面 S 分割成许多小面元 $\mathrm{d}S$。先计算通过每一小面元的电通量,然后对整个 S 面上所有面元的电通量相加。用数学式表示就有

$$\Phi_e = \int\mathrm{d}\Phi_e = \int_S\boldsymbol{E}\cdot\mathrm{d}\boldsymbol{S} \tag{10.20}$$

这样的积分在数学上叫**面积分**,积分号下标 S 表示此积分遍及整个曲面。

通过一个封闭曲面 S(图10.9)的电通量可表示为

$$\Phi_e = \oint_S\boldsymbol{E}\cdot\mathrm{d}\boldsymbol{S} \tag{10.21}$$

积分符号“$\oint$”表示对整个封闭曲面进行面积分。

对于不闭合的曲面,面上各处法向单位矢量的正向可以任意取指向这一侧或那一侧。对于闭合曲面,由于它使整个空间划分成内、外两部分,所以一般规定**自内向外**的方向为各处面元法向的正方向。

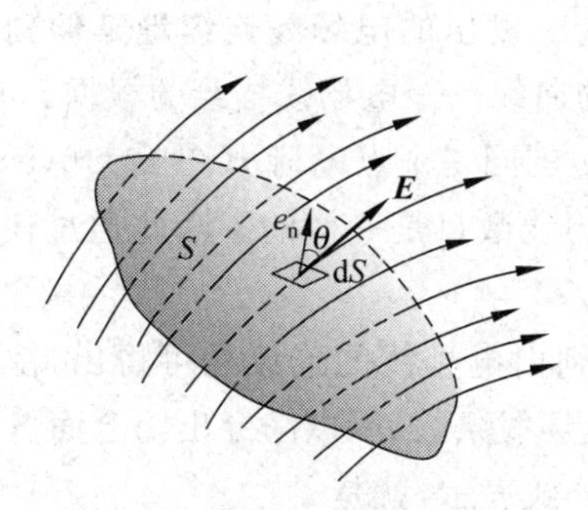

图 10.8 通过任意曲面的电通量

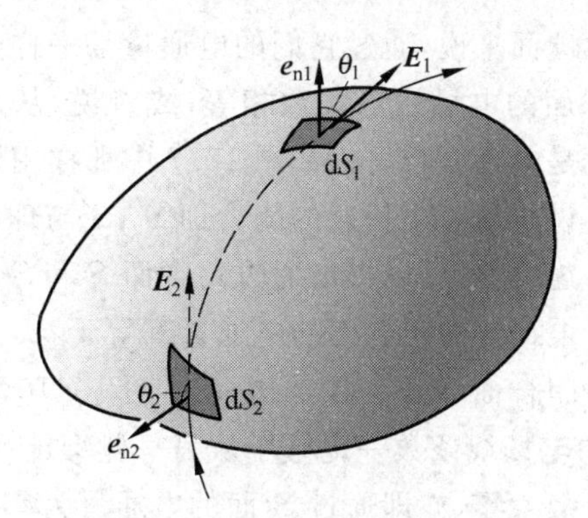

图 10.9 通过封闭曲面的电通量

10.5 高斯定律

高斯(K. F. Gauss,1777—1855 年)是德国物理学家和数学家,他在实验物理和理论物理以及数学方面都作出了很多贡献,他导出的高斯定律是电磁学的一条重要规律。

高斯定律是用电通量表示的电场和场源电荷关系的定律,它给出了通过任一封闭面的电通量与封闭面内部所包围的电荷的关系。下面我们利用电通量的概念根据库仑定律和场强叠加原理来导出这个关系。

我们先讨论一个静止的点电荷 q 的电场。以 q 所在点为中心,取任意长度 r 为半径作一球面 S 包围这个点电荷 q(图 10.10(a))。我们知道,球面上任一点的电场强度 $\boldsymbol{E}$ 的大小都是$\frac{q}{4\pi\varepsilon_0 r^2}$,方向都沿着径矢 $\boldsymbol{r}$ 的方向,而处处与球面垂直。根据式(10.21),可得通过这球面的电通量为

$$\Phi_e = \oint_S \boldsymbol{E} \cdot \mathrm{d}\boldsymbol{S} = \oint_S \frac{q}{4\pi\varepsilon_0 r^2}\mathrm{d}S$$

$$= \frac{q}{4\pi\varepsilon_0 r^2}\oint_S \mathrm{d}S = \frac{q}{4\pi\varepsilon_0 r^2}4\pi r^2 = \frac{q}{\varepsilon_0}$$

此结果与球面半径 r 无关,只与它所包围的电荷的电量有关。这意味着,对以点电荷 q 为中

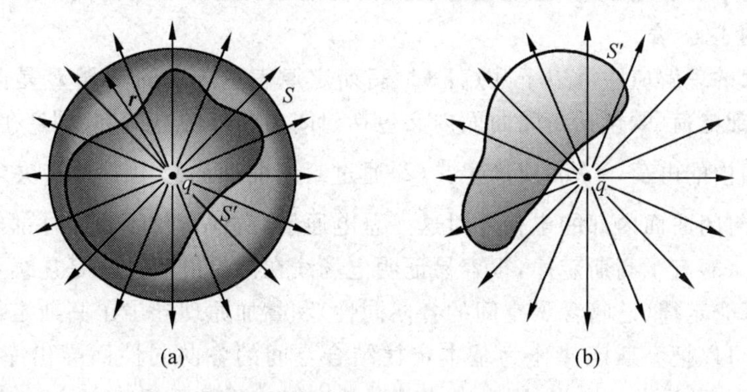

图 10.10 说明高斯定律用图

(a) 封闭面包围点电荷;(b) 封闭面不包围点电荷

心的任意球面来说，通过它们的电通量都一样，都等于 q/ε_0。用电场线的图像来说，这表示通过各球面的电场线总条数相等，或者说，**从点电荷 q 发出的电场线连续地延伸到无限远处**。这就是电场分布可以如图10.7中那样用**连续的**曲线——电场线描绘的根据。

现在设想另一个任意的闭合面 S'，S' 与球面 S 包围同一个点电荷 q（图10.10(a)），由于电场线的连续性，可以得出通过闭合面 S 和 S' 的电力线数目是一样的。因此通过任意形状的包围点电荷 q 的闭合面的电通量都等于 q/ε_0。

如果闭合面 S' 不包围点电荷 q（图10.10(b)），则由电场线的连续性可得出，由这一侧进入 S' 的电场线条数一定等于从另一侧穿出 S' 的电场线条数，所以净穿出闭合面 S' 的电场线的总条数为零，亦即通过 S' 面的电通量为零。用公式表示，就是

$$\Phi_e = \oint_S \boldsymbol{E} \cdot d\boldsymbol{S} = 0$$

以上是关于单个点电荷的电场的结论。对于一个由点电荷 $q_1, q_2, \cdots, q_n$ 等组成的电荷系来说，在它们的电场中的任意一点，由场强叠加原理可得

$$\boldsymbol{E} = \boldsymbol{E}_1 + \boldsymbol{E}_2 + \cdots + \boldsymbol{E}_n$$

其中 $\boldsymbol{E}_1, \boldsymbol{E}_2, \cdots, \boldsymbol{E}_n$ 为单个点电荷产生的电场，$\boldsymbol{E}$ 为总电场。这时通过任意封闭曲面 S 的电通量为

$$\begin{aligned}\Phi_e &= \oint_S \boldsymbol{E} \cdot d\boldsymbol{S} \\ &= \oint_S \boldsymbol{E}_1 \cdot d\boldsymbol{S} + \oint_S \boldsymbol{E}_2 \cdot d\boldsymbol{S} + \cdots + \oint_S \boldsymbol{E}_n \cdot d\boldsymbol{S} \\ &= \Phi_{e1} + \Phi_{e2} + \cdots + \Phi_{en}\end{aligned}$$

其中 $\Phi_{e1}, \Phi_{e2}, \cdots, \Phi_{en}$ 为单个点电荷的电场通过封闭曲面的电通量。由上述关于单个点电荷的结论可知，当 q_i 在封闭曲面内时，$\Phi_{ei} = q_i/\varepsilon_0$；当 q_i 在封闭曲面外时，$\Phi_{ei} = 0$，所以上式可以写成

$$\Phi_e = \oint_S \boldsymbol{E} \cdot d\boldsymbol{S} = \frac{1}{\varepsilon_0} \sum q_{in} \tag{10.22}$$

式中，$\sum q_{in}$ 表示在封闭曲面内的电量的代数和。式(10.22)就是高斯定律的数学表达式，它表明：**在真空中的静电场内，通过任意封闭曲面的电通量等于该封闭面所包围的电荷的电量的代数和的 $1/\varepsilon_0$ 倍**。

对高斯定律的理解应注意以下几点：(1)高斯定律表达式中的场强 $\boldsymbol{E}$ 是曲面上各点的场强，它是由**全部电荷**（既包括封闭曲面内又包括封闭曲面外的电荷）共同产生的合场强，并非只由封闭曲面内的电荷 $\sum q_{in}$ 所产生。(2)通过封闭曲面的总电通量只决定于它所包围的电荷，即只有封闭曲面**内部的电荷**才对这一总电通量有贡献，封闭曲面外部电荷对这一总电通量无贡献。(3)有了高斯定律，很容易证明电场线在没有电荷处总是连续不间断的。

上面利用库仑定律（已暗含了空间的各向同性）和叠加原理导出了高斯定律。在电场强度定义之后，也可以把高斯定律作为基本定律结合空间的各向同性而导出库仑定律来（见例10.5）。这说明，对静电场来说，库仑定律和高斯定律并不是互相独立的定律，而是用不同形式表示的电场与场源电荷关系的同一客观规律。二者具有“相逆”的意义：库仑定律使我们在电荷分布已知的情况下，能求出场强的分布；而高斯定律使我们在电场强度分布已知

时，能求出任意区域内的电荷。尽管如此，当电荷分布具有某种对称性时，也可用高斯定律求出该种电荷系统的电场分布，而且，这种方法在数学上比用库仑定律简便得多。

此处应该指出的是，如上所述，对于静止电荷的电场，可以说库仑定律与高斯定律二者等价。但在研究**运动电荷**的电场或一般地随时间变化的电场时，人们发现，库仑定律不再成立，而高斯定律却仍然有效。所以说，高斯定律是关于电场的普遍的基本规律。

10.6 利用高斯定律求静电场的分布

在一个参考系内，当静止的电荷分布具有某种对称性时，可以应用高斯定律求场强分布。这种方法一般包含两步：首先，根据电荷分布的对称性分析电场分布的对称性；然后，再应用高斯定律计算场强数值。这一方法的决定性的技巧是选取合适的封闭积分曲面（常叫**高斯面**）以便使积分 $\oint \boldsymbol{E}\cdot \mathrm{d}\boldsymbol{S}$ 中的 $\boldsymbol{E}$ 能以标量形式从积分号内提出来。下面举几个例子，它们都要求求出在场源电荷静止的参考系内自由空间中的电场分布。

例 10.5 点电荷。试由高斯定律求在点电荷 q 静止的参考系中自由空间内的静电场分布。

解 由于自由空间是均匀而且各向同性的，因此，点电荷的电场应具有以该电荷为中心的球对称性，即各点的场强方向应沿从点电荷引向各点的径矢方向，并且在距点电荷等远的所有各点上，场强的数值应该相等。据此，可以选择一个以点电荷所在点为球心，半径为 r 的球面为高斯面 S。通过 S 面的电通量为

$$\Phi_\mathrm{e}=\oint_S \boldsymbol{E}\cdot \mathrm{d}\boldsymbol{S}=\oint_S E\mathrm{d}S=E\oint_S \mathrm{d}S$$

最后的积分就是球面的总面积 $4\pi r^2$，所以

$$\Phi_\mathrm{e}=E\cdot 4\pi r^2$$

S 面包围的电荷为 q。高斯定律给出

$$E\cdot 4\pi r^2=\frac{1}{\varepsilon_0}q$$

由此得出

$$E=\frac{q}{4\pi\varepsilon_0 r^2}$$

由于 $\boldsymbol{E}$ 的方向沿径向，所以此结果又可以用矢量式

$$\boldsymbol{E}=\frac{q}{4\pi\varepsilon_0 r^2}\boldsymbol{e}_r$$

表示，这就是点电荷的场强公式。

若将另一电荷 q_0 放在距电荷 q 为 r 的一点上，则由场强定义可求出 q_0 受的力为

$$\boldsymbol{F}=\boldsymbol{E}q_0=\frac{qq_0}{4\pi\varepsilon_0 r^2}\boldsymbol{e}_r$$

此式正是库仑定律。这样，我们就由高斯定律导出了库仑定律。

例 10.6 均匀带电球面。求半径为 R，均匀地带有总电量 q（设 $q>0$）的球面的静电场分布。

解 先求球面外任一场点 P 处的场强。设 P 距球心为 r（图 10.11），并连接 OP 直线。由于自由空间的各向同性和电荷分布对于 O 点的球对称性，此带电球面的电场的分布也必然具有球对称性，即各点场强 $\boldsymbol{E}$ 的方向都是沿着各自径矢的方向（如果不是这样，设 P 点 $\boldsymbol{E}$ 的方向在图中偏离 OP，例如，向下 30°，那

么将带电球面连同它的电场以 OP 为轴转动 180°后，电场 $\boldsymbol{E}$ 的方向就将应偏离 OP 向上 30°。由于电荷分布并未因此转动而发生变化，所以电场方向的这种改变是不应该有的。带电球面转动时，P 点的电场方向只有在该方向沿 OP 径向时才能不变)。而且，在以 O 为心的同一球面上各点的电场强度的大小都应该相等。因此，可选球面 S 为高斯面，通过它的电通量为

$$\Phi_e = \oint_S \boldsymbol{E}\cdot d\boldsymbol{S} = \oint_S E dS = E\oint_S dS = E\cdot 4\pi r^2$$

此球面包围的电荷为 $\sum q_{in}=q$。高斯定律给出

$$E\cdot 4\pi r^2 = \frac{q}{\varepsilon_0}$$

由此得出

$$E = \frac{q}{4\pi\varepsilon_0 r^2} \quad (r > R)$$

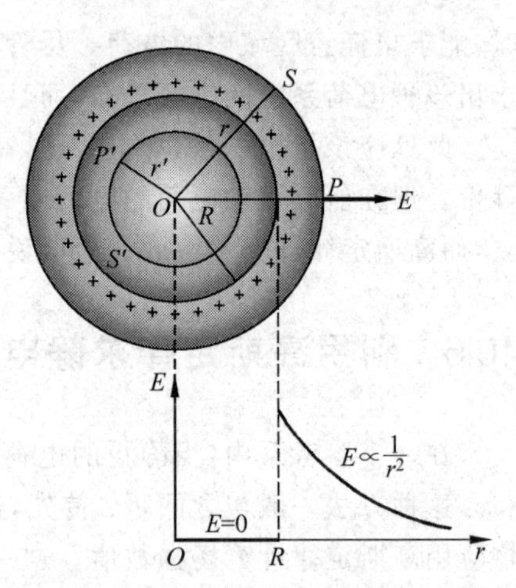

图 10.11 均匀带电球面的电场分析

考虑 $\boldsymbol{E}$ 的方向，可得电场强度的矢量式为

$$\boldsymbol{E} = \frac{q}{4\pi\varepsilon_0 r^2}\boldsymbol{e}_r \quad (r > R) \tag{10.23}$$

此结果说明，均匀带电球面外的场强分布正像球面上的电荷都集中在球心时所形成的一个点电荷在该区的场强分布一样。

对球面内部任一点 P'，上述关于场强的大小和方向的分析仍然适用。过 P' 点作半径为 r' 的同心球面为高斯面 S'。通过它的电通量仍可表示为 $4\pi r'^2 E$，但由于此 S' 面内没有电荷，根据高斯定律，应该有

$$E\cdot 4\pi r^2 = 0$$

即

$$E = 0 \quad (r < R) \tag{10.24}$$

这表明：均匀带电球面内部的场强处处为零。

根据上述结果，可画出场强随距离的变化曲线——E-r 曲线(图 10.11)。从 E-r 曲线中可看出，场强值在球面($r=R$)上是不连续的。

例 10.7 均匀带电球体。 求半径为 R，均匀地带有总电量 q 的球体的静电场分布。铀核可视为带有 $92e$ 的均匀带电球体，半径为 7.4×10^{-15} m，求其表面的电场强度。

解 设想均匀带电球体是由一层层同心均匀带电球面组成。这样例 10.6 中关于场强方向和大小的分析在本例中也适用。因此，可以直接得出：在球体外部的场强分布和所有电荷都集中到球心时产生的电场一样，即

$$\boldsymbol{E} = \frac{q}{4\pi\varepsilon_0 r^2}\boldsymbol{e}_r \quad (r \geqslant R) \tag{10.25}$$

为了求出球体内任一点的场强，可以通过球内 P 点做一个半径为 $r(r<R)$ 的同心球面 S 作为高斯面(图 10.12)，通过此面的电通量仍为 $E\cdot 4\pi r^2$。此球面包围的电荷为

$$\sum q_{in} = \frac{q}{\frac{4}{3}\pi R^3}\,\frac{4}{3}\pi r^3 = \frac{q r^3}{R^3}$$

由此利用高斯定律可得

$$E = \frac{q}{4\pi\varepsilon_0 R^3}r \quad (r \leqslant R)$$

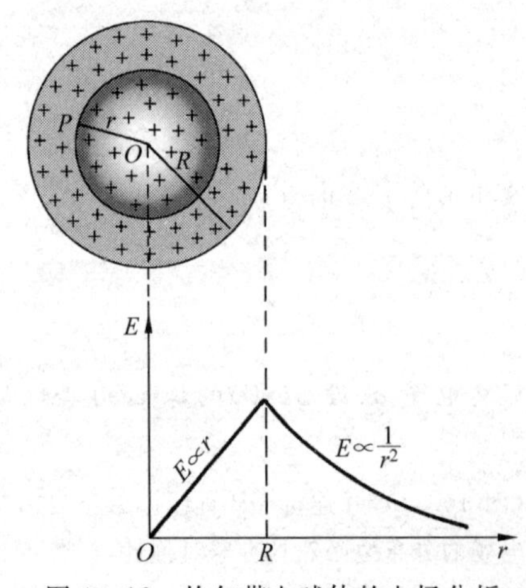

图 10.12 均匀带电球体的电场分析

这表明，在均匀带电球体内部各点场强的大小与径矢大小成

正比。考虑到 $\boldsymbol{E}$ 的方向，球内电场强度也可以用矢量式表示为

$$\boldsymbol{E}=\frac{q}{4\pi\varepsilon_0 R^3}\boldsymbol{r}\quad (r\leqslant R) \tag{10.26}$$

以 ρ 表示体电荷密度，则式(10.26)又可写成

$$\boldsymbol{E}=\frac{\rho}{3\varepsilon_0}\boldsymbol{r} \tag{10.27}$$

均匀带电球体的 E-r 曲线绘于图 10.13 中。注意，在球体表面上，场强的大小是连续的。

由式(10.26)可得铀核表面的电场强度为

$$E=\frac{92e}{4\pi\varepsilon_0 R^2}=\frac{92\times 1.6\times 10^{-19}}{4\pi\times 8.85\times 10^{-12}\times(7.4\times 10^{-15})^2}$$
$$=2.4\times 10^{21}\ (\text{N/C})$$

这一数值比现今实验室内获得的最大电场强度(约 10^6 N/C)大得多！

例 10.8　无限长均匀带电直线。 求线电荷密度为 λ 的无限长均匀带电直线的静电场分布。

输电线上均匀带电，线电荷密度为 4.2 nC/m，求距电线 0.50 m 处的电场强度。

解　带电直线的电场分布应具有轴对称性，考虑离直线距离为 r 的一点 P 处的场强 $\boldsymbol{E}$(图 10.13)。由于空间各向同性而带电直线为无限长，且均匀带电，所以电场分布具有轴对称性，因而 P 点的电场方向唯一的可能是垂直于带电直线而沿径向，并且和 P 点在同一圆柱面(以带电直线为轴)上的各点的场强大小也都相等，而且方向都沿径向。

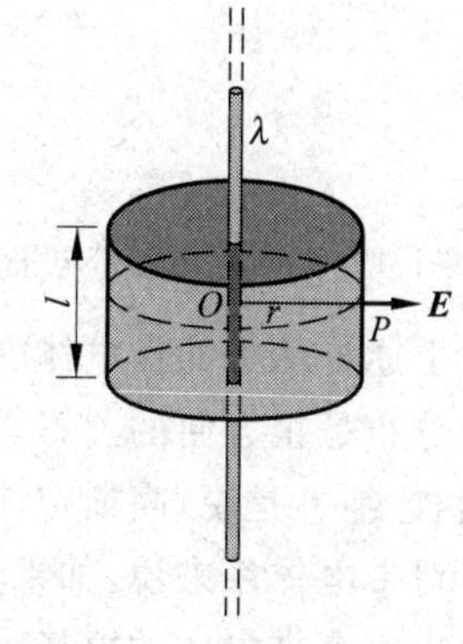

图 10.13　无限长均匀带电直线的场强分析

作一个通过 P 点，以带电直线为轴，高为 l 的圆筒形封闭面为高斯面 S，通过 S 面的电通量为

$$\Phi_e=\oint_S \boldsymbol{E}\cdot d\boldsymbol{S}$$
$$=\int_{S_l}\boldsymbol{E}\cdot d\boldsymbol{S}+\int_{S_t}\boldsymbol{E}\cdot d\boldsymbol{S}+\int_{S_b}\boldsymbol{E}\cdot d\boldsymbol{S}$$

在 S 面的上、下底面(S_t 和 S_b)上，场强方向与底面平行，因此，上式第 2 个等号右侧后面两项等于零。而在侧面(S_l)上各点 $\boldsymbol{E}$ 的方向与各该点的法线方向相同，所以有

$$\oint_S \boldsymbol{E}\cdot d\boldsymbol{S}=\int_{S_l}\boldsymbol{E}\cdot d\boldsymbol{S}=\int_{S_l}E dS=E\int_{S_l}dS=E\cdot 2\pi rl$$

此封闭面内包围的电荷 $\sum q_{in}=\lambda l$。由高斯定律得

$$E\cdot 2\pi rl=\lambda l/\varepsilon_0$$

由此得

$$E=\frac{\lambda}{2\pi\varepsilon_0 r} \tag{10.28}$$

这一结果与 10.3 节中例 10.2 的结果式(10.15)相同。由此可见，当条件允许时，利用高斯定律计算场强分布要简便得多。

题中所述输电线周围 0.50 m 处的电场强度为

$$E=\frac{\lambda}{2\pi\varepsilon_0 r}=\frac{4.2\times 10^{-9}}{2\pi\times 8.85\times 10^{-12}\times 0.50}=1.5\times 10^2\ (\text{N/C})$$

例 10.9　无限大均匀带电平面。 求面电荷密度为 σ 的无限大均匀带电平面的静电场分布。

解 考虑距离带电平面为 r 的 P 点的场强 $\boldsymbol{E}$(图 10.14)。由于电荷分布对于垂线 OP 是对称的,所以 P 点的场强必然垂直于该带电平面。又由于电荷均匀分布在一个无限大平面上,所以电场分布必然对该平面对称,而且离平面等远处(两侧一样)的场强大小都相等,方向都垂直指离平面(当 $\sigma>0$ 时)。

我们选一个其轴垂直于带电平面的圆筒式的封闭面作为高斯面 S,带电平面平分此圆筒,而 P 点位于它的一个底上。

由于圆筒的侧面上各点的 $\boldsymbol{E}$ 与侧面平行,所以通过侧面的电通量为零。因而只需要计算通过两底面(S_{tb})的电通量。以 ΔS 表示一个底的面积,则

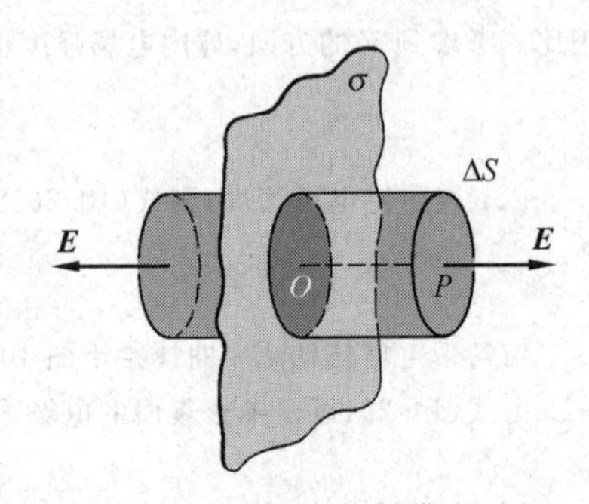

图 10.14 无限大均匀带电平面的电场分析

$$\Phi_{\mathrm{e}}=\oint_S \boldsymbol{E}\cdot\mathrm{d}\boldsymbol{S}=\int_{S_{\mathrm{tb}}}\boldsymbol{E}\cdot\mathrm{d}\boldsymbol{S}=2E\Delta S$$

由于

$$\sum q_{\mathrm{in}}=\sigma\Delta S$$

高斯定律给出

$$2E\Delta S=\sigma\Delta S/\varepsilon_0$$

从而

$$E=\frac{\sigma}{2\varepsilon_0} \tag{10.29}$$

此结果说明,无限大均匀带电平面两侧的电场是均匀场。这一结果和式(10.18)相同。

上述各例中的带电体的电荷分布都具有某种对称性,利用高斯定律计算这类带电体的场强分布是很方便的。不具有特定对称性的电荷分布,其电场不能直接用高斯定律求出。当然,这绝不是说,高斯定律对这些电荷分布不成立。

对带电体系来说,如果其中每个带电体上的电荷分布都具有对称性,那么可以用高斯定律求出每个带电体的电场,然后再应用场强叠加原理求出带电体系的总电场分布。下面举个例子。

例 10.10 双带电平面。两个平行的无限大均匀带电平面(图 10.15),其面电荷密度分别为 $\sigma_1=+\sigma$ 和 $\sigma_2=-\sigma$,而 $\sigma=4\times10^{-11}\ \mathrm{C/m^2}$。求这一带电系统的电场分布。

解 这两个带电平面的总电场不再具有前述的简单对称性,因而不能直接用高斯定律求解。但据例 10.9,两个带电面在各自的两侧产生的场强的方向如图 10.15 所示,其大小分别为

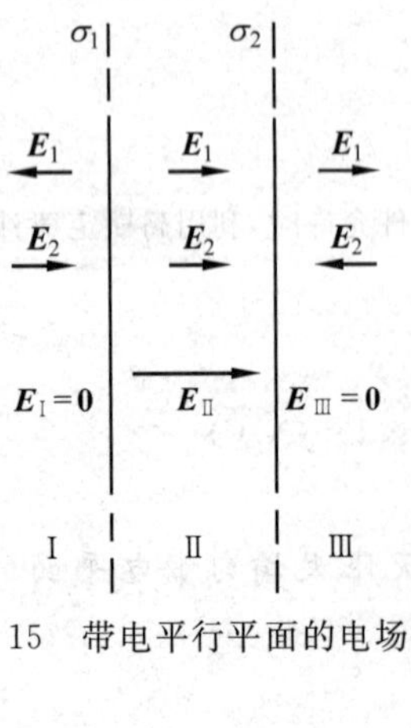

$$E_1=\frac{\sigma_1}{2\varepsilon_0}=\frac{\sigma}{2\varepsilon_0}=\frac{4\times10^{-11}}{2\times8.85\times10^{-12}}=2.26\ (\mathrm{V/m})$$

$$E_2=\frac{|\sigma_2|}{2\varepsilon_0}=\frac{\sigma}{2\varepsilon_0}=\frac{4\times10^{-11}}{2\times8.85\times10^{-12}}=2.26\ (\mathrm{V/m})$$

根据场强叠加原理可得

在Ⅰ区:$E_{\mathrm{I}}=E_1-E_2=0$;

在Ⅱ区:$E_{\mathrm{II}}=E_1+E_2=\frac{\sigma}{\varepsilon_0}=4.52\ \mathrm{V/m}$,方向向右;

在Ⅲ区:$E_{\mathrm{III}}=E_1-E_2=0$。

图 10.15 带电平行平面的电场分析

10.7 导体的静电平衡

10.6 节求解了几个电荷系统的静电场分布，那些电荷系统都是"理想模型"。本节讨论一种常用到的实际的物体——金属导体在静电场中的行为。

金属导体的电结构特征是它内部有大量的脱离它们"原来所属"的原子核的吸引而能在导体内各处自由移动的电子。这种电子叫**自由电子**。在一般情况下，虽然这些自由电子不停地作无规则热运动，但在宏观上不会出现电荷的局部聚集而导体就处于平静的电中和状态。

当把一个孤立的导体放到另一个孤立的带电导体的附近时，前者内部的自由电子将在后者的电场作用下作定向运动从而引起前者中电荷的重新分布，这种现象称为**静电感应**。电荷的重新分布将会引起导体内部及周围的电场重新分布，这种改变将一直进行到两导体上的电荷和它们周围的电场都达到一稳定的分布为止。导体的这种最后的平衡状态叫做**静电平衡**。

导体在什么条件下达到静电平衡状态呢？根据导体的电结构特征可知，首先，**导体内部的电场强度应等于零**，即

$$\boldsymbol{E}_{\text{in}} = 0 \tag{10.30}$$

这是因为，如果不为零，导体内部的自由电子将在电场的作用下继续定向运动而使电荷以及周围电场的分布不断改变。再者，**导体表面的电场必须与表面垂直**，即

$$\boldsymbol{E}_{\text{sur}} \perp \text{表面} \tag{10.31}$$

这是因为，如果不垂直，导体表面的自由电子将会在电场的沿表面方向的分量的作用下而定向运动，这也将使电荷以及周围电场的分布不断改变。

根据式(10.30)和式(10.31)，用高斯定律可推出静电平衡时导体上的(宏观)电荷的分布规律。首先，**导体内部的电荷为零**，电荷只可能存在于导体的表面。如图 10.17 所示，在一处于静电平衡的带电导体内部任何地点，想象一小的高斯封闭面 S。根据式(10.30)通过此封闭面的电通量必然等于零，于是高斯定律就给出此小封闭面内的电荷为零，将此推理应用于导体内各处，就会得出上述结论。

其次，**导体表面各处的电荷密度与该处的电场强度成正比**。为证明这一点，可在导体表面选建一个跨越一小块表面 ΔS 的小圆筒形高斯面(图 10.16)，以 $\boldsymbol{E}$ 表示该处的电场，则其电场线只穿过外筒盖，因而通过此高斯面的电通量是 $E\Delta S$。由于封闭在此高斯面内的电荷是 $\sigma\Delta S$，其中 σ 是该处导体表面的面电荷密度，所以高斯定律直接给出

$$\sigma = \varepsilon_0 E \tag{10.32}$$

最后，我们不加证明地指出以下事实：孤立导体达到静电平衡时，**导体表面各处的面电荷密度随表面曲率的增大而增大**。对于有尖端的导体，尖端处的面电荷密度非常大，其附近的电场可以强到足以使空气分子电离的程度，从而使尖端上的电荷逸出与空气中的相反电荷中和。这种电荷通过导体的尖端而流失的现象叫**尖端放电**，避雷针就利用了这个原理。避雷针是安装在高楼顶上的有尖端的金属棒，其下端用导线与埋在楼下深处的金属板相连，当带有大量电荷的云团逐渐移近高楼时，高楼以及附近地面因静电感应产生的相反电荷会通过避雷针的尖端放电与云中的电荷徐徐中和，从而能避免大的灾难性雷击(图 10.17，闪

电未“击中”有避雷针的烟囱)。

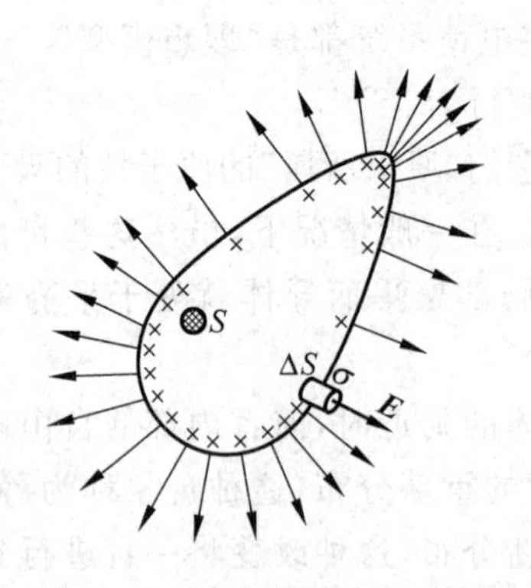

图 10.16 导体静电平衡时电荷和电场的分布

图 10.17 闪电通路

例 10.11 双金属板。有一块大金属平板,面积为 S,带有总电量 Q,今在其近旁平行地放置第二块大金属平板,此板原来不带电。(1)求静电平衡时,金属板上的电荷分布及周围空间的电场分布;(2)如果把第二块金属板接地,最后情况又如何?(忽略金属板的边缘效应。)

解 (1)由于静电平衡时导体内部无净电荷,所以电荷只能分布在两金属板的表面上。不考虑边缘效应,这些电荷都可当作是均匀分布的。设4个表面上的面电荷密度分别为 $\sigma_1,\sigma_2,\sigma_3$ 和 σ_4,如图 10.18 所示。由电荷守恒定律可知

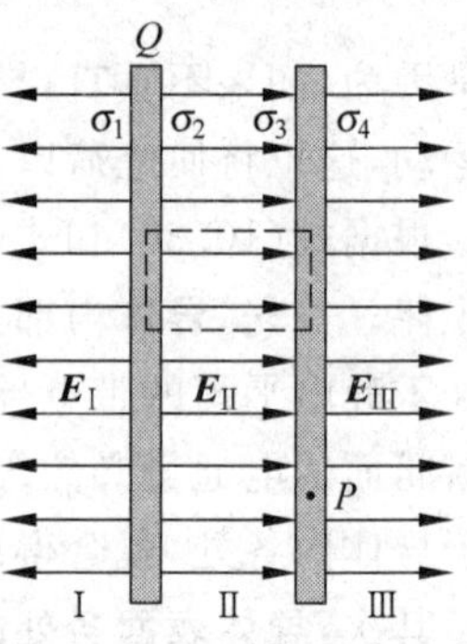

图 10.18 例 10.11 解(1)用图

$$\sigma_1+\sigma_2=\frac{Q}{S}$$

$$\sigma_3+\sigma_4=0$$

由于板间电场与板面垂直,且板内的电场为零,所以选一个两底分别在两个金属板内而侧面垂直于板面的封闭面作为高斯面,则通过此高斯面的电通量为零。根据高斯定律就可以得出

$$\sigma_2+\sigma_3=0$$

在金属板内一点 P 的场强应该是4个带电面的电场的叠加,因而有

$$E_P=\frac{\sigma_1}{2\varepsilon_0}+\frac{\sigma_2}{2\varepsilon_0}+\frac{\sigma_3}{2\varepsilon_0}-\frac{\sigma_4}{2\varepsilon_0}$$

由于静电平衡时,导体内各处场强为零,所以 $E_P=0$,因而有

$$\sigma_1+\sigma_2+\sigma_3-\sigma_4=0$$

将此式和上面3个关于 $\sigma_1,\sigma_2,\sigma_3$ 和 σ_4 的方程联立求解,可得电荷分布的情况为

$$\sigma_1=\frac{Q}{2S},\quad \sigma_2=\frac{Q}{2S},\quad \sigma_3=-\frac{Q}{2S},\quad \sigma_4=\frac{Q}{2S}$$

由此可根据式(10.32)求得电场的分布如下:

在Ⅰ区,$E_{\mathrm{I}}=\dfrac{Q}{2\varepsilon_0 S}$,方向向左

在Ⅱ区,$E_{\mathrm{II}}=\dfrac{Q}{2\varepsilon_0 S}$,方向向右

在Ⅲ区,$E_{\mathrm{III}}=\dfrac{Q}{2\varepsilon_0 S}$,方向向右

(2) 如果把第二块金属板接地(图 10.19),它就与地这个大导体连成一体。这块金属板右表面上的电荷就会分散到更远的地球表面上而使得这右表面上的电荷实际上消失,因而

$$\sigma_4 = 0$$

第一块金属板上的电荷守恒仍给出

$$\sigma_1 + \sigma_2 = \frac{Q}{S}$$

由高斯定律仍可得

$$\sigma_2 + \sigma_3 = 0$$

为了使得金属板内 P 点的电场为零,又必须有

$$\sigma_1 + \sigma_2 + \sigma_3 = 0$$

以上 4 个方程式给出

$$\sigma_1 = 0,\quad \sigma_2 = \frac{Q}{S},\quad \sigma_3 = -\frac{Q}{S},\quad \sigma_4 = 0$$

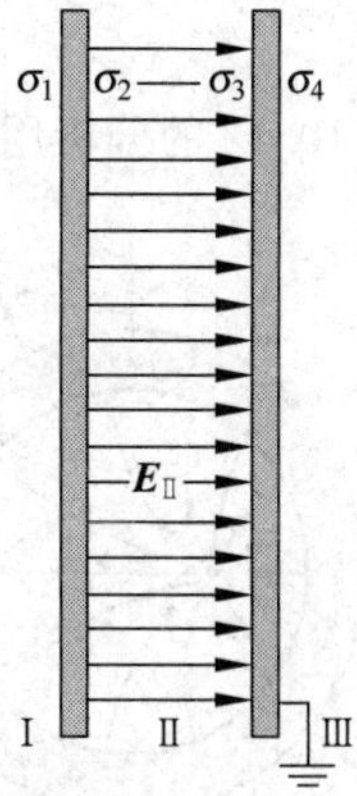

图 10.19　例 10.11 解(2)用图

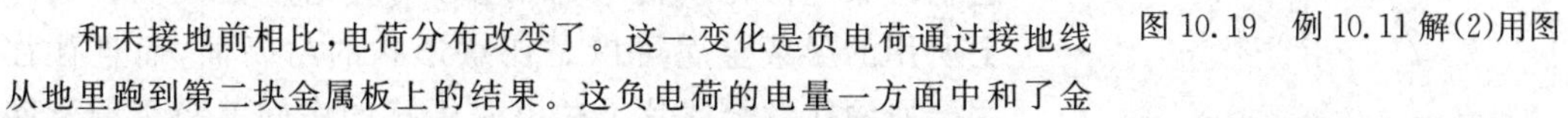

和未接地前相比,电荷分布改变了。这一变化是负电荷通过接地线从地里跑到第二块金属板上的结果。这负电荷的电量一方面中和了金属板右表面上的正电荷(这是正电荷跑入地球的另一种说法),另一方面又补充了左表面上的负电荷使其面密度增加一倍。同时第一块板上的电荷全部移到了右表面上。只有这样,才能使两导体内部的场强为零而达到静电平衡状态。

这时的电场分布可根据上面求得的电荷分布求出,即有

$$E_{\mathrm{I}} = 0;\quad E_{\mathrm{II}} = \frac{Q}{\varepsilon_0 S},\text{向右};\quad E_{\mathrm{III}} = 0$$

例 10.12　金属球壳。 在一原来不带电的金属球壳的中心放一正的点电荷 q,求这一系统的电场分布及金属球壳内外表面的电荷分布。设金属球壳的内外半径分别是 R_1 和 R_2。

解　首先,我们知道,在金属壳体内,

$$\boldsymbol{E}_{\text{int}} = 0 \quad (R_1 < r < R_2)$$

而且电荷为零。

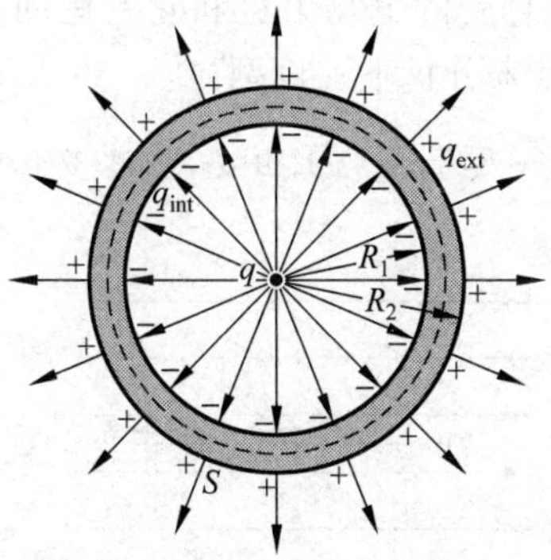

由于此电荷系统有球对称性(图 10.20),所以在球壳内,选以球壳中心为球心的高斯面,用高斯定律可得此区域内电场就是点电荷 q 的电场,即

$$\boldsymbol{E} = \frac{q}{4\pi\varepsilon_0 r^2}\boldsymbol{e}_r \quad (r < R_1)$$

选一遍及球壳体内的高斯面 S。由于通过此球面的电通量为零,高斯定律给出此高斯面内的总电荷为零。以 q_{in} 表示金属壳内表面上的总电荷,则应有

$$q_{\text{in}} + q = 0$$

于是得

$$q_{\text{in}} = -q$$

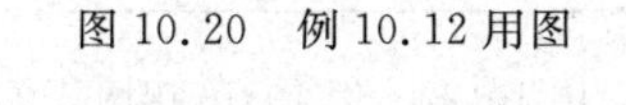

图 10.20　例 10.12 用图

而且由于球对称性,q_{in} 均匀地分布在球壳的内表面。

由于原来球壳不带电,以 q_{ext} 表示球壳外表面上的总电荷,则由电荷守恒,

$$q_{\text{in}} + q_{\text{ext}} = 0$$

于是得

$$q_{\text{ext}} = -q_{\text{in}} = q$$

而且也均匀分布在球壳的外表面。

在球壳外部选一以球壳中心为球心的球形高斯面，则由高斯定律可得

$$\boldsymbol{E}=\frac{q}{4\pi\varepsilon_0 r^2}\boldsymbol{e}_r \quad (r>R_2)$$

例10.12的分析用到了球对称性。如果把正电荷q移离球壳中心，则可用高斯定律证明球壳内表面上的总电荷仍为$-q$，但不再均匀分布。球壳内电场也不再是球对称场，但球壳外表面上的总电荷仍是q而且还是均匀分布在表面上，而球壳外的电场分布也由此均匀分布的电荷决定具有球对称性而保持不变(图10.21)。

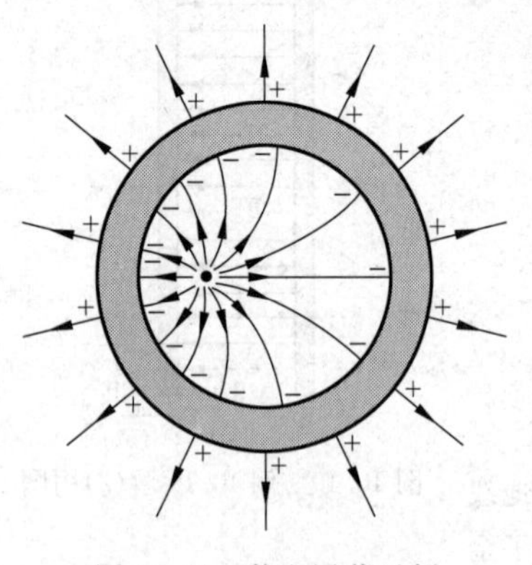
图10.21　静电屏蔽示例

实际上，封闭球壳体由于其内部电场为零，在空间形成了一个"静电隔离带"，它屏蔽了壳内外两区域内的电荷的相互影响，使内外区域的电荷和电场分布各自独立。这种现象叫**静电屏蔽**，其原理可用理论严格证明。实际上所用的屏蔽金属可以是任意形状的封闭面，而且往往用金属网代替金属片。防电磁干扰的房间就是用铜丝网包围起来的。

10.8　电场对电荷的作用力

电场对电荷(或说带电粒子)有作用力，电场强度$\boldsymbol{E}$的定义式是式(10.1)，$\boldsymbol{E}=\boldsymbol{F}/q$。如果已经知道了(或者已测知了)电场强度的分布，由于电场强度等于单位电荷受的力，所以电量为q的带电粒子受的力就应为

$$\boldsymbol{F}=\boldsymbol{E}q \tag{10.33}$$

作为检验电荷，式(10.1)中的点电荷必须是静止的。在已知电场分布后，作为受力的带电粒子，其电荷与其运动速率无关，而且实验(理论上也可)证明，它受的电场力也和它的运动速率无关，而由电场强度按式(10.33)给出。让我们根据这一点来分析下一例题。

例10.13　质子加速。在$E=2000$ N/C的均匀电场中，一质子由静止出发，经过多长时间和多大距离后速率可达$0.001c$(c为光速)？

解　由于质子受的重力比电场力小到可以忽略不计，所以我们只考虑电场对质子的作用力。再者，像质子或电子在电场中运动时，在很多实际情况下，速率往往达到非常接近光速的程度。这时就必须用相对论理论来分析考察其运动，本题所涉及的速率远较光速更小，所以我们仍可按牛顿力学处理。

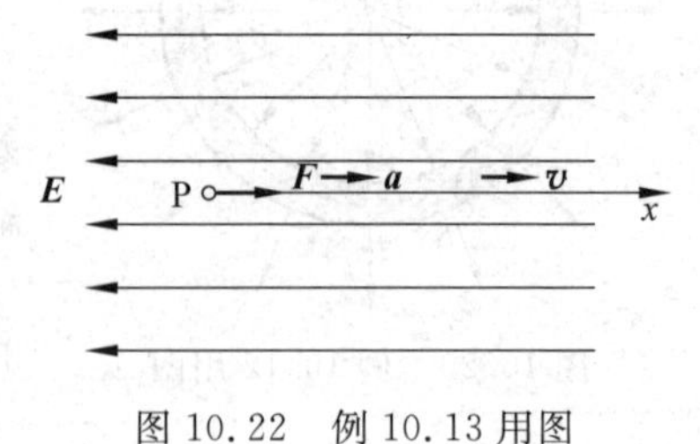

图10.22　例10.13用图

由式(10.33)和牛顿第二定律，可知质子起动后将沿逆电场方向作匀加速直线运动(图10.22)，加速度为$a=F/m_p=Ee/m_p$。由于$v=at=\frac{Ee}{m_p}t$，所以质子速率达到$0.001c$所经过的时间为

$$t=\frac{m_p v}{Ee}=\frac{1.67\times10^{-27}\times0.001\times3.0\times10^8}{2000\times1.6\times10^{-19}}=1.57\times10^{-6}\ (\text{s})$$

而经过的距离应为

$$x=\frac{1}{2}at^2=\frac{1}{2}\frac{Ee}{m_p}t^2=\frac{1}{2}\frac{2000\times1.6\times10^{-19}}{1.67\times10^{-27}}\times(1.57\times10^{-6})^2=0.236\ (\text{m})$$

例 10.14 电场中的电偶极子。求电矩为 $\boldsymbol{p}=q\boldsymbol{l}$ 的电偶极子在电场强度为 $\boldsymbol{E}$ 的均匀电场中静止时受的电场力和力矩。

解 如图 10.23 所示，正、负电荷所受电场力分别是 $\boldsymbol{F}_+=q\boldsymbol{E}$，$\boldsymbol{F}_-=-q\boldsymbol{E}$。二者大小相等，方向相反，电偶极子受均匀电场的合力为零。

以 θ 表示电偶极子的电矩方向与电场方向之间的夹角，则电场对正、负电荷的作用力对 l 中点的力矩的方向相同，力矩之和的大小为

$$M=2\times\frac{l}{2}\sin\theta qE=qlE\sin\theta=pE\sin\theta$$

此力矩的方向为垂直纸面指离读者，此力矩的作用总是使电偶极子转向电场 $\boldsymbol{E}$ 的方向。当转到 $\boldsymbol{p}$ 和 $\boldsymbol{E}$ 方向相同时，力矩为零。用矢量表示，上一结果可写为

$$\boldsymbol{M}=\boldsymbol{p}\times\boldsymbol{E} \tag{10.34}$$

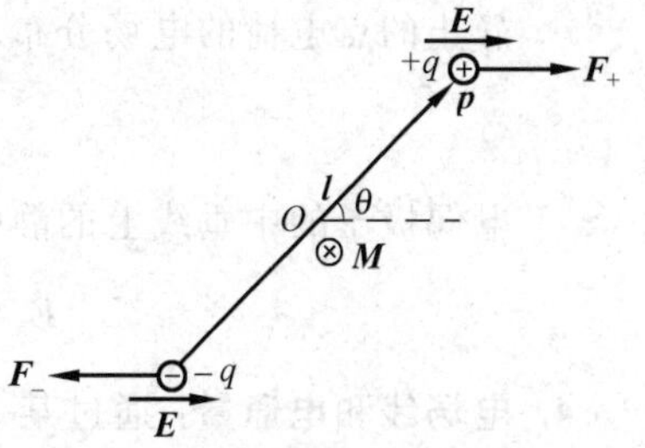

图 10.23 电偶极子受力矩作用

例 10.15 导体表面受力。试证静电平衡条件下导体表面单位面积受的电场力为 $\boldsymbol{f}=\frac{\sigma^2}{2\varepsilon_0}\boldsymbol{e}_n$，其中 σ 为该导体表面处的面电荷密度，$\boldsymbol{e}_n$ 为指向导体外部的法向单位矢量。

解 如图 10.24 所示，在导体表面取一面积元 ΔS。它可视为一小平面，所带电荷为 $\sigma\Delta S$，此电荷受的力应是除 $\sigma\Delta S$ 以外所有导体表面上以及以外的其他电荷的电场力，以 $\boldsymbol{E}_{ext}$ 表示这些其他电荷在 ΔS 处的电场强度。在离 ΔS 足够近的两侧，ΔS 可视为无限大带电平面，而 $\sigma\Delta S$ 在其两侧产生的电场强度分别为 $\boldsymbol{E}'_{ext}=\frac{\sigma}{2\varepsilon_0}\boldsymbol{e}_n$ 和 $\boldsymbol{E}'_{int}=-\frac{\sigma}{2\varepsilon_0}\boldsymbol{e}_n$。由于在静电平衡时，导体内部电场强度为零，所以有

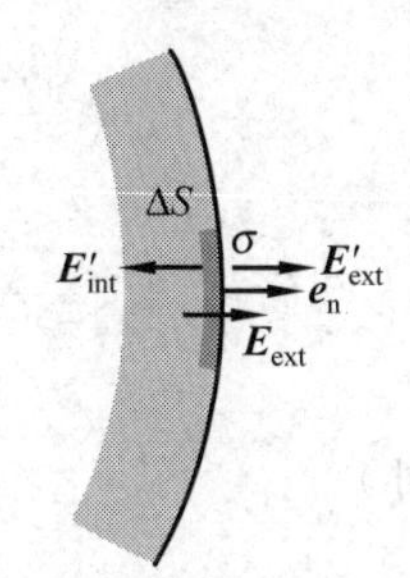

图 10.24 导体表面附近的电场

$$\boldsymbol{E}_{ext}+\boldsymbol{E}'_{int}=0$$

由此得

$$\boldsymbol{E}_{ext}=-\boldsymbol{E}'_{in}=\frac{\sigma}{2\varepsilon_0}\boldsymbol{e}_n$$

ΔS 面上电荷受的电场力应为

$$\Delta\boldsymbol{F}=\sigma\Delta S\boldsymbol{E}_{ext}=\frac{\sigma^2}{2\varepsilon_0}\Delta S\boldsymbol{e}_n$$

而导体表面单位面积受的电场力应为

$$\boldsymbol{f}=\frac{\Delta\boldsymbol{F}}{\Delta S}=\frac{\sigma^2}{2\varepsilon_0}\boldsymbol{e}_n \tag{10.35}$$

这就是要证明的。注意，由于 σ^2 总为正值，所以不管导体表面的电荷正负如何，这表面受的电场力都与 $\boldsymbol{e}_n$ 同向，即垂直表面指向导体外部。

提 要

1. **电荷**：电荷有两种，电荷是量子化的，守恒的，具有相对论不变性。
2. **电场和电场强度**：电荷通过场相互作用，其中之一是电场。

电场强度的定义：$\boldsymbol{E}=\boldsymbol{F}/q$，其中 q 是静止的检验电荷，

电场叠加原理：$\boldsymbol{E}=\sum \boldsymbol{E}_i$

3. 库仑定律：真空中两静止的点电荷的相互作用力

$$F=\frac{q_1 q_2}{4\pi\varepsilon_0 r^2}$$

静止的点电荷的电场分布

$$\boldsymbol{E}=\frac{q}{4\pi\varepsilon_0 r^2}\boldsymbol{e}_r \quad (q\text{：场源电荷})$$

电偶极子的中垂线上的静电场分布

$$\boldsymbol{E}=\frac{-\boldsymbol{p}}{4\pi\varepsilon_0 r^3} \quad (\text{电矩：}\boldsymbol{p}=q\boldsymbol{l})$$

4. 电场线和电通量：通过某一面积 S 的电通量为

$$\Phi_e=\int_S \boldsymbol{E}\cdot \mathrm{d}\boldsymbol{S}$$

它等于通过 S 面的电场线的总条数。

对封闭面 S，

$$\Phi_e=\oint_S \boldsymbol{E}\cdot \mathrm{d}\boldsymbol{S}, \quad (\mathrm{d}\boldsymbol{S}\text{ 的正(法线)方向由面内指向面外})$$

它等于从封闭面 S 净穿出的电场线的条数。

5. 高斯定律：

$$\Phi_e=\oint_S \boldsymbol{E}\cdot \mathrm{d}\boldsymbol{S}=\frac{1}{\varepsilon_0}\sum q_{\text{in}}$$

6. 典型静电场：

均匀带电球面：$\boldsymbol{E}=0$,(球内)；$\boldsymbol{E}=\frac{q}{4\pi\varepsilon_0 r^2}\boldsymbol{e}_r$,(球外)

均匀带电球体：$\boldsymbol{E}=\frac{q}{4\pi\varepsilon_0 R^3}\boldsymbol{r}=\frac{\rho}{3\varepsilon_0}\boldsymbol{r}$,(球内)；$\boldsymbol{E}=\frac{q}{4\pi\varepsilon_0 r^2}\boldsymbol{e}_r$,(球外)

无限长均匀带电直线：$E=\frac{\lambda}{2\pi\varepsilon_0 r}$，方向垂直带电直线

无限大均匀带电平面：$E=\sigma/2\varepsilon_0$，方向垂直带电平面。

7. 导体的静电平衡：无宏观电荷移动。

电场分布：$\boldsymbol{E}_{\text{int}}=0$，$\boldsymbol{E}_{\text{sur}}\perp$表面

电荷分布：$q_{\text{in}}=0$，$\sigma=\varepsilon_0 E$,(曲率大处,σ 大)

封闭的金属壳在壳体内 $\boldsymbol{E}_{\text{int}}=0$，形成“静电隔离带”,起静电屏蔽作用。

8. 电场对电荷的作用力：

$$\boldsymbol{F}=\boldsymbol{E}q \quad (\text{此电场力与 }q\text{ 的速率无关})$$

电偶极子受电场的力矩：$\boldsymbol{M}=\boldsymbol{p}\times\boldsymbol{E}$

思考题

10.1 点电荷的电场公式为

$$\boldsymbol{E}=\frac{q}{4\pi\varepsilon_0 r^2}\boldsymbol{e}_r$$

从形式上看，当所考察的点与点电荷的距离 $r\to 0$ 时，场强 $E\to\infty$，这是没有物理意义的。你对此如何解释？

10.2 $\boldsymbol{E}=\dfrac{\boldsymbol{F}}{q}$ 与 $\boldsymbol{E}=\dfrac{q}{4\pi\varepsilon_0 r^2}\boldsymbol{e}_r$ 两公式有什么区别和联系？对前一公式中的 q 有何要求？

10.3 电场线、电通量和电场强度的关系如何？电通量的正、负表示什么意义？

10.4 三个相等的电荷放在等边三角形的三个顶点上，问是否可以以三角形中心为球心作一个球面，利用高斯定律求出它们所产生的场强？对此球面高斯定律是否成立？

10.5 如果通过闭合面 S 的电通量 Φ_e 为零，是否能肯定：(1)面 S 上每一点的场强都等于零？(2)面内没有电荷？(3)面内净电荷为零？

10.6 如果在封闭面 S 上，E 处处为零，能否肯定此封闭面一定没有包围净电荷？

10.7 用高斯定律说明：电场线总起自正电荷，终于负电荷而且不能在无电荷处中断。

10.8 均匀带电球面内部的电场强度为零。在各种形状的导体中，是否只有球形导体带电而处于静电平衡时其内部电场强度为零？为什么？

10.9 把一个带电体移近一个导体，带电体自己在导体内的电场是否为零？为什么静电平衡时，导体内的电场为零呢？

10.10 无限大均匀带电平面两侧场强为 $E=\dfrac{\sigma}{2\varepsilon_0}$；在静电平衡状态下，一大的导体平板表面的场强为 $E=\sigma/\varepsilon_0$。设二者面电荷密度 σ 一样，为什么后者比前者增大了一倍？

10.11 两块平行放置的导体大平板带电后，其相对的两表面的面电荷密度是否一定大小相等，方向相反？为什么？

习题

10.1 在边长为 a 的正方形的四角，依次放置点电荷 q，$2q$，$-4q$ 和 $2q$，求它的正中心 C 点的电场强度。

10.2 三个电量为 $-q$ 的点电荷各放在边长为 r 的等边三角形的三个顶点上，电荷 $Q(Q>0)$ 放在三角形的重心上。为使每个负电荷受力为零，Q 之值应为多大？

10.3 一个正 π 介子由一个 u 夸克和一个反 d 夸克组成。u 夸克带电量为 $\dfrac{2}{3}e$，反 d 夸克带电量为 $\dfrac{1}{3}e$。将夸克作为经典粒子处理，试计算正 π 介子中夸克间的电力(设它们之间的距离为 1.0×10^{-15} m)。

10.4 一个电偶极子的电矩为 $\boldsymbol{p}=q\boldsymbol{l}$，证明此电偶极子轴线上距其中心为 $r(r\gg l)$ 处的一点的场强为 $\boldsymbol{E}=\boldsymbol{p}/2\pi\varepsilon_0 r^3$。

10.5 两根无限长的均匀带电直线相互平行，相距为 $2a$，线电荷密度分别为 $+\lambda$ 和 $-\lambda$，求每单位长度的带电直线受的作用力。

10.6 一均匀带电直线段长为 L，线电荷密度为 λ。求直线段的延长线上距 L 中点为 r $(r>L/2)$ 处的场强。

10.7 一根弯成半圆形的塑料细杆，圆半径为 R，其上均匀分布的线电荷密度为 λ。求圆心处的电场强度。

10.8 一根不导电的细塑料杆，被弯成近乎完整的圆(图 10.25)，圆的半径 $R=0.5$ m，杆的两端有 $b=2$ cm 的缝隙，$Q=3.12\times10^{-9}$ C 的正电荷均匀地分布在杆上，求圆心处电场的大小和方向。

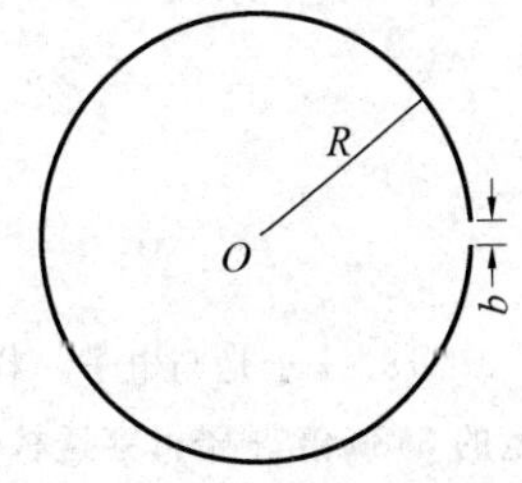

图 10.25 习题 10.8 用图

10.9 如图 10.26 所示，两根平行长直线间距为 $2a$，一端用半圆形线连起来。全线上均匀带电，试证明在圆心 O 处的电场强度为零。

10.10 (1) 点电荷 q 位于边长为 a 的正立方体的中心，通过此立方体的每一面的电通量各是多少？

(2) 若电荷移至正立方体的一个顶点上，那么通过每个面的电通量又各是多少？

10.11 实验证明，地球表面上方电场不为0，晴天大气电场的平均场强约为120 V/m，方向向下，这意味着地球表面上有多少过剩电荷？试以每平方厘米的额外电子数来表示。

10.12 地球表面上方电场方向向下，大小可能随高度改变(图10.27)。设在地面上方100 m高处场强为150 N/C，300 m高处场强为100 N/C。试由高斯定律求在这两个高度之间的平均体电荷密度，以多余的或缺少的电子数密度表示。

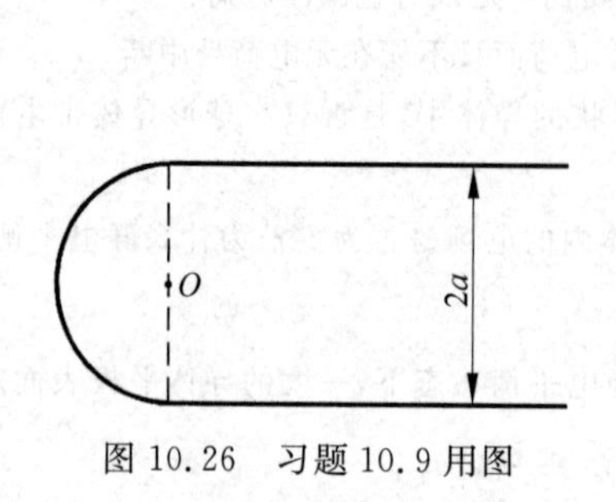

图10.26 习题10.9用图

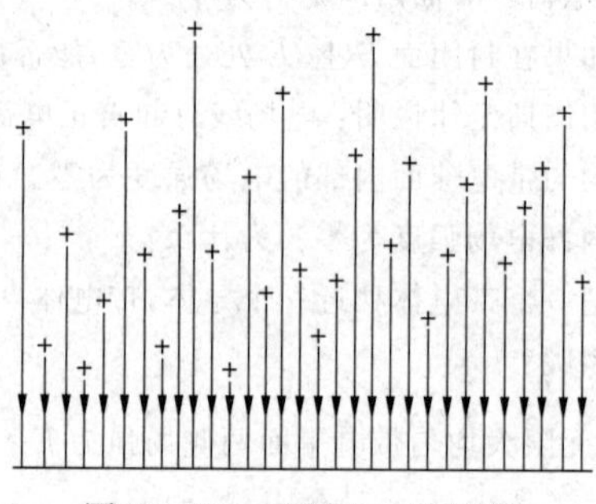
图10.27 习题10.12用图

10.13 一无限长的均匀带电圆柱面，截面半径为 a，面电荷密度为 σ，设垂直于圆柱面的轴的方向从中心向外的径矢的大小为 r，求其电场分布并画出 E-r 曲线。

10.14 两个无限长同轴圆柱面半径分别为 R_1 和 R_2，单位长度带电量分别为 $+\lambda$ 和 $-\lambda$。求内圆柱面内、两圆柱面间及外圆柱面外的电场分布。

10.15 质子的电荷并非集中于一点，而是分布在一定空间内。实验测知，质子的电荷体密度可用指数函数表示为

$$\rho=\frac{e}{8\pi b^3}\mathrm{e}^{-r/b}$$

其中 b 为一常量，$b=0.23\times10^{-15}$ m。求电场强度随 r 变化的表示式和 $r=1.0\times10^{-15}$ m处的电场强度的大小。

10.16 一均匀带电球体，半径为 R，体电荷密度为 ρ，今在球内挖去一半径为 $r(r<R)$ 的球体，求证由此形成的空腔内的电场是均匀的，并求其值。

10.17 一球形导体 A 含有两个球形空腔，这导体本身的总电荷为零，但在两空腔中心分别有一点电荷 q_b 和 q_c，导体球外距导体球很远的 r 处有另一点电荷 q_d(图10.28)。试求 q_b，q_c 和 q_d 各受到多大的力。哪个答案是近似的？

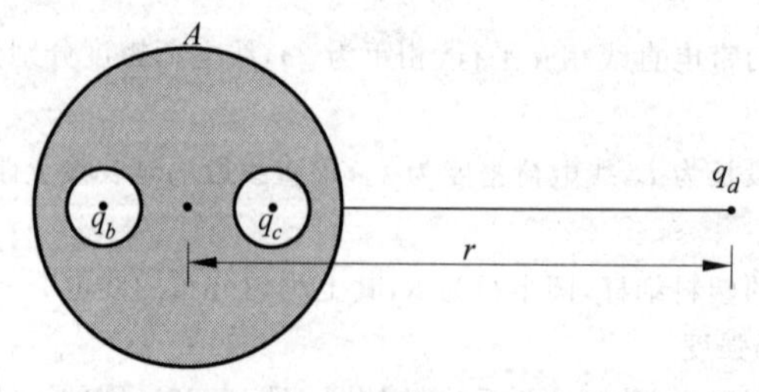

图10.28 习题10.17用图

10.18 τ 子是与电子一样带有负电而质量却很大的粒子。它的质量为 3.17×10^{-27} kg，大约是电子质量的3480倍，τ 子可穿透核物质，因此，τ 子在核电荷的电场作用下在核内可作轨道运动。设 τ 子在铀核内的圆轨道半径为 2.9×10^{-15} m，把铀核看作是半径为 7.4×10^{-15} m的球，并且带有92e 且均匀分布于其

体积内的电荷。计算 τ 子的轨道运动的速率、动能、角动量和频率。

10.19 设在氢原子中，负电荷均匀分布在半径为 $r_0=0.53\times10^{-10}$ m 的球体内，总电量为 $-e$，质子位于此电子云的中心。求当外加电场 $E=3\times10^6$ V/m(实验室内很强的电场)时，负电荷的球心和质子相距多远(设电子云不因外加电场而变形)？此时氢原子的“感生电偶极矩”多大？

10.20 喷墨打印机的结构简图如图 10.29 所示。其中墨盒可以发出墨汁微滴，其半径约 10^{-5} m。(墨盒每秒钟可发出约 10^5 个微滴，每个字母约需百余滴。)此微滴经过带电室时被带上负电，带电的多少由计算机按字体笔画高低位置输入信号加以控制。带电后的微滴进入偏转板，由电场按其带电量的多少施加偏转电力，从而可沿不同方向射出，打到纸上即显示出字体来。无信号输入时，墨汁滴径直通过偏转板而注入回流槽流回墨盒。

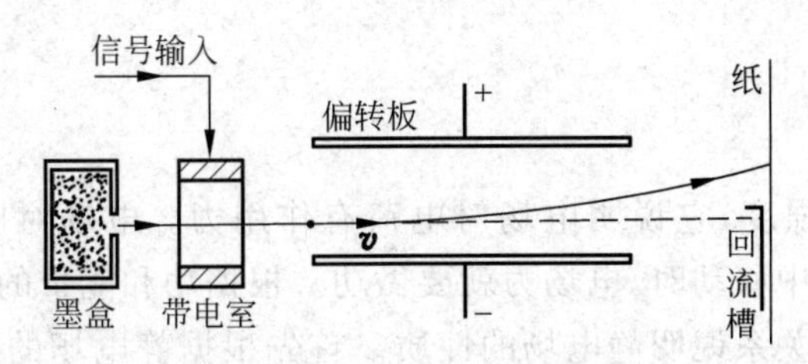

图 10.29 习题 10.20 用图

设一个墨汁滴的质量为 1.5×10^{-10} kg，经过带电室后带上了 -1.4×10^{-13} C 的电量，随后即以 20 m/s 的速度进入偏转板，偏转板长度为 1.6 cm。如果板间电场强度为 1.6×10^6 N/C，那么此墨汁滴离开偏转板时在竖直方向将偏转多大距离(忽略偏转板边缘的电场不均匀性，并忽略空气阻力)？

第11章

电 势

第10章介绍了电场强度，它说明电场对电荷有作用力。电场对电荷既然有作用力，那么，当电荷在电场中移动时，电场力就要做功。根据功和能量的联系，可知有能量和电场相联系。本章从功能关系说明静电场的性质。首先根据静电场的保守性，引入了电势的概念，把它和电场强度直接联系起来，并介绍了计算电势的方法。接着指出静电平衡的导体是等势体以及由电势求电场强度的方法。然后根据功能关系导出了电荷系的静电能的计算公式。静电系统的静电能可以认为是储存在电场中的。本章最后给出了由电场强度求静电能的方法并引入了电场能量密度的概念。

11.1 静电场的保守性

本章从功能的角度研究静电场的性质，我们先从库仑定律出发证明静电场是保守场。

图11.1中，以q表示固定于某处的一个点电荷，当另一电荷q_0在它的电场中由P_1点沿任一路径C移到P_2点时，q_0受的静电场力所做的功为

$$A_{12} = {}_C\int_{(P_1)}^{(P_2)} \boldsymbol{F}\cdot \mathrm{d}\boldsymbol{r} = {}_C\int_{(P_1)}^{(P_2)} q_0\boldsymbol{E}\cdot \mathrm{d}\boldsymbol{r} = q_0\,{}_C\int_{(P_1)}^{(P_2)} \boldsymbol{E}\cdot \mathrm{d}\boldsymbol{r} \tag{11.1}$$

上式两侧除以q_0，得到

$$\frac{A_{12}}{q_0} = {}_C\int_{(P_1)}^{(P_2)} \boldsymbol{E}\cdot \mathrm{d}\boldsymbol{r} \tag{11.2}$$

式(11.2)等号右侧的积分${}_C\int_{(P_1)}^{(P_2)} \boldsymbol{E}\cdot \mathrm{d}\boldsymbol{r}$叫电场强度$\boldsymbol{E}$沿任意路径$C$的**线积分**，它表示在电场

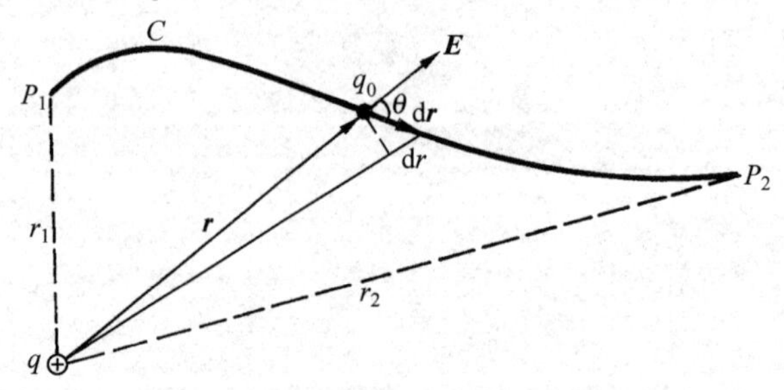

图11.1　电荷运动时电场力做功的计算

中从 P_1 点到 P_2 点移动单位正电荷时电场力所做的功。由于这一积分只由 q 的电场强度 $\boldsymbol{E}$ 的分布决定，而与被移动的电荷的电量无关，所以可以用它来说明电场的性质。

对于静止的点电荷 q 的电场来说，其电场强度公式为

$$\boldsymbol{E}=\frac{q}{4\pi\varepsilon_0 r^2}\boldsymbol{e}_r=\frac{q}{4\pi\varepsilon_0 r^3}\boldsymbol{r}$$

将此式代入到式(11.2)中，得场强 $\boldsymbol{E}$ 的线积分为

$$\int_{C\,(P_1)}^{(P_2)}\boldsymbol{E}\cdot\mathrm{d}\boldsymbol{r}=\int_{C\,(P_1)}^{(P_2)}\frac{q}{4\pi\varepsilon_0 r^3}\boldsymbol{r}\cdot\mathrm{d}\boldsymbol{r}$$

从图 11.1 看出，$\boldsymbol{r}\cdot\mathrm{d}\boldsymbol{r}=r\cos\theta|\mathrm{d}\boldsymbol{r}|=r\mathrm{d}r$，这里 θ 是从电荷 q 引到 q_0 的径矢与 q_0 的位移元 $\mathrm{d}\boldsymbol{r}$ 之间的夹角。将此关系代入上式，得

$$\int_{C\,(P_1)}^{(P_2)}\boldsymbol{E}\cdot\mathrm{d}\boldsymbol{r}=\int_{C\,r_1}^{r_2}\frac{q}{4\pi\varepsilon_0 r^2}\mathrm{d}r=\frac{q}{4\pi\varepsilon_0}\left(\frac{1}{r_1}-\frac{1}{r_2}\right)\tag{11.3}$$

由于 r_1 和 r_2 分别表示从点电荷 q 到起点和终点的距离，所以此结果说明，在静止的点电荷 q 的电场中，电场强度的线积分只与积分路径的起点和终点位置有关，而与积分路径无关。也可以说在静止的点电荷的电场中，移动单位正电荷时，电场力所做的功只取决于被移动的电荷的起点和终点的位置，而与移动的路径无关。

对于由许多静止的点电荷 $q_1,q_2,\cdots,q_n$ 组成的电荷系，由场强叠加原理可得到其电场强度 $\boldsymbol{E}$ 的线积分为

$$\begin{aligned}\int_{(P_1)}^{(P_2)}\boldsymbol{E}\cdot\mathrm{d}\boldsymbol{r}&=\int_{(P_1)}^{(P_2)}(\boldsymbol{E}_1+\boldsymbol{E}_2+\cdots+\boldsymbol{E}_n)\cdot\mathrm{d}\boldsymbol{r}\\&=\int_{(P_1)}^{(P_2)}\boldsymbol{E}_1\cdot\mathrm{d}\boldsymbol{r}+\int_{(P_1)}^{(P_2)}\boldsymbol{E}_2\cdot\mathrm{d}\boldsymbol{r}+\cdots+\int_{(P_1)}^{(P_2)}\boldsymbol{E}_n\cdot\mathrm{d}\boldsymbol{r}\end{aligned}$$

因为上述等式右侧每一项线积分都与路径无关，而取决于被移动电荷的始末位置，所以总电场强度 $\boldsymbol{E}$ 的线积分也具有这一特点。

对于静止的连续的带电体，可将其看作无数电荷元的集合，因而它的电场的场强的线积分同样具有这样的特点。

因此我们可以得出结论：对任何**静电场**，电场强度的线积分 $\int_{(P_1)}^{(P_2)}\boldsymbol{E}\cdot\mathrm{d}\boldsymbol{r}$ **都只取决于起点 P_1 和终点 P_2 的位置而与连接 P_1 和 P_2 点间的路径无关**，静电场的这一特性叫**静电场的保守性**。

静电场的保守性还可以表述成另一种形式。如图 11.2 所示，在静电场中作一任意闭合路径 C，考虑场强 $\boldsymbol{E}$ 沿此闭合路径的线积分。在 C 上取任意两点 P_1 和 P_2，它们把 C 分成 C_1 和 C_2 两段，因此，沿 C 环路的场强的线积分为

$$\begin{aligned}\oint_C\boldsymbol{E}\cdot\mathrm{d}\boldsymbol{r}&=\int_{C_1\,(P_1)}^{(P_2)}\boldsymbol{E}\cdot\mathrm{d}\boldsymbol{r}+\int_{C_2\,(P_2)}^{(P_1)}\boldsymbol{E}\cdot\mathrm{d}\boldsymbol{r}\\&=\int_{C_1\,(P_1)}^{(P_2)}\boldsymbol{E}\cdot\mathrm{d}\boldsymbol{r}-\int_{C_2\,(P_1)}^{(P_2)}\boldsymbol{E}\cdot\mathrm{d}\boldsymbol{r}\end{aligned}$$

由于场强的线积分与路径无关，所以上式最后的两个积分值相等。因此

$$\oint_C\boldsymbol{E}\cdot\mathrm{d}\boldsymbol{r}=0\tag{11.4}$$

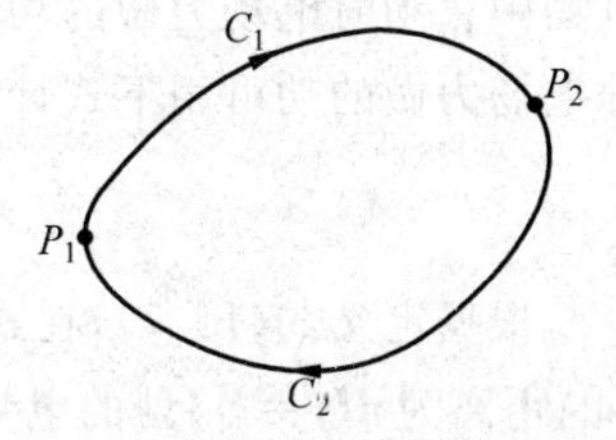

图 11.2 静电场的环路定理

此式表明，**在静电场中，场强沿任意闭合路径的线积分等于零**。这就是静电场的保守性的另一种说法，称作**静电场环路定理**。

11.2 电势差和电势

静电场的保守性意味着，对静电场来说，存在着一个由电场中各点的位置所决定的标量函数，此函数在 P_1 和 P_2 两点的数值之差等于从 P_1 点到 P_2 点电场强度沿任意路径的线积分，也就等于从 P_1 点到 P_2 点移动单位正电荷时静电场力所做的功。这个函数叫**电场的电势**(或势函数)，以 φ_1 和 φ_2 分别表示 P_1 和 P_2 点的电势，就可以有下述定义公式：

$$\varphi_1-\varphi_2=\int_{(P_1)}^{(P_2)}\boldsymbol{E}\cdot\mathrm{d}\boldsymbol{r} \tag{11.5}$$

$\varphi_1-\varphi_2$ 叫做 P_1 和 P_2 两点间的**电势差**，也叫该两点间的电压，记作 U_{12}，$U_{12}=\varphi_1-\varphi_2$。由于静电场的保守性，在一定的静电场中，对于给定的两点 P_1 和 P_2，其电势差具有完全确定的值。

式(11.5)只能给出静电场中任意两点的电势差，而不能确定任一点的电势值。为了给出静电场中各点的电势值，需要预先选定一个参考位置，并指定它的电势为零。这一参考位置叫**电势零点**。以 P_0 表示电势零点，由式(11.5)可得静电场中任意一点 P 的电势为

$$\varphi=\int_{(P)}^{(P_0)}\boldsymbol{E}\cdot\mathrm{d}\boldsymbol{r} \tag{11.6}$$

而 P 点的电势也就等于将单位正电荷自 P 点沿任意路径移到电势零点时，电场力所做的功。电势零点选定后，电场中所有各点的电势值就由式(11.6)唯一地确定了，由此确定的电势是空间坐标的标量函数，即 $\varphi=\varphi(x,y,z)$。

电势零点的选择只视方便而定。当电荷只分布在有限区域时，电势零点通常选在无限远处。这时式(11.6)可以写成

$$\varphi=\int_{(P)}^{\infty}\boldsymbol{E}\cdot\mathrm{d}\boldsymbol{r} \tag{11.7}$$

在实际问题中，也常常选地球的电势为零电势。

由式(11.6)明显看出，电场中各点电势的大小与电势零点的选择有关，相对于不同的电势零点，电场中同一点的电势会有不同的值。因此，在具体说明各点电势数值时，必须事先明确电势零点在何处。

电势和电势差具有相同的单位，在国际单位制中，电势的单位名称是伏[特]，符号为 V，

$$1\ \mathrm{V}=1\ \mathrm{J/C}$$

当电场中电势分布已知时，利用电势差定义式(11.5)，可以很方便地计算出点电荷在静电场中移动时电场力做的功。由式(11.1)和式(11.5)可知，电荷 q_0 从 P_1 点移到 P_2 点时，静电场力做的功可用下式计算：

$$A_{12}=q_0\int_{(P_1)}^{(P_2)}\boldsymbol{E}\cdot\mathrm{d}\boldsymbol{r}=q_0(\varphi_1-\varphi_2) \tag{11.8}$$

根据定义式(11.7)，在式(11.3)中，选 P_2 在无限远处，即令 $r_2=\infty$，则距静止的点电荷 q 的距离为 $r(r=r_1)$ 处的电势为

$$\varphi=\frac{q}{4\pi\varepsilon_0 r} \tag{11.9}$$

这就是在真空中静止的点电荷的电场中各点电势的公式。此式中视 q 的正负，电势 φ 可正可负。在正电荷的电场中，各点电势均为正值，离电荷越远的点，电势越低。在负电荷的电场中，各点电势均为负值，离电荷越远的点，电势越高。

下面举例说明，在真空中，当静止的电荷分布已知时，如何求出电势的分布。利用式(11.6)进行计算时，首先要明确电势零点，其次是要先求出电场的分布，然后选一条路径进行积分。

例 11.1 均匀带电球面的电势。求均匀带电球面的电场中的电势分布。球面半径为 R，总带电量为 q。

解 以无限远为电势零点。由于在球面外直到无限远处场强的分布都和电荷集中到球心处的一个点电荷的场强分布一样，因此，球面外任一点的电势应与式(11.9)相同，即

$$\varphi=\frac{q}{4\pi\varepsilon_0 r}\quad(r\geqslant R)$$

若 P 点在球面内($r<R$)，由于球面内、外场强的分布不同，所以由定义式(11.7)，积分要分两段，即

$$\varphi=\int_r^{\infty}\boldsymbol{E}\cdot\mathrm{d}\boldsymbol{r}=\int_r^{R}\boldsymbol{E}\cdot\mathrm{d}\boldsymbol{r}+\int_R^{\infty}\boldsymbol{E}\cdot\mathrm{d}\boldsymbol{r}$$

因为在球面内各点场强为零，而球面外场强为

$$\boldsymbol{E}=\frac{q}{4\pi\varepsilon_0 r^3}\boldsymbol{r}$$

所以上式结果为

$$\varphi=\int_R^{\infty}\boldsymbol{E}\cdot\mathrm{d}\boldsymbol{r}=\int_R^{\infty}\frac{q}{4\pi\varepsilon_0 r^2}\mathrm{d}r=\frac{q}{4\pi\varepsilon_0 R}\quad(r\leqslant R)$$

它说明均匀带电球面内各点电势相等，都等于球面上各点的电势。电势随 r 的变化曲线(φ-r 曲线)如图 11.3 所示。和场强分布 E-r 曲线(图 10.12)相比，可看出，在球面处($r=R$)，场强不连续，而电势是连续的。

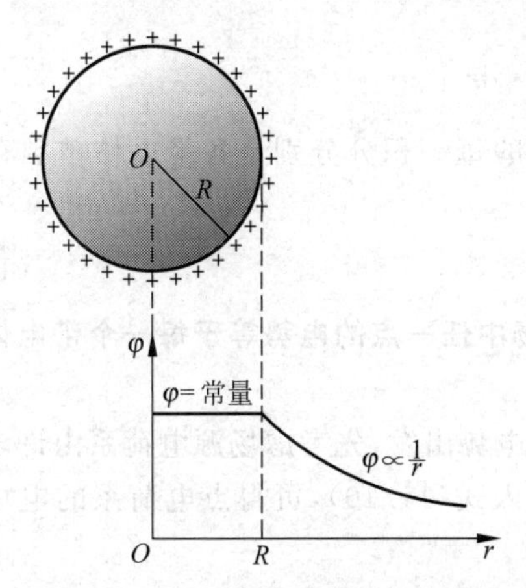

图 11.3 均匀带电球面的电势分布

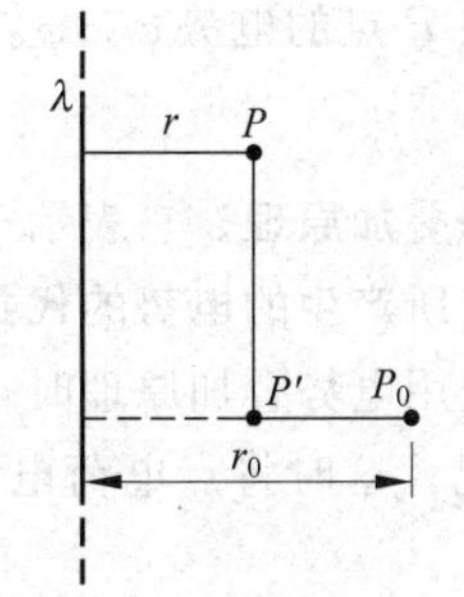

图 11.4 均匀带电直线的电势分布的计算

例 11.2 带电直线的电势。求无限长均匀带电直线的电场中的电势分布。

解 无限长均匀带电直线周围的场强的大小为

$$E=\frac{\lambda}{2\pi\varepsilon_0 r}$$

方向垂直于带电直线。如果仍选无限远处作为电势零点，则由 $\int_{(P)}^{\infty}\boldsymbol{E}\cdot\mathrm{d}\boldsymbol{r}$ 积分的结果可知各点电势都将为无限大值而失去意义。这时我们可选某一距带电直线为 r_0 的 P_0 点(图 11.4)为电势零点，则距带电直线

为 r 的 P 点的电势为

$$\varphi = \int_{(P)}^{(P_0)} \boldsymbol{E} \cdot \mathrm{d}\boldsymbol{r} = \int_{(P)}^{(P')} \boldsymbol{E} \cdot \mathrm{d}\boldsymbol{r} + \int_{(P')}^{(P_0)} \boldsymbol{E} \cdot \mathrm{d}\boldsymbol{r}$$

式中积分路径 PP' 段与带电直线平行，而 $P'P_0$ 段与带电直线垂直。由于 PP' 段与电场方向垂直，所以上式第2个等号右侧第一项积分为零。于是，

$$\begin{aligned}\varphi &= \int_{(P')}^{(P_0)} \boldsymbol{E} \cdot \mathrm{d}\boldsymbol{r} = \int_{r}^{r_0} \frac{\lambda}{2\pi\varepsilon_0 r}\mathrm{d}r \\ &= -\frac{\lambda}{2\pi\varepsilon_0}\ln r + \frac{\lambda}{2\pi\varepsilon_0}\ln r_0\end{aligned}$$

这一结果可以一般地表示为

$$\varphi = \frac{-\lambda}{2\pi\varepsilon_0}\ln r + C$$

式中 C 为与电势零点的位置有关的常量。

由此例看出，当电荷的分布扩展到无限远时，电势零点不能再选在无限远处。

11.3 电势叠加原理

已知在真空中静止的电荷分布求其电场中的电势分布时，除了直接利用定义公式(11.6)以外，还可以在点电荷电势公式(11.9)的基础上应用叠加原理来求出结果。这后一方法的原理如下。

设场源电荷系由若干个带电体组成，它们各自分别产生的电场为 $\boldsymbol{E}_1, \boldsymbol{E}_2, \cdots$，由叠加原理知道总场强 $\boldsymbol{E} = \boldsymbol{E}_1 + \boldsymbol{E}_2 + \cdots$。根据定义公式(11.6)，它们的电场中 P 点的电势应为

$$\begin{aligned}\varphi &= \int_{(P)}^{(P_0)} \boldsymbol{E} \cdot \mathrm{d}\boldsymbol{r} = \int_{(P)}^{(P_0)} (\boldsymbol{E}_1 + \boldsymbol{E}_2 + \cdots) \cdot \mathrm{d}\boldsymbol{r} \\ &= \int_{(P)}^{(P_0)} \boldsymbol{E}_1 \cdot \mathrm{d}\boldsymbol{r} + \int_{(P)}^{(P_0)} \boldsymbol{E}_2 \cdot \mathrm{d}\boldsymbol{r} + \cdots\end{aligned}$$

再由定义式(11.6)可知，上式最后面一个等号右侧的每一积分分别是各带电体单独存在时产生的电场在 P 点的电势 $\varphi_1, \varphi_2, \cdots$。因此就有

$$\varphi = \sum \varphi_i \tag{11.10}$$

此式称作**电势叠加原理**。它表示**一个电荷系的电场中任一点的电势等于每一个带电体单独存在时在该点所产生的电势的代数和**。

实际上应用电势叠加原理时，可以从点电荷的电势出发，先考虑场源电荷系由许多点电荷组成的情况。这时将点电荷电势公式(11.9)代入式(11.10)，可得点电荷系的电场中 P 点的电势为

$$\varphi = \sum \frac{q_i}{4\pi\varepsilon_0 r_i} \tag{11.11}$$

式中 r_i 为从点电荷 q_i 到 P 点的距离。

对一个电荷连续分布的带电体，可以设想它由许多电荷元 $\mathrm{d}q$ 所组成。将每个电荷元都当成点电荷，就可以由式(11.11)得出用叠加原理求电势的积分公式

$$\varphi = \int \frac{\mathrm{d}q}{4\pi\varepsilon_0 r} \tag{11.12}$$

应该指出的是：由于公式(11.11)或式(11.12)都是以点电荷的电势公式(11.9)为基础

的，所以应用式(11.11)和式(11.12)时，电势零点都已选定在无限远处了。

下面举例说明电势叠加原理的应用。

例 11.3 电偶极子的电势。求电偶极子的电场中的电势分布。已知电偶极子中两点电荷 $-q$，$+q$ 间的距离为 l。

解 设场点 P 离 $+q$ 和 $-q$ 的距离分别为 r_+ 和 r_-，P 离偶极子中点 O 的距离为 r(图 11.5)。

根据电势叠加原理，P 点的电势为

$$\varphi = \varphi_+ + \varphi_- = \frac{q}{4\pi\varepsilon_0 r_+} + \frac{-q}{4\pi\varepsilon_0 r_-} = \frac{q(r_- - r_+)}{4\pi\varepsilon_0 r_+ r_-}$$

对于离电偶极子比较远的点，即 $r \gg l$ 时，应有

$$r_+ r_- \approx r^2, \quad r_- - r_+ \approx l\cos\theta$$

θ 为 OP 与 $\boldsymbol{l}$ 之间夹角，将这些关系代入上一式，即可得

$$\varphi = \frac{ql\cos\theta}{4\pi\varepsilon_0 r^2} = \frac{p\cos\theta}{4\pi\varepsilon_0 r^2} = \frac{\boldsymbol{p}\cdot\boldsymbol{r}}{4\pi\varepsilon_0 r^3}$$

式中 $\boldsymbol{p} = q\boldsymbol{l}$ 是电偶极子的电矩。

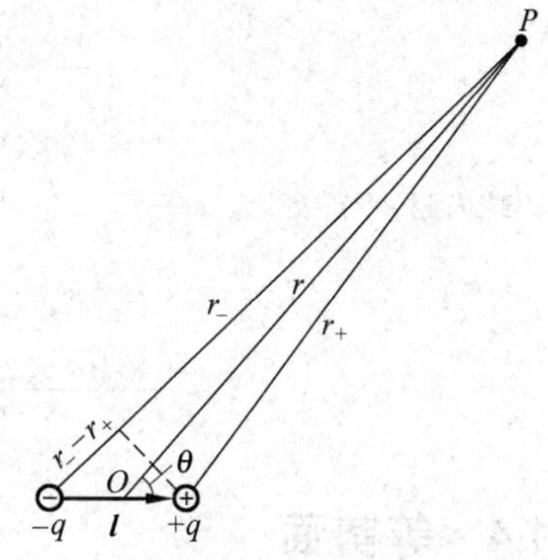

图 11.5 计算电偶极子的电势用图

例 11.4 带电圆环的电势。一半径为 R 的均匀带电细圆环，所带总电量为 q，求在圆环轴线上任意点 P 的电势。

解 在图 11.6 中以 x 表示从环心到 P 点的距离，以 $\mathrm{d}q$ 表示在圆环上任一电荷元。由式(11.11)可得 P 点的电势为

$$\varphi = \int \frac{\mathrm{d}q}{4\pi\varepsilon_0 r} = \frac{1}{4\pi\varepsilon_0 r}\int_q \mathrm{d}q = \frac{q}{4\pi\varepsilon_0 r} = \frac{q}{4\pi\varepsilon_0 (R^2 + x^2)^{1/2}}$$

当 P 点位于环心 O 处时，$x=0$，则

$$\varphi = \frac{q}{4\pi\varepsilon_0 R}$$

例 11.5 同心带电球面的电势。图 11.7 表示两个同心的均匀带电球面，半径分别为 $R_A = 5\ \mathrm{cm}$，$R_B = 10\ \mathrm{cm}$，分别带有电量 $q_A = +2\times10^{-9}\ \mathrm{C}$，$q_B = -2\times10^{-9}\ \mathrm{C}$。求距球心距离为 $r_1 = 15\ \mathrm{cm}$，$r_2 = 6\ \mathrm{cm}$，$r_3 = 2\ \mathrm{cm}$ 处的电势。

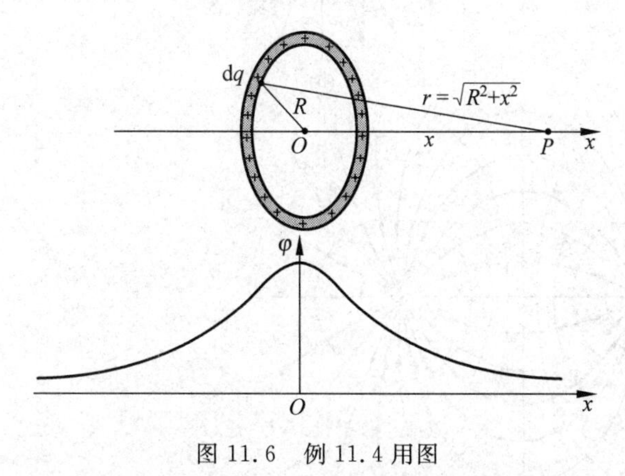

图 11.6 例 11.4 用图

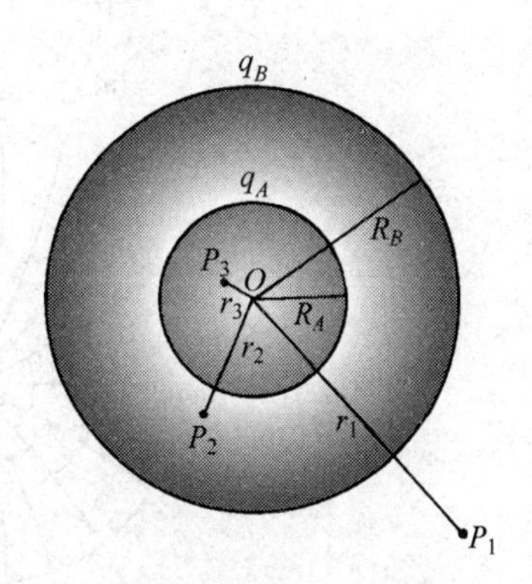

图 11.7 例 11.5 用图

解 这一带电系统的电场的电势分布可以由两个带电球面的电势相加求得。每一个带电球面的电势分布已在例 11.1 中求出。由此可得在外球外侧 $r=r_1$ 处，

$$\varphi_1 = \varphi_{A1} + \varphi_{B1} = \frac{q_A}{4\pi\varepsilon_0 r_1} + \frac{q_B}{4\pi\varepsilon_0 r_1}$$

$$=\frac{q_A+q_B}{4\pi\varepsilon_0 r_1}=0$$

在两球面中间 $r=r_2$ 处，

$$\begin{aligned}\varphi_2=\varphi_{A2}+\varphi_{B2}&=\frac{q_A}{4\pi\varepsilon_0 r_2}+\frac{q_B}{4\pi\varepsilon_0 R_B}\\&=\frac{9\times10^9\times2\times10^{-9}}{0.06}+\frac{9\times10^9\times(-2\times10^{-9})}{0.10}\\&=120\ (\text{V})\end{aligned}$$

在内球内侧 $r=r_3$ 处，

$$\begin{aligned}\varphi_3=\varphi_{A3}+\varphi_{B3}&=\frac{q_A}{4\pi\varepsilon_0 R_A}+\frac{q_B}{4\pi\varepsilon_0 R_B}\\&=\frac{9\times10^9\times2\times10^{-9}}{0.05}+\frac{9\times10^9\times(-2\times10^{-9})}{0.10}=180\ (\text{V})\end{aligned}$$

11.4 等势面

我们常用等势面来表示电场中电势的分布，在电场中**电势相等的点所组成的曲面叫等势面**。不同的电荷分布的电场具有不同形状的等势面。对于一个点电荷 q 的电场，根据式(11.9)，它的等势面应是一系列以点电荷所在点为球心的同心球面(图 11.8(a))。

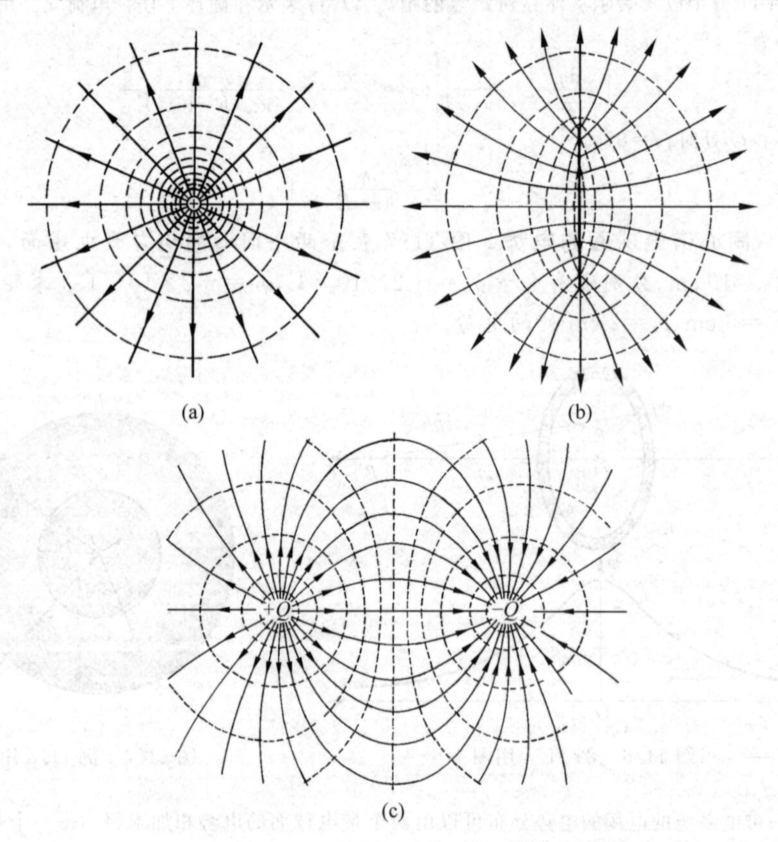

图 11.8 几种电荷分布的电场线与等势面

(a) 正点电荷；(b) 均匀带电圆盘；(c) 等量异号电荷对

为了直观地比较电场中各点的电势，画等势面时，使相邻等势面的电势差为常数。图 11.8(b)中画出了均匀带正电圆盘的电场的等势面，图 11.8(c)中画出了等量异号电荷的电场的等势面，其中实线表示电场线，虚线代表等势面与纸面的交线。

根据等势面的意义可知它和电场分布有如下关系：

(1) 等势面与电场线处处正交；

(2) 两等势面相距较近处的场强数值大，相距较远处场强数值小。

等势面的概念在实际问题中也很有用，主要是因为在实际遇到的很多带电问题中等势面(或等势线)的分布容易通过实验条件描绘出来，并由此可以分析电场的分布。

由于静电平衡时，导体内部的电场强度为零，所以根据定义公式(11.5)，其时导体内部任意两点间的电势差为零，而整个导体成为等势体并且其表面成为等势面。

例 11.6　大小导体球相连。两导体球半径分别为 R_1 和 R_2，$R_1>R_2$。用导体将两球连接后使其带电，求两球上的面电荷密度 σ_1 和 σ_2 跟二者半径的关系。设导线足够长而两球相隔足够远。

解　如图 11.9 所示，两球用导线连接后成为一个导体，所以应该电势相等。由于电荷只存在于球的表面而且两球因相隔较远而可忽略相互影响，故每个球的电势都可以用例 11.1 的结果计算。于是有下一等式：

$$\frac{q_1}{4\pi\varepsilon_0 R_1}=\frac{q_2}{4\pi\varepsilon_0 R_2}$$

式中 q_1，q_2 分别为两球上的总电荷。由于 $q_1=4\pi R_1^2\sigma_1$，$q_2=4\pi R_2^2\sigma_2$，将此二式代入上式可得

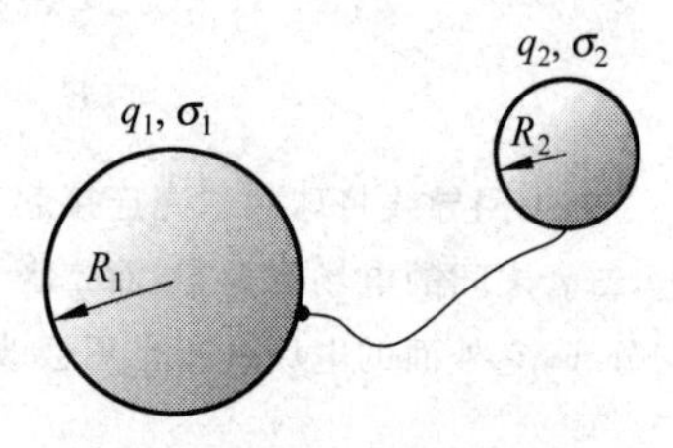

图 11.9　大小导体球相连

$$\frac{\sigma_1}{\sigma_2}=\frac{R_2}{R_1}$$

即面电荷密度与球半径成反比，半径大的球面上面电荷密度小。由于曲率为半径的倒数，所以也可以说曲率小的球面上面电荷密度小。这一结果常被用来解释不规则形状导体带电后其面电荷分布和表面曲率的关系(见 10.7 节)。

例 11.7　球套以球壳。一个金属球 A，半径为 R_1。它的外面套一个同心的金属球壳 B，其内外半径分别为 R_2 和 R_3。二者带电后电势分别为 φ_A 和 φ_B。求此系统的电荷及电场的分布。如果用导线将球和壳连接起来，结果又将如何？

解　导体球和壳内的电场应为零，而电荷均匀分布在它们的表面上。如图 11.10 所示，设 q_1，q_2，q_3 分别表示半径为 R_1，R_2，R_3 的金属球面上所带的电量。每个带电球面单独在本球面上和球面内所产生的电势都可以用例 11.1 关于球面电荷的电势公式求出，它们分别为

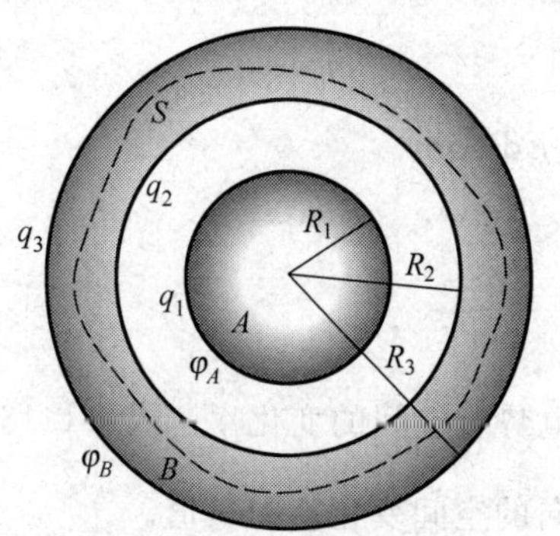

图 11.10　例 11.7 用图

$$\varphi_1=\frac{q_1}{4\pi\varepsilon_0 R_1},\quad \varphi_2=\frac{q_2}{4\pi\varepsilon_0 R_2},\quad \varphi_3=\frac{q_3}{4\pi\varepsilon_0 R_3}.$$

而在球面外各点电势等于球面上电荷集中在球心形成的点电荷的电势。

再由电势叠加原理，此带电系统各处的电势应为各球面上电荷所产生的电势之和。由于球 A 表面在球壳 B 内外表面之内，所以球 A 表面的电势，也就是球 A 的电势应为

$$\varphi_A=\frac{q_1}{4\pi\varepsilon_0 R_1}+\frac{q_2}{4\pi\varepsilon_0 R_2}+\frac{q_3}{4\pi\varepsilon_0 R_3}$$

又由于球壳 B 外表面在球 A 和球壳内表面之外，所以球壳外表面的电势，也就是球壳内表面和整个球壳的电势为

$$\varphi_B=\frac{q_1}{4\pi\varepsilon_0 R_3}+\frac{q_2}{4\pi\varepsilon_0 R_3}+\frac{q_3}{4\pi\varepsilon_0 R_3}$$

在壳体内作一个包围内腔的高斯面 S，由高斯定律就可得

$$q_1+q_2=0$$

联立解上述 3 个方程，可得

$$q_1=\frac{4\pi\varepsilon_0(\varphi_A-\varphi_B)R_1R_2}{R_2-R_1},$$

$$q_2=\frac{4\pi\varepsilon_0(\varphi_B-\varphi_A)R_1R_2}{R_2-R_1},\quad q_3=4\pi\varepsilon_0\varphi_B R_3$$

由此电荷分布可求得电场分布如下：

$$E=0\qquad (r<R_1)$$

$$E=\frac{q_1}{4\pi\varepsilon_0 r^2}=\frac{(\varphi_A-\varphi_B)R_1R_2}{(R_2-R_1)r^2}\qquad (R_1<r<R_2)$$

$$E=0\qquad (R_2<r<R_3)$$

$$E=\frac{q_1+q_2+q_3}{4\pi\varepsilon_0 r^2}=\frac{\varphi_B R_3}{r^2}\qquad (r>R_3)$$

如果用导线将球和球壳连接起来，则壳的内表面和球表面的电荷会完全中和而使两个表面都不再带电，二者之间的电场变为零，而二者之间的电势差也变为零。在球壳的外表面上电荷仍保持为 q_3，而且均匀分布，它外面的电场分布也不会改变而仍为 $\varphi_B R_3/r^2$。

11.5　电势梯度

电场强度和电势都是描述电场中各点性质的物理量，式(11.6)以积分形式表示了场强与电势之间的关系，即电势等于电场强度的线积分。反过来，场强与电势的关系也应该可以用微分形式表示出来，即场强等于电势的导数。但由于场强是一个矢量，这后一导数关系显得复杂一些。下面我们来导出场强与电势的关系的微分形式。

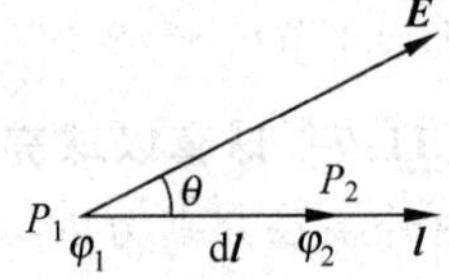

图 11.11　电势的空间变化率

在电场中考虑沿任意的 $\boldsymbol{l}$ 方向相距很近的两点 P_1 和 P_2(图 11.11)，从 P_1 到 P_2 的微小位移矢量为 $\mathrm{d}\boldsymbol{l}$。根据定义式(11.6)，这两点间的电势差为

$$\varphi_1-\varphi_2=\boldsymbol{E}\cdot\mathrm{d}\boldsymbol{l}$$

由于 $\varphi_2=\varphi_1+\mathrm{d}\varphi$，其中 $\mathrm{d}\varphi$ 为 φ 沿 $\boldsymbol{l}$ 方向的增量，所以

$$\varphi_1-\varphi_2=-\mathrm{d}\varphi=\boldsymbol{E}\cdot\mathrm{d}\boldsymbol{l}=E\mathrm{d}l\cos\theta$$

式中 θ 为 $\boldsymbol{E}$ 与 $\boldsymbol{l}$ 之间的夹角。由此式可得

$$E\cos\theta=E_l=-\frac{\mathrm{d}\varphi}{\mathrm{d}l}\qquad(11.13)$$

式中 $\frac{\mathrm{d}\varphi}{\mathrm{d}l}$ 为电势函数沿 $\boldsymbol{l}$ 方向经过单位长度时的变化，即电势对空间的变化率。式(11.13)说明，在电场中某点场强沿某方向的分量等于电势沿此方向的空间变化率的负值。

由式(11.13)可看出，当 $\theta=0$ 时，即 $\boldsymbol{l}$ 沿着 $\boldsymbol{E}$ 的方向时，变化率 $\mathrm{d}\varphi/\mathrm{d}l$ 有最大值，这时

$$E = -\left.\frac{\mathrm{d}\varphi}{\mathrm{d}l}\right|_{\max} \tag{11.14}$$

过电场中任意一点，沿不同方向其电势随距离的变化率一般是不等的。沿某一方向其电势随距离的变化率最大，此最大值称为该点的**电势梯度**，电势梯度是一个矢量，**它的方向是该点附近电势升高最快的方向**。

式(11.14)说明，电场中任意点的场强等于该点电势梯度的负值，负号表示该点场强方向和电势梯度方向相反，即**场强指向电势降低的方向**。

当电势函数用直角坐标表示，即 $\varphi=\varphi(x,y,z)$ 时，由式(11.13)可求得电场强度沿3个坐标轴方向的分量，它们是

$$E_x = -\frac{\partial \varphi}{\partial x},\quad E_y = -\frac{\partial \varphi}{\partial y},\quad E_z = -\frac{\partial \varphi}{\partial z} \tag{11.15}$$

将上式合在一起用矢量表示为

$$\boldsymbol{E} = -\left(\frac{\partial \varphi}{\partial x}\boldsymbol{i} + \frac{\partial \varphi}{\partial y}\boldsymbol{j} + \frac{\partial \varphi}{\partial z}\boldsymbol{k}\right) \tag{11.16}$$

这就是式(11.14)用直角坐标表示的形式。梯度常用 grad 或 ∇ 算符[①]表示，这样式(11.16)又常写作

$$\boldsymbol{E} = -\,\mathrm{grad}\varphi = -\,\nabla\varphi \tag{11.17}$$

上式就是电场强度与电势的微分关系，由它可方便地根据电势分布求出场强分布。

需要指出的是，场强与电势的关系的微分形式说明，电场中某点的场强决定于电势在该点的空间变化率，而与该点电势值本身无直接关系。

电势梯度的单位名称是伏每米，符号为 V/m。根据式(11.14)，场强的单位也可用 V/m 表示，它与场强的另一单位 N/C 是等价的。

例 11.8　带电圆环的静电场。根据例 11.4 中得出的在均匀带电细圆环轴线上任一点的电势公式

$$\varphi = \frac{q}{4\pi\varepsilon_0 (R^2 + x^2)^{1/2}}$$

求轴线上任一点的场强。

解　由于均匀带电细圆环的电荷分布对于轴线是对称的，所以轴线上各点的场强在垂直于轴线方向的分量为零，因而轴线上任一点的场强方向沿 x 轴。由式(11.16)得

$$E = E_x = -\frac{\partial \varphi}{\partial x} = -\frac{\partial}{\partial x}\left[\frac{q}{4\pi\varepsilon_0 (R^2 + x^2)^{1/2}}\right]$$

$$= \frac{qx}{4\pi\varepsilon_0 (R^2 + x^2)^{3/2}}$$

这一结果与例 10.3 的结果相同。

例 11.9　电偶极子的静电场。根据例 11.3 中已得出的电偶极子的电势公式

$$\varphi = \frac{p\cos\theta}{4\pi\varepsilon_0 r^2}$$

---

① 在直角坐标系中 ∇ 算符定义为

$$\nabla = \left(\boldsymbol{i}\frac{\partial}{\partial x} + \boldsymbol{j}\frac{\partial}{\partial y} + \boldsymbol{k}\frac{\partial}{\partial z}\right)$$

求电偶极子的场强分布。

解 建立坐标如图11.12。令偶极子中心位于坐标原点 O，并使电矩 $\boldsymbol{p}$ 指向 x 轴正方向。电偶极子的场强显然具有对于其轴线(x 轴)的对称性，因此我们可以只求在 xy 平面内的电场分布。

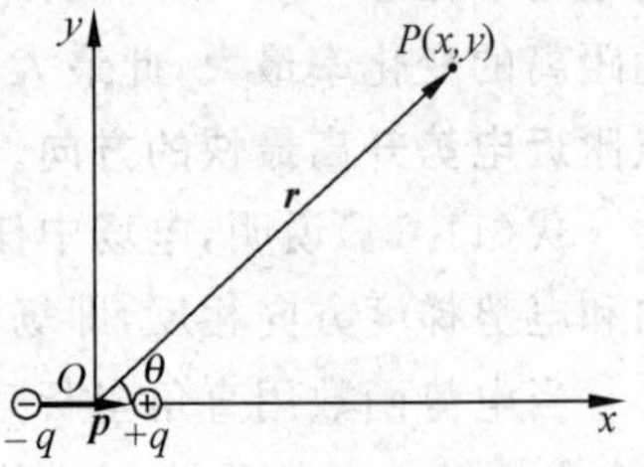

由于 $$r^2=x^2+y^2$$

及 $$\cos\theta=\frac{x}{(x^2+y^2)^{1/2}}$$

所以

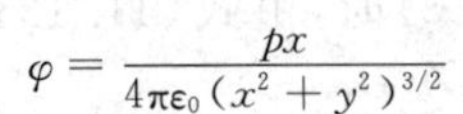

$$\varphi=\frac{px}{4\pi\varepsilon_0(x^2+y^2)^{3/2}}$$

图11.12 电偶极子的电场

对任一点 $P(x,y)$，由式(11.15)得出

$$E_x=-\frac{\partial\varphi}{\partial x}=\frac{p(2x^2-y^2)}{4\pi\varepsilon_0(x^2+y^2)^{5/2}}$$

$$E_x=-\frac{\partial\varphi}{\partial y}=\frac{3pxy}{4\pi\varepsilon_0(x^2+y^2)^{5/2}}$$

这一结果还可以用矢量式表示为

$$\boldsymbol{E}=\frac{1}{4\pi\varepsilon_0}\left(\frac{-\boldsymbol{p}}{r^3}+\frac{3\boldsymbol{p}\cdot\boldsymbol{r}}{r^5}\boldsymbol{r}\right) \tag{11.18}$$

由于电势是标量，因此根据电荷分布用叠加法求电势分布是标量积分，再根据式(11.16)由电势的空间变化率求场强分布是微分运算。这虽然经过两步运算，但是比起根据电荷分布直接利用场强叠加来求场强分布有时还是简单些，因为后一运算是矢量积分。

可以附带指出，由于电场强度能给出电荷受的力，从而可以根据经典力学求出电荷的运动，所以过去认为电场强度是反映电场的**真实**的一个物理量，而电势不过是一个用来求电场强度的辅助量。但是按现代观点，由于电势与能量相联系，所以电势不仅是真实的物理量，在量子力学中其重要性甚至超过电场强度。

11.6 点电荷在外电场中的静电势能

由于静电场是保守场，也即在静电场中移动电荷时，静电场力做功与路径无关，所以任一电荷在静电场中都具有势能，这一势能叫**静电势能**(或称**静电能**)。由于静电场中任一点的电势 φ 等于单位正电荷自该点移动到电势零点时电场力做的功，所以它也就等于单位正电荷在该点时的电势能(以电势零点为电势能零点)。于是，点电荷 q 在外电场中任一点的电势能就是

$$W=q\varphi \tag{11.19}$$

这就是说，一个点电荷在电场中某点的电势能等于它的电量与电场中该点电势的乘积。在电势零点处，该点电荷的电势能为零。

应该指出，一个点电荷在外电场中的电势能是属于该点电荷与场源电荷系所共有的，是一种相互作用能。

国际单位制中，电势能的单位就是一般能量的单位，符号为J。还有一种常用的能量单位名称为电子伏，符号为eV，1 eV表示1个电子通过1 V电势差时所获得的动能，

$$1\ \text{eV}=1.60\times10^{-19}\ \text{J}$$

例 11.10 电偶极子的电势能。 求电矩 $\boldsymbol{p}=q\boldsymbol{l}$ 的电偶极子(图 11.13)在均匀外电场 $\boldsymbol{E}$ 中的电势能。

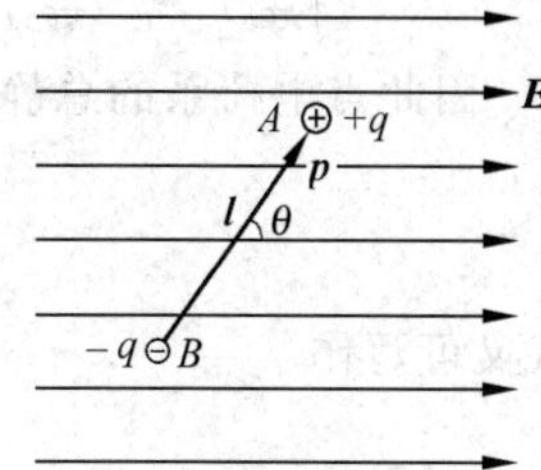

图 11.13 电偶极子在外电场中的电势能计算

解 由式(11.19)可知，在均匀外电场中电偶极子中正、负电荷(分别位于 A,B 两点)的电势能(以电场中某点为电势零点)分别为

$$W_{+}=q\varphi_{A},\quad W_{-}=-q\varphi_{B}$$

电偶极子在外电场中的电势能为

$$W=W_{+}+W_{-}=q(\varphi_{A}-\varphi_{B})$$
$$=-qlE\cos\theta=-pE\cos\theta$$

式中 θ 是 $\boldsymbol{p}$ 与 $\boldsymbol{E}$ 的夹角。将上式写成矢量形式，则有

$$W=-\boldsymbol{p}\cdot\boldsymbol{E} \tag{11.20}$$

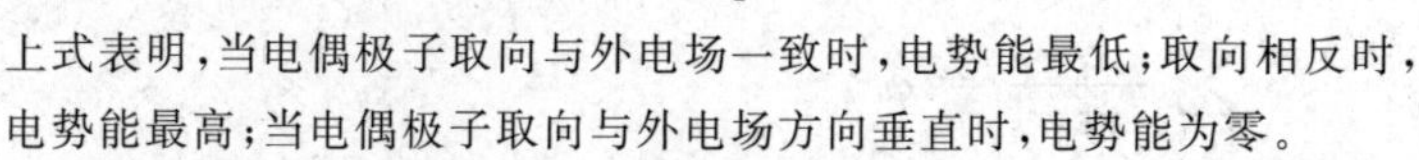
上式表明，当电偶极子取向与外电场一致时，电势能最低；取向相反时，电势能最高；当电偶极子取向与外电场方向垂直时，电势能为零。

例 11.11 电子与原子核的静电势能。 电子与原子核距离为 r，电子带电量为 $-e$，原子核带电量为 Ze。求电子在原子核电场中的电势能。

解 以无限远为电势零点，在原子核的电场中，电子所在处的电势为

$$\varphi=\frac{Ze}{4\pi\varepsilon_0 r}$$

由式(11.19)知，电子在原子核电场中的电势能为

$$W=-e\varphi=\frac{-Ze^2}{4\pi\varepsilon_0 r}$$

这一能量应理解为电子和原子核这一系统的静电势能。

*11.7 电荷系的静电能

先考虑由两个点电荷 q_1 和 q_2 组成的电荷系。二者静止时 q_1 在 q_2 的电场中的静电势能根据式(11.19)应为

$$W_{12}=q_1\varphi_1$$

其中 φ_1 是 q_1 所在处的 q_2 的电势。由式(11.9)应有 $\varphi_1=q_2/4\pi\varepsilon_0 r_{12}$，式中 r_{12} 为两电荷间的距离。因此上式可写成

$$W_{12}=\frac{q_1q_2}{4\pi\varepsilon_0 r_{12}} \tag{11.21}$$

由于电势 φ_1 是以离电荷 q_2 无穷远处为电势零点，所以式(11.21)的势能就等于把 q_1 移到无穷远，或者说使电荷 q_1 和 q_2 分离到无穷远时电场力做的功。它也就是两个点电荷在分离 r_{12} 时的静电势能，也是两个点电荷的静电相互作用能。

现在考虑由 n 个点电荷组成的电荷系，其静电势能等于把这些点电荷从现有位置分布都分散到无限远时，它们之间的静电力做的总功。它也就等于每对点电荷的静电势能的总和，即点电荷系的总电势能

$$W=\sum_{\substack{i,j=1\\i\neq j}}^{n}W_{ij}=\sum_{\substack{i,j=1\\i\neq j}}^{n}\frac{q_iq_j}{4\pi\varepsilon_0 r_{ij}}$$

但要注意在最后的求和式中，由于 $r_{ij}=r_{ji}$，所以任一对点电荷，如 q_2 和 q_3 的相互作用能将出现两次，如$\frac{q_2q_3}{4\pi\varepsilon_0 r_{23}}$和$\frac{q_3q_2}{4\pi\varepsilon_0 r_{32}}$。这样该式求的将是实际的点电荷系的总静电相互作用能的2倍。因此点电荷系的总静电能应为

$$W=\sum_{\substack{i,j=1\\ i\neq j}}^{n} W_{ij}=\frac{1}{2}\sum_{\substack{i,j=1\\ i\neq j}}^{n}\frac{q_iq_j}{4\pi\varepsilon_0 r_{ij}} \tag{11.22}$$

此式又可写作

$$W=\frac{1}{2}\sum_{i=1}^{n}\left(q_i\sum_{\substack{j=1\\ j\neq i}}^{n}\frac{q_j}{4\pi\varepsilon_0 r_{ij}}\right)$$

其中

$$\sum_{\substack{j=1\\ j\neq i}}^{n}\frac{q_j}{4\pi\varepsilon_0 r_{ij}}=\varphi_i$$

即正好是 q_i 以外所有点电荷在 q_i 所在处的电势 φ_i，这样式(11.22)又可写成

$$W=\frac{1}{2}\sum_{i=1}^{n}q_i\varphi_i \tag{11.23}$$

这就是点电荷系的静电势能公式。

对于连续分布的电荷系 Q，可得 Q 视为许多点电荷 $\mathrm{d}q$ 的集合，于是就可以把式(11.23)转换为下述积分用来求电荷系 Q 的总静电势能，

$$W=\frac{1}{2}\int_Q\varphi\mathrm{d}q \tag{11.24}$$

由于电荷元 $\mathrm{d}q$ 为无限小，所以上式积分号内的 φ 为电荷 Q 的所有电荷在电荷元 $\mathrm{d}q$ 所在处的电势。积分号下标 Q 表示积分范围遍及 Q 所包含的所有的电荷。

例 11.12　带电球面的静电能。一均匀带电球面，半径为 R，总电量为 Q，求这一带电系统的静电能。

解　由于带电球面是一等势面，其电势(以无限远为电势零点)为

$$\varphi=\frac{Q}{4\pi\varepsilon_0 R}$$

所以，由式(11.24)，此电荷系静电能为

$$W=\frac{1}{2}\int\varphi\,\mathrm{d}q=\frac{1}{2}\int\frac{Q}{4\pi\varepsilon_0 R}\mathrm{d}q=\frac{Q}{8\pi\varepsilon_0 R}\int\mathrm{d}q=\frac{Q^2}{8\pi\varepsilon_0 R}$$

11.8　静电场的能量

当谈到能量时，常常要说能量属于谁或存于何处。根据超距作用的观点，一组电荷系的静电能只能是属于系内那些电荷本身，或者说由那些电荷携带着。但也只能说静电能属于这电荷系整体，说其中某个电荷携带多少能量是完全没有意义的，因此也就很难说电荷带有能量。从**场**的观点看来，很自然地可以认为静电能就储存在电场中。下面定量地说明电场能量这一概念。

考虑一对面积为 S，相对两面分别带有电量 $+Q$ 和电量 $-Q$ 的平行金属板 A 和 B(图 11.14)在例 10.11 中已得出其板间电场是均匀场而电场强度为

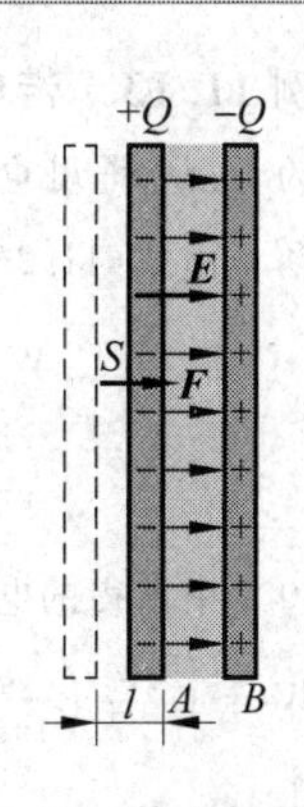

图 11.14 静电场的能量推导用图

$$E = \frac{\sigma}{\varepsilon_0} = \frac{Q}{\varepsilon_0 S}$$

再根据例 10.15 知，两金属板相对两表面单位面积受力为 $f=\sigma^2/2\varepsilon_0=Q^2/2\varepsilon_0 S^2$，而整个表面受力分别为

$$F_A = F_B = fS = \frac{Q^2}{2\varepsilon_0 S}$$

这一对力是相互吸引的力。设想金属板 A 在此力作用下向 B 移近 l 的距离，电场力做功为

$$A = F_A l = \frac{Q^2}{2\varepsilon_0 S} l$$

电场力做功需要有能量的来源。由于 A 板这样移动后，厚为 l 面积为 S 的空间内的电场消失了，而周围并没有其他的变化，我们可以把这功和这电场的消失联系起来，而认为做这样多的功所需的能量原来就储存在这消失的电场中，因而得这消失的电场所储存的静电能量为

$$W = A = \frac{Q^2}{2\varepsilon_0 S} l$$

由于这电场的电场强度为 $E=Q/\varepsilon_0 S$，所以上述静电能又可写作

$$W = \frac{\varepsilon_0 E^2}{2} Sl = \frac{\varepsilon_0 E^2}{2} V$$

式中 $V=Sl$ 即消失的电场的体积，也就是储存这样多能量的电场的体积。由于电场在此体积内是均匀的(忽略边缘效应)，所以又可引入**电场能量密度**概念。以 w_e 表示电场能量密度，则由上式可得

$$w_e = \frac{W}{V} = \frac{\varepsilon_0 E^2}{2} \tag{11.25}$$

此处关于电场能量的概念和能量密度公式虽然是由一个特例导出的，但可以证明它适用于静电场的一般情况。如果知道了一个带电系统的电场分布，则可将式(11.25)对全空间 V 进行积分以求出一个带电系统的电场的总能量，即

$$W = \int_V w_e \mathrm{d}V = \int_V \frac{\varepsilon_0 E^2}{2} \mathrm{d}V \tag{11.26}$$

这也就是该带电系统的总能量。

式(11.26)是用场的概念表示的带电系统的能量，用前面的式(11.24)也能求出同一带电系统的总能量，这两个式子是完全等效的。这一等效性可以用稍复杂一些的数学加以证明，此处就不再介绍了。

本节基于场的思想引入了电场能量的概念。对静电场来说，虽然可以应用它来理解电荷间的相互作用能量，但无法在实际上证明其正确性，因为不可能测量静电场中单独某一体积内的能量，只能通过电场力做功测得电场总能量的变化。这样，“电场储能”概念只不过是一种“说法”，而式(11.26)也只不过是式(11.24)的另一种“写法”。不要小看了这种“说法”或“写法”的改变，物理学中有时看来只是一种说法或写法的改变，也能引发新思想的产生或对事物更深刻的理解。电场储能概念的引入就是这样一种变更，它有助于更深刻地理解电场的概念。对于运动的电磁场来说，电场能量的概念已被证明是非常必要、有用而且是非常真实的了。

例 11.13 带电球体的静电能。 在真空中一个均匀带电球体(图 11.15)，半径为 R，总电量为 q，试利用电场能量公式求此带电系统的静电能。

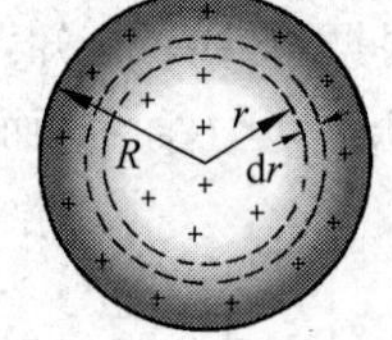

图 11.15 例 11.13 用图

解 由式(11.26)可得(注意要分区计算)

$$W=\int w_e \mathrm{d}V=\int_{r<R} w_{e1}\mathrm{d}V+\int_{r>R} w_{e2}\mathrm{d}V$$
$$=\int_0^R \frac{\varepsilon_0 E_1^2}{2}4\pi r^2\mathrm{d}r+\int_R^\infty \frac{\varepsilon_0 E_2^2}{2}4\pi r^2\mathrm{d}r$$

将例 10.7 中求得的电场强度公式代入，可得

$$W=\int_0^R \frac{\varepsilon_0}{2}\left(\frac{qr}{4\pi\varepsilon_0 R^3}\right)^2 4\pi r^2\mathrm{d}r+\int_R^\infty \frac{\varepsilon_0}{2}\left(\frac{q}{4\pi\varepsilon_0 r^2}\right)^2 4\pi r^2\mathrm{d}r=\frac{3q^2}{20\pi\varepsilon_0 R}$$

提要

1. 静电场是保守场： $$\oint_C \boldsymbol{E}\cdot\mathrm{d}\boldsymbol{r}=0$$

2. 电势差： $$\varphi_1-\varphi_2=\int_{(P_1)}^{(P_2)}\boldsymbol{E}\cdot\mathrm{d}\boldsymbol{r}$$

电势： $$\varphi_P=\int_{(P)}^{(P_0)}\boldsymbol{E}\cdot\mathrm{d}\boldsymbol{r}$$ (P_0 是电势零点)

电势叠加原理： $$\varphi=\sum\varphi_i$$

3. 点电荷的电势： $$\varphi=\frac{q}{4\pi\varepsilon_0 r}$$

电荷连续分布的带电体的电势：

$$\varphi=\int\frac{\mathrm{d}q}{4\pi\varepsilon_0 r}$$

4. 电场强度 $\boldsymbol{E}$ 与电势 φ 的关系的微分形式：

$$\boldsymbol{E}=-\operatorname{grad}\varphi=-\nabla\varphi$$
$$=-\left(\frac{\partial\varphi}{\partial x}\boldsymbol{i}+\frac{\partial\varphi}{\partial y}\boldsymbol{j}+\frac{\partial\varphi}{\partial z}\boldsymbol{k}\right)$$

5. 等势面： 电场中其上电势处处相等的曲面。电场线处处与等势面垂直，并指向电势降低的方向；电场线密处等势面间距小。

静电平衡的导体是一等势体。

6. 电荷在外电场中的电势能： $W=q\varphi$

移动电荷时电场力做的功：

$$A_{12}=q(\varphi_1-\varphi_2)=W_1-W_2$$

电偶极子在外电场中的电势能： $W=-\boldsymbol{p}\cdot\boldsymbol{E}$

*7. **电荷系的静电能：** $$W=\frac{1}{2}\sum_{i=1}^n q_i\varphi_i$$

或 $$W=\frac{1}{2}\int_q\varphi\,\mathrm{d}q$$

8. 静电场的能量： 静电能储存在电场中，带电系统总电场能量为

$$W = \int_V w_e \mathrm{d}V$$

其中 w_e 为电场能量密度。在真空中，

$$w_e = \frac{\varepsilon_0 E^2}{2}$$

思考题

11.1 下列说法是否正确？请举一例加以论述。

(1) 场强相等的区域，电势也处处相等；

(2) 场强为零处，电势一定为零；

(3) 电势为零处，场强一定为零；

(4) 场强大处，电势一定高。

11.2 选一条方便路径直接从电势定义说明偶极子中垂面上各点的电势为零。

11.3 试用环路定理证明：静电场电场线永不闭合。

11.4 如果在一空间区域内电势是常量，对于这区域内的电场可得出什么结论？如果在一表面上的电势为常量，对于这表面上的电场强度又能得出什么结论？

11.5 已知在地球表面以上电场强度方向指向地面，在地面以上电势随高度增加还是减小？

11.6 如果已知给定点处的 $\boldsymbol{E}$，能否算出该点的 φ？如果不能，那么还需要知道些什么才能计算？

11.7 为什么鸟能安全地停在 30 000 V 的高压输电线上？

习题

11.1 两个同心球面，半径分别为 10 cm 和 30 cm，小球均匀带有正电荷 1×10^{-8} C，大球均匀带有正电荷 1.5×10^{-8} C。求离球心分别为(1)20 cm；(2)50 cm 的各点的电势。

11.2 两均匀带电球壳同心放置，半径分别为 R_1 和 $R_2(R_1<R_2)$，已知内外球之间的电势差为 U_{12}，求两球壳间的电场分布。

11.3 一均匀带电细杆，长 $l=15.0$ cm，线电荷密度 $\lambda=2.0\times10^{-7}$ C/m，求：

(1) 细杆延长线上与杆的一端相距 $a=5.0$ cm 处的电势；

(2) 细杆中垂线上与细杆相距 $b=5.0$ cm 处的电势。

11.4 求半径分别为 R_1 和 R_2 的两同轴圆柱面之间的电势差，给定两圆柱面单位长度分别带有电量 $+\lambda$ 和 $-\lambda$。

11.5 一计数管中有一直径为 2.0 cm 的金属长圆筒，在圆筒的轴线处装有一根直径为 1.27×10^{-5} m 的细金属丝。设金属丝与圆筒的电势差为 1×10^3 V，求：

(1) 金属丝表面的场强大小；

(2) 圆筒内表面的场强大小。

11.6 (1)一个球形雨滴半径为 0.40 mm，带有电量 1.6 pC(1 pC$=10^{-12}$ C)，它表面的电势多大？(2)两个这样的雨滴碰后合成一个较大的球形雨滴，这个雨滴表面的电势又是多大？

11.7 金原子核可视为均匀带电球体，总电量为 $79e$，半径为 7.0×10^{-15} m。求金核表面的电势，它的中心的电势又是多少？

11.8 一次闪电的放电电压大约是 1.0×10^9 V,而被中和的电量约是 30 C。

(1) 求一次放电所释放的能量是多大?

(2) 一所希望小学每天消耗电能 20 kW·h。上述一次放电所释放的电能够该小学用多长时间?

11.9 电子束焊接机中的电子枪如图 11.16 所示,图中 K 为阴极,A 为阳极,其上有一小孔。阴极发射的电子在阴极和阳极电场作用下聚集成一细束,以极高的速率穿过阳极上的小孔,射到被焊接的金属上,使两块金属熔化而焊接在一起。已知,$\varphi_A-\varphi_K=2.5\times10^4$ V,并设电子从阴极发射时的初速率为零。求:

(1) 电子到达被焊接的金属时具有的动能(用电子伏表示);

(2) 电子射到金属上时的速率。

11.10 一边长为 a 的正三角形,其三个顶点上各放置 q,$-q$ 和 $-2q$ 的点电荷,求此三角形重心上的电势。将一电量为 $+Q$ 的点电荷由无限远处移到重心上,外力要做多少功?

11.11 在一半径为 $R_1=6.0$ cm 的金属球 A 外面套有一个同心的金属球壳 B。已知球壳 B 的内、外半径分别为 $R_2=8.0$ cm,$R_3=10.0$ cm。设 A 球带有总电量 $Q_A=3\times10^{-8}$ C,球壳 B 带有总电量 $Q_B=2\times10^{-8}$ C。

(1) 求球壳 B 内、外表面上各带有的电量以及球 A 和球壳 B 的电势;

(2) 将球壳 B 接地然后断开,再把金属球 A 接地。求金属球 A 和球壳 B 内、外表面上各带有的电量以及球 A 和球壳 B 的电势。

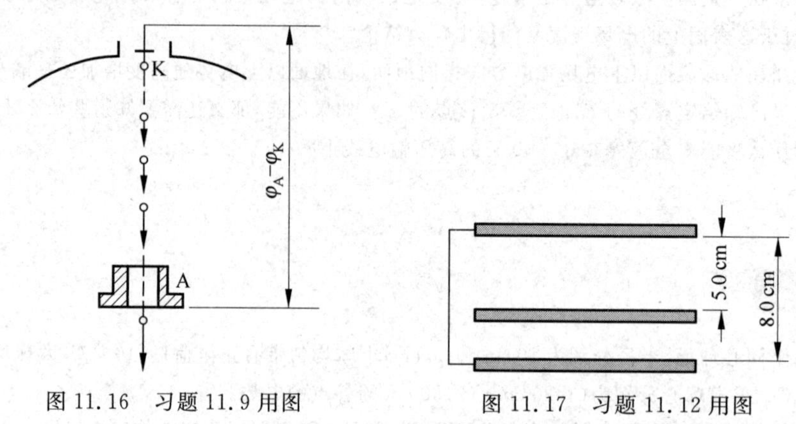

图 11.16 习题 11.9 用图

图 11.17 习题 11.12 用图

11.12 如图 11.17 所示,有三块互相平行的导体板,外面的两块用导线连接,原来不带电。中间一块上所带总面电荷密度为 1.3×10^{-5} C/m²。求每块板的两个表面的面电荷密度各是多少?(忽略边缘效应。)

11.13 在距一个原来不带电的实心导体球的中心 r 处放置一个电量为 q 的点电荷。此导体球的电势是多少?

*11.14 假设某一瞬时,氦原子的两个电子正在核的两侧,它们与核的距离都是 0.20×10^{-10} m。这种配置状态的静电势能是多少?(把电子与原子核看作点电荷。)

*11.15 假设电子是一个半径为 R,电荷为 e 且均匀分布在其外表面上的球体。如果静电能等于电子的静止能量 $m_e c^2$,那么以电子的 e 和 m_e 表示的电子半径 R 的表达式是什么?R 在数值上等于多少?(此 R 是所谓电子的"经典半径"。现代高能实验确定,电子的电量集中分布在不超过 10^{-18} m 的线度范围内。)

11.16 地球表面上空晴天时的电场强度约为 100 V/m。

(1) 此电场的能量密度多大?

(2) 假设地球表面以上 10 km 范围内的电场强度都是这一数值,那么在此范围内所储存的电场能共是多少 kW·h?

*11.17 按照**玻尔理论**,氢原子中的电子围绕原子核作圆运动,维持电子运动的力为库仑力。轨道的大小取决于角动量,最小的轨道角动量为$\hbar=1.05\times10^{-34}$ J·s,其他依次为 $2\hbar$,$3\hbar$,等等。

(1) 证明:如果圆轨道有角动量 $n\hbar(n=1,2,3,\cdots)$,则其半径 $r=\frac{4\pi\varepsilon_0}{m_e e^2}n^2\hbar^2$;

(2) 证明:在这样的轨道中,电子的轨道能量(动能+势能)为

$$W=-\frac{m_e e^4}{2(4\pi\varepsilon_0)^2\hbar^2}\frac{1}{n^2}$$

(3) 计算 $n=1$ 时的轨道能量(用 eV 表示)。

第12章

电容器和电介质

前面两章我们讨论了真空中以及导体存在时的电场。实际上,电场中也存在电介质,即绝缘体。本章将讨论电介质和电场的相互影响。为了讲解的方便,先介绍一种用途广泛的电学元件——电容器。然后说明电场对电介质的影响——电极化以及电介质极化后对电场的影响,为此引入电位移矢量及高斯定律。最后介绍电容器的能量并导出有电介质存在时的电场能量密度公式。

12.1 电容器及其电容

靠近的两个导体带电时会通过它们的电场相互发生影响。这在实际的电子线路中是需要考虑的,也常利用这种现象为特定目的形成特殊分布的电场,电容器就是一例。

电容器的最简单而且最基本的形式是平行板电容器。它是用两块平行放置的相互绝缘的金属板构成的(图 12.1),本节讨论板间为真空的情况。平行板电容器带电时,它的两个金属板的相对的两个表面(这是一个电容器的有效表面)上总是同时分别带上等量异号的电荷 $+Q$ 和 $-Q$,这时两板间有一定的电压 $U=\varphi_+-\varphi_-$。一个电容器所带的电量 Q 总与其电压 U 成正比,比值 Q/U 叫电容器的**电容**。以 C 表示电容器的电容,就有

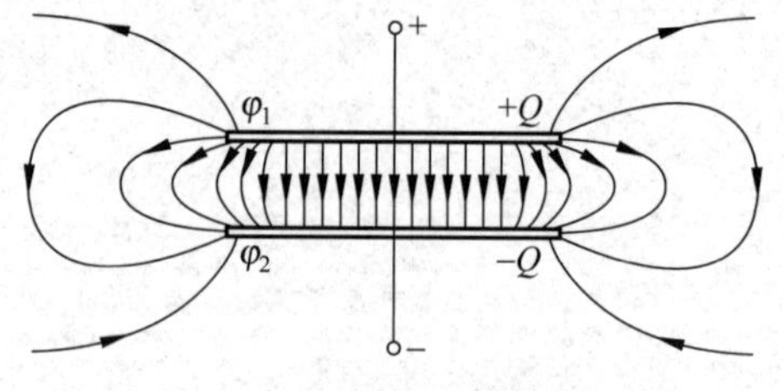

图 12.1 平行板电容器带电和电场分布情况

$$C=\frac{Q}{U} \tag{12.1}$$

电容器的电容决定于电容器本身的结构,即两导体的形状、尺寸以及两导体间电介质的种类(见 12.3 节)等,而与它所带的电量无关。

在国际单位制中,电容的单位名称是法[拉],符号为 F,

$$1\ \mathrm{F}=1\ \mathrm{C/V}$$

实际上 1 F 是非常大的,常用的单位是 μF 或 pF 等较小的单位,

$$1\ \mu\mathrm{F}=10^{-6}\ \mathrm{F}$$

$$1\ \mathrm{pF}=10^{-12}\ \mathrm{F}$$

从式(12.1)可以看出,在电压相同的条件下,电容 C 越大的电容器,所储存的电量越多。这说明电容是反映电容器储存电荷本领大小的物理量。实际上除了储存电量外,电容器在电工和电子线路中起着很多作用。交流电路中电流和电压的控制,发射机中振荡电流的产生,接收机中的调谐,整流电路中的滤波,电子线路中的时间延迟等都要用到电容器。

简单电容器的电容易于计算出来,下面举几个例子。对如图 12.1 所示的平行板电容器,以 S 表示两平行金属板相对着的表面积,以 d 表示两板之间的距离,仍设两板间为真空。为了求它的电容,我们假设它带上电量 Q(即两板上相对的两个表面分别带上 $+Q$ 和 $-Q$ 的电荷)。忽略边缘效应(即边缘处电场的不均匀情况),可以认为它的两板间的电场是均匀电场,电场强度为

$$E=\frac{\sigma}{\varepsilon_0}=\frac{Q}{\varepsilon_0 S}$$

两板间的电压就是

$$U=Ed=\frac{Qd}{\varepsilon_0 S}$$

将此电压代入电容的定义式(12.1)就可得出平行板电容器的电容为

$$C=\frac{\varepsilon_0 S}{d} \tag{12.2}$$

圆柱形电容器由两个同轴的金属薄壁圆筒组成。如图 12.2 所示,设筒的长度为 L,两筒的半径分别为 R_1 和 R_2,两筒之间仍设为真空。为了求出这种电容器的电容,我们也假设它带有电量 Q(即外筒的内表面和内筒的外表面分别带有电量 $-Q$ 和 $+Q$)。忽略两端的边缘效应,可以求出,在两圆筒间距离轴线为 r 的一点的电场强度为

$$E=\frac{Q}{2\pi\varepsilon_0 rL},$$

场强的方向垂直于轴线而沿径向,由此可以求出两圆筒间的电压为

$$U=\int \boldsymbol{E}\cdot \mathrm{d}\boldsymbol{r}=\int_{R_1}^{R_2}\frac{Q}{2\pi\varepsilon_0 rL}\mathrm{d}r=\frac{Q}{2\pi\varepsilon_0 L}\ln\frac{R_2}{R_1}$$

将此电压代入电容的定义式(12.1),就可得圆柱形电容器的电容为

$$C=\frac{2\pi\varepsilon_0 L}{\ln(R_2/R_1)} \tag{12.3}$$

球形电容器是由两个同心的导体球壳组成。如果两球壳间为真空(图 12.3),则可用与上面类似的方法求出球形电容器的电容为

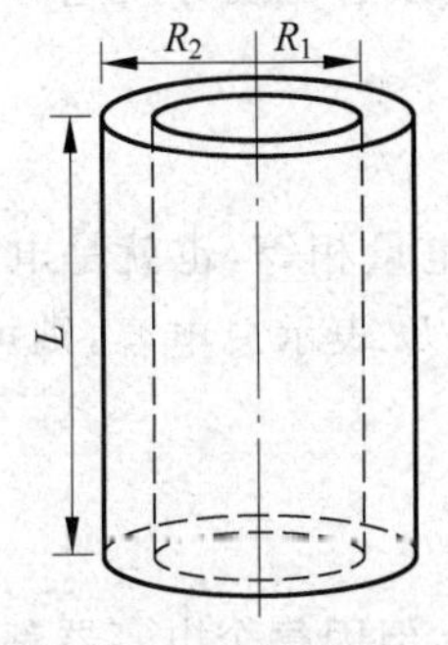

图 12.2 圆柱形电容器

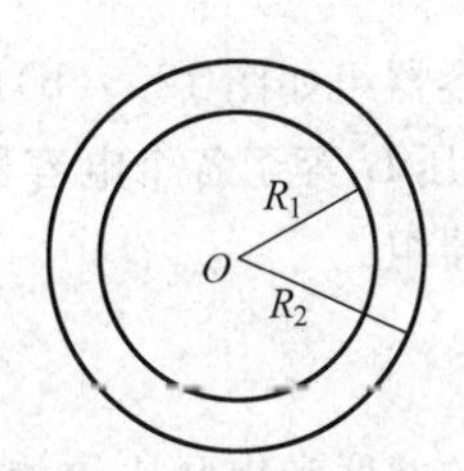

图 12.3 球形电容器

$$C = \frac{4\pi\varepsilon_0 R_1 R_2}{R_2 - R_1} \tag{12.4}$$

式中 R_1 和 R_2 分别表示内球壳外表面和外球壳内表面的半径。

式(12.2)、式(12.3)和式(12.4)的结果都表明电容的确只决定于电容器的结构。

实际的电工和电子装置中任何两个彼此隔离的导体之间都有电容，例如两条输电线之间，电子线路中两段靠近的导线之间都有电容。这种电容实际上反映了两部分导体之间通过电场的相互影响，有时叫做“杂散电容”或“分布电容”。在有些情况下(如高频率的变化电流)，这种杂散电容对电路的性质产生明显的影响。

对一个孤立导体，可以认为它和无限远处的另一导体组成一个电容器。这样一个电容器的电容就叫做这个孤立导体的电容。例如对一个在空气中的半径为 R 的孤立的导体球，就可以认为它和一个半径为无限大的同心导体球组成一个电容器。这样，利用式(12.4)，使 $R_2 \to \infty$，将 R_1 改写为 R，又因为空气可近似地当真空处理，所以这个导体球的电容就是

$$C = 4\pi\varepsilon_0 R \tag{12.5}$$

衡量一个实际的电容器的性能有两个主要的指标，一个是它的电容的大小，另一个是它的耐(电)压能力。使用电容器时，所加的电压不能超过规定的耐压值，否则在电介质中就会产生过大的场强，而使它有被击穿而失效的危险(见12.3节)。

12.2 电容器的联接

在实际电路中当遇到单独一个电容器的电容或耐压能力不能满足要求时，就把几个电容器联接起来使用。电容器联接的基本方式有并联和串联两种。

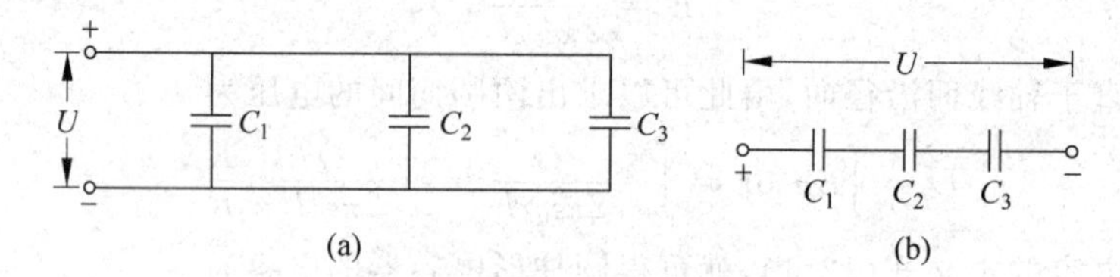

图12.4 电容器联接

(a) 三个电容器并联；(b) 三个电容器串联

并联电容器组如图12.4(a)所示。这时各电容器的电压相等，即总电压 U，而总电量 Q 为各电容器所带的电量之和。以 $C=Q/U$ 表示电容器组的总电容或等效电容，则可证明，对并联电容器组，

$$C_{\text{par}} = \sum C_i \tag{12.6}$$

串联电容器组如图12.5(b)所示。这时各电容器所带电量相等，也就是电容器组的总电量 Q，总电压 U 等于各个电容器的电压之和。仍以 $C=Q/U$ 表示总电容，则可以证明，对于串联电容器组

$$\frac{1}{C_{\text{ser}}} = \sum \frac{1}{C_i} \tag{12.7}$$

电容器的并联和串联比较如下。并联时，总电容增大了，但因每个电容器都直接连到电压源上，所以电容器组的耐压能力受到耐压能力最低的那个电容器的限制。串联时，总电容

比每个电容器都减小了，但是，由于总电压分配到各个电容器上，所以可以提高电容器组的耐压能力。

下面给出式(12.6)和式(12.7)的证明。

对图12.4(a)表示的三个电容器并联情况，由于它们的一个板连在一起，另一个板也连在一起，连在一起的板的电势相等，所以各电容器具有相同的电压，即 $U_1=U_2=U_3=U$，即 U 为电容器组的电压。由于各电容器的电量都是由电源供给的，所以电容器的总电量为 $Q=Q_1+Q_2+Q_3$。根据式(12.1)，电容器组的总电容为

$$C=\frac{Q}{U}=\frac{Q_1}{U_1}+\frac{Q_2}{U_2}+\frac{Q_3}{U_3}$$

又根据式(12.1)，后面各项分别等于各电容器的电容，所以由上式可得 $C=C_1+C_2+C_3$。把此结果推广到任意多个电容器的并联，就得到式(12.6)。

对图12.4(b)表示的三个电容器串联的情况，各电容器的一个板依次单独与下一个电容器的一个板相连接，电源只向最外面的两板供给电量 $+Q$ 和 $-Q$，其他各板所带电量都是静电感应产生的，所以 $Q_1=Q_2=Q_3=Q$ 即为电容器组的总电量。电容器组的总电压显然等于各电容器的电压之和，即 $U=U_1+U_2+U_3$。根据式(12.1)，以 C 表示电容器的总电容，则其倒数

$$\frac{1}{C}=\frac{U}{Q}=\frac{U_1}{Q_1}+\frac{U_2}{Q_2}+\frac{U_3}{Q_3}$$

又根据式(12.1)，后面各项分别等于各电容器电容的倒数。所以由上式可得 $\frac{1}{C}=\frac{1}{C_1}+\frac{1}{C_2}+\frac{1}{C_3}$，把这一结果推广到任意多个电容器的串联，就得到式(12.7)。

例 12.1　电容器的混联。三个电容器 $C_1=20\ \mu\text{F}$，$C_2=40\ \mu\text{F}$，$C_3=60\ \mu\text{F}$，联接如图12.5，求这一组合的总电容。如果在 A、B 间加电压 $U=220\ \text{V}$，则各电容器上的电压和电量各是多少？

解　这三个电容器既不是单纯的串联，也不是单纯的并联，而是混联。它是 C_2 和 C_3 串联后又和 C_1 并联，C_2 和 C_3 串联的总电容用式(12.7)计算为

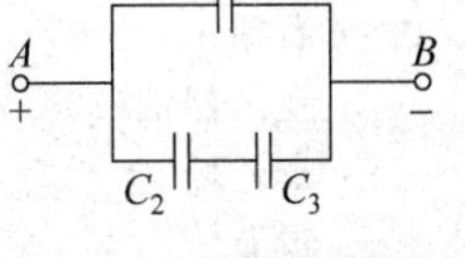

$$C_{23}=\frac{C_2C_3}{C_2+C_3}=\frac{40\times 60}{40+60}=24\ (\mu\text{F})$$

图12.5　混联电容器组

再和 C_1 并联，用式(12.6)计算为

$$C=C_1+C_{23}=20+24=44\ (\mu\text{F})$$

此即此电容器组合的总电容。

由图12.5可知，C_1 的电压即 AB 间的电压，为 $U_1=U=220\ \text{V}$。由式(12.1)得 C_1 的电量为

$$Q_1=C_1U_1=20\times 10^{-6}\times 220=4.4\times 10^{-3}\ \text{C}$$

C_{23} 上的总电压为 U，由于 C_2 和 C_3 串联，所以 C_2 和 C_3 的电量为

$$Q_2=Q_3=Q=C_{23}U=24\times 10^{-6}\times 220=5.28\times 10^{-3}\ \text{C}$$

由式(12.1)得 C_2 上的电压为

$$U_2=\frac{Q_2}{C_2}=\frac{5.28\times 10^{-3}}{40\times 10^{-6}}=132\ \text{V}$$

而 C_3 上的电压为

$$U_3=U-U_2=220-132=88\ \text{V}$$

12.3 电介质对电场的影响

实际的电容器的两板间总充满着某种电介质(如油、云母、瓷质等),电介质对电容器内的电场有什么影响呢?这可以通过下述实验观察出来。图12.6(a)画出了由两个平行放置的金属板构成的电容器,两板分别带有等量异号电荷$+Q$和$-Q$。板间是空气,可以非常近似地当成真空处理。两板分别连到静电计的直杆和外壳上,这样就可以由直杆上指针偏转的大小测出两带电板之间的电压来。设此时的电压为U_0,如果保持两板距离和板上的电荷都不改变,而在板间充满电介质(图12.6(b)),或把两板插入绝缘液体如油中,则可由静电计的偏转减小发现两板间的电压变小了。以U表示插入电介质后两板间的电压,实验证明,它与U_0的关系可以写成

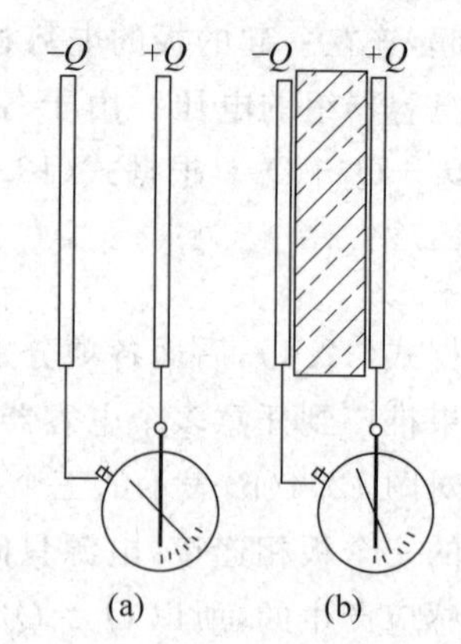

图12.6 电介质对电场的影响

$$U = U_0/\varepsilon_r \tag{12.8}$$

式中ε_r为一个大于1的数,它的大小随电介质的种类和状态(如温度)的不同而不同,是电介质的一种特性常数,叫做电介质的**相对介电常量**(或**相对电容率**)。几种电介质的相对介电常量列在表12.1中。

表12.1 几种电介质的相对介电常量

电 介 质	相对介电常量 ε_r
真空	1
氦(20℃,1 atm[①])	1.000 064
空气(20℃,1 atm)	1.000 55
石蜡	2
变压器油(20℃)	2.24
聚乙烯	2.3
尼龙	3.5
云母	4～7
纸	约为5
瓷	6～8
玻璃	5～10
水(20℃,1 atm)	80
钛酸钡[②]	10^3～10^4

① 1 atm=101 325 Pa。

② 钛酸钡的ε_r很大,而且随外加电场的强弱变化,并具有和"铁磁性"类似的"铁电性",因而叫做"铁电体"(见15.5节)。

根据电容的定义式$C=Q/U$和上述实验结果(即Q未变而电压U减小为U_0/ε_r)可知,当电容器两板间为电介质充满时,其电容将增大为板间为真空时的ε_r倍,即

$$C = \varepsilon_r C_0 \tag{12.9}$$

其中 C 和 C_0 分别表示电容器两板间充满相对介电常量为 ε_r 的电介质时和两板间为真空时的电容。

在上述实验中，电介质插入后两板间的电压减小，说明由于电介质的插入使板间的电场减弱了。由于 $U=Ed$，$U_0=E_0d$，所以

$$E = E_0/\varepsilon_r \tag{12.10}$$

即电场强度减小到板间为真空时的 $1/\varepsilon_r$。为什么会有这个结果呢？我们可以用电介质受电场的影响而发生的变化来说明，而这又涉及电介质的微观结构。下节我们就来说明这一点。

12.4 电介质的极化

电介质中每个分子都是一个复杂的带电系统，有正电荷，有负电荷，它们分布在一个线度为 10^{-10} m 的数量级的体积内，而不是集中在一点。但是，在考虑这些电荷离分子较远处所产生的电场时，或是考虑一个分子受外电场的作用时，都可以认为其中的正电荷集中于一点，这一点叫正电荷的"重心"。而负电荷也集中于另一点，这一点叫负电荷的"重心"。对于中性分子，由于其正电荷和负电荷的电量相等，所以一个分子就可以看成是一个由正、负点电荷相隔一定距离所组成的电偶极子。在讨论电场中的电介质的行为时，可以认为电介质是由大量的这种微小的电偶极子所组成的。

以 q 表示一个分子中的正电荷或负电荷的电量的数值，以 $\boldsymbol{l}$ 表示从负电荷"重心"指到正电荷"重心"的矢量距离，则这个分子的电矩应是

$$\boldsymbol{p} = q\boldsymbol{l}$$

按照电介质的分子内部的电结构的不同，可以把电介质分子分为两大类：极性分子和非极性分子。

有一类分子，如 HCl，H_2O，CO 等，在正常情况下，它们内部的电荷分布就是不对称的，因而其正、负电荷的重心不重合。这种分子具有**固有电矩**（图 12.7(a)），它们统称为**极性分子**。几种极性分子的固有电矩列于表 12.2 中。

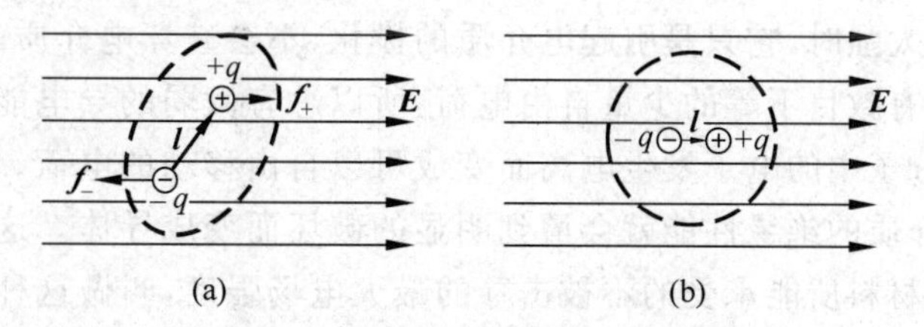

图 12.7 在外电场中的电介质分子

表 12.2 几种极性分子的固有电矩

电 介 质	电矩/(C·m)
HCl	3.4×10^{-30}
NH_3	4.8×10^{-30}
CO	0.9×10^{-30}
H_2O	6.1×10^{-30}

另一类分子，如 He，H_2，N_2，O_2，CO_2 等，在正常情况下，它们内部的电荷分布具有对称性，因而正、负电荷的重心重合，这样的分子就没有固有电矩，这种分子叫**非极性分子**。但如果把这种分子置于外电场中，则由于外电场的作用，两种电荷的重心会分开一段微小距离，因而使分子具有了电矩(图 12.7(b))。这种电矩叫**感生电矩**。在实际可以得到的电场中，感生电矩比极性分子的固有电矩小得多，约为后者的 10^{-5}。很明显，感生电矩的方向总与外加电场的方向相同。

当把一块均匀的电介质放到静电场中时，它的分子将受到电场的作用而发生变化，但最后也会达到一个平衡状态。如果电介质是由非极性分子组成，这些分子都将沿电场方向产生感生电矩，如图 12.8(a)所示。外电场越强，感生电矩越大。如果电介质是由极性分子组成，这些分子的固有电矩将受到外电场的力矩作用而沿着外电场方向取向，如图 12.8(b)所示。由于分子的无规则热运动总是存在的，这种取向不可能完全整齐。外电场越强，固有电矩排列越整齐。

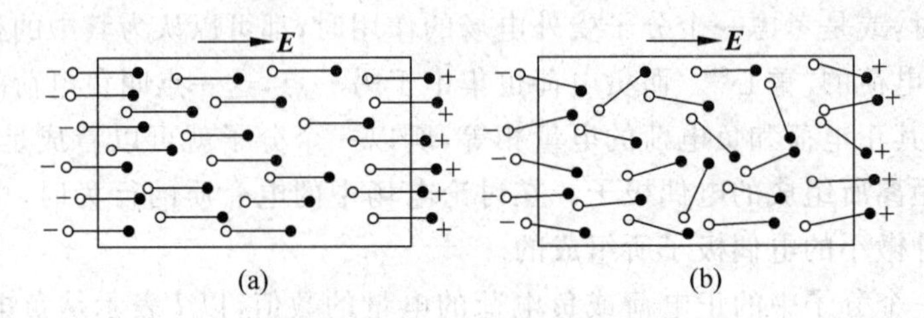

图 12.8 在外电场中的电介质

虽然两种电介质受外电场的影响所发生的变化的微观机制不同，但其宏观总效果是一样的。在电介质内部的宏观微小的区域内，正负电荷的电量仍相等，因而仍表现为中性。但是，在电介质的表面上却出现了只有正电荷或只有负电荷的电荷层，如图 12.8 所示。这种出现在电介质表面的电荷叫**面束缚电荷**(或**面极化电荷**)，因为它不像导体中的自由电荷那样能用传导的方法引走。在外电场的作用下，电介质表面出现束缚电荷的现象，叫做**电介质的极化**。一般地，外电场越强，电介质表面出现的束缚电荷越多。

当外加电场不太强时，它只是引起电介质的极化，不会破坏电介质的绝缘性能。(实际的各种电介质中总有数目不等的少量自由电荷，所以总有微弱的导电能力。)如果外加电场很强，则电介质的分子中的电子发生电离而变成可以自由移动的电荷。由于大量的这种自由电荷的产生，电介质的绝缘性能就会遭到明显的破坏而变成导体。这种现象叫**电介质的击穿**。一种电介质材料所能承受的不被击穿的最大电场强度，叫做这种电介质的**介电强度**或**击穿场强**。表 12.3 给出了几种电介质的介电强度的数值(由于实验条件及材料成分的不确定，这些数值只是大致的)。

12.1 节中提到的电容器的耐(电)压能力，就是由电容器两板间的电介质的介电强度决定的。一旦两板间的电压超过一定限度，其电场将击穿所用的电介质，两板不再相互绝缘，电容器也就失效了。

由于电介质的电极化，当两板间充满电介质的电容器带电时，其间电介质的两个表面将出现与相邻极板符号相反的电荷。这样，电容器两板间的电场比起板间为真空时就减弱了。

表 12.3 几种电介质的介电强度

电 介 质	介电强度/(kV/mm)
空气(1 atm)	3
玻璃	10～25
瓷	6～20
矿物油	15
纸(油浸过的)	15
胶木	20
石蜡	30
聚乙烯	50
云母	80～200
钛酸钡	3

例 12.2 充满电介质的电容器。一平行板电容器板间充满相对介电常量为 ε_r 的电介质。求当它带电量为 Q 时，电介质两表面的面束缚电荷是多少？

解 板间电介质在电荷 $+Q$ 和 $-Q$ 的电场作用下，电极化产生的面束缚电荷 $+Q'$ 和 $-Q'$ 如图 12.9 所示。以 σ 和 σ' 分别表示极板上和电介质表面的面电荷密度，则 $\sigma=Q/S$，$\sigma'=Q'/S$，S 为极板面积。两极板间为真空时，板间电场强度为 $E_0=\sigma/\varepsilon_0$，有电介质时，板间电场应是极板上电荷和面束缚电荷的场强的矢量和，面束缚电荷的电场为 $E'=\sigma'/\varepsilon_0$。由于 $\boldsymbol{E}_0$ 和 $\boldsymbol{E}'$ 方向相反，所以合场强为 $E=E_0-E'=\dfrac{\sigma-\sigma'}{\varepsilon_0}$。再考虑到实验给出的式(12.10)，即 $E=E_0/\varepsilon_r$，可得

$$\frac{\sigma-\sigma'}{\varepsilon_0}=\frac{\sigma}{\varepsilon_0\varepsilon_r}$$

由此可得

$$\sigma'=\frac{\varepsilon_r-1}{\varepsilon_r}\sigma$$

从而有

$$Q'=\frac{\varepsilon_r-1}{\varepsilon_r}Q$$

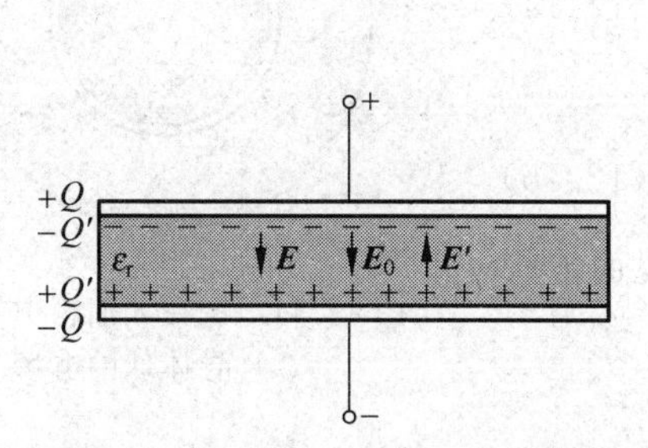

图 12.9 有电介质的电容器电荷分布

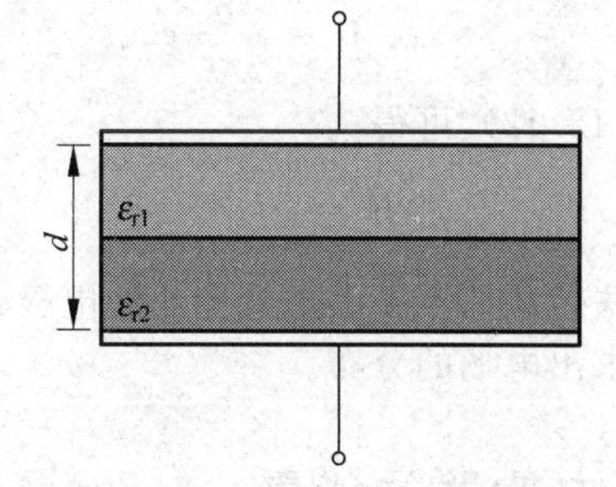

图 12.10 例 12.3 用图

例 12.3 双层电介质。如图 12.10 所示，一平行板电容器的极板面积为 S，板间由两层相对介电常量分别为 ε_{r1} 和 ε_{r2} 的电介质充满，二者厚度都是板间距离 d 的一半。求此电容器的电容。

解 由于两电介质的分界面与板间电场强度垂直，所以该面为一等势面。因此可以设想两电介质在此面上以一薄金属板隔开，这样，图示电容器就可以看作是两个电容器串联组成。由式(12.2)和式(12.9)知，两个电容器的电容分别是

$$C_1=\frac{\varepsilon_0 S}{d/2}\varepsilon_{r1}=\frac{2\varepsilon_0\varepsilon_{r1}S}{d},\quad C_2=\frac{\varepsilon_0 S}{d/2}\varepsilon_{r2}=\frac{2\varepsilon_0\varepsilon_{r2}S}{d}$$

由电容器串联公式(12.7)可得图12.10所示电容器的电容为

$$C=\frac{C_1C_2}{C_1+C_2}=\frac{2\varepsilon_0\varepsilon_{r1}\varepsilon_{r2}S}{d(\varepsilon_{r1}+\varepsilon_{r2})}$$

12.5 D矢量及其高斯定律

在12.3节中讲过，对于图12.6所示的那种电介质充满电场的情况，实验指出 $\boldsymbol{E}=\boldsymbol{E}_0/\varepsilon_r$。将此式写成 $\varepsilon_0\varepsilon_r\boldsymbol{E}=\varepsilon_0\boldsymbol{E}_0$ 再将两侧对任意封闭面 S 积分，可得

$$\oint_S \varepsilon_0\varepsilon_r\boldsymbol{E}\cdot d\boldsymbol{S}=\varepsilon_0\oint_S \boldsymbol{E}_0\cdot d\boldsymbol{S}=\varepsilon_0\frac{q_{0,\text{in}}}{\varepsilon_0}=q_{0,\text{in}} \tag{12.11}$$

式中第二个等号应用了高斯定律式(10.22)，其中与 $\boldsymbol{E}_0$ 对应的 q_0 是产生 $\boldsymbol{E}_0$ 的**自由电荷**(即不是由于电介质极化产生的束缚电荷)。由于自由电荷，如电容器充电时极板上带的电荷，可以由人们"主动地"安置或移走，上式就具有了实际上的重要性。常常定义一个 $\boldsymbol{D}$ 矢量和 $\boldsymbol{E}$ 及 ε_r 点点对应，即有

$$\boldsymbol{D}\equiv\varepsilon_0\varepsilon_r\boldsymbol{E}\equiv\varepsilon\boldsymbol{E} \tag{12.12}$$

式中 $\varepsilon=\varepsilon_0\varepsilon_r$ 叫电介质的**介电常量**(或**电容率**)，$\boldsymbol{D}$ 称为**电位移矢量**。利用此定义，式(12.11)可以简明地改写成

$$\oint_S \boldsymbol{D}\cdot d\boldsymbol{S}=q_{0,\text{in}} \tag{12.13}$$

此式的意义是：在有电介质的电场中，通过任意封闭面的电位移通量等于该封闭面包围的自由电荷的代数和。由于式(12.13)和式(10.22)形式相同，所以它就叫做 **$\boldsymbol{D}$ 的高斯定律**。

式(12.13)虽然是就图12.6的特殊情况导出的，但其实对于各向同性线性介质，该式是普遍成立的。

对于浸在一个大油箱(油的相对介电常量为 ε_r)中的，带有电荷(即自由电荷)q 的金属球(图12.11)，可以利用式(12.13)求出

$$\boldsymbol{D}=\frac{q}{4\pi r^2}\boldsymbol{e}_r \tag{12.14}$$

再由式(12.12)，可得

$$\boldsymbol{E}=\frac{q}{4\pi\varepsilon_0\varepsilon_r r^2}\boldsymbol{e}_r \tag{12.15}$$

这一方法使我们不必考虑电介质的电极化情况而能较便捷地求出电场的分布。

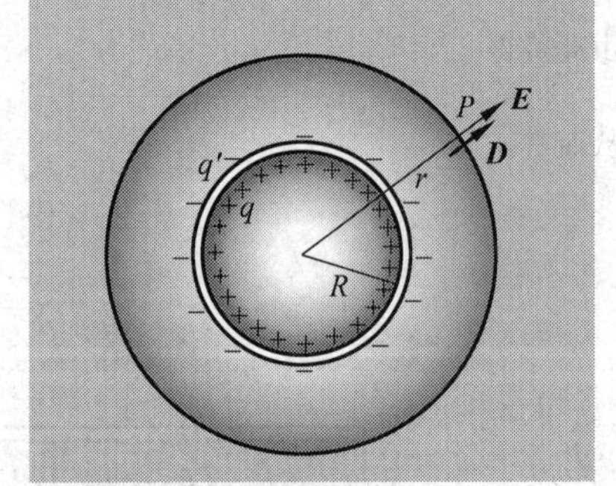

图12.11 浸在大油箱中的带电导体球的电场

12.6 电容器的能量

电容器带电时具有能量可以从下述实验看出。将一个电容器 C、一个直流电源 $\mathscr{E}$ 和一个灯泡 B 连成如图12.12(a)的电路，先将开关K倒向 a 边，当再将开关倒向 b 边时，灯泡会发出一次强的闪光。有的照相机上附装的闪光灯就是利用了这样的装置。

可以这样来分析这个实验现象。开关倒向 a 边时，电容器两板和电源相连，使电容器两板带上电荷。这个过程叫电容器的**充电**。当开关倒向 b 边时，电容器两板上的正负电荷又会通过有灯泡的电路中和。这一过程叫电容器的**放电**。灯泡发光是电流通过它的显示，灯泡发光所消耗的能量是从哪里来的呢？是从电容器释放出来的，而电容器的能量则是它充

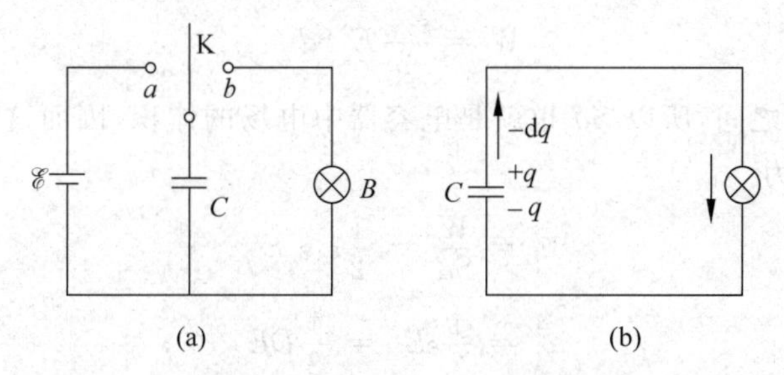

图 12.12　电容器充放电电路图(a)和电容器放电过程(b)

电时由电源供给的。

现在我们来计算电容器带有电量 Q,相应的电压为 U 时所具有的能量,这个能量可以根据电容器在放电过程中电场力对电荷做的功来计算。设在放电过程中某时刻电容器两极板所带的电量为 q。以 C 表示电容,则这时两板间的电压为 $u=q/C$。以 $-\mathrm{d}q$ 表示在此电压下电容器由于放电而减小的微小电量(由于放电过程中 q 是减小的,所以 q 的增量 $\mathrm{d}q$ 本身是负值),也就是说,有 $-\mathrm{d}q$ 的正电荷在电场力作用下沿导线从正极板经过灯泡与负极板等量的负电荷 $\mathrm{d}q$ 中和,如图 12.12(b)所示。在这一微小过程中电场力做的功为

$$\mathrm{d}A=(-\mathrm{d}q)u=-\frac{q}{C}\mathrm{d}q$$

从原有电量 Q 到完全中和的整个放电过程中,电场力做的总功为

$$A=\int \mathrm{d}A=-\int_Q^0 \frac{q}{C}\mathrm{d}q=\frac{1}{2}\frac{Q^2}{C}$$

这也就是电容器原来带有电量 Q 时所具有的能量。用 W 表示电容器的能量,并利用 $Q=CU$ 的关系,可以得到电容器的能量公式为

$$W=\frac{1}{2}\frac{Q^2}{C}=\frac{1}{2}CU^2=\frac{1}{2}QU \tag{12.16}$$

12.7　电介质中电场的能量

电容器的能量同样可以认为是储存在电容器内的电场之中,并用下面的分析把这个能量和电场强度 E 联系起来。

仍以平行板电容器为例,设板的面积为 S,板间距离为 d,板间充满相对介电常量为 ε_r 的电介质。此电容器的电容由式(12.2)和式(12.9)给出,即

$$C=\frac{\varepsilon_0\varepsilon_r S}{d}$$

将此式代入式(12.16)可得

$$W=\frac{1}{2}\frac{Q^2}{C}=\frac{1}{2}\frac{Q^2 d}{\varepsilon_0\varepsilon_r S}=\frac{\varepsilon_0\varepsilon_r}{2}\left(\frac{Q}{\varepsilon_0\varepsilon_r S}\right)^2 Sd$$

由于电容器的两板间的电场为

$$E=\frac{Q}{\varepsilon_0\varepsilon_r S}$$

所以可得

$$W = \frac{\varepsilon_0 \varepsilon_r}{2} E^2 Sd$$

由于电场存在于两板之间，所以 Sd 也就是电容器中电场的体积，因而这种情况下的电场能量体密度 w_e 应表示为

$$w_e = \frac{W}{Sd} = \frac{1}{2} \varepsilon_0 \varepsilon_r E^2$$

或

$$w_e = \frac{1}{2} \varepsilon E^2 = \frac{1}{2} DE \tag{12.17}$$

式(12.17)虽然是利用平行板电容器推导出来的，但是可以证明，它对于任何电介质内的电场都是成立的。在真空中，由于 $\varepsilon_r = 1$，所以式(12.17)就还原为式(11.25)，即 $w_e = \frac{1}{2} \varepsilon_0 E^2$。比较式(11.15)和式(12.17)可知，在电场强度相同的情况下，电介质中的电场能量密度将增大到 ε_r 倍。这是因为在电介质中，不但电场 $\boldsymbol{E}$ 本身像式(11.25)那样储有能量，而且电介质的极化过程也吸收并储存了能量。

一般情况下，有电介质时的电场总能量 W 应该用对式(12.17)的能量密度积分求得，即

$$W = \int w_e \mathrm{d}V = \int \frac{\varepsilon_0 \varepsilon_r E^2}{2} \mathrm{d}V \tag{12.18}$$

此积分应遍及电场分布的空间。

例 12.4 球形电容器储能。 一球形电容器，内外球的半径分别为 R_1 和 R_2(图 12.13)，两球间充满相对介电常量为 ε_r 的电介质，求此电容器带有电量 Q 时所储存的电能。

解 由于此电容器的内外球分别带有 $+Q$ 和 $-Q$ 的电量，根据高斯定律可求出内球内部和外球外部的电场强度都是零。两球间的电场分布为

$$E = \frac{Q}{4\pi\varepsilon_0 \varepsilon_r r^2}$$

将此电场分布代入式(12.18)可得此球形电容器储存的电能为

$$W = \int w_e \mathrm{d}V = \int_{R_1}^{R_2} \frac{\varepsilon_0 \varepsilon_r}{2} \left(\frac{Q}{4\pi\varepsilon_0 \varepsilon_r r^2} \right)^2 4\pi r^2 \mathrm{d}r$$

$$= \frac{Q^2}{8\pi\varepsilon_0 \varepsilon_r} \left(\frac{1}{R_1} - \frac{1}{R_2} \right)$$

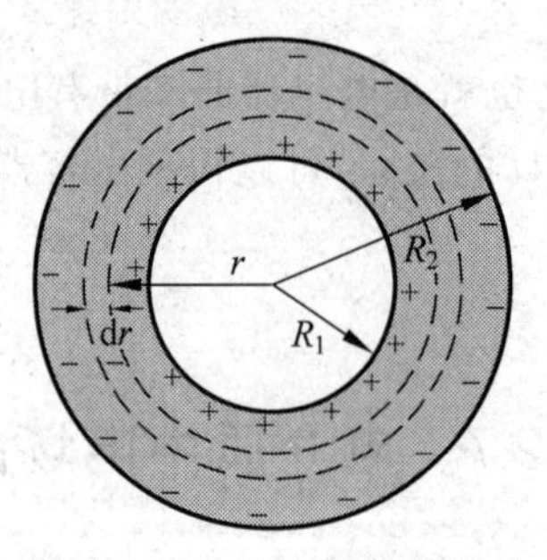

图 12.13 例 12.4 用图

此电能应该和用式(12.16)计算的结果相同。和式(12.16)中的 $W = \frac{1}{2} \frac{Q^2}{C}$ 比较，可得球形电容器的电容为

$$C = 4\pi\varepsilon_0 \varepsilon_r \frac{R_1 R_2}{R_2 - R_1}$$

此式和式(12.4)(乘以 ε_r)相同。这里利用了能量公式，这是计算电容器电容的另一种方法。

提要

1. 电容器：

电容定义： $C = Q/U$， C 决定于电容器的结构

平行板电容器(板间真空)： $C = \varepsilon_0 S/d$

2. 电容器联接： 并联 $C=\sum C_i$；

串联 $C=1/\sum(1/C_i)$

3. 电介质对电场的影响： 电容器板间充满电介质(相对介电常量为 ε_r)时，

$$U=U_0/\varepsilon_r,\quad \boldsymbol{E}=\boldsymbol{E}_0/\varepsilon_r,\quad C=\varepsilon_r C_0$$

电场受到影响是由于电介质在电场作用下发生**电极化**产生了**束缚电荷**。

4. $\boldsymbol{D}$ 矢量： $\boldsymbol{D}=\varepsilon_0\varepsilon_r\boldsymbol{E}=\varepsilon\boldsymbol{E}$

$\boldsymbol{D}$ 的高斯定律： $\oint_S \boldsymbol{D}\cdot d\boldsymbol{S}=q_{0,\text{in}}$

5. 电容器的能量： $W=\frac{1}{2}\frac{Q^2}{C}=\frac{1}{2}CU^2=\frac{1}{2}QU$

6. 电介质中电场的能量密度： $w_e=\frac{1}{2}\varepsilon_0\varepsilon_r E^2$

思考题

12.1 根据静电场环路积分为零证明：平板电容器边缘的电场不可能像图 12.14 所画的那样突然由均匀电场变为零，而是一定存在着逐渐减弱的“边缘电场”，像图 12.1 那样。(提示：选一通过电场内外的闭合路径。)

12.2 为什么带电的胶木棒能把不带电的纸屑吸引上来？

12.3 一个电介质板的一部分放在已带电的电容器两板间(图 12.15)。如果电容器相对的两个表面很光滑，则电介质板会被吸到电容器内部。为什么？(提示：考虑边缘电场的作用。)

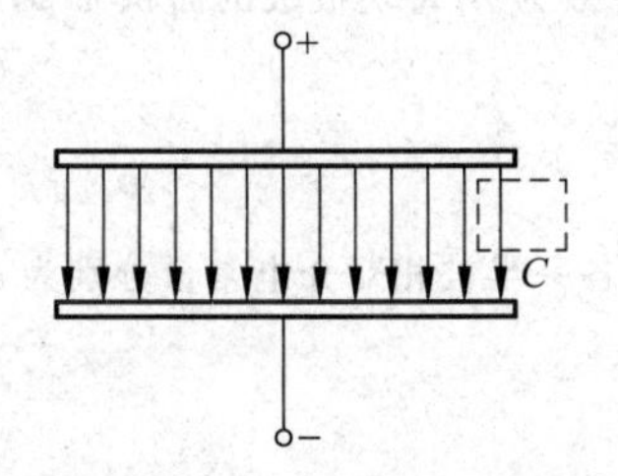

图 12.14 思考题 12.1 用图

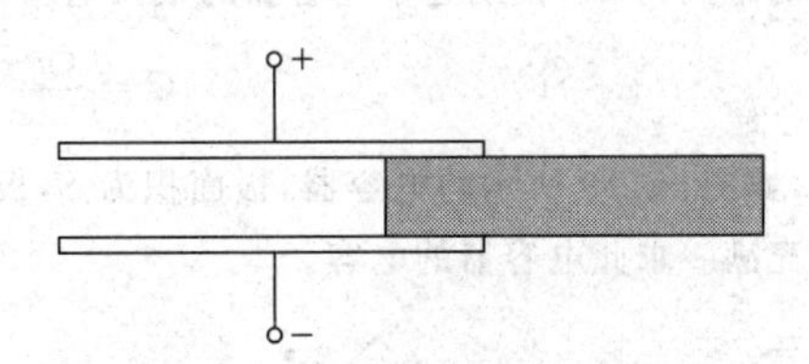

图 12.15 思考题 12.3 用图

12.4 由极性分子组成的液态电介质，其相对介电常量在温度升高时是增大还是减小？

12.5 两个极板面积和极板间距离都相等的电容器，一个板间为空气，一个板间为瓷质。二者并联时，哪个储存的电能多？二者串联时，哪个储存的电能多？

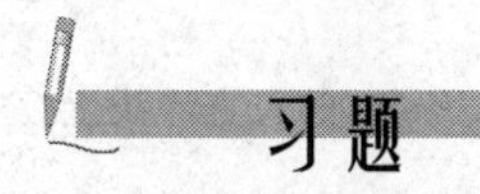

习题

12.1 地球的电容是多少法[拉]？

12.2 有的计算机键盘的每一个键下面连一小块金属片，它下面隔一定空气隙是一块小的固定金属片。这样两片金属片就组成一个小电容器(图 12.16)。当键被按下时，此小电容器的电容就发生变化，与之相连的电

图 12.16 习题 12.2 用图

子线路就能检测出是哪个键被按下了,从而给出相应的信号。设每个金属片的面积为 50.0 mm^2,两金属片之间的距离是 0.600 mm。如果电子线路能检测出的电容变化是 0.250 pF,那么键需要按下多大的距离才能给出必要的信号?

12.3 空气的击穿场强为 3×10^3 kV/m。当一个平行板电容器两极板间是空气而电势差为 50 kV 时,每平方米面积的电容最大是多少?

12.4 如图 12.17 联接三个电容器,$C_1=50\ \mu F$,$C_2=30\ \mu F$,$C_3=20\ \mu F$。

(1) 求该联接的总电容;

(2) 当在 AB 两端加 100 V 的电压后,各电容器上的电压和电量是多少?

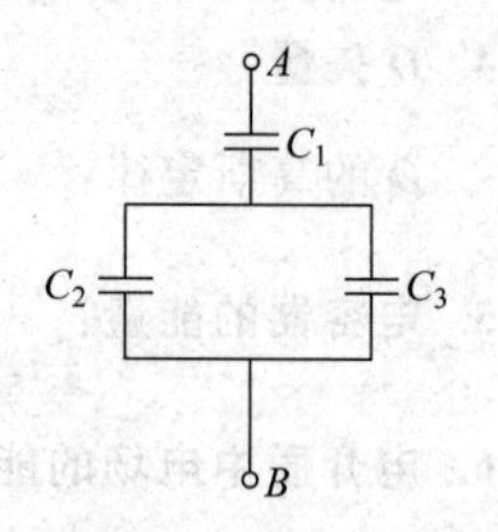

图 12.17 习题 12.4 用图

12.5 有 10 个相同的电容器,电容都是 10 μF。

(1) 先把它们都并联起来,加以 500 V 的电压,若这时将它们很快改为都串联在一起,则可得多高的总电压?可放出的总电量是多少?

(2) 先把它们都串联起来,加以总电压 2000 V,若这时将它们很快改为都并联在一起,则可放出的总电量是多少?总电压变为多少?

12.6 两个电容器的电容分别是 $C_1=20\ \mu F$,$C_2=40\ \mu F$。当它们分别用 $U_1=200$ V 和 $U_2=160$ V 的电压充电后,将两者带相反电荷的极板联接起来,最后它们的电压各是多少?又各带多少电量?

12.7 人体的某些细胞壁两侧带有等量的异号电荷。设某细胞壁厚为 5.2×10^{-9} m,两表面所带面电荷密度为 $\pm0.52\times10^{-3}\ C/m^2$,内表面为正电荷。如果细胞壁物质的相对介电常量为 6.0,求:(1)细胞壁内的电场强度;(2)细胞壁两表面间的电势差。

12.8 用两面夹有铝箔的厚为 5×10^{-2} mm,相对介电常量为 2.3 的聚乙烯膜做一电容器。如果电容为 3.0 μF,则膜的面积要多大?

12.9 图 12.18 所示为用于调谐收音机的一种可变空气电容器。这里奇数极板和偶数极板分别连在一起,其中一组的位置是固定的,另一组是可以转动的。假设极板的总数为 n,每块极板的面积为 S,相邻两极板之间的距离为 d。证明这个电容器的最大电容为

$$C=\frac{(n-1)\varepsilon_0 S}{d}$$

12.10 如图 12.19 所示的电容器,板面积为 S,板间距为 d,板间各一半被相对介电常量分别为 ε_{r1} 和 ε_{r2} 的电介质充满。求此电容器的电容。

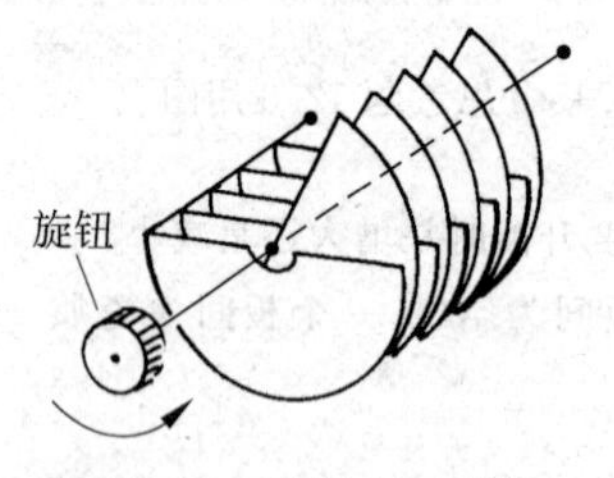

图 12.18 习题 12.9 用图

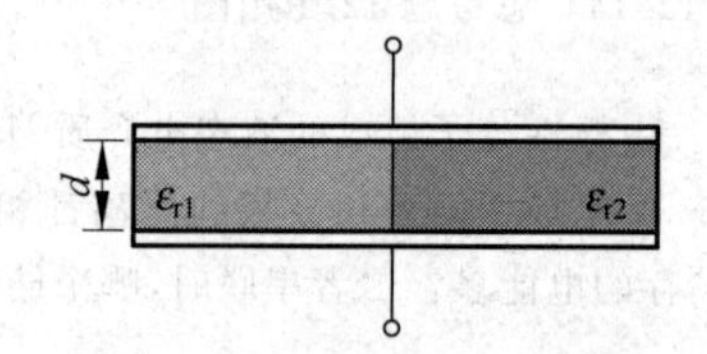

图 12.19 习题 12.10 用图

12.11 空气的介电强度为 3 kV/mm,试求空气中半径分别为 1.0 cm,1.0 mm,0.1 mm 的长直导线上单位长度最多各能带多少电荷?

12.12 一个金属球浸在一大油池中。当金属球带电 q 时,和它贴近的油表面会由于油的电极化而带上面束缚电荷。求证此面束缚电荷总量为

$$q'=\left(\frac{1}{\varepsilon_r}-1\right)q$$

式中 ε_r 为油的相对介电常量。

12.13 一种利用电容器测量油箱中油量的装置示意图如图 12.20 所示。附接电子线路能测出等效相对介电常量 $\varepsilon_{r,\mathrm{eff}}$(即电容相当而充满板间的电介质的相对介电常量)。设电容器两板的高度都是 a,试导出等效相对介电常量和油面高度的关系,以 ε_r 表示油的相对介电常量。就汽油($\varepsilon_r=1.95$)和甲醇($\varepsilon_r=33$)相比,哪种燃料更适宜用此种油量计?

*12.14 一个平行板电容器,板面积为 S,板间距为 d(图 12.21)。

(1) 充电后保持其电量 Q 不变,将一块厚为 b 的金属板平行于两极板插入。与金属板插入前相比,电容器储能增加多少?

(2) 导体板进入时,外力(非电力)对它做功多少?是被吸入还是需要推入?

(3) 如果充电后保持电容器的电压 U 不变,则(1),(2)两问结果又如何?

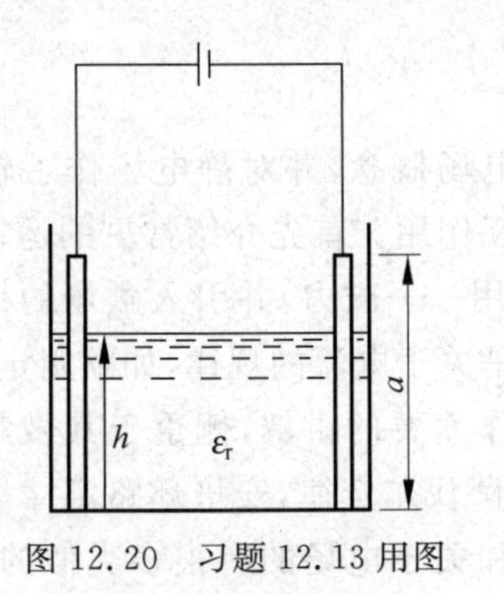

图 12.20 习题 12.13 用图

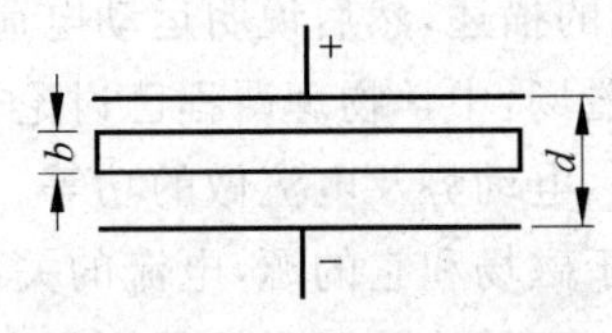

图 12.21 习题 12.14 用图

*12.15 证明:球形电容器带电后,其电场的能量的一半储存在内半径为 R_1,外半径为 $2R_1R_2/(R_1+R_2)$ 的球壳内,式中 R_1 和 R_2 分别为电容器内球和外球的半径。一个孤立导体球带电后其电场能的一半储存在多大的球壳内?

第13章

电流和磁场

前3章介绍了静止电荷间相互作用的规律，引入了电场概念，并对静电场作了较为详细的讲解。从本章开始，将讨论运动电荷之间的相互作用。首先介绍常见的运动电荷系统，即电流的描述，然后说明运动电荷的另一种相互作用——磁力，并引入磁场的概念。关于电流和磁场，中学物理课程已讨论得相当多了，特别是关于电流的规律，如欧姆定律，电阻的串、并联，电动势及电流做的功等。本章对电流将只作简要的讲解，侧重于其微观图像的说明。对于磁场和它的源，电流的关系的规律，如毕奥-萨伐尔定律，安培环路定律等则作了重点的讲解。虽然关于磁场的概念和问题的分析方法和关于电场的有很多类似的地方，值得我们充分关注，但二者终究有严格的区别，而且前者较复杂些。因此仍需要大家认真学习。

13.1 电流和电流密度

电流是电荷的定向运动，从微观上看，电流实际上是带电粒子的定向运动。形成电流的带电粒子统称**载流子**。它们可以是电子、质子、正的或负的离子，在半导体中还可能是带正电的“空穴”。

常见的电流是沿着一根导线流动的电流。电流的强弱用**电流［强度］**来描述，它等于单位时间里通过导线某一横截面的电量。如果在一段时间 Δt 内通过某一截面的电量是 Δq，则通过该截面的电流 I 是

$$I=\frac{\Delta q}{\Delta t} \tag{13.1}$$

在国际单位制中电流的单位名称是安［培］，符号是 A，

$$1\ \mathrm{A}=1\ \mathrm{C/s}$$

实际上还常常遇到在大块导体中产生的电流。整个导体内各处的电流形成一个“电流场”。例如在有些地质勘探中利用的大地中的电流，电解槽内电解液中的电流，气体放电时通过气体的电流等。在这种情况下为了描述导体中各处电荷定向运动的情况，引入电流密度概念。

为简单计，设导体中只有一种载流子，每个载流子所带电量都是 q，但是运动速度可以各不相同。以 n_i 表示单位体积内以速度 $\boldsymbol{v}_i$ 运动的载流子数目，则如图 13.1 所示，在 $\mathrm{d}t$ 时

间内通过面元 d$\boldsymbol{S}$ 的这种速度的载流子的数目为 $n_i v_i \mathrm{d}t\cos\theta_i \mathrm{d}S = n_i \boldsymbol{v}_i \cdot \mathrm{d}\boldsymbol{S}\mathrm{d}t$。在 d$t$ 时间内通过 d$\boldsymbol{S}$ 的各种速度的载流子的数目就是 $\sum_i n_i \boldsymbol{v}_i \cdot \mathrm{d}\boldsymbol{S}\mathrm{d}t$，单位时间内通过 d$\boldsymbol{S}$ 的电量，也就是通过 d$\boldsymbol{S}$ 的电流强度为

$$\mathrm{d}I = q\sum n_i \boldsymbol{v}_i \cdot \mathrm{d}\boldsymbol{S}\mathrm{d}t/\mathrm{d}t = q\Big(\sum_i n_i \boldsymbol{v}_i\Big)\cdot \mathrm{d}\boldsymbol{S}$$

以 $\boldsymbol{v}$ 表示所有载流子的平均速度，即 $\boldsymbol{v} = \sum_i n_i \boldsymbol{v}_i / n$，其中 $n = \sum_i n_i$ 是单位体积内载流子数目，即载流子数密度，则上式就可以改写为

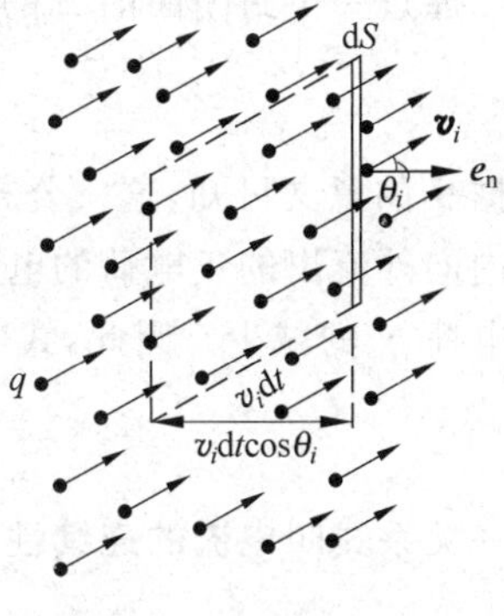

图 13.1 电流密度计算

$$\mathrm{d}I = qn\,\boldsymbol{v}\cdot \mathrm{d}\boldsymbol{S} \tag{13.2}$$

引入矢量 $\boldsymbol{J}$，并定义

$$\boldsymbol{J} = qn\boldsymbol{v} \tag{13.3}$$

则上一式可以写成

$$\mathrm{d}I = \boldsymbol{J}\cdot \mathrm{d}\boldsymbol{S} \tag{13.4}$$

这样定义的 $\boldsymbol{J}$ 就叫面元 d$\boldsymbol{S}$ 处的**电流密度**。由此定义式可知，对于正载流子，电流密度的方向与载流子的平均速度方向相同；对负载流子，电流密度的方向与载流子的平均速度方向相反。

在式(13.4)中，如果 $\boldsymbol{J}$ 与 d$\boldsymbol{S}$ 垂直，则 $\mathrm{d}I = J\mathrm{d}S$，或 $J = \mathrm{d}I/\mathrm{d}S$。这就是说，电流密度的大小等于通过垂直于载流子运动方向的单位面积的电流。

在国际单位制中电流密度的单位名称为安每平方米，符号为 $\mathrm{A/m^2}$。

在金属中，只有一种载流子，即自由电子。一个自由电子带有电量 e，由式(13.3)可得金属中的电流密度应为

$$\boldsymbol{J} = en\boldsymbol{v} \tag{13.5}$$

由于电子电量为负值，所以上式中 $\boldsymbol{J}$ 与 $\boldsymbol{v}$ 的方向相反，即金属中电流密度方向与自由电子平均速度方向相反。

在无外加电场的情况下，金属中的电子做无规则运动，$\boldsymbol{v}=0$，所以不产生电流。在外加电场中，各电子将受同一方向的电场力作用，会在原来的无规则运动速度上叠加一定向速度。这一定向速度的平均值也就是式(13.5)中的平均速度 $\boldsymbol{v}$。这和天空中飘浮的云朵中的水微粒在无规则运动的基础上有一共同速度而表现为云朵整体的运动类似，金属中自由电子的这种平均定向速度叫做**漂移速度**。

图 13.2 通过任一曲面的电流

式(13.4)给出了通过一个面元 d$\boldsymbol{S}$ 的电流，对于电流区域内一个有限的面 S（图 13.2），通过它的电流应为通过它的各面元的电流的代数和，即

$$I = \int_S \mathrm{d}I = \int_S \boldsymbol{J}\cdot \mathrm{d}\boldsymbol{S} \tag{13.6}$$

由此可见，在电流场中，通过某一面的电流就是通过该面的电流密度的通量。它是一个代数量，不是矢量。

通过一个封闭曲面 S 的电流可以表示为

$$I=\oint_S \boldsymbol{J}\cdot \mathrm{d}\boldsymbol{S} \tag{13.7}$$

根据 $\boldsymbol{J}$ 的意义可知，这一公式实际上表示净流出封闭面的电流，也就是单位时间内从封闭面内向外流出的正电荷的电量。根据电荷守恒定律，通过封闭面流出的电量应等于封闭面内电荷 q_{in} 的减少。因此，式(13.7)应该等于 q_{in} 的减少率，即

$$\oint_S \boldsymbol{J}\cdot \mathrm{d}\boldsymbol{S}=-\frac{\mathrm{d}q_{\text{in}}}{\mathrm{d}t} \tag{13.8}$$

这一关系式叫**电流的连续性方程**。

13.2 电流的一种经典微观图像 欧姆定律

13.1节已指出，在外电场中金属内的自由电子会产生定向运动而形成电流。外电场和电流的关系，可以用微观理论加以说明，下面就用经典理论对金属中的电流的形成给出一个近似的形象化的解释。

金属中的自由电子在正离子组成的晶格中间作无规则运动(图13.3)，在运动中还不断地和正离子作无规则的碰撞。在没有外电场作用时，电子这种无规则运动使得它的平均速度为零，所以没有电流。在外电场 $\boldsymbol{E}$ 加上后，每个电子(电荷为 e)都要受到同一方向的力 $e\boldsymbol{E}$ 的作用，因而在无规则运动的基础上将叠加一个定向运动。由于电子还要不断地和正离子碰撞，所以电子的定向运动并不是持续不断地加速运动。以 $\boldsymbol{v}_{0i}$ 表示第 i 个电子刚经过一次碰撞后的初速度，在此次碰撞后自由飞行一段时间 t_i 到达时刻 t 时的速度应为

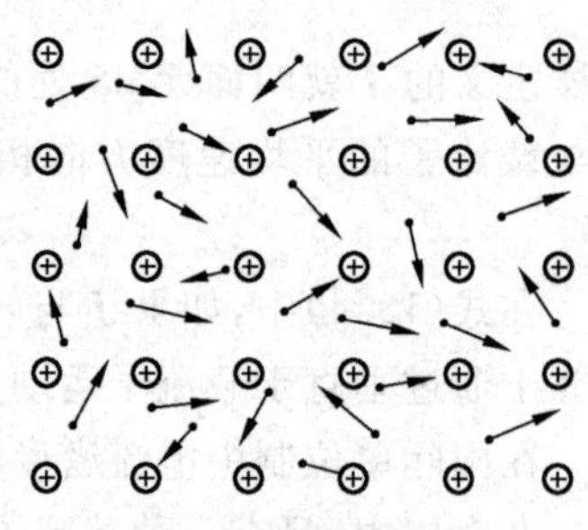

图13.3 金属中自由电子无规则运动示意图

$$\boldsymbol{v}_i=\boldsymbol{v}_{0i}+\frac{e\boldsymbol{E}}{m}t_i \tag{13.9}$$

式中 m 是电子的质量。在经过下一次碰撞时，电子的速度又复归于混乱。为了简单起见，我们作一个关于碰撞的统计性假定，即每经过一次碰撞，电子的运动又复归于完全无规则，或者形象化地说，经过一次碰撞，电子完全“忘记”了它在碰撞前的运动情况。这就是说，$\boldsymbol{v}_{0i}$ 是完全无规则的，就好像此前没有被电场加速过一样。从每次碰撞完毕开始，电子都在电场作用下重新开始加速。因此，电子的定向运动是一段一段的加速运动的接替。

为了求出某一时刻 t 的电流密度，我们利用电流密度公式(13.5)，式中的平均速度可以由式(13.9)对所有电子求平均得出。由于 $\boldsymbol{v}_{0i}$ 的完全无规则性，它的平均值为零，于是在时刻 t 各电子的平均速度，亦即形成电流的漂移速度，就是

$$\boldsymbol{v}=\frac{e\boldsymbol{E}}{m}\tau \tag{13.10}$$

其中

$$\tau = \sum_{i=1}^{n} t_i / n$$

是电子在任意相邻的两次碰撞之间的自由飞行时间的平均值。我们可以称之为电子的**平均自由飞行时间**。在电场比较弱，电子获得的定向速度和无规运动速度相比为甚小的情况下（实际情况正是这样），这一平均自由飞行时间由无规运动决定而与电场强度 $\boldsymbol{E}$ 无关。

将式(13.10)代入式(13.5)可得

$$\boldsymbol{J} = \frac{ne^2\tau}{m}\boldsymbol{E} \tag{13.11}$$

由于 $\boldsymbol{E}$ 的系数和 $\boldsymbol{E}$ 无关，所以得到电流密度 $\boldsymbol{J}$ 与 $\boldsymbol{E}$ 成正比。上式中的比例系数称为金属的电导率，常以 σ 表示，其倒数即为金属的电阻率 ρ，于是有

$$\sigma = \frac{ne^2\tau}{m} = 1/\rho \tag{13.12}$$

而式(13.11)可以写成

$$\boldsymbol{J} = \sigma\boldsymbol{E} \tag{13.13}$$

对于一段长为 l，截面积为 S 的导线来说，当其两端加上电势差 U 时，导线内的电场就是 $E=U/l$（图 13.4）。由式(13.13)可得 $J=\sigma U/l$，而通过导线的电流为

$$I = JS = U\sigma S/l = \frac{S}{\rho l}U$$

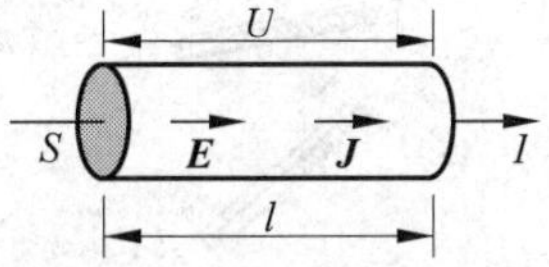

以 $\rho l/S=R$ 称为导线的电阻，则上式写为

$$I = \frac{U}{R} \tag{13.14}$$

图 13.4 推导欧姆定律用图

这正是用于一段金属导线的欧姆定律，因而式(13.13)又称做欧姆定律的微分形式。

导体内各处电流密度不随时间改变的电流称为**恒定电流**。对于恒定电流，必然有

$$I = \oint_S \boldsymbol{J} \cdot \mathrm{d}\boldsymbol{S} = 0$$

即电流必然是闭合的。这是因为，如果不然，则由式(13.8)得 $\mathrm{d}q_{\mathrm{in}}/\mathrm{d}t \neq 0$，这意味着电荷分布将随时间改变，而这将引起电场分布随时间改变，再根据式(13.13)，可知电流密度将随时间改变而不再恒定了。

又由上式及式(13.8)可知恒定电流的情况下，各处电荷分布将不随时间改变，这时的电场也将不随时间改变。有电流而保持不随时间改变的电场称为**恒定电场**。它具有和静电场一样的性质，譬如说，也服从式(11.4) $\left(\oint_C \boldsymbol{E} \cdot \mathrm{d}\boldsymbol{r} = 0\right)$ 而具有保守性。

现在考虑流动着恒定电流的闭合回路，如图 13.5 所示的有电池作为**电源**的整个电路。由于恒定电场是保守的，所以在这个电场中，和在静电场中一样，电荷绕回路一周电场力做的功为零。这就是说，静电场不可能提供电路中消耗的能量，如使灯泡发光需要的能量。在闭合电路中消耗的能量一定是电源内的某种**非静电力**（在电池内是化学力）提供的。电源的这种功能用它的**电动势**来定量地表述。电源的电动势等于单位电荷通过时，其中的非静电力对它

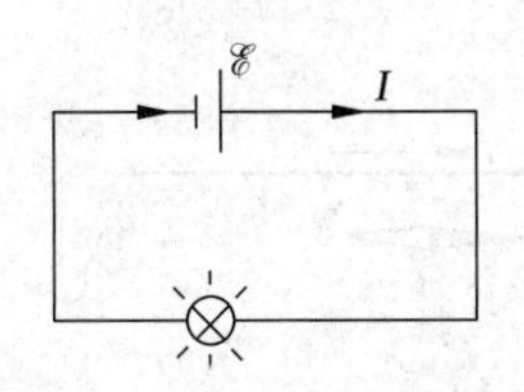

图 13.5 恒定电流闭合回路

做的功。通常非静电力也用一种非静电场 $\boldsymbol{E}_{ne}$ 加以描述。$\boldsymbol{E}_{ne}$ 等于非静电场对于单位电荷的作用力。这样，电源的电动势 $\mathscr{E}$ 就可以表示为

$$\mathscr{E} = \int_L \boldsymbol{E}_{ne} \cdot d\boldsymbol{l} \tag{13.15}$$

其中 L 为单位电荷在电路中的非静电场区经过的路径，$d\boldsymbol{l}$ 为沿此路径的长度元。

13.3 磁力与电荷的运动

我国古籍《吕氏春秋》(成书于公元前 3 世纪战国时期)所载的"慈石召铁"，即天然磁石对铁块的吸引力，就是磁力。这种磁力现在很容易用两条磁铁棒演示出来。如图 13.6(a)，(b)所示，两根磁铁棒的同极相斥，异极相吸。

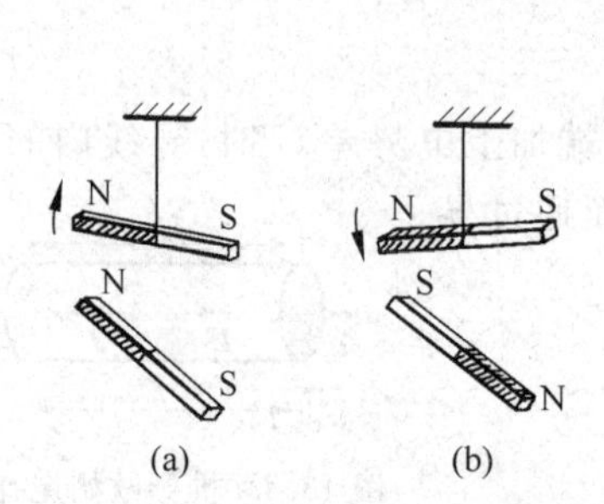

图 13.6 永磁体同极相斥，异极相吸

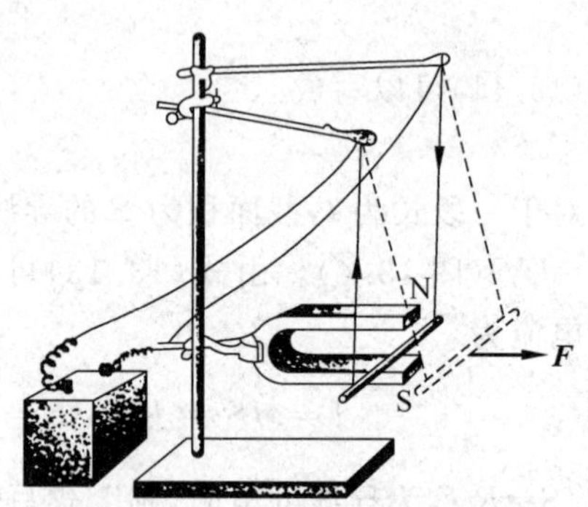

图 13.7 磁体对电流的作用

还有下述实验可演示磁力。

如图 13.7 所示，把导线悬挂在蹄形磁铁的两极之间，当导线中通入电流时，导线会被排开或吸入，显示了通有电流的导线受到了磁铁的作用力。

如图 13.8 所示，一个阴极射线管的两个电极之间加上电压后，会有电子束从阴极 K 射向阳极 A。当把一个蹄形磁铁放到管的近旁时，会看到电子束发生偏转。这显示运动的电子受到了磁铁的作用力。

如图 13.9 所示，一个磁针沿南北方向静止在那里，如果在它上面平行地放置一根导线，当导线中通入电流时，磁针就要转动。这显示了磁针受到了电流的作用力。1820 年奥斯特做的这个试验，在历史上第一次揭示了电现象和磁现象的联系，对电磁学的发展起了重要的作用。

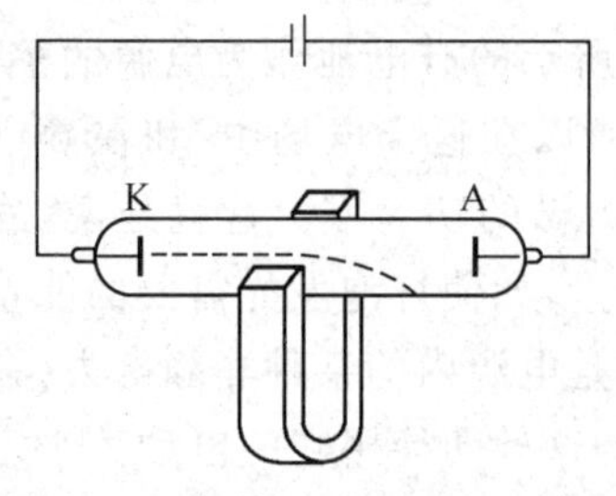

图 13.8 磁体对运动电子的作用

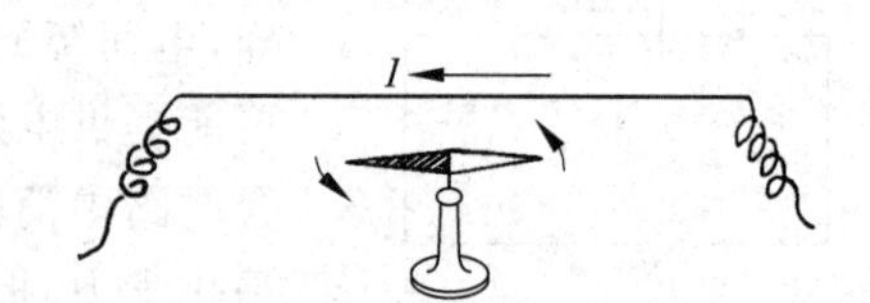

图 13.9 奥斯特实验

如图 13.10 所示，有两段平行放置并两端固定的导线，当它们通以方向相同的电流时，互相吸引(图 13.10(a))。当它们通以相反方向的电流时，互相排斥(图 13.10(b))。这说明电流与电流之间有相互作用力。

在这些实验中，磁体或电流在电流周围都受磁力，又因为电流是电荷的定向运动形成的，所以电流的这种磁效应也可以认为是运动电荷的磁效应。

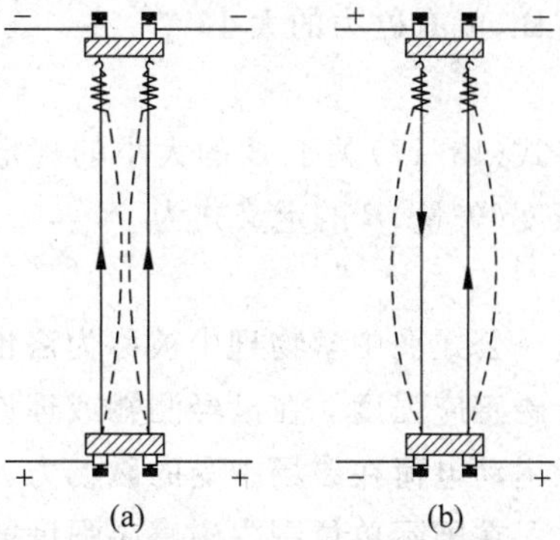

图 13.10 平行电流间的相互作用

13.4 磁场与磁感应强度

为了说明磁力的作用，我们也引入场的概念。产生磁力的场叫**磁场**。一个运动电荷在它的周围除产生电场外，还产生磁场。另一个在它附近运动的电荷受到的磁力就是该磁场对它的作用。但因前者还产生电场，所以后者还受到前者的电场力的作用。

为了研究磁场，需要选择一种只有磁场存在的情况。通有电流的导线的周围空间就是这种情况。在这里一个静止的电荷是不会受到电场力的作用的，这是因为导线内既有正电荷，即金属正离子，也有负电荷，即自由电子。在通有电流时，导线也是中性的，其中的正负电荷密度相等，在导线外产生的电场相互抵消，合电场为零了。在电流的周围，一个运动的带电粒子是要受到作用力的，这力和该粒子的速度直接有关。这力就是磁力，它就是导线内定向运动的自由电子所产生的磁场对运动的电荷的作用力。下面我们就利用这种情况先说明如何对磁场加以描述。

对应于用电场强度对电场的描述，我们用**磁感应强度**(矢量)对磁场加以描述。通常用 $\boldsymbol{B}$ 表示磁感应强度，它用下述方法定义。

如图 13.11 所示，一电荷 q 以速度 $\boldsymbol{v}$ 通过电流周围某场点 P。我们把这一运动电荷当作检验(磁场的)电荷。实验指出，q 沿不同方向通过 P 点时，它受磁力的大小不同，但当 q 沿某一特定方向(或其反方向)通过 P 点时，它受的磁力为零而与 q 无关。磁场中各点都有各自的这种特定方向。这说明磁场本身具有"方向性"。我们就可以用这个特定方向(或其反方向)来规定磁场的方向。当 q 沿其他方向运动时，实验发现 q 受的磁力 $\boldsymbol{F}$ 的方向总与此"不受力方向"以及 q 本身的速度 $\boldsymbol{v}$ 的方向垂直。这样我们就可以进一步具体地**规定 $\boldsymbol{B}$ 的方向使得 $\boldsymbol{v}\times\boldsymbol{B}$ 的方向正是 $\boldsymbol{F}$ 的方向**，如图 13.11 所示。

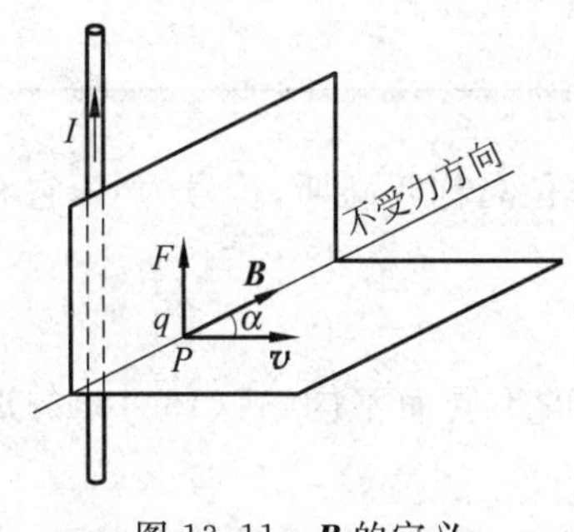

图 13.11 $\boldsymbol{B}$ 的定义

以 α 表示 q 的速度 $\boldsymbol{v}$ 与 $\boldsymbol{B}$ 的方向之间的夹角。实验给出，在不同的场点，不同的 q 以不同的大小 v 和方向 α 的速度越过时，它受的磁力 $\boldsymbol{F}$ 的大小一般不同；但在同一场点，实验给出比值 $F/qv\sin\alpha$ 是一个恒量，与 q,v,α 无关，只决定于场点的位置。根据这一结果，可以用 $F/qv\sin\alpha$ 表示磁场本身的性质而把 $\boldsymbol{B}$ 的大小规定为

$$B=\frac{F}{qv\sin\alpha} \tag{13.16}$$

这样，就有磁力的大小

$$F = Bqv\sin\alpha \tag{13.17}$$

将式(13.17)关于 **B** 的大小的规定和上面关于 **B** 的方向的规定结合到一起，可得到磁感应强度(矢量)**B** 的定义式为

$$\boldsymbol{F} = q\boldsymbol{v} \times \boldsymbol{B} \tag{13.18}$$

这一公式在中学物理中被称为**洛伦兹力**公式，现在我们用它根据运动的检验电荷受力来定义磁感应强度。在已经测知或理论求出磁感应强度分布的情况下，就可以用式(13.18)求任意运动电荷在磁场中受的磁场力。

在国际单位制中磁感应强度的单位名称叫特[斯拉]，符号为 T。几种典型的磁感应强度的大小如表 13.1 所示。

表 13.1 一些磁感应强度的大小 T

原子核表面	约 10^{12}
中子星表面	约 10^{8}
目前实验室值：瞬时	1×10^{3}
恒定	37
大型气泡室内	2
太阳黑子中	约 0.3
电视机内偏转磁场	约 0.1
太阳表面	约 10^{-2}
小型条形磁铁近旁	约 10^{-2}
木星表面	约 10^{-3}
地球表面	约 5×10^{-5}
太阳光内(地面上，均方根值)	3×10^{-6}
蟹状星云内	约 10^{-8}
星际空间	10^{-10}
人体表面(例如头部)	3×10^{-10}
磁屏蔽室内	3×10^{-14}

磁感应强度的一种非国际单位制的(但目前还常见的)单位名称叫高斯，符号为 G，它和 T 在数值上有下述关系：

$$1\ \mathrm{T} = 10^4\ \mathrm{G}$$

在电磁学中，表示同一规律的数学形式常随所用单位制的不同而不同，式(13.18)的形式只用于国际单位制。

产生磁场的运动电荷或电流可称为磁场源。实验指出，在有若干个磁场源的情况下，它们产生的磁场服从叠加原理。以 $\boldsymbol{B}_i$ 表示第 i 个磁场源在某处产生的磁场，则在该处的总磁场 **B** 为

$$\boldsymbol{B} = \sum \boldsymbol{B}_i \tag{13.19}$$

为了形象地描绘磁场中磁感应强度的分布，类比电场中引入电场线的方法引入磁感线(或叫 **B** 线)。磁感线的画法规定与电场线画法一样。实验上可用铁粉来显示磁感线图形，如图 13.12 所示。

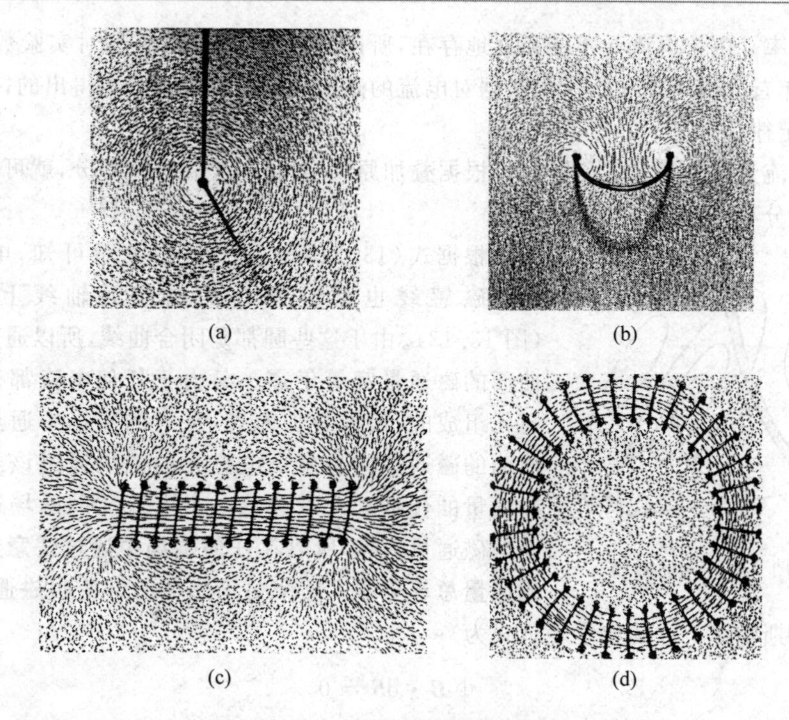

图 13.12 铁粉显示的磁感线图

(a) 直电流；(b) 圆电流；(c) 载流螺线管；(d) 载流螺绕环

在说明磁场的规律时，类比电通量，也引入**磁通量**的概念。通过某一面积的磁通量 Φ 的定义是

$$\Phi = \int_S \boldsymbol{B} \cdot \mathrm{d}\boldsymbol{S} \tag{13.20}$$

它就等于通过该面积的磁感线的总条数。

在国际单位制中，磁通量的单位名称是韦[伯]，符号为 Wb。1 Wb=1 T·m^2。据此，磁感应强度的单位 T 也常写作 Wb/m^2。

我们已用电流周围的磁场定义了磁感应强度，在给定电流周围不同的场点磁感应强度一般是不同的。下面就介绍电流周围磁场分布的规律。

13.5 毕奥-萨伐尔定律

电流在其周围产生磁场，其规律的基本形式是电流元产生的磁场和该电流元的关系。以 $I\mathrm{d}\boldsymbol{l}$ 表示恒定电流的一电流元，以 $\boldsymbol{r}$ 表示从此电流元指向某一场点 P 的径矢(图 13.13)，实验给出，此电流元在 P 点产生的磁场 $\mathrm{d}\boldsymbol{B}$ 由下式决定：

$$\mathrm{d}\boldsymbol{B} = \frac{\mu_0}{4\pi}\frac{I\mathrm{d}\boldsymbol{l} \times \boldsymbol{e}_r}{r^2} \tag{13.21}$$

式中

$$\mu_0 = \frac{1}{\varepsilon_0 c^2} = 4\pi \times 10^{-7}\ \mathrm{N/A^2}① \tag{13.22}$$

① 此单位 N/A^2 就是 H/m，H(亨) 是电感的单位，见 16.4 节。

叫**真空磁导率**。由于电流元不能孤立地存在，所以式(13.21)不是直接对实验数据的总结。它是1820年首先由毕奥和萨伐尔根据对电流的磁作用的实验结果分析得出的，现在就叫毕奥-萨伐尔定律。

有了电流元的磁场公式(13.21)，根据叠加原理，对这一公式进行积分，就可以求出任意电流的磁场分布。

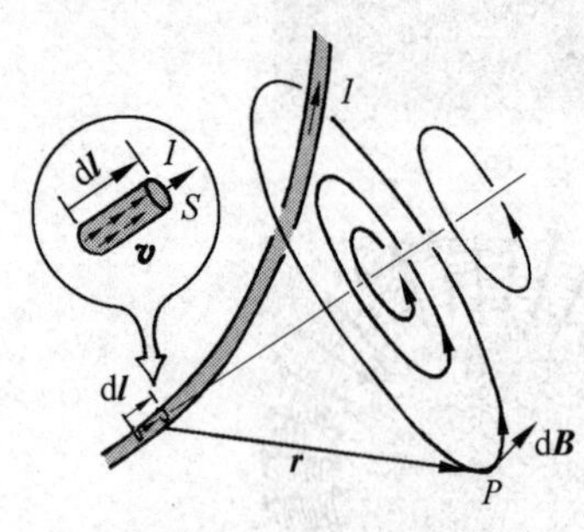

图13.13 电流元的磁场

根据式(13.21)中的矢量积关系可知，电流元的磁场的磁感线也都是圆心在电流元轴线上的同心圆(图13.13)。由于这些圆都是闭合曲线，所以通过任意封闭曲面的磁通量都等于零。又由于任何电流都是一段段电流元组成的，根据叠加原理，在它的磁场中通过一个封闭曲面的磁通量应是各个电流元的磁场通过该封闭曲面的磁通量的代数和。既然每一个电流元的磁场通过该封闭面的磁通量为零，所以在**任何磁场中通过任意封闭曲面的磁通量总等于零**。这个关于磁场的结论叫**磁通连续定理**，或磁场的高斯定律。它的数学表示式为

$$\oint_S \boldsymbol{B} \cdot \mathrm{d}\boldsymbol{S} = 0 \tag{13.23}$$

和电场的高斯定律相比，可知磁通连续反映自然界中没有与电荷相对应的“磁荷”即单独的磁极或磁单极子存在。近代关于基本粒子的理论研究早已预言有磁单极子存在，也曾企图在实验中找到它。但至今除了个别事件可作为例证外，还不能说完全肯定地发现了它。

下面举几个例子，说明如何用毕奥-萨伐尔定律求电流的磁场分布。

例13.1 直线电流的磁场。如图13.14所示，导电回路中通有电流I，求长度为L的直线段的电流在它周围某点P处的磁感应强度，P点到导线的距离为r。

解 以P点在直导线上的垂足为原点O，选坐标如图。由毕奥-萨伐尔定律可知，L段上任意一电流元$I\mathrm{d}\boldsymbol{l}$在$P$点所产生的磁场为

$$\mathrm{d}\boldsymbol{B} = \frac{\mu_0}{4\pi}\frac{I\mathrm{d}\boldsymbol{l} \times \boldsymbol{e}_{r'}}{r'^2}$$

其大小为

$$\mathrm{d}B = \frac{\mu_0}{4\pi}\frac{I\mathrm{d}l\sin\theta}{r'^2}$$

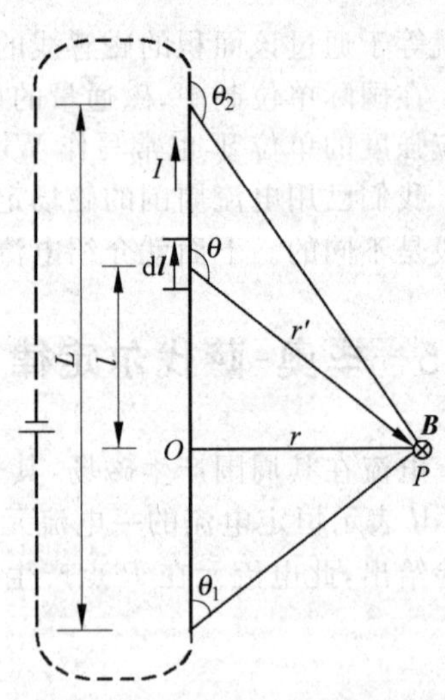

图13.14 直线电流的磁场

式中r'为电流元到P点的距离。由于直导线上各个电流元在P点的磁感应强度的方向相同，都垂直于纸面向里，所以合磁感应强度也在这个方向，它的大小等于上式$\mathrm{d}B$的标量积分，即

$$B = \int \mathrm{d}B = \int \frac{\mu_0 I\mathrm{d}l\sin\theta}{4\pi r'^2}$$

由图13.14可以看出，$r' = r/\sin\theta$，$l = -r\cot\theta$，$\mathrm{d}l = r\mathrm{d}\theta/\sin^2\theta$。把此$r'$和$\mathrm{d}l$代入上式，可得

$$B = \int_{\theta_1}^{\theta_2} \frac{\mu_0 I}{4\pi r}\sin\theta\mathrm{d}\theta$$

由此得

$$B = \frac{\mu_0 I}{4\pi r}(\cos\theta_1 - \cos\theta_2) \tag{13.24}$$

上式中 θ_1 和 θ_2 分别是直导线两端的电流元和它们到 P 点的径矢之夹角。

对于无限长直电流来说，上式中 $\theta_1=0,\theta_2=\pi$，于是有

$$B = \frac{\mu_0 I}{2\pi r} \tag{13.25}$$

此式表明，无限长载流直导线周围的磁感应强度 B 与导线到场点的距离成反比，与电流成正比。它的磁感应线是在垂直于导线的平面内以导线为圆心的一系列同心圆，如图 13.15 所示。这和用铁粉显示的图形(图 13.12(a))相似。

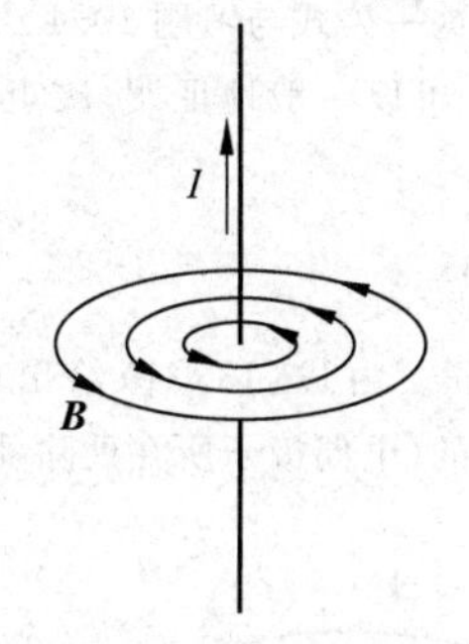

图 13.15　无限长直电流的磁感应线

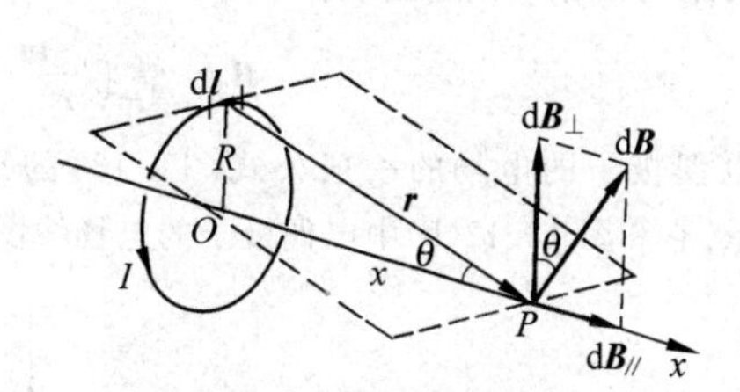

图 13.16　圆电流的磁场

例 13.2　圆电流的磁场。一圆形载流导线，电流强度为 I，半径为 R。求圆形导线轴线上的磁场分布。

解　如图 13.16 所示，把圆电流轴线作为 x 轴，并令原点在圆心上。在圆线圈上任取一电流元 $I\mathrm{d}\boldsymbol{l}$，它在轴上任一点 P 处的磁场 $\mathrm{d}\boldsymbol{B}$ 的方向垂直于 $\mathrm{d}\boldsymbol{l}$ 和 $\boldsymbol{r}$，亦即垂直于 $\mathrm{d}\boldsymbol{l}$ 和 $\boldsymbol{r}$ 组成的平面。由于 $\mathrm{d}\boldsymbol{l}$ 总与 $\boldsymbol{r}$ 垂直，所以 $\mathrm{d}\boldsymbol{B}$ 的大小为

$$\mathrm{d}B = \frac{\mu_0 I\mathrm{d}l}{4\pi r^2}$$

将 $\mathrm{d}\boldsymbol{B}$ 分解成平行于轴线的分量 $\mathrm{d}\boldsymbol{B}_{/\!/}$ 和垂直于轴线的分量 $\mathrm{d}\boldsymbol{B}_{\perp}$ 两部分，它们的大小分别为

$$\mathrm{d}B_{/\!/} = \mathrm{d}B\sin\theta = \frac{\mu_0 IR}{4\pi r^3}\mathrm{d}l$$

$$\mathrm{d}B_{\perp} = \mathrm{d}B\cos\theta$$

式中 θ 是 $\boldsymbol{r}$ 与 x 轴的夹角。考虑电流元 $I\mathrm{d}\boldsymbol{l}$ 所在直径另一端的电流元在 P 点的磁场，可知它的 $\mathrm{d}\boldsymbol{B}_{\perp}$ 与 $I\mathrm{d}l$ 的大小相等、方向相反，因而相互抵消。由此可知，整个圆电流垂直于 x 轴的磁场 $\int \mathrm{d}\boldsymbol{B}_{\perp}=0$，因而 P 点的合磁场的大小为

$$B = \int \mathrm{d}B_{/\!/} = \oint \frac{\mu_0 RI}{4\pi r^3}\mathrm{d}l = \frac{\mu_0 RI}{4\pi r^3}\oint \mathrm{d}l$$

因为 $\oint \mathrm{d}l = 2\pi R$，所以上述积分为

$$B = \frac{\mu_0 R^2 I}{2r^3} = \frac{\mu_0 IR^2}{2(R^2+x^2)^{3/2}} \tag{13.26}$$

$\boldsymbol{B}$ 的方向沿 x 轴正方向，其指向与圆电流的电流流向符合右手螺旋关系。

定义一个闭合通电线圈的**磁偶极矩**或**磁矩**为

$$\boldsymbol{m} = IS\boldsymbol{e}_{\mathrm{n}} \tag{13.27}$$

其中 $\boldsymbol{e}_n$ 为线圈平面的正法线方向,它和线圈中电流的方向符合右手螺旋定则。磁矩的SI单位为 $\mathrm{A \cdot m^2}$。对本例的圆电流来说,其磁矩的大小为 $m=IS=I\pi R^2$。这样就可将式(13.26)写成

$$B=\frac{\mu_0 m}{2\pi r^3} \tag{13.28}$$

如果用矢量式表示圆电流轴线上的磁场,则由于它的方向与圆电流磁矩 $\boldsymbol{m}$ 的方向相同,所以上式可写成

$$\boldsymbol{B}=\frac{\mu_0 \boldsymbol{m}}{2\pi r^3}=\frac{\mu_0 \boldsymbol{m}}{2\pi(R^2+x^2)^{3/2}} \tag{13.29}$$

在圆电流中心处,$r=R$,式(13.26)给出

$$B=\frac{\mu_0 I}{2R} \tag{13.30}$$

式(13.29)给出了磁矩为 $\boldsymbol{m}$ 的线圈在其轴线上产生的磁场。这一公式与习题10.4给出的电偶极子在其轴线上产生的电场的公式形式相同,只是将其中 μ_0 换成 $1/\varepsilon_0$。可以一般地证明,磁矩为 $\boldsymbol{m}$ 的小线圈在其周围较远的距离 $\boldsymbol{r}$ 处产生的磁场为

$$\boldsymbol{B}=\frac{\mu_0}{4\pi}\left(\frac{-\boldsymbol{m}}{r^3}+\frac{3\boldsymbol{m}\cdot\boldsymbol{r}}{r^5}\boldsymbol{r}\right) \tag{13.31}$$

这一公式和电偶极子的电场的一般公式(11.18)的形式也相同。由式(13.31)给出的磁感线图形如图13.17所示。它和图13.12(b)中电偶极子的电场线图形是类似的(电偶极子所在处除外)。

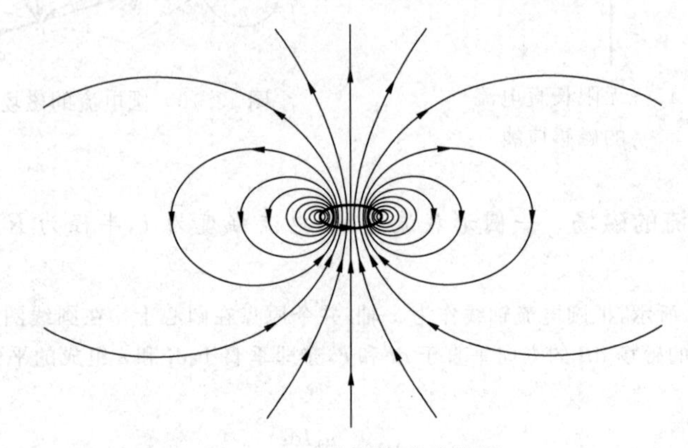

图13.17 磁矩的磁感线图

例13.3 载流直螺线管轴线上的磁场。图13.18所示为一均匀密绕螺线管,管的长度为 L,半径为 R,单位长度上绕有 n 匝线圈,通有电流 I。求螺线管轴线上的磁场分布。

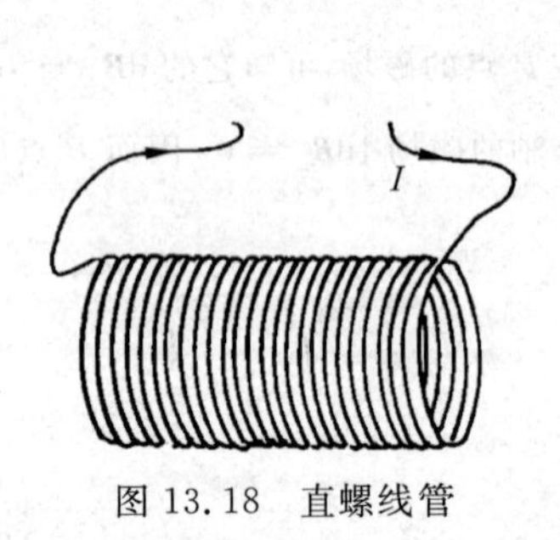

图13.18 直螺线管

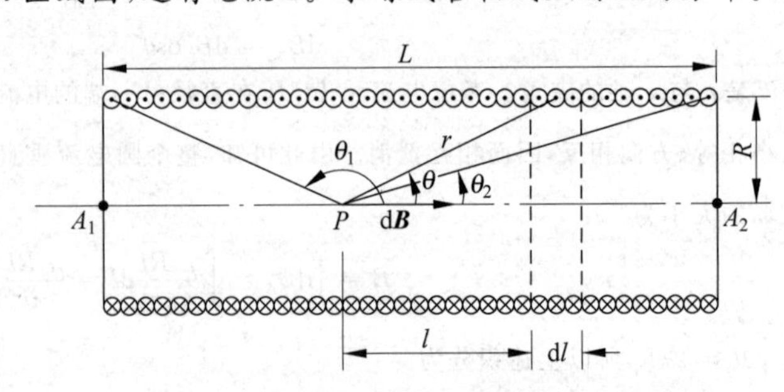

图13.19 直螺线管轴线上磁感应强度计算

解 螺线管各匝线圈都是螺旋形的,但在密绕的情况下,可以把它看成是许多匝圆形线圈紧密排列组成的。载流直螺线管在轴线上某点 P 处的磁场等于各匝线圈的圆电流在该处磁场的矢量和。

如图13.19所示,在距轴上任一点 P 为 l 处,取螺线管上长为 $\mathrm{d}l$ 的一元段,将它看成一个圆电流,其电

流为

$$dI = nIdl$$

磁矩为

$$dm = SdI = \pi R^2 dI = \pi R^2 nIdl$$

它在 P 点的磁场，据式(13.28)为

$$dB = \frac{\mu_0 nIR^2 dl}{2r^3}$$

由图 13.19 可看出，$R=r\sin\theta$，$l=R\cot\theta$，而 $dl=-\frac{R}{\sin^2\theta}d\theta$，式中 θ 为螺线管轴线与 P 点到元段 dl 周边的距离 r 之间的夹角。将这些关系代入上式，可得

$$dB = -\frac{\mu_0 nI}{2}\sin\theta d\theta$$

由于各元段在 P 点产生的磁场方向相同，所以将上式积分即得 P 点磁场的大小为

$$B = \int dB = -\int_{\theta_1}^{\theta_2} \frac{\mu_0 nI}{2}\sin\theta d\theta$$

或

$$B = \frac{\mu_0 nI}{2}(\cos\theta_2 - \cos\theta_1) \tag{13.32}$$

此式给出了螺线管轴线上任一点磁场的大小，磁场的方向如图 13.19 所示，应与电流的绕向成右手螺旋关系。

由式(13.32)表示的磁场分布(在 $L=10R$ 时)如图 13.20 所示，在螺线管中心附近轴线上各点磁场基本上是均匀的。到管口附近 B 值逐渐减小，出口以后磁场很快地减弱。在距管轴中心约等于 7 个管半径处，磁场就几乎等于零了。

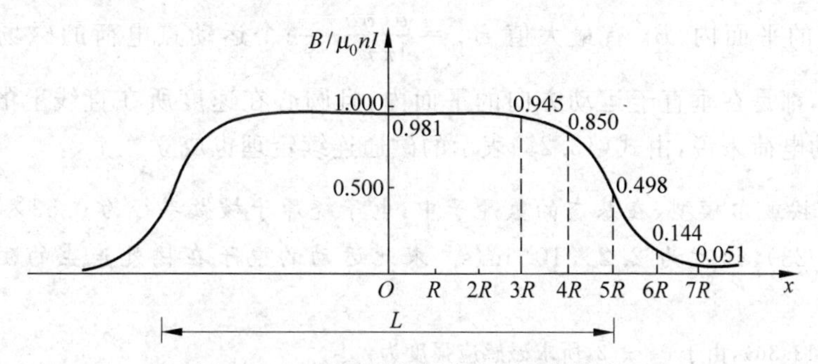

图 13.20 直螺线管轴线上的磁场分布

在一无限长直螺线管(即管长比半径大很多的螺线管)内部轴线上的任一点，$\theta_2=0$，$\theta_1=\pi$，由式(13.32)可得

$$B = \mu_0 nI \tag{13.33}$$

在长螺线管任一端口的中心处，例如图 13.19 中的 A_2 点，$\theta_2=\pi/2$，$\theta_1=\pi$，式(13.32)给出此处的磁场为

$$B = \frac{1}{2}\mu_0 nI \tag{13.34}$$

一个载流螺线管周围的磁感线分布如图 13.21 所示，这和用铁粉显示的磁感线图 13.12(c)相符合。管外磁场非常弱，而管内基本上是均匀场。螺线管越长，这种特点越显著。

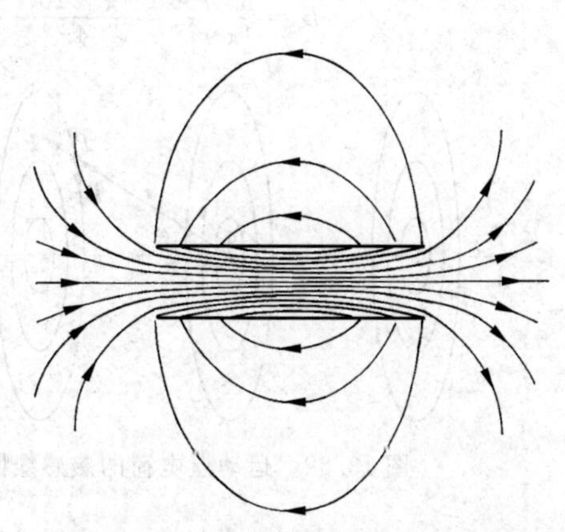
图 13.21 螺线管的 **B** 线分布示意图

* 13.6 匀速运动点电荷的磁场

由于电流是运动电荷形成的，所以可以从电流元的磁场公式(13.21)导出匀速运动电荷的磁场公式。对如图13.13所示的电流元来说，设它的截面为S，其中载流子的数密度为n，每个载流子的电荷都是q，并且都以漂移速度 $\boldsymbol{v}$ 运动，$\boldsymbol{v}$ 的方向与 $\mathrm{d}\boldsymbol{l}$ 的方向相同。整个电流元 $I\mathrm{d}\boldsymbol{l}$ 在P点产生的磁场可以认为是这些以同样速度$\boldsymbol{v}$运动的载流子在P点产生的磁场的同向叠加。由于$I=nqSv$，而且此电流元内共有$nS\mathrm{d}l$个载流子，所以每个载流子在P点产生的磁场(忽略各载流子到P点的径矢$\boldsymbol{r}$的差别)就应该是

$$\boldsymbol{B}_1=\frac{\mu_0}{4\pi}\frac{nqSv\mathrm{d}\boldsymbol{l}\times\boldsymbol{e}_r}{r^2}\Big/nS\mathrm{d}l$$

由于$\boldsymbol{v}$ 和 $\mathrm{d}\boldsymbol{l}$ 方向相同，所以 $v\mathrm{d}\boldsymbol{l}=\boldsymbol{v}\mathrm{d}l$，因而有

$$\boldsymbol{B}_1=\frac{\mu_0}{4\pi}\frac{q\boldsymbol{v}\times\boldsymbol{e}_r}{r^2} \tag{13.35}$$

由式(13.35)可知 $\boldsymbol{B}_1$ 的方向总垂直于 $\boldsymbol{v}$ 和 $\boldsymbol{r}$，其大小为

$$B_1=\frac{\mu_0}{4\pi}\frac{qv\sin\theta}{r^2} \tag{13.36}$$

式中θ为$\boldsymbol{v}$和$\boldsymbol{r}$之间的夹角。式(13.36)说明B_1和θ有关。当$\theta=0$或π时，$B_1=0$，即在运动点电荷的正前方和正后方，该电荷的磁场为零；当$\theta=\frac{\pi}{2}$时，即在运动点电荷的两侧与其运动速度垂直的平面内，B_1 有最大值 $B_{1\mathrm{m}}=\frac{\mu_0}{4\pi}\frac{qv}{r^2}$。一个运动点电荷的磁场的电感线如图13.22所示，都是在垂直于运动方向的平面内，且圆心在速度所在直线上的同心圆。因此，对一个运动电荷来说，由式(13.23)表示的磁通连续定理也成立。

例13.4 按玻尔模型，在基态的氢原子中，电子绕原子核做半径为0.53×10^{-10} m的圆周运动(图13.23)，速度为2.2×10^6 m/s。求此运动的电子在核处产生的磁感应强度的大小。

解 按式(13.36)，由于$\theta=\pi/2$，所求磁感应强度为

$$B=\frac{\mu_0}{4\pi}\frac{ev}{r^2}=\frac{4\pi\times10^{-7}}{4\pi}\frac{1.6\times10^{-19}\times2.2\times10^6}{(0.53\times10^{-10})^2}=12.5\ (\mathrm{T})$$

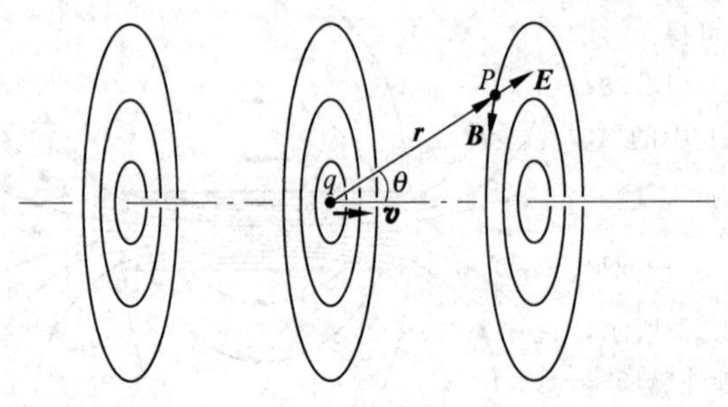

图13.22 运动点电荷的磁感线图

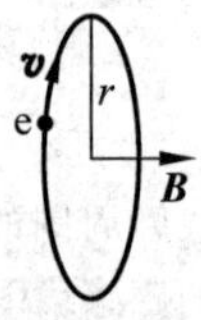

图13.23 氢原子中电子的磁场

一个静止电荷的电场为

$$\boldsymbol{E}_1 = \frac{q}{4\pi\varepsilon_0 r^2}\boldsymbol{e}_r \tag{13.37}$$

式中 r 为从电荷到场点的距离。在电荷运动速度较小($v \ll c$)时,此式仍可近似地用来求运动电荷的电场。将此式和式(13.35)对比,并利用 $\mu_0 = 1/\varepsilon_0 c^2$ 的关系,可得

$$\boldsymbol{B}_1 = \frac{1}{c^2}\boldsymbol{v} \times \boldsymbol{E}_1 \tag{13.38}$$

这就是在点电荷运动速度为 $\boldsymbol{v}$ 的参考系内该电荷的磁场与电场的关系。这里虽然是在 $v \ll c$ 的情况下"导出"的,但可以根据狭义相对论严格地证明这一关系①。

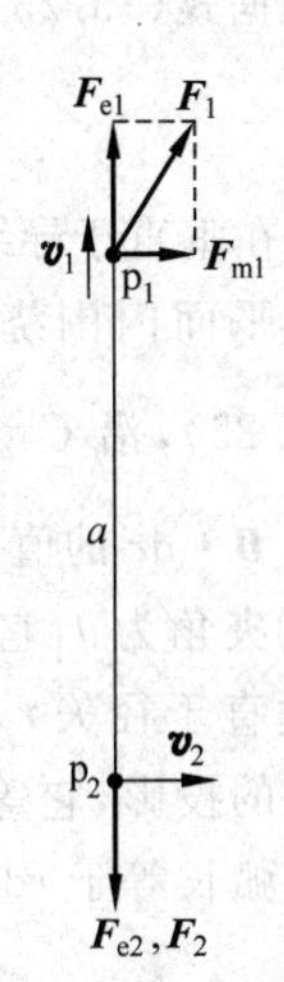

图 13.24 例 13.5 用图

例 13.5 两质子的相互作用。两个质子 p_1 和 p_2 某一时刻相距为 a,其中 p_1 沿着两者的连线方向离开 p_2 以速度 $\boldsymbol{v}_1$ 运动,p_2 沿着垂直于二者连线的方向以速度 $\boldsymbol{v}_2$ 运动。求此时刻每个质子受另一质子的作用力的大小和方向。(设 v_1 和 v_2 均较小。)

解 如图 13.24 所示,p_2 在 p_1 处的电场 E_2 的大小为 $E_2 = e/4\pi\varepsilon_0 a^2$,方向与 $\boldsymbol{v}_1$ 相同;据式(13.36)磁场 $\boldsymbol{B}_2$ 的大小为 $B_2 = ev_2/4\pi\varepsilon_0 c^2 a^2$。据式(13.35) $\boldsymbol{B}_2$ 的方向则垂直于纸面向外。p_1 受 p_2 的作用力有电力与磁力,分别为

$$F_{e1} = eE_2 = e^2/4\pi\varepsilon_0 a^2$$

$$F_{m1} = ev_1 B_2 = e^2 v_1 v_2/4\pi\varepsilon_0 c^2 a^2$$

二者方向如图。

p_1 在 p_2 处的电场为 $E_1 = e/4\pi\varepsilon_0 a^2$,方向沿二者联线方向指离 p_1。p_1 在 p_2 处的磁场 $B_1 = 0$。p_2 受 p_1 的作用力就只有电力

$$F_{e2} = eE_1 = e^2/4\pi\varepsilon_0 a^2$$

方向如图。

p_1 和 p_2 相互受对方的作用力的大小分别为

$$F_1 = \sqrt{F_{e1}^2 + F_{m1}^2} = \frac{e^2}{4\pi\varepsilon_0 a^2}\left[1 + \left(\frac{v_1 v_2}{c^2}\right)^2\right]^{1/2}$$

$$F_2 = F_{e2} = \frac{e^2}{4\pi\varepsilon_0 a^2}$$

方向如图 13.24 所示。此结果说明 $\boldsymbol{F}_1 \neq -\boldsymbol{F}_2$,即它们的相互作用力不满足牛顿第三定律。

13.7 安培环路定理

由毕奥-萨伐尔定律表示的电流和它的磁场的关系,可以导出表示恒定电流的磁场的一条基本规律。这一规律叫**安培环路定理**,它表述为:**在恒定电流的磁场中,磁感应强度 $\boldsymbol{B}$**

---

① 作匀速运动的点电荷 q 的电场可以根据狭义相对论严格地导出为

$$\boldsymbol{E} = \frac{q(1 - v^2/c^2)}{4\pi\varepsilon_0 r^2(1 - v^2\sin^2\theta/c^2)^{3/2}}\boldsymbol{e}_r \tag{13.39}$$

根据式(13.38),此点电荷的磁场为

$$\boldsymbol{B} = \frac{1}{c^2}\boldsymbol{v} \times \boldsymbol{E} = \frac{\mu_0 q(1 - v^2/c^2)}{4\pi r^2(1 - v^2\sin^2\theta/c^2)^{3/2}}\boldsymbol{v} \times \boldsymbol{e}_r \tag{13.40}$$

此二式对电荷的运动速度无限制(当然小于 c)。当 $v \ll c$ 时,二式分别化为式(13.37)和式(13.35)。

沿任何闭合路径 C 的线积分（即环路积分）等于路径 C 所包围的电流强度的代数和的 μ_0 倍，它的数学表示式为

$$\oint_C \boldsymbol{B} \cdot \mathrm{d}\boldsymbol{r} = \mu_0 \sum I_{\mathrm{in}} \tag{13.41}$$

为了说明此式的正确性，让我们先考虑载有恒定电流 I 的无限长直导线的磁场。

根据式(13.25)，与一无限长直电流相距为 r 处的磁感应强度为

$$B = \frac{\mu_0 I}{2\pi r}$$

$\boldsymbol{B}$ 线为在垂直于导线的平面内围绕该导线的同心圆，其绕向与电流方向成右手螺旋关系。在上述平面内围绕导线作一任意形状的闭合路径 C（图 13.25），沿 C 计算 $\boldsymbol{B}$ 的环路积分 $\oint_C \boldsymbol{B} \cdot \mathrm{d}\boldsymbol{r}$ 的值。

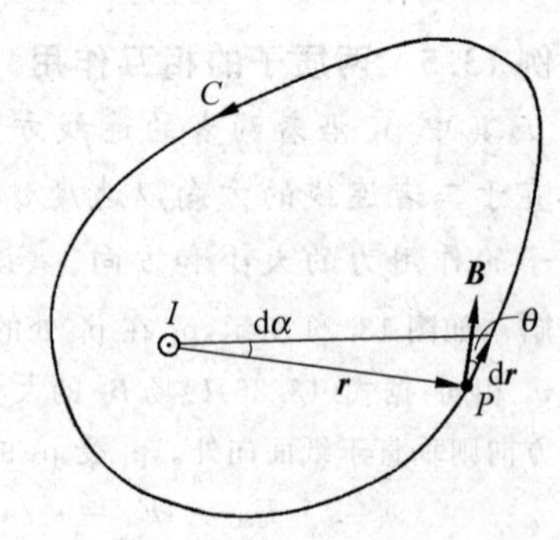

图 13.25　安培环路定理的说明

先计算 $\boldsymbol{B} \cdot \mathrm{d}\boldsymbol{r}$ 的值。如图示，在路径上任一点 P 处，$\mathrm{d}\boldsymbol{r}$ 与 $\boldsymbol{B}$ 的夹角为 θ，它对电流通过点所张的角为 $\mathrm{d}\alpha$。由于 $\boldsymbol{B}$ 垂直于径矢 $\boldsymbol{r}$，因而 $|\mathrm{d}\boldsymbol{r}|\cos\theta$ 就是 $\mathrm{d}\boldsymbol{r}$ 在垂直于 $\boldsymbol{r}$ 方向上的投影，它等于 $\mathrm{d}\alpha$ 所对的以 r 为半径的弧长。由于此弧长等于 $r\mathrm{d}\alpha$，所以

$$\boldsymbol{B} \cdot \mathrm{d}\boldsymbol{r} = B\,r\,\mathrm{d}\alpha$$

沿闭合路径 C 的 $\boldsymbol{B}$ 的环路积分为

$$\oint_C \boldsymbol{B} \cdot \mathrm{d}\boldsymbol{r} = \oint_C Br\,\mathrm{d}\alpha$$

将前面的 $\boldsymbol{B}$ 值代入上式，可得

$$\oint_C \boldsymbol{B} \cdot \mathrm{d}\boldsymbol{r} = \oint_C \frac{\mu_0 I}{2\pi r} r\,\mathrm{d}\alpha = \frac{\mu_0 I}{2\pi} \oint_C \mathrm{d}\alpha$$

沿整个路径一周积分，$\oint_C \mathrm{d}\alpha = 2\pi$，所以

$$\oint_C \boldsymbol{B} \cdot \mathrm{d}\boldsymbol{r} = \mu_0 I \tag{13.42}$$

此式说明，当闭合路径 C 包围电流 I 时，这个电流对该环路上 $\boldsymbol{B}$ 的环路积分的贡献为 $\mu_0 I$。

如果电流的方向相反，仍按如图 13.25 所示的路径 C 的方向进行积分时，由于 $\boldsymbol{B}$ 的方向与图示方向相反，所以应该得

$$\oint_C \boldsymbol{B} \cdot \mathrm{d}\boldsymbol{r} = -\mu_0 I$$

可见积分的结果与电流的方向有关。如果对于电流的正负作如下的规定，即电流方向与 C 的绕行方向符合右手螺旋关系时，此电流为正，否则为负，则 $\boldsymbol{B}$ 的环路积分的值可以统一地用式(13.42)表示。

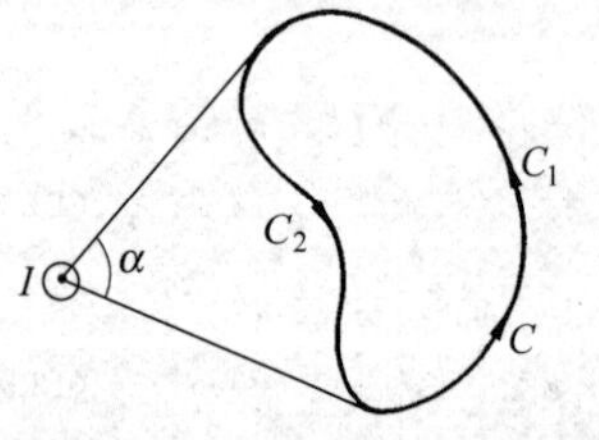

图 13.26　C 不包围电流的情况

如果闭合路径不包围电流，例如，图 13.26 中 C 为在垂直于直导线平面内的任一不围绕导线的闭合路径，那么可以从导线与上述平面的交点作 C 的切线，将 C 分成 C_1 和 C_2 两部分，再沿图示方向取 $\boldsymbol{B}$ 的环流，于是有

$$\oint_C \boldsymbol{B}\cdot \mathrm{d}\boldsymbol{r}=\int_{C_1}\boldsymbol{B}\cdot \mathrm{d}\boldsymbol{r}+\int_{C_2}\boldsymbol{B}\cdot \mathrm{d}\boldsymbol{r}$$

$$=\frac{\mu_0 I}{2\pi}\left(\int_{C_1}\mathrm{d}\alpha+\int_{C_2}\mathrm{d}\alpha\right)$$

$$=\frac{\mu_0 I}{2\pi}[\alpha+(-\alpha)]=0$$

可见，闭合路径 C 不包围电流时，该电流对沿这一闭合路径的 $\boldsymbol{B}$ 的环路积分无贡献。

上面的讨论只涉及在垂直于长直电流的平面内的闭合路径。可以比较容易地论证在长直电流的情况下，对非平面闭合路径，上述讨论也适用。还可以进一步证明(步骤比较复杂，证明略去)，对于任意的闭合恒定电流，上述 $\boldsymbol{B}$ 的环路积分和电流的关系仍然成立。这样，再根据磁场叠加原理可得到，当有若干个闭合恒定电流存在时，沿任一闭合路径 C 的合磁场 $\boldsymbol{B}$ 的环路积分应为

$$\oint_C \boldsymbol{B}\cdot \mathrm{d}\boldsymbol{r}=\mu_0\sum I_{\text{in}}$$

式中 $\sum I_{\text{in}}$ 是环路 C 所包围的电流的代数和。这就是我们要说明的安培环路定理。

这里特别要注意闭合路径 C"包围"的电流的意义。对于闭合的恒定电流来说，只有与 C 相**铰链**的电流，才算被 C 包围的电流。在图 13.27 中，电流 I_1，I_2 被回路 C 所包围，而且 I_1 为正，I_2 为负；I_3 和 I_4 没有被 C 所包围，它们对沿 C 的 $\boldsymbol{B}$ 的环路积分无贡献。

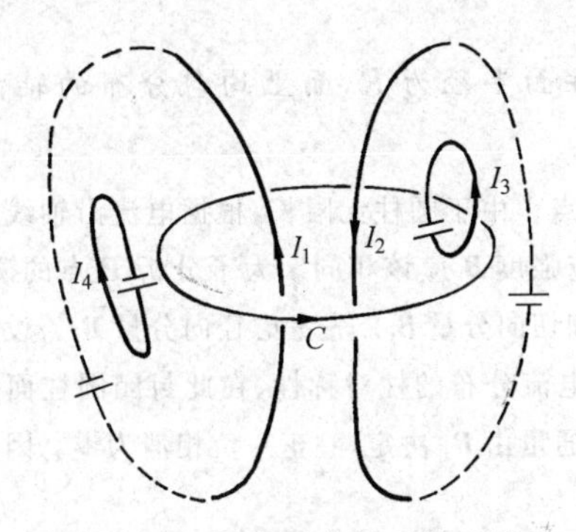

图 13.27 电流回路与环路 C 铰链

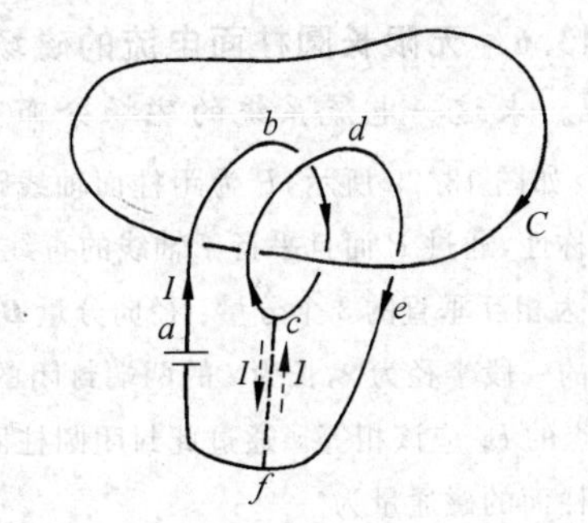

图 13.28 积分回路 C 与 2 匝电流铰链

如果电流回路为螺旋形，而积分环路 C 与数匝电流铰链，则可作如下处理。如图 13.28 所示，设电流有 2 匝，C 为积分路径。可以设想将 cf 用导线连接起来，并想象在这一段导线中有两支方向相反，大小都等于 I 的电流流通。这样的两支电流不影响原来的电流和磁场的分布。这时 $abcfa$ 组成了一个电流回路，$cdefc$ 也组成了一个电流回路，对 C 计算 $\boldsymbol{B}$ 的环路积分时，应有

$$\oint_C \boldsymbol{B}\cdot \mathrm{d}\boldsymbol{r}=\mu_0(I+I)=\mu_0\cdot 2I$$

此式就是上述情况下实际存在的电流所产生的磁场 $\boldsymbol{B}$ 沿 C 的环路积分。

如果电流在螺线管中流通，而积分环路 C 与 N 匝线圈铰链，则同理可得

$$\oint_C \boldsymbol{B}\cdot \mathrm{d}\boldsymbol{r}=\mu_0 NI \tag{13.43}$$

应该强调指出，安培环路定理表达式中右端的 $\sum I_{\text{in}}$ 中包括闭合路径 C 所包围的电流

的代数和，但在式左端的 $\boldsymbol{B}$ 却代表空间所有电流产生的磁感应强度的矢量和，其中也包括那些不被 C 所包围的电流产生的磁场，只不过后者的磁场对沿 C 的 $\boldsymbol{B}$ 的环路积分无贡献罢了。

还应明确的是，安培环路定理中的电流都应该是**闭合**恒定电流，对于一段恒定电流的磁场，安培环路定理不成立。（对于图 13.24 的说明所涉及的无限长直电流，可以认为是在无限远处闭合的。）对于变化电流的磁场，式(13.41)的定理形式也不成立，其推广的形式见后面 13.9 节。

13.8 利用安培环路定理求磁场的分布

正如利用高斯定律可以方便地计算某些具有对称性的带电体的电场分布一样，利用安培环路定理也可以方便地计算出某些具有一定对称性的载流导线的磁场分布。

利用安培环路定理求磁场分布一般也包含两步：首先依据电流的对称性分析磁场分布的对称性，然后再利用安培环路定理计算磁感应强度的数值和方向。此过程中决定性的技巧是选取合适的闭合路径 C（也称**安培环路**），以便使积分 $\oint_C \boldsymbol{B}\cdot \mathrm{d}\boldsymbol{r}$ 中的 $\boldsymbol{B}$ 能以标量形式从积分号内提出来。

下面举几个例子。

例 13.6　无限长圆柱面电流的磁场分布。 设圆柱面半径为 R，面上均匀分布的轴向总电流为 I。求这一电流系统的磁场分布。

解　如图 13.29 所示，P 为距柱面轴线距离为 r 处的一点。由于圆柱无限长，根据电流沿轴线分布的平移对称性，通过 P 而且平行于轴线的直线上各点的磁感应强度 $\boldsymbol{B}$ 应该相同。为了分析 P 点的磁场，将 $\boldsymbol{B}$ 分解为相互垂直的 3 个分量：径向分量 $\boldsymbol{B}_r$，轴向分量 $\boldsymbol{B}_\mathrm{a}$ 和切向分量 $\boldsymbol{B}_\mathrm{t}$。先考虑径向分量 $\boldsymbol{B}_r$。设想与圆柱同轴的一段半径为 r，长为 l 的两端封闭的圆柱面。根据电流分布的柱对称性，在此封闭圆柱面侧面(S_1)上各点的 B_r 应该相等。通过此封闭圆柱面上底下底的磁通量由 $\boldsymbol{B}_\mathrm{a}$ 决定，一正一负相消为零。因此通过封闭圆柱面的磁通量为

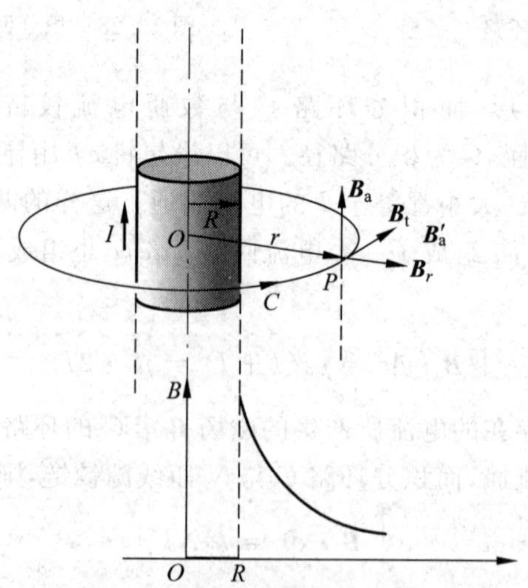

图 13.29　无限长圆柱面电流的磁场的对称性分析

$$\oint_S \boldsymbol{B}\cdot \mathrm{d}\boldsymbol{S}=\int_{S_1} B_r \mathrm{d}S = 2\pi r l B_r$$

由磁通连续定理公式(13.23)可知此磁通量应等于零，于是 $B_r=0$。这就是说，无限长圆柱面电流的磁场不能有径向分量。

其次考虑轴向分量 $\boldsymbol{B}_a$。根据毕奥-萨伐尔定律，磁场都要垂直于电流元方向，现在所有电流元都是同一方向，放置轴向，这就是说，无限长直圆柱面电流的磁场不可能有轴向分量，即 $B_a=0$。

这样，无限长直圆柱面电流的磁场就只可能有切向分量了，即 $\boldsymbol{B}=\boldsymbol{B}_t$。由电流的轴对称性可知，在通过 P 点，垂直于圆柱面轴线的圆周 C 上各点的 $\boldsymbol{B}$ 的指向都沿同一绕行方向，而且大小相等。于是沿此圆周(取与电流成右手螺线关系的绕向为正方向)的 $\boldsymbol{B}$ 的环路积分为

$$\oint_C \boldsymbol{B}\cdot \mathrm{d}\boldsymbol{r} = B\cdot 2\pi r$$

由此得

$$B=\frac{\mu_0 I}{2\pi r}\quad (r>R) \tag{13.44}$$

这一结果说明，在无限长圆柱面电流外面的磁场分布与电流都汇流在轴线中的直线电流产生的磁场相同。

如果选 $r<R$ 的圆周作安培环路，上述分析仍然适用，但由于 $\sum I_{\text{in}}=0$，所以有

$$B=0\quad (r<R) \tag{13.45}$$

即在无限长圆柱面电流内的磁场为零。图 13.29 中也画出了 B-r 曲线。

例 13.7 通电螺绕环的磁场分布。如图 13.30(a)所示的环状螺线管叫**螺绕环**。设环管的轴线半径为 R，环上均匀密绕 N 匝线圈(图 13.30(b))，线圈中通有电流 I。求线圈中电流的磁场分布。

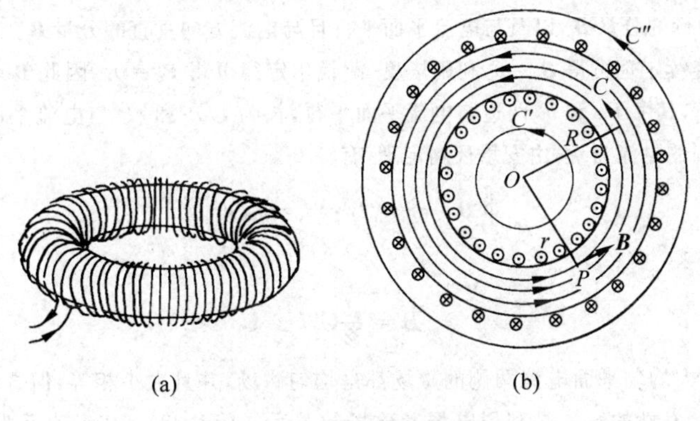

图 13.30 螺绕环及其磁场

(a) 螺绕环；(b) 螺绕环磁场分布

解 根据电流分布的对称性，仿照例 13.6 的对称性分析方法，可得与螺绕环共轴的圆周上各点 $\boldsymbol{B}$ 的大小相等，方向沿圆周的切线方向。以在环管内顺着环管的，半径为 r 的圆周为安培环路 C，则

$$\oint_C \boldsymbol{B}\cdot \mathrm{d}\boldsymbol{r} = B\cdot 2\pi r$$

该环路所包围的电流为 NI，故安培环路定理给出

$$B\cdot 2\pi r=\mu_0 NI$$

由此得

$$B=\frac{\mu_0 NI}{2\pi r}\quad (\text{在环管内}) \tag{13.46}$$

在环管横截面半径比环半径 R 小得多的情况下，可忽略从环心到管内各点的 r 的区别而取 $r=R$，这样就有

$$B=\frac{\mu_0 NI}{2\pi R}=\mu_0 nI \tag{13.47}$$

其中 $n=N/2\pi R$ 为螺绕环单位长度上的匝数。

对于管外任一点，过该点作一与螺绕环共轴的圆周为安培环路 C' 或 C''，由于这时 $\sum I_{in}=0$，所以有

$$B=0 \quad (\text{在环管外}) \tag{13.48}$$

上述两式的结果说明，密绕螺绕环的磁场集中在管内，外部无磁场。这也和用铁粉显示的通电螺绕环的磁场分布图像(图13.12(d))一致。

例13.8 无限大平面电流的磁场分布。如图13.31所示，一无限大导体薄平板垂直于纸面放置，其上有方向指向读者的电流流通，**面电流密度**(即通过与电流方向垂直的单位长度的电流)到处均匀，大小为 j。求此电流板的磁场分布。

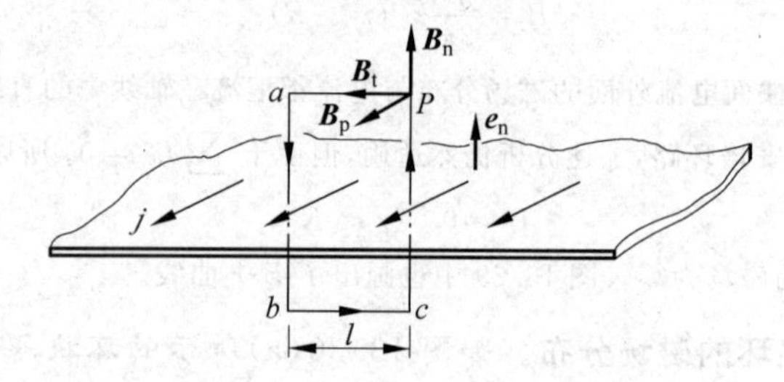

图13.31 无限大平面电流的磁场分析

解 先分析任一点 P 处的磁场 $\boldsymbol{B}$。如图13.31所示，将 $\boldsymbol{B}$ 分解为相互垂直的3个分量：垂直于电流平面的分量 $\boldsymbol{B}_n$，与电流平行的分量 $\boldsymbol{B}_p$ 以及与电流平面平行且与电流方向垂直的分量 $\boldsymbol{B}_t$。类似例13.6的分析，利用平面对称和磁通连续定理可得 $\boldsymbol{B}_n=0$，利用毕奥-萨伐尔定律可得 $\boldsymbol{B}_p=0$。因此 $\boldsymbol{B}=\boldsymbol{B}_t$。根据这一结果，可以作矩形回路 $PabcP$，其中 Pa 和 bc 两边与电流平面平行，长为 l，ab 和 cP 与电流平面垂直而且被电流平面等分。该回路所包围的电流为 jl，由安培环路定理，有

$$\oint_C \boldsymbol{B}\cdot \mathrm{d}\boldsymbol{r}=B\cdot 2l=\mu_0 jl$$

由此得

$$B=\frac{1}{2}\mu_0 j \tag{13.49}$$

这个结果说明，在无限大均匀平面电流两侧的磁场都是均匀磁场，并且大小相等，但方向相反。

本题还有一个有启发性的解法是利用电场和磁场的关系式(13.38)。以 σ 表示形成平面电流的面电荷密度，其电荷的定速度为 $\boldsymbol{v}$。面电流密度将为 $\boldsymbol{j}=\sigma\boldsymbol{v}$。由高斯定律可得板侧面任一点的电场强度为 $\boldsymbol{E}=\boldsymbol{E}_n=\frac{\sigma}{2\varepsilon_0}\boldsymbol{e}_n$ 而垂直于板面。由式(13.38)，该处的磁场应为

$$\boldsymbol{B}=\frac{1}{c^2}\boldsymbol{v}\times\boldsymbol{E}=\frac{1}{2c^2\varepsilon_0}\sigma\boldsymbol{v}\times\boldsymbol{e}_n=\frac{1}{2c^2\varepsilon_0}\boldsymbol{j}\times\boldsymbol{e}_n$$

由于 $1/c^2\varepsilon_0=\mu_0$，所以此结果在方向和大小上都和式(13.49)相同。

13.9 与变化电场相联系的磁场

在安培环路定理公式(13.41)的说明中，曾指出闭合路径所包围的电流是指与该闭合路径所**铰链**的闭合电流。由于电流是闭合的，所以与闭合路径“铰链”也意味着该电流穿过以

该闭合路径为边的**任意形状**的曲面。例如，在图13.32中，闭合路径C环绕着电流I，该电流通过以L为边的平面S_1，它也同样通过以C为边的口袋形曲面S_2，由于恒定电流总是闭合的，所以安培环路定理的正确性与所设想的曲面S的形状无关，只要闭合路径是确定的就可以了。

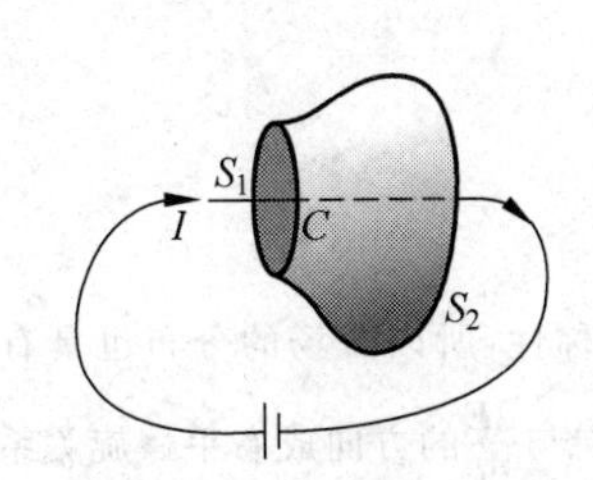

图13.32 C环路环绕闭合电流

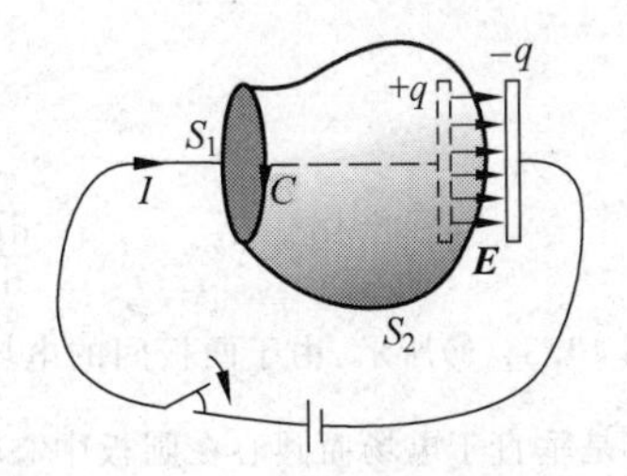

图13.33 C环路环绕不闭合电流

实际上也常遇到并不闭合的电流，如电容器充电(或放电)时的电流(图13.33)。这时电流随时间改变，也不再是恒定的了，那么安培环路定理是否还成立呢？由于电流不闭合，所以不能再说它与闭合路径铰链了。实际上这时通过S_1和通过S_2的电流不相等了。如果按面S_1计算电流，沿闭合路径C的$\boldsymbol{B}$的环路积分等于$\mu_0 I$。但如果按面S_2计算电流，则由于没有电流通过面S_2，沿闭合路径C的$\boldsymbol{B}$的环路积分按式(13.41)就要等于零。由于沿同一闭合路径$\boldsymbol{B}$的环流只能有一个值，所以这里明显地出现了矛盾。它说明以式(13.41)的形式表示的安培环路定理不适用于非恒定电流的情况。

1861年麦克斯韦研究电磁场的规律时，想把安培环路定理推广到非恒定电流的情况。他注意到如图13.33所示的电容器充电的情况下，在电流断开处，即两平行板之间，随着电容器被充电，这里的**电场是变化的**。他大胆地假设这电场的变化和磁场相联系，并从电荷守恒要求出发给出在没有电流的情况下这种联系的定量关系为①

$$\oint_C \boldsymbol{B} \cdot \mathrm{d}\boldsymbol{r} = \mu_0 \varepsilon_0 \frac{\mathrm{d}\Phi_\mathrm{e}}{\mathrm{d}t} = \mu_0 \varepsilon_0 \frac{\mathrm{d}}{\mathrm{d}t}\int_S \boldsymbol{E} \cdot \mathrm{d}\boldsymbol{S} \tag{13.50}$$

式中S是以闭合路径C为边线的任意形状的曲面。此式说明和变化电场相联系的磁场沿闭合路径C的环路积分等于以该路径为边线的任意曲面的电通量Φ_e的变化率的$\mu_0\varepsilon_0$(即$1/c^2$)倍(国际单位制)。电场和磁场的这种**联系**常被称为变化的电场产生磁场，式(13.50)就成了变化电场产生磁场的规律。

如果一个面S上有传导电流(即电荷运动形成的电流)I_c通过而且还同时有变化的电场存在，则沿此面的边线L的磁场的环路积分由下式决定：

$$\begin{aligned}\oint_C \boldsymbol{B} \cdot \mathrm{d}\boldsymbol{r} &= \mu_0 \left(I_{\mathrm{c,in}} + \varepsilon_0 \frac{\mathrm{d}}{\mathrm{d}t}\int_S \boldsymbol{E} \cdot \mathrm{d}\boldsymbol{S} \right) \\ &= \mu_0 \int_S \left(\boldsymbol{J}_\mathrm{c} + \varepsilon_0 \frac{\partial \boldsymbol{E}}{\partial t} \right) \cdot \mathrm{d}\boldsymbol{S}\end{aligned} \tag{13.51}$$

这一公式被称做**推广了的或普遍的安培环路定理**。事后的实验证明，麦克斯韦的假设和他提出的定量关系是完全正确的，而式(13.51)也就成了一条电磁学的基本定律。

① 式(13.51)中的$\int_S \varepsilon_0 \frac{\partial \boldsymbol{E}}{\partial t} \cdot \mathrm{d}\boldsymbol{S}$曾被麦克斯韦称为通过面$S$的**位移电流**。

例 13.9 变化电场产生磁场。一板面半径为 $R=0.2\ \mathrm{m}$ 的圆形平行板电容器，正以 $I_c=10\ \mathrm{A}$ 的传导电流充电。求在板间距轴线 $r_1=0.1\ \mathrm{m}$ 处和 $r_2=0.3\ \mathrm{m}$ 处的磁场。(忽略边缘效应。)

解 两板之间的电场为

$$E=\sigma/\varepsilon_0=\frac{q}{\pi\varepsilon_0 R^2}$$

由此得

$$\frac{\mathrm{d}E}{\mathrm{d}t}=\frac{1}{\pi\varepsilon_0 R^2}\frac{\mathrm{d}q}{\mathrm{d}t}=\frac{I_c}{\pi\varepsilon_0 R^2}$$

如图13.34(a)所示，由于两板间的电场对圆形平板具有轴对称性，所以磁场的分布也具有轴对称性。磁感线都是垂直于电场而圆心在圆板中心轴线上的同心圆，其绕向与$\frac{\mathrm{d}\boldsymbol{E}}{\mathrm{d}t}$的方向成右手螺旋关系。

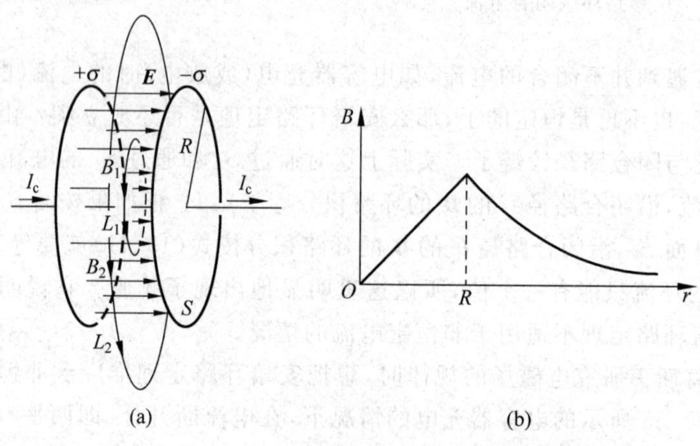

图 13.34 平行板电容器充电时，板间的磁场分布(a)和 B 随 r 变化的曲线(b)

取半径为 r_1 的圆周为安培环路 C_1，$\boldsymbol{B}_1$ 的环路积分为

$$\oint_C \boldsymbol{B}_1\cdot\mathrm{d}\boldsymbol{r}=2\pi r_1 B_1$$

而

$$\frac{\mathrm{d}\Phi_{e1}}{\mathrm{d}t}=\pi r_1^2\frac{\mathrm{d}E}{\mathrm{d}t}=\frac{\pi r_1^2 I_c}{\pi\varepsilon_0 R^2}=\frac{r_1^2 I_c}{\varepsilon_0 R^2}$$

式(13.50)给出

$$2\pi r_1 B_1=\mu_0\varepsilon_0\frac{r_1^2 I_c}{\varepsilon_0 R^2}=\mu_0\frac{r_1^2 I_c}{R^2}$$

由此得

$$B_1=\frac{\mu_0 r_1 I_c}{2\pi R^2}=\frac{4\pi\times10^{-7}\times0.1\times10}{2\pi\times0.2^2}=5\times10^{-6}\ (\mathrm{T})$$

对于 r_2，由于 $r_2>R$，取半径为 r_2 的圆周 C_2 为安培环路时，

$$\frac{\mathrm{d}\Phi_{e2}}{\mathrm{d}t}=\pi R^2\frac{\mathrm{d}E}{\mathrm{d}t}=\frac{I_c}{\varepsilon_0}$$

式(13.50)给出

$$2\pi r_2 B_2=\mu_0 I_c$$

由此得

$$B_2=\frac{\mu_0 I_c}{2\pi r_2}=\frac{4\pi\times10^{-7}\times10}{2\pi\times0.3}=6.67\times10^{-6}\ (\mathrm{T})$$

磁场的方向如图 13.34(a)所示。图 13.34(b)中画出了板间磁场的大小随离中心轴的距离变化的关系曲线。

提要

1. 电流密度：$\boldsymbol{J}=nq\boldsymbol{v}$，　其中 $\boldsymbol{v}$ 为载流子平均速度，即漂移速度。

电流：
$$I=\int_S \boldsymbol{J}\cdot \mathrm{d}\boldsymbol{S}$$

电流的连续性方程：
$$\oint_S \boldsymbol{J}\cdot \mathrm{d}\boldsymbol{S}=-\frac{\mathrm{d}q_{\mathrm{in}}}{\mathrm{d}t}$$

2. 金属中电流的经典微观图像：自由电子的定向运动是一段一段加速运动的接替，各段加速运动都是从定向速度为零开始。

电导率：$\sigma=\dfrac{ne^2}{m}\tau$　（τ 为电子自由飞行时间）

欧姆定律的微分形式：$\boldsymbol{J}=\sigma\boldsymbol{E}$

电动势：单位电荷通过电源时非静电力做的功
$$\mathscr{E}=\int_C \boldsymbol{E}_{ne}\cdot \mathrm{d}\boldsymbol{r}$$

3. 磁力：磁力是运动电荷之间的相互作用。它是通过磁场实现的。

4. 磁感应强度 $\boldsymbol{B}$：用洛伦兹力公式定义
$$\boldsymbol{F}=q\boldsymbol{v}\times\boldsymbol{B}$$

5. 毕奥-萨伐尔定律：电流元的磁场
$$\mathrm{d}\boldsymbol{B}=\frac{\mu_0 I\mathrm{d}\boldsymbol{l}\times\boldsymbol{e}_r}{4\pi r^2}$$

其中真空磁导率：$\mu_0=\dfrac{1}{\varepsilon_0 c^2}=4\pi\times10^{-7}\ \mathrm{N/A^2}$

无限长直电流的磁场：$B=\dfrac{\mu_0 I}{2\pi r}$

载流长直螺线管内的磁场：$B=\mu_0 nI$

6. 磁通连续定理：
$$\oint_S \boldsymbol{B}\cdot \mathrm{d}\boldsymbol{S}=0$$

这一定理表明没有单独的“磁荷”存在。

7. 匀速运动点电荷的磁场：$\boldsymbol{B}=\dfrac{\mu_0 q\boldsymbol{v}\times\boldsymbol{e}_r}{4\pi r^2}$　$(v\ll c)$

与电场的关系　$\boldsymbol{B}=\boldsymbol{v}\times\boldsymbol{E}/c^2$

8. 安培环路定理(适用于恒定电流)：$\oint_C \boldsymbol{B}\cdot \mathrm{d}\boldsymbol{r}=\mu_0\sum I_{\mathrm{in}}$

9. 与变化电场相联系的磁场：$\oint_C \boldsymbol{B}\cdot \mathrm{d}\boldsymbol{r}=\mu_0\varepsilon_0\dfrac{\mathrm{d}}{\mathrm{d}t}\int_S \boldsymbol{E}\cdot \mathrm{d}\boldsymbol{S}$

10. 普遍的安培环路定理：
$$\oint_C \boldsymbol{B}\cdot \mathrm{d}\boldsymbol{r} = \mu_0\left(I_{c,\mathrm{in}} + \varepsilon_0 \frac{\mathrm{d}}{\mathrm{d}t}\int_S \boldsymbol{E}\cdot \mathrm{d}\boldsymbol{S}\right)$$

思考题

13.1　说明：如果测得以速率 v 运动的电荷 q 经过磁场中某点时受的磁力最大值为 $\boldsymbol{F}_{\mathrm{m,max}}$，则该点的磁感应强度 $\boldsymbol{B}$ 可如下定义：

$$B = F_{\mathrm{m,max}}/vq$$

方向与矢量积 $\boldsymbol{F}_{\mathrm{m,max}}\times\boldsymbol{v}$ 的方向平行。

13.2　宇宙射线是高速带电粒子流（基本上是质子），它们交叉来往于星际空间并从各个方向撞击着地球。为什么宇宙射线穿入地球磁场时，接近两磁极比其他任何地方都容易？

13.3　在电子仪器中，为了减弱分别与电源正负极相连的两条导线的磁场，通常总是把它们扭在一起。为什么？

13.4　两根通有同样电流 I 的长直导线十字交叉放在一起（图 13.35），交叉点相互绝缘。试判断何处的合磁场为零。

13.5　一根导线中间分成相同的两支，形成一菱形（图 13.36）。通入电流后菱形的连接两支分、合两点的对角线上的合磁场如何？

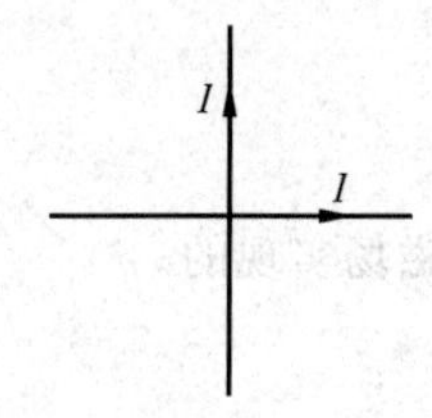

图 13.35　思考题 13.4 用图

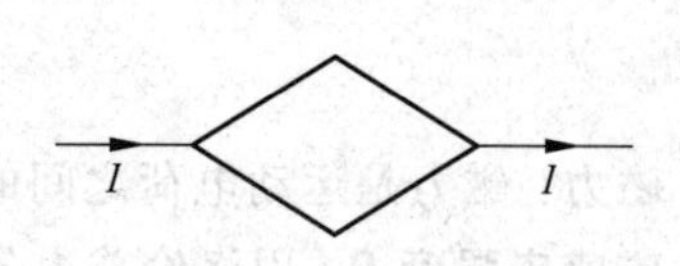

图 13.36　思考题 13.5 用图

13.6　解释等离子体电流的箍缩效应，即等离子柱中通以电流时（图 13.37），它会受到自身电流的磁场的作用而向轴心收缩的现象。

13.7　考虑一个闭合的面，它包围磁铁棒的一个磁极。通过该闭合面的磁通量是多少？

13.8　磁场是不是保守场？

13.9　在无电流的空间区域内，如果磁感线是平行直线，那么磁场一定是均匀场。试证明之。

13.10　试证明：在两磁极间的磁场不可能像图 13.38 那样突然降到零。

图 13.37　思考题 13.6 用图

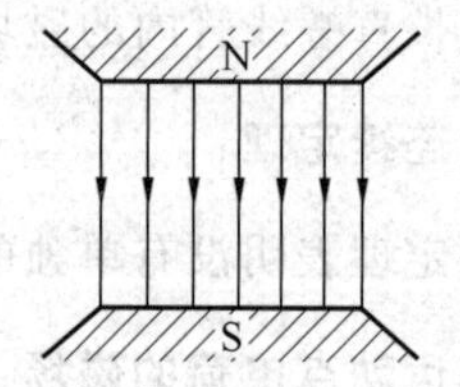

图 13.38　思考题 13.10 用图

13.11　如图 13.39 所示，一长直密绕螺线管，通有电流 I。对于闭合回路 C，求 $\oint_C \boldsymbol{B}\cdot\mathrm{d}\boldsymbol{r}=?$

13.12　像图 13.40 那样的截面是任意形状的密绕长直螺线管，管内磁场是否是均匀磁场？其磁感应强度是否仍可按 $B=\mu_0 nI$ 计算？

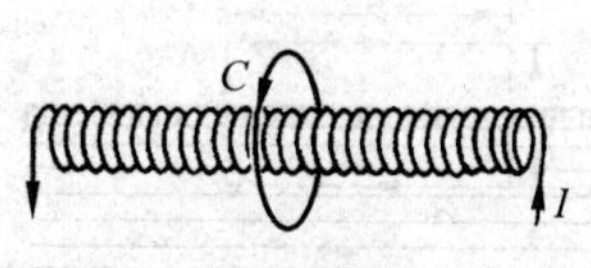

图 13.39　思考题 13.11 用图

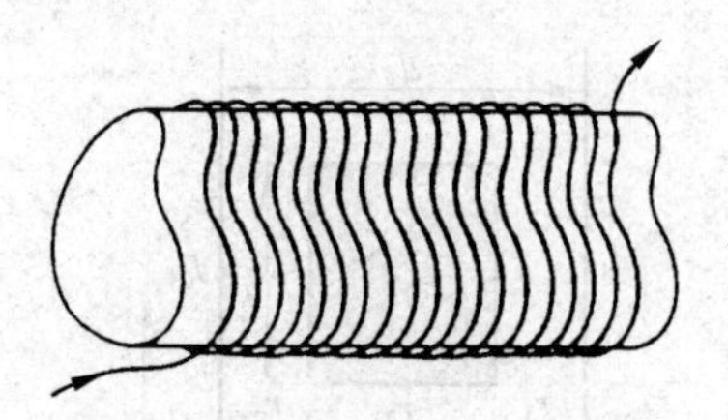

图 13.40　思考题 13.12 用图

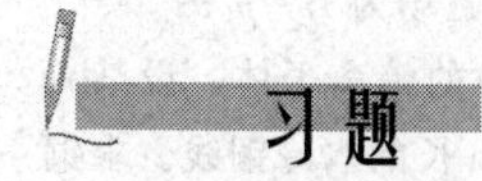

习题

13.1　北京正负电子对撞机的储存环是周长为 240 m 的近似圆形轨道。当环中电子流强度为 8 mA 时，在整个环中有多少电子在运行？已知电子的速率接近光速。

13.2　设想在银这样的金属中，导电电子数等于原子数。当 1 mm 直径的银线中通过 30 A 的电流时，电子的漂移速度是多大？给出近似答案，计算中所需要的但一时还找不到的那些数据，读者可自己估计数量级并代入计算。若银线温度是 20℃，按经典电子气模型，其中自由电子的平均速率是多大？

13.3　大气中由于存在少量的自由电子和正离子而具有微弱的导电性。

(1) 地表附近，晴天大气平均电场强度约为 120 V/m，大气平均电流密度约为 4×10^{-12} A/m^2。求大气电阻率是多大？

(2) 电离层和地表之间的电势差为 4×10^5 V，大气的总电阻是多大？

13.4　求图 13.41 各图中 P 点的磁感应强度 $\boldsymbol{B}$ 的大小和方向。

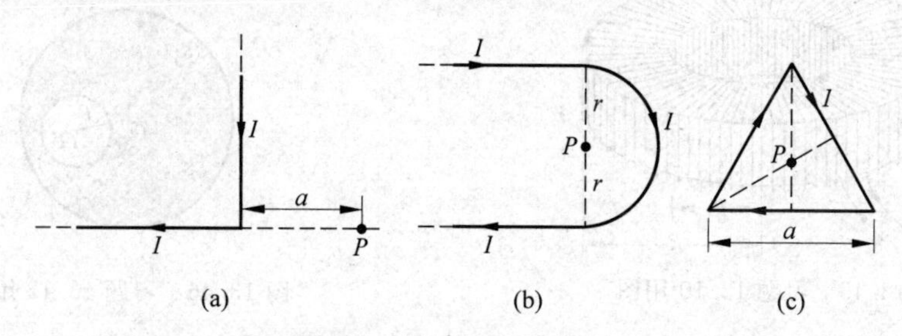

图 13.41　习题 13.4 用图

(a) P 在水平导线延长线上；(b) P 在半圆中心处；(c) P 在正三角形中心

13.5　高压输电线在地面上空 25 m 处，通过电流为 1.8×10^3 A。

(1) 求在地面上由这电流所产生的磁感应强度多大？

(2) 在上述地区，地磁场为 0.6×10^{-4} T，问输电线产生的磁场与地磁场相比如何？

13.6　两根导线沿半径方向被引到铁环上 A，C 两点，电流方向如图 13.42 所示。求环中心 O 处的磁感应强度是多少？

13.7　两平行直导线相距 $d=40$ cm，每根导线载有电流 $I_1=I_2=20$ A，如图 13.43 所示。求：

(1) 两导线所在平面内与该两导线等距离的一点处的磁感应强度；

(2) 通过图中斜线所示面积的磁通量。（设 $r_1=r_3=10$ cm，$l=25$ cm。）

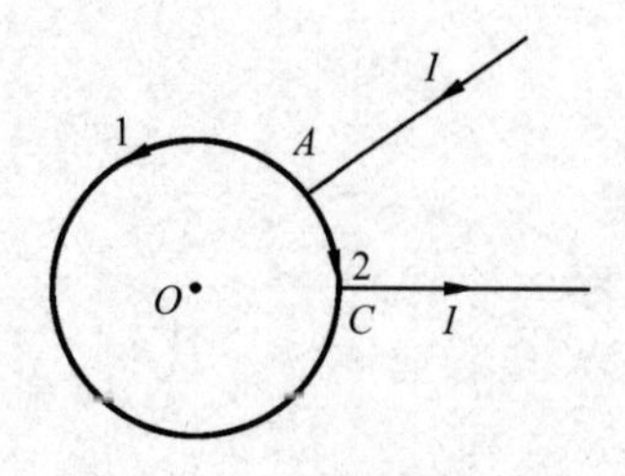

图 13.42　习题 13.6 用图

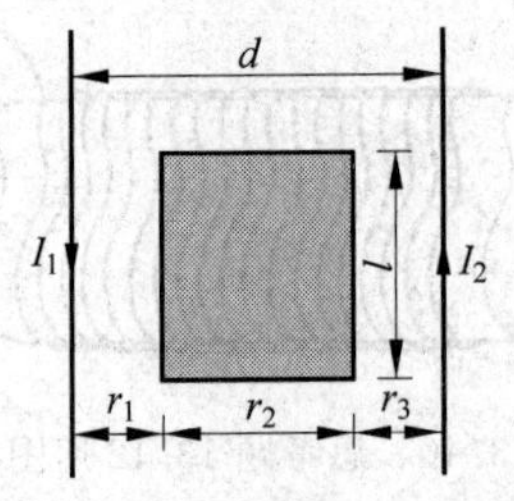

图 13.43 习题 13.7 用图

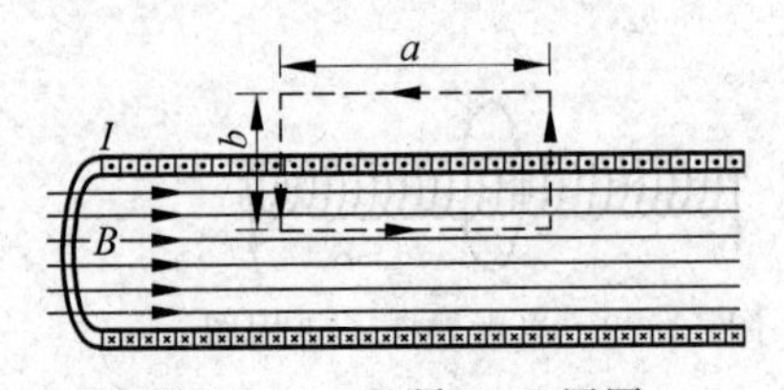

图 13.44 习题 13.8 用图

13.8 试设想一矩形回路(图 13.44)并利用安培环路定理导出长直螺线管内的磁场为 $B=\mu_0 nI$。

13.9 研究受控热核反应的托卡马克装置中,用螺绕环产生的磁场来约束其中的等离子体。设某一托卡马克装置中环管轴线的半径为 2.0 m,管截面半径为 1.0 m,环上均匀绕有 10 km 长的水冷铜线。求铜线内通入峰值为 7.3×10^4 A 的脉冲电流时,管内中心的磁场峰值多大?(近似地按恒定电流计算。)

13.10 如图 13.45 所示,线圈均匀密绕在截面为长方形的整个木环上(木环的内外半径分别为 R_1 和 R_2,厚度为 h,木料对磁场分布无影响),共有 N 匝,求通入电流 I 后,环内外磁场的分布。通过管截面的磁通量是多少?

13.11 两块平行的大金属板上有均匀电流流通,面电流密度都是 j,但方向相反。求板间和板外的磁场分布。

13.12 有一长圆柱形导体,截面半径为 R。今在导体中挖去一个与轴平行的圆柱体,形成一个截面半径为 r 的圆柱形空洞,其横截面如图 13.46 所示。在有洞的导体柱内有电流沿柱轴方向流通。求洞中各处的磁场分布。设柱内电流均匀分布,电流密度为 J,从柱轴到空洞轴之间的距离为 d。

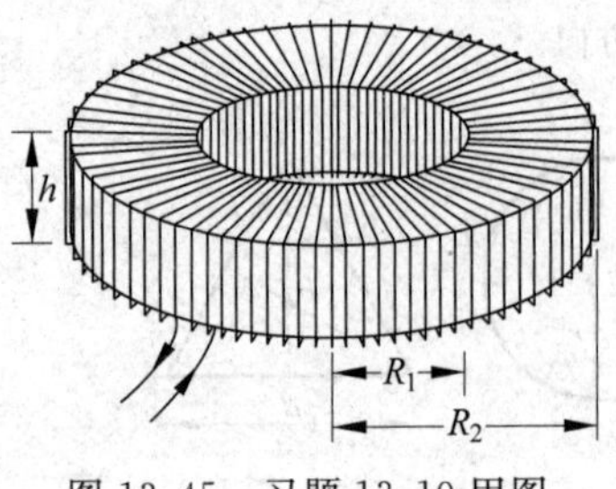

图 13.45 习题 13.10 用图

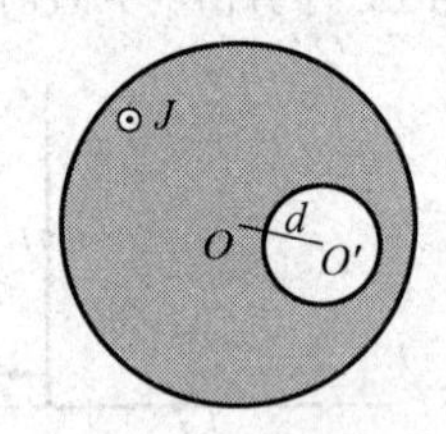

图 13.46 习题 13.12 用图

13.13 一平行板电容器的两板都是半径为 5.0 cm 的圆导体片,在充电时,其中电场强度的变化率为 $\frac{dE}{dt}=1.0\times10^{12}$ V/(m·s)。求极板边缘的磁感应强度 $\boldsymbol{B}$。

第14章

磁　力

磁场对其中的运动电荷，根据洛伦兹力公式 $\boldsymbol{F}=q\boldsymbol{v}\times\boldsymbol{B}$，有磁力的作用。大家在中学物理中已学过带电粒子在磁场中作匀速圆周运动，磁场对电流的作用力（安培力），磁场对载流线圈的力矩作用（电动机的原理）等知识。本章将对这些规律做简要但更系统全面的讲述。关于磁力矩，本章特别着重于讲解载流线圈所受的磁力矩与其磁矩的关系，以便为下一章物质的磁性以及以后原子结构的学习打下基础。

14.1　带电粒子在磁场中的运动

一个带电粒子以一定速度 $\boldsymbol{v}$ 进入磁场后，它会受到由式(13.18)所表示的洛伦兹力的作用，因而改变其运动状态。下面先讨论均匀磁场的情形。

设一个质量为 m 带有电量为 q 的正离子，以速度 $\boldsymbol{v}$ 沿**垂直**于磁场方向进入一均匀磁场中（图 14.1）。由于它受的力 $\boldsymbol{F}=q\boldsymbol{v}\times\boldsymbol{B}$ 总与速度垂直，因而它的速度的大小不改变，而只是方向改变。又因为这个 $\boldsymbol{F}$ 也与磁场方向垂直，所以正离子将在垂直于磁场平面内作圆周运动。用牛顿第二定律[①]可以容易地求出这一圆周运动的半径 R 为

$$R=\frac{mv}{qB}=\frac{p}{qB} \tag{14.1}$$

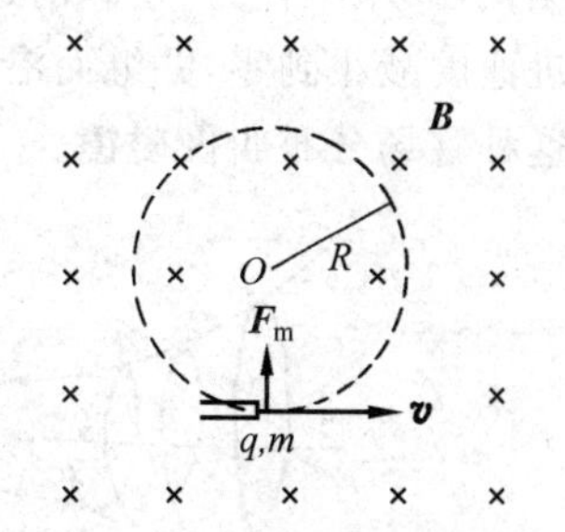

图 14.1　带电粒子在均匀磁场中作圆周运动

而圆运动的周期，即**回旋周期** T 为

$$T=\frac{2\pi m}{qB} \tag{14.2}$$

由上述两式可知，回旋半径与粒子速度成正比，但回旋周期与粒子速度无关，这一点被用在回旋加速器中来加速带电粒子。

如果一个带电粒子进入磁场时的速度 $\boldsymbol{v}$ 的方向不与磁场垂直，则可将此入射速度分解

---

① 在回旋加速器内，带电粒子的速率可被加速到与光速十分接近的程度。但因洛伦兹力总与粒子速度垂直，所以此时相对论给出的结果与牛顿第二定律给出的结果（式(14.1)）形式上相同，只是式中 m 应该用相对论质量 $m_0/\sqrt{l-v^2/c^2}$ 代替。

为沿磁场方向的分速度$\boldsymbol{v}_{/\!/}$和垂直于磁场方向的分速度$\boldsymbol{v}_{\perp}$(图 14.2)。后者使粒子产生垂直于磁场方向的圆运动,使其不能飞开,其圆周半径由式(14.1)得出,为

$$R=\frac{mv_{\perp}}{qB} \tag{14.3}$$

而回旋周期仍由式(14.2)给出。粒子平行于磁场方向的分速度$\boldsymbol{v}_{/\!/}$不受磁场的影响,因而粒子将具有沿磁场方向的匀速分运动。上述两种分运动的合成是一个轴线沿磁场方向的螺旋运动,这一螺旋轨迹的**螺距**为

$$h=v_{/\!/}\,T=\frac{2\pi m}{qB}v_{/\!/} \tag{14.4}$$

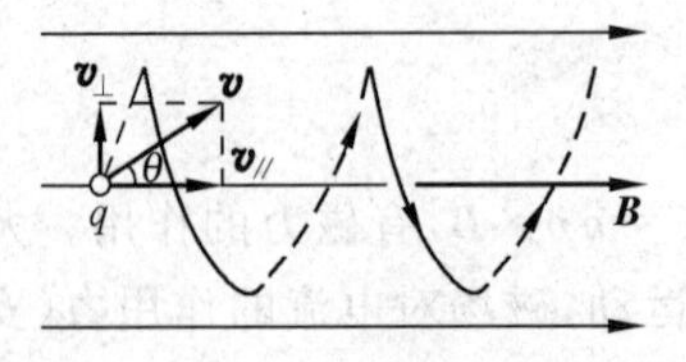

图 14.2　螺旋运动

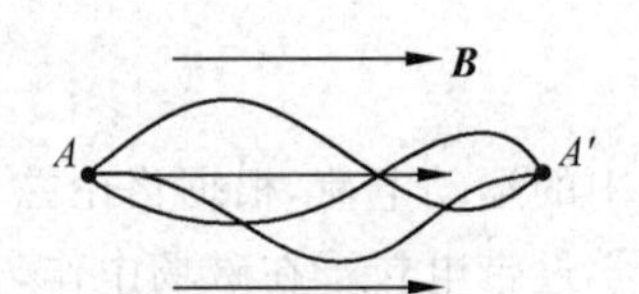

图 14.3　磁聚焦

如果在均匀磁场中某点 A 处(图 14.3)引入一发散角不太大的带电粒子束,其中粒子的速度又大致相同;则这些粒子沿磁场方向的分速度大小就几乎一样,因而其轨迹有几乎相同的螺距。这样,经过一个回旋周期后,这些粒子将重新会聚穿过另一点 A'。这种发散粒子束汇聚到一点的现象叫做**磁聚焦**。它广泛地应用于电真空器件中,特别是电子显微镜中。

在非均匀磁场中,速度方向和磁场不同的带电粒子,也要作螺旋运动,但半径和螺距都将不断发生变化。特别是当粒子具有一分速度向磁场较强处螺旋前进时,它受到的磁场力,根据式(13.18),有一个和前进方向相反的分量(图 14.4)。这一分量有可能最终使粒子的前进速度减小到零,并继而沿反方向前进。强度逐渐增加的磁场能使粒子发生"反射",因而把这种磁场分布叫做**磁镜**。

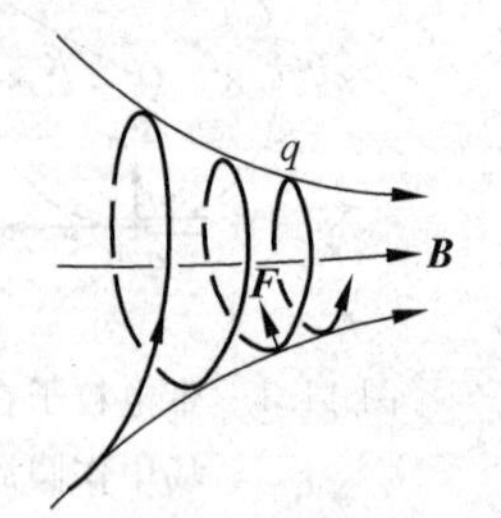

图 14.4　不均匀磁场对运动的带电粒子的力

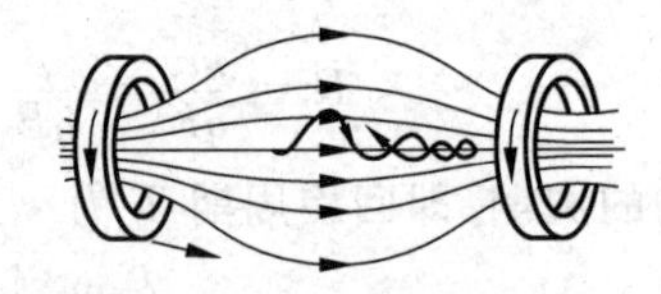

图 14.5　磁瓶

可以用两个电流方向相同的线圈产生一个中间弱两端强的磁场(图 14.5)。这一磁场区域的两端就形成两个磁镜,平行于磁场方向的速度分量不太大的带电粒子将被约束在两个磁镜间的磁场内来回运动而不能逃脱。这种能约束带电粒子的磁场分布叫**磁瓶**。在现代研究受控热核反应的实验中,需要把很高温度的等离子体限制在一定空间区域内。在这样的高温下,所有固体材料都将化为气体而不能用作为容器。上述**磁约束**就成了达到这种目的的常用方法之一。

磁约束现象也存在于宇宙空间中,地球的磁场是一个不均匀磁场,从赤道到地磁的两极

磁场逐渐增强。因此地磁场是一个天然的磁捕集器，它能俘获从外层空间入射的电子或质子形成一个带电粒子区域。这一区域叫**范艾仑辐射带**（图 14.6）。它有两层，内层在地面上空 800 km 到 4000 km 处，外层在 60 000 km 处。在范艾仑辐射带中的带电粒子就围绕地磁场的磁感线作螺旋运动而在靠近两极处被反射回来。这样，带电粒子就在范艾仑带中来回振荡直到由于粒子间的碰撞而被逐出为止。这些运动的带电粒子能向外辐射电磁波。在地磁两极附近由于磁感线与地面垂直，由外层空间入射的带电粒子可直射入高空大气层内。它们和空气分子的碰撞产生的辐射就形成了绚丽多彩的**极光**。

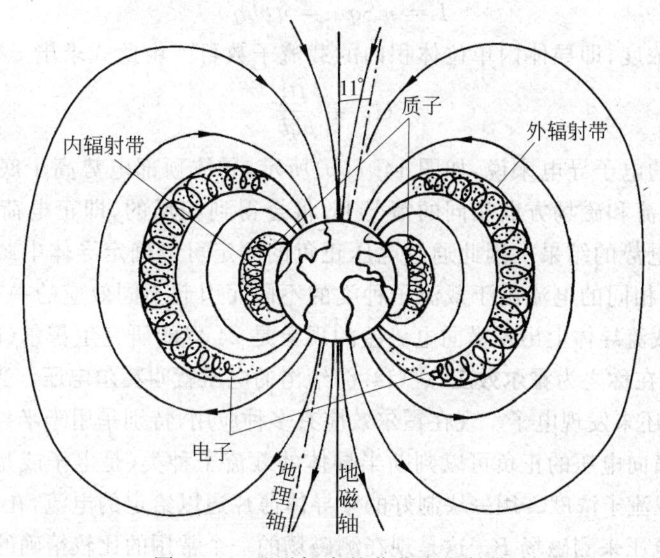

图 14.6 地磁场内的范艾仑辐射带

据宇宙飞行探测器证实，在土星、木星周围也有类似地球的范艾仑辐射带存在。

14.2 霍尔效应

如图 14.7 所示，在一个金属窄条（宽度为 h，厚度为 b）中，通以电流。这电流是外加电场 $\boldsymbol{E}$ 作用于电子使之向右作定向运动（漂移速度为 $\boldsymbol{v}$）形成的。当加以外磁场 $\boldsymbol{B}$ 时，由于洛伦兹力的作用，电子的运动将向下偏（图 14.7(a)），当它们跑到窄条底部时，由于表面所限，它们不能脱离金属因而就聚集在窄条的底部，同时在窄条的顶部显示出有多余的正电荷。这些多余的正、负电荷将在金属内部产生一横向电场 $\boldsymbol{E}_{\mathrm{H}}$。随着底部和顶部多余电荷的增多，这一电场也迅速地增大到它对电子的作用力 $(-e)\boldsymbol{E}_{\mathrm{H}}$ 与磁场对电子的作用力 $(-e)\boldsymbol{v}\times\boldsymbol{B}$

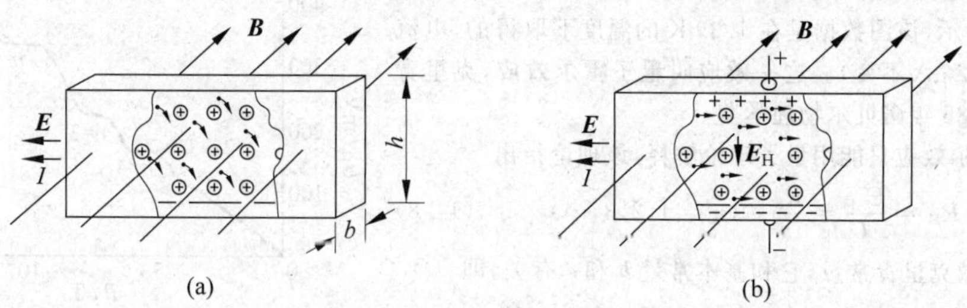

图 14.7 霍尔效应

相平衡。这时电子将恢复原来水平方向的漂移运动而电流又重新恢复为恒定电流。由平衡条件$(-e\boldsymbol{E}_H+(-e)\boldsymbol{v}\times\boldsymbol{B}=0)$可知所产生横向电场的大小为

$$E_H = vB \tag{14.5}$$

由于横向电场 $\boldsymbol{E}_H$ 的出现，在导体的横向两侧会出现电势差(图 14.7(b))，这一电势差的数值为

$$U_H = E_H h = vBh$$

已经知道电子的漂移速度 v 与电流 I 有下述关系(式(13.2))：

$$I = nSqv = nbhqv$$

其中 n 为载流子浓度，即导体内单位体积内的载流子数目。由此式求出 v 代入上式可得

$$U_H = \frac{IB}{nqb} \tag{14.6}$$

对于金属中的电子导电来说，如图 14.7(b)所示，导体顶部电势高于底部电势。如果载流子带正电，在电流和磁场方向相同的情况下，将会得到相反的，即正电荷聚集在底部而底部电势高于顶部电势的结果。因此通过电压正负的测定可以确定导体中载流子所带的电荷的正负，这是方向相同的电流由于载流子种类的不同而引起不同效应的一个实际例子。

在磁场中的载流导体上出现横向电势差的现象是 24 岁的研究生霍尔(Edwin H. Hall)在 1879 年发现的，现在称之为**霍尔效应**，式(14.6)给出的电压就叫**霍尔电压**。当时还不知道金属的导电机构，甚至还未发现电子。现在霍尔效应有多种应用，特别是用于半导体的测试。由测出的霍尔电压即横向电压的正负可以判断半导体的载流子种类(是电子或是空穴)，还可以用式(14.6)计算出载流子浓度。用一块制好的半导体薄片通以给定的电流，在校准好的条件下，还可以通过霍尔电压来测磁场 B。这是现在测磁场的一个常用的比较精确的方法。

应该指出，对于金属来说，由于是电子导电，在如图 14.7 所示的情况下测出的霍尔电压应该显示顶部电势高于底部电势。但是实际上有些金属却给出了相反的结果，好像在这些金属中的载流子带正电似的。这种"反常"的霍尔效应，以及正常的霍尔效应实际上都只能用金属中电子的量子理论才能圆满地解释。

量子霍尔效应

由式(14.6)可得

$$\frac{U_H}{I} = \frac{B}{nqb} \tag{14.7}$$

这一比值具有电阻的量纲，因而被定义为**霍尔电阻** R_H。此式表明霍尔电阻应正比于磁场 B。1980 年，在研究半导体在极低温度下和强磁场中的霍尔效应时，德国物理学家克里青(Klaus von Klitzing)发现霍尔电阻和磁场的关系并不是线性的，而是有一系列台阶式的改变，如图 14.8 所示(该图数据是在 1.39 K 的温度下取得的，电流保持在 25.52 μA 不变)。这一效应叫**量子霍尔效应**，克里青因此获得 1985 年诺贝尔物理学奖。

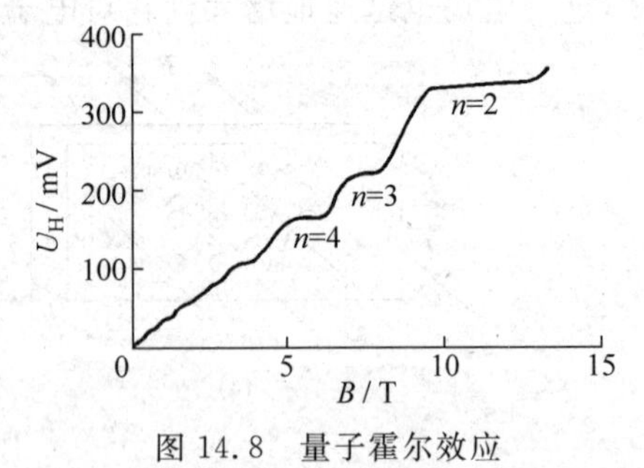

图 14.8　量子霍尔效应

量子霍尔效应只能用量子理论解释，该理论指出

$$R_H = \frac{U_H}{I} = \frac{R_K}{n} \quad (n = 1,2,3,\cdots) \tag{14.8}$$

式中 R_K 叫做克里青常量，它和基本常量 h 和 e 有关，即

$$R_K = \frac{h}{e^2} = 25\,813\ \Omega \tag{14.9}$$

由于 R_K 的测定值可以准确到 10^{-10}，所以量子霍尔效应被用来定义电阻的标准。从1990年开始，“欧姆”就根据霍尔电阻精确地等于 25 812.80 Ω 来定义了。

克里青当时的测量结果显示式(14.8)中的 n 为整数。其后美籍华裔物理学家崔琦(D. C. Tsui, 1939—)和施特默(H. L. Stömer, 1949—)等研究量子霍尔效应时，发现在更强的磁场(如20甚至30 T)下，式(14.8)中的 n 可以是分数，如1/3,1/5,1/2,1/4等。这种现象叫**分数量子霍尔效应**。它的发现和理论研究使人们对宏观量子现象的认识更深入了一步。劳克林、施特默和崔琦(R. B. Laughlin, 1950—)也因此而获得了1998年诺贝尔物理学奖。

14.3 载流导线在磁场中受的磁力

导线中的电流是由其中的载流子定向移动形成的。当把载流导线置于磁场中时，这些运动的载流子就要受到洛伦兹力的作用，其结果将表现为载流导线受到磁力的作用。为了计算一段载流导线受的磁力，先考虑它的一段长度元受的作用力。

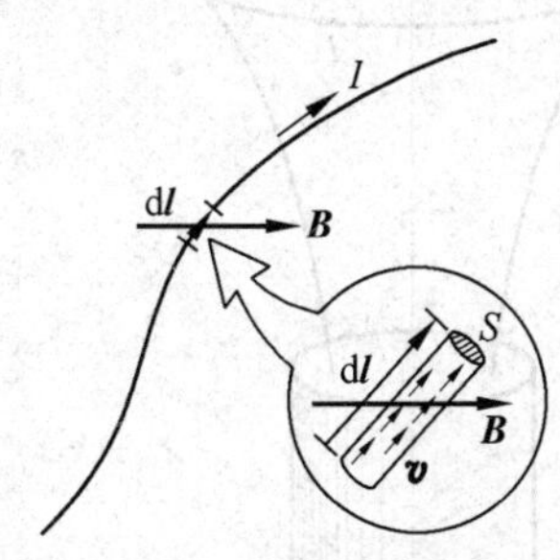

图 14.9 电流元受的磁场力

如图14.9所示，设导线截面积为 S，其中有电流 I 通过。考虑长度为 dl 的一段导线。把它规定为矢量，使它的方向与电流的方向相同。这样一段载有电流的导线元就是一段电流元，以 $I\mathrm{d}\boldsymbol{l}$ 表示。设导线的单位体积内有 n 个载流子，每一个载流子的电荷都是 q。为简单起见，我们认为各载流子都以漂移速度 $\boldsymbol{v}$ 运动。由于每一个载流子受的磁场力都是 $q\boldsymbol{v}\times\boldsymbol{B}$，而在 d$\boldsymbol{l}$ 段中共有 $n\mathrm{d}lS$ 个载流子，所以这些载流子受的力的总和就是

$$\mathrm{d}\boldsymbol{F} = nS\mathrm{d}l\,q\,\boldsymbol{v}\times\boldsymbol{B}$$

由于 $\boldsymbol{v}$ 的方向和 d$\boldsymbol{l}$ 的方向相同，所以 $q\mathrm{d}l\ \boldsymbol{v}=qv\mathrm{d}\boldsymbol{l}$。利用这一关系，上式就可写成

$$\mathrm{d}\boldsymbol{F} = nSvq\mathrm{d}\boldsymbol{l}\times\boldsymbol{B}$$

又由于 $nSvq=I$，即通过 d$\boldsymbol{l}$ 的电流强度的大小，所以最后可得

$$\mathrm{d}\boldsymbol{F} = I\mathrm{d}\boldsymbol{l}\times\boldsymbol{B} \tag{14.10}$$

d$\boldsymbol{l}$ 中的载流子由于受到这些力所增加的动量最终总要传给导线本体的正离子结构，所以这一公式也就给出了这一段导线元受的磁力。载流导线受磁场的作用力通常叫做**安培力**。

知道了一段载流导线元受的磁力就可以用积分的方法求出一段有限长载流导线 L 受的磁力，如

$$\boldsymbol{F} = \int_L I\mathrm{d}\boldsymbol{l}\times\boldsymbol{B} \tag{14.11}$$

式中 $\boldsymbol{B}$ 为各电流元所在处的“当地 $\boldsymbol{B}$”。

下面举几个例子。

例 14.1 载流导线受磁力。在均匀磁场 $\boldsymbol{B}$ 中有一段弯曲导线 ab，通有电流 I (图14.10)，求此段导线受的磁场力。

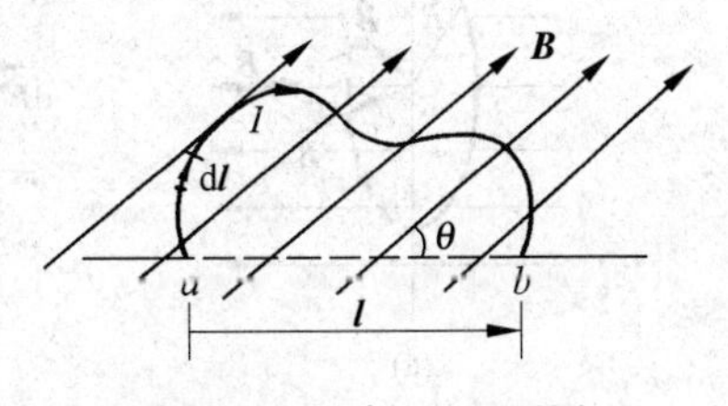

图 14.10 例 14.1 用图

解 根据式(14.11)，所求力为

$$\boldsymbol{F} = \int_{(a)}^{(b)} I\mathrm{d}\boldsymbol{l}\times\boldsymbol{B} = I\left(\int_{(a)}^{(b)}\mathrm{d}\boldsymbol{l}\right)\times\boldsymbol{B}$$

此式中积分是各段矢量长度元 $\mathrm{d}l$ 的矢量和,它等于从 a 到 b 的矢量直线段 $\boldsymbol{l}$。因此得

$$\boldsymbol{F} = I\boldsymbol{l} \times \boldsymbol{B}$$

这说明整个弯曲导线受的磁场力的总和等于从起点到终点连起的直导线通过相同的电流时受的磁场力。在图示的情况下,$\boldsymbol{l}$ 和 $\boldsymbol{B}$ 的方向均与纸面平行,因而

$$F = IlB\sin\theta$$

此力的方向垂直纸面向外。

如果 a,b 两点重合,则 $l=0$,上式给出 $F=0$。这就是说,**在均匀磁场中的闭合载流回路整体上不受磁力**。

例 14.2　载流圆环受磁力。在一个圆柱形磁铁N极的正上方水平放置一半径为 R 的导线环,其中通有顺时针方向(俯视)的电流 I。在导线所在处磁场 $\boldsymbol{B}$ 的方向都与竖直方向成 α 角。求导线环受的磁力。

解　如图14.11所示,在导线环上选电流元 $I\mathrm{d}\boldsymbol{l}$ 垂直纸面向里,此电流元受的磁力为

$$\mathrm{d}\boldsymbol{F} = I\mathrm{d}\boldsymbol{l} \times \boldsymbol{B}$$

此力的方向就在纸面内垂直于磁场 $\boldsymbol{B}$ 的方向。

将 $\mathrm{d}\boldsymbol{F}$ 分解为水平与竖直两个分量 $\mathrm{d}\boldsymbol{F}_\mathrm{h}$ 和 $\mathrm{d}\boldsymbol{F}_z$。由于磁场和电流的分布对竖直 z 轴的轴对称性,所以环上各电流元所受的磁力 $\mathrm{d}\boldsymbol{F}$ 的水平分量 $\mathrm{d}\boldsymbol{F}_\mathrm{h}$ 的矢量和为零。又由于各电流元的 $\mathrm{d}\boldsymbol{F}_z$ 的方向都相同,所以圆环受的总磁力的大小为

$$F = F_z = \int \mathrm{d}F_z = \int \mathrm{d}F\sin\alpha = \int_0^{2\pi R} IB\sin\alpha\mathrm{d}l$$

$$= 2IB\pi R\sin\alpha$$

此力的方向竖直向上。

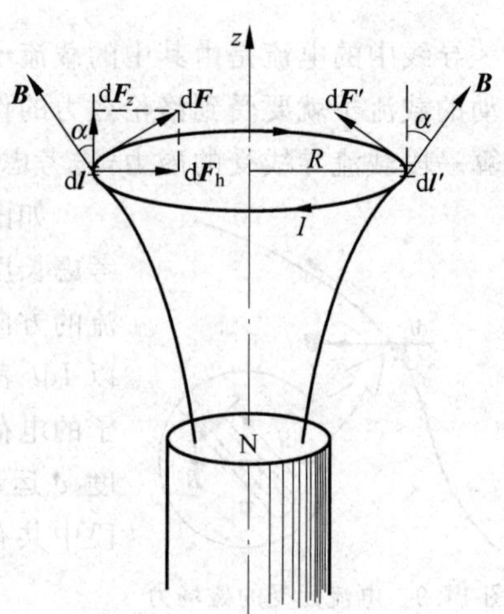

图14.11　例14.2用图

14.4 载流线圈在均匀磁场中受的磁力矩

如图14.12(a)所示,一个载流圆线圈半径为 R,电流为 I,放在一均匀磁场中。它的平面法线方向 $\boldsymbol{e}_\mathrm{n}$($\boldsymbol{e}_\mathrm{n}$ 的方向与电流的流向符合右手螺旋关系)与磁场 $\boldsymbol{B}$ 的方向夹角为 θ。在上一节(例14.1)已经得出,此载流线圈整体上所受的磁力为零。下面来求此线圈所受磁场的力矩。为此,将磁场 $\boldsymbol{B}$ 分解为与 $\boldsymbol{e}_\mathrm{n}$ 平行的 $\boldsymbol{B}_{/\!/}$ 和与 $\boldsymbol{e}_\mathrm{n}$ 垂直的 $\boldsymbol{B}_\perp$ 两个分量,分别考虑它们对线圈的作用力。

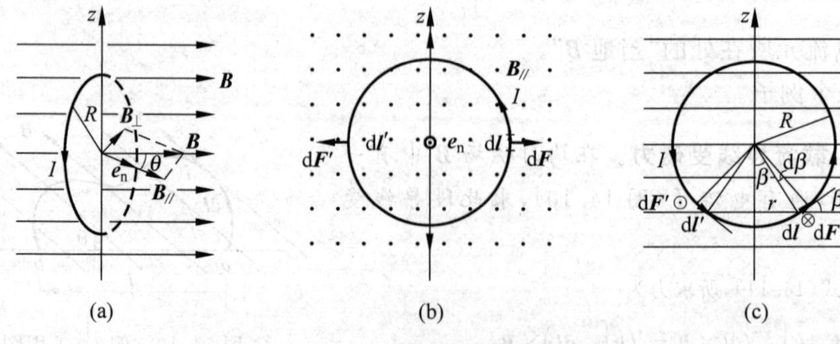

图14.12　载流线圈受的力和力矩

$\boldsymbol{B}_{/\!/}$ 分量对线圈的作用力如图 14.12(b)所示，各段 $\mathrm{d}l$ 相同的导线元所受的力大小都相等，方向都在线圈平面内沿径向向外。由于这种对称性，线圈受这一磁场分量的合力矩也为零。

$\boldsymbol{B}_{\perp}$ 分量对线圈的作用如图 14.12(c)所示，右半圈上一电流元 $I\mathrm{d}\boldsymbol{l}$ 受的磁场力的大小为

$$\mathrm{d}F = I\mathrm{d}lB_{\perp}\sin\beta$$

此力的方向垂直纸面向里。和它对称的左半圈上的电流元 $I\mathrm{d}\boldsymbol{l}'$ 受的磁场力的大小和 $I\mathrm{d}\boldsymbol{l}$ 受的一样，但力的方向相反，向外。但由于 $I\mathrm{d}\boldsymbol{l}$ 和 $I\mathrm{d}\boldsymbol{l}'$ 受的磁力不在一条直线上，所以对线圈产生一个力矩。$I\mathrm{d}\boldsymbol{l}$ 受的力对线圈 z 轴产生的力矩的大小为

$$\mathrm{d}M = \mathrm{d}F\,r = I\mathrm{d}lB_{\perp}\sin\beta\, r$$

由于 $\mathrm{d}l = R\mathrm{d}\beta$，$r = R\sin\beta$，所以

$$\mathrm{d}M = IR^2B_{\perp}\sin^2\beta\mathrm{d}\beta$$

对 β 由 0 到 2π 进行积分，即可得线圈所受磁力的力矩为

$$M = \int\mathrm{d}M = IR^2B_{\perp}\int_0^{2\pi}\sin^2\beta\mathrm{d}\beta = \pi IR^2B_{\perp}$$

由于 $B_{\perp} = B\sin\theta$，所以又可得

$$M = \pi R^2 IB\sin\theta$$

在此力矩的作用下，线圈要绕 z 轴按反时针方向(俯视)转动。用矢量表示力矩，则 $\boldsymbol{M}$ 的方向沿 z 轴正向。

综合上面得出的 $\boldsymbol{B}_{/\!/}$ 和 $\boldsymbol{B}_{\perp}$ 对载流线圈的作用，可得它们的总效果是：均匀磁场对载流线圈的合力为 0，而力矩为

$$M = \pi R^2 IB\sin\theta = SIB\sin\theta \tag{14.12}$$

其中 $S = \pi R^2$ 为线圈围绕的面积。根据 $\boldsymbol{e}_{\mathrm{n}}$ 和 $\boldsymbol{B}$ 的方向以及 $\boldsymbol{M}$ 的方向，此式可用矢量积表示为

$$\boldsymbol{M} = SI\boldsymbol{e}_{\mathrm{n}} \times \boldsymbol{B} \tag{14.13}$$

根据载流线圈的磁偶极矩，或磁矩(它是一个矢量)的定义

$$\boldsymbol{m} = SI\boldsymbol{e}_{\mathrm{n}} \tag{14.14}$$

则式(14.13)又可写成

$$\boldsymbol{M} = \boldsymbol{m} \times \boldsymbol{B} \tag{14.15}$$

此力矩力图使 $\boldsymbol{e}_{\mathrm{n}}$ 的方向，也就是磁矩 $\boldsymbol{m}$ 的方向，转向与外加磁场方向一致。当 $\boldsymbol{m}$ 与 $\boldsymbol{B}$ 方向一致时，$\boldsymbol{M}=0$。线圈不再受磁场的力矩作用。

不只是载流线圈有磁矩，电子、质子等微观粒子也有磁矩。磁矩是粒子本身的特征之一。它们在磁场中受的力矩也都由式(14.15)表示。

在非均匀磁场中，载流线圈除受到磁力矩作用外，还受到磁力的作用。因其情况复杂，我们就不作进一步讨论了。

根据磁矩为 $\boldsymbol{m}$ 的载流线圈在均匀磁场中受到磁力矩的作用，可以引入磁矩在均匀磁场中的和其转动相联系的势能的概念。假设磁矩 $\boldsymbol{m}$ 大小不变。以 θ 表示 $\boldsymbol{m}$ 与 $\boldsymbol{B}$ 之间的夹角(图 14.13)，此夹角由 θ_1 增大到 θ_2 的过程中，外力需克服磁力矩做的功为

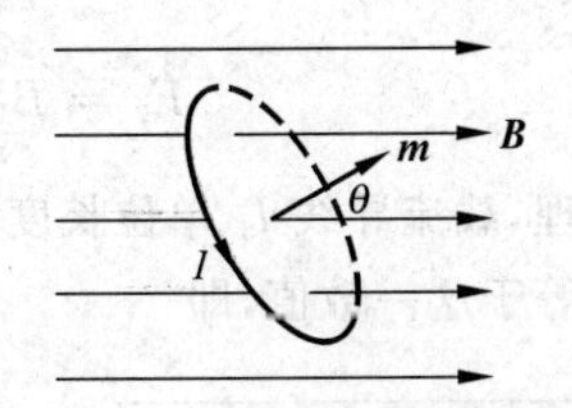

图 14.13 均匀磁场中的磁矩

$$A=\int_{\theta_1}^{\theta_2}M\mathrm{d}\theta=\int_{\theta_1}^{\theta_2}mB\sin\theta\mathrm{d}\theta=mB(\cos\theta_1-\cos\theta_2)$$

此功就等于磁矩 $\boldsymbol{m}$ 在磁场中势能的增量。通常以磁矩方向与磁场方向垂直，即 $\theta_1=\pi/2$ 时的位置为势能为零的位置。这样，由上式可得，在均匀磁场中，当磁矩与磁场方向间夹角为 $\theta(\theta=\theta_2)$ 时，磁矩的势能为

$$W_{\mathrm{m}}=-mB\cos\theta=-\boldsymbol{m}\cdot\boldsymbol{B} \tag{14.16}$$

此式给出，当磁矩与磁场平行时，势能有极小值 $-mB$；当磁矩与磁场反平行时，势能有极大值 mB。

读者应当注意到，式(14.15)的磁力矩公式和式(10.34)的电力矩公式形式相同，式(14.16)的磁矩在磁场中的势能公式和式(11.20)的电矩在电场中的势能公式形式也相同。

例 14.3 电子的磁势能。 电子具有固有的(或内禀的)自旋磁矩，其大小为 $m=1.60\times10^{-23}$ J/T。在磁场中，电子的磁矩指向是"量子化"的，即只可能有两个方向。一个是与磁场成 $\theta_1=54.7°$，另一个是与磁场成 $\theta_2=125.3°$。其经典模型如图 14.14 所示(实际上电子的自旋轴绕磁场方向"进动")。试求在 0.50 T 的磁场中电子处于这两个位置时的势能分别是多少？

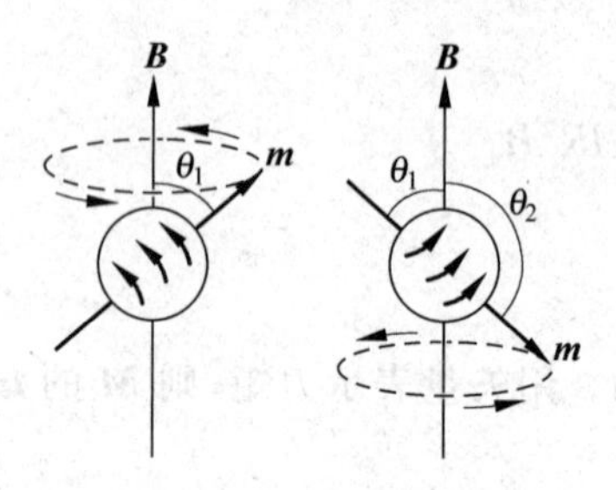

图 14.14 电子自旋的取向

解 由式(14.16)可得，当磁矩与磁场成 $\theta_1=54.7°$ 时，势能为

$$W_{\mathrm{m1}}=-mB\cos54.7°=-1.60\times10^{-23}\times0.50\times0.578$$
$$=-4.62\times10^{-24}\ (\mathrm{J})=-2.89\times10^{-5}\ (\mathrm{eV})$$

当磁矩与磁场成 $\theta_2=125.3°$ 时，势能为

$$W_{\mathrm{m2}}=-mB\cos125.3°=-1.60\times10^{-23}\times0.50\times(-0.578)$$
$$=4.62\times10^{-24}\ (\mathrm{J})=2.89\times10^{-5}\ (\mathrm{eV})$$

14.5 平行载流导线间的相互作用力

设有两根平行的长直导线，分别通有电流 I_1 和 I_2，它们之间的距离为 d(图 14.15)，导线直径远小于 d。让我们来求每根导线单位长度线段受另一电流的磁场的作用力。

电流 I_1 在电流 I_2 处所产生的磁场为(式(13.25))

$$B_1=\frac{\mu_0 I_1}{2\pi d}$$

载有电流 I_2 的导线单位长度线段受此磁场①的安培力为(式(14.10))

$$F_2=B_1I_2=\frac{\mu_0 I_1 I_2}{2\pi d} \tag{14.17}$$

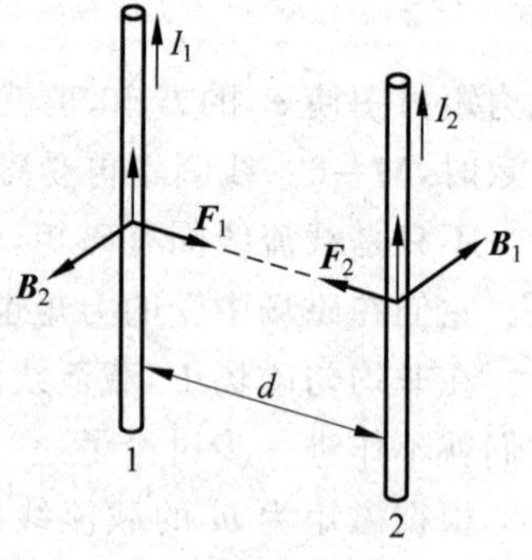

图 14.15 两平行载流长直导线之间的作用力

同理，载流导线 I_1 单位长度线段受电流 I_2 的磁场的作用力也等于这一数值，即

① 由于电流 I_2 的各电流元在本导线所在处所产生的磁场为零，所以电流 I_2 各段不受本身电流的磁力作用。

$$F_1 = B_2 I_1 = \frac{\mu_0 I_1 I_2}{2\pi d}$$

当电流 I_1 和 I_2 方向相同时，两导线相吸；相反时，则相斥。

在国际单位制中，电流的单位安[培]（符号为 A）就是根据式(14.17)规定的。设在真空中两根无限长的平行直导线相距 1 m，通以大小相同的恒定电流，如果导线每米长度受的作用力为 2×10^{-7} N，则每根导线中的电流强度就规定为 1 A。

根据这一定义，由于 $d=1$ m，$I_1=I_2=1$A，$F=2\times10^{-7}$ N，式(14.17)给出

$$\mu_0 = \frac{2\pi Fd}{I^2} = \frac{2\pi\times2\times10^{-7}\times1}{1\times1} = 4\pi\times10^{-7}\ (\mathrm{N/A^2})$$

这一数值与式(13.22)中 μ_0 的值相同。

电流的单位确定之后，电量的单位也就可以确定了。在通有 1 A 电流的导线中，每秒钟流过导线任一横截面上的电量就定义为 1 C，即

$$1\ \mathrm{C} = 1\ \mathrm{A\cdot s}$$

实际的测电流之间的作用力的装置如图 14.16 所示，称为电流秤。它用到两个固定的线圈 C_1 和 C_2，吊在天平的一个盘下面的活动线圈 C_M 放在它们中间，三个线圈通有大小相同的电流。天平的平衡由加减砝码来调节。这样的电流秤用来校准其他更方便的测量电流的二级标准。

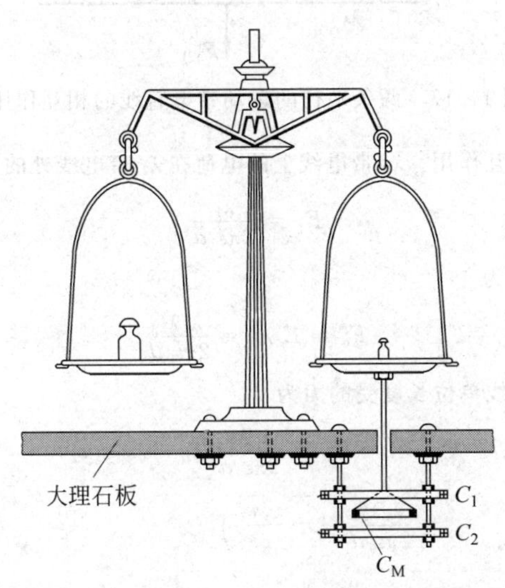

图 14.16 电流秤

关于常量 μ_0，ε_0，c 的数值关系

上面讲了电流单位安[培]的规定，它利用了式(14.17)。此式中有比例常量 μ_0（真空磁导率）。只有 μ_0 有了确定的值，电流的单位才可能规定，因此 μ_0 的值需要事先规定。国际单位制中规定了

$$\mu_0 = 4\pi\times10^{-7}\ \mathrm{N/A^2} = 1.256\,637\,061\,4\cdots\times10^{-7}\ \mathrm{N/A^2}$$

由于是人为规定的，不依赖于实验，所以它是精确的。

在真空中的光速值，

$$c = 299\,792\,458\ \mathrm{m/s}$$

由电磁学理论知，c 和 ε_0，μ_0 有下述关系：

$$c^2=\frac{1}{\mu_0\varepsilon_0}$$

因此真空电容率

$$\varepsilon_0=\frac{1}{\mu_0 c^2}=8.854\,187\,817\cdots\times10^{-12}\ \text{F/m}$$

例 14.4 磁力电力对比。相互平行而且相距为 d 的两条长直带电线分别以速度 v_1 和 v_2 沿长度方向运动,它们所带电荷的线密度分别是 λ_1 和 λ_2。求这两条直线各自单位长度受的力并比较电力和磁力的大小。

解 如图 14.17 所示,每根带电直线由于运动而形成的电流分别是 $\lambda_1 v_1$ 和 $\lambda_2 v_2$。由式(14.17)可得,两根带电线单位长度分别受到的磁力为

$$F_{\text{m}}=\frac{\mu_0\lambda_1 v_1\lambda_2 v_2}{2\pi d}$$

力的方向是相互吸引。

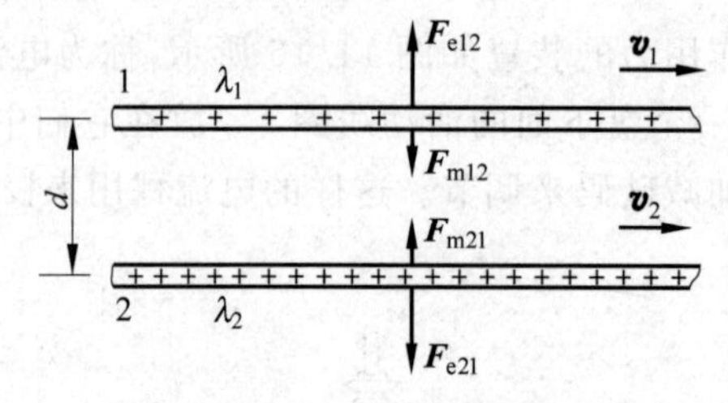

图 14.17 两条平行的运动带电直线的相互作用

两根带电线间还有电力相互作用。λ_1 带电线上的电荷在 λ_2 带电线处的电场是

$$E_1=\frac{\lambda_1}{2\pi\varepsilon_0 d}$$

λ_2 带电直线单位长度受的电力为

$$F_{\text{e}}=E_1\lambda_2=\frac{\lambda_1\lambda_2}{2\pi\varepsilon_0 d}$$

力的方向是相互排斥。每根导线单位长度受的力为

$$\begin{aligned}F&=F_{\text{e}}-F_{\text{m}}=\frac{\lambda_1\lambda_2}{2\pi\varepsilon_0 d}(1-\mu_0\varepsilon_0 v_1 v_2)\\&=\frac{\lambda_1\lambda_2}{2\pi\varepsilon_0 d}\left(1-\frac{v_1 v_2}{c^2}\right)\end{aligned}\tag{14.18}$$

力的方向是相互排斥。

磁力与电力的比值为

$$\frac{F_{\text{m}}}{F_{\text{e}}}=\varepsilon_0\mu_0 v_1 v_2=\frac{v_1 v_2}{c^2}\tag{14.19}$$

在通常情况下,v_1 和 v_2 均较 c 小很多,所以通常磁力比电力小得多。

让我们通过一个典型的例子来估计一下式(14.19)中的比值大小。设有两根平行的所载电流分别为 I_1 和 I_2 的静止铜导线,导线中的正电荷几乎是不动的,而自由电子则作定向运动,它们的漂移速度约为 10^{-4} m/s,所以

$$\frac{F_{\text{m}}}{F_{\text{e}}}=\frac{v^2}{c^2}\approx10^{-25}$$

这就是说,这两根导线中的运动电子之间的磁力与它们之间的电力之比为 10^{-25},磁力比电力小很多。那为什么在这种情况下实验中总是观察到磁力而发现不了电力呢?这是因为在铜导线中实际有两种电

荷,每根导线中各自的正、负电荷在周围产生的电场相互抵消,所以此一导线中的运动电子就不受彼一导线中电荷的电力,而只有磁力显现出来了。在没有相反电荷抵消电力的情况下,磁力是相对很不显著的。在原子内部电荷的相互作用就是这样。在那里电力起主要作用,而磁力不过是一种小到"二级"(v^2/c^2)的效应。

提要

1. 带电粒子在均匀磁场中的运动:

圆周运动的半径: $R=\frac{mv}{qB}$

圆周运动的周期: $T=\frac{2\pi m}{qB}$

螺旋运动的螺距: $h=\frac{2\pi m}{qB}v_{/\!/}$

2. 霍尔效应: 在磁场中的载流导体上出现横向电势差的现象。

霍尔电压: $U_{\mathrm{H}}=\frac{IB}{nqb}$

霍尔电压的正负和形成电流的载流子的正负有关。

3. 载流导线在磁场中受的磁力——安培力:

对电流元 $I\mathrm{d}\boldsymbol{l}$: $\mathrm{d}\boldsymbol{F}=I\mathrm{d}\boldsymbol{l}\times\boldsymbol{B}$

对一段载流导线: $\boldsymbol{F}=\int_L I\mathrm{d}\boldsymbol{l}\times\boldsymbol{B}$

对均匀磁场中的载流线圈,磁力 $\boldsymbol{F}=0$

4. 载流线圈受均匀磁场的力矩:

$$\boldsymbol{M}=\boldsymbol{m}\times\boldsymbol{B}$$

其中 $\boldsymbol{m}=I\boldsymbol{S}=IS\boldsymbol{e}_{\mathrm{n}}$

为载流线圈的磁矩。

5. 平行载流导线间的相互作用力: 单位长度导线段受的力的大小为

$$F_1=\frac{\mu_0 I_1 I_2}{2\pi d}$$

国际上约定以这一相互作用力定义电流的SI单位——安培(A)。

思考题

14.1 如果想让一个质子在地磁场中一直沿地磁赤道运动,应该将它向东还是向西发射?

14.2 在地磁赤道处,大气电场指向地面和磁场垂直。必须向什么方向发射电子,才能使它们不发生偏转?

14.3 能否利用磁场对带电粒子的作用力来增大粒子的动能?为什么?

14.4 相互垂直的电场 $\boldsymbol{E}$ 和磁场 $\boldsymbol{B}$ 可构成一个速度选择器,它能使选定速率的带电粒子垂直于电场和磁场射入后无偏转地前进。试求这带电粒子的速度 $\boldsymbol{v}$ 和 $\boldsymbol{E}$ 及 $\boldsymbol{B}$ 的关系。

14.5 图14.18显示出在一汽泡室中产生的一对正负电子的径迹图，磁场垂直于图面而指离读者。试判断哪一支是电子的径迹，哪一支是正电子的径迹？为何径迹呈螺旋形？

14.6 解释等离子体电流的箍缩效应，即等离子体柱中通以电流时(图14.19)，它会受到自身电流磁场的作用而向轴心收缩的现象。

14.7 磁流体发电机(图14.20)是利用磁场对高温电离气体的作用而产生电流的装置。图中发电通道内箭头表示电离气体中离子移动方向。试问按这种方向运动的离子是正离子还是负离子？A、B 两极中，哪一极是发电机正极？使离子偏转的磁场方向如何？

图14.18 思考题14.5用图

图14.19 思考题14.6用图

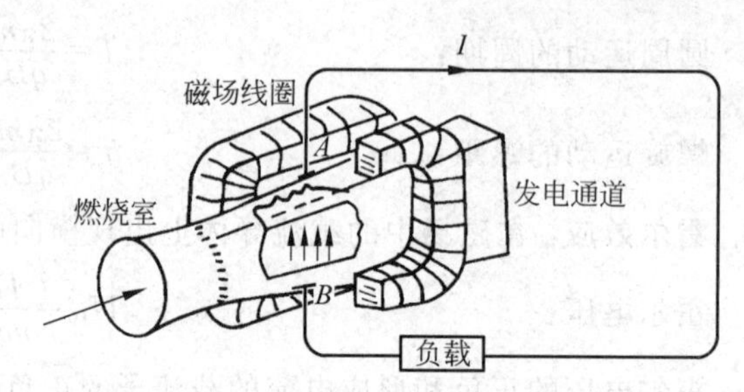

图14.20 磁流体发电机结构示意图

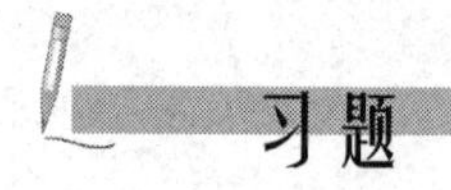

习题

14.1 如图14.21，一电子经过 A 点时，具有速率 $v_0=1\times10^7$ m/s。

(1) 欲使这电子沿半圆自 A 至 C 运动，试求所需的磁场大小和方向；

(2) 求电子自 A 运动到 C 所需的时间。

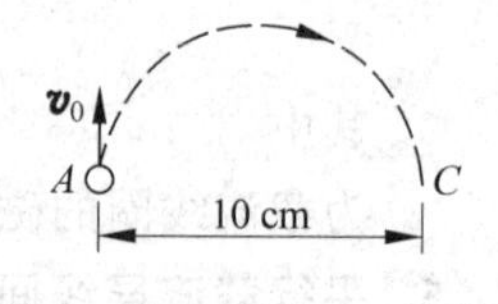

图14.21 习题14.1用图

14.2 把 2.0×10^3 eV 的一个正电子，射入磁感应强度 $B=0.1$ T 的匀强磁场中，其速度矢量与 $\boldsymbol{B}$ 成89°，路径成螺旋线，其轴在 $\boldsymbol{B}$ 的方向。试求这螺旋线运动的周期 T、螺距 h 和半径 r。

14.3 估算地球磁场对电视机显像管中电子束的影响。假设加速电势差为 2.0×10^4 V，如电子枪到屏的距离为0.2 m，试计算电子束在大小为 0.5×10^{-4} T 的横向地磁场作用下约偏转多少？这偏转是否影响电视图像？

14.4 北京正负电子对撞机中电子在周长为240 m的储存环中作轨道运动。已知电子的动量是 1.49×10^{-18} kg·m/s，求偏转磁场的磁感应强度。

14.5 从太阳射来的速度是 0.80×10^8 m/s 的电子进入地球赤道上空高层范艾仑带中，该处磁场为 4×10^{-7} T。此电子作圆周运动的轨道半径是多大？此电子同时沿绕地磁场磁感线的螺线缓慢地向地磁北极移动。当它到达地磁北极附近磁场为 2×10^{-5} T 的区域时，其轨道半径又是多大？

14.6 一台用来加速氘核的回旋加速器(图14.22)的D盒直径

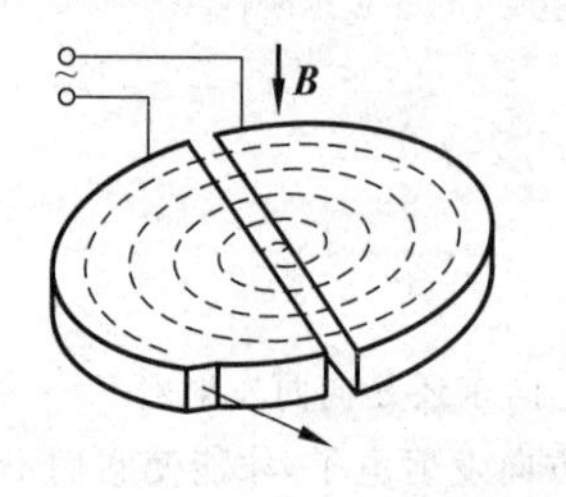

图14.22 回旋加速器的两个 D 盒(其上，下两磁极未画出)示意图

为 75 cm,两磁极可以产生 1.5 T 的均匀磁场。氘核的质量为 3.34×10^{-27} kg,电量就是质子电量。求:

(1) 所用交流电源的频率应多大?

(2) 氘核由此加速器射出时的能量是多少 MeV?

14.7　如图 14.23 所示,一铜片厚为 $d=1.0$ mm,放在 $B=1.5$ T 的磁场中,磁场方向与铜片表面垂直。已知铜片里每立方厘米有 8.4×10^{22} 个自由电子,每个电子的电荷 $-e=-1.6\times10^{-19}$ C,假设铜片中有 $I=200$ A 的电流流通。

(1) 求铜片两侧的电势差 $U_{aa'}$;

(2) 铜片宽度 b 对 $U_{aa'}$ 有无影响?为什么?

14.8　如图 14.24 所示,一块半导体样品的体积为 $a\times b\times c$,沿 x 方向有电流 I,在 z 轴方向加有均匀磁场 $\boldsymbol{B}$。这时实验得出的数据 $a=0.10$ cm,$b=0.35$ cm,$c=1.0$ cm,$I=1.0$ mA,$B=3000$ G,片两侧的电势差 $U_{AA'}=6.55$ mV。

(1) 这半导体是正电荷导电(P 型)还是负电荷导电(N 型)?

(2) 求载流子浓度。

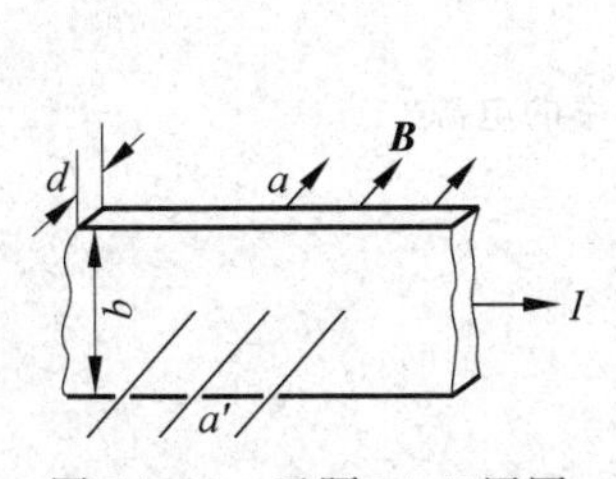

图 14.23　习题 14.7 用图

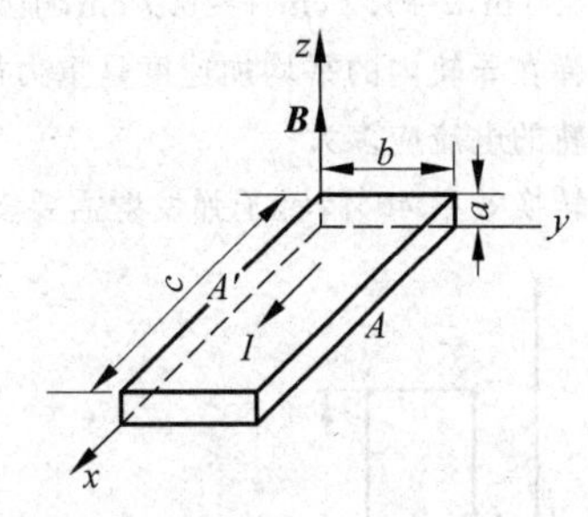

图 14.24　习题 14.8 用图

14.9　掺砷的硅片是 N 型半导体,这种半导体中的电子浓度是 2×10^{21} 个/m^3,电阻率是 1.6×10^{-2} Ω·m。用这种硅做成霍尔探头以测量磁场,硅片的尺寸相当小,是 0.5 cm×0.2 cm×0.005 cm。将此片长度的两端接入电压为 1 V 的电路中。当探头放到磁场某处并使其最大表面与磁场方向垂直时,测得 0.2 cm 宽度两侧的霍尔电压是 1.05 mV。求磁场中该处的磁感应强度。

14.10　磁力可用来输送导电液体,如液态金属、血液等而不需要机械活动组件。如图 14.25 所示是输送液态钠的管道,在长为 l 的部分加一横向磁场 $\boldsymbol{B}$,同时垂直于磁场和管道通以电流,其电流密度为 $\boldsymbol{J}$。

(1) 证明:在管内液体 l 段两端由磁力产生的压力差为 $\Delta p=JlB$,此压力差将驱动液体沿管道流动;

(2) 要在 l 段两端产生 1.00 atm 的压力差,电流密度应多大?设 $B=1.50$ T,$l=2.00$ cm。

14.11　霍尔效应可用来测量血流的速度,其原理如图 14.26 所示,在动脉血管两侧分别安装电极并加以磁场。设血管直径是 2.0 mm,磁场为 0.080 T,毫伏表测出的电压为 0.10 mV,血流的速度多大?(实际上磁场由交流电产生而电压也是交流电压。)

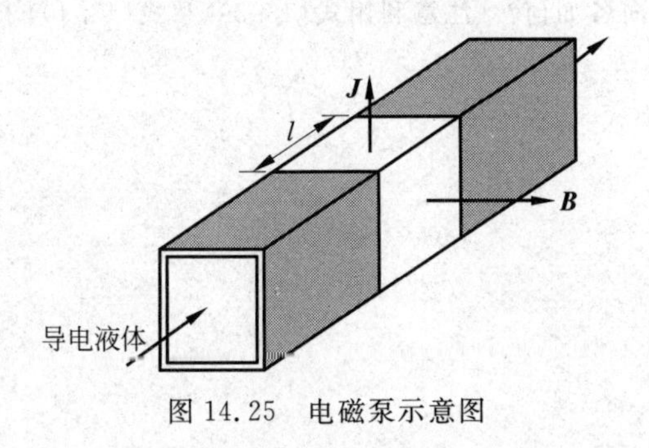

图 14.25　电磁泵示意图

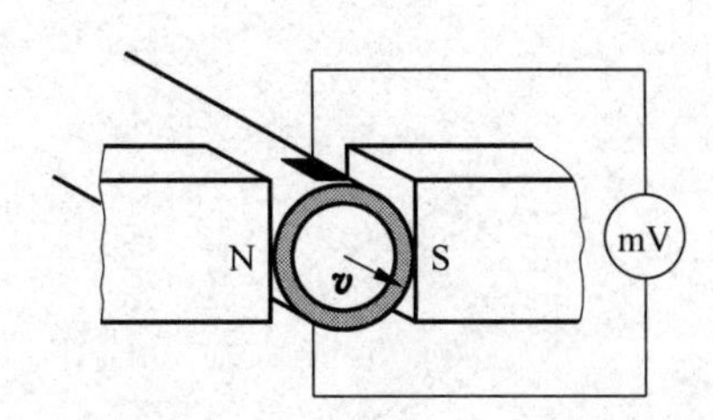

图 14.26　习题 14.11 用图

14.12 一正方形线圈由外皮绝缘的细导线绕成，共绕有200匝，每边长为150 mm，放在 $B=4.0\text{ T}$ 的外磁场中，当导线中通有 $I=8.0\text{ A}$ 的电流时，求：

(1) 线圈磁矩 $\boldsymbol{m}$ 的大小；

(2) 作用在线圈上的力矩的最大值。

14.13 如图14.27所示，在长直电流近旁放一矩形线圈与其共面，线圈各边分别平行和垂直于长直导线。线圈长度为 l，宽为 b，近边距长直导线距离为 a，长直导线中通有电流 I。当矩形线圈中通有电流 I_1 时，它受的磁力的大小和方向各如何？它又受到多大的磁力矩？

14.14 正在研究的一种电磁导轨炮（子弹的出口速度可达10 km/s）的原理可用图14.28说明。子弹置于两条平行导轨之间，通以电流后子弹会被磁力加速而以高速从出口射出。以 I 表示电流，r 表示导轨（视为圆柱）半径，a 表示两轨面之间的距离。将导轨近似地按无限长处理，证明子弹受的磁力近似地可以表示为

$$F=\frac{\mu_0 I^2}{2\pi}\ln\frac{a+r}{r}$$

设导轨长度 $L=5.0\text{ m}$，$a=1.2\text{ cm}$，$r=6.7\text{ cm}$，子弹质量为 $m=317\text{ g}$，发射速度为4.2 km/s。

(1) 求该子弹在导轨内的平均加速度是重力加速度的几倍？（设子弹由导轨末端启动。）

(2) 通过导轨的电流应多大？

(3) 以能量转换效率40%计，子弹发射需要多少千瓦功率的电源？

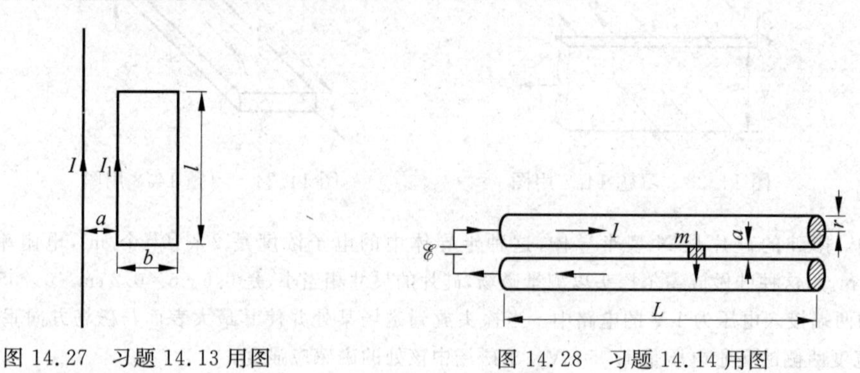

图14.27 习题14.13用图　　图14.28 习题14.14用图

14.15 一无限长薄壁金属筒，沿轴线方向有均匀电流流通，面电流密度为 j(A/m)。求单位面积筒壁受的磁力的大小和方向。

14.16 两条无限长平行直导线相距5.0 cm，各通以30 A的电流。求一条导线上每单位长度受的磁力多大？如果导线中没有正离子，只有电子在定向运动，那么电流都是30 A的一条导线的每单位长度受另一条导线的电力多大？电子的定向运动速度为 1.0×10^{-3} m/s。

14.17 两个电子并排以相同的速率 $c/3$（c 为光速）运动，二者之间的距离是 1×10^{-10} m。求它们之间相互作用的电力、磁力以及二者的合力的大小和方向各如何？（注意利用式(13.39)和式(13.40)求 $\boldsymbol{E}$ 和 $\boldsymbol{B}$。）

第15章

物质的磁性

第13、14章讨论了真空中磁场的规律。在实际应用中，磁场中常常有物质(指由分子、原子构成的实体)存在。当物质放到磁场中时，其中分子或原子将受到磁场的作用而使物质处于一种特殊的状态中，处于这种特殊状态的物质又会反过来影响磁场的分布。本章将讨论关于物质的磁性，也就是物质和磁场相互影响的规律。

值得指出的是，本章讲述物质磁性的方法，包括一些物理量的引入和规律的介绍，都和第13章中讲述电介质的方法十分类似，几乎可以“平行地”对照说明。这一点对读者是很有启发性的。

15.1 物质对磁场的影响

物质对磁场的影响可以通过实验观察出来。最简单的方法是做一个长直螺线管，先让管内是真空或空气(图15.1(a))，沿导线通入电流 I，测出此时管内的磁感应强度的大小。然后使管内充满某种材料(图15.1(b))，保持电流 I 不变，再测出此时管内材料内部的磁感应强度的大小。以 B_0 和 B 分别表示管内为真空和充满物质时的磁感应强度，则实验结果显示出二者的数值不同，它们的关系可以用下式表示：

$$B = \mu_r B_0 \tag{15.1}$$

式中 μ_r 叫物质的**相对磁导率**，它随物质的种类或状态的不同而不同(表15.1)。有的物质的 μ_r 是略小于1的常数，这种物质叫**抗磁质**。有的物质的 μ_r 是略大于1的常数，这种物质叫**顺磁质**。这两种物质对磁场的影响很小，一般技术中常不考虑它们的影响。还有一种物质，它的 μ_r 比1大得多，而且还随 B_0 的大小发生变化，这种物质叫**铁磁质**。它们对磁场的影响很大，在电工技术中有广泛的应用。

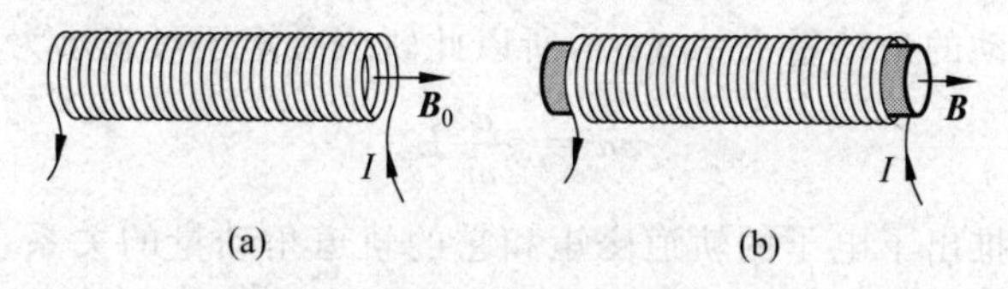

图15.1 物质对磁场的影响

(a) 管内为真空；(b) 管内为某种物质

为什么物质对磁场有这样的影响？这要由物质受磁场的影响而发生的改变来说明。这就涉及物质的微观结构，下面我们来说明这一点。

表 15.1 几种物质的相对磁导率

物质种类		相对磁导率
抗磁质 $\mu_r<1$	铋(293 K)	$1-16.6\times10^{-5}$
	汞(293 K)	$1-2.9\times10^{-5}$
	铜(293 K)	$1-1.0\times10^{-5}$
	氢(气体)	$1-3.98\times10^{-5}$
顺磁质 $\mu_r>1$	氧(液体,90 K)	$1+769.9\times10^{-5}$
	氧(气体,293 K)	$1+344.9\times10^{-5}$
	铝(293 K)	$1+1.65\times10^{-5}$
	铂(293 K)	$1+26\times10^{-5}$
铁磁质 $\mu_r\gg1$	纯铁	5×10^3(最大值)
	硅钢	7×10^2(最大值)
	坡莫合金	1×10^5(最大值)

15.2 原子的磁矩

在原子内，核外电子有绕核的轨道运动，同时还有自旋，核也有自旋运动。按经典模型这些运动都形成微小的圆电流。我们知道，一个小圆电流所产生的磁场或它受磁场的作用都可以用它的**磁偶极矩**(简称**磁矩**)来说明。以 I 表示电流，以 S 表示圆面积，则一个圆电流的磁矩为

$$\boldsymbol{m}=IS\boldsymbol{e}_n \tag{15.2}$$

其中 $\boldsymbol{e}_n$ 为圆面积的正法线方向的单位矢量，它与电流流向满足右手螺旋关系。

下面我们用一个简单的模型来估算原子内电子轨道运动的磁矩的大小。假设电子(质量为 m_e)在半径为 r 的圆周上以恒定的速率 v 绕原子核运动，电子轨道运动的周期就是 $2\pi r/v$。由于每个周期内通过轨道上任一“截面”的电量为一个电子的电量 e，因此，沿着圆形轨道的电流就是

$$I=\frac{e}{2\pi r/v}=\frac{ev}{2\pi r} \tag{15.3}$$

而电子轨道运动的磁矩为

$$m=IS=\frac{ev}{2\pi r}\pi r^2=\frac{evr}{2} \tag{15.4}$$

由于电子轨道运动的角动量 $L=m_e vr$，所以此轨道磁矩还可表示为

$$m=\frac{e}{2m_e}L \tag{15.5}$$

上面用经典模型推出了电子的轨道磁矩和它的轨道角动量的关系，量子力学理论也给出同样的结果。上式不但对单个电子的轨道运动成立，而且对一个原子内所有电子的总轨道磁矩和总轨道角动量也成立。例如氧原子的总轨道角动量的一个可能值是 $L=1\,\hbar=1.05\times10^{-34}$ J·s，相应的轨道总磁矩就是

$$m = \frac{e}{2m_e}\hbar = 9.27 \times 10^{-24}\ \mathrm{J/T} \tag{15.6}$$

原子核也有磁矩，但都小于电子磁矩的千分之一。所以通常计算原子的磁矩时只计算它的电子的轨道磁矩和自旋磁矩的矢量和也就足够精确了，但有的情况下要单独考虑核磁矩，如核磁共振技术。

在一个分子中有许多电子和若干个核，一个分子的磁矩是其中所有电子的轨道磁矩和自旋磁矩以及核的自旋磁矩的矢量和。有些分子在正常情况下，其磁矩的矢量和为零。由这些分子组成的物质就是抗磁质。有些分子在正常情况下其磁矩的矢量和具有一定的值，这个值叫分子的**固有磁矩**。由这些分子组成的物质就是顺磁质。铁磁质是顺磁质的一种特殊情况，它们的晶体内电子的自旋之间存在着一种特殊的相互作用（这需用量子力学说明）使它们具有很强的磁性。表15.2列出了几种原子的固有磁矩的大小。

表 15.2 几种原子的固有磁矩 J/T

原子	磁矩
H	9.27×10^{-24}
He	0
Li	9.27×10^{-24}
O	13.9×10^{-24}
Ne	0
Na	9.27×10^{-24}
Fe	20.4×10^{-24}
Ce^{3+}	19.8×10^{-24}
Yb^{3+}	37.1×10^{-24}

当顺磁质放入磁场中时，其分子的固有磁矩就要受到磁场的力矩的作用。这力矩力图使分子的磁矩的方向转向与外磁场方向一致。由于分子的热运动的妨碍，各个分子的磁矩的这种取向不可能完全整齐。外磁场越强，分子磁矩排列得就越整齐，正是这种排列使它对原磁场发生了影响。

抗磁质的分子没有固有磁矩，但为什么也能受磁场的影响并进而影响磁场呢？这是因为抗磁质的分子在外磁场中产生了和外磁场方向相反的**感生磁矩**的缘故。

可以证明[①]，在外磁场作用下，一个电子的轨道运动和自旋运动以及原子核的自旋运动都会发生变化，因而都在固有磁矩 $\boldsymbol{m}$ 的基础上产生一**附加磁矩** $\Delta\boldsymbol{m}$，而且不管原有磁矩的方向如何，所产生的附加磁矩的方向都是**和外加磁场方向相反**的。对抗磁质分子来说，尽管在没有外加磁场时，其中所有电子以及核的磁矩的矢量和为零，因而没有固有磁矩；但是在加上外磁场后，每个电子和核都会产生与外磁场方向相反的附加磁矩。这些方向相同的附加磁矩的矢量和就是一个分子在外磁场中产生的感生磁矩。

在实验室通常能获得的磁场中，一个分子所产生的感生磁矩要比分子的固有磁矩小到5个数量级以下。就是由于这个原因，虽然顺磁质的分子在外磁场中也要产生感生磁矩，但和它的固有磁矩相比，前者的效果是可以忽略不计的。

---

① 利用电磁感应的证明，见例16.4。

15.3 物质的磁化

一块顺磁质(设想为圆柱体)像图 15.1(b)那样放到外磁场中时,它的分子的固有磁矩(图中用微小箭头表示)要沿着磁场方向取向(图 15.2(a))。一块抗磁质放到外磁场中时,它的分子要产生感生磁矩(图 15.2(b))。为了简单,我们有时把磁矩等效成小圆电流。与原子或分子磁矩等效的小圆电流就是安培提出的分子电流,按分子电流模型,可以发现在圆柱体内部各处总是有相反方向的电流流过,它们的磁作用就相互抵消了。但在圆柱体表面上,这些分子电流的外面部分未被抵消,它们都沿着相同的方向流通,这些表面上的小电流的总效果相当于在圆柱体表面上有一层电流流过。这种电流叫**束缚电流**,也叫**磁化电流**。在图 15.2 中,其面电流密度用 j' 表示。它是分子内的电荷运动一段段接合而成的,不同于金属中由自由电子定向运动形成的传导电流。对比之下,金属中的传导电流(以及其他由电荷的宏观移动形成的电流)可称作**自由电流**。

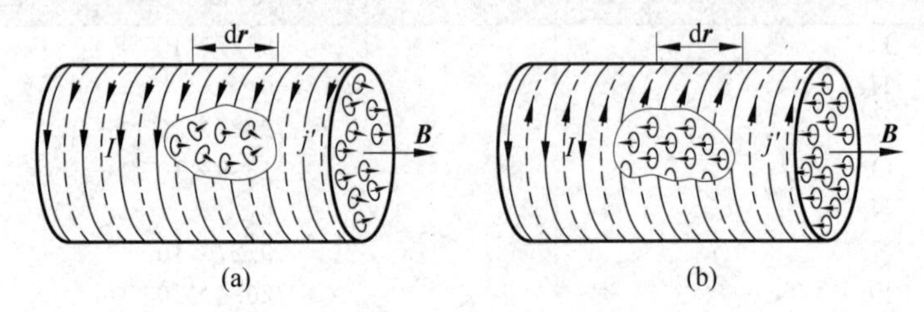

图 15.2 圆柱体表面束缚电流的产生

(a) 顺磁质; (b) 抗磁质

由于顺磁质分子的固有磁矩在磁场中定向排列或抗磁质分子在磁场中产生了感生磁矩,因而在这些物质的表面上出现束缚电流的现象叫**磁化**。顺磁质的束缚电流的方向与其中外磁场的方向有右手螺旋关系,它产生的磁场要加强其中的磁场。抗磁质的束缚电流的方向与其中外磁场的方向有左手螺旋关系,它产生的磁场要减弱其中的磁场。这就是两种磁介质对磁场影响不同的原因。

例 15.1 面束缚电流密度的计算。一长直螺线管,单位长度上的匝数为 n,管内充满相对磁导率为 μ_r 的均匀物质。求当导线圈内通以电流 I 时,管内物质表面的面束缚电流密度。

解 在螺线管内自由电流 I 产生的磁场大小为 $B_0=\mu_0 nI$,其中 nI 是沿螺线管轴线方向单位长度上的自由电流,方向平行于轴线。由于磁化,在管内物质表面产生面束缚电流。以 j' 表示面束缚电流密度,即沿管轴方向单位长度上的面束缚电流,则由面束缚电流产生的磁场的大小为 $B'=\mu_0 j'$,方向也平行于轴线。这时,管内的磁场应该是这两种电流产生的磁场的矢量和,即

$$B = B_0 + B' = \mu_0(nI + j')$$

再利用式(15.1)得 $B=\mu_r B_0=\mu_r\mu_0 nI$,则由上式可得

$$j' = (\mu_r - 1)nI \tag{15.7}$$

由式(15.7)可以看出:对于顺磁质,$\mu_r>1$,从而 $j'>0$,说明其面束缚电流方向和螺线管中产生外磁场的自由电流方向相同(图 15.2(a));对于抗磁质,有 $\mu_r<1$,从而 $j'<0$,说明

其面束缚电流方向和自由电流方向相反(图 15.2(b))。对这两种物质来说,由于 μ_r 和 1 相差甚微,所以面束缚电流极小,螺线管中磁场基本上还是自由电流产生的。对于铁磁质,由于 $\mu_r \gg 1$,面束缚电流方向和自由电流方向也相同,而其面电流密度比自由面电流密度(nI)大得多。因此,这时管内的磁场基本上是由铁磁质表面的面束缚电流产生的,这时产生外磁场而引起磁化的自由电流被叫做**励磁电流**。

15.4 H矢量及其环路定理

在 15.1 节中已介绍过,对于图 15.1(b)所示的那种管内充满物质的情况,实验指出 $\boldsymbol{B}=\mu_r\boldsymbol{B}_0$。将此式写成 $\boldsymbol{B}/\mu_0\mu_r=\boldsymbol{B}_0/\mu_0$ 并将两侧对任意闭合路径 C 积分,可得

$$\oint_C \frac{\boldsymbol{B}}{\mu_0\mu_r}\cdot \mathrm{d}\boldsymbol{r} = \frac{1}{\mu_0}\oint_C \boldsymbol{B}_0 \cdot \mathrm{d}\boldsymbol{r} = \frac{\mu_0 I_{0,\mathrm{in}}}{\mu_0} = I_{0,\mathrm{in}} \tag{15.8}$$

式中第二个等号应用了安培环路定律式(13.41),与 $\boldsymbol{B}_0$ 对应的 $I_{0,\mathrm{in}}$ 是闭合路径 C 包围的自由电流。由于自由电流可以由人们主动地控制,上式也就具有了实际上的重要性。常常定义一个 $\boldsymbol{H}$ 矢量和 $\boldsymbol{B}$ 及 μ_r 点点对应,即

$$\boldsymbol{H} \equiv \boldsymbol{B}/\mu_0\mu_r \equiv \boldsymbol{B}/\mu \tag{15.9}$$

式中 $\mu=\mu_0\mu_r$ 叫物质的**磁导率**,$\boldsymbol{H}$ 称为**磁场强度**。利用此定义,式(15.8)可以改写为下述简单形式:

$$\oint_C \boldsymbol{H}\cdot \mathrm{d}\boldsymbol{r} = I_{0,\mathrm{in}} \tag{15.10}$$

此式的意义是:在有物质的磁场中,沿任意闭合路径磁场强度的线积分等于该闭合路径所包围的自由电流的代数和。由于式(15.10)和式(13.41)形式相同,所以它就叫做 **$\boldsymbol{H}$ 的环路定理**。

式(15.10)虽然是就图 15.1(b)的特殊情况导出的,但实际上,式(15.10)是普遍成立的。

例 15.2　$\boldsymbol{H}$ 的环路定理的应用。 一根长直单芯电缆的芯是一根半径为 R 的金属导体,它和导电外壁之间充满相对磁导率为 μ_r 的均匀物质(图 15.3)。今有电流 I 均匀地流过芯的横截面并沿外壁流回。求该物质中磁感应强度的分布。

解　圆柱体电流所产生的 $\boldsymbol{B}$ 和 $\boldsymbol{H}$ 的分布均具有轴对称性。在垂直于电缆轴的平面内作一圆心在轴上、半径为 r 的圆周 L。对此圆周应用 $\boldsymbol{H}$ 的环路定理,有

$$\oint_C \boldsymbol{H}\cdot \mathrm{d}\boldsymbol{r} = 2\pi r H = I$$

由此得

$$H = \frac{I}{2\pi r}$$

再利用式(15.9),可得物质中的磁感应强度为

$$B = \frac{\mu_0\mu_r}{2\pi r} I$$

$\boldsymbol{B}$ 线是在与电缆轴垂直的平面内圆心在轴上的同心圆。

这样,我们就利用式(15.10)在不具体考虑物质被磁化情况下较便捷地求出了磁场的分布。

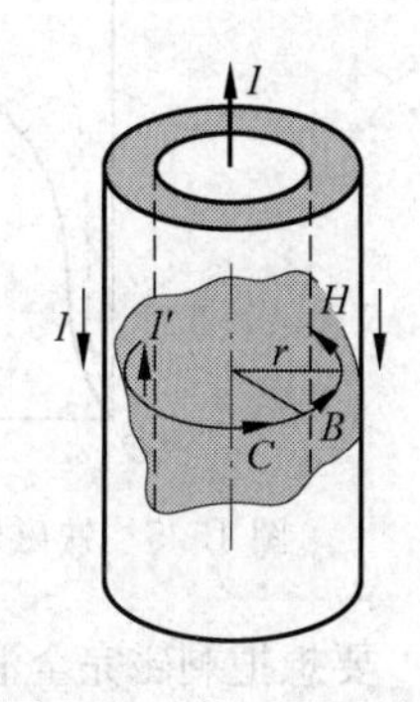

图 15.3　例 15.2 用图

15.5 铁磁质

铁、钴、镍和它们的一些合金、稀土族金属(在低温下)以及一些氧化物(如用来做磁带的 CrO_2 等)都具有明显而特殊的磁性。首先是它们的相对磁导率 μ_r 都比较大,而且随磁场的强弱发生变化;其次是它们都有明显的磁滞效应。下面简单介绍铁磁质的特性。

用实验研究铁磁质的性质时通常把铁磁质试样做成环状,外面绕上若干匝线圈(图15.4)。线圈中通入电流后,铁磁质就被磁化。当这励磁电流为 I 时,环中的磁场强度 H 为

$$H=\frac{NI}{2\pi r}$$

式中 N 为环上线圈的总匝数,r 为环的平均半径。这时环内的 B 可以用另外的方法测出,于是可得一组对应的 H 和 B 的值,改变电流 I,可以依次测得许多组(或 I 和 B)对应的 H(或 I)和 B 的值,这样就可以绘出一条关于试样的 H-B(或 I-B)关系曲线以表示试样的磁化特点。这样的曲线叫**磁化曲线**。

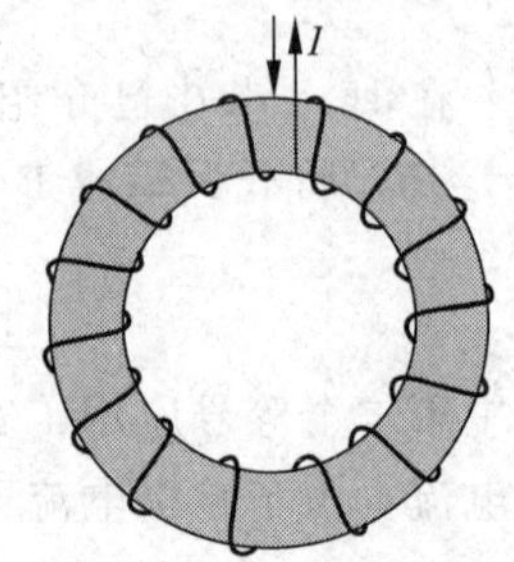

图 15.4　环状铁心被磁化

如果从试样完全没有磁化开始,逐渐增大电流 I,从而逐渐增大 H,那么所得的磁化曲线叫**起始磁化曲线**,一般如图15.5所示。H 较小时,B 随 H 成正比地增大。H 再稍大时 B 就开始急剧地增大,接着增大变慢,当 H 到达某一值后再增大时,B 与 H 成线性关系,缓慢增大。这时铁磁质试样到达了一种**磁饱和状态**,它标志着铁磁质内部所有的原子磁矩都沿 $\boldsymbol{B}$ 的方向排列整齐了。

根据 $\mu_r=B/\mu_0 H$,可以求出不同 H 值时的 μ_r 值,μ_r 随 H 变化的关系曲线也对应地画在图15.5中。

实验证明,各种铁磁质的起始磁化曲线都是"不可逆"的,即当铁磁质到达磁饱和后,如果慢慢减小磁化电流以减小 H 的值,铁磁质中的 B 并不沿起始磁化曲线逆向逐渐减小,而是减小得比原来增加时慢。如图15.6中 ab 线段所示,当 $I=0$,因而 $H=0$ 时,B 并不等于0,而是还保持一定的值。这种现象叫**磁滞效应**。H 恢复到零时铁磁质内仍保留的磁化状态叫**剩磁**,相应的磁感应强度常用 B_r 表示。

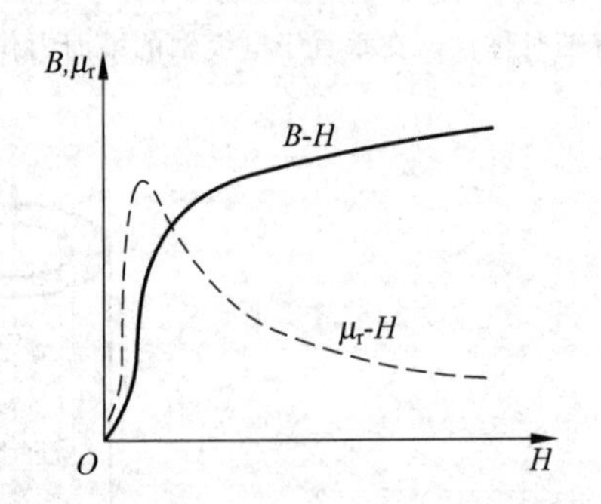

图 15.5　铁磁质中 B 和 μ_r 随 H 变化的曲线

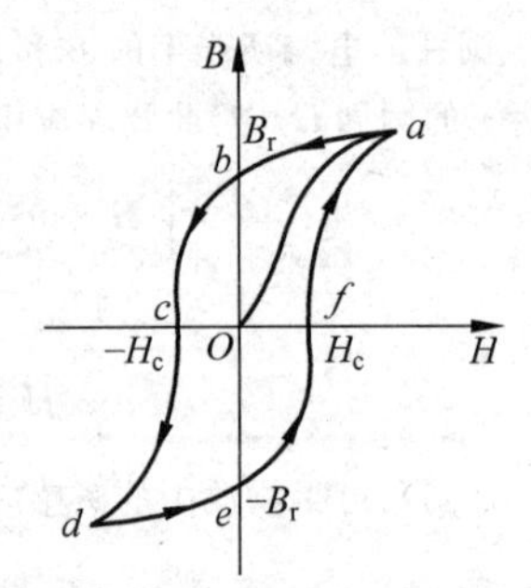

图 15.6　磁滞回线

要想把剩磁完全消除,必须改变电流的方向,并逐渐增大这反向的电流(图15.6中 bc 段)。当 H 增大到 $-H_c$ 时,$B=0$。这个使铁磁质中的 B 完全消失的 H_c 值叫铁磁质的**矫顽力**。

再增大反向电流以增加 H，可以使铁磁质达到反向的磁饱和状态（cd 段）。将反向电流逐渐减小到零，铁磁质会达到 $-B_r$ 所代表的反向剩磁状态（de 段）。把电流改回原来的方向并逐渐增大，铁磁质又会经过 H_c 表示的状态而回到原来的饱和状态（efa 段）。这样，磁化曲线就形成了一个闭合曲线，这一闭合曲线叫**磁滞回线**。由磁滞回线可以看出，铁磁质的磁化状态并不能由励磁电流或 H 值单值地确定，它还取决于该铁磁质此前的磁化历史。

不同的铁磁质的磁滞回线的形状不同，表示它们各具有不同的剩磁和矫顽力 H_c。纯铁、硅钢、坡莫合金（含铁、镍）等材料的 H_c 很小，因而磁滞回线比较瘦（图 15.7(a)），这些材料叫**软磁材料**，常用作变压器和电磁铁的铁心。碳钢、钨钢、铝镍钴合金（含 Fe，Al，Ni，Co，Cu）等材料具有较大的矫顽力 H_c，因而磁滞回线显得胖（图 15.7(b)），它们一旦磁化后对外加的较弱磁场有较大的抵抗力，或者说它们对于其磁化状态有一定的"记忆能力"，这种材料叫**硬磁材料**，常用来作永久磁体、记录磁带或电子计算机的记忆元件。

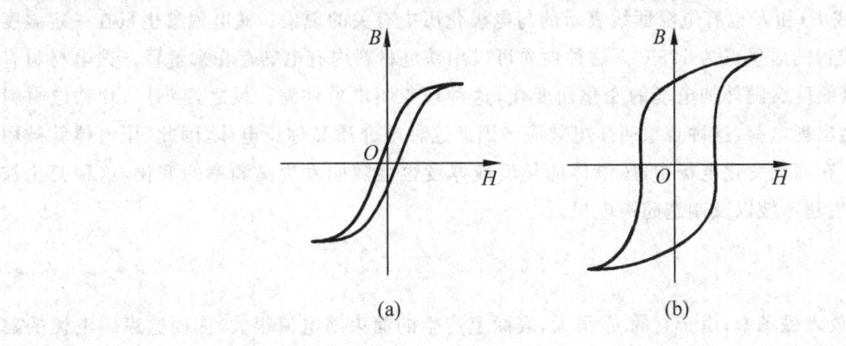

图 15.7

(a) 软磁材料的磁滞回线；(b) 硬磁材料的磁滞回线

实验指出，当铁磁材料温度高达一定程度时，它们的上述特性将消失而成为顺磁质。这一温度叫**居里点**。几种铁磁质的居里点如下：铁为 1040 K，钴为 1390 K，镍为 630 K。

铁磁性的起源可以用"磁畴"理论来解释。在铁磁体内存在着无数个线度约为 10^{-4} m 的小区域，这些小区域叫**磁畴**（图 15.8）。在每个磁畴中，所有原子的磁矩全都向着同一个方向排列整齐了。在未磁化的铁磁质中，各磁畴的磁矩的取向是无规则的，因而整块铁磁质在宏观上没有明显的磁性。当在铁磁质内加上外磁场并逐渐增大时，其磁矩方向和外加磁场方向相近的磁畴逐渐扩大，而方向相反的磁畴逐渐缩小。最后当外加磁场大到一定程度后，所有磁畴的磁矩方向也都指向同一个方向了，这时铁磁质就达到了磁饱和状态。

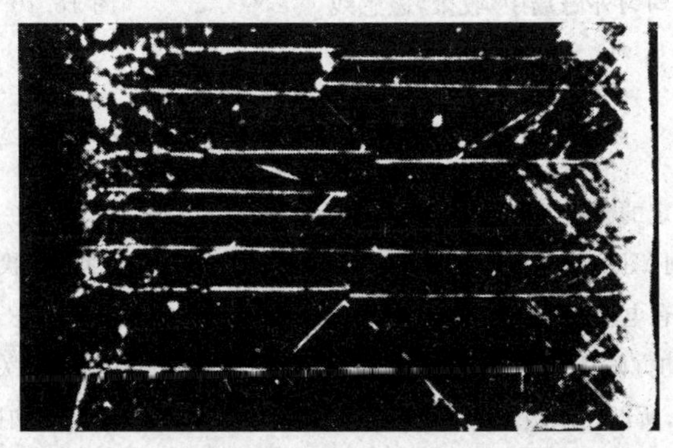

图 15.8 铁磁质内的磁畴（线度 0.1～0.3 mm）

磁滞现象可以用磁畴的畴壁很难按原来的形状恢复来说明。

实验指出，把铁磁质放到周期性变化的磁场中被反复磁化时，它要变热。变压器或其他交流电磁装置中的铁心在工作时由于这种反复磁化发热而引起的能量损失叫**磁滞损耗**或“铁损”。单位体积的铁磁质反复磁化一次所发的热和这种材料的磁滞回线所围的面积成正比。因此在交流电磁装置中，利用软磁材料如硅钢作铁心是相宜的。

铁磁体，如镍的线度会随外加磁场的变化而明显地变化。这种现象称磁致伸缩效应，它被用来做成电-声换能器产生超声波。

铁电体

有趣的是，某些电介质，如钛酸钡($BaTiO_3$)、铌酸钠($NaNbO_3$)具有类似铁磁性的电性，因而叫铁电体。它们的特点是相对介电常数 ε_r 很大($10^2 \sim 10^4$)，而且随外加电场改变；电极化过程也具有类似铁磁体磁化过程的电滞现象，D(或 P)和 E 也有电滞回线表示的与电极化历史有关的现象。铁电现象也只在一定温度范围内发生，例如钛酸钡的居里点为125℃。这种性质可以用铁电材料内有电畴存在来解释。铁电材料有一个特殊的性质，即其线度会随外加电场的变化而变化，这种现象叫电致伸缩。反之，当对一片铁电材料两面加压时，其表面会出现电荷，这种现象叫压电效应。因此这种电介质又称压电体，因此，压电体就被用来做成电-声换能器。在高频变化电场中，压电体的长度或厚度也会随同发生高频率的变化，这种变化被用来在空气或水中产生超声波以及制造超声电机。

磁屏蔽

把一块软磁材料放入磁场中，由于它的 μ_r 很大，表面上产生的面束缚电流很大，因而这束缚电流的磁场叠加在原磁场上就使磁场发生很大的畸变，磁感线会被“收聚”到软磁材料中，如图15.9所示。如果这软磁材料是中空的(如做成铁筒或铁盒)，则中空部分的磁场将非常弱(图15.10)，可以说是隔离了外边磁场的影响。这就是**磁屏蔽**的道理。

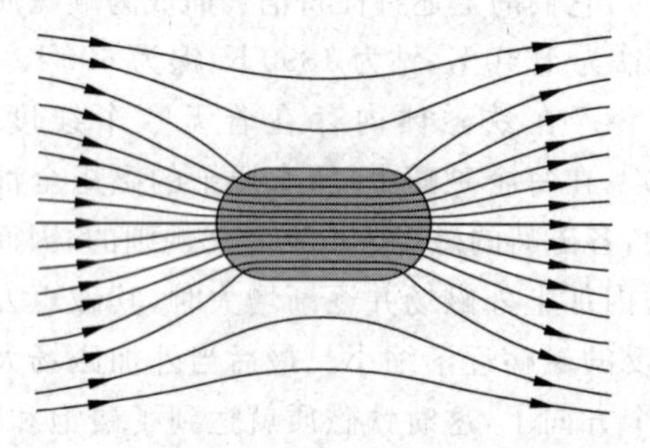

图15.9 软磁材料在均匀外磁场中“收聚”磁感线

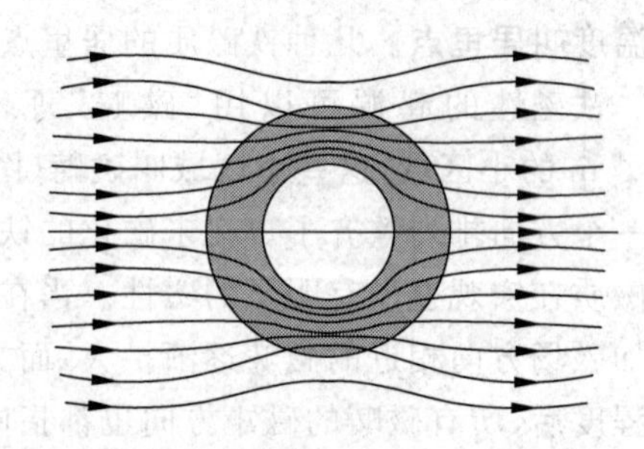

图15.10 磁屏蔽原理

永磁体

永磁体是仍保留着一定的磁化状态的铁磁体，它都用硬磁材料做成。考虑一根永磁体棒，设它均匀磁化，其中分子磁矩整齐排列(图15.11(a))，前方即N极，后方即S极。这种磁化状态相当于束缚电流沿磁棒表面流通。这正像一个通有电流的螺线管那样，磁感应强度 $\boldsymbol{B}$ 的分布如图15.11(b)所示。在磁棒外面，由于 $\boldsymbol{H}=\boldsymbol{B}/\mu_0$，在各处 $\boldsymbol{H}$ 和 $\boldsymbol{B}$ 的方向都一致。在磁棒内部，$\boldsymbol{H}$ 还和分子磁矩的排列有关(此处由于是剩磁，是分子磁矩的既定排列产生磁场，所以在永磁体内 $\boldsymbol{H}=\boldsymbol{B}/\mu$ 不成立)，所以 $\boldsymbol{H}$ 线的分布如图15.11(c)所示，$\boldsymbol{H}$ 线则不同程度地和 B 线反向。图15.11(c)还显示，磁铁棒的两个端面(磁极)好像是 $\boldsymbol{H}$ 线的“源”，于是可以引入“磁荷”的概念来说明这种源：N极端面可以说是分布有“正磁荷”，**H**线由它发出(向磁棒内外)；S极端面可以说是分布有“负磁荷”，**H**线向它汇集。正是基于这种想象的磁荷的“存在”，早先建立了一套关于磁场的磁荷理论，至今在有些论述电磁场的资料中还在应用这种理论来讨论问题。

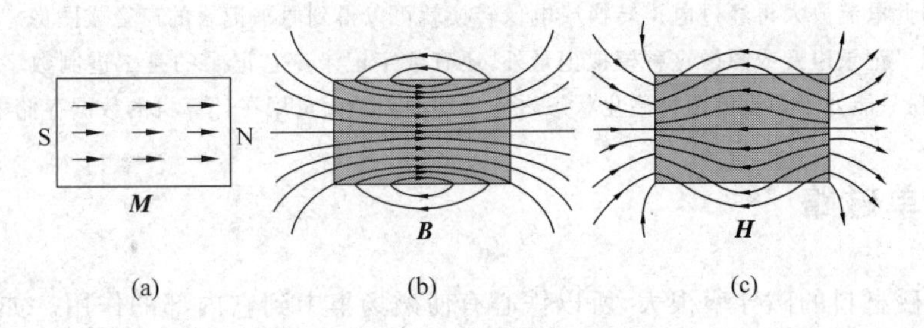

图 15.11 永磁体棒的分子磁矩排列以及 **B** 线和 **H** 线的分布图

磁记录

磁记录是现在使用得非常广泛的一种信息技术，它利用了铁磁材料的特性与电磁感应的规律。用来记录信息(如声音、图像或特殊信息)的铁磁材料常制成粉状而用粘结剂涂敷在特制的带、圆柱或圆盘的表面而称为**磁带**、**磁鼓**或**磁盘**。它的录音(或录像)和放音(或放像)的原理如下。

录音(或录像)时，需要一个录音磁头，它实际上是一个具有微小气隙的电磁铁(图 15.12)。录音时就使磁带靠近磁头的气隙走过。磁头的线圈内此时通入由声音或图像转化成的电信号，即强弱和频率都在改变着的电流。这电流将使铁心的磁化状态以及缝隙中的磁场发生同步的变化。这变化着的磁场将使在附近经过的磁带上的磁粉的磁化状态发生同步的变化，从而使磁粉离开磁头后，它的剩磁的强弱变化相应于输入磁头的电流的变化，也就是相应于声音或图像信号的变化。这样就在磁带上记录下了声音或图像(图 15.13)。

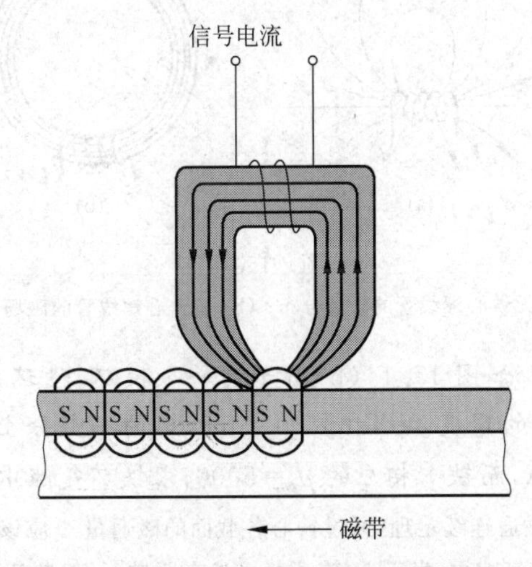

图 15.12 磁录音原理

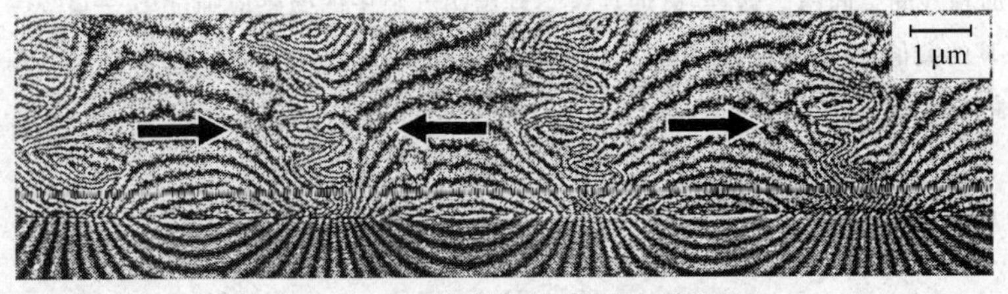

图 15.13 录好的磁带的磁感线显示

放音(或放像)时,就让已录了音(或像)的磁带在磁头的气隙下面通过。磁带上铁粉的剩磁强弱的变化将引起铁心内磁通的变化。这变化将在线圈内产生同步变化的感应电流。很明显,只要此时磁带移动的速度和录音时磁带移动的速度相同,此时线圈中产生的感应电流的变化将和录音时输入的信号电流的变化相同。将此电流放大再经过电声转换或电像转换就可以得到原来记录的声音或图像。

磁记录除了记录声音或图像这种模拟记录外,还有数字记录。它记录的是二进制数字“1”(通)和“0”(断),因此磁粉只能处于正或负两种磁化状态之一。这种记录大量用在计算机的数据存储中。

15.6 简单磁路

由于铁磁材料的磁导率很大,所以铁心有使磁场集中到它内部的作用。如图 15.14(a)所示,一个没有铁心的载流线圈所产生的磁场弥漫在它的周围。如果把相同的线圈绕在一个铁环(可以有一个缺口)上(如图 15.14(b)所示),并通以相同的电流,则铁环就被磁化,在它的表面产生束缚电流。由于 μ_r 很大,所以这束缚电流就比励磁电流 I 大得多,这时整个铁环就相当于一个由这些束缚电流组成的螺绕环,磁场分布基本上由这束缚电流决定。其结果是磁场大大增强,而且基本上集中到铁心内部了。铁心外部相对很弱的磁场叫**漏磁通**,一般电工技术中常忽略不计。由于磁场集中在铁心内,所以磁感线基本上都沿着铁心走。由铁心(或一定的间隙)构成的这种磁感线集中的通路叫**磁路**。磁路中各处磁场的计算在电工设计中很重要。下面举一个简单的例子。

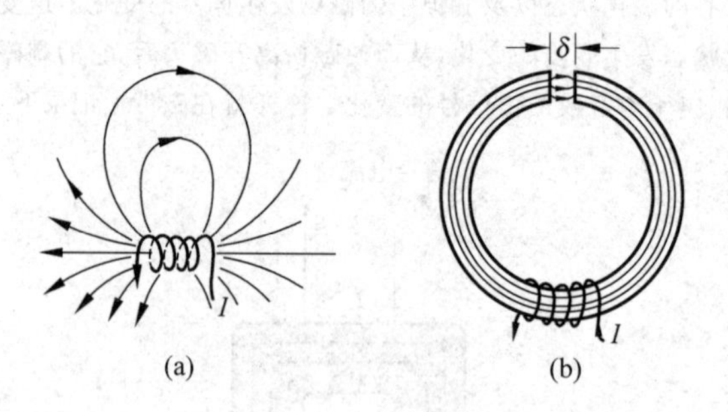

图 15.14

(a) 无铁心螺线管的磁场分布;(b) 有铁心螺线管的磁场分布

例 15.3 简单磁路。如图 15.14(b)所示的一个铁环,设环的长度 $l=0.5\ \mathrm{m}$,截面积 $S=4\times10^{-4}\ \mathrm{m^2}$,环上气隙的宽度 $\delta=1.0\times10^{-3}\ \mathrm{m}$。环的一部分上绕有线圈 $N=200$ 匝,设通过线圈的电流 $I=0.5\ \mathrm{A}$,而铁心相应的 $\mu_r=5000$,求铁环气隙中的磁感应强度 B 的数值。

解 忽略漏磁通,根据磁通连续定理,通过铁心各截面的磁通量 Φ 应该相等,因而铁心内各处的磁感应强度 $B=\Phi/S$ 也应相等。在气隙内,由于 $\delta\ll l$,磁场虽然有所散开,但散开不大,仍可认为磁场集中在其截面与铁心截面相等的空间内。这样,磁通连续定理给出气隙中的磁感应强度 $B_0=\Phi/S=B$。

为了计算 B 的数值,我们应用磁场强度 $\boldsymbol{H}$ 的环路定理,做一条沿着铁环轴线穿过气隙的封闭曲线,将它作为安培环路 C,则有

$$\oint_C \boldsymbol{H}\cdot\mathrm{d}\boldsymbol{r}=\int_l H\mathrm{d}r+\int_\delta H_0\mathrm{d}r=NI$$

由此得

$$Hl+H_0\delta=NI$$

其中 H 和 H_0 分别是铁环内和气隙中的磁场强度的值。由于 $H=\frac{B}{\mu_0\mu_r}$，$H_0=\frac{B_0}{\mu_0}=\frac{B}{\mu_0}$，所以上式可写成

$$\frac{Bl}{\mu_0\mu_r}+\frac{B\delta}{\mu_0}=NI$$

于是

$$B=\frac{\mu_0 NI}{\frac{l}{\mu_r}+\delta}=\frac{4\pi\times10^{-7}\times200\times0.5}{\frac{0.5}{5000}+10^{-3}}=0.114\ (\mathrm{T})$$

从这个例子可以看出，由于空气的 μ_r 比铁心的 μ_r 小得多，所以即使是 1 mm 的气隙也会大大影响铁心内的磁场。在本例中，有气隙和没有气隙相比，磁感应强度减弱到十分之一。

实际的电磁铁大都做成如图 15.15 所示的那样。线圈的总匝数与通入电流的乘积 NI 叫做电磁铁的**安匝数**。由电磁铁的几何尺寸、铁心的磁导率和安匝数就可如上例那样粗略地求出气隙中的磁场来。

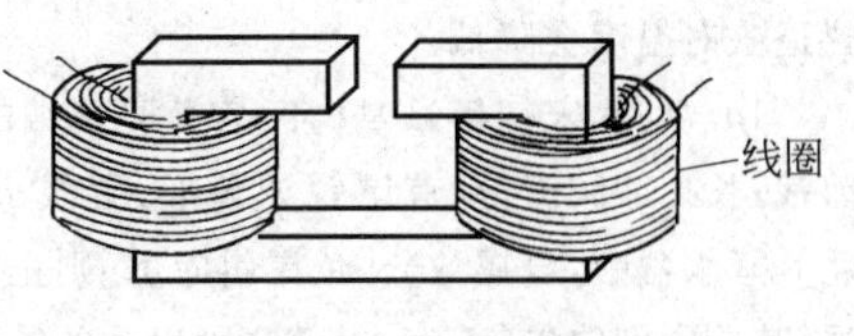

图 15.15 电磁铁

提 要

1. **物质对磁场的影响**：螺线管中充满某种物质（相对磁导率为 μ_r）时，

   $$B=\mu_r B_0$$

   三种物质：抗磁质（$\mu_r<1$），顺磁质（$\mu_r>1$），铁磁质（$\mu_r\gg1$）
2. **原子的磁矩**：原子中的电子有轨道磁矩和自旋磁矩。

   玻尔磁子：　　$m_B=9.27\times10^{-24}\ \mathrm{J/T}$

   顺磁质分子有固有磁矩，抗磁质分子无固有磁矩。

   物质的分子会产生与外磁场方向相反的感应磁矩。这种现象叫磁化。
3. **物质的磁化**：在外磁场中，顺磁质的分子磁矩会在外磁场作用下沿磁场方向排列，而抗磁物质对磁场的影响是由于它们在磁场中被磁化后在表面上出现的束缚电流也产生磁场。
4. **$\boldsymbol{H}$ 矢量及其环路定理**：

   $\boldsymbol{H}$ 矢量定义：　　$\boldsymbol{H}=\boldsymbol{B}/\mu_0\mu_r=\boldsymbol{B}/\mu$

   $\boldsymbol{H}$ 的环路定理：

   $$\oint_C \boldsymbol{H}\cdot \mathrm{d}\boldsymbol{r}=I_{0,\mathrm{in}}$$
5. **铁磁质有磁饱和状态和磁滞现象**：温度高于一定温度（居里点）铁磁性消失。铁磁性用磁畴说明。

思考题

15.1 为什么把一块铁磁样品放到较弱的磁场中，它能使磁场大大加强，并且把磁感线收拢在自己体内？

15.2　一块永磁铁落到地板上就可能部分退磁？为什么？把一根铁条南北放置，敲它几下，就可能磁化，又为什么？

15.3　为什么一块磁铁能吸引一块原来并未磁化的铁块？

15.4　马蹄形磁铁不用时，要用一铁片吸到两极上，条形磁铁不用时，要成对地且 N，S 极方向相反地靠在一起放置，为什么？有什么作用？

15.5　顺磁质和铁磁质的磁导率明显地依赖于温度，而抗磁质的磁导率则几乎与温度无关，为什么？

*15.6　**磁冷却**。将顺磁样品(如硝酸铈镁)在低温下磁化，其固有磁矩沿磁场排列时要放出能量以热量的形式向周围环境排出。然后在绝热情况下撤去外磁场，这时样品温度就要降低，实验中可降低到 10^{-3} K。如果使核自旋磁矩先排列，然后再绝热地撤去磁场，则温度可降到 10^{-6} K。试解释为什么样品绝热退磁时温度会降低。

15.7　北宋初年(1044 年)曾公亮主编的《武经总要》前集卷十五介绍了指南鱼的作法："鱼法以薄铁叶剪裁，长二寸阔五分，首尾锐如鱼形，置炭火中烧之，候通赤，以铁钤钤[钳]鱼首出火，以尾正对子位[正北]，蘸水盆中，没尾数分[鱼尾斜向下]则止。以密器[铁盒]收之。用时置水碗于无风处，平放鱼在水面令浮，其首常南向午[正南]也。"这段生动的描述(参见图 15.16)包含了对铁磁性的哪些认识？又包含了对地磁场的哪些认识？

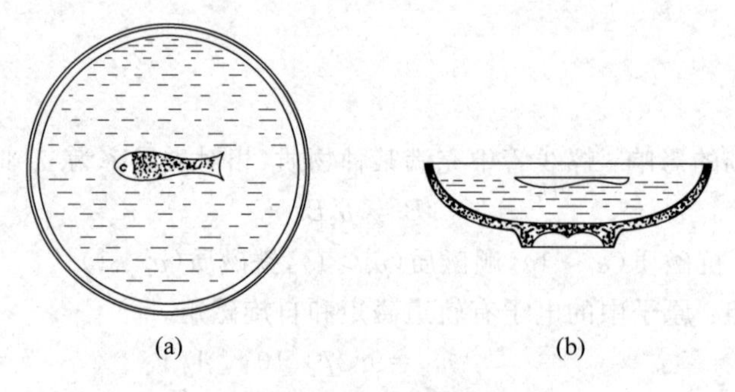

图 15.16　《武经总要》指南鱼复原图

(a) 俯视；(b) 侧视

15.8　(1) 如图 15.17(a)所示，电磁铁的气隙很窄，气隙中的 B 和铁心中的 B 是否相同？

(2) 如图 15.17(b)所示，电磁铁的气隙较宽，气隙中的 B 和铁心中的 B 是否相同？

(3) 就图 15.17(a)和(b)比较，两线圈中的安匝数(即 NI)相同，两个气隙中的 B 是否相同？为什么？

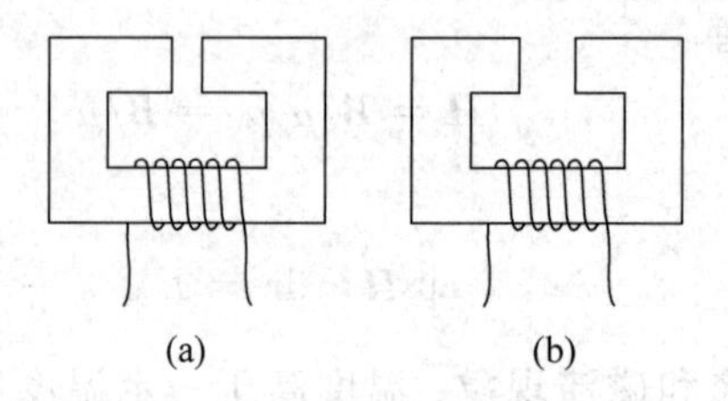

图 15.17　思考题 15.8 用图

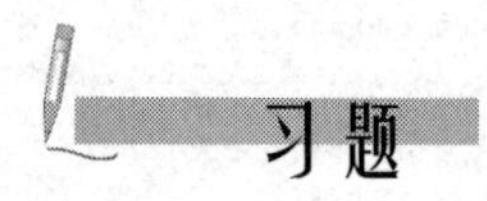

习题

*15.1　在铁晶体中，每个原子有两个电子的自旋参与磁化过程。设一根磁铁棒直径为 1.0 cm，长 12 cm，其中所有有关电子的自旋都沿棒轴的方向排列整齐了。已知铁的密度为 7.8 g/cm^3，摩尔(原子)质

量是 55.85 g/mol。

(1) 自旋排列整齐的电子数是多少?

(2) 这些自旋已排列整齐的电子的总磁矩多大?

(3) 磁铁棒的面电流多大才能产生这样大的总磁矩?

(4) 这样的面电流在磁铁棒内部产生的磁场多大?

*15.2 在铁晶体中,每个原子有两个电子的自旋参与磁化过程。一根磁针按长 8.5 cm,宽 1.0 cm,厚 0.02 cm 的铁片计算,设其中有关电子的自旋都排列整齐了。已知铁的密度是 7.8 g/cm^3,摩尔(原子)质量是 55.85 g/mol。

(1) 这根磁针的磁矩多大?

(2) 当这根磁针垂直于地磁场放置时,它受的磁力矩多大?设地磁场为 0.52×10^{-4} T。

(3) 当这根磁针与上述地磁场逆平行地放置时,它的磁势能多大?

15.3 螺绕环中心周长 $l=10$ cm,环上线圈匝数 $N=20$,线圈中通有电流 $I=0.1$ A。

(1) 求管内的磁感应强度 $\boldsymbol{B}_0$ 和磁场强度 $\boldsymbol{H}_0$;

(2) 若管内充满相对磁导率 $\mu_r=4200$ 的磁介质,那么管内的 $\boldsymbol{B}$ 和 $\boldsymbol{H}$ 是多少?

(3) 磁介质内由导线中电流产生的 $\boldsymbol{B}_0$ 和由磁化电流产生的 $\boldsymbol{B}'$ 各是多少?

15.4 一铁制的螺绕环,其平均圆周长 30 cm,截面积为 1 cm^2,在环上均匀绕以 300 匝导线。当绕组内的电流为 0.032 A 时,环内磁通量为 2×10^{-6} Wb。试计算:

(1) 环内的磁通量密度(即磁感应强度);

(2) 磁场强度;

(3) 磁化面电流(即面束缚电流)密度;

(4) 环内材料的磁导率和相对磁导率。

15.5 在铁磁质磁化特性的测量实验中,设所用的环形螺线管上共有 1000 匝线圈,平均半径为 15.0 cm,当通有 2.0 A 电流时,测得环内磁感应强度 $B=1.0$ T,求:

(1) 螺绕环铁心内的磁场强度 $\boldsymbol{H}$;

(2) 该铁磁质的磁导率 μ 和相对磁导率 μ_r;

(3) 已磁化的环形铁心的面束缚电流密度。

15.6 图 15.18 是退火纯铁的起始磁化曲线。用这种铁做芯的长直螺线管的导线中通入 6.0 A 的电流时,管内产生 1.2 T 的磁场。如果抽出铁心,要使管内产生同样的磁场,需要在导线中通入多大电流?

15.7 如果想用退火纯铁作铁心做一个每米 800 匝的长直螺线管,而在管中产生 1.0 T 的磁场,导线中应通入多大的电流?(参照图 15.18 的 B-H 图线。)

15.8 一个利用空气间隙获得强磁场的电磁铁如图 15.19 所示。铁心中心线的长度 $l_1=500$ mm,空

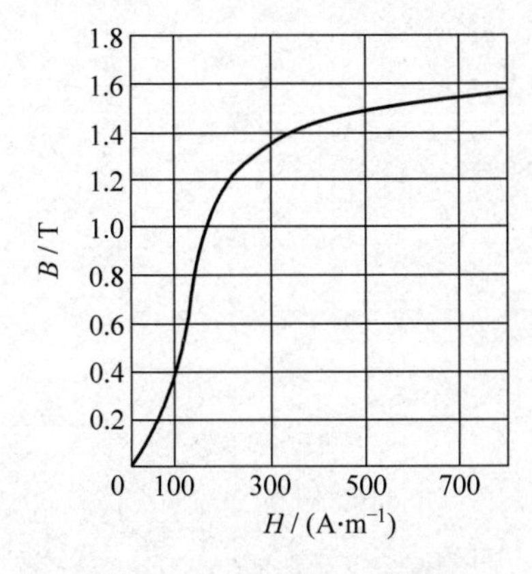

图 15.18 习题 15.6 用图

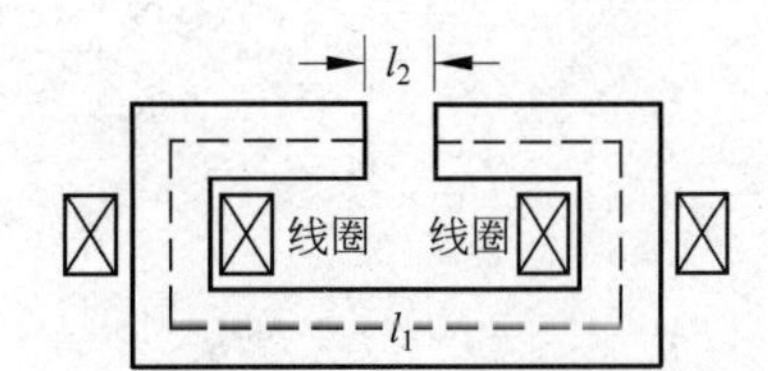

图 15.19 习题 15.8 用图

气隙长度 $l_2=20\ \mathrm{mm}$，铁心是相对磁导率 $\mu_r=5000$ 的硅钢。要在空气隙中得到 $B=3\ \mathrm{T}$ 的磁场，求绕在铁心上的线圈的安匝数 NI。

15.9 某电钟里有一铁心线圈，已知铁心的磁路长 14.4 cm，空气隙宽 2.0 mm，铁心横截面积为 $0.60\ \mathrm{cm}^2$，铁心的相对磁导率 $\mu_r=1600$。现在要使通过空气隙的磁通量为 $4.8\times10^{-6}\ \mathrm{Wb}$，求线圈电流的安匝数 NI。若线圈两端电压为 220 V，线圈消耗的功率为 20 W，求线圈的匝数 N。

第16章

电磁感应和电磁波

在1820年奥斯特通过实验发现了电流的磁效应。由此人们自然想到,能否利用磁效应产生电流呢?从1822年起,法拉第就开始对这一问题进行有目的的实验研究。经过多次失败,终于在1831年取得了突破性的进展,发现了电磁感应现象,即利用磁场产生电流的现象。从实用的角度看,这一发现使电工技术有可能长足发展,为后来的人类生活电气化打下了基础。从理论上说,这一发现更全面地揭示了电和磁的联系,使在这一年出生的麦克斯韦后来有可能建立一套完整的电磁场理论,这一理论在近代科学中得到了广泛的应用。因此,怎样估计法拉第的发现的重要性都是不为过的。

本章讲解电磁感应现象的基本规律——法拉第电磁感应定律,产生感应电动势的两种情况——动生的和感生的,然后介绍在电工技术中常遇到的互感和自感两种现象的规律并推导出磁场能量的表达式。所有内容在中学物理课程中都已讲到,本章讲解则进一步深入到定量的形式。

电磁学的基本定律到此都已讲过,本章将以麦克斯韦电磁场方程作综合的陈述并简略地介绍电磁波的性质。

16.1 法拉第电磁感应定律

法拉第的实验大体上可归结为两类:一类实验是磁铁与线圈有相对运动时,线圈中产生了电流;另一类实验是当一个线圈中电流发生变化时,在它附近的其他线圈中也产生了电流。法拉第将这些现象与静电感应类比,把它们称作"电磁感应"现象。

对所有电磁感应实验的分析表明,当穿过一个闭合导体回路所限定的面积的磁通量(磁感应强度通量)发生变化时,回路中就出现电流。这电流叫**感应电流**。

回路中的感应电流也是一种带电粒子的定向运动。要注意,这里的定向运动并不是静电场力作用于带电粒子而形成的,因为在电磁感应的实验中并没有静止的电荷作为静电场的场源。感应电流应该是电路中的一种非静电力对带电粒子作用的结果。我们已经知道,一个连有电池的回路中产生电流是电池内的非静电力——化学力——作用的结果,这化学力的作用用电动势这一概念加以说明。类似地,在电磁感应实验中的非静电力也用电动势这个概念加以说明。这就是说,当穿过导体回路的磁通量发生变化时,回路中产生了感应电流,就是因为此时在回路中产生了电动势。由这一原因产生的电动势叫**感应电动势**。

实验表明，**感应电动势的大小和通过导体回路的磁通量的变化率成正比**，感应电动势的方向有赖于磁场的方向和它的变化情况。以 Φ 表示通过闭合导体回路的磁通量，以 $\mathscr{E}$ 表示磁通量发生变化时在导体回路中产生的感应电动势，由实验总结出的规律是

$$\mathscr{E}=-\frac{\mathrm{d}\Phi}{\mathrm{d}t} \tag{16.1}$$

这一公式是**法拉第电磁感应定律**的一般表达式。

式(16.1)中的负号反映感应电动势的方向与磁通量变化的关系。在判定感应电动势的方向时，应先规定导体回路 L 的绕行正方向。如图 16.1 所示，当回路中磁感线的方向和所规定的回路的绕行正方向有右手螺旋关系时，磁通量 Φ 是正值。这时，如果穿过回路的磁通量增大，$\frac{\mathrm{d}\Phi}{\mathrm{d}t}>0$，则 $\mathscr{E}<0$，这表明此时感应电动势的方向和 L 的绕行正方向相反(图 16.1(a))。如果穿过回路的磁通量减小，即$\frac{\mathrm{d}\Phi}{\mathrm{d}t}<0$，则 $\mathscr{E}>0$，这表示此时感应电动势的方向和 L 的绕行正方向相同(图 16.1(b))。

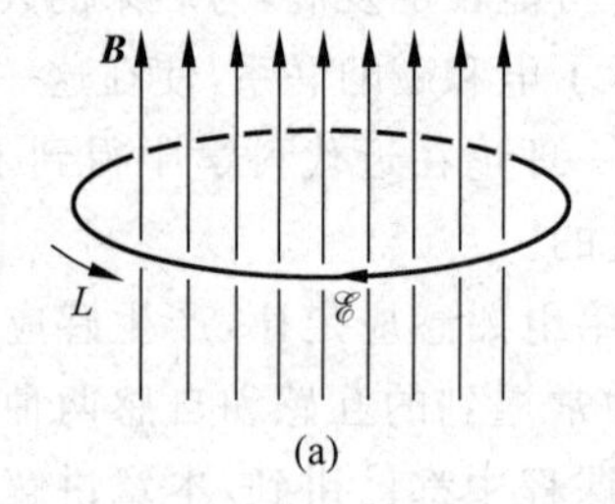

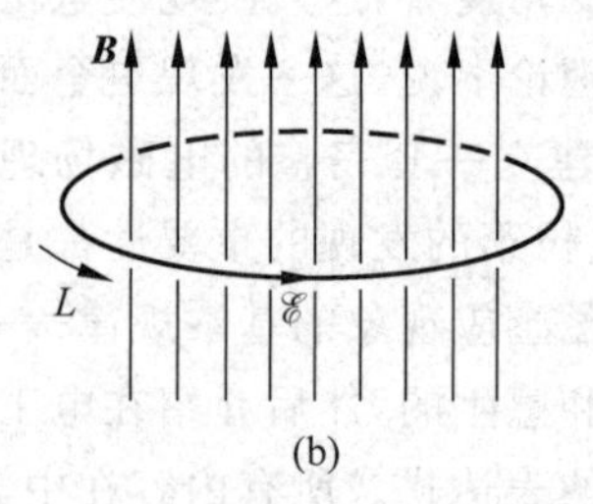

图 16.1　$\mathscr{E}$ 的方向和 Φ 的变化的关系

(a) Φ 增大时；(b) Φ 减小时

图 16.2 是一个产生感应电动势的实际例子。当中是一个线圈，通有图示方向的电流时，它的磁场的磁感线分布如图示，另一导电圆环 L 的绕行正方向规定如图。当它在线圈上面向下运动时，$\frac{\mathrm{d}\Phi}{\mathrm{d}t}>0$，从而 $\mathscr{E}<0$，$\mathscr{E}$ 沿 L 的反方向。当它在线圈下面向下运动时，$\frac{\mathrm{d}\Phi}{\mathrm{d}t}<0$，从而 $\mathscr{E}>0$，$\mathscr{E}$ 沿 L 的正方向。

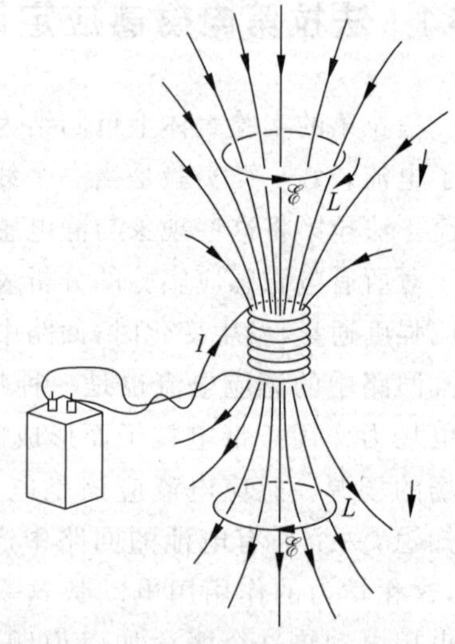

图 16.2　感应电动势的方向实例

导体回路中产生的感应电动势将按自己的方向产生感应电流，这感应电流将在导体回路中产生自己的磁场。在图 16.2 中，圆环在上面时，其中感应电流在环内产生的磁场向上；在下面时，环中的感应电流产生的磁场向下。和感应电流的磁场联系起来考虑，上述借助于式(16.1)中的负号所表示的感应电动势方向的规律可以表述如下：感应电动势总具有这样的方向，即使它产生的感应电流在回路中产生的磁场去**阻碍**引起感应电动势的**磁通量的变化**，这个规律叫做**楞次定律**。图 16.2 所示

感应电动势的方向是符合这一规律的①。

实际上用到的线圈常常是许多匝串联而成的，在这种情况下，在整个线圈中产生的感应电动势应是每匝线圈中产生的感应电动势之和。当穿过各匝线圈的磁通量分别为 $\Phi_1,\Phi_2,\cdots,\Phi_n$ 时，总电动势则应为

$$\mathscr{E}=-\left(\frac{\mathrm{d}\Phi_1}{\mathrm{d}t}+\frac{\mathrm{d}\Phi_2}{\mathrm{d}t}+\cdots+\frac{\mathrm{d}\Phi_n}{\mathrm{d}t}\right)$$

$$=-\frac{\mathrm{d}}{\mathrm{d}t}\Big(\sum_{i=1}^{n}\Phi_i\Big)=-\frac{\mathrm{d}\Psi}{\mathrm{d}t} \tag{16.2}$$

其中 $\Psi=\sum\limits_i\Phi_i$ 是穿过各匝线圈的磁通量的总和，叫穿过线圈的**全磁通**。当穿过各匝线圈的磁通量相等时，N 匝线圈的全磁通为 $\Psi=N\Phi$，叫做**磁链**，这时

$$\mathscr{E}=-\frac{\mathrm{d}\Psi}{\mathrm{d}t}=-N\frac{\mathrm{d}\Phi}{\mathrm{d}t} \tag{16.3}$$

式(16.1)、式(16.2)、式(16.3)中各量的单位都需用国际单位制单位，即 Φ 或 Ψ 的单位用 Wb，t 的单位用 s，$\mathscr{E}$ 的单位用 V。于是由式(16.2)可知

$$1\ \mathrm{V}=1\ \mathrm{Wb/s}$$

16.2　动生电动势

如式(16.1)所表示的，穿过一个闭合导体回路的磁通量发生变化时，回路中就产生感应电动势。但引起磁通量变化的原因可以不同，本节讨论导体在恒定磁场中运动时产生的感应电动势。这种感应电动势叫**动生电动势**。

如图 16.3 所示，一矩形导体回路，可动边是一根长为 l 的导体棒 ab，它以恒定速度 $\boldsymbol{v}$ 在垂直于磁场 $\boldsymbol{B}$ 的平面内，沿垂直于它自身的方向向右平移，其余边不动。某时刻穿过回路所围面积的磁通量为

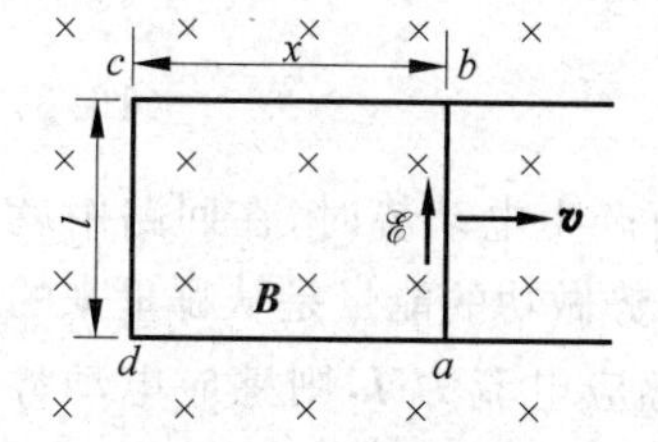

图 16.3　动生电动势

$$\Phi=BS=Blx \tag{16.4}$$

随着棒 ab 的运动，回路所围绕的面积扩大，因而回路中的磁通量发生变化。用式(16.1)计算回路中的感应电动势大小，可得

$$|\mathscr{E}|=\frac{\mathrm{d}\Phi}{\mathrm{d}t}=\frac{\mathrm{d}}{\mathrm{d}t}(Blx)=Bl\frac{\mathrm{d}x}{\mathrm{d}t}=Blv \tag{16.5}$$

至于这一电动势的方向，可用楞次定律判定为逆时针方向。由于其他边都未动，所以动生电动势应归之于 ab 棒的运动，因而只在棒内产生。回路中感应电动势的逆时针方向说明在 ab 棒中的动生电动势方向应沿由 a 到 b 的方向。像这样一段导体在磁场中运动时所产生的动生电动势的方向可以简便地用**右手定则**判断：伸平右手掌并使拇指与其他四指垂直，让磁感线从掌心穿入，当拇指指着导体运动方向时，四指就指着导体中产生的动生电动势的方向。

---

① 根据楞次定律判断感应电动势的方向一般可用下述“四步法”：1. Φ，**原磁通**。确定回路中原来的磁通量 Φ 的方向。2. **变，增或减**。确定 Φ 如何变化，即增加或减小。3. $\boldsymbol{\Phi'}$，**问楞次**。根据楞次定律确定感应电流的磁通 Φ' 的方向，即 Φ 增，则 Φ' 与 Φ 反向；Φ 减，则 Φ' 与 Φ 同向。4. $\mathscr{E}$，**右手旋**。用右手螺旋定则由 Φ' 确定感应电动势 $\mathscr{E}$ 的方向。

像图16.3中所示的情况，感应电动势集中于回路的一段内，这一段可视为整个回路中的电源部分。由于在电源内电动势的方向是由低电势处指向高电势处，所以在棒 ab 上，b 点电势高于 a 点电势。

我们知道，电动势是非静电力作用的表现。引起动生电动势的非静电力是洛伦兹力。当棒 ab 向右以速度 $\boldsymbol{v}$ 运动时，棒内的自由电子被带着以同一速度 $\boldsymbol{v}$ 向右运动，因而每个电子都受到洛伦兹力 $\boldsymbol{f}$ 的作用(图16.4)，于是有

$$\boldsymbol{f}=(-e)\,\boldsymbol{v}\times\boldsymbol{B} \tag{16.6}$$

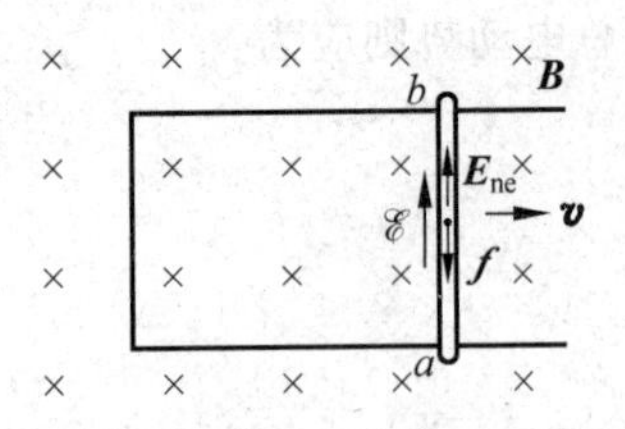

图16.4 动生电动势与洛伦兹力

其中 $(-e)$ 是电子的电量。电动势的定义是非静电力移动单位电荷做的功(见13.2节)。式(16.6)给出单位电荷受的非静电力 $\boldsymbol{E}_{ne}=\boldsymbol{f}/(-e)=\boldsymbol{v}\times\boldsymbol{B}$，因此，根据式(13.15)可得棒 ab 中由洛伦兹力所产生的电动势应为

$$\mathscr{E}_{ab}=\int_a^b \boldsymbol{E}_{ne}\cdot \mathrm{d}\boldsymbol{r}=\int_a^b(\boldsymbol{v}\times\boldsymbol{B})\cdot \mathrm{d}\boldsymbol{l} \tag{16.7}$$

如图16.4所示，由于 $\boldsymbol{v}$，$\boldsymbol{B}$ 和 $\mathrm{d}\boldsymbol{l}$ 相互垂直，所以上一积分的结果应为

$$\mathscr{E}_{ab}=Blv$$

这一结果和式(16.5)相同。

这里我们只把式(16.7)应用于直导体棒在均匀磁场中运动的情况。对于非均匀磁场而且导体各段运动速度不同的情况，则可以先考虑一段以速度 $\boldsymbol{v}$ 运动的导体元 $\mathrm{d}\boldsymbol{l}$，在其中产生的动生电动势为 $(\boldsymbol{v}\times\boldsymbol{B})\cdot\mathrm{d}\boldsymbol{l}$，整个导体中产生的动生电动势应该是在各段导体之中产生的动生电动势之和。其表示式就是式(16.7)。因此，式(16.7)是在磁场中运动的导体内产生的动生电动势的一般公式。特别是，如果整个导体回路 L 都在磁场中运动，则在回路中产生的总的动生电动势应为

$$\mathscr{E}=\oint_L(\boldsymbol{v}\times\boldsymbol{B})\cdot \mathrm{d}\boldsymbol{l} \tag{16.8}$$

在图16.3所示的闭合导体回路中，当由于导体棒的运动而产生电动势时，在回路中就会有感应电流产生。电流流动时，感应电动势是要做功的，电动势做功的能量是从哪里来的呢？考察导体棒运动时所受的力就可以给出答案。设电路中感应电流为 I，则感应电动势做功的功率为

$$P=I\mathscr{E}=IBlv \tag{16.9}$$

通有电流的导体棒在磁场中是要受到磁力的作用的。ab 棒受的磁力为 $F_{\mathrm{m}}=IBl$，方向向左(图16.5)。为了使导体棒匀速向右运动，必须有外力 $\boldsymbol{F}_{\mathrm{ext}}$ 与 $\boldsymbol{F}_{\mathrm{m}}$ 平衡，因而 $\boldsymbol{F}_{\mathrm{ext}}=-\boldsymbol{F}_{\mathrm{m}}$。此外力的功率为

$$P_{\mathrm{ext}}=F_{\mathrm{ext}}v=IBlv$$

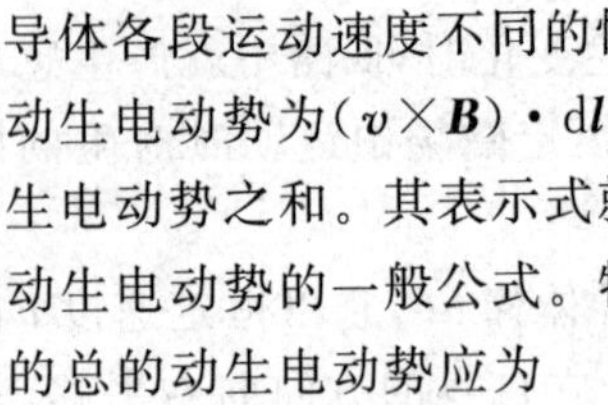

这正好等于上面求得的感应电动势做功的功率。由此我们知道，电路中感应电动势提供的电能是由外力做功所消耗的机械能转换而来的，这就是发电机内的能量转换过程。

图16.5 能量转换

我们知道，当导线在磁场中运动时产生的感应电动势是洛伦兹力作用的结果。据式(16.9)，感应电动势是要做功

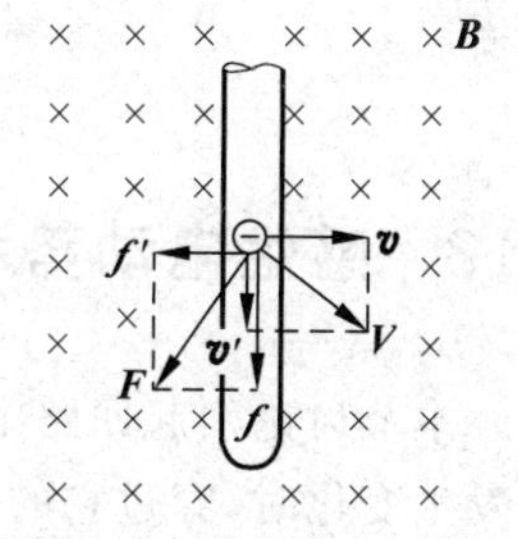

图 16.6 洛伦兹力不做功

的。但是，我们早已知道洛伦兹力对运动电荷不做功，这个矛盾如何解决呢？可以这样来解释，如图 16.6 所示，随同导线一齐运动的自由电子受到的洛伦兹力由式(16.6)给出，由于这个力的作用，电子将以速度$\boldsymbol{v}'$沿导线运动，而速度 $\boldsymbol{v}'$的存在使电子还要受到一个垂直于导线的洛伦兹力 $\boldsymbol{f}'$的作用，$\boldsymbol{f}'=e\boldsymbol{v}'\times\boldsymbol{B}$。电子受洛伦兹力的合力为 $\boldsymbol{F}=\boldsymbol{f}+\boldsymbol{f}'$，电子运动的合速度为 $\boldsymbol{V}=\boldsymbol{v}+\boldsymbol{v}'$，所以洛伦兹力合力做功的功率为

$$\begin{aligned}\boldsymbol{F}\cdot\boldsymbol{V}&=(\boldsymbol{f}+\boldsymbol{f}')\cdot(\boldsymbol{v}+\boldsymbol{v}')\\&=\boldsymbol{f}\cdot\boldsymbol{v}'+\boldsymbol{f}'\cdot\boldsymbol{v}=-evBv'+ev'Bv=0\end{aligned}$$

这一结果表示洛伦兹力合力做功为零，这与我们所知的洛伦兹力不做功的结论一致。从上述结果中看到

$$\boldsymbol{f}\cdot\boldsymbol{v}'+\boldsymbol{f}'\cdot\boldsymbol{v}=0$$

即

$$\boldsymbol{f}\cdot\boldsymbol{v}'=-\boldsymbol{f}'\cdot\boldsymbol{v}$$

为了使自由电子按$\boldsymbol{v}$的方向匀速运动，必须有外力 $\boldsymbol{f}_{\text{ext}}$作用在电子上，而且 $\boldsymbol{f}_{\text{ext}}=-\boldsymbol{f}'$。因此上式又可写成

$$\boldsymbol{f}\cdot\boldsymbol{v}'=\boldsymbol{f}_{\text{ext}}\cdot\boldsymbol{v}$$

此等式左侧是洛伦兹力的一个分力使电荷沿导线运动所做的功，宏观上就是感应电动势驱动电流的功。等式右侧是在同一时间内外力反抗洛伦兹力的另一个分力做的功，宏观上就是外力拉动导线做的功。洛伦兹力做功为零，实质上表示了能量的转换与守恒。洛伦兹力在这里起了一个能量转换者的作用，一方面接受外力的功，同时驱动电荷运动做功。

例 16.1 法拉第电机。法拉第曾利用图 16.7 的实验来演示感应电动势的产生。铜盘在磁场中转动时能在连接电流计的回路中产生感应电流。为了计算方便，我们设想一半径为 R 的铜盘在均匀磁场 $\boldsymbol{B}$ 中转动，角速度为 ω(图 16.8)。求盘上沿半径方向产生的感应电动势。

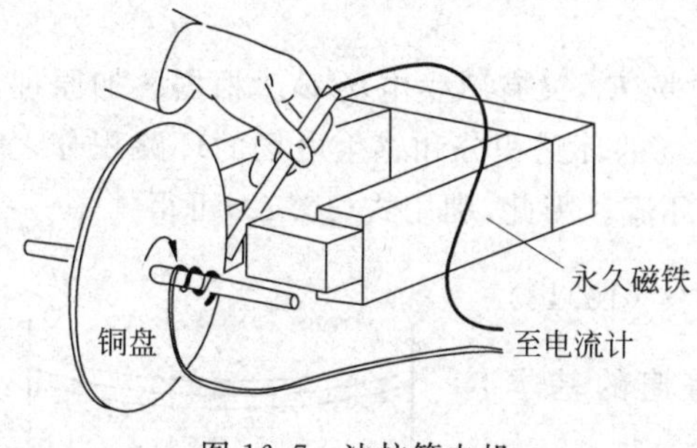

图 16.7 法拉第电机

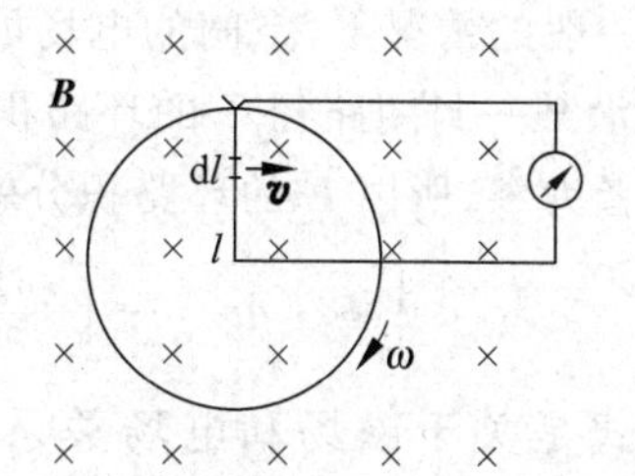

图 16.8 铜盘在均匀磁场中转动

解 盘上沿半径方向产生的感应电动势可以认为是沿任意半径的一导体杆在磁场中运动的结果。由动生电动势公式(16.7)，求得在半径上长为 dl 的一段杆上产生的感应电动势为

$$\mathrm{d}\mathscr{E}=(\boldsymbol{v}\times\boldsymbol{B})\cdot\mathrm{d}\boldsymbol{l}=Bv\mathrm{d}l=B\omega l\mathrm{d}l$$

式中 l 为 dl 段与盘心 O 的距离，v 为 dl 段的线速度。整个杆上产生的电动势为

$$\mathscr{E}=\int \mathrm{d}\mathscr{E}=\int_0^R B\omega l\,\mathrm{d}l=\frac{1}{2}B\omega R^2$$

16.3 感生电动势和感生电场

本节讨论引起回路中磁通量变化的另一种情况。一个静止的导体回路，当它包围的磁场发生变化时，穿过它的磁通量也会发生变化，这时回路中也会产生感应电动势。这样产生的感应电动势称为**感生电动势**，它和磁通量变化率的关系也由式(16.1)表示。

产生感生电动势的非静电力是什么力呢？由于导体回路未动，所以它不可能像在动生电动势中那样是洛伦兹力。由于这时的感应电流是原来宏观静止的电荷受非静电力作用形成的，而静止电荷受到的力只能是电场力，所以这时的非静电力也只能是一种电场力。由于这种电场是磁场的变化引起的，所以叫**感生电场**。它就是产生感生电动势的"非静电场"。以 $\boldsymbol{E}_{\mathrm{i}}$ 表示感生电场的电场强度，即感生电场作用于单位电荷的力，则根据电动势的定义，由于磁场的变化，在一个导体回路 L 中产生的感生电动势应为

$$\mathscr{E}=\oint_L \boldsymbol{E}_{\mathrm{i}}\cdot \mathrm{d}\boldsymbol{l} \tag{16.10}$$

根据法拉第电磁感应定律应该有

$$\oint_L \boldsymbol{E}_{\mathrm{i}}\cdot \mathrm{d}\boldsymbol{l}=-\frac{\mathrm{d}\Phi}{\mathrm{d}t} \tag{16.11}$$

法拉第当时只着眼于导体回路中感应电动势的产生，麦克斯韦则更着重于电场和磁场的关系的研究。他提出，在磁场变化时，不但会在导体回路中，而且在空间任一地点都会产生感生电场，而且感生电场沿任何闭合路径的环路积分都满足式(16.11)表示的关系。用 $\boldsymbol{B}$ 来表示磁感应强度，则式(16.11)可以用下面的形式更明显地表示出电场和磁场的关系：

$$\oint_C \boldsymbol{E}_{\mathrm{i}}\cdot \mathrm{d}\boldsymbol{r}=-\frac{\mathrm{d}}{\mathrm{d}t}\int_S \boldsymbol{B}\cdot \mathrm{d}\boldsymbol{S}=-\int_S \frac{\partial \boldsymbol{B}}{\partial t}\cdot \mathrm{d}\boldsymbol{S} \tag{16.12}$$

式中 $\mathrm{d}\boldsymbol{r}$ 表示空间内任一静止回路 C 上的位移元，S 为该回路所限定的面积。由于感生电场的环路积分不等于零，因而其电场线是闭合曲线，所以它又叫做涡旋电场。此式表示的规律可以理解为变化的磁场产生电场。

在一般的情况下，空间的电场可能既有静电场 $\boldsymbol{E}_{\mathrm{s}}$，又有感生电场 $\boldsymbol{E}_{\mathrm{i}}$。根据叠加原理，总电场 $\boldsymbol{E}$ 沿某一封闭路径 C 的环路积分应是静电场的环路积分和感生电场的环路积分之和。由于前者为零，所以 $\boldsymbol{E}$ 的环路积分就等于 $\boldsymbol{E}_{\mathrm{i}}$ 的环流。因此，利用式(16.12)可得

$$\oint_C \boldsymbol{E}\cdot \mathrm{d}\boldsymbol{r}=-\int_S \frac{\partial \boldsymbol{B}}{\partial t}\cdot \mathrm{d}\boldsymbol{S} \tag{16.13}$$

这一公式是关于磁场和电场关系的又一个普遍的基本规律。

例 16.2 电子感应加速器。电子感应加速器是利用感生电场来加速电子的一种设备，它的柱形电磁铁在两极间产生磁场(图16.9)，在磁场中安置一个环形真空管道作为电子运行的轨道。当磁场发生变化时，就会沿管道方向产生感生电场，射入其中的电子就受到这感生电场的持续

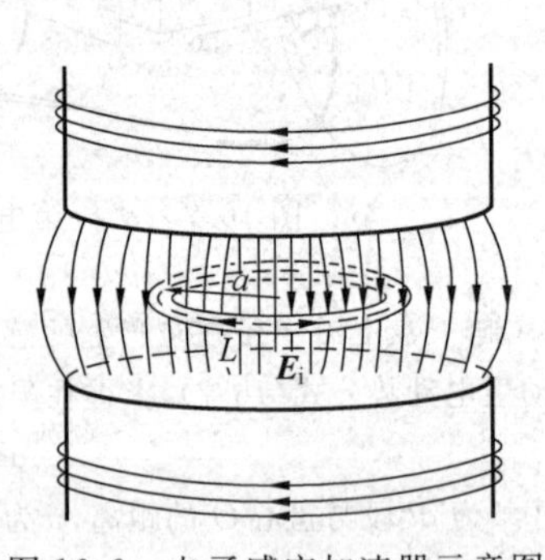

图16.9 电子感应加速器示意图

作用而被不断加速。设环形真空管的轴线半径为 a,求磁场变化时沿环形真空管轴线的感生电场。

解 由磁场分布的轴对称性可知,感生电场的分布也具有轴对称性。沿环管轴线上各处的电场强度大小应相等,而方向都沿轴线的切线方向。因而沿此轴线的感生电场的环路积分为

$$\oint_C \boldsymbol{E}_\mathrm{i} \cdot \mathrm{d}\boldsymbol{r} = E_\mathrm{i} \cdot 2\pi a$$

以 $\bar{B}$ 表示环管轴线所围绕的面积上的平均磁感应强度,则通过此面积的磁通量为

$$\Phi = \bar{B}S = \bar{B} \cdot \pi a^2$$

由式(16.12)可得

$$E_\mathrm{i} \cdot 2\pi a = -\frac{\mathrm{d}\Phi}{\mathrm{d}t} = -\pi a^2 \frac{\mathrm{d}\bar{B}}{\mathrm{d}t}$$

由此得

$$E_\mathrm{i} = -\frac{a}{2}\frac{\mathrm{d}\bar{B}}{\mathrm{d}t}$$

例 16.3 测铁磁质中的磁感应强度。如图 16.10 所示,在铁磁试样做的环上绕上两组线圈。一组线圈匝数为 N_1,与电池相连。另一组线圈匝数为 N_2,与一个“冲击电流计”(这种电流计的最大偏转与通过它的电量成正比)相连。设铁环原来没有磁化。当合上电键使 N_1 中电流从零增大到 I_1 时,冲击电流计测出通过它的电量是 q。求与电流 I_1 相应的铁环中的磁感应强度 B_1 是多大?

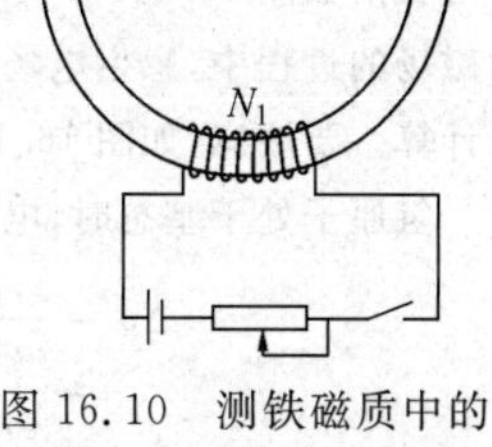

图 16.10 测铁磁质中的磁感应强度

解 当合上电键使 N_1 中的电流增大时,它在铁环中产生的磁场也增强,因而 N_2 线圈中有感生电动势产生。以 S 表示环的截面积,以 B 表示环内磁感应强度,则 $\Phi=BS$,而 N_2 中的感生电动势的大小为

$$\mathscr{E} = \frac{\mathrm{d}\Psi}{\mathrm{d}t} = N_2\frac{\mathrm{d}\Phi}{\mathrm{d}t} = N_2 S\frac{\mathrm{d}B}{\mathrm{d}t}$$

以 R 表示 N_2 回路(包括冲击电流计)的总电阻,则 N_2 中的电流为

$$i = \frac{\mathscr{E}}{R} = \frac{N_2 S}{R}\frac{\mathrm{d}B}{\mathrm{d}t}$$

设 N_1 中的电流增大到 I_1 需要的时间为 τ,则在同一时间内通过 N_2 回路的电量为

$$q = \int_0^\tau i\mathrm{d}t = \int_0^\tau \frac{N_2 S}{R}\frac{\mathrm{d}B}{\mathrm{d}t}\mathrm{d}t = \frac{N_2 S}{R}\int_0^{B_1}\mathrm{d}B = \frac{N_2 S B_1}{R}$$

由此得

$$B_1 = \frac{qR}{N_2 S}$$

这样,根据冲击电流计测出的电量 q,就可以算出与 I_1 相对应的铁环中的磁感应强度。这是常用的一种测量铁磁质中的磁感应强度的方法。图 15.4 的铁环中的磁感应强度 B 的测定就用了这种方法。

例 16.4 原子中电子轨道运动附加磁矩的产生。按经典模型,一电子沿半径为 r 的圆形轨道运动,速率为 v。今垂直于轨道平面加一磁场 $\boldsymbol{B}$,求由于电子轨道运动发生变化而产生的附加磁矩。处于基态的氢原子在较强的 $B=2T$ 的磁场中,其电子的轨道运动附加磁矩多大?

解 电子的轨道运动的磁矩的大小由式(15.3)

$$m = \frac{evr}{2}$$

给出。在图16.11(a)中,电子轨道运动的磁矩方向向下。设所加磁场 $\boldsymbol{B}$ 的方向向上,在这磁场由0增大到 $\boldsymbol{B}$ 的过程中,在该区域将产生感生电场 $\boldsymbol{E}_i$,其大小为$\frac{r\mathrm{d}B}{2\mathrm{d}t}$(参看例16.2),方向如图所示。在此电场作用下,电子将沿轨道加速,加速度为

$$a=\frac{f}{m_e}=\frac{eE_i}{m_e}=\frac{er}{2m_e}\frac{\mathrm{d}B}{\mathrm{d}t}$$

在轨道半径不变的情况下,在加磁场的整个过程中,电子的速率的增加值为

$$\Delta v=\int a\mathrm{d}t=\int_0^B\frac{er}{2m_e}\mathrm{d}B=\frac{erB}{2m_e}$$

与此速度增量相应的磁矩的增量——附加磁矩 $\Delta\boldsymbol{m}$——的大小为

$$\Delta m=\frac{er\Delta v}{2}=\frac{e^2r^2B}{4m_e}$$

其方向由速度的增量的方向判断,如图16.11(a)所示,是和外加磁场的方向相反的。

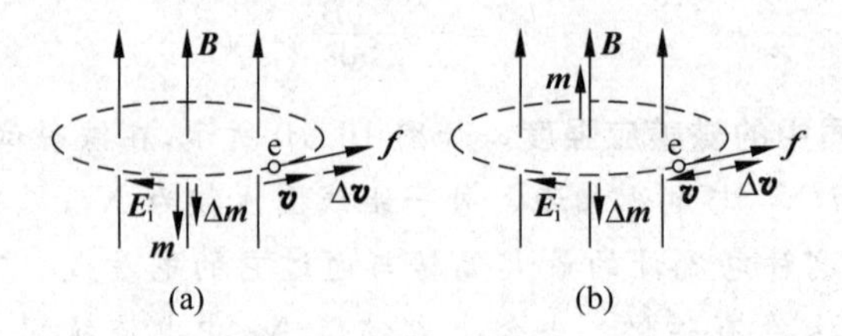

图16.11 电子轨道运动附加磁矩的产生

如果如图16.11(b)所示,电子轨道运动方向与图16.11(a)中的相反,则其磁矩方向将向上。在加同样的磁场的过程中,感生电场将使电子减速,从而也产生一附加磁矩 $\Delta\boldsymbol{m}$。此附加磁矩的大小也可以如上分析计算。要注意,如图16.11(b)所示,$\Delta\boldsymbol{m}$ 的方向也是和外加磁场方向相反的!

氢原子处于基态时,电子的轨道半径 $r=0.5\times10^{-10}$ m。由此可得

$$\Delta v=\frac{erB}{2m_e}=\frac{1.6\times10^{-19}\times0.5\times10^{-10}\times2}{2\times9.1\times10^{-31}}=9\ (\mathrm{m/s})$$

$$\Delta m=\frac{er\Delta v}{2}=\frac{1.6\times10^{-19}\times0.5\times10^{-10}\times9}{2}=3.6\times10^{-29}\ (\mathrm{A\cdot m^2})$$

这一数值比表15.2所列的顺磁质原子的固有磁矩要小5～6个数量级。

16.4 互感

在实际电路中,磁场的变化常常是由于电流的变化引起的,因此,把感生电动势直接和电流的变化联系起来是有重要实际意义的。互感和自感现象的研究就是要找出这方面的规律。

一闭合导体回路,当其中的电流随时间变化时,它周围的磁场也随时间变化,在它附近的导体回路中就会产生感生电动势。这种电动势叫**互感电动势**。

如图16.12所示,有两个固定的闭合回路 L_1 和 L_2。闭合回路 L_2 中的互感电动势是由于回路 L_1 中的电流 i_1 随时间的变化引起的,以 $\mathscr{E}_{21}$ 表示此电动势。下面说明 $\mathscr{E}_{21}$ 与 i_1 的关系。

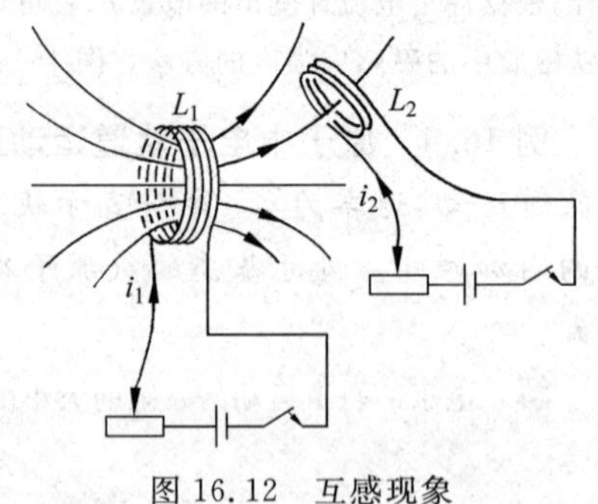

图16.12 互感现象

由毕奥-萨伐尔定律可知，电流 i_1 产生的磁场正比于 i_1，因而通过 L_2 所围面积的、由 i_1 所产生的全磁通 Ψ_{21} 也应该和 i_1 成正比，即

$$\Psi_{21} = M_{21} i_1 \tag{16.14}$$

其中比例系数 M_{21} 叫做回路 L_1 对回路 L_2 的**互感系数**，它取决于两个回路的几何形状、相对位置、它们各自的匝数以及它们周围磁介质的分布。在 M_{21} 一定的条件下电磁感应定律给出

$$\mathscr{E}_{21} = -\frac{\mathrm{d}\Psi_{21}}{\mathrm{d}t} = -M_{21}\frac{\mathrm{d}i_1}{\mathrm{d}t} \tag{16.15}$$

如果图 16.12 回路 L_2 中的电路 i_2 随时间变化，则在回路 L_1 中也会产生感应电动势 $\mathscr{E}_{12}$。根据同样的道理，可以得出通过 L_1 所围面积的由 i_2 所产生的全磁通 Ψ_{12} 应该与 i_2 成正比，即

$$\Psi_{12} = M_{12} i_2 \tag{16.16}$$

而且

$$\mathscr{E}_{12} = -\frac{\mathrm{d}\Psi_{12}}{\mathrm{d}t} = -M_{12}\frac{\mathrm{d}i_2}{\mathrm{d}t} \tag{16.17}$$

上两式中的 M_{12} 叫 L_2 对 L_1 的互感系数。

可以证明(参看例 16.8)对给定的一对导体回路，有

$$M_{12} = M_{21} = M$$

M 就叫做这两个导体回路的**互感系数**，简称它们的**互感**。

在国际单位制中，互感系数的单位名称是亨[利]，符号为 H。由式(16.15)知

$$1\ \mathrm{H} = 1\ \frac{\mathrm{V\cdot s}}{\mathrm{A}} = 1\ \Omega\cdot\mathrm{s}$$

例 16.5 长直螺线管与小线圈。 一长直螺线管，单位长度上的匝数为 n。另一半径为 r 的圆环放在螺线管内，圆环平面与管轴垂直(图 16.13)。求螺线管与圆环的互感系数。

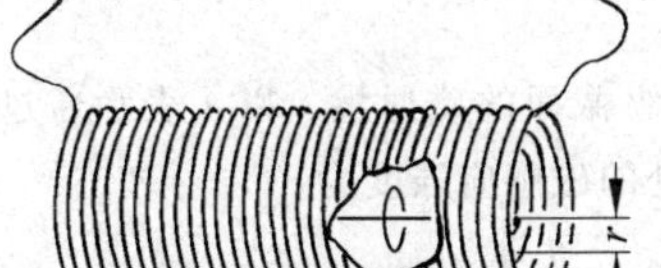

图 16.13 计算螺线管与圆环的互感系数

解 设螺线管内通有电流 i_1，螺线管内磁场为 B_1，则 $B_1 = \mu_0 n i_1$，通过圆环的全磁通为

$$\Psi_{21} = B_1 \pi r^2 = \pi r^2 \mu_0 n i_1$$

由定义公式(16.14)得互感系数为

$$M_{21} = \frac{\Psi_{21}}{i_1} = \pi r^2 \mu_0 n$$

由于 $M_{21} = M_{12} = M$，所以螺线管与圆环的互感系数就是 $M = \mu_0 \pi r^2 n$。

16.5 自感

当一个电流回路的电流 i 随时间变化时，通过回路自身的全磁通也发生变化，因而回路自身也产生感生电动势(图 16.14)。这就是自感现象，这时产生的感生电动势叫**自感电动势**。在这里，全磁通与回路中的电流成正比，即

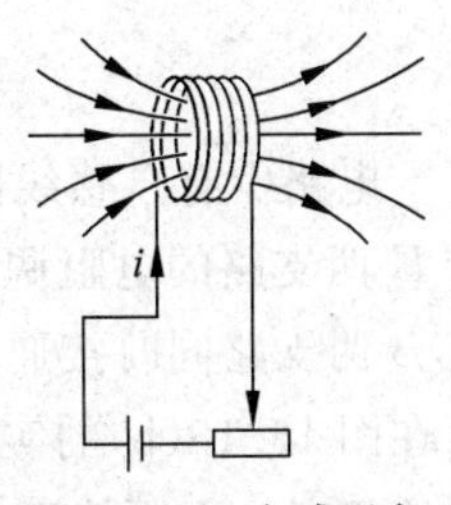

图 16.14 自感现象

$$\Psi = Li \tag{16.18}$$

式中比例系数 L 叫回路的**自感系数**(简称**自感**),它取决于回路的大小、形状、线圈的匝数以及它周围的磁介质的分布。自感系数与互感系数的量纲相同,在国际单位制中,自感系数的单位也是H。

由电磁感应定律,在 L 一定的条件下自感电动势为

$$\mathscr{E}_L = -\frac{\mathrm{d}\Psi}{\mathrm{d}t} = -L\frac{\mathrm{d}i}{\mathrm{d}t} \tag{16.19}$$

在图16.14中,回路的正方向一般就取电流 i 的方向。当电流增大,即 $\frac{\mathrm{d}i}{\mathrm{d}t}>0$ 时,式(16.19)给出 $\mathscr{E}_L<0$,说明 $\mathscr{E}_L$ 的方向与电流的方向相反;当 $\frac{\mathrm{d}i}{\mathrm{d}t}<0$ 时,式(16.19)给出 $\mathscr{E}_L>0$,说明 $\mathscr{E}_L$ 的方向与电流的方向相同。由此可知自感电动势的方向总是要使它**阻碍**回路本身电流的**变化**。

例16.6 螺绕环。 计算一个螺绕环的自感。设环的截面积为 S,轴线半径为 R,单位长度上的匝数为 n,环中充满相对磁导率为 μ_r 的磁介质。

解 设螺绕环绕组通有电流为 i,由于螺绕环管内磁场 $B=\mu_0\mu_r ni$,所以管内全磁通为

$$\Psi = N\Phi = 2\pi Rn \cdot BS = 2\pi\mu_0\mu_r Rn^2 Si$$

由自感系数定义式(16.18),得此螺绕环的自感为

$$L = \frac{\Psi}{i} = 2\pi\mu_0\mu_r Rn^2 S$$

由于 $2\pi RS=V$ 为螺绕环管内的体积,所以螺绕环自感又可写成

$$L = \mu_0\mu_r n^2 V = \mu n^2 V \tag{16.20}$$

此结果表明环内充满磁介质时,其自感系数比在真空时要增大到 μ_r 倍。

例16.7 同轴电缆。 一根电缆由同轴的两个薄壁金属管构成,半径分别为 R_1 和 R_2 $(R_1<R_2)$,两管壁间充以 $\mu_r=1$ 的磁介质。电流由内管流走,由外管流回。试求单位长度的这种电缆的自感系数。

解 这种电缆可视为单匝回路(图16.15),其磁通量即通过任一纵截面的磁通量。以 I 表示通过的电流,则在两管壁间距轴 r 处的磁感应强度为

$$B = \frac{\mu_0 I}{2\pi r}$$

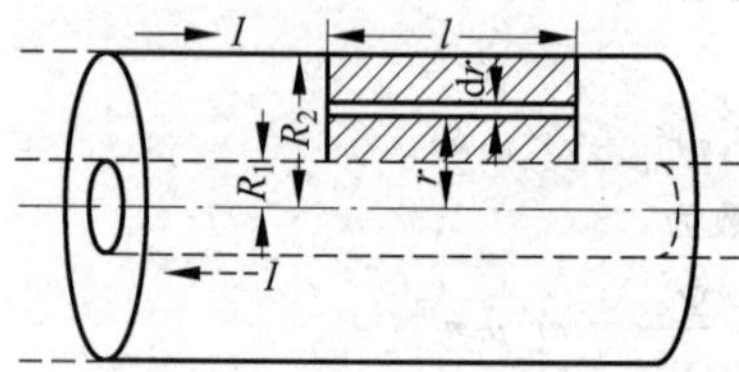

图16.15 电缆的磁通量计算

而通过单位长度纵截面的磁通量为

$$\Phi_1 = \int \boldsymbol{B}\cdot\mathrm{d}\boldsymbol{S} = \int_{R_1}^{R_2} B\mathrm{d}r\cdot 1 = \int_{R_1}^{R_2}\frac{\mu_0 I}{2\pi r}\mathrm{d}r = \frac{\mu_0 I}{2\pi}\ln\frac{R_2}{R_1}$$

单位长度的自感系数应为

$$L_1 = \frac{\Phi_1}{I} = \frac{\mu_0}{2\pi}\ln\frac{R_2}{R_1} \tag{16.21}$$

电路中有自感线圈时,电流变化情况还可以用实验演示。在图16.16(a)的实验中,A 和 B 两支路的电阻调至相同。当合上电键后,A 灯比 B 灯先亮,就是因为在合上电键后,A,B 两支路同时接通,但 B 灯的支路中有一多匝线圈,自感系数较大,因而电流增长较慢。而在图16.16(b)的实验中,线圈的电阻比灯泡的电阻小得多。在打开电键时,灯泡突然强烈地闪亮一下再熄灭,就是因为多匝线圈支路中的较大的电流在电键打开后通过灯泡而又

逐渐消失的缘故。

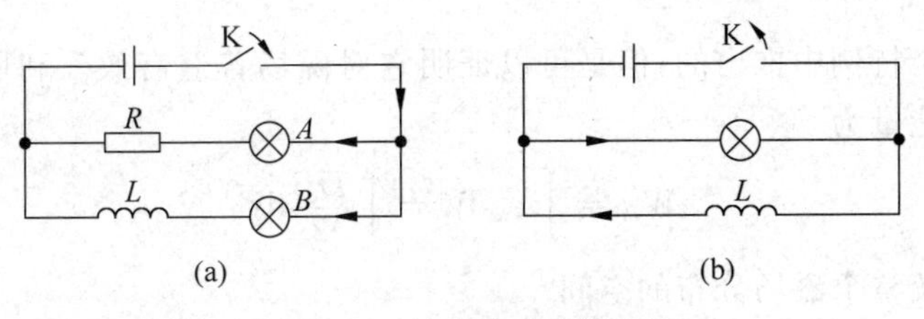

图 16.16 自感现象演示

16.6 磁场的能量

在图 16.16(b)所示的实验中，当电键 K 打开后，电源已不再向灯泡供给能量了，它突然强烈地闪亮一下所消耗的能量是从哪里来的呢？由于使灯泡闪亮的电流是线圈中的自感电动势产生的电流，而这电流随着线圈中的磁场的消失而逐渐消失，所以可以认为使灯泡闪亮的能量是原来储存在通有电流的线圈中的，或者说是储存在线圈内的磁场中的。因此，这种能量叫做**磁能**。自感为 L 的线圈中通有电流 I 时所储存的磁能应该等于这电流消失时自感电动势所做的功。这个功可如下计算。以 $i\mathrm{d}t$ 表示在灯泡闪光时某一时间 $\mathrm{d}t$ 内通过灯泡的电量，则在这段时间内自感电动势做的功为

$$\mathrm{d}A = \mathscr{E}_L i\,\mathrm{d}t = -L\frac{\mathrm{d}i}{\mathrm{d}t}i\,\mathrm{d}t = -Li\,\mathrm{d}i$$

电流由起始值减小到零时，自感电动势所做的总功就是

$$A = \int \mathrm{d}A = \int_I^0 -Li\,\mathrm{d}i = \frac{1}{2}LI^2$$

因此，具有自感为 L 的线圈通有电流 I 时所具有的磁能就是

$$W_{\mathrm{m}} = \frac{1}{2}LI^2 \tag{16.22}$$

这就是自感磁能公式。

对于磁场的能量也可以引入能量密度的概念，下面我们用特例导出磁场能量密度公式。考虑一个螺绕环，在例 16.6 中，已求出螺绕环的自感系数为

$$L = \mu n^2 V$$

利用式(16.22)可得通有电流 I 的螺绕环的磁场能量是

$$W_{\mathrm{m}} = \frac{1}{2}LI^2 = \frac{1}{2}\mu n^2 V I^2$$

由于螺绕环管内的磁场 $B=\mu nI$，所以上式可写作

$$W_{\mathrm{m}} = \frac{B^2}{2\mu}V$$

由于螺绕环的磁场集中于环管内，其体积就是 V，并且管内磁场基本上是均匀的，所以环管内的**磁场能量密度**为

$$w_{\mathrm{m}} = \frac{B^2}{2\mu} \tag{16.23}$$

利用磁场强度 $H=B/\mu$，此式还可以写成

$$w_m = \frac{1}{2}BH \tag{16.24}$$

此式虽然是从一个特例中推出的，但是可以证明它对磁场普遍有效。利用它可以求得某一磁场所储存的总能量为

$$W_m = \int w_m \mathrm{d}V = \int \frac{HB}{2}\mathrm{d}V$$

此式的积分应遍及整个磁场分布的空间①。

例 16.8 互感线圈。求两个相互邻近的电流回路的磁场能量，这两个回路 1 和回路 2 中的电流分别是 I_1 和 I_2。

解 两个电路如图 16.17 所示。为了求出此系统在所示状态时的磁能，我们设想 I_1 和 I_2 是按下述步骤建立的。

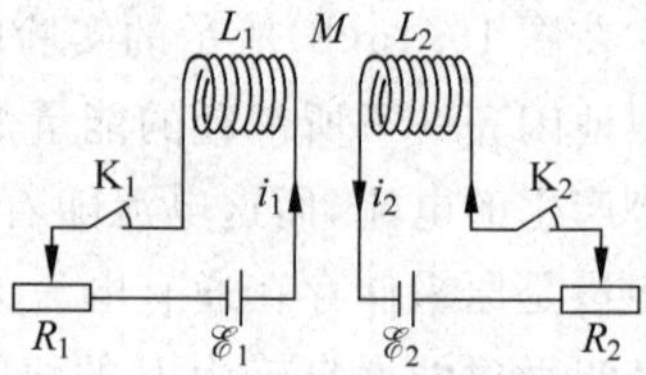

(1) 先合上电键 K_1，使 i_1 从零增大到 I_1。这一过程中由于自感 L_1 的存在，由电源 $\mathscr{E}_1$ 做功而储存到磁场中的能量为

$$W_1 = \frac{1}{2}L_1 I_1^2$$

(2) 再合上电键 K_2，调节 R_1 使 I_1 保持不变，这时 i_2 由零增大到 I_2。这一过程中由于自感 L_2 的存在由电源 $\mathscr{E}_2$ 做功而储存到磁场中的能量为

图 16.17 两个载流线圈的磁场能量

$$W_2 = \frac{1}{2}L_2 I_2^2$$

还要注意到，当 i_2 增大时，在回路 1 中会产生互感电动势 $\mathscr{E}_{12}$。由式(16.17)得

$$\mathscr{E}_{12} = -M_{12}\frac{\mathrm{d}i_2}{\mathrm{d}t}$$

要保持电流 I_1 不变，电源 $\mathscr{E}_1$ 还必须反抗此电动势做功。这样由于互感的存在，由电源 $\mathscr{E}_1$ 做功而储存到磁场中的能量为

$$W_{12} = -\int \mathscr{E}_{12} I_1 \mathrm{d}t = \int M_{12} I_1 \frac{\mathrm{d}i_2}{\mathrm{d}t}\mathrm{d}t = \int_0^{I_2} M_{12} I_1 \mathrm{d}i_2 = M_{12} I_1 \int_0^{I_2} \mathrm{d}i_2 = M_{12} I_1 I_2$$

经过上述两个步骤后，系统达到电流分别是 I_1 和 I_2 的状态，这时储存到磁场中的总能量为

$$W_m = W_1 + W_2 + W_{12} = \frac{1}{2}L_1 I_1^2 + \frac{1}{2}L_2 I_2^2 + M_{12} I_1 I_2$$

如果我们先合上 K_2，再合上 K_1，仍按上述推理，则可得到储存到磁场中的总能量为

$$W'_m = \frac{1}{2}L_1 I_1^2 + \frac{1}{2}L_2 I_2^2 + M_{21} I_1 I_2$$

由于这两种通电方式下的最后状态相同，即两个电路中分别通有 I_1 和 I_2 的电流，那么能量应该和达到此状态的过程无关，也就是应有 $W_m = W'_m$。由此我们得

$$M_{12} = M_{21}$$

即回路 1 对回路 2 的互感系数等于回路 2 对回路 1 的互感系数。用 M 来表示此互感系数，则最后储存在磁场中的总能量为

$$W_m = \frac{1}{2}L_1 I_1^2 + \frac{1}{2}L_2 I_2^2 + M I_1 I_2 \tag{16.25}$$

---

① 由于铁磁质具有磁滞现象，本节磁能公式对铁磁质不适用。

16.7 麦克斯韦方程组

至此,已介绍了电场和磁场的各种基本规律。然后,我们将要对这些规律加以总结。麦克斯韦于 1865 年首先将这些规律归纳为一组基本方程,现在称之为麦克斯韦方程组,根据它可以解决宏观电磁场的各类问题。

电磁学的基本规律是真空中的电磁场规律,它们是

$$\left.\begin{array}{ll}
\text{I} & \oint_S \boldsymbol{E}\cdot \mathrm{d}\boldsymbol{S} = \dfrac{q}{\varepsilon_0} = \dfrac{1}{\varepsilon_0}\int_V \rho \mathrm{d}V \\
\text{II} & \oint_S \boldsymbol{B}\cdot \mathrm{d}\boldsymbol{S} = 0 \\
\text{III} & \oint_C \boldsymbol{E}\cdot \mathrm{d}\boldsymbol{r} = -\dfrac{\mathrm{d}\Phi}{\mathrm{d}t} = -\int_S \dfrac{\partial \boldsymbol{B}}{\partial t}\cdot \mathrm{d}\boldsymbol{S} \\
\text{IV} & \oint_C \boldsymbol{B}\cdot \mathrm{d}\boldsymbol{r} = \mu_0 I + \dfrac{1}{c^2}\dfrac{\mathrm{d}\Phi_e}{\mathrm{d}t} = \mu_0\int_S \left(\boldsymbol{J} + \varepsilon_0 \dfrac{\partial \boldsymbol{E}}{\partial t}\right)\cdot \mathrm{d}\boldsymbol{S}
\end{array}\right\} \quad (16.26)$$

这就是关于真空的**麦克斯韦方程组**的积分形式。在已知电荷和电流分布的情况下,这组方程可以给出电场和磁场的唯一分布。特别是当初始条件给定后,这组方程还能唯一地预言电磁场此后变化的情况。正像牛顿运动方程能完全描述质点的宏观动力学过程一样,麦克斯韦方程组能完全描述电磁场的宏观动力学过程①。

下面再简要地说明一下方程组(16.26)中各方程的物理意义:

方程Ⅰ是电场的高斯定律,它说明电场强度和电荷的联系。尽管电场和磁场的变化也有联系(如感生电场),但总的电场和电荷的联系总服从这一高斯定律。

方程Ⅱ是磁通连续定理,它说明,目前的电磁场理论认为在自然界中没有单一的“磁荷”(或磁单极子)存在。

方程Ⅲ是法拉第电磁感应定律,它说明变化的磁场和电场的联系。虽然电场和电荷也有联系,但总的电场和磁场的联系总符合这一规律。

方程Ⅳ是一般形式下的安培环路定理,它说明磁场和电流(即运动的电荷)以及变化的电场的联系。

为了求出电磁场对带电粒子的作用从而预言粒子的运动,还需要洛伦兹力公式

$$\boldsymbol{F} = q\boldsymbol{E} + q\boldsymbol{v}\times\boldsymbol{B} \quad (16.27)$$

这一公式实际上是电场 $\boldsymbol{E}$ 和磁场 $\boldsymbol{B}$ 的定义。

16.8 电磁波

电磁波在当今信息技术和人类生活的各方面已成为不可或缺的“工具”了。从电饭锅、微波炉、手机、广播、电视到卫星遥感、宇宙飞行器的控制等都要利用电磁波。电磁波的可能

① 费恩曼在他的 *Lectures on Physics* 一书中,曾把式(16.26)中的四个方程(以微分形式)加上洛伦兹力公式(16.27),牛顿第二定律方程($\boldsymbol{F}=\mathrm{d}\boldsymbol{p}/\mathrm{d}t$,加上相对论定义 $\boldsymbol{p}=m_0\boldsymbol{v}/\sqrt{1-v^2/c^2}$)以及牛顿万有引力方程($\boldsymbol{F}=(-Gm_1m_2/r^2)\boldsymbol{e}_r$)作为经典物理学的七个基本方程总结在一个表中,以显示它们的高度概括性。(见该书 Vol.Ⅱ. P.18-2, Table 18.1.)

存在是麦克斯韦首先在1873年根据他创立的电磁场理论导出的。根据上节介绍的方程组可以证明,电荷做加速运动(例如简谐振动)时,其周围的电场和磁场将发生变化,并且这种变化会从电荷所在处向四外传播。这种相互紧密联系的变化的电场和磁场就叫电磁波。麦克斯韦根据他得到的电磁波的传播速度和光速相同而把电磁波的领域扩展到了光现象(现在已肯定光波是频率甚高的电磁波,但其发射过程需用量子力学的理论说明)。麦克斯韦的理论预言在20年后被赫兹用实验证实,从而开始了无线电应用的新时代。

电磁波具有下述的一般性质:

(1) 电磁波是横波,即电磁波中的电场 $\boldsymbol{E}$ 和磁场 $\boldsymbol{B}$ 的方向都和传播方向**垂直**。

(2) 电磁波中的电场方向和磁场方向也**相互垂直**,传播方向、电场方向和磁场方向三者形成右手螺旋关系(图16.18)。

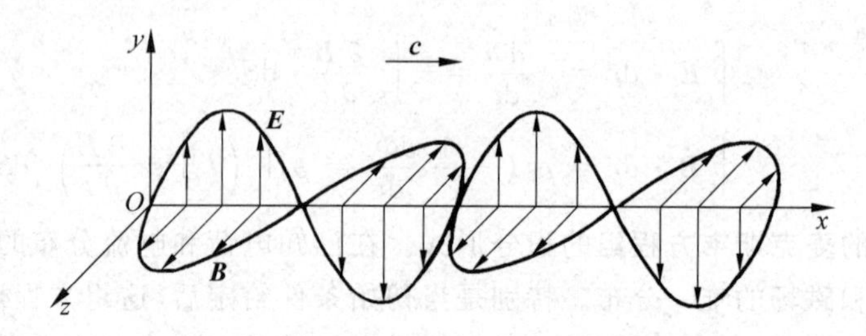

图16.18 电磁波中的电场和磁场的变化

(3) 电磁波中电场和磁场的变化是同相的,即 $\boldsymbol{E}$ 和 $\boldsymbol{B}$ 同时达到各自的正极大值(也见图16.18)。$\boldsymbol{E}$ 和 $\boldsymbol{B}$ 的大小有下述关系:

$$B = E/c \tag{16.28}$$

(4) 电磁波具有能量。在真空中的电磁波的单位体积内的能量为

$$w = w_e + w_m = \frac{\varepsilon_0}{2}E^2 + \frac{B^2}{2\mu_0} = \frac{\varepsilon_0}{2}E^2 + \frac{\varepsilon_0}{2}(Bc)^2$$

再利用式(16.28),可得

$$w = \varepsilon_0 E^2 \tag{16.29}$$

在电磁波传播时,其中的能量也随同传播。单位时间内通过与传播方向垂直的单位面积的能量,叫电磁波的**能流密度**,其时间平均值就是电磁波的**强度**。能流密度的大小可推导如下。如图16.19所示,设 $\mathrm{d}A$ 为垂直于传播方向的一个面元,在 $\mathrm{d}t$ 时间内通过此面元的能量应是底面积为 $\mathrm{d}A$,厚度为 $c\mathrm{d}t$ 的柱形体积内的能量。以 S 表示能流密度的大小,则应有

$$S = \frac{w\,\mathrm{d}A\,c\mathrm{d}t}{\mathrm{d}A\,\mathrm{d}t} = cw = c\varepsilon_0 E^2 = \frac{EB}{\mu_0} \tag{16.30}$$

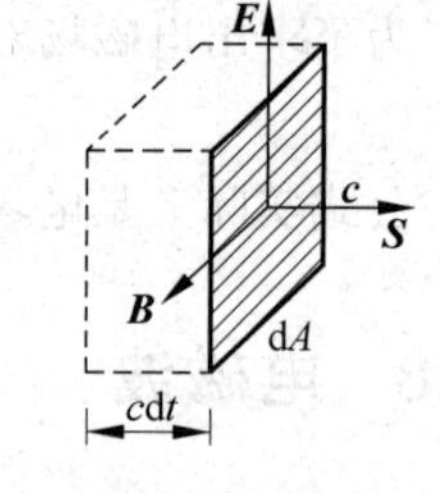

图16.19 能流密度的推导

能流密度是矢量,它的方向就是电磁波传播的方向。考虑到图16.18所表示的 $\boldsymbol{E}$,$\boldsymbol{B}$ 的方向和传播方向之间的相互关系,式(16.30)可以表示为下一矢量公式:

$$\boldsymbol{S} = \frac{1}{\mu_0}\boldsymbol{E} \times \boldsymbol{B} \tag{16.31}$$

电磁波的能流密度矢量又叫**坡印亭矢量**,它是表示电磁波性质的一个重要物理量。

对于简谐电磁波,各处的 $\boldsymbol{E}$ 和 $\boldsymbol{B}$ 都随时间做余弦式的变化。以 E_m 和 B_m 分别表示电场和磁场的最大值(即振幅),则电磁波的强度 I 为

$$I=\overline{S}=c\varepsilon_0\overline{E^2}=\frac{1}{2}c\varepsilon_0E_m^2 \tag{16.32}$$

由于方均根值 E_{rms} 与 E_m 的关系为 $E_{rms}=E_m/\sqrt{2}$,所以又有

$$I=c\varepsilon_0E_{rms}^2 \tag{16.33}$$

例 16.9 电磁波中的电场和磁场。有一频率为 3×10^{13} Hz 的脉冲强激光束,它携带总能量 $W=100$ J,持续时间是 $\tau=10$ ns。此激光束的圆形截面半径为 $r=1$ cm,求在这一激光束中的电场振幅和磁场振幅。

解 此激光束的平均能流密度为

$$\overline{S}=\frac{W}{\pi r^2\tau}=\frac{100}{\pi\times0.01^2\times10\times10^{-9}}=3.3\times10^{13}\ (\mathrm{W/m^2})$$

由式(16.32)可得

$$E_m=\sqrt{2c\mu_0\overline{S}}=\sqrt{2\times3\times10^8\times4\pi\times10^{-7}\times3.3\times10^{13}}=1.6\times10^8\ (\mathrm{V/m})$$

再由式(16.28)可得

$$B_m=\frac{E_m}{c}=\frac{1.6\times10^8}{3\times10^8}=0.53\ (\mathrm{T})$$

这是相当强的电场和磁场。

例 16.10 电容器的能量传入。图 16.20 表示一个正在充电的平行板电容器,电容器板为圆形,半径为 R,板间距离为 b。忽略边缘效应,证明:

(1) 两板间电场的边缘处的坡印亭矢量 $\boldsymbol{S}$ 的方向指向电容器内部;

(2) 单位时间内按坡印亭矢量计算进入电容器内部的总能量等于电容器中的静电能量的增加率。

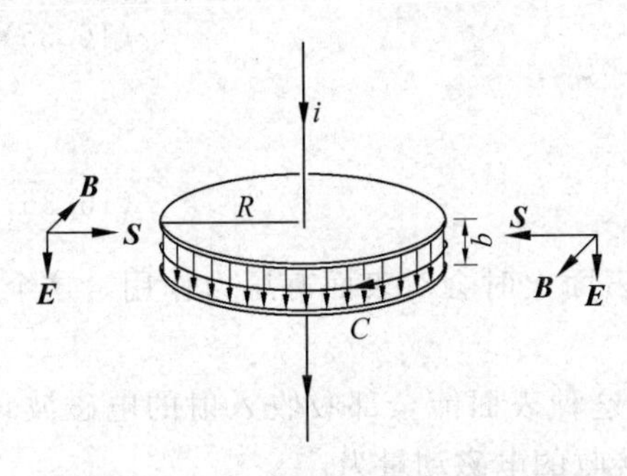

图 16.20 电容器充电时能量的传送

解 (1) 按图 16.20 所示电流充电时,电场的方向如图所示。为了确定坡印亭矢量的方向还要找出 $\boldsymbol{B}$ 的方向。为此利用麦克斯韦方程式(16.26)的Ⅳ式

$$\oint_C\boldsymbol{B}\cdot\mathrm{d}\boldsymbol{r}=\mu_0I+\frac{1}{c^2}\frac{\mathrm{d}}{\mathrm{d}t}\int_S\boldsymbol{E}\cdot\mathrm{d}\boldsymbol{S}$$

选电容器板间与板的半径相同且圆心在极板中心轴上的圆为安培环路,并以此圆包围的圆面积为求电通量的面积。由于没有电流通过此面积,所以

$$\oint_C\boldsymbol{B}\cdot\mathrm{d}\boldsymbol{r}=\frac{1}{c^2}\frac{\mathrm{d}}{\mathrm{d}t}\int_S\boldsymbol{E}\cdot\mathrm{d}\boldsymbol{S}$$

沿图 16.20 所示的 C 的正方向求 $\boldsymbol{B}$ 的环流,可得

$$B\cdot2\pi R=\frac{\pi R^2}{c^2}\frac{\mathrm{d}E}{\mathrm{d}t}$$

由此得

$$B=\frac{R}{2c^2}\frac{\mathrm{d}E}{\mathrm{d}t}$$

充电时,$\mathrm{d}E/\mathrm{d}t>0$,因此 $B>0$,所以磁感线的方向和环路 C 的正方向一致,即顺着电流看去是顺时针方向。由此可以确定圆周 C 上各点的磁场方向。这样,根据坡印亭矢量公式 $\boldsymbol{S}=\boldsymbol{E}\times\boldsymbol{B}/\mu_0$,可知在电容器两板间的电场边缘各处的坡印亭矢量都指向电容器内部。因此,电磁场能量在此处是由外面送入电容器的。

(2) 由上面求出的 B 值可以求出坡印亭矢量的大小为

$$S=\frac{EB}{\mu_0}=\frac{RE}{2c^2\mu_0}\frac{\mathrm{d}E}{\mathrm{d}t}$$

由于围绕电容器板间外缘的面积为 $2\pi Rb$，所以单位时间内按坡印亭矢量计算进入电容器内部的总能量为

$$W_S=S\cdot 2\pi Rb=\frac{\pi R^2 b}{c^2\mu_0}E\frac{\mathrm{d}E}{\mathrm{d}t}=\pi R^2 b\frac{\mathrm{d}}{\mathrm{d}t}\left(\frac{\varepsilon_0 E^2}{2}\right)=\frac{\mathrm{d}}{\mathrm{d}t}\left(\pi R^2 b\frac{\varepsilon_0 E^2}{2}\right)$$

由于 $\pi R^2 b$ 是电容器板间的体积，$\varepsilon_0 E^2/2$ 是板间电能体密度，所以 $\pi R^2 b\varepsilon_0 E^2/2$ 就是板间的总的静电能量。因此，这一结果就说明，单位时间内按坡印亭矢量计算进入电容器板间的总能量的确正好等于电容器中的静电能量的增加率。

从电磁场的观点来说，电容器在充电时所得到的电场能量并不是由电流带入的，而是由电磁场从周围空间输入的。

*16.9 电磁波的动量

电磁波不仅有能量，还有动量。它的动量可以根据动量能量关系求出。由于电磁波以光速 c 传播，所以它不可能具有静质量。可以证明，电磁波的**动量密度**，即**单位体积的电磁波具有的动量**应为

$$p=\frac{w}{c} \tag{16.34}$$

其中 w 为单位体积电磁波所具有的能量。由于电磁波的动量的方向即为传播速度 $\boldsymbol{c}$ 的方向，所以还可以写成

$$\boldsymbol{p}=\frac{w}{c^2}\boldsymbol{c} \tag{16.35}$$

以式(16.29)的 w 值代入式(16.34)，可得

$$p=\frac{\varepsilon_0 E^2}{c} \tag{16.36}$$

由于电磁波具有动量，所以当它入射到一个物体表面上时会对表面有压力作用。这个压力叫**辐射压强**或**光压**。

考虑一束电磁波垂直射到一个"绝对"黑的表面(这种表面能全部吸收入射的电磁波)上。这个表面上面积为 ΔA 的一部分在时间 Δt 内所接收的电磁动量为

$$\Delta p=p\Delta A\,c\,\Delta t$$

由于 $\Delta p/\Delta t=f$ 为面积 ΔA 上所受的辐射压力，而 $f/\Delta A$ 为该面积所受的压强 p_r，所以"绝对"黑的表面上受到垂直入射的电磁波的辐射压强为

$$p_r=cp=\varepsilon_0 E^2=w \tag{16.37}$$

对于一个完全反射的表面，垂直入射的电磁波给予该表面的动量将等于入射电磁波的动量的两倍，因此它对该表面的辐射压强也将增大到式(16.37)所给的两倍。

例 16.11 **太阳光压**。射到地球上的太阳光的平均能流密度是 $\overline{S}=1.4\times10^3\ \mathrm{W/m^2}$，这一能流对地球的辐射压力是多大？(设太阳光完全被地球所吸收。)将这一压力和太阳对整个地球的引力比较一下。

解 地球正对太阳的横截面积为 πR_E^2，而辐射压强为 $p_r=w=\overline{S}/c$。所以太阳光对整个地球的辐射压力为

$$F_r = p_r \cdot \pi R_E^2 = \overline{S}\frac{\pi R_E^2}{c}$$

$$= \frac{1.4\times10^3\times\pi\times(6.4\times10^6)^2}{3\times10^8} = 6.0\times10^8\ (\text{N})$$

太阳对地球的引力为

$$F_g = \frac{GMm}{r^2} = \frac{6.7\times10^{-11}\times2.0\times10^{30}\times6.0\times10^{24}}{(1.5\times10^{11})^2} = 3.6\times10^{22}\ (\text{N})$$

由例 16.10 可知,太阳光对地球的辐射压力与太阳对地球的引力相比是微不足道的。但是对于太空中微小颗粒或尘埃粒子来说,太阳光压可能大于太阳的引力。这是因为在距太阳一定距离处,辐射压力正比于受辐射物体的横截面积,即正比于其线度的二次方,而引力却正比于辐射物体的质量或体积,即正比于其线度的三次方。太小的颗粒会由于太阳的光压而远离太阳飞开。说明这种作用的最明显的例子是彗星尾的方向。彗星尾由大量的尘埃组成,当彗星运行到太阳附近时,由于这些尘埃微粒所受太阳的光压比太阳的引力大,所以它被太阳光推向远离太阳的方向而形成很长的彗尾(图 16.21(b))。图 16.21(a)是 Mrkos 彗星的照片,较暗的彗尾是尘埃受太阳的光压形成的。另一支亮而细的彗尾叫"离子尾",是彗星中的较重质点受太阳风(太阳发出的高速电子-质子流)的压力形成的。彗尾被太阳光照得很亮,有时甚至能被人用肉眼看到。我国民间就以其形象把彗星叫做"扫帚星"。对于它的观测,在世界上也是我国的记录最早。

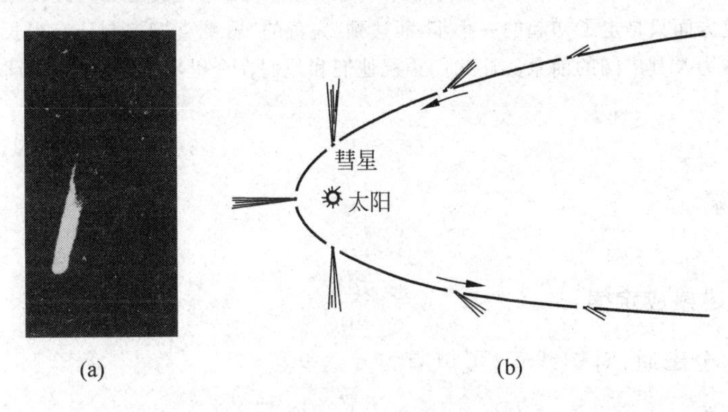

图 16.21　彗星

(a) 1957 年 8 月 Mrkos 彗星照片;(b) 彗尾方向的变化

在地面上的自然现象和技术中,光压的作用比其他力的作用小得多,常常加以忽略。1899 年,俄国科学家列别捷夫首次在实验室内用扭秤测得了微弱的光压。

脑-机接口　思维驱动

人们是利用电磁波来控制遥控设备(如遥控玩具,机器人等)的。人想要机器人完成什么动作,大脑就把这种思维要求通过神经传给(也是通过电磁波)自己的手,再由手拨动控制器上相应的键使它发出相应的电磁波信号来命令机器人完成相应的动作。这种从人的思维到机器人的动作的控制需要人手的介入,所以是间接的。能否使人脑的思维通过电磁波直接控制机器人的动作呢?

2006 年 6 月清华大学生物医学工程系展示了一套"脑-机接口"系统就初步实现了思维对运动的直接控制,而站在了世界在这方面研究的前列。当时所展示的是一对机器狗踢足球(图 16.22)。一男一女两个大学生,都戴着电极帽。这种帽子内壁有许多电极片压在头皮上。大脑在思维时会发出电磁波,叫脑电波。这种脑电波的信号强度只有几微伏到几十微伏。不同的思维活动的脑电波有不同的空间分布。这些脑电波被电极片采集后输入计算机，通过专门设计的计算方法，就可以判断出当前人的思维状态并把它翻译成相应的控制命令，再由无线网络以电磁波的形式发送给机器狗，使之进行相应的动作。当大学生想象自己的左手运动时，机器狗就向左走；当他或她想象自己的脚运动时，机器狗就向前走。这就实现了人的大脑的思维对机器狗的直接控制。

图 16.22 人脑直接控制机器狗踢足球

这种脑-机接口系统可以帮助丧失运动能力而大脑功能正常的残疾人恢复正常的生活，而且可以更广泛地使人能更方便地“为所欲为”地操纵各种机器的动作。清华大学展示的上述脑-机接口系统虽然在实现人们“随心所欲”的研究方面只是走了初起的一小步，而达到“完善的”思维直接控制还有很长的路要走，但它已显示了神经工程的威力及其广阔的前景。让我们预祝他们和他们在全世界的同行们不断取得新的成就。

提要

1. 法拉第电磁感应定律： $\mathscr{E}=-\dfrac{\mathrm{d}\Psi}{\mathrm{d}t}$

其中 Ψ 为全磁通，对螺线管，可以有 $\Psi=N\Phi$。

2. 动生电动势： $\mathscr{E}_{ab}=\int_a^b(\boldsymbol{v}\times\boldsymbol{B})\cdot\mathrm{d}\boldsymbol{l}$

洛伦兹力不做功，但起能量转换作用。

3. 感生电动势和感生电场：

$$\mathscr{E}=\oint_C\boldsymbol{E}_{\mathrm{i}}\cdot\mathrm{d}\boldsymbol{r}=-\frac{\mathrm{d}\Phi}{\mathrm{d}t}=-\frac{\mathrm{d}}{\mathrm{d}t}\int_S\boldsymbol{B}\cdot\mathrm{d}\boldsymbol{S}$$

其中 $\boldsymbol{E}_{\mathrm{i}}$ 为感生电场强度。

4. 互感：

互感系数： $M=\dfrac{\Psi_{21}}{i_1}=\dfrac{\Psi_{12}}{i_2}$，$(M_{12}=M_{21})$

互感电动势： $\mathscr{E}_{21}=-M\dfrac{\mathrm{d}i_1}{\mathrm{d}t}$ （M 一定时）

5. 自感：

自感系数： $L=\dfrac{\Psi}{i}$

自感电动势：$\mathscr{E}_L=-L\dfrac{\mathrm{d}i}{\mathrm{d}t}$（$L$ 一定时）

自感磁能：$W_\mathrm{m}=\dfrac{1}{2}LI^2$

6. 磁场的能量密度： $w_\mathrm{m}=\dfrac{B^2}{2\mu}=\dfrac{1}{2}BH$（非铁磁质）

7. 麦克斯韦方程组： 在真空中，

$$\oint_S \boldsymbol{E}\cdot\mathrm{d}\boldsymbol{S}=\frac{q}{\varepsilon_0}$$

$$\oint_S \boldsymbol{B}\cdot\mathrm{d}\boldsymbol{S}=0$$

$$\oint_C \boldsymbol{E}\cdot\mathrm{d}\boldsymbol{r}=-\int_S\frac{\partial \boldsymbol{B}}{\partial t}\cdot\mathrm{d}\boldsymbol{S}$$

$$\oint_C \boldsymbol{B}\cdot\mathrm{d}\boldsymbol{r}=\mu_0\int_S\left(\boldsymbol{J}+\varepsilon_0\frac{\partial \boldsymbol{E}}{\partial t}\right)\cdot\mathrm{d}\boldsymbol{S}$$

8. 电磁波： 电磁波是横波，其中电场、磁场、传播速度三者相互垂直，而且 $\boldsymbol{E}$ 和 $\boldsymbol{B}$ 的变化是同向的。

$$\boldsymbol{B}=\frac{\boldsymbol{c}\times\boldsymbol{E}}{c^2},\quad B=E/c$$

能量密度：$w=\varepsilon_0E^2=B^2/\mu_0$

能流密度，即坡印亭矢量：$\boldsymbol{S}=\dfrac{\boldsymbol{E}\times\boldsymbol{B}}{\mu_0},\quad S=\dfrac{EB}{\mu_0}$

简谐电磁波的强度：$I=\overline{S}=\dfrac{1}{2}c\varepsilon_0E_m^2=c\varepsilon_0E_\mathrm{rms}^2$

动量密度：$\boldsymbol{p}=\dfrac{w}{c^2}\boldsymbol{c}$

对绝对黑面的辐射压强：$p_\mathrm{r}=pc=w$

思考题

16.1 灵敏电流计的线圈处于永磁体的磁场中，通入电流，线圈就发生偏转。切断电流后，线圈在回复原来位置前总要来回摆动好多次。这时如果用导线把线圈的两个接头短路，则摆动会马上停止。这是什么缘故？

16.2 熔化金属的一种方法是用“高频炉”。它的主要部件是一个铜制线圈，线圈中有一坩埚，埚中放待熔的金属块。当线圈中通以高频交流电时，埚中金属就可以被熔化。这是什么缘故？

16.3 变压器的铁芯为什么总做成片状的，而且涂上绝缘漆相互隔开？铁片放置的方向应和线圈中磁场的方向有什么关系？

16.4 三个线圈中心在一条直线上，相隔的距离很近，如何放置可使它们两两之间的互感系数为零？

16.5 有两个金属环，一个的半径略小于另一个。为了得到最大互感，应把两环面对面放置还是一环套在另一环中？如何套？

16.6 如果电路中通有强电流，当突然打开刀闸断电时，就有一大火花跳过刀闸。试解释这一现象。

16.7 利用楞次定律说明为什么一个小的条形磁铁能悬浮在用超导材料做成的盘上(图 16.23)。

16.8　金属探测器的探头内通入脉冲电流，才能测到埋在地下的金属物品发回的电磁信号（图16.24）。能否用恒定电流来探测？埋在地下的金属为什么能发回电磁信号？

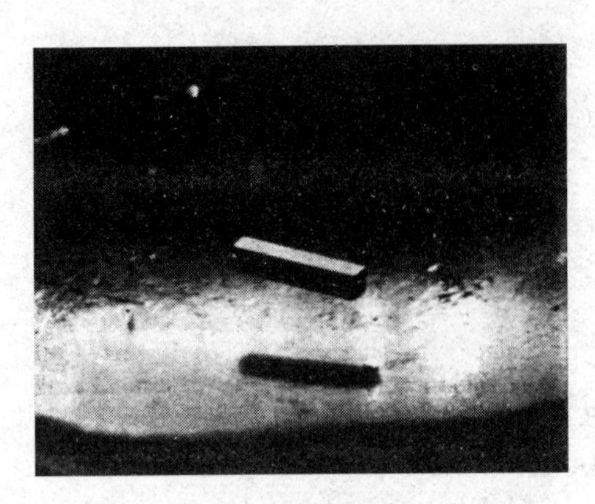

图16.23　超导磁悬浮

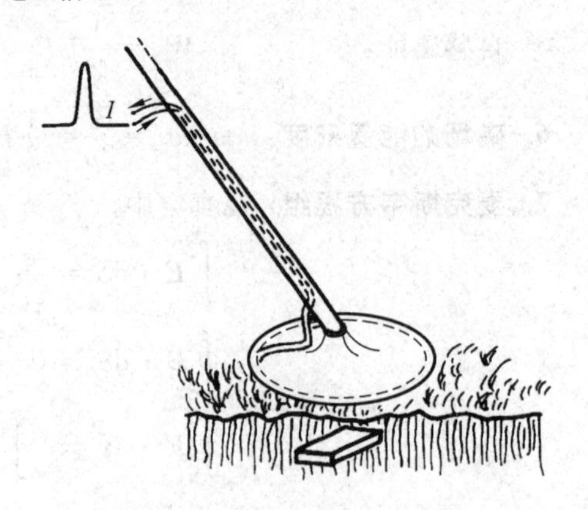

图16.24　思考题16.8用图

16.9　麦克斯韦方程组中各方程的物理意义是什么？

16.10　什么是坡印亭矢量？它和电场及磁场有什么关系？

16.11　电磁波的动量密度和能量密度有什么关系？

16.12　光压是怎么产生的？它和电磁波的动量密度、能量密度以及被照射表面性质有何关系？

习题

16.1　在通有电流 $I=5$ A 的长直导线近旁有一导线段 ab，长 $l=20$ cm，离长直导线距离 $d=10$ cm（图16.25）。当它沿平行于长直导线的方向以速度 $v=10$ m/s 平移时，导线段中的感应电动势多大？a，b 哪端的电势高？

16.2　平均半径为12 cm的 4×10^3 匝线圈，在强度为0.5 G的地磁场中每秒钟旋转30周，线圈中可产生最大感应电动势为多大？如何旋转和转到何时，才有这样大的电动势？

16.3　如图16.26所示，长直导线中通有电流 $I=5$ A，另一矩形线圈共 1×10^3 匝，宽 $a=10$ cm，长 $L=20$ cm，以 $v=2$ m/s 的速度向右平动，求当 $d=10$ cm 时线圈中的感应电动势。

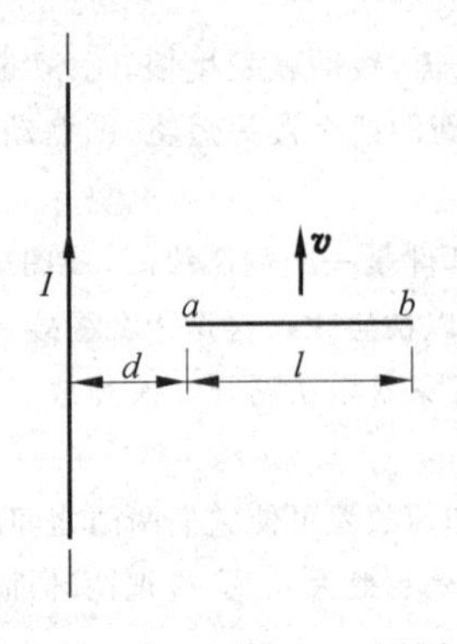

图16.25　习题16.1用图

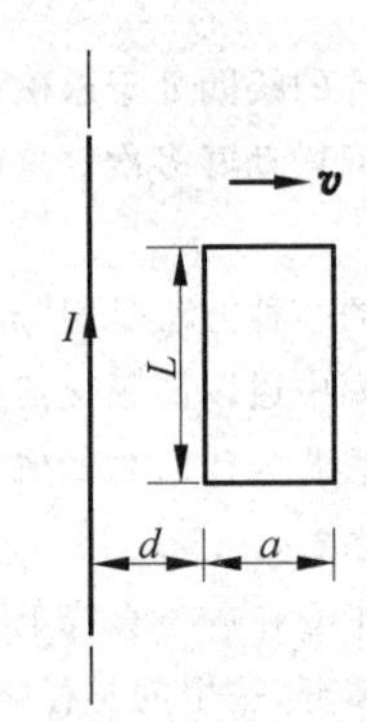

图16.26　习题16.3用图

16.4 习题 16.3 中若线圈不动,而长导线中通有交变电流 $i=5\sin100\pi t$A,线圈内的感生电动势将为多大?

16.5 在半径为 R 的圆柱形体积内,充满磁感应强度为 $\boldsymbol{B}$ 的均匀磁场。有一长为 L 的金属棒放在磁场中,如图 16.27 所示。设磁场在增强,并且 $\frac{dB}{dt}$ 已知,求棒中的感生电动势,并指出哪端电势高。

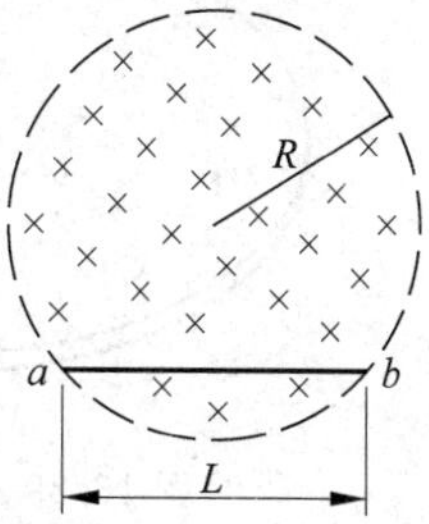

图 16.27 习题 16.5 用图

16.6 1996 年 2 月一航天飞机用长 19.7 km 的金属缆线吊着一个绳系卫星(图 16.28)以 8 km/s 的速度横扫地磁场。缆线上产生的电压峰值为 3500 V。试由此估算此系统飞越处的地磁场的 B 值。

16.7 为了探测海洋中水的运动,海洋学家有时依靠水流通过地磁场所产生的动生电动势。假设在某处地磁场的竖直分量为 0.70×10^{-4} T,两个电极沿垂直于水流方向相距 200 m 插入被测的水流中,如果与两极相连的灵敏伏特计指示 7.0×10^{-3} V 的电势差,求水流速率多大。

16.8 发电机的转子由矩形线环组成,线环平面绕竖直轴旋转。此竖直轴与大小为 2.0×10^{-2} T 的均匀水平磁场垂直。环的尺寸为 10.0 cm×20.0 cm,它有 120 圈。导线的两端接到外电路上,为了在两端之间产生最大值为 12.0 V 的感应电动势,线环必须以多大的转速旋转?

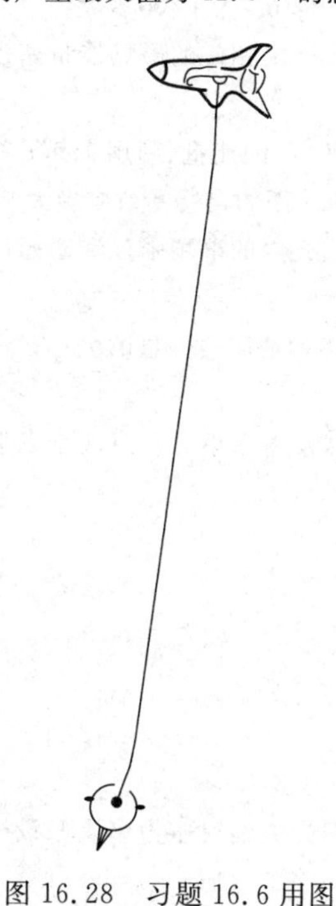

图 16.28 习题 16.6 用图

16.9 一种用小线圈测磁场的方法如下:做一个小线圈,匝数为 N,面积为 S,将它的两端与一测电量的冲击电流计相连。它和电流计线路的总电阻为 R。先把它放到待测磁场处,并使线圈平面与磁场方向垂直,然后急速地把它移到磁场外面,这时电流计给出通过的电量是 q。试用 N,S,q,R 表示待测磁场的大小。

16.10 **电磁阻尼**。图 16.29 所示为一金属圆盘,电阻率为 ρ,厚度为 b。在转动过程中,在离转轴 r 处面积为 a^2 的小方块内加以垂直于圆盘的磁场 $\boldsymbol{B}$。试导出当圆盘转速为 ω 时阻碍圆盘的电磁力矩的近似表达式。

16.11 在电子感应加速器中,要保持电子在半径一定的轨道环内运行,轨道环内的磁场 B 应该等于环围绕的面积中 B 的平均值 $\overline{B}$ 的一半,试证明之。

16.12 一个长 l、截面半径为 R 的圆柱形纸筒上均匀密绕有两组线圈。一组的总匝数为 N_1,另一组的总匝数为 N_2。求筒内为空气时两组线圈的互感系数。

16.13 一圆环形线圈 a 由 50 匝细线绕成,面积为 4.0 cm^2,放在另一个匝数等于 100 匝,半径为 20.0 cm 的圆环形线圈 b 的中心,两线圈同轴。求:

(1) 两线圈的互感系数;

(2) 当线圈 a 中的电流以 50 A/s 的变化率减少时,线圈 b 内磁通量的变化率;

(3) 线圈 b 的感生电动势。

16.14 半径为 2.0 cm 的螺线管,长 30.0 cm,上面均匀密绕 1200 匝线圈,线圈内为空气。

(1) 求这螺线管中自感多大?

(2) 如果在螺线管中电流以 3.0×10^2 A/s 的速率改变,在线圈中产生的自感电动势多大?

16.15 一长直螺线管的导线中通入 10.0 A 的恒定电流时,通过每匝线圈的磁通量是 20 μWb;当电流以 4.0 A/s 的速率变化时,产生的自感电动势为 3.2 mV。求此螺线管的自感系数与总匝数。

16.16 如图 16.30 所示的截面为矩形的螺绕环,总匝数为 N。

(1) 求此螺绕环的自感系数;

(2) 沿环的轴线拉一根直导线。求直导线与螺绕环的互感系数 M_{12} 和 M_{21}，二者是否相等？

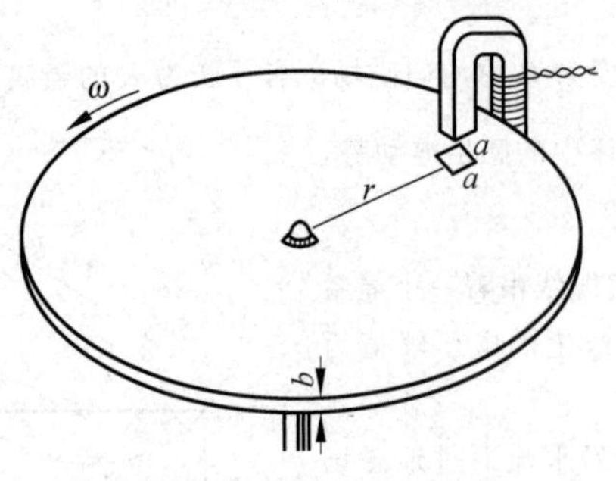

图 16.29 习题 16.10 用图

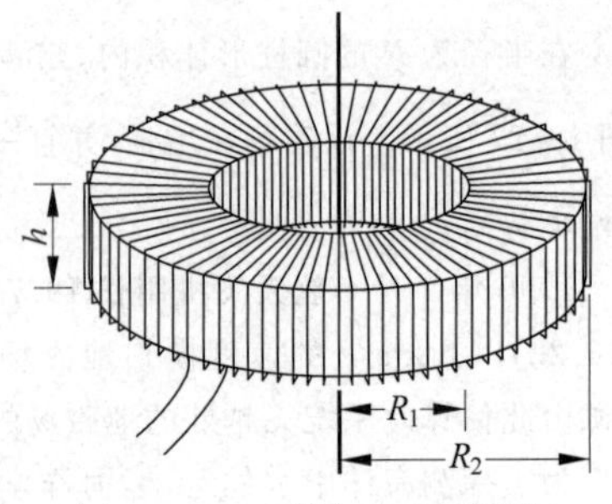

图 16.30 习题 16.16 用图

16.17 两条平行的输电线半径为 a，二者中心相距为 D，电流一去一回。若忽略导线内的磁场，证明这两条输电线单位长度的自感为

$$L_1=\frac{\mu_0}{\pi}\ln\frac{D-a}{a}$$

16.18 中子星表面的磁场估计为 10^8 T，按质能关系，该处的磁能密度(以 kg/m^3 为单位)多大？

16.19 实验室中一般可获得的强磁场约为 2.0 T，强电场约为 1×10^6 V/m。求相应的磁场能量密度和电场能量密度多大？哪种场更有利于储存能量？

16.20 可能利用超导线圈中的持续大电流的磁场储存能量。要储存 1 kW · h 的能量，利用 1.0 T 的磁场，需要多大体积的磁场？若利用线圈中的 500 A 的电流储存上述能量，则该线圈的自感系数应多大？

16.21 太阳光射到地球大气顶层的强度为 1.38×10^3 W/m^2。求该处太阳光内的电场强度和磁感应强度的方均根值(视太阳光为简谐电磁波)。

16.22 用于打孔的激光束截面直径为 60 μm，功率为 300 kW。求此激光束的坡印亭矢量的大小。该束激光中电场强度和磁感应强度的振幅各多大？

16.23 一台氩离子激光器(发射波长 514.5 nm) 以 3.8 kW 的功率向月球发射光束。光束的全发散角为 0.880 μrad。地月距离按 3.82×10^5 km 计。求：

(1) 该光束在月球表面覆盖的圆面积的半径；

(2) 该光束到达月球表面时的强度。

*16.24 一平面电磁波的波长为 3.0 cm，电场强度 E 的振幅为 30 V/m，求：

(1) 该电磁波的频率为多少？

(2) 磁场的振幅为多大？

(3) 对一垂直于传播方向的、面积为 0.5 m^2 的全吸收表面的平均辐射压力是多少？

*16.25 太阳光直射海滩的强度为 1.1×10^3 W/m^2。你晒太阳时受的太阳光的辐射压力多大？设你的迎光面积为 0.5 m^2，而皮肤的反射率为 50%。

*16.26 强激光被用来压缩等离子体。当等离子体内的电子数密度足够大时，它能完全反射入射光。今有一束激光脉冲峰值功率为 1.5×10^9 W，汇聚到 1.3 mm^2 的高电子密度等离子体表面。它对等离子体的压强峰值多大？

*16.27 假设在绕太阳的圆轨道上有个"尘埃粒子"，设它的质量密度为 1.0 g/cm^3。粒子的半径 r 是多大时，太阳把它推向外的辐射压力等于把它拉向内的万有引力(已知太阳表面的辐射功率为 6.9×10^7 W/m^2)？对于这样的尘埃粒子会发生什么现象？

第4篇 波动与光学

光(这里主要指可见光)是人类以及各种生物生活不可或缺的最普通的要素,但对它的规律和本性的认识却经历了漫长的过程。最早也是最容易观察到的规律是光的直线传播。在机械观的基础上,人们认为光是一些微粒组成的,光线就是这些“光微粒”的运动路径。牛顿被尊为是光的微粒说的创始人和坚持者,但并没有确凿的证据。实际上牛顿已觉察到许多光现象可能需要用波动来解释,牛顿环就是一例。不过他当时未能作出这种解释。他的同代人惠更斯倒是明确地提出了光是一种波动,但是并没有建立起系统的有说服力的理论。直到进入19世纪,才由托马斯·杨和菲涅耳从实验和理论上建立起一套比较完整的光的波动理论,使人们正确地认识到光就是一种波动,而光的沿直线前进只是光的传播过程的特殊情形。托马斯·杨和菲涅耳对光波的理解还持有机械论的观点,即光是在一种介质中传播的波。关于传播光的介质是什么的问题,虽然对光波的传播规律的描述甚至实验观测并无直接的影响,但终究是波动理论的一个“要害”问题。19世纪中叶光的电磁理论的建立使人们对光波的认识更深入了一步,但关于“介质”的问题还是矛盾重重,有待解决。最终解决这个问题的是19世纪末叶迈克耳孙的实验以及随后爱因斯坦建立的相对论理论。他们的结论是电磁波(包括光波)是一种可独立存在的物质,它的传播不需要任何介质。

本篇关于光的波动规律的讲解,基本上还是近200年前托马斯·杨和菲涅耳的理论,当然有许多应用实例是现代化的。正确的基本理论是不会过时的,而且它们的应用将随时代的前进而不断扩大和翻新。现代许多高新技术中的精密测量与控制就应用了光的干涉和衍射的原理。激光的发明(这也是40多年前的事情了!)更使“古老的”光学焕发了青春。本篇第19～21章就讲解波动光学的基本规律，包括干涉、衍射和偏振，在适当的地方都插入了若干这些规律的现代应用。所述规律大都是“唯象的”，没有用电磁理论麦克斯韦方程说明它们的根源。

人类对自然界的认识是无止境的，在对光的认识上也是这样。就波动光学本身来说，一些特殊领域的规律也还在不断地深入探索，“光弧子”就是一例。光除了具有波动性外，20世纪初叶（也是100年前的事情了），又确定无疑地从实验上证实了光具有粒子性。这种粒子称做“光量子”，简称“光子”。随后就建立了一套光的量子理论。关于这方面的基本知识，将在本书第5篇量子物理基础中介绍。

本篇第17，18章在牛顿力学的基础上介绍了机械振动与机械波的规律。这些虽然属于机械运动的范畴，但其中的许多概念和规律，例如关于振动与波的运动学描述和叠加等概念对电磁波（包括光波），甚至物质波，都具有普遍意义。读者应注意把这两章学好，以便更容易而深刻地理解后面的波动光学的内容。

本篇所采用的波动与光学的知识系统图

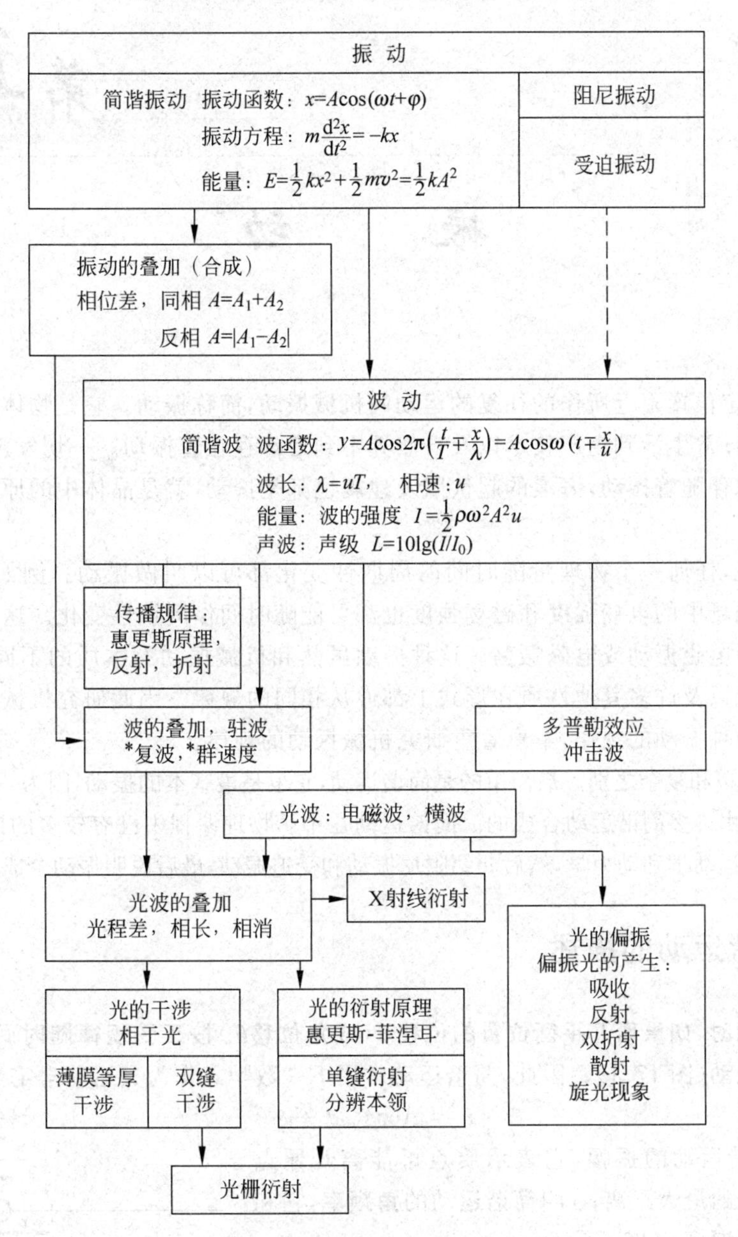

第17章

振　动

物体在一定位置附近所作的往复的运动叫机械振动，简称振动。它是物体的一种运动形式。从日常生活到生产技术以及自然界中到处都存在着振动。一切发声体都在振动，机器的运转总伴随着振动，海浪的起伏以及地震也都是振动，就是晶体中的原子也都在不停地振动着。

广义地说，任何一个物理量随时间的周期性变化都可以叫做振动。例如，电路中的电流、电压，电磁场中的电场强度和磁场强度也都可能随时间作周期性变化。这种变化也可以称为振动——电磁振动或电磁振荡。这种振动虽然和机械振动有本质的不同，但它们随时间变化的情况以及许多其他性质在形式上都遵从相同的规律。因此研究机械振动的规律有助于了解其他种振动的规律，本章着重研究机械振动的规律。

振动有简单和复杂之别。最简单的是简谐运动，它也是最基本的振动，因为一切复杂的振动都可以认为是由许多简谐运动合成的。简谐运动在中学物理课程中已有较多的讨论，下面先简述简谐运动的运动学和动力学，然后介绍阻尼振动和受迫振动，最后说明振动合成的规律。

17.1　简谐运动的描述

质点运动时，如果离开平衡位置的位移 x（或角位移 θ）按正弦规律随时间变化，这种运动就叫简谐运动（图 17.1）。因此，简谐运动常用下一数学式作为其运动学定义：

$$x = A\cos(\omega t + \varphi) \tag{17.1}$$

式中 A 叫简谐运动的**振幅**，它表示质点可能离开原点（即平衡位置）的最大距离；ω 叫简谐运动的**角频率**，它和简谐运动的**周期** T 有以下关系：

$$\omega = \frac{2\pi}{T} \tag{17.2}$$

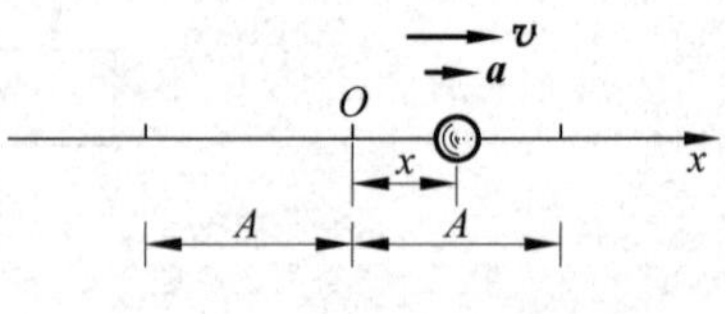

图 17.1　质点的简谐运动

简谐运动的**频率** ν 为周期 T 的倒数，因而有

$$\omega = 2\pi\nu \tag{17.3}$$

将式(17.2)和式(17.3)代入式(17.1)，又可得简谐运动的表达式为

$$x = A\cos\left(\frac{2\pi}{T}t + \varphi\right) = A\cos(2\pi\nu t + \varphi) \tag{17.4}$$

ω,T 和 ν 都是表示简谐运动在时间上的周期性的量。

根据定义,可得简谐运动的速度和加速度分别为

$$v=\frac{\mathrm{d}x}{\mathrm{d}t}=-\omega A\sin(\omega t+\varphi)=\omega A\cos\left(\omega t+\varphi+\frac{\pi}{2}\right) \tag{17.5}$$

$$a=\frac{\mathrm{d}^2x}{\mathrm{d}t^2}=-\omega^2A\cos(\omega t+\varphi)=\omega^2A\cos(\omega t+\varphi+\pi) \tag{17.6}$$

比较式(17.1)和式(17.6)可得

$$a=\frac{\mathrm{d}^2x}{\mathrm{d}t^2}=-\omega^2x \tag{17.7}$$

这一关系式说明,**简谐运动的加速度和位移成正比而反向**。

式(17.1)、式(17.5)、式(17.6)的函数关系可用图 17.2 所示的曲线表示,其中表示 x-t 关系的一条曲线叫做**振动曲线**。

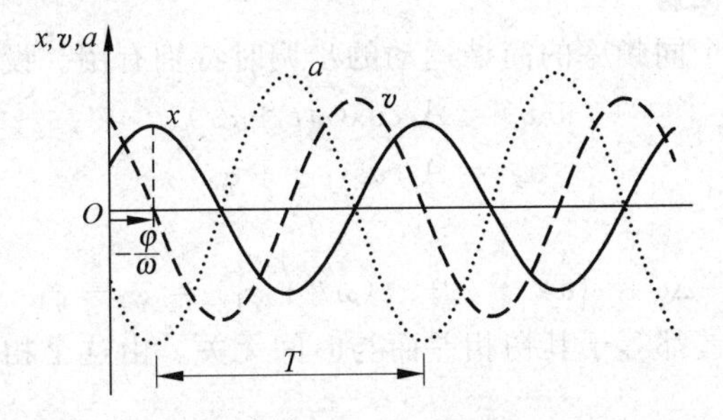

图 17.2 简谐运动的 x,v,a 随时间变化的关系曲线

质点的简谐运动和匀速圆周运动有简单的关系。如图 17.3 所示,质点沿着以平衡位置 O 为中心,半径为 A 的圆周作角速度为 ω 的圆周运动时,它在一直径(取作 x 轴)上投影的运动就是简谐运动。以起始时质点的径矢与 x 轴的夹角为 φ,在任意时刻 t 质点在 x 轴上的投影的位置就是

$$x=A\cos(\omega t+\varphi)$$

这正是简谐运动的定义公式(17.1)。还可以证明,质点在 x 轴上的投影的速度和加速度的表达式,也就是质点沿圆周运动的速度和加速度沿 x 轴的分量也正是上面简谐运动的速度和加速度的表达式——式(17.5)和式(17.6)。

正是由于简谐运动和匀速圆周运动的这一关系,就常用圆周运动的起始径矢位置图示一简谐运动。例如图 17.4 就表示式(17.1)所表达的简谐运动,简谐运动的这一表示法叫**相量图法**,长度等于振幅的径矢叫**振幅矢量**。

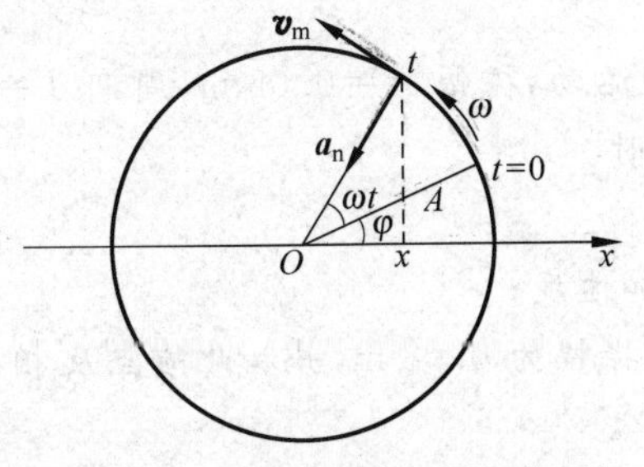

图 17.3 匀速圆周运动与简谐运动

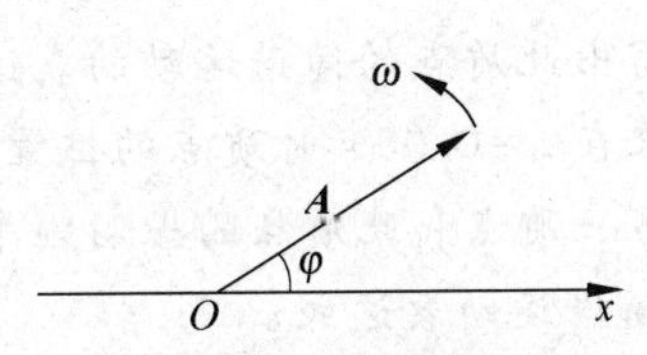

图 17.4 相量图

在简谐运动定义公式(17.1)中的量$(\omega t+\varphi)$叫做在时刻t振动的**相**(或**相位**)。在相量图中,它还有一个直观的几何意义,即在时刻t振幅矢量和x轴的夹角。从式(17.1)和式(17.5),或者借助于图17.3,都可以知道,对于一个确定的简谐运动来说,一定的相就对应于振动质点在一定时刻的运动状态,即一定时刻的位置和速度。因此,在说明简谐运动时,常不分别地指出位置和速度,而直接用相表示质点的某一运动状态。例如,当用余弦函数表示简谐运动时,$\omega t+\varphi=0$,即相为零的状态,表示质点在正位移极大处而速度为零;$\omega t+\varphi=\pi/2$,即相为$\pi/2$的状态,表示质点正越过原点并以最大速率向x轴负向运动;$\omega t+\varphi=(3/2)\pi$的状态表示质点也正越过原点但是以最大速率向$x$轴正向运动;等等。因此,相是说明简谐运动时常用到的一个概念。

在初始时刻即$t=0$时,相为φ,因此,φ叫做**初相**。

在式(17.1)中,如果A,ω,φ都知道了,由它表示的简谐运动就确定了。因此,A,ω和φ叫做简谐运动的**三个特征量**。

相的概念在比较两个同频率的简谐运动的步调时特别有用。设有下列两个简谐运动:

$$x_1=A_1\cos(\omega t+\varphi_1)$$
$$x_2=A_2\cos(\omega t+\varphi_2)$$

它们的**相差**为

$$\Delta\varphi=(\omega t+\varphi_2)-(\omega t+\varphi_1)=\varphi_2-\varphi_1 \tag{17.8}$$

即它们在任意时刻的相差都等于其初相差而与时间无关。由这个相差的值就可以知道它们的步调是否相同。

如果$\Delta\varphi=0$(或者2π的整数倍),两振动质点将同时到达各自的同方向的极端位置,并且同时越过原点而且向同方向运动,它们的步调相同。这种情况我们说二者**同相**。

如果$\Delta\varphi=\pi$(或者π的奇数倍),两振动质点将同时到达各自的相反方向的极端位置,并且同时越过原点但向相反方向运动,它们的步调相反。这种情况我们说二者**反相**。

当$\Delta\varphi$为其他值时,一般地说二者**不同相**。当$\Delta\varphi=\varphi_2-\varphi_1>0$时,$x_2$将先于$x_1$到达各自的同方向极大值,我们说$x_2$振动超前$x_1$振动$\Delta\varphi$,或者说$x_1$振动落后于$x_2$振动$\Delta\varphi$。当$\Delta\varphi<0$时,我们说$x_1$振动超前$x_2$振动$|\Delta\varphi|$。在这种说法中,由于相差的周期是$2\pi$,所以我们把$|\Delta\varphi|$的值限在$\pi$以内。例如,当$\Delta\varphi=(3/2)\pi$时,我们常不说$x_2$振动超前$x_1$振动$(3/2)\pi$,而改写成$\Delta\varphi=(3/2)\pi-2\pi=-\pi/2$,且说$x_2$振动落后于$x_1$振动$\pi/2$,或说$x_1$振动超前$x_2$振动$\pi/2$。

相不但用来表示两个相同的作简谐运动的物理量的步调,而且可以用来表示频率相同的不同的物理量变化的步调。例如在图17.2中加速度a和位移x反相,速度v超前位移$\pi/2$,而落后于加速度$\pi/2$。

例17.1 简谐运动。一质点沿x轴作简谐运动,振幅$A=0.05\ \text{m}$,周期$T=0.2\ \text{s}$。当质点正越过平衡位置向负x方向运动时开始计时。

(1) 写出此质点的简谐运动的表达式;

(2) 求在$t=0.05\ \text{s}$时质点的位置、速度和加速度;

(3) 另一质点和此质点的振动频率相同,但振幅为$0.08\ \text{m}$,并和此质点反相,写出这另一质点的简谐运动表达式;

(4) 画出两振动的相量图。

解 (1) 取平衡位置为坐标原点，以余弦函数表示简谐运动，则 $A=0.05\ \text{m}$，$\omega=2\pi/T=10\pi\ \text{s}^{-1}$。由于 $t=0$ 时 $x=0$ 且 $v<0$，所以 $\varphi=\pi/2$。因此，此质点简谐运动表达式为

$$x=A\cos(\omega t+\varphi)=0.05\cos(10\pi t+\pi/2)$$ [1]

(2) $t=0.05\ \text{s}$ 时，

$$x=0.05\cos(10\pi\times 0.05+\pi/2)=0.05\cos\pi=-0.05\ \text{m}$$

此时质点正在负 x 向最大位移处；

$$v=-\omega A\sin(\omega t+\varphi)=-0.05\times 10\pi\sin(10\pi\times 0.05+\pi/2)=0$$

此时质点瞬时停止；

$$a=-\omega^2A\cos(\omega t+\varphi)$$
$$=-(10\pi)^2 0.05\cos(10\pi\times 0.05+\pi/2)=49.3\ \text{m/s}^2$$

此时质点的瞬时加速度指向平衡位置。

(3) 由于频率相同，另一反相质点的初相与此质点的初相差就是 π（或 $-\pi$）。这另一质点的简谐运动表达式应为

$$x'=A'\cos(\omega t+\varphi-\pi)=0.08\cos(10\pi t-\pi/2)$$

(4) 两振动的相量图见图 17.5。

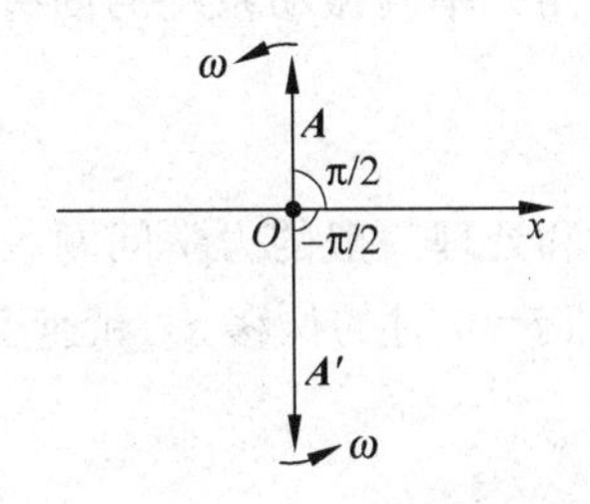

图 17.5 例 17.1 中两振动的相量图

17.2 简谐运动的动力学

作简谐运动的质点，它的加速度和对于平衡位置的位移有式(17.7)所示的关系，即

$$a=\frac{\mathrm{d}^2x}{\mathrm{d}t^2}=-\omega^2x$$

根据牛顿第二定律，质量为 m 的质点沿 x 方向作简谐运动，沿此方向所受的合外力就应该是

$$F=m\frac{\mathrm{d}^2x}{\mathrm{d}t^2}=-m\omega^2x$$

由于对同一个简谐运动，m，ω 都是常量，所以可以说：**一个作简谐运动的质点所受的沿位移方向的合外力与它对于平衡位置的位移成正比而反向**。这样的力称为**回复力**。

反过来，如果一个质点沿 x 方向运动，它受到的合外力 F 与它对于平衡位置的位移 x 成正比而反向，即

$$F=-kx \tag{17.9}$$

其中，k 为比例常量，则由牛顿第二定律，可得

$$F=m\frac{\mathrm{d}^2x}{\mathrm{d}t^2}=-kx \tag{17.10}$$

或

$$a=\frac{\mathrm{d}^2x}{\mathrm{d}t^2}=-\frac{k}{m}x \tag{17.11}$$

微分方程的理论证明，这一微分方程的解一定取式(17.1)的形式，即

$$x=A\cos(\omega t+\varphi)$$

因此可以说，在式(17.9)所示的合外力作用下，质点一定作简谐运动。这样，式(17.9)所表示的外力就是质点做简谐运动的充要条件。所以就可以说，**质点在与对平衡位置的位移成**

---

① 本篇表达式中各量用数值表示时，除特别指明外，均用国际单位制单位。

正比而反向的合外力作用下的运动就是简谐运动。这可以作为**简谐运动的动力学定义**。式(17.10)就叫做简谐运动的**动力学方程**。

将式(17.7)和式(17.11)加以对比,可以得出简谐运动的角频率为

$$\omega=\sqrt{\frac{k}{m}} \tag{17.12}$$

这就是说,简谐运动的角频率由振动系统本身的性质(包括力的特征和物体的质量)所决定。这一角频率叫振动系统的**固有角频率**,相应的周期叫振动系统的**固有周期**,其值为

$$T=\frac{2\pi}{\omega}=2\pi\sqrt{\frac{m}{k}} \tag{17.13}$$

和处理一般的力学问题一样,除了知道式(17.9)所示外力条件外,还需要知道初始条件,即 $t=0$ 时的位移 x_0 和速度 v_0,才能决定简谐运动的具体形式。由式(17.1)和式(17.5)可知

$$x_0=A\cos\varphi,\quad v_0=-\omega A\sin\varphi \tag{17.14}$$

由此可解得

$$A=\sqrt{x_0^2+\frac{v_0^2}{\omega^2}} \tag{17.15}$$

$$\varphi=\arctan\left(-\frac{v_0}{\omega x_0}\right) \tag{17.16}$$

在用式(17.16)确定 φ 时,一般说来,在 $-\pi$ 到 π 之间有两个值,因此应将此二值代回式(17.14)中以判定取舍。

简谐运动的三个特征量 A,ω,φ 都知道了,这个简谐运动的情况就完全确定了。

例 17.2 弹簧振子。图 17.6 所示为一水平弹簧振子,弹簧对小球(即振子)的弹力遵守胡克定律,即 $F=-kx$,其中 k 为弹簧的劲度系数。(1)证明:振子的运动为简谐运动。(2)已知弹簧的劲度系数为 $k=15.8\ \mathrm{N/m}$,振子的质量为 $m=0.1\ \mathrm{kg}$。在 $t=0$ 时振子对平衡位置的位移 $x_0=0.05\ \mathrm{m}$,速度 $v_0=-0.628\ \mathrm{m/s}$。写出相应的简谐运动的表达式。

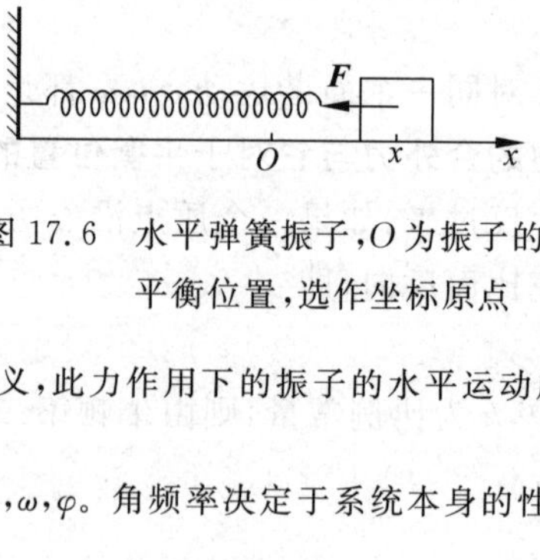

图 17.6 水平弹簧振子,O 为振子的平衡位置,选作坐标原点

解 (1) 以胡克定律表示的振子所受的水平合力表示式说明此合力与振子在其平衡位置的位移成正比而反向。根据定义,此力作用下的振子的水平运动应为简谐运动。

(2) 要写出此简谐运动的表达式,需要知道它的三个特征量 A,ω,φ。角频率决定于系统本身的性质,由式(17.12)可得

$$\omega=\sqrt{\frac{k}{m}}=\sqrt{\frac{15.8}{0.1}}=12.57\ (\mathrm{s}^{-1})=4\pi\ (\mathrm{s}^{-1})$$

A 和 φ 由初始条件决定,由式(17.15)得

$$A=\sqrt{x_0^2+\frac{v_0^2}{\omega^2}}=\sqrt{0.05^2+\frac{(-0.628)^2}{12.57^2}}=7.07\times10^{-2}\ (\mathrm{m})$$

又由式(17.16)得

$$\varphi=\arctan\left(-\frac{v_0}{\omega x_0}\right)=\arctan\left(-\frac{-0.628}{12.57\times0.05}\right)=\arctan1=\frac{\pi}{4}\text{ 或 }-\frac{3}{4}\pi$$

由于 $x_0 = A\cos\varphi = 0.05\ \text{m} > 0$，所以取 $\varphi = \pi/4$。

由此，以平衡位置为原点所求简谐运动的表达式应为

$$x = 7.07 \times 10^{-2} \cos\left(4\pi t + \frac{\pi}{4}\right)$$

例 17.3 单摆的小摆角振动。 如图 17.7 所示的单摆摆长为 l，摆锤质量为 m。证明：单摆的小摆角振动是简谐运动并求其周期。

解 当摆线与竖直方向成 θ 角时，忽略空气阻力，摆球所受的合力沿圆弧切线方向的分力，即重力在这一方向的分力，为 $mg\sin\theta$。取逆时针方向为角位移 θ 的正方向，则此力应写成

$$f_t = -mg\sin\theta$$

在**角位移 θ 很小时**，$\sin\theta \approx \theta$，所以

$$f_t = -mg\theta \tag{17.17}$$

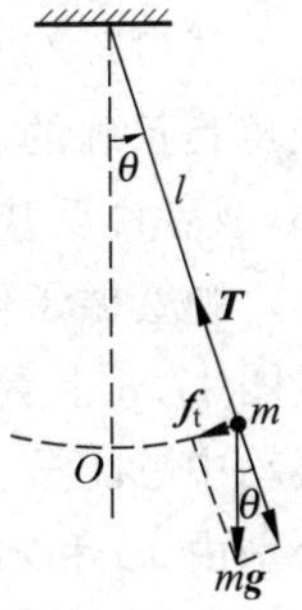

由于摆球的切向加速度为 $a_t = \dfrac{dv}{dt} = l\dfrac{d\omega}{dt} = l\dfrac{d^2\theta}{dt^2}$，所以由牛顿第二定律可得

$$ml\frac{d^2\theta}{dt^2} = -mg\theta$$

或

$$\frac{d^2\theta}{dt^2} = -\frac{g}{l}\theta \tag{17.18}$$

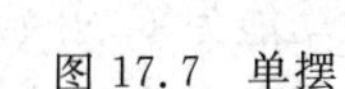

图 17.7 单摆

这一方程和式(17.11)具有相同的形式，其中的常量 g/l 相当于式(17.11)中的常量 k/m。由此可以得出结论：**在摆角很小的情况下，单摆的振动是简谐运动**。这一振动的角频率，根据式(17.12)应为

$$\omega = \sqrt{\frac{g}{l}}$$

而由式(17.2)可知单摆振动的周期为

$$T = \frac{2\pi}{\omega} = 2\pi\sqrt{\frac{l}{g}} \tag{17.19}$$

这就是在中学物理课程中大家已熟知的单摆周期公式。

17.3 简谐运动的能量

仍以图 17.1 所示的水平弹簧振子为例。当物体的位移为 x，速度 $v = dx/dt$ 时，弹簧振子的总机械能为

$$E = E_k + E_p = \frac{1}{2}mv^2 + \frac{1}{2}kx^2 \tag{17.20}$$

利用式(17.1)，可得任意时刻弹簧振子的弹性势能和动能分别为

$$E_p = \frac{1}{2}kx^2 = \frac{1}{2}kA^2\cos^2(\omega t + \varphi) \tag{17.21}$$

$$E_k = \frac{1}{2}mv^2 = \frac{1}{2}m\omega^2A^2\sin^2(\omega t + \varphi) \tag{17.22}$$

应用式(17.12)的关系，即

$$\omega^2 = \frac{k}{m}$$

可得

$$E_k = \frac{1}{2}kA^2\sin^2(\omega t + \varphi) \tag{17.23}$$

因此，弹簧振子系统的总机械能为

$$E = E_k + E_p = \frac{1}{2}kA^2 \tag{17.24}$$

由此可知，弹簧振子的总能量不随时间改变，即其机械能守恒。这一点是和弹簧振子在振动过程中没有外力对它做功的条件相符合的。

式(17.24)还说明弹簧振子的总能量和振幅的平方成正比，这一点对其他的简谐运动系统也是正确的。振幅不仅给出了简谐运动的运动范围，而且还反映了振动系统总能量的大小，或者说反映了振动的**强度**。

弹簧振子做简谐运动时的能量变化情况可以在势能曲线图17.8上看到。弹簧振子的势能曲线为抛物线。在一次振动中总能量为E，保持不变。在位移为x时，势能和动能分别由xa和ab直线段表示。当位移到达$+A$和$-A$时，振子动能为零，开始返回运动。振子不可能越过势能曲线到达势能更大的区域，因为到那里振子的动能应为负值，而这是不可能的。

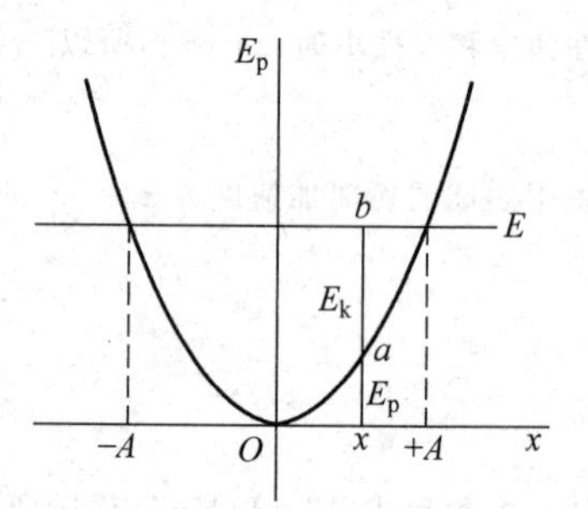

图17.8 弹簧振子的势能曲线

还可以利用式(17.21)和式(17.23)求出弹簧振子的势能和动能对时间的平均值。根据对时间的平均值的定义可得

$$\overline{E}_p = \frac{1}{T}\int_0^T E_p \mathrm{d}t = \frac{1}{T}\int_0^T \frac{1}{2}kA^2\cos^2(\omega t + \varphi)\mathrm{d}t = \frac{1}{4}kA^2$$

$$\overline{E}_k = \frac{1}{T}\int_0^T E_k \mathrm{d}t = \frac{1}{T}\int_0^T \frac{1}{2}kA^2\sin^2(\omega t + \varphi)\mathrm{d}t = \frac{1}{4}kA^2$$

即弹簧振子的势能和动能的平均值相等而且等于总机械能的一半。这一结论也同样适用于其他的简谐运动。

17.4 阻尼振动

前面几节讨论的简谐运动，都是物体在弹性力或准弹性力作用下产生的，没有其他的力，如阻力的作用。这样的简谐运动又叫做**无阻尼自由振动**。（“尼”字据《辞海》也是阻止的意思。）实际上，任何振动系统总还要受到阻力的作用，这时的振动叫做**阻尼振动**。由于在阻尼振动中，振动系统要不断地克服阻力做功，所以它的能量将不断地减少。因而阻尼振动的振幅也不断地减小，故而被称为**减幅振动**。

通常的振动系统都处在空气或液体中，它们受到的阻力就来自它们周围的这些介质。实验指出，当运动物体的速度不太大时，介质对运动物体的阻力与速度成正比。又由于阻力总与速度方向相反，所以阻力f_r与速度v就有下述的关系：

$$f_r = -\gamma v \tag{17.25}$$

式中γ为正的比例常数，它的大小由物体的形状、大小、表面状况以及介质的性质决定。

质量为m的振动物体，在弹性力（或准弹性力）和上述阻力作用下运动时，如果阻力较

小,则其振动图线如图 17.9 所示。可以证明,这时振动的振幅随时间按指数规律减小,即

$$A = A_0 e^{-\beta t} \tag{17.26}$$

其中

$$\beta = \frac{\gamma}{2m} \tag{17.27}$$

称为**阻尼系数**。

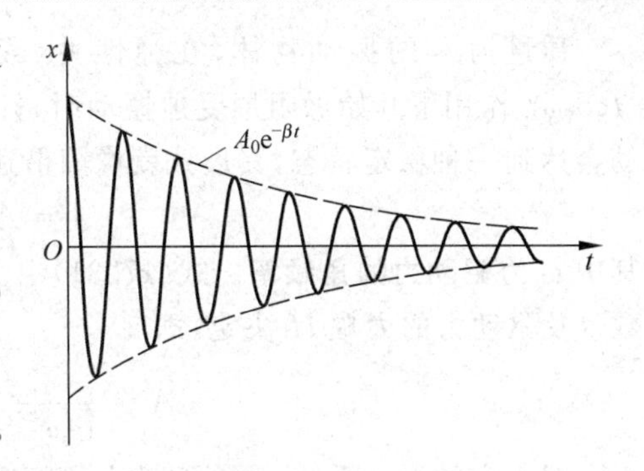

图 17.9 阻尼振动图线

由于振幅不断减小,振动能量也不断减小。由于振动能量和振幅的平方成正比,所以有

$$E = E_0 e^{-2\beta t} \tag{17.28}$$

其中 E_0 为起始能量。能量减小到起始能量的 1/e 所经过的时间为

$$\tau = \frac{1}{2\beta} \tag{17.29}$$

这一时间可以作为阻尼振动的特征时间而称为**时间常量**,或叫鸣响时间。阻尼越小,则时间常数越大,鸣响时间也越长。

在通常情况下,阻尼很难避免,振动常常是阻尼的。对这种实际振动,常常用在鸣响时间内可能振动的次数来比较振动的"优劣",振动次数越多越"好"。因此,技术上就用这一次数的 2π 倍定义为阻尼振动的**品质因数**,并以 Q 表示,因此又称为振动系统的 **Q 值**。于是

$$Q = 2\pi \frac{\tau}{T} = \omega \tau \tag{17.30}$$

在阻尼不严重的情况下,此式中的 T 和 ω 就可以用振动系统的固有周期和固有角频率计算。一般音叉和钢琴弦的 Q 值为几千,即它们在敲击后到基本听不见之前大约可以振动几千次,无线电技术中的振荡回路的 Q 值为几百,激光器的光学谐振腔的 Q 值可达 10^7。

图 17.9 所示的阻尼较小的阻尼运动叫**欠阻尼**。阻尼作用过大时,物体的运动将不再具有任何周期性,物体将从原来远离平衡位置的状态慢慢回到平衡位置。这种情况称为**过阻尼**。

阻尼的大小适当,则可以使运动处于一种**临界阻尼**状态。此时系统还是一次性地回到平衡状态,但所用的时间比过阻尼的情况要短。因此当物体偏离平衡位置时,如果要它以最短的时间一次性地回到平衡位置,就常用施加临界阻尼的方法。

17.5 受迫振动 共振

实际的振动系统总免不了由于阻力而消耗能量,这会使振幅不断衰减。但这时也能够得到等幅的,即振幅并不衰减的振动,这是由于对振动系统施加了周期性外力因而不断地补充能量的缘故。这种周期性外力叫**驱动力**,在驱动力作用下的振动就叫**受迫振动**。

受迫振动是常见的。例如,如果电动机的转子的质心不在转轴上,则当电动机工作时它的转子就会对基座加一个周期性外力(频率等于转子的转动频率)而使基座作受迫振动。扬声器中和纸盆相连的线圈,在通有音频电流时,在磁场作用下就对纸盆施加周期性的驱动力而使之发声。人们听到声音也是耳膜在传入耳蜗的声波的周期性压力作用下作受迫振动的结果。

质量为 m 的振动物体，在弹性力（或准弹性力）、与速度成正比的阻力以及驱动力 $H\cos\omega t$ 作用下开始做阻尼受迫振动时，开始时运动比较复杂紊乱，但经过一段时间后，振动会达到一种稳定状态，其形式就像简谐运动，可表示为

$$x = A\cos(\omega t + \varphi) \tag{17.31}$$

其中 **ω 为驱动力的角频率**。式(17.31)中受迫振动的振幅 A 由系统的固有频率 ω_0、阻尼系数 β 及驱动力的力幅 H 决定，即

$$A = \frac{H/m}{[(\omega_0^2 - \omega^2)^2 + 4\beta^2\omega^2]^{1/2}} \tag{17.32}$$

对一定的振动系统，改变驱动力的频率，当驱动力频率为某一值时，振幅会达到极大值。用求极值的方法可得使振幅达到极大值的角频率为

$$\omega_r = \sqrt{\omega_0^2 - 2\beta^2} \tag{17.33}$$

相应的最大振幅为

$$A_r = \frac{H/m}{2\beta\sqrt{\omega_0^2 - \beta^2}} \tag{17.34}$$

在弱阻尼即 $\beta \ll \omega_0$ 的情况下，由式(17.33)可看出，当 $\omega_r = \omega_0$，即驱动力频率等于振动系统的固有频率时，振幅达到最大值。我们把这种振幅达到最大值的现象叫做**共振**①。

在几种阻尼系数不同的情况下受迫振动的振幅随驱动力的角频率变化的情况如图17.10所示。

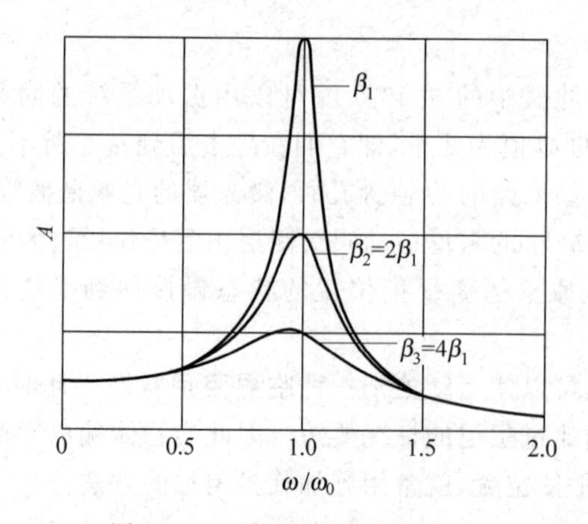

图17.10 受迫振动的振幅曲线

可以证明，在共振时，振动速度和驱动力同相，因而，驱动力总是对系统做正功，系统能最大限度地从外界得到能量。这就是共振时振幅最大的原因。

共振现象是极为普遍的，在声、光、无线电、原子内部及工程技术中都常遇到。共振现象有有利的一面，例如，许多仪器就是利用共振原理设计的：收音机利用电磁共振（电谐振）进行选台，一些乐器利用共振来提高音响效果，核内的核磁共振被利用来进行物质结构的研究以及医疗诊断等。共振也有不利的一面，例如共振时因为系统振幅过大会造成机器设备的

① 一般来讲，可以证明，当驱动力频率正好等于系统固有频率时，受迫振动的速度幅达到极大值。这叫做**速度共振**。上面讲的振幅达到极大值的现象叫做**位移共振**。在弱阻尼的情况下，二者可不加区分。

损坏等。1940 年著名的美国塔科马海峡大桥断塌的部分原因就是阵阵大风引起的桥的共振。图 17.11(a)是该桥要断前某一时刻的振动形态,(b)是桥断后的惨状。

(a)

(b)

图 17.11 塔科马海峡大桥的共振断塌

17.6 同一直线上同频率的简谐运动的合成

在实际的问题中,常常会遇到几个简谐运动的合成(或叠加)。例如,当两列声波同时传到空间某一点时,该点空气质点的运动就是两个振动的合成。一般的振动合成问题比较复杂,下面先讨论在同一直线上的频率相同的两个简谐运动的合成。

设两个在同一直线上的同频率的简谐运动的表达式分别为

$$x_1 = A_1\cos(\omega t + \varphi_1)$$

$$x_2 = A_2\cos(\omega t + \varphi_2)$$

式中 A_1,A_2 和 φ_1,φ_2 分别为两个简谐运动的振幅和初相,x_1,x_2 表示在同一直线上,相对同一平衡位置的位移。在任意时刻合振动的位移为

$$x = x_1 + x_2$$

对这种简单情况虽然利用三角公式不难求得合成结果,但是利用相量图可以更简捷直观地得出有关结论。

如图 17.12 所示,$\boldsymbol{A}_1$,$\boldsymbol{A}_2$ 分别表示简谐运动 x_1 和 x_2 的振幅矢量,$\boldsymbol{A}_1$,$\boldsymbol{A}_2$ 的合矢量为 $\boldsymbol{A}$,而 $\boldsymbol{A}$ 在 x 轴上的投影 $x = x_1 + x_2$。

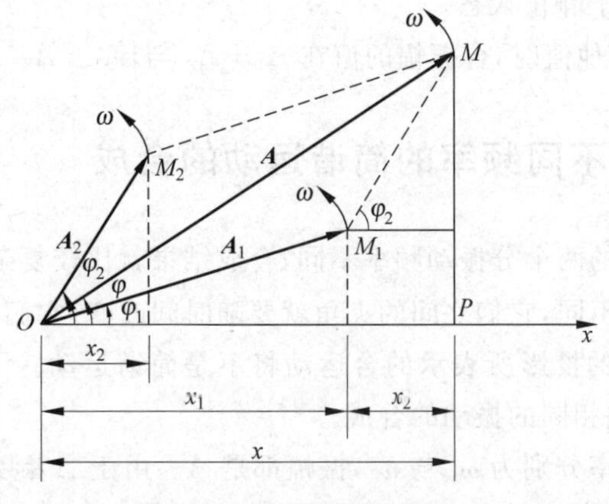

图 17.12 在 x 轴上的两个同频率的简谐运动合成的相量图

因为 $\boldsymbol{A}_1$，$\boldsymbol{A}_2$ 以相同的角速度 ω 匀速旋转，所以在旋转过程中平行四边形的形状保持不变，因而合矢量 $\boldsymbol{A}$ 的长度保持不变，并以同一角速度 ω 匀速旋转。因此，合矢量 $\boldsymbol{A}$ 就是相应的合振动的振幅矢量，而合振动的表达式为

$$x = A\cos(\omega t + \varphi)$$

参照图 17.12，利用余弦定理可求得合振幅为

$$A = \sqrt{A_1^2 + A_2^2 + 2A_1A_2\cos(\varphi_2 - \varphi_1)} \tag{17.35}$$

由直角△OMP 可以求得合振动的初相 φ 满足

$$\tan\varphi = \frac{A_1\sin\varphi_1 + A_2\sin\varphi_2}{A_1\cos\varphi_1 + A_2\cos\varphi_2} \tag{17.36}$$

式(17.35)表明合振幅不仅与两个分振动的振幅有关，还与它们的初相差 $\varphi_2 - \varphi_1$ 有关。下面是两个重要的特例。

(1) 两分振动同相，$\varphi_2 - \varphi_1 = 2k\pi, k = 0, \pm1, \pm2, \cdots$

这时 $\cos(\varphi_2 - \varphi_1) = 1$，由式(17.35)得

$$A = \sqrt{A_1^2 + A_2^2 + 2A_1A_2} = A_1 + A_2$$

合振幅最大，振动曲线如图 17.13(a)所示。

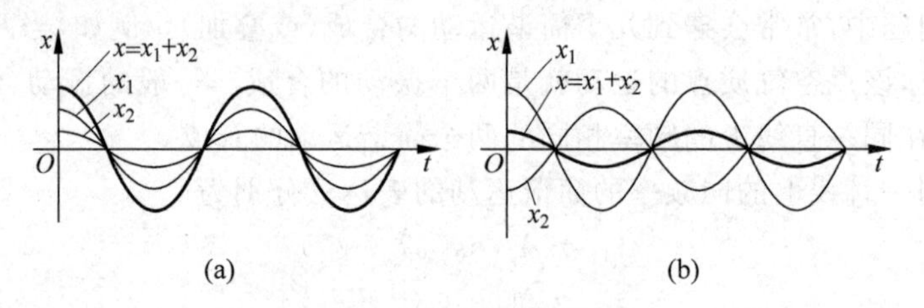

图 17.13 振动合成曲线

(a) 两振动同相；(b) 两振动反相

(2) 两分振动反相，$\varphi_2 - \varphi_1 = (2k+1)\pi, k = 0, \pm1, \pm2, \cdots$

这时 $\cos(\varphi_2 - \varphi_1) = -1$，由式(17.35)得

$$A = \sqrt{A_1^2 + A_2^2 - 2A_1A_2} = |A_1 - A_2|$$

合振幅最小，振动曲线如图 17.13(b)所示。当 $A_1 = A_2$ 时，$A = 0$，说明两个同幅反相的振动合成的结果将使质点处于静止状态。

当相差 $\varphi_2 - \varphi_1$ 为其他值时，合振幅的值在 $A_1 + A_2$ 与 $|A_1 - A_2|$ 之间。

17.7 同一直线上不同频率的简谐运动的合成

如果在一条直线上的两个分振动频率不同，合成结果就比较复杂了。从相量图看，由于这时 $\boldsymbol{A}_1$ 和 $\boldsymbol{A}_2$ 的角速度不同，它们之间的夹角就要随时间改变，它们的合矢量也将随时间改变。该合矢量在 x 轴上的投影所表示的合运动将不是简谐运动。下面我们不讨论一般的情形，而只讨论两个振幅相同的振动的合成。

设两分振动的角频率分别为 ω_1 与 ω_2，振幅都是 A。由于二者频率不同，总会有机会二者同相(表现在相量图上是两分振幅矢量在某一时刻重合)。我们就从此时刻开始计算时

间，因而二者的初相相同。这样，两分振动的表达式可分别写成

$$x_1 = A\cos(\omega_1 t + \varphi)$$
$$x_2 = A\cos(\omega_2 t + \varphi)$$

应用三角学中的和差化积公式可得合振动的表达式为

$$x = x_1 + x_2 = A\cos(\omega_1 t + \varphi) + A\cos(\omega_2 t + \varphi)$$
$$= 2A\cos\frac{\omega_2 - \omega_1}{2}t\cos\left(\frac{\omega_2 + \omega_1}{2}t + \varphi\right) \tag{17.37}$$

在一般情形下，我们察觉不到合振动有明显的周期性。但当两个分振动的频率都较大而其差很小时，就会出现明显的周期性。我们就来说明这种特殊的情形。

式(17.37)中的两因子 $\cos\frac{\omega_2-\omega_1}{2}t$ 及 $\cos\left(\frac{\omega_2+\omega_1}{2}t+\varphi\right)$ 表示两个周期性变化的量。根据所设条件，$\omega_2-\omega_1 \ll \omega_2+\omega_1$，第二个量的频率比第一个的大很多，即第一个的周期比第二个的大很多。这就是说，第一个量的变化比第二个量的变化慢得多，以致在某一段较短时间内第二个量反复变化多次时，第一个量几乎没有变化。因此，对于由这两个因子的乘积决定的运动可近似地看成振幅为 $\left|2A\cos\frac{\omega_2-\omega_1}{2}t\right|$（因为振幅总为正，所以取绝对值），角频率为 $\frac{\omega_1+\omega_2}{2}$ 的谐振动。所谓近似谐振动，就是因为振幅是随时间改变的缘故。由于振幅的这种改变也是周期性的，所以就出现振动忽强忽弱的现象，这时的振动合成的图线如图 17.14 所示。频率都较大但相差很小的两个同方向振动合成时所产生的这种合振动忽强忽弱的现象叫做**拍**。单位时间内振动加强或减弱的次数叫**拍频**。拍频的值可以由振幅公式 $\left|2A\cos\frac{\omega_2-\omega_1}{2}t\right|$ 求出。由于这里只考虑绝对值，而余弦函数的绝对值在一个周期内两次达到最大值，所以单位时间内最大振幅出现的次数应为振动 $\left(\cos\frac{\omega_2-\omega_1}{2}t\right)$ 的频率的两倍，即拍频为

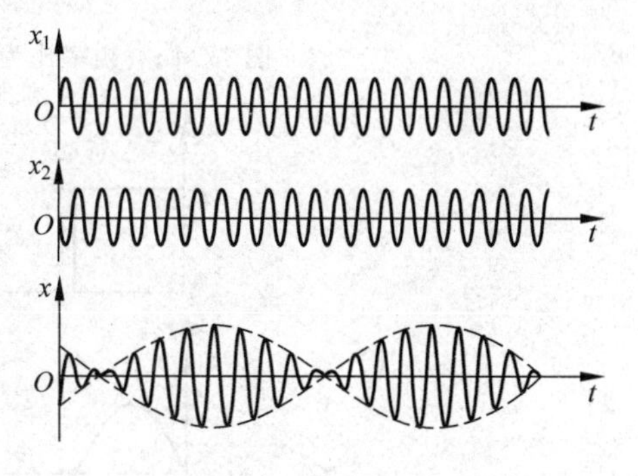

图 17.14 拍的形成

$$\nu = 2\times\frac{1}{2\pi}\left(\frac{\omega_2-\omega_1}{2}\right) = \frac{\omega_2}{2\pi} - \frac{\omega_1}{2\pi} = \nu_2 - \nu_1 \tag{17.38}$$

这就是说，**拍频为两分振动频率之差**。

式(17.38)常用来测量频率。如果已知一个高频振动的频率，使它和另一频率相近但未知的振动叠加，测量合成振动的拍频，就可以求出后者的频率。

*17.8 谐振分析

从 17.7 节关于振动合成的讨论知道，两个在同一直线上而频率不同的简谐运动合成的结果仍是振动，但一般不再是简谐运动。现在再来看一个频率比为 1∶2 的两个简谐运动合成的例子。设

$$x = x_1 + x_2 = A_1 \sin\omega t + A_2 \sin 2\omega t$$

合振动的 x-t 曲线如图 17.15 所示。可以看出合振动不再是简谐运动，但仍是周期性振动。合振动的频率就是那个较低的振动的频率。一般地说，如果分振动不是两个，而是两个以上而且各分振动的频率都是其中一个最低频率的整数倍，则上述结论仍然正确，即合振动仍是周期性的，其频率等于那个最低的频率。合振动的具体变化规律则与分振动的个数、振幅比例关系及相差有关。图 17.16 是说明由若干分简谐运动合成"方波"的图线。图(a)表示方波的合振动图线，其频率为 ν。图 17.16(b)，(c)，(d)依次为频率是 $\nu, 3\nu, 5\nu$ 的简谐运动的图线。这三个简谐运动的合成图线如图(e)所示。它已和方波振动图线相近了，如果再加上频率更高而振幅适当的若干简谐运动，就可以合成相当准确的方波振动了。

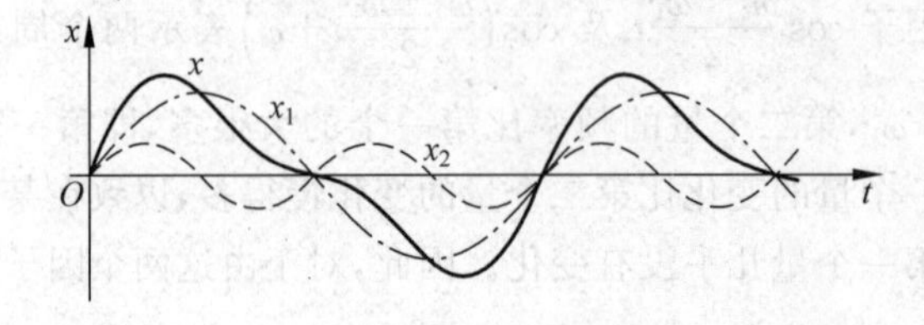

图 17.15　频率比为 1∶2 的两个简谐运动的合成

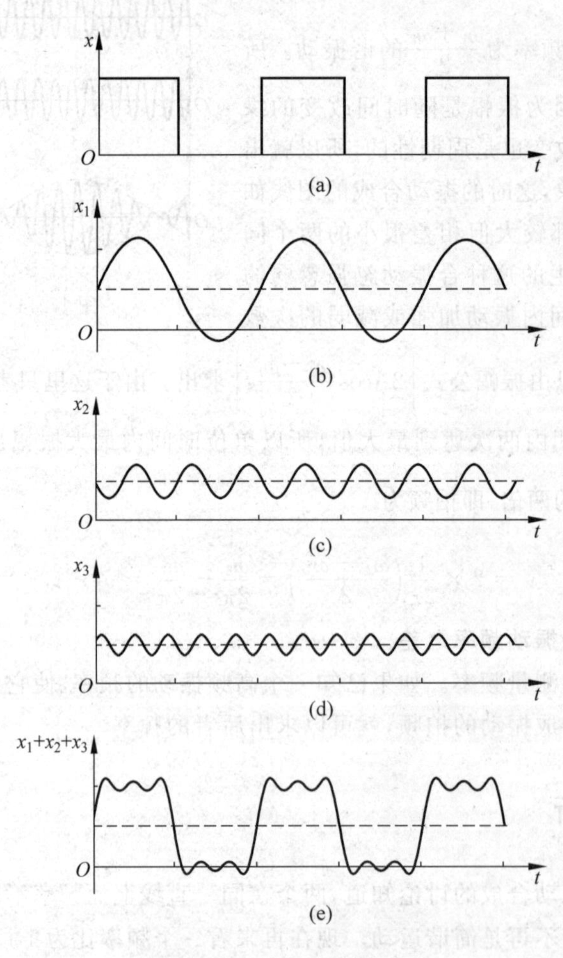

图 17.16　"方波"的合成

以上讨论的是振动的合成，与之相反，任何一个复杂的周期性振动都可以分解为一系列简谐运动之和。这种把一个复杂的周期性振动分解为许多简谐运动之和的方法称为**谐振分析**。

根据实际振动曲线的形状，或它的位移时间函数关系，求出它所包含的各种简谐运动的频率和振幅的数学方法叫**傅里叶分析**，它指出：一个周期为 T 的周期函数 $F(t)$ 可以表示为

$$F(t)=\frac{a_0}{2}+\sum_{k=1}^{\infty}\left[A_k\cos(k\omega t+\varphi_k)\right]$$

其中各分振动的振幅 A_k 与初相 φ_k 可以用数学公式根据 $F(t)$ 求出。这些分振动中频率最低的称为**基频振动**，它的周期就是原周期函数 $F(t)$ 的周期，对应的频率也就叫**基频**。其他分振动的频率都是基频的整数倍，依次分别称为二次、三次、四次……**谐频**。

不仅周期性振动可以分解为一系列频率为最低频率整数倍的简谐运动，而且任意一种非周期性振动也可以分解为许多简谐运动。不过对非周期性振动的谐振分析要用傅里叶变换处理，这里不再介绍。

通常用**频谱**表示一个实际振动所包含的各种谐振成分的振幅和它们的频率的关系。周期性振动的频谱是分立的**线状谱**(如图 17.17 中(a)，(b)所示)，而非周期性振动的频谱密集成连续谱(如图 17.17 中(c)，(d)所示)。

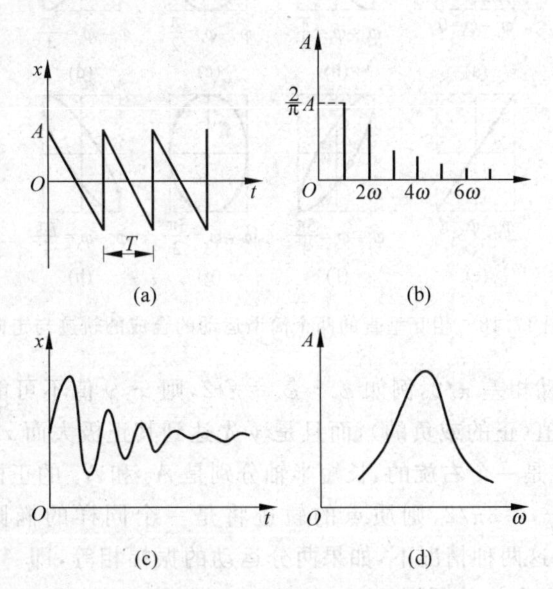

图 17.17　振动的频谱

(a) 锯齿波；(b) 锯齿波的频谱；(c) 阻尼振动；(d) 阻尼振动的频谱

谐振分析无论对实际应用或理论研究，都是十分重要的方法，因为实际存在的振动大多不是严格的简谐运动，而是比较复杂的振动。在实际现象中，一个复杂振动的特征总跟组成它们的各种不同频率的谐振成分有关。例如，同为C音，音调(即基频)相同，但钢琴和胡琴发出的C音的音色不同，就是因为它们所包含的高次谐频的个数与振幅不同。

*17.9　两个相互垂直的简谐运动的合成

设一个质点沿 x 轴和 y 轴的分运动都是简谐运动，而且频率相同。两分运动的表达式分别为

$$x = A_x \cos(\omega t + \varphi_x)$$

$$y = A_y \cos(\omega t + \varphi_y)$$

质点在任意时刻对于其平衡位置的位移应是两个分位移的矢量和。质点运动的轨迹则随两分运动的相差而改变。

如果二分简谐运动同相，则 x,y 值将同时为零并将按同一比例连续增大或减小，这样质点合运动的轨迹将是一条通过原点而斜率为正值的直线段，如图 17.18(a)所示。如果二分简谐运动反相，则 x,y 值也将同时为零但一正一负地按同一比例增大或减小。这样质点的合运动的轨迹将是一条通过原点而斜率为负值的直线段，如图 17.18(e)所示。

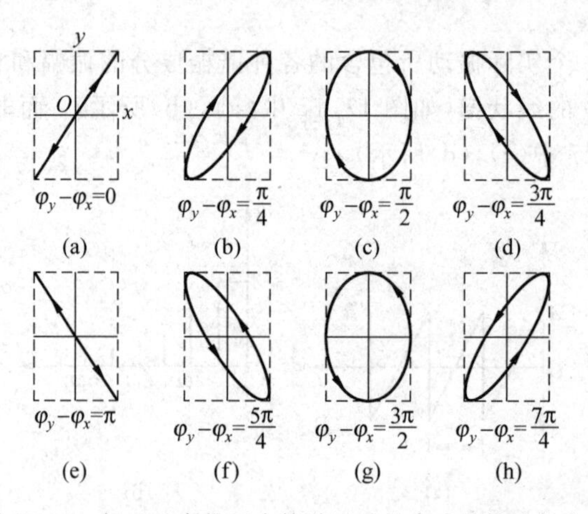

图 17.18　相互垂直的两个简谐运动的合成的轨迹与走向

如果二分简谐运动相差 $\pi/2$，例如 $\varphi_y - \varphi_x = \pi/2$，则 x,y 值不可能同时为零，而是一个为零时另一个是极大值(正的或负的)，而且是 y 先达到其正极大而 x 后达到其正极大。这样，质点运动的轨迹就是一个**右旋**的，长短半轴分别是 A_y 和 A_x 的正椭圆，如图 17.18(c)所示。同理，如果 $\varphi_y - \varphi_x = 3\pi/2$，则质点的轨迹将是一个同样的椭圆，不过是**左旋**的，如图 17.18(g)所示。在这两种情况下，如果两分运动的振幅相等，即 $A_x = A_y$，则质点合运动的轨迹将分别是右旋和左旋的圆周。

如果二分简谐运动的相差为其他值，则质点的合运动将是不同的斜置的椭圆，如图 17.18 中其他图所示。在所有这些情况下，质点运动的周期就是两分运动的周期。

两个频率不同的相互垂直的简谐运动的合成结果比较复杂，但如果二者的频率**有简单的整数比**，则合成的质点的运动将具有**封闭的稳定**的运动轨迹。图 17.19 画出了频率比 ν_y/ν_x 分别等于

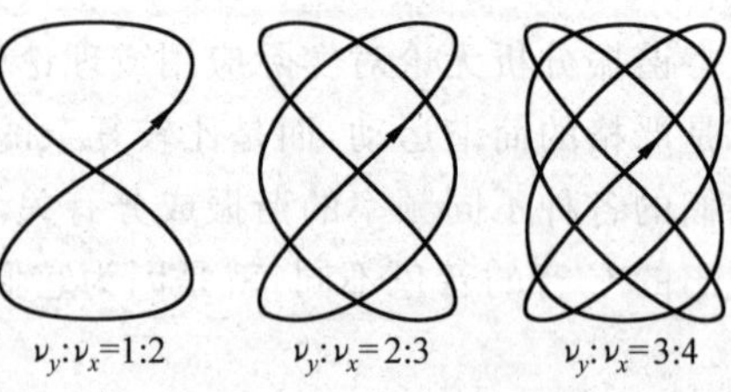

图 17.19　李萨如图

1/2,2/3 和 3/4 的两个分简谐运动合成的质点运动的轨迹。这种图称为李萨如图,它常被用来比较两个简谐运动的频率。

最后应该指出,和合成相反,一个质点的圆运动或椭圆运动可以分解为相互垂直的两个同频率的简谐运动。这种运动的分解方法在研究光的偏振时就常常用到。

提要

1. 简谐运动的运动学定义式：$x=A\cos(\omega t+\varphi)$

三个特征量：振幅 A 决定于振动的能量；

角频率 ω 决定于振动系统的性质,$\omega=\dfrac{2\pi}{T}$,$\omega=2\pi\nu$;

初相 φ 决定于起始时刻的选择。

$$v=-\omega A\sin(\omega t+\varphi)$$

$$a=-\omega^2 A\cos(\omega t+\varphi)=-\omega^2 x$$

简谐运动可以用相量图表示。

2. 振动的相：$(\omega t+\varphi)$

两个振动的相差：同相 $\Delta\varphi=2k\pi$， 反相 $\Delta\varphi=(2k+1)\pi$

3. 简谐运动的动力学定义：

$$F=-kx$$

由于
$$\frac{d^2x}{dt^2}=-\omega^2 x$$

由牛顿第二定律可得
$$\omega=\sqrt{\frac{k}{m}},\quad T=2\pi\sqrt{\frac{m}{k}}$$

初始条件决定振幅和初相：

$$A=\sqrt{x_0^2+\frac{v_0^2}{\omega^2}},\quad \varphi=\arctan\left(-\frac{v_0}{\omega x_0}\right)$$

4. 简谐运动实例：

弹簧振子(劲度系数 k)：
$$\frac{d^2x}{dt^2}=-\frac{k}{m}x,\quad \omega=\sqrt{\frac{k}{m}},\quad T=2\pi\sqrt{\frac{m}{k}}$$

单摆(摆长 l)小摆角振动：
$$\frac{d^2\theta}{dt^2}=-\frac{g}{l}\theta,\quad \omega=\sqrt{\frac{g}{l}},\quad T=2\pi\sqrt{\frac{l}{g}}$$

5. 简谐运动的能量：机械能 E 保持不变。

$$E=E_k+E_p=\frac{1}{2}m\left(\frac{dx}{dt}\right)^2+\frac{1}{2}kx^2=\frac{1}{2}kA^2$$

$$\overline{E}_k=\overline{E}_p=\frac{1}{2}E$$

6. 阻尼振动：欠阻尼情况下

$$A=A_0 e^{-\beta t}$$

时间常数：
$$\tau=\frac{1}{2\beta}$$

Q 值：

$$Q=2\pi\frac{\tau}{T}=\omega\tau$$

7. 受迫振动：是在周期性的驱动力作用下的振动。稳态时的振动频率等于驱动力的频率；当驱动力的频率等于振动系统的固有频率时发生共振现象，这时系统最大限度地从外界吸收能量。

8. 两个简谐运动的合成：

(1) 同一直线上的两个同频率振动：合振动的振幅决定于两分振动的振幅和相差。

(2) 同一直线上的两个不同频率的振动：两分振动频率都很大而频率差很小时，产生**拍**的现象。拍频等于二分振动的频率差。

***9. 谐振分析**：一个非简谐运动可以分解为振幅和频率不同的许多简谐振动，其组成可以用频谱表示。

***10. 两个相互垂直的简谐运动的合成**：两个分简谐运动的频率相同时，合成的质点运动的轨迹为直线段或椭圆，视二者的相差而定。频率不同而有简单整数比时，则合成的质点的轨迹形成李萨如图。

思考题

17.1 什么是简谐运动？下列运动中哪个是简谐运动？

(1) 拍皮球时球的运动；

(2) 锥摆的运动；

(3) 一小球在半径很大的光滑凹球面底部的小幅度摆动。

17.2 如果把一弹簧振子和一单摆拿到月球上去，它们的振动周期将如何改变？

17.3 当一个弹簧振子的振幅增大到两倍时，试分析它的下列物理量将受到什么影响：振动的周期、最大速度、最大加速度和振动的能量。

17.4 把一单摆从其平衡位置拉开，使悬线与竖直方向成一小角度 φ，然后放手任其摆动。如果从放手时开始计算时间，此 φ 角是否振动的初相？单摆的角速度是否振动的角频率？

17.5 已知一简谐运动在 $t=0$ 时物体正越过平衡位置，试结合相量图说明由此条件能否确定物体振动的初相。

17.6 稳态受迫振动的频率由什么决定？改变这个频率时，受迫振动的振幅会受到什么影响？

17.7 弹簧振子的无阻尼自由振动是简谐运动，同一弹簧振子在简谐驱动力持续作用下的稳态受迫振动也是简谐运动，这两种简谐运动有什么不同？

17.8 任何一个实际的弹簧都是有质量的，如果考虑弹簧的质量，弹簧振子的振动周期将变大还是变小？

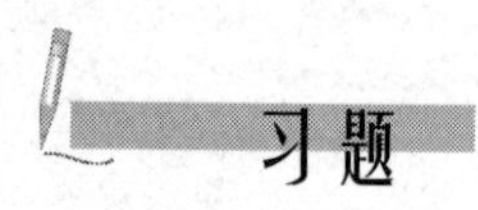

习题

17.1 一个小球和轻弹簧组成的系统，按

$$x=0.05\cos\left(8\pi t+\frac{\pi}{3}\right)$$

的规律振动。

(1) 求振动的角频率、周期、振幅、初相、最大速度及最大加速度；

(2) 求 $t=1\ \text{s}, 2\ \text{s}, 10\ \text{s}$ 等时刻的相；

(3) 分别画出位移、速度、加速度与时间的关系曲线。

17.2 有一个和轻弹簧相连的小球，沿 x 轴作振幅为 A 的简谐运动。该振动的表达式用余弦函数表示。若 $t=0$ 时，球的运动状态分别为：(1) $x_0=-A$；(2) 过平衡位置向 x 正方向运动；(3) 过 $x=A/2$ 处，且向 x 负方向运动。试用相量图法分别确定相应的初相。

17.3 已知一个谐振子(即作简谐运动的质点)的振动曲线如图 17.20 所示。

(1) 求与 a,b,c,d,e 各状态相应的相；

(2) 写出振动表达式；

(3) 画出相量图。

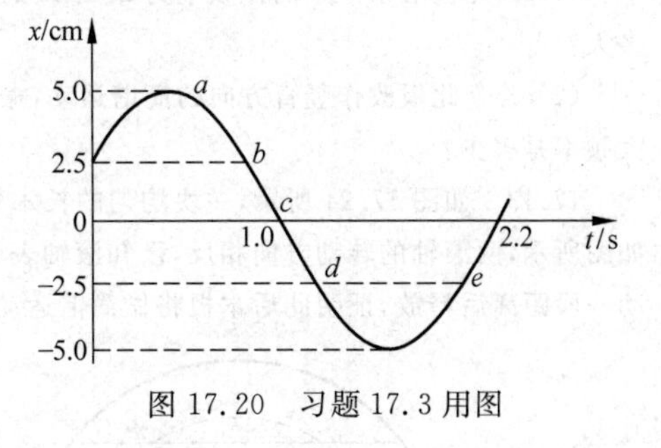

图 17.20 习题 17.3 用图

17.4 作简谐运动的小球，速度最大值为 $v_m=3\ \text{cm/s}$，振幅 $A=2\ \text{cm}$，若从速度为正的最大值的某时刻开始计算时间，

(1) 求振动的周期；

(2) 求加速度的最大值；

(3) 写出振动表达式。

17.5 一水平弹簧振子，振幅 $A=2.0\times10^{-2}\ \text{m}$，周期 $T=0.50\ \text{s}$。当 $t=0$ 时，

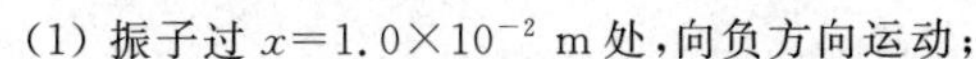

(1) 振子过 $x=1.0\times10^{-2}\ \text{m}$ 处，向负方向运动；

(2) 振子过 $x=-1.0\times10^{-2}\ \text{m}$ 处，向正方向运动。

分别写出以上两种情况下的振动表达式。

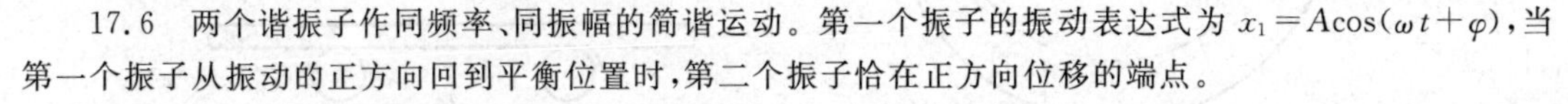

17.6 两个谐振子作同频率、同振幅的简谐运动。第一个振子的振动表达式为 $x_1=A\cos(\omega t+\varphi)$，当第一个振子从振动的正方向回到平衡位置时，第二个振子恰在正方向位移的端点。

(1) 求第二个振子的振动表达式和二者的相差；

(2) 若 $t=0$ 时，第一个振子 $x_1=-A/2$，并向 x 负方向运动，画出二者的 x-t 曲线及相量图。

17.7 一弹簧振子，弹簧劲度系数为 $k=25\ \text{N/m}$，当振子以初动能 0.2 J 和初势能 0.6 J 振动时，试回答：

(1) 振幅是多大？

(2) 位移是多大时，势能和动能相等？

(3) 位移是振幅的一半时，势能多大？

17.8 将一劲度系数为 k 的轻质弹簧上端固定悬挂起来，下端挂一质量为 m 的小球，平衡时弹簧伸长为 b。试写出以此平衡位置为原点的小球的动力学方程，从而证明小球将作简谐运动并求出其振动周期。若它的振幅为 A，它的总能量是否还是 $\frac{1}{2}kA^2$？(总能量包括小球的动能和重力势能以及弹簧的弹性势能，两种势能均取平衡位置为势能零点。)

*17.9 劲度系数分别为 k_1 和 k_2 的两根弹簧和质量为 m 的物体相连，如图 17.21 所示，试写出物体的动力学方程并证明该振动系统的振动周期为

$$T=2\pi\sqrt{\frac{m}{k_1+k_2}}$$

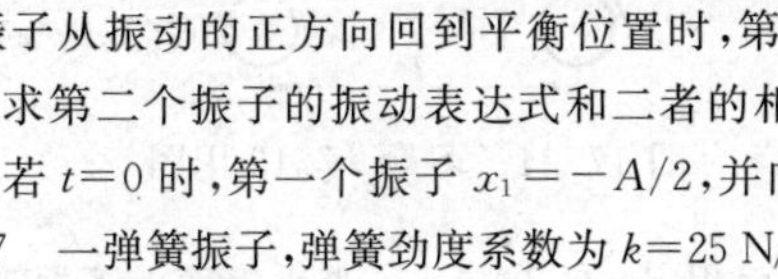

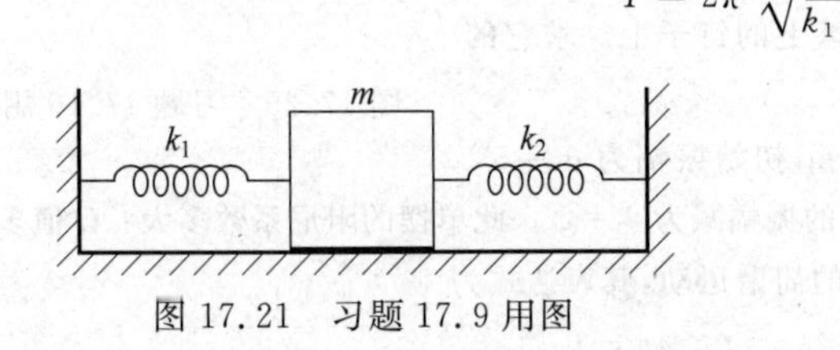

图 17.21 习题 17.9 用图

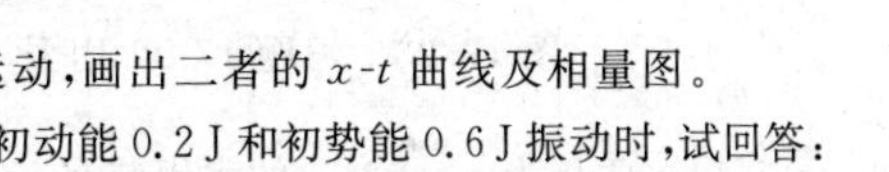

图 17.22 习题 17.10 用图

*17.10 在水平光滑桌面上用轻弹簧连接两个质量都是 0.05 kg 的小球(图 17.22)，弹簧的劲度系数

为 1×10^3 N/m。今沿弹簧轴线向相反方向拉开两球然后释放，求此后两球振动的频率。

*17.11 设想穿过地球挖一条直细隧道(图17.23)，隧道壁光滑。在隧道内放一质量为 m 的球，它离隧道中点的距离为 x。设地球为均匀球体，质量为 M_E，半径为 R_E。

(1) 求球受的重力。(提示：球只受其所在处的球面以内的地球质量的引力作用。)

(2) 证明球在隧道内在重力作用下的运动是简谐运动，并求其周期。

(3) 近地圆轨道人造地球卫星的周期多大？

*17.12 一物体放在水平木板上，物体与板面间的静摩擦系数为0.50。

(1) 当此板沿水平方向作频率为2.0 Hz的简谐运动时，要使物体在板上不致滑动，振幅的最大值应是多大？

(2) 若令此板改作竖直方向的简谐运动，振幅为5.0 cm，要使物体一直保持与板面接触，则振动的最大频率是多少？

17.13 如图17.24所示，一块均匀的长木板质量为 m，对称地平放在相距 $l=20$ cm 的两个滚轴上。如图所示，两滚轴的转动方向相反，已知滚轴表面与木板间的摩擦系数为 $\mu=0.5$。今使木板沿水平方向移动一段距离后释放，证明此后木板将做简谐运动并求其周期。

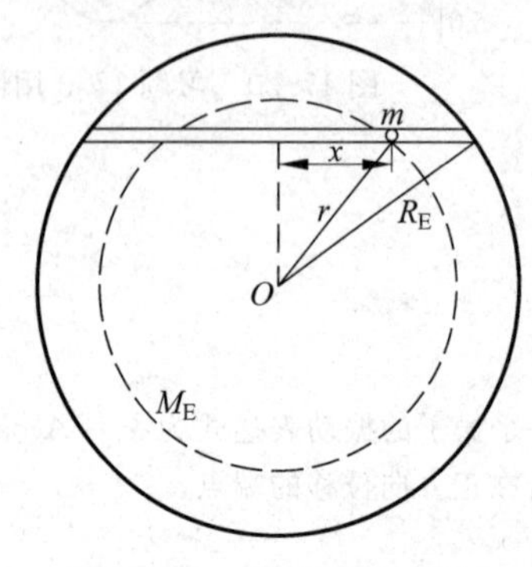

图17.23 习题17.11用图

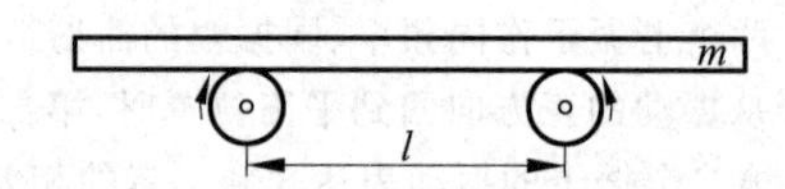

图17.24 习题17.13用图

17.14 质量为 $m=121$ g 的水银装在U形管中，管截面积 $S=0.30\ \text{cm}^2$。当水银面上下振动时，其振动周期 T 是多大？水银的密度为 $13.6\ \text{g/cm}^3$。忽略水银与管壁的摩擦。

*17.15 一固定的均匀带电细圆环，半径为 R，带电量为 Q，在其圆心上有一质量为 m，带电量为 $-q$ 的粒子。证明此粒子沿圆环轴线方向上的微小振动是简谐运动，并求其频率。

17.16 一质量为 m 的刚体在重力力矩的作用下绕固定的水平轴 O 作小幅度无阻尼自由摆动，如图17.25所示。设刚体质心 C 到轴线 O 的距离为 b，刚体对轴线 O 的转动惯量为 I。试用转动定律写出此刚体绕轴 O 的动力学方程，并证明 OC 与竖直线的夹角 θ 的变化为简谐运动，而且振动周期为

$$T=2\pi\sqrt{\frac{I}{mgb}}$$

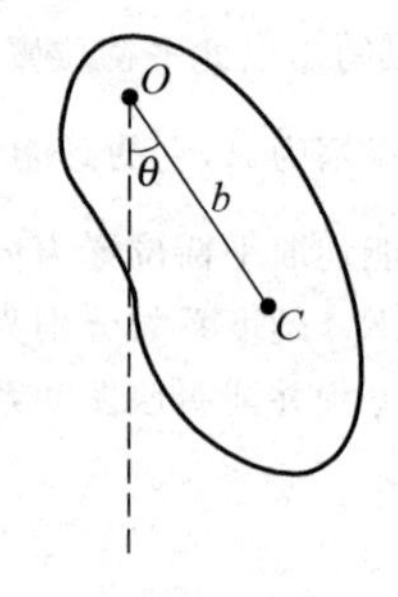

图17.25 习题17.16用图

17.17 一细圆环质量为 m，半径为 R，挂在墙上的钉子上。求它的微小摆动的周期。

17.18 一单摆在空气中摆动，摆长为1.00 m，初始振幅为 $\theta_0=5°$。经过100 s，振幅减为 $\theta_1=4°$。再经过多长时间，它的振幅减为 $\theta_2=2°$。此单摆的阻尼系数多大？Q 值多大？

17.19 一质点同时参与两个在同一直线上的简谐运动，其表达式为

$$x_1=0.04\cos\left(2t+\frac{\pi}{6}\right)$$

$$x_2 = 0.03\cos\left(2t - \frac{\pi}{6}\right)$$

试写出合振动的表达式。

*17.20 一质点同时参与相互垂直的两个简谐运动：

$$x = 0.06\cos 20\pi t$$

$$y = 0.04\cos(20\pi t + \pi/2)$$

试证明其轨迹为一正椭圆(即其长短轴分别沿两个坐标轴)并求其长半轴和短半轴的长度以及绕行周期。此质点的绕行是右旋(即顺时针)还是左旋(即逆时针)的？

第18章

波 动

一定的扰动的传播称为波动，简称波。机械扰动在介质中的传播称为机械波，如声波、水波、地震波等。变化电场和变化磁场在空间的传播称为电磁波，如无线电波、光波、X射线等。虽然各类波的本质不同，各有其特殊的性质和规律，但是在形式上它们也具有许多相同的特征和规律，如都具有一定的传播速度，都伴随着能量的传播，都能产生反射、折射、干涉和衍射等现象。本章主要讨论机械波的基本规律，其中有许多对电磁波也是适用的。近代物理研究发现，微观粒子具有明显的二象性——粒子性与波动性。因此研究微观粒子的运动规律时，波动概念也是重要的基础。本章先介绍机械波特别是简谐波的形成过程、波函数及其特征。再说明波的传播速度和弹性介质的性质的关系以及波动传送能量的规律。接着讲述波的传播规律——惠更斯原理，以及波的一种叠加现象——驻波。然后介绍多普勒效应。最后讲述复波与群速度的概念。

18.1 行波

把一根橡皮绳的一端固定在墙上，用手沿水平方向将它拉紧(图 18.1)。当手猛然向上抖动一次时，就会看到一个突起状的扰动沿绳向另一端传去。这是因为各段绳之间都有相互作用的弹力联系着。当用手向上抖动绳的这一端的第一个质元时，它就带动第二个质元向上运动，第二个又带动第三个，依次下去。当手向下拉动第一个质元回到原来位置时，它也要带动第二个质元回来，而后第三个质元、第四个质元等也将被依次带动回到各自原来的位置。结果，由手抖动引起的扰动就不限在绳的这一端而是要向另一端传开了。这种扰动的传播就叫**行波**，取其“行走”之意。抖动一次的扰动叫**脉冲**，脉冲的传播叫**脉冲波**。

像图 18.1 所示那种情况，扰动中质元的运动方向和扰动的传播方向垂直，这种波叫**横波**。横波在外形上有峰有谷。

对如图 18.2 中的长弹簧用手在其一端沿水平方向猛然向前推一下，则靠近手的一小段弹簧就突然被压缩。由于各段弹簧之间的弹力作用，这一压缩的扰动也会沿弹簧向另一端传播而形成一个脉冲波。在这种情况下，扰动中质元的运动方向和扰动的传播方向在一条直线上，这种波叫**纵波**。纵波形成时，介质的密度发生改变，时疏时密。

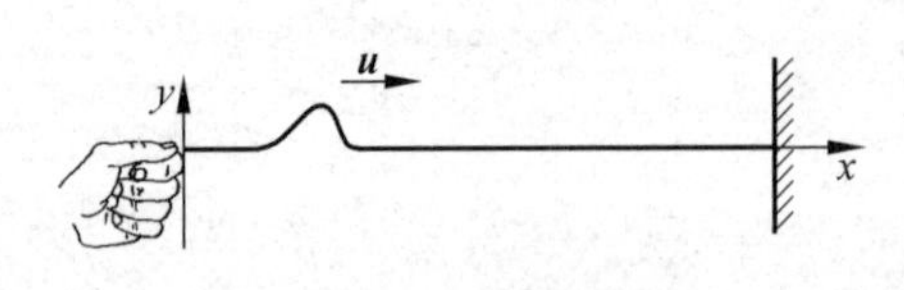

图 18.1　脉冲横波的产生

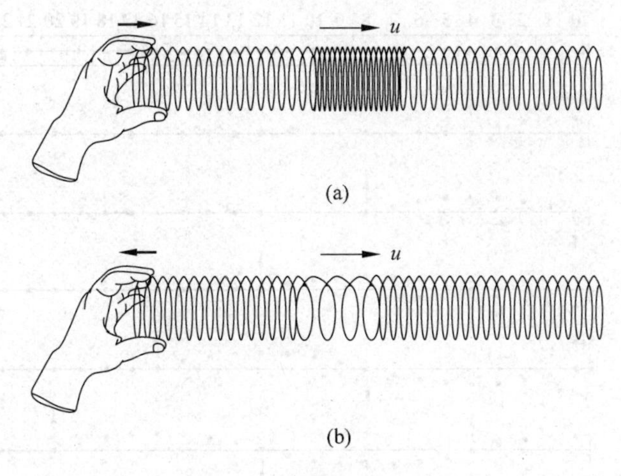

图 18.2 脉冲纵波的产生

(a) 密脉冲；(b) 疏脉冲

横波和纵波是弹性介质内波的两种基本形式。要特别注意的是，不管是横波还是纵波，都只是扰动(即一定的运动形态)的传播，介质本身并没有发生沿波的传播方向的迁移。

自然界中的地震波既有横波(叫 S 波)成分，又有纵波(叫 P 波)成分，还有使地面扭曲的表面波成分。水面波看似横波，实际上要复杂些，水波中的水的质元是做圆周(或椭圆)运动的，如图 18.3 所示。

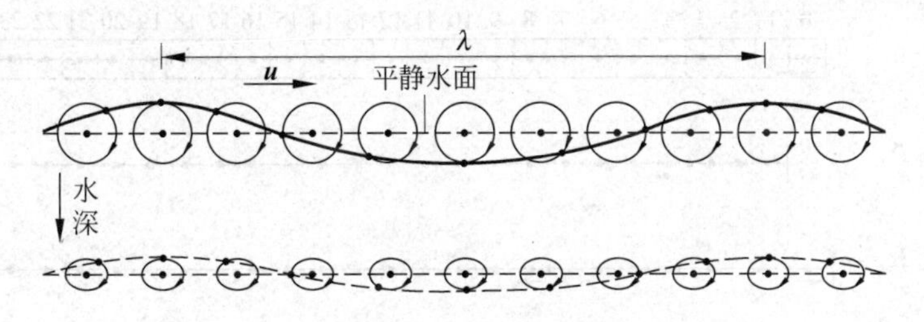

图 18.3 水波中水的质元的运动

18.2 简谐波的形成过程

脉冲波貌似简单，实际上是比较复杂的。最简单的波是**简谐波**，它所传播的扰动形式是简谐运动。正像复杂的振动可以看成是由许多简谐运动合成的一样，任何复杂的波都可以看成是由许多简谐波叠加而成的。因此，研究简谐波的规律具有重要意义。

简谐波可以是横波，也可以是纵波。一根弹性棒中的简谐横波和简谐纵波的形成过程分别如图 18.4 和图 18.5 所示。两图中把弹性棒划分成许多相同的质元，图中各点表示各质元中心的位置。最上面的(a)行表示振动就要从左端开始的状态，各质元都均匀地分布在各自的平衡位置上。下面各行依次画出了几个典型时刻(振动周期的分数倍)各质元的位置与其**形变**(见 18.4 节)的情况。从图中可以明显地看出，在横波中各质元发生**剪切形变**，外形有峰谷之分；在纵波中，各质元发生**线变**(或**体积改变**)，因而介质的密度发生改变，各处密疏不同。图中用 $\boldsymbol{u}$ 表示简谐运动传播的速度，也就是波动的传播速度。图中的小箭头表示

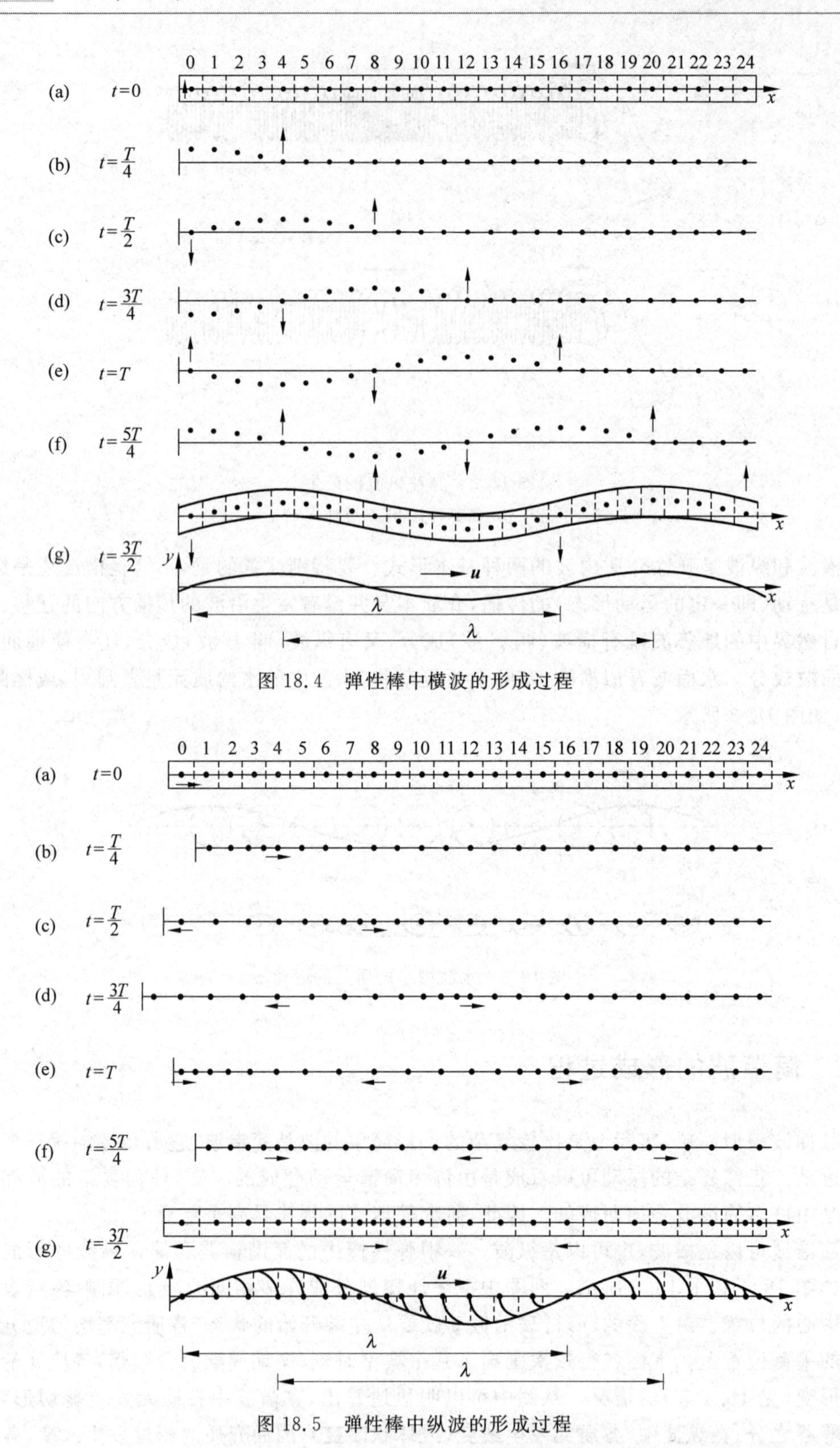

图 18.4 弹性棒中横波的形成过程

图 18.5 弹性棒中纵波的形成过程

相应质元振动的方向。小箭头所在的各质元都正越过各自的平衡位置,因而具有最大的振动速度。从图中还可以看出,这些质元还同时发生着最大的形变。图中最下面的(g)行是波形曲线(见 18.3 节)。

18.3 简谐波的波函数 波长

简谐波在介质中传播时,各质元都在做简谐运动,它们的位移随时间不断改变。由于各质元开始振动的时刻不同,各质元的简谐运动并不同步,即在同一时刻各质元的位移随它们位置的不同而不同。各质元的位移 y 随其平衡位置 x 和时间 t 变化的数学表达式叫做简谐波的**波函数**,它可以通过以下的步骤写出来。

如图 18.4 和图 18.5 所示,沿棒长的方向取 x 轴,以棒的左端为原点 O。设位于原点的质元的振动表达式为

$$y_0 = A\cos\omega t \tag{18.1}$$

由于波沿 x 轴正向传播,所以在 $x>0$ 处的各质元将依次较晚开始振动。以 $\boldsymbol{u}$ 表示振动传播的速度,则位于 x 处的质元开始振动的时刻将比原点晚 x/u 这样一段时间,因此在时刻 t 位于 x 处的质元的位移应该等于原点在这之前 x/u,亦即$(t-x/u)$时刻的位移。由式(18.1)可得位于 x 处的质元在时刻 t 的位移应为

$$y = A\cos\omega\left(t - \frac{x}{u}\right) \tag{18.2}$$

式中 A 称为简谐波的振幅[①],ω 称为简谐波的角频率。式(18.2)就是要写出的简谐波的波函数。

式(18.2)中 $\omega\left(t-\frac{x}{u}\right)$为在 x 处的质点在时刻 t 的**相**(或相位)。对于某一给定的相 $\varphi=\omega\left(t-\frac{x}{u}\right)$,它所在的位置 x 和时刻 t 有下述关系:

$$x = ut - \frac{\varphi u}{\omega}$$

即给定的相的位置随时间而改变,它的移动速度为

$$\frac{\mathrm{d}x}{\mathrm{d}t} = u$$

这说明,简谐波中扰动传播的速度,即波速 u,也就是振动的相的传播速度。因此,这一速度又叫**相速度**。

简谐波中任一质元都在做简谐运动,因而简谐波具有**时间上的周期性**。简谐运动的周期为

$$T = \frac{2\pi}{\omega} \tag{18.3}$$

这也就是波的周期。周期的倒数为波的频率,以 ν 表示波的频率,则有

$$\nu = \frac{1}{T} = \frac{\omega}{2\pi} \tag{18.4}$$

---

① 式(18.2)假定振幅不变,这表示波的能量没有衰减,参看 18.6 节波的能量。

由于波函数(18.2)中含有空间坐标 x,所以该余弦函数表明,简谐波还有**空间上的周期性**。在与坐标为 x 的质元相距 Δx 的另一质元,在时刻 t 的位移为

$$y_{x+\Delta x} = A\cos\omega\left(t - \frac{x+\Delta x}{u}\right) = A\cos\left[\omega\left(t - \frac{x}{u}\right) - \frac{\omega \Delta x}{u}\right]$$

很明显,如果 $\omega\Delta x/u = 2\pi$ 或 2π 的整数倍,则此质元和位于 x 处的质元在同一时刻的位移就相同,或者说,它们将同相地振动。**两个相邻的同相质元之间的距离**为 $\Delta x = 2\pi u/\omega$,以 λ 表示此距离,就有

$$\lambda = \frac{2\pi u}{\omega} = uT \tag{18.5}$$

这个表示简谐波的空间周期性的特征量叫做**波长**。由式(18.5)可看出,波长就等于一周期内简谐扰动传播的距离,或者,更准确地说,**波长等于一周期内任一给定的相所传播的距离**。

由式(18.4)和式(18.5)可得

$$u = \lambda \nu \tag{18.6}$$

这就是说,**简谐波的相速度等于其波长与频率的乘积**。

在某一给定的时刻 $t = t_0$,式(18.2)给出

$$y_{t_0} = A\cos\left(\omega t_0 - \frac{2\pi}{\lambda}x\right) \tag{18.7}$$

这一公式说明在同一时刻,各质元的位移随它们平衡位置的坐标做正(余)弦变化,它给出 t_0 时刻波形的"照相"。和式(18.7)对应的 y-x 曲线就叫**波形曲线**。在图18.4和图18.5中的(g)就画出了在时刻 $t = \frac{3}{2}T$ 时的波形曲线。其中横波的波形曲线直接反映了横波中各质元的位移。纵波的波形曲线中 y 轴所表示的位移实际上是沿着 x 轴方向的,各质元的位移向左为负,向右为正。把位移转到 y 轴方向标出,就连成了与横波波形相似的正弦曲线。

由于波传播时任一给定的相都以速度 $\boldsymbol{u}$ 向前移动,所以波的传播在空间内就表现为整个波形曲线以速度 $\boldsymbol{u}$ 向前平移。图18.6就画出了波形曲线的平移,在 Δt 时间内向前平移了 $u\Delta t$ 的一段距离。

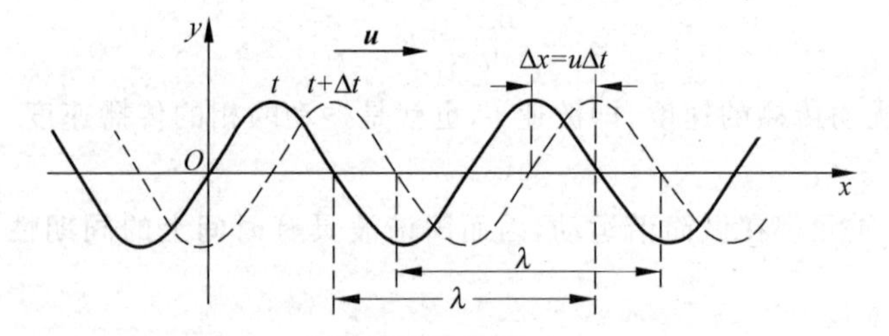

图18.6 简谐波的波形曲线及其随时间的平移

对简谐波,还常用**波数** k 来表示其特征,k 的定义是

$$k = \frac{2\pi}{\lambda} \tag{18.8}$$

如果把横波中相接的一峰一谷算作一个"完整波",式(18.8)可理解为:波数等于在 2π 的长度内含有的"完整波"的数目。

根据 λ,ν,T,k 等的关系，沿 x 正向传播的简谐波的波函数还可以写成下列形式：

$$y = A\cos(\omega t - kx) \tag{18.9}$$

或

$$y = A\cos 2\pi\left(\frac{t}{T} - \frac{x}{\lambda}\right) \tag{18.10}$$

如果简谐波是沿 **x 轴负向**传播的，将式(18.2)、式(18.9)和式(18.10)中的**负号改为正号**就得到相应的波函数了。

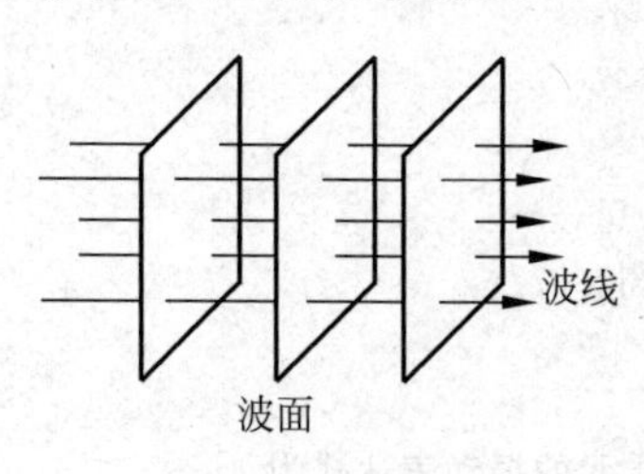

图 18.7 平面波

还需说明的是，这里写出的波函数是对一根棒上的行波来说的，但它也可以描述平面简谐波。在一个体积甚大的介质中，如果有一个平面上的质元都同相地沿同一方向做简谐运动，这种振动也会在介质中沿垂直于这个平面的方向传播开去而形成空间的行波。选波的传播方向为 x 轴的方向，则 x 坐标相同的平面上的质元的振动都是同相的。这些同相振动的点组成的面叫**同相面**或**波面**。像这种同相面是平面的波就叫**平面简谐波**。代表传播方向的直线称做**波线**(图 18.7)。很明显，式(18.2)、式(18.9)、式(18.10)能够描述这种波传播时介质中各质元的振动情况，因此它们又都是平面简谐波的波函数。

例 18.1 平面简谐波。一列平面简谐波以波速 u 沿 x 轴正向传播，波长为 λ。已知在 $x_0=\lambda/4$ 处的质元的振动表达式为 $y_{x0}=A\cos\omega t$。试写出波函数，并在同一张坐标图中画出 $t=T$ 和 $t=5T/4$ 时的波形图。

解 设在 x 轴上 P 点处的质点的坐标为 x，则它的振动要比 x_0 处质点的振动晚 $(x-x_0)/u=\left(x-\frac{\lambda}{4}\right)\Big/u$ 这样一段时间，因此 P 点的振动表达式为

$$y = A\cos\omega\left(t - \frac{x-\lambda/4}{u}\right)$$

或

$$y = A\cos\left(\omega t - \frac{2\pi}{\lambda}x + \frac{\pi}{2}\right)$$

这就是所求的波函数。

$t=0$ 时的波形由下式给出：

$$y = A\cos\left(-\frac{2\pi}{\lambda}x + \frac{\pi}{2}\right) = A\sin\frac{2\pi}{\lambda}x$$

由于波的时间上的周期性，在 $t=T$ 时的波形图线应向右平移一个波长，即和上式给出的相同。在 $t=\frac{5}{4}T$ 时，

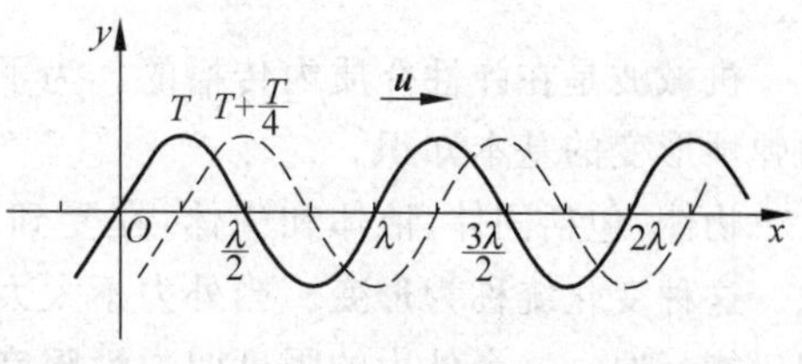

图 18.8 例 18.1 用图

波形曲线应较上式给出的向 x 正向平移一段距离 $\Delta x=u\Delta t=u\left(\frac{5}{4}T-T\right)=\frac{1}{4}uT=\frac{1}{4}\lambda$。两时刻的波形曲线如图 18.8 所示。

例 18.2 线上横波。一条长线用水平力张紧，其上产生一列简谐横波向左传播，波速为 20 m/s。在 $t=0$ 时它的波形曲线如图 18.9 所示。

(1) 求波的振幅、波长和波的周期；

(2) 按图设 x 轴方向写出波函数；

（3）写出质点振动速度表达式。

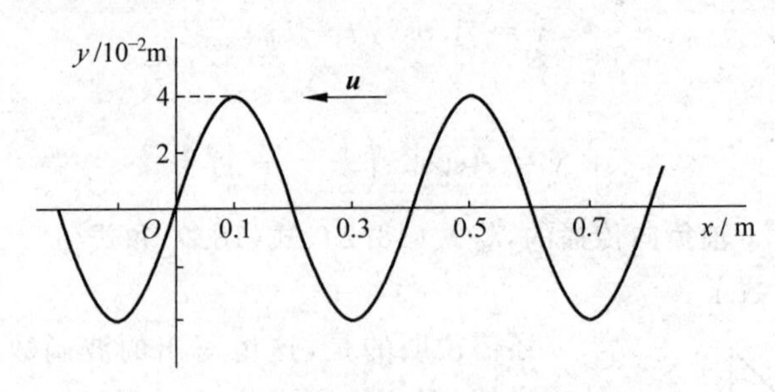

图 18.9 例 18.2 用图

解 （1）由图 18.9 可直接看出 $A=4.0\times10^{-2}\ \text{m}$，$\lambda=0.4\ \text{m}$，于是得

$$T=\frac{\lambda}{u}=\frac{0.4}{20}=\frac{1}{50}\ (\text{s})$$

（2）在波传播的过程中，整个波形图向左平移，于是可得原点 O 处质元的振动表达式为

$$y_0=A\cos\left(2\pi\frac{t}{T}-\frac{\pi}{2}\right)$$

而波函数为

$$y=A\cos\left(2\pi\frac{t}{T}-\frac{\pi}{2}+\frac{2\pi}{\lambda}x\right)$$

将上面的 A，T 和 λ 的值代入可得

$$y=4.0\times10^{-2}\cos\left(100\pi t+5\pi x-\frac{\pi}{2}\right)$$

（3）位于 x 处的介质质元的振动速度为

$$v=\frac{\partial y}{\partial t}=12.6\cos(100\pi t+5\pi x)$$

将此函数和波函数相比较，可知振动速度也以波的形式向左传播。要注意质元的振动速度（其最大值为 12.6 m/s）和波速（为恒定值 20 m/s）的区别。

18.4 物体的弹性形变

机械波是在弹性介质内传播的。为了说明机械波的动力学规律，先介绍一些有关物体的弹性形变的基本知识。

物体，包括固体、液体和气体，在受到外力作用时，形状或体积都会发生或大或小的变化。这种变化统称为**形变**。当外力不太大因而引起的形变也不太大时，去掉外力，形状或体积仍能复原。这个外力的限度叫**弹性限度**。在弹性限度内的形变叫**弹性形变**，它和外力具有简单的关系。

由于外力施加的方式不同，形变可以有以下几种基本形式。

1. 线变

一段固体棒，当在其两端沿轴的方向加以方向相反大小相等的外力时，其长度会发生改变，称为**线变**，如图 18.10 所示。伸长或压缩视二力的方向而定。以 F 表示力的大小，以 S 表示棒的横截面积，则 F/S 叫做**应力**。以 l 表示棒原来的长度，以 Δl 表示在外力 F 作用下的长度变化，则相对变化 $\Delta l/l$ 叫**线应变**。实验表明，在弹性限度内，**应力和线应变成正比**。

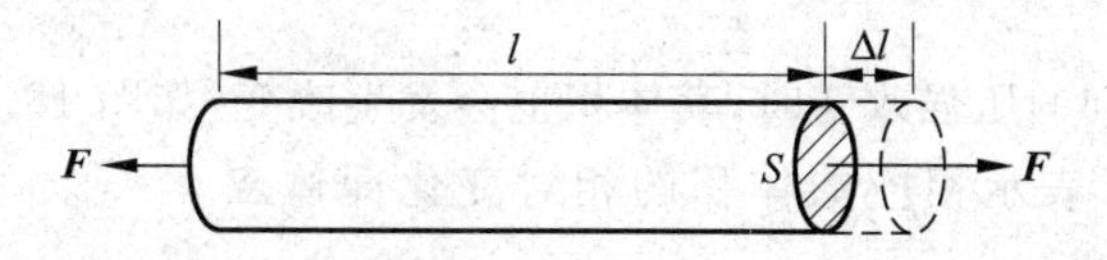

图 18.10 线变

这一关系叫做**胡克定律**，写成公式为

$$\frac{F}{S}=E\frac{\Delta l}{l} \tag{18.11}$$

式中 E 为关于线变的比例常量，它随材料的不同而不同，叫**杨氏模量**。将式(18.11)改写成

$$F=\frac{ES}{l}\Delta l=k\Delta l \tag{18.12}$$

在外力不太大时，Δl 较小，S 基本不变，因而 ES/l 近似为一常数，可用 k 表示。式(18.12)即是常见的外力和棒的长度变化成正比的公式，k 称为**劲度系数**，简称劲度。

材料发生线变时，它具有弹性势能。类比弹簧的弹性势能公式，由式(18.12)可得弹性势能为

$$W_p=\frac{1}{2}k(\Delta l)^2=\frac{1}{2}\frac{ES}{l}(\Delta l)^2=\frac{1}{2}ESl\left(\frac{\Delta l}{l}\right)^2$$

注意到 $Sl=V$ 为材料的总体积，就可以得知，当材料发生线变时，单位体积内的弹性势能为

$$w_p=\frac{1}{2}E\left(\frac{\Delta l}{l}\right)^2 \tag{18.13}$$

即等于杨氏模量和线应变的平方的乘积的一半。

在纵波形成时，介质中各质元都发生线变(图 18.5)，各质元内就有如式(18.13)给出的弹性势能。

2. 剪切形变

一块矩形材料，当它的两个侧面受到与侧面平行的大小相等方向相反的力作用时，形状就要发生改变，如图 18.11 虚线所示。这种形变称为**剪切形变**，也简称**剪切**。外力 F 和施力面积 S 之比称做**剪应力**。施力面积相互错开而引起的材料角度的变化 $\varphi=\Delta d/D$ 叫做**剪应变**。在弹性限度内，剪应力也和剪应变成正比，即

$$\frac{F}{S}=G\varphi=G\frac{\Delta d}{D} \tag{18.14}$$

式中 G 称为**剪切模量**，它是由材料性质决定的常量。式(18.14)即用于剪切形变的胡克定律公式。

材料发生剪切形变时，也具有弹性势能。可以证明：材料发生剪切变时，单位体积内的弹性势能等于剪切模量和应变平方的乘积的一半，即

$$w_p=\frac{1}{2}G\varphi^2=\frac{1}{2}G\left(\frac{\Delta d}{D}\right)^2 \tag{18.15}$$

在横波形成时，介质中各质元都发生剪切形变(图 18.4)，各质元内就有如式(18.15)给出的弹性势能。

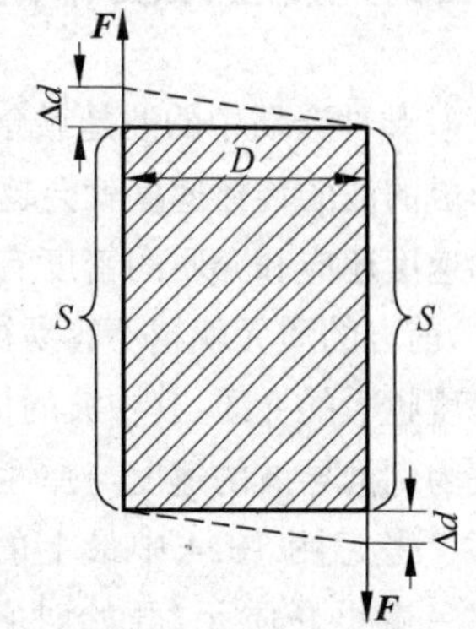

图 18.11 剪切形变

3. 体变

一块物质周围受到的压强改变时，其体积也会发生改变，如图18.12所示。以Δp表示压强的改变，以$\Delta V/V$表示相应的体积的相对变化即**体应变**，则胡克定律表示式为

$$\Delta p = -K\frac{\Delta V}{V} \tag{18.16}$$

式中K叫**体弹模量**，总取正数，它的大小随物质种类的不同而不同。式(18.16)中的负号表示压强的增大总导致体积的缩小。

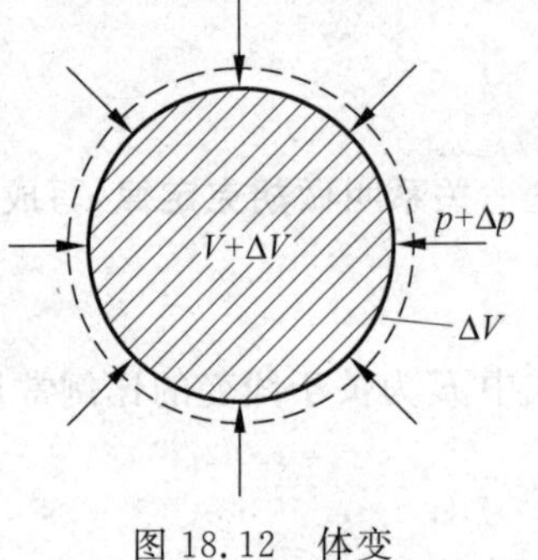

图18.12 体变

体弹模量的倒数叫**压缩率**。以κ表示压缩率，则有

$$\kappa = \frac{1}{K} = -\frac{1}{V}\frac{\Delta V}{\Delta p} \tag{18.17}$$

可以证明，在发生体积压缩形变时，单位体积内的弹性势能也等于相应的弹性模量(K)与应变($\Delta V/V$)的平方的乘积的一半，即$w_{\mathrm{p}}=\frac{1}{2}K\left(\frac{\Delta V}{V}\right)^2=\frac{1}{2}\kappa(\Delta p)^2$。

几种材料的弹性模量如表18.1所示。

表18.1 几种材料的弹性模量

材料	杨氏模量 $E/(10^{11}\,\mathrm{N/m^2})$	剪切模量 $G/(10^{11}\,\mathrm{N/m^2})$	体弹模量 $K/(10^{11}\,\mathrm{N/m^2})$
玻璃	0.55	0.23	0.37
铝	0.7	0.30	0.70
铜	1.1	0.42	1.4
铁	1.9	0.70	1.0
钢	2.0	0.84	1.6
水	—	—	0.02
酒精	—	—	0.0091

18.5 弹性介质中的波速

弹性介质中的波是靠介质各质元间的弹性力作用而形成的。因此弹性越强的介质，在其中形成的波的传播速度就会越大；或者说，弹性模量越大的介质中，波的传播速度就越大。另外，波的速度还应和介质的密度有关。因为密度越大的介质，其中各质元的质量就越大，其惯性就越大，前方的质元就越不容易被其后紧接的质元的弹力带动。这必将延缓扰动传播的速度。因此，密度越大的介质，其中波的传播速度就越小。下面我们以棒中横波为例推导波的速度与弹性介质的弹性模量及密度的定量关系。

考虑图18.4中最上的(a)行就要开始振动的标为“0”的那一微小介质元，开始时它的速度为零而且没有形变。设简谐波的扰动在$\mathrm{d}t$时间内由此质元左侧面传至右侧面，则此质元的长度为$\mathrm{d}x=u\mathrm{d}t$，其中u即波的传播速度。在$\mathrm{d}t$时间终了时刻，此质元将发生切变(图18.13)。此质元前后两面错开

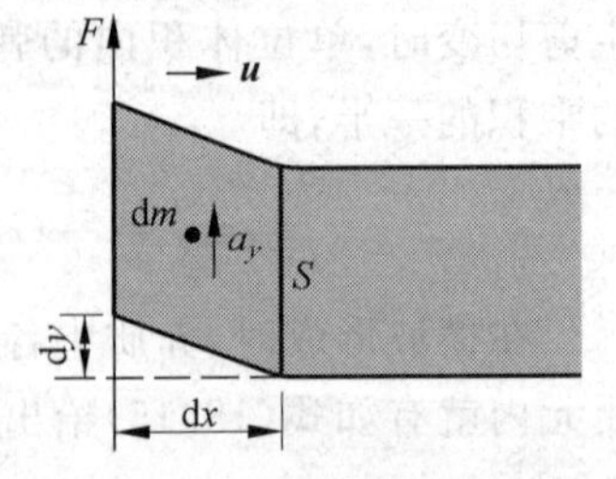

图18.13 推导横波波速用图

的距离为 $\mathrm{d}y$，切应变为$\frac{\mathrm{d}y}{\mathrm{d}x}$。根据切应力公式(18.14)，此质元将受到一横向力

$$F_y = SG\frac{\mathrm{d}y}{\mathrm{d}x} = SG\frac{\mathrm{d}y}{u\,\mathrm{d}t} \tag{18.18}$$

在 $\mathrm{d}t$ 时间内，此质元(的质心)向上移动的距离为 $\mathrm{d}y/2$。按运动学公式$\left(s=\frac{1}{2}at^2\right)$计算，以 a_y 表示此质元的横向加速度，则应有

$$\frac{\mathrm{d}y}{2} = \frac{a_y(\mathrm{d}t)^2}{2}$$

从而有

$$a_y = \frac{\mathrm{d}y}{\mathrm{d}t}\bigg/\mathrm{d}t \tag{18.19}$$

此质元的质量为

$$\mathrm{d}m = \rho Su\,\mathrm{d}t \tag{18.20}$$

式中 ρ 为棒材的密度。将式(18.18)、式(18.19)和式(18.20)用牛顿第二定律联系起来，可得

$$SG\frac{\mathrm{d}y}{u\,\mathrm{d}t} = \rho Su\,\mathrm{d}t\frac{\mathrm{d}y}{\mathrm{d}t}\bigg/\mathrm{d}t$$

消去 $\mathrm{d}t$ 和 S，可得

$$u^2 = G/\rho$$

于是得弹性棒中横波的速度为

$$u = \sqrt{\frac{G}{\rho}} \tag{18.21}$$

这和本节开始时的定性分析是相符的。

用类似的方法可以导出棒中的纵波的波速为

$$u = \sqrt{\frac{E}{\rho}} \tag{18.22}$$

式中 E 为棒材的杨氏模量。

同种材料的剪切模量 G 总小于其杨氏模量 E(见表 18.1)，因此在同一种介质中，横波的波速比纵波的要小些。地震波中的 S 波(横波)的波速就比 P 波(纵波)的波速小。

在固体中，既可以传播横波，也可以传播纵波。在液体和气体中，由于不可能发生剪切形变，所以不可能传播横波。但因为它们具有体变弹性，所以能传播纵波。液体和气体中的纵波波速由下式给出：

$$u = \sqrt{\frac{K}{\rho}} \tag{18.23}$$

式中 K 为介质的体弹模量，ρ 为其密度。

至于一条细绳中的横波，其中的波速由下式决定：

$$u = \sqrt{\frac{F}{\rho_l}} \tag{18.24}$$

式中 F 为细绳中的张力，ρ_l 为其质量线密度，即单位长度的质量。

18.6 波的能量

在弹性介质中有波传播时，介质的各质元由于运动而具有动能。同时又由于产生了形变（参看图18.4和图18.5），所以还具有弹性势能。这样，随同扰动的传播就有机械能量的传播，这是波动过程的一个重要特征。本节以棒内简谐横波为例说明能量传播的定量表达式。为此先求任一质元的动能和弹性势能。

设介质的密度为 ρ，一质元的体积为 ΔV，其中心的平衡位置坐标为 x。当平面简谐波

$$y = A\cos\omega\left(t - \frac{x}{u}\right)$$

在介质中传播时，此质元在时刻 t 的运动（即振动）速度为

$$v = \frac{\partial y}{\partial t} = -\omega A\sin\omega\left(t - \frac{x}{u}\right)$$

它在此时刻的振动动能为

$$\begin{aligned}\Delta W_{\mathrm{k}} &= \frac{1}{2}\rho\Delta V v^2 \\ &= \frac{1}{2}\rho\Delta V\omega^2 A^2\sin^2\omega\left(t - \frac{x}{u}\right)\end{aligned} \tag{18.25}$$

此质元的应变（为切应变，参看图18.13，考虑到还有时间变量，这里用偏导数形式）

$$\frac{\partial y}{\partial x} = \frac{A\omega}{u}\sin\omega\left(t - \frac{x}{u}\right)$$

它的弹性势能，根据式(18.15)，为

$$\begin{aligned}\Delta W_{\mathrm{p}} &= \frac{1}{2}G\left(\frac{\partial y}{\partial x}\right)^2\Delta V \\ &= \frac{1}{2}\frac{G}{u^2}\omega^2 A^2\sin^2\omega\left(t - \frac{x}{u}\right)\Delta V\end{aligned}$$

由式(18.21)可知 $u^2 = G/\rho$，因而上式又可写作

$$\Delta W_{\mathrm{p}} = \frac{1}{2}\rho\omega^2 A^2\Delta V\sin^2\omega\left(t - \frac{x}{u}\right) \tag{18.26}$$

和式(18.25)相比较可知，在平面简谐波中，每一质元的**动能和弹性势能是同相**地随时间变化的（这在图18.4和图18.5中可以清楚地看出来。质元经过其平衡位置时具有最大的振动速度，同时其形变也最大），而且**在任意时刻都具有相同的数值**。振动动能和弹性势能的这种关系是波动中质元不同于孤立的振动系统的一个重要特点。

将式(18.25)和式(18.26)相加，可得质元的总机械能为

$$\Delta W = \Delta W_{\mathrm{k}} + \Delta W_{\mathrm{p}} = \rho\omega^2 A^2\Delta V\sin^2\omega\left(t - \frac{x}{u}\right) \tag{18.27}$$

这个总能量随时间作周期性变化，时而达到最大值，时而为零。质元的能量的这一变化特点是能量在传播时的表现。

波传播时，介质单位体积内的能量叫波的**能量密度**。以 w 表示能量密度，则介质中 x 处在时刻 t 的能量密度是

$$w = \frac{\Delta W}{\Delta V} = \rho\omega^2 A^2\sin^2\omega\left(t - \frac{x}{u}\right) \tag{18.28}$$

在一周期内(或一个波长范围内)能量密度的平均值叫**平均能量密度**,以 $\overline{w}$ 表示。由于正弦的平方在一周期内的平均值为 1/2,所以有

$$\overline{w} = \frac{1}{2}\rho\omega^2 A^2 = 2\pi^2\rho A^2\nu^2 \tag{18.29}$$

此式表明,平均能量密度和介质的密度、振幅的平方以及频率的平方成正比。这一公式虽然是由平面简谐波导出的,但对于各种弹性波均适用。

对波动来说,更重要的是它传播能量的本领,这用**平均在单位时间内通过垂直于波的传播方向的单位面积的能量**来表示,称为**波的强度**。如图 18.14 所示,取垂直于波的传播方向的一个小面积 dS,平均在 dt 时间内通过此面积的能量就是此面积后方体积为 $u\,dt\,dS$ 的立方体内的平均总能量 $dW=\overline{w}u\,dt\,dS$。以 I 表示波的强度,就有

$$I = \frac{dW}{dt\,dS} = \overline{w}u \tag{18.30}$$

再利用式(18.29),可得

$$I = \frac{1}{2}\rho\omega^2 A^2 u \tag{18.31}$$

由于波的强度和振幅有关,所以借助于式(18.31)和能量守恒概念可以研究波传播时振幅的变化。

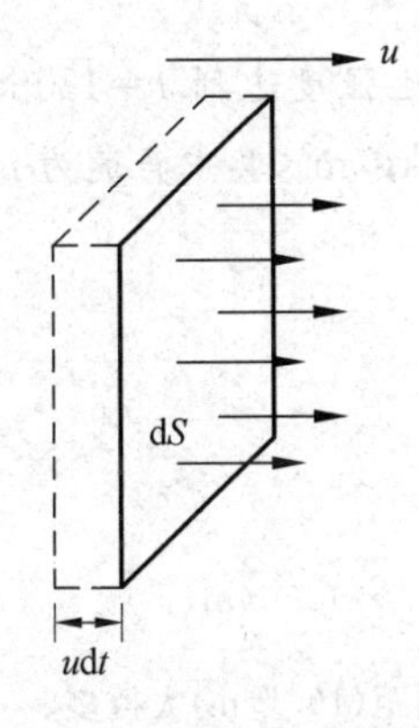

图 18.14 波的强度的计算

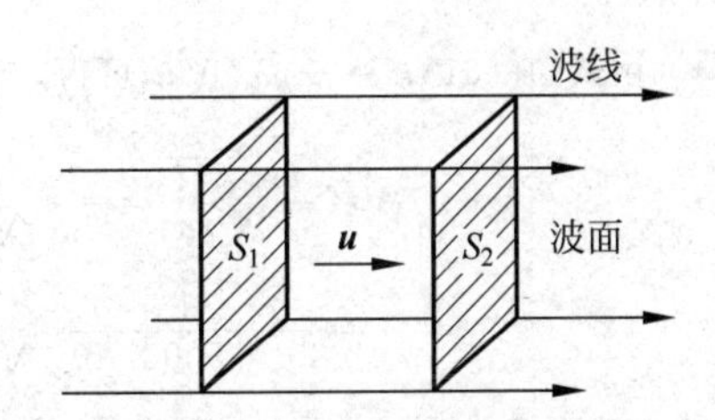

图 18.15 平面波中能量的传播

设有一平面波在均匀介质中沿 x 方向行进。图 18.15 中画出了为同样的波线所限的两个截面积 S_1 和 S_2。假设介质不吸收波的能量,根据能量守恒,在一周期内通过 S_1 和 S_2 面的能量应该相等。以 I_1 表示 S_1 处的强度,以 I_2 表示 S_2 处的强度,则应该有

$$I_1 S_1 T = I_2 S_2 T$$

利用式(18.31),则有

$$\frac{1}{2}\rho u\omega^2 A_1^2 S_1 T = \frac{1}{2}\rho u\omega^2 A_2^2 S_2 T \tag{18.32}$$

对于平面波,$S_1=S_2$,因而有

$$A_1 = A_2$$

这就是说,在均匀的不吸收能量的介质中传播的平面波的振幅保持不变。这一点我们在 18.3 节中写平面简谐波的波函数时已经用到了。

波面是球面的波叫**球面波**。如图 18.16 所示，球面波的波线沿着半径向外。如果球面波在均匀无吸收的介质中传播，则振幅将随 r 改变。设以点波源 O 为圆心画半径分别为 r_1 和 r_2 的两个球面(图 18.16)。在介质不吸收波的能量的条件下，一个周期内通过这两个球面的能量应该相等。这时式(18.32)仍然正确，不过 S_1 和 S_2 应分别用球面积 $4\pi r_1^2$ 和 $4\pi r_2^2$ 代替。由此，对于球面波应有

$$A_1^2 r_1^2 = A_2^2 r_2^2$$

或

$$A_1 r_1 = A_2 r_2 \tag{18.33}$$

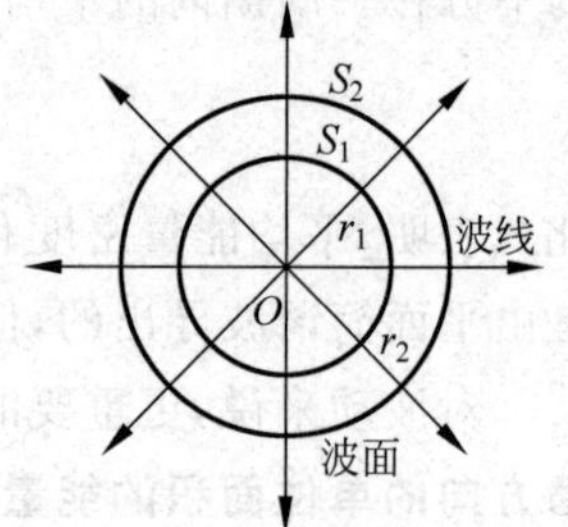

图 18.16 球面波中能量的传播

即振幅与离点波源的距离成反比。以 A_1 表示离波源的距离为单位长度处的振幅，则在离波源任意距离 r 处的振幅为 $A=A_1/r$。由于振动的相位随 r 的增加而落后的关系和平面波类似，所以球面简谐波的波函数应该是

$$y = \frac{A_1}{r}\cos\omega\left(t - \frac{r}{u}\right) \tag{18.34}$$

实际上，波在介质中传播时，介质总要吸收波的一部分能量，因此即使在平面波的情况下，波的振幅，因而波的强度也要沿波的传播方向逐渐减小，所吸收的能量通常转换成介质的内能或热。这种现象称为**波的吸收**。

例 18.3 超声波。用聚焦超声波的方法在水中可以产生强度达到 $I=120\ \mathrm{kW/cm^2}$ 的超声波。设该超声波的频率为 $\nu=500\ \mathrm{kHz}$，水的密度为 $\rho=10^3\ \mathrm{kg/m^3}$，其中声速为 $u=1500\ \mathrm{m/s}$。求这时液体质元振动的振幅。

解 由式(18.31)，$I=\frac{1}{2}\rho\omega^2 A^2 u$，可得

$$A = \frac{1}{\omega}\sqrt{\frac{2I}{\rho u}} = \frac{1}{2\pi\nu}\sqrt{\frac{2I}{\rho u}}$$

$$= \frac{1}{2\pi\times 500\times 10^3}\sqrt{\frac{2\times 120\times 10^7}{10^3\times 1500}} = 1.27\times 10^{-5}\ (\mathrm{m})$$

可见液体中超声波的振幅实际上是很小的。当然，它还是比水分子间距(10^{-10} m)大得多。

18.7 惠更斯原理与波的反射和折射

本节介绍有关波的传播方向的规律。

如图 18.17 所示，当观察水面上的波时，如果这波遇到一个障碍物，而且障碍物上有一个小孔，就可以看到在小孔的后面也出现了圆形的波，这圆形的波就好像是以小孔为波源产生的一样。

惠更斯在研究波动现象时，于 1690 年提出：**介质中任一波阵面上的各点，都可以看作是发射子波的波源，其后任一时刻，这些子波的包迹就是新的波阵面**。这就是**惠更斯原理**。这里所说的"波阵面"是指波传播时最前面那个波面，也叫"波前"。

根据惠更斯原理，只要知道某一时刻的波阵面就可以用几何作图法确定下一时刻的波阵面。因此，这一原理又叫惠更斯作图法，其应用在中学物理课程中已经作了举例说明。

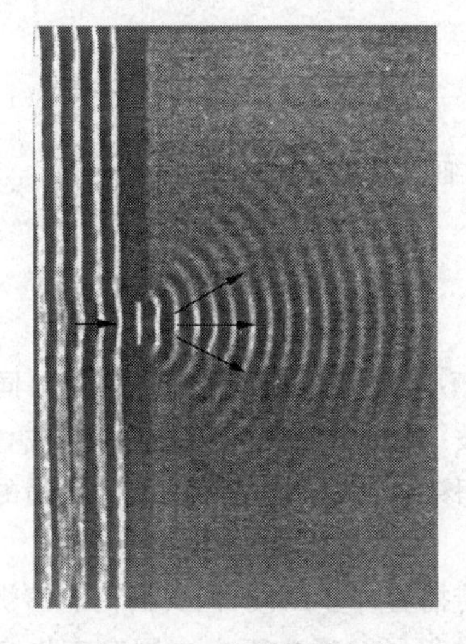

图 18.17　障碍物的小孔成为新波源

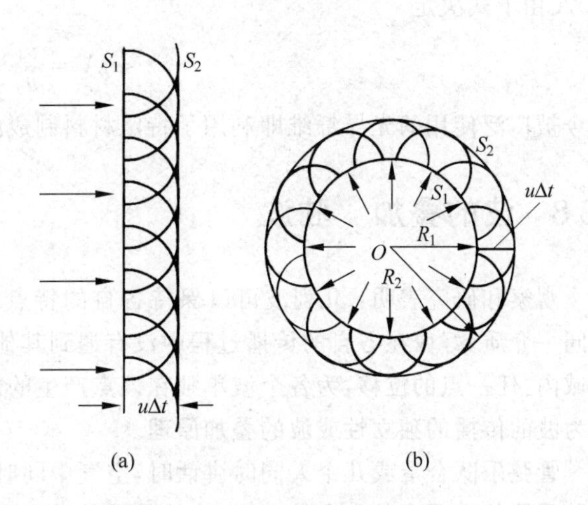

图 18.18　用惠更斯作图法求新波阵面

(a) 平面波；(b) 球面波

例如，如图 18.18(a)所示，以波速 u 传播的平面波在某一时刻的波阵面为 S_1，在经过时间 Δt 后其上各点发出的子波(以小的半圆表示)的包迹仍是平面，这就是此时新的波阵面，已从原来的波阵面向前推进了 $u\Delta t$ 的距离。对在各向同性的介质中传播的球面波，则可如图 18.18(b)中所示的那样，利用同样的作图法由某一时刻的球面波阵面 S_1 画出经过时间 Δt 后的新的波阵面 S_2，它仍是球面。

对于平面波传播时遇到有缝的障碍物的情况，画出由缝处波阵面上各点发出的子波的包迹，则会显示出波能绕过缝的边界向障碍物的后方几何阴影内传播，这就是波的衍射现象(图 18.19)。

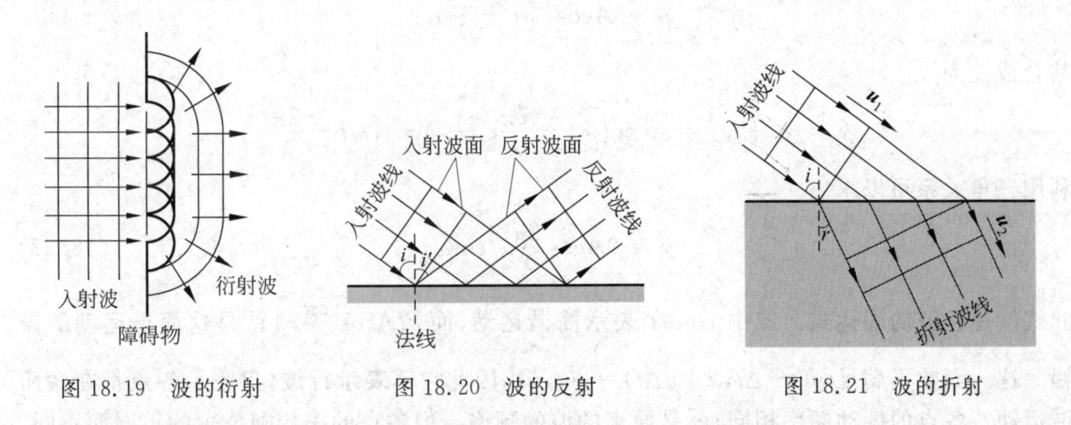

图 18.19　波的衍射　　图 18.20　波的反射　　图 18.21　波的折射

用惠更斯作图法还能说明波的反射定律(图 18.20)：反射角 i' 等于入射角 i；也能说明波的折射定律(图 18.21)：入射角 i 的正弦与折射角 r 的正弦之比等于波在相应的两介质中的速率 u_1 和 u_2 之比，比值称为**折射率** n_{21}，即

$$\frac{\sin i}{\sin r} = \frac{u_1}{u_2} = n_{21} \tag{18.35}$$

式(18.35)还表明，如果波由波速较小的介质(波密介质)射向波速较大的介质(波疏介质)，则在两介质的分界面上会发生**全反射**现象，而全反射的**临界角**(发生全反射的最小入射

角)A由下式决定

$$\sin A=\frac{u_1}{u_2} \tag{18.36}$$

现今被广泛使用的光导纤维即利用了特定材料制成的细丝对激光的全反射现象。

18.8 波的叠加 驻波

观察和研究表明：几列波可以保持各自的特点(频率、波长、振幅、振动方向等)同时通过同一介质，好像在各自的传播过程中没有遇到其他波一样。因此，在几列波相遇或叠加的区域内，任一点的位移，为各个波单独在该点产生的位移的合成。这一关于波的传播的规律称为波的传播的**独立性**或**波的叠加原理**。

管弦乐队合奏或几个人同时讲话时，空气中同时传播着许多声波，但我们仍能够辨别出各种乐器的音调或各个人的声音，这就是波的独立性的例子。通常天空中同时有许多无线电波在传播，我们仍能随意接收到某一电台的广播，这是电磁波传播的独立性的例子。

当人们研究的波的强度越来越大时，发现波的叠加原理并不是普遍成立的，只有当波的强度较小时(在数学上，这表示为波动方程是**线性的**)，它才正确。对于强度甚大的波，它就失效了。例如，强烈的爆炸声就有明显的相互影响。

几列波叠加可以产生许多独特的现象，**驻波**就是一例。在同一介质中两列频率、振动方向相同，而且振幅也相同的简谐波，在同一直线上沿相反方向传播时就叠加形成驻波。

设有两列简谐波，分别沿x轴正方向和负方向传播，它们的表达式为

$$y_1=A\cos\left(\omega t-\frac{2\pi}{\lambda}x\right)$$

$$y_2=A\cos\left(\omega t+\frac{2\pi}{\lambda}x\right)$$

其合成波为

$$y=y_1+y_2=A\cos\left(\omega t-\frac{2\pi}{\lambda}x\right)+A\cos\left(\omega t+\frac{2\pi}{\lambda}x\right)$$

利用三角关系可以求出

$$y=2A\cos\frac{2\pi}{\lambda}x\ \cos\omega t \tag{18.37}$$

此式就是驻波的表达式。式中$\cos\omega t$表示简谐运动，而$\left|2A\cos\frac{2\pi}{\lambda}x\right|$就是这简谐运动的振幅。这一函数不满足$y(t+\Delta t,x+u\Delta t)=y(t,x)$，因此它**不表示行波**，只表示各点都在做简谐运动。各点的振动频率相同，就是原来的波的频率。但各点的振幅随位置的不同而不同。振幅最大的各点称为**波腹**，对应于使$\left|\cos\frac{2\pi}{\lambda}x\right|=1$即$\frac{2\pi}{\lambda}x=k\pi$的各点。因此波腹的位置为

$$x=k\frac{\lambda}{2},\quad k=0,\pm1,\pm2,\cdots$$

振幅为零的各点称为**波节**，对应于使$\left|\cos\frac{2\pi x}{\lambda}\right|=0$，即$\frac{2\pi x}{\lambda}=(2k+1)\frac{\pi}{2}$的各点。因此波节

的位置为

$$x=(2k+1)\frac{\lambda}{4},\quad k=0,\pm 1,\pm 2,\cdots$$

由以上两式可算出相邻的两个波节和相邻的两个波腹之间的距离都是$\lambda/2$。这一点为我们提供了一种测定行波波长的方法，只要测出相邻两波节或波腹之间的距离就可以确定原来两列行波的波长λ。

式(18.37)中的振动因子为$\cos\omega t$，但不能认为驻波中各点的振动的相都是相同的。因为系数$2A\cos(2\pi/\lambda)x$在x值不同时是有正有负的。把相邻两个波节之间的各点叫做一段，则由余弦函数取值的规律可以知道，$\cos(2\pi/\lambda)x$的值对于同一段内的各点有相同的符号，对于分别在相邻两段内的两点则符号相反。以$|2A\cos(2\pi/\lambda)x|$作为振幅，这种符号的相同或相反就表明，在驻波中，**同一段上的各点的振动同相，而相邻两段中的各点的振动反相**。因此，驻波实际上就是分段振动的现象。在驻波中，没有振动状态或相位的传播，也没有能量的传播，所以才称之为驻波。

图18.22画出了驻波形成的物理过程，其中点线表示向右传播的波，虚线表示向左传播的波，粗实线表示合成振动。图中各行依次表示$t=0,T/8,T/4,3T/8,T/2$各时刻各质点的分位移和合位移。从图中可看出波腹a和波节n的位置。

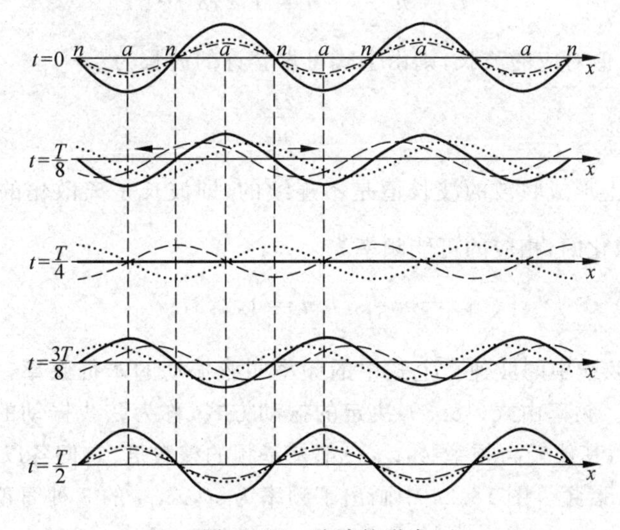

图18.22 驻波的形成

图18.23为用电动音叉在绳上产生驻波的简图，波腹和波节的形象看得很清楚。这一驻波是由音叉在绳中引起的向右传播的波和在B点反射后向左传播的波合成的结果。改变拉紧绳的张力，就能改变波在绳上传播的速度。当这一速度和音叉的频率正好使得绳长

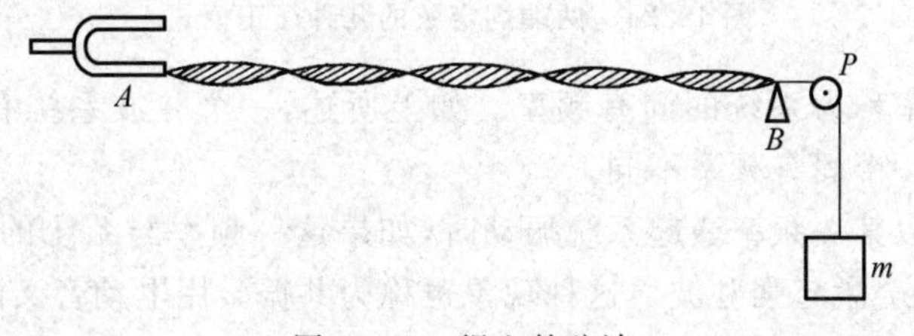

图18.23 绳上的驻波

为**半波长的整数倍**时，在绳上就能有驻波产生。

值得注意的是，在这一实验中，在反射点 B 处绳是固定不动的，因而此处只能是波节。从振动合成考虑，这意味着反射波与入射波的相在此处正好相反，或者说，入射波在反射时有 π 的**相跃变**。由于 π 的相跃变相当于半个波长的波程变化，所以这种入射波在反射时发生反相的现象也常称为**半波损失**。当波在自由端反射时，则没有相跃变，形成的驻波在此端将出现波腹。

一般情况下，入射波在两种介质分界处反射时是否发生半波损失，与波的种类、两种介质的性质以及入射角的大小有关。在垂直入射时，它由介质的密度和波速的乘积 ρu 决定。相对来讲，ρu 较大的介质称为**波密介质**，ρu 较小的称为**波疏介质**。当波从波疏介质垂直入射到与波密介质的界面上反射时，有半波损失，形成的驻波在界面处出现波节。反之，当波从波密介质垂直入射到与波疏介质的界面上反射时，无半波损失，界面处出现波腹。

驻波现象有许多实际的应用。例如将一根弦线的两端用一定的张力固定在相距 L 的两点间，当拨动弦线时，弦线中就产生来回的波，它们就合成而形成驻波。但并不是所有波长的波都能形成驻波。由于绳的两个端点固定不动，所以这两点必须是波节，因此驻波的波长必须满足下列条件：

$$L = n\frac{\lambda}{2},\quad n = 1,2,3,\cdots$$

以 λ_n 表示与某一 n 值对应的波长，则由上式可得容许的波长为

$$\lambda_n = \frac{2L}{n} \tag{18.38}$$

这就是说能在弦线上形成驻波的波长值是不连续的，即波长是离散化的。由关系式 $\nu = \frac{u}{\lambda}$ 可知，频率也是离散化的，相应的可能频率为

$$\nu_n = n\frac{u}{2L},\quad n = 1,2,3,\cdots \tag{18.39}$$

其中，$u = \sqrt{F/\rho_l}$ 为弦线中的波速。上式中的频率叫弦振动的**本征频率**，每一频率对应于一种可能的振动方式。频率由式(18.39)决定的振动方式，称为弦线振动的**简正模式**，其中最低频率 ν_1 称为**基频**，其他较高频率 ν_2，ν_3，…都是基频的**整数倍**，它们各以其对基频的倍数而称为二次、三次……**谐频**。图18.24中画出了频率为 ν_1，ν_2，ν_3 的3种简正模式。

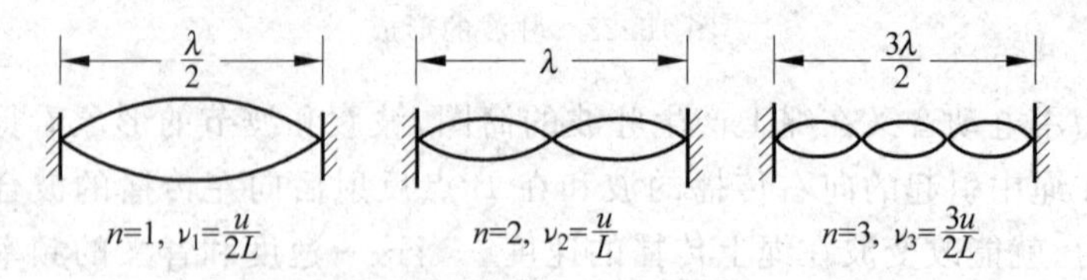

图18.24　两端固定弦的几种简正模式

简正模式的频率称为系统的固有频率。如上所述，一个驻波系统有许多个固有频率。这和弹簧振子只有一个固有频率不同。

当外界驱动源以某一频率激起系统振动时，如果这一频率与系统的某个简正模式的频率相同(或相近)，就会激起强驻波。这种现象也称为共振。用电动音叉演示驻波时，观察到的就是驻波共振现象。

系统究竟按哪种模式振动，取决于初始条件。一般情况下，一个驻波系统的振动，是它的各种简正模式的叠加。

弦乐器的发声就服从驻波的原理。当拨动弦线使它振动时，它发出的声音中就包含有各种频率。管乐器中的管内的空气柱、锣面、鼓皮等也都是驻波系统，它们振动时也同样各有其相应的简正模式和共振现象，但其简正模式要比弦的复杂得多。

乐器振动发声时，其**音调**由基频决定，同时发出的谐频的频率和强度决定声音的**音色**。

例 18.4　二胡。一只二胡的"千斤"(弦的上方固定点)和"码子"(弦的下方固定点)之间的距离是 $L=0.3$ m(图 18.25)。其上一根弦的质量线密度为 $\rho_l=3.8\times10^{-4}$ kg/m，拉紧它的张力 $F=9.4$ N。求此弦所发的声音的基频是多少？此弦的三次谐频振动的节点在何处？

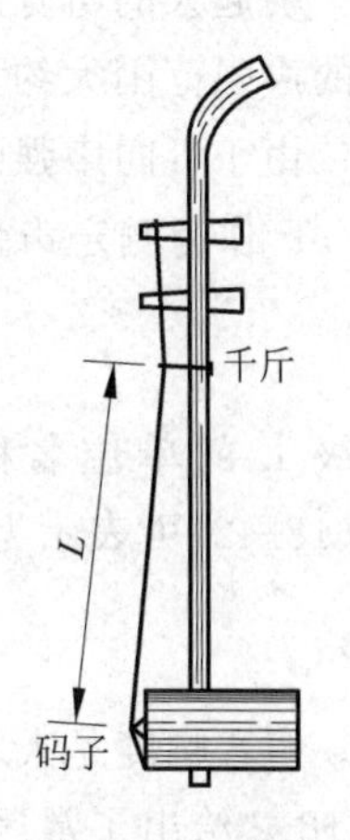

图 18.25　二胡

解　此弦中产生的驻波的基频为

$$\nu_1=\frac{u}{2L}=\frac{1}{2L}\sqrt{\frac{F}{\rho_l}}$$

$$=\frac{1}{2\times0.3}\sqrt{\frac{9.4}{3.8\times10^{-4}}}=262\ (\text{Hz})$$

这就是它发出的声波的基频，是"C"调。三次谐频振动时，整个弦长为 $\frac{1}{2}\lambda_3$ 的 3 倍。因此，从"千斤"算起，节点应在 0，10，20，30 cm 处。

18.9　声波

声波是机械纵波。频率在 20～20 000 Hz 之间的声波，能引起人的听觉，称为**可闻声波**，也简称**声波**。频率低于 20 Hz 的叫做**次声波**，高于 20 000 Hz 的叫做**超声波**。

介质中有声波传播时的压力与无声波时的静压力之间有一差额，这一差额称为**声压**。声波是疏密波，在稀疏区域，实际压力小于原来静压力，声压为负值；在稠密区域，实际压力大于原来静压力，声压为正值。它的表示式可如下求得。

把表示体积弹性形变的公式即式(18.16)

$$\Delta p=-K\frac{\Delta V}{V}$$

应用于介质的一个小质元，则 Δp 就表示声压。对平面简谐声波来讲，体应变 $\Delta V/V$ 也等于 $\partial y/\partial x$。以 p 表示声压，则有

$$p=-K\frac{\partial y}{\partial x}=-K\frac{\omega}{u}A\sin\omega\left(t-\frac{x}{u}\right)$$

由于纵波波速即声速 $u=\sqrt{\frac{K}{\rho}}$(见式(18.23))，所以上式又可改写为

$$p=-\rho u\omega A\sin\omega\left(t-\frac{x}{u}\right)$$

而声压的振幅为

$$p_{\mathrm{m}}=\rho uA\omega \tag{18.40}$$

声强就是声波的强度，根据式(18.31)，声强为

$$I = \frac{1}{2}\rho u A^2 \omega^2$$

再利用式(18.40)，还可得

$$I = \frac{1}{2}\frac{p_m^2}{\rho u} \tag{18.41}$$

引起人的听觉的声波，不仅有一定的频率范围，还有一定的声强范围。能够引起人的听觉的声强范围大约为 $10^{-12} \sim 1\ \text{W/m}^2$。声强太小，不能引起听觉；声强太大，将引起痛觉。

由于可闻声强的数量级相差悬殊，通常用**声级**来描述声波的强弱。规定声强 $I_0 = 10^{-12}\ \text{W/m}^2$ 作为测定声强的标准，某一声强 I 的声级用 L 表示：

$$L = \lg \frac{I}{I_0} \tag{18.42}$$

声级 L 的单位名称为贝[尔]，符号为 B。通常用分贝(dB)为单位，1B=10dB。这样式(18.42)可表示为

$$L = 10\lg \frac{I}{I_0}\ (\text{dB}) \tag{18.43}$$

声音响度是人对声音强度的主观感觉，它与声级有一定的关系，声级越大，人感觉越响。表18.2给出了常遇到的一些声音的声级。

表18.2 几种声音的声强、声级和响度

声源	声强/(W/m²)	声级/dB	响度
聚焦超声波	10^9	210	
炮声	1	120	
痛觉阈	1	120	
铆钉机	10^{-2}	100	震耳
闹市车声	10^{-5}	70	响
通常谈话	10^{-6}	60	正常
室内轻声收音机	10^{-8}	40	较轻
耳语	10^{-10}	20	轻
树叶沙沙声	10^{-11}	10	极轻
听觉	10^{-12}	0	

例18.5 张飞与士兵。《三国演义》中有大将张飞喝断当阳桥的故事。设张飞大喝一声声级为140 dB，频率为400 Hz。

(1) 张飞喝声的声压幅和振幅各是多少？

(2) 如果一个士兵的喝声声级为90 dB，张飞一喝相当于多少士兵同时大喝一声？

解 (1) 由式(18.43)，以 I 表示张飞喝声的声强，则

$$140 = 10\lg \frac{I}{I_0}$$

由此得

$$I = I_0 \times 10^{14} = 10^{-12} \times 10^{14} = 100\ (\text{W/m}^2)$$

由式(18.41)，张飞喝声的声压幅为

$$p_m = \sqrt{2\rho u I} = \sqrt{2 \times 1.29 \times 340 \times 100} = 3.0 \times 10^2\ (\text{N/m}^2)$$

由式(18.31)，空气质元的振幅为

$$A=\frac{1}{\omega}\sqrt{\frac{2I}{\rho u}}=\frac{1}{2\pi\times 400}\sqrt{\frac{2\times 100}{1.29\times 340}}=2.7\times 10^{-4}\ (\mathrm{m})$$

(2) 由式(18.43)，以 I_1 表示每一士兵喝声的声强，则

$$I_1=I_0\times 10^9=10^{-12}\times 10^9=10^{-3}\ (\mathrm{W/m^2})$$

而

$$\frac{I}{I_1}=\frac{100}{10^{-3}}=10^5$$

即张飞一喝相当于10万士兵同时齐声大喝。

声波是由振动的弦线(如提琴弦线、人的声带等)、振动的空气柱(如风琴管、单簧管等)、振动的板与振动的膜(如鼓、扬声器等)等产生的机械波。近似周期性或者由少数几个近似周期性的波合成的声波，如果强度不太大时会引起愉快悦耳的**乐音**。波形不是周期性的或者是由个数很多的一些周期波合成的声波，听起来是**噪声**。

空气中的声波是纵波，其传播速度由式(18.23)决定。利用式(18.16)，可得空气中的声速为

$$u=\sqrt{\frac{K}{\rho}}=\sqrt{-\frac{V}{\rho}\frac{\mathrm{d}p}{\mathrm{d}V}} \tag{18.44}$$

由于声波频率较大，声波中空气质元的压缩和膨胀都很快，因此来不及和周围传递热量。这样，声波中空气质元的体积变化可以当绝热过程处理。按理想气体计算，由状态方程 $p=\frac{\rho}{M}RT$ 和绝热过程方程 $pV^\gamma=C$ 可得

$$\frac{\mathrm{d}p}{\mathrm{d}V}=-\frac{\gamma p}{V}=-\frac{\gamma\rho RT}{MV}$$

将此式代入式(18.44)，即可得空气中的声速为

$$u=\sqrt{\frac{\gamma RT}{M}} \tag{18.45}$$

式中 γ 是空气的比热容比，M 是空气的摩尔质量。以 $\gamma=1.40$，$M=29.0\times 10^{-3}$ kg/mol，$T=300$ K 代入式(18.45)可得常温下空气中的声速为

$$u=\sqrt{\frac{\gamma RT}{M}}=\sqrt{\frac{1.40\times 8.31\times 300}{29.0\times 10^{-3}}}=347\ (\mathrm{m/s})$$

这一结果和实测结果330～340 m/s基本相符。

超声波

超声波一般由具有磁致伸缩或压电效应的晶体的振动产生。它的显著特点是频率高，波长短，衍射不严重，因而具有良好的定向传播特性，而且易于聚焦。也由于其频率高，因而超声波的声强比一般声波大得多，用聚焦的方法，可以获得声强高达 10^9 W/m^2 的超声波。超声波穿透本领很大，特别是在液体、固体中传播时，衰减很小。在不透明的固体中，能穿透几十米的厚度。超声波的这些特性，在技术上得到广泛的应用。

利用超声波的定向发射性质，可以探测水中物体，如探测鱼群、潜艇等，也可用来测量海深。由于海水的导电性良好，电磁波在海水中传播时，吸收非常严重，因而电磁雷达无法使用。利用声波雷达——声纳，可以探测出潜艇的方位和距离。

因为超声波碰到杂质或介质分界面时有显著的反射，所以可以用来探测工件内部的缺陷。超声探伤

的优点是不伤损工件，而且由于穿透力强，因而可以探测大型工件，如用于探测万吨水压机的主轴和横梁等。此外，在医学上可用来探测人体内部的病变，如"B超"仪就是利用超声波来显示人体内部结构的图像。

目前超声探伤正向着显像方向发展，如用声电管把声信号变换成电信号，再用显像管显示出目的物的像来。随着激光全息技术的发展，声全息也日益发展起来。把声全息记录的信息再用光显示出来，可直接看到被测物体的图像。声全息在地质、医学等领域有着重要的意义。

由于超声波能量大而且集中，所以也可以用来切削、焊接、钻孔、清洗机件，还可以用来处理种子和促进化学反应等。

超声波在介质中的传播特性，如波速、衰减、吸收等与介质的某些特性（如弹性模量、浓度、密度、化学成分、黏度等）或状态参量（如温度、压力、流速等）密切有关，利用这些特性可以间接测量其他有关物理量。这种非声量的声测法具有测量精度高、速度快等优点。

由于超声波的频率与一般无线电波的频率相近，因此利用超声元件代替某些电子元件，可以起到电子元件难于起到的作用。超声延迟线就是其中一例。因为超声波在介质中的传播速度比起电磁波小得多，用超声波延迟时间就方便得多。

次声波

次声波又称亚声波，一般指频率在 $10^{-4}\sim20$ Hz 之间的机械波，人耳听不到。它与地球、海洋和大气等的大规模运动有密切关系。例如火山爆发、地震、陨石落地、大气湍流、雷暴、磁暴等自然活动中，都有次声波产生，因此已成为研究地球、海洋、大气等大规模运动（如风暴、地震等）的有力工具。

次声波频率低，衰减极小，具有远距离传播的突出优点。在大气中传播几千公里后，吸收还不到万分之几分贝。因此对它的研究和应用受到越来越多的关注，已形成现代声学的一个新的分支——次声学。

18.10 多普勒效应

在前面的讨论中，波源和接收器相对于介质都是静止的，所以波的频率和波源的频率相同，接收器接收到的频率和波的频率相同，也和波源的频率相同。如果波源或接收器或两者相对于介质运动，则发现接收器接收到的频率和波源的振动频率不同。这种接收器接收到的频率有赖于波源或观察者运动的现象，称为**多普勒效应**。例如，当高速行驶的火车鸣笛而来时，我们听到的汽笛音调变高，当它鸣笛离去时，我们听到的音调变低，这种现象是声学的多普勒效应。本节讨论这一效应的规律。为简单起见，假定波源和接收器在同一直线上运动。波源相对于介质的运动速度用 v_S 表示，接收器相对于介质的运动速度用 v_R 表示，波速用 u 表示。波源的频率、接收器接收到的频率和波的频率分别用 ν_S，ν_R 和 ν 表示。在此处，三者的意义应区别清楚：波源的频率 ν_S 是波源在单位时间内振动的次数，或在单位时间内发出的"完整波"的个数；接收器接收到的频率 ν_R 是接收器在单位时间内接收到的振动数或完整波数；波的频率 ν 是介质质元在单位时间内振动的次数或单位时间内通过介质中某点的完整波的个数，它等于波速 u 除以波长 λ。这三个频率可能互不相同。下面分几种情况讨论。

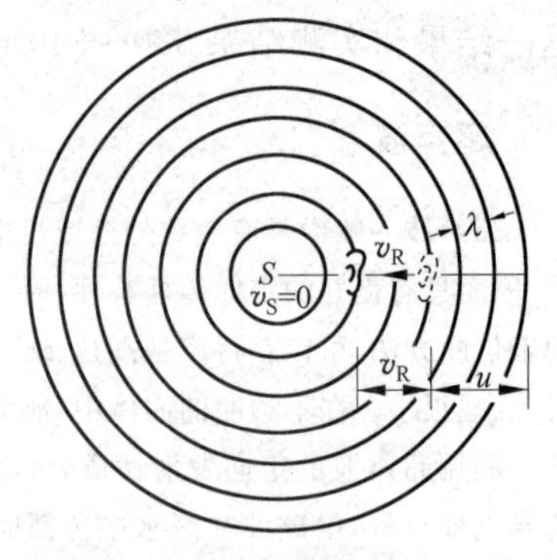

图 18.26 波源静止时的多普勒效应

(1) 相对于介质波源不动，接收器以速度 v_R 运动（图 18.26）。

若接收器向着静止的波源运动，接收器在单位时间内接收到的完整波的数目比它静止时接收的多。因为波源发出的波以速度 u 向着接收器传播，同时接收器以速度 v_R 向着静止的波源运动，因而多接收了一些完整波数。在单位时间内接收器接收到的完整波的数目等于分布在 $u+v_R$ 距离内完整波的数目(见图 18.26)，即

$$\nu_R = \frac{u+v_R}{\lambda} = \frac{u+v_R}{\dfrac{u}{\nu}} = \frac{u+v_R}{u}\nu$$

此式中的 ν 是波的频率。由于波源在介质中静止，所以波的频率就等于波源的频率，因此有

$$\nu_R = \frac{u+v_R}{u}\nu_S \tag{18.46}$$

这表明，当接收器向着静止波源运动时，接收到的频率为波源频率的 $(1+v_R/u)$ 倍。

当接收器离开波源运动时，且 $\nu_R<u$，通过类似的分析，可求得接收器接收到的频率为

$$\nu_R = \frac{u-v_R}{u}\nu_S \tag{18.47}$$

即此时接收到的频率低于波源的频率。当 $\nu_R>u$ 时，接收器收不到波。

(2) 相对于介质接收器不动，波源以速度 v_S 运动(图 18.27(a))。

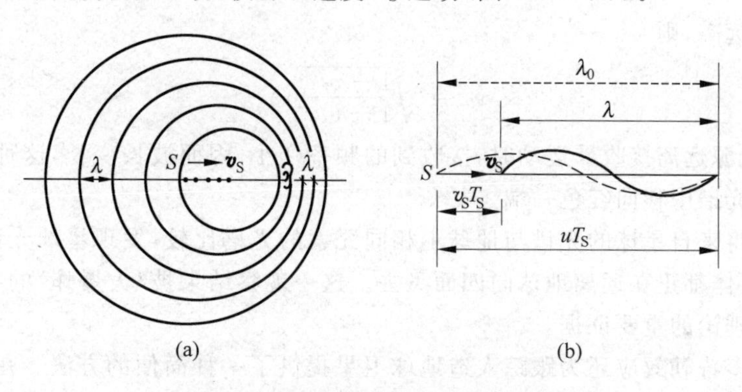

图 18.27　波源运动时的多普勒效应

波源运动时，波的频率不再等于波源的频率。这是由于当波源运动时，它所发出的相邻的两个同相振动状态是在不同地点发出的，这两个地点相隔的距离为 $v_S T_S$，T_S 为波源的周期。如果波源是向着接收器运动的，这后一地点到前方最近的同相点之间的距离是现在介质中的波长。若波源静止时介质中的波长为 $\lambda_0(\lambda_0=uT_S)$，且 $\nu_s<u$，则现在介质中的波长为(图 18.27(b))

$$\lambda = \lambda_0 - v_S T_S = (u-v_S)T_S = \frac{u-v_S}{\nu_S}$$

现时波的频率为

$$\nu = \frac{u}{\lambda} = \frac{u}{u-v_S}\nu_S$$

由于接收器静止，所以它接收到的频率就是波的频率，即

$$\nu_R = \frac{u}{u-v_S}\nu_S \tag{18.48}$$

此时接收器接收到的频率大于波源的频率。

当波源远离接收器运动时，通过类似的分析，可得接收器接收到的频率为

$$\nu_R = \frac{u}{u+v_S}\nu_S \tag{18.49}$$

这时接收器接收到的频率小于波源的频率。

(3) 相对于介质波源和接收器同时运动。

综合以上两种分析，可得当波源和接收器相向运动时，接收器接收到的频率为

$$\nu_R = \frac{u+v_R}{u-v_S}\nu_S \tag{18.50}$$

当波源和接收器彼此离开时，接收器接收到的频率为

$$\nu_R = \frac{u-v_R}{u+v_S}\nu_S \tag{18.51}$$

电磁波(如光)也有多普勒现象。和声不同的是，电磁波的传播不需要什么介质，因此只是光源和接收器的相对速度 v 决定接收的频率。可以用相对论证明，当光源和接收器在同一直线上运动时，如果二者相互接近，则

$$\nu_R = \sqrt{\frac{1+v/c}{1-v/c}}\,\nu_S \tag{18.52}$$

如果二者相互远离，则

$$\nu_R = \sqrt{\frac{1-v/c}{1+v/c}}\,\nu_S \tag{18.53}$$

由此可知，当光源远离接收器运动时，接收到的频率变小，因而波长变长，这种现象叫做“红移”，即在可见光谱中移向红色一端。

天文学家将来自星球的光谱与地球上相同元素的光谱比较，发现星球光谱几乎都发生红移，这说明星体都正在远离地球向四面飞去。这一观察结果被“大爆炸”的宇宙学理论的倡导者视为其理论的重要证据。

电磁波的多普勒效应还为跟踪人造地球卫星提供了一种简便的方法。在图18.28中，卫星从位置1运动到位置2的过程中，向着跟踪站的速度分量减小，在从位置2到位置3的过程中，离开跟踪站的速度分量增加。因此，如果卫星不断发射恒定频率的无线电信号，则当卫星经过跟踪站上空时，地面接收到的信号频率是逐渐减小的。如果把接收到的信号与接收站另外产生的恒定信号合成拍，则拍频可以产生一个听得见的声音。卫星经过上空时，这种声音的音调降低。

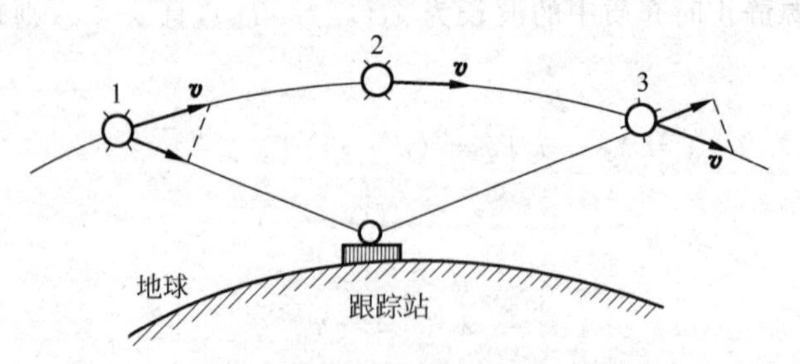

图18.28 卫星—跟踪站连线方向上分速度的变化

上面讲过，当波源向着接收器运动时，接收器接收到的频率比波源的频率大，它的值由式(18.48)给出。但这一公式当波源的速度 v_S 超过波速时将失去意义，因为这时在任一时

刻波源本身将超过它此前发出的波的波前，在波源前方不可能有任何波动产生。这种情况如图 18.29 所示。

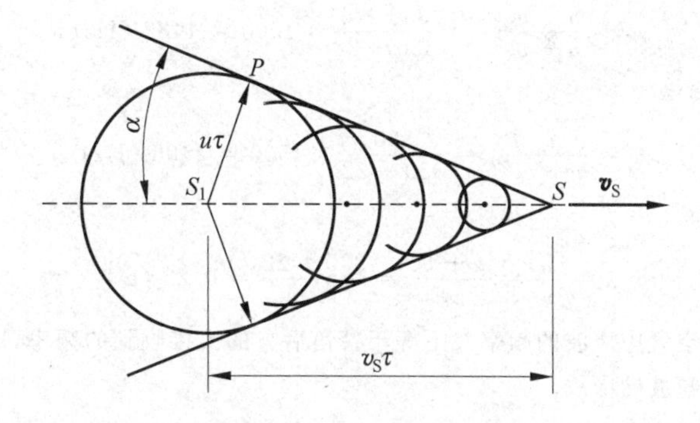

图 18.29 冲击波的产生

当波源经过 S_1 位置时发出的波在其后 τ 时刻的波阵面为半径等于 $u\tau$ 的球面，但此时刻波源已前进了 $v_S\tau$ 的距离到达 S 位置。在整个 τ 时间内，波源发出的波到达的前沿形成了一个圆锥面，这个圆锥面叫**马赫锥**，其半顶角 α 由下式决定：

$$\sin\alpha = \frac{u}{v_S} \tag{18.54}$$

当飞机、炮弹等以超音速飞行时，都会在空气中激起这种圆锥形的波。这种波称为**冲击波**。冲击波面到达的地方，空气压强突然增大。过强的冲击波掠过物体时甚至会造成损害(如使窗玻璃碎裂)，这种现象称为**声爆**。

类似的现象在水波中也可以看到。当船速超过水面上的水波波速时，在船后就激起以船为顶端的 V 形波，这种波叫**艏波**(图 18.30)。

图 18.30 青龙峡湖面游艇激起的艏波弯曲优美

当带电粒子在介质中运动，其速度超过该介质中的光速(这光速小于真空中的光速 c)时，会辐射锥形的电磁波，这种辐射称为**切连科夫辐射**。高能物理实验中利用这种现象来测定粒子的速度。

例 18.6 运动的警笛。一警笛发射频率为 1500 Hz 的声波，并以 22 m/s 的速度向某方向运动，一人以 6 m/s 的速度跟踪其后，求他听到的警笛发出声音的频率以及在警笛后方空气中声波的波长。设没有风,空气中声速 $u=330\ \mathrm{m/s}$。

解 已知 $\nu_S=1500\ \mathrm{Hz}$, $v_S=22\ \mathrm{m/s}$, $v_R=6\ \mathrm{m/s}$,则此人听到的警笛发出的声音的频率为

$$\nu_R=\frac{u+v_R}{u+v_S}\nu_S=\frac{330+6}{330+22}\times 1500=1432\ (\mathrm{Hz})$$

警笛后方空气中声波的频率

$$\nu=\frac{u}{u+v_S}\nu_S=\frac{330}{330+22}\times 1500=1406\ (\mathrm{Hz})$$

相应的空气中声波波长为

$$\lambda=\frac{u}{\nu}=\frac{u+v_S}{\nu_S}=\frac{330+22}{1500}=0.23\ (\mathrm{m})$$

应该注意,警笛后方空气中声波的频率并不等于警笛后方的人接收到的频率,这是因为人向着声源跑去时,又多接收了一些完整波的缘故。

* 18.11 行波的叠加和群速度

和振动的合成类似,几个频率相同、波速相同、振动方向相同的简谐波叠加后,合成波仍然是简谐波。但是,不同频率的简谐波叠加后,合成波就不再是简谐波了,一般比较复杂,故称为**复波**。介质中有复波产生时,各质元的运动不再是简谐运动,波形图也不再是余弦曲线。图 18.31 画出了两个复波的波形图(实曲线),它们都是频率比为 3∶1 的两列简谐波的合成,只是图 18.31(a)中两波的相差和图(b)中两波的相差不同。图 18.32 是振幅相等、频率相近的两列简谐波合成的复波的波形图,它实际上表示了振动合成中的拍现象。

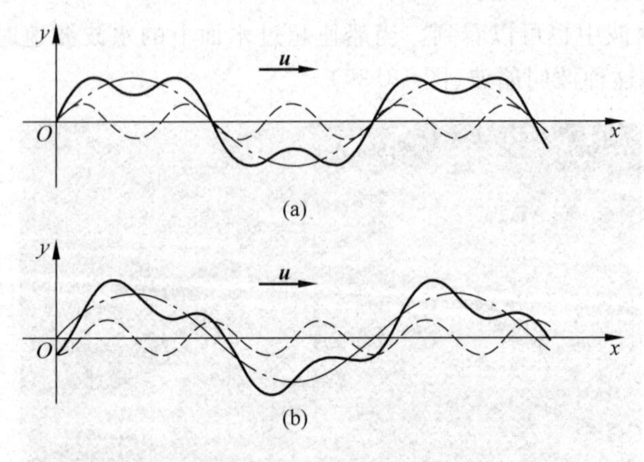

图 18.31 频率比为 3∶1 的两列简谐波的合成

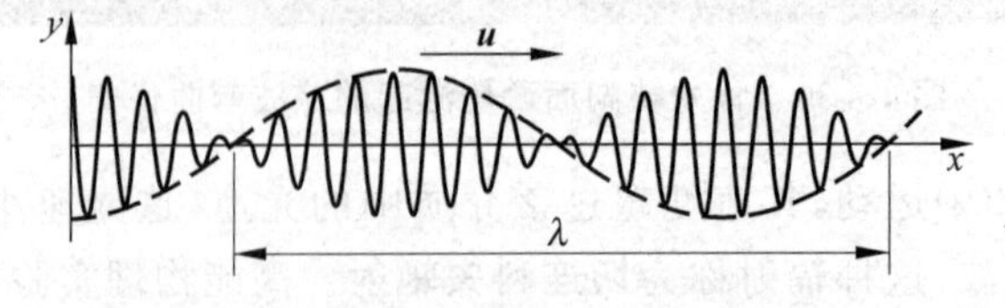

图 18.32 频率相近的两列余弦波的合成波

与几列简谐波可以合成为复波相反,一列任意的波,周期性的甚至非周期性的,如一个脉冲波,都可以分解为许多简谐波。这一分解所用的数学方法是傅里叶分析。

简谐波在介质中的传播速度，即相速度，和介质的种类有关。在有些介质中，不同频率的简谐波的相速度都一样。这种介质叫**无色散介质**。在有些介质中，相速度随频率的不同而改变。这种媒质叫**色散介质**。在无色散介质中，不同频率的简谐波具有相同的传播速度，因而合成的复波也以同样的速度传播，而且在传播过程中波形保持不变。在色散介质中，情况则不同。由于各成分波的相速度不同，因而合成的复波的传播呈现复杂的情况。下面就两列沿同一方向传播的，振幅相同、频率相近而且相速度差别不大的两列简谐波的合成作一说明。

设有两列沿 x 轴正向传播的简谐波，其波函数分别为

$$y_1 = A\cos(\omega_1 t - k_1 x)$$
$$y_2 = A\cos(\omega_2 t - k_2 x)$$

式中：$k_1=\dfrac{\omega_1}{u_1}$，$k_2=\dfrac{\omega_2}{u_2}$分别为两列波的波数，而 u_1 和 u_2 是它们的相速度。这两列波的合成波为

$$\begin{aligned} y &= y_1 + y_2 \\ &= 2A\cos\left(\frac{\omega_1-\omega_2}{2}t-\frac{k_1-k_2}{2}x\right)\cos\left(\frac{\omega_1+\omega_2}{2}t-\frac{k_1+k_2}{2}x\right) \end{aligned} \tag{18.55}$$

令

$$\bar{\omega}=\frac{\omega_1+\omega_2}{2},\quad \bar{k}=\frac{k_1+k_2}{2}$$

$$\omega_g=\frac{\omega_1-\omega_2}{2},\quad k_g=\frac{k_1-k_2}{2}$$

$$A_g=2A\cos(\omega_g t-k_g x)$$

则式(18.55)可写为

$$\begin{aligned} y &= 2A\cos(\omega_g t-k_g x)\cos(\bar{\omega}t-\bar{k}x) \\ &= A_g\cos(\bar{\omega}t-\bar{k}x) \end{aligned} \tag{18.56}$$

由于 ω_1 和 ω_2 很相近，所以 $\omega_g=\dfrac{\omega_1-\omega_2}{2}\ll\omega_1$ 或 ω_2，而 $\bar{\omega}\approx\omega_1$ 或 ω_2。又由于相速度 u_1 和 u_2 差别不大，所以 $k_g=\dfrac{k_1-k_2}{2}\ll k_1$ 或 k_2，而 $\bar{k}\approx k_1$ 或 k_2。这样，由式(18.56)所表示的合成波就可看成是振幅 A_g 以频率 ω_g 缓慢变化着而各质元以频率 $\bar{\omega}$ 迅速振动着的波。合成波的波形曲线也如图 18.32 所示，实线表示高频振动传播的波形，虚线表示振幅变化的波形。质元振动的相为$(\bar{\omega}t-\bar{k}x)$，也就是合成波的相。认准某一确定的相，即令$(\bar{\omega}t-\bar{k}x)=$常量，可求得复波的**相速度**为

$$u=\frac{dx}{dt}=\frac{\bar{\omega}}{\bar{k}} \tag{18.57}$$

如果忽略两成分波的相速度的差别，这一相速度也就等于成分波的相速度。

由于振幅的变化，合成波显现为一团一团振动向前传播。这样的一团叫一个**波群**或**波包**。波群的运动就由式(18.56)中的 A_g 表示。波群的运动速度叫**群速度**，它可以通过令$(\omega_g t-k_g x)=$常量求得。以 u_g 表示群速度，则

$$u_g=\frac{dx}{dt}=\frac{\omega_g}{k_g}=\frac{\omega_1-\omega_2}{k_1-k_2}=\frac{\Delta\omega}{\Delta k}$$

在色散介质中 ω 随 k 连续变化而频差很小时，可用$\dfrac{d\omega}{dk}$代替$\dfrac{\Delta\omega}{\Delta k}$，于是

$$u_g = \frac{d\omega}{dk} \tag{18.58}$$

利用 $u=\omega/k=\nu\lambda$ 和 $k=2\pi/\lambda$ 的关系，还可以把上式改写为

$$u_g = u - \lambda \frac{du}{d\lambda} \tag{18.59}$$

对于无色散介质，相速度 u 与频率无关，即为常量，ω 与 k 成正比，于是

$$u_g = \frac{d\omega}{dk} = u$$

即群速度等于相速度。对于色散介质，群速度和相速度可能有很大差别。

信号和能量随着复波传播，其传播的速度就是波包移动的速度，即群速度。理想的简谐波在无限长的时间内始终以同一振幅振动，并不传播信号和能量，和它相对应的相速度 u 只表示简谐波中各点相位之间的关系，并不是信号和能量的传播速度。

图 18.32 表示的由波包组成的复波，只是在无色散或色散不大的介质中传播的情形。这种情况下，波包具有稳定的形状。如果介质的色散（即 $du/d\lambda$）较大，则由于各成分波的相速的显著差异，波包在传播过程中会逐渐摊平、拉开以致最终弥散消失。这种情况下，群速度的概念也就失去意义了。

例 18.7 水面波。很深的海洋表面的波浪的相速度公式为 $u_d=\sqrt{\frac{g\lambda}{8\pi}}$；较浅的海洋表面的波浪的相速度公式为 $u_s=\sqrt{gh}$，式中 g 为重力加速度，h 为水深。以上均为重力波；在浅池表面微风吹起的涟漪波的相速度公式为 $u_r=\sqrt{2\pi\sigma/\rho\lambda}$，是表面张力波，式中 σ 为表面张力系数，ρ 为水的密度。试计算以上各种水面波的群速度。

解 将所给相速度公式代入式(18.59)中，即可得深海波浪的群速度为

$$u_{d,g} = u_d - \lambda \frac{du_d}{d\lambda} = u_d - \frac{1}{2}\sqrt{\frac{g\lambda}{8\pi}} = \frac{u_d}{2}$$

浅海波浪的群速度为

$$u_{s,g} = u_s - \lambda \frac{du_s}{d\lambda} = u_s$$

涟漪波的群速度为

$$u_{r,g} = u_r - \lambda \frac{du_r}{d\lambda} = u_r + \frac{1}{2}\sqrt{\frac{2\pi\sigma}{\rho\lambda}} = \frac{3}{2}u_r$$

提要

1. 行波：扰动的传播。机械波在介质中传播时，只是扰动在传播，介质并不迁移。

2. 简谐波：简谐运动的传播。

简谐波波函数：

$$y = A\cos\omega\left(t \mp \frac{x}{u}\right) = A\cos 2\pi\left(\frac{t}{T} \mp \frac{x}{\lambda}\right)$$
$$= A\cos(\omega t \mp kx)$$

负号用于沿 x 轴正向传播的波，正号用于沿 x 轴负向传播的波；式中周期 $T=\frac{2\pi}{\omega}=\frac{1}{\nu}$，波数 $k=\frac{2\pi}{\lambda}$，相速度 $u=\lambda\nu$，波长 λ 是沿波的传播方向两相邻的同相质元间的距离。

3. 弹性介质中的波速：

横波波速： $u=\sqrt{G/\rho}$，G 为剪切模量，ρ 为密度；

纵波波速： $u=\sqrt{E/\rho}$，E 为杨氏模量，ρ 为密度；

液体气体中纵波波速： $u=\sqrt{K/\rho}$，K 为体弹模量，ρ 为密度；

拉紧的绳中的横波波速： $u=\sqrt{F/\rho_l}$，F 为绳中张力，ρ_l 为线密度。

4. 简谐波的能量：任一质元的动能和弹性势能同相地变化。

平均能量密度： $\overline{w}=\frac{1}{2}\rho\omega^2A^2$

波的强度： $I=\overline{w}u=\frac{1}{2}\rho\omega^2A^2u$

5. 惠更斯原理（作图法）：介质中波阵面上各点都可看作子波波源，其后任一时刻这些子波的包迹就是新的波阵面。用此作图法可说明波的反射定律，折射定律以及全反射现象。

6. 驻波：两列频率、振动方向和振幅都相同而传播方向相反的简谐波叠加形成驻波，其表达式为

$$y=2A\cos\frac{2\pi}{\lambda}x\cos\omega t$$

它实际上是稳定的分段振动，有波节和波腹。两端固定的弦线的驻波波长是量子化的。

7. 声波：

声级： $L=10\ \lg\frac{I}{I_0}\ \mathrm{dB},\quad I_0=10^{-12}\ \mathrm{W/m^2}$

空气中的声速：

$$u=\sqrt{\frac{\gamma RT}{M}}$$

8. 多普勒效应：接收器接收到的频率与接收器(R)及波源(S)的运动有关。

波源静止：$\nu_R=\frac{u+v_R}{u}\nu_S$，接收器向波源运动时 v_R 取正值；

接收器静止：$\nu_R=\frac{u}{u-v_S}\nu_S$，波源向接收器运动时 v_S 取正值。

光学多普勒效应：决定于光源和接收器的相对运动。光源和接收器相对速度为 v 时，

$$\nu_R=\sqrt{\frac{c\pm v}{c\mp v}}\nu_S$$

波源速度超过它发出的波的速度时，产生冲击波。

马赫锥半顶角 α： $\sin\alpha=\frac{u}{v_S}$

* **9. 群速度**：色散介质中，波包以群速度传播。

$$u_g=\frac{d\omega}{dk}=u-\lambda\frac{du}{d\lambda}$$

信号和能量以群速度传播。

思考题

18.1 设某时刻横波波形曲线如图18.33所示，试分别用箭头表示出图中A,B,C,D,E,F,G,H,I等质点在该时刻的运动方向，并画出经过1/4周期后的波形曲线。

18.2 沿简谐波的传播方向相隔Δx的两质点在同一时刻的相差是多少？分别以波长λ和波数k表示之。

*18.3 如果地震发生时，你站在地面上。P波怎样摇晃你？S波怎样摇晃你？你先感到哪种摇晃？

*18.4 曾经说过，波传播时，介质的质元并不随波迁移。但水面上有波形成时，可以看到漂在水面上的树叶沿水波前进的方向移动。这是为什么？

18.5 在相同温度下氢气和氦气中的声速哪个大些？

18.6 拉紧的橡皮绳上传播横波时，在同一时刻，何处动能密度最大？何处弹性势能密度最大？何处总能量密度最大？何处这些能量密度最小？

18.7 一根光纤是由透明的材料做成的，芯表面裹敷一层另一种透明材料作为表皮构成的(图18.34)，光在哪种透明材料中速率较小而为光密介质？

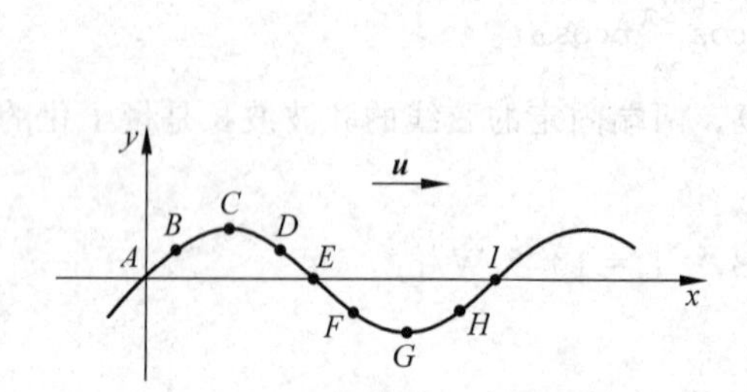

图18.33 思考题18.1用图

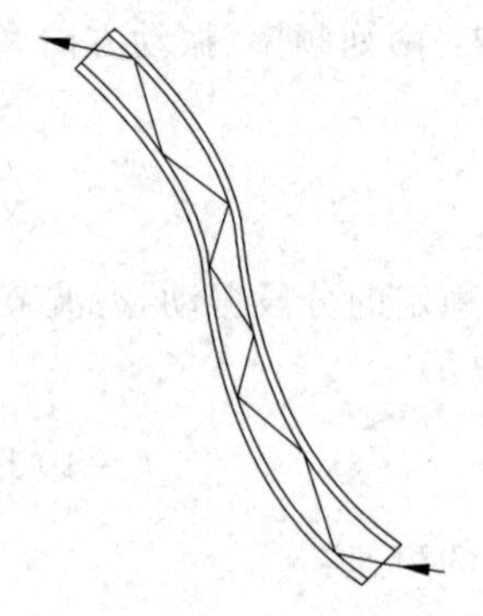
图18.34 光线在一根光纤内传播

18.8 驻波中各质元的相有什么关系？为什么说相没有传播？

18.9 在图18.22的驻波形成图中，在$t=T/4$时，各质元的能量是什么能？大小分布如何？在$t=T/2$时，各质元的能量是什么能？大小分布又如何？波节和波腹处的质元的能量各是如何变化的？

18.10 二胡调音时，要旋动上部的旋杆，演奏时手指压触弦线的不同部位，就能发出各种音调不同的声音。这都是什么缘故？

18.11 哨子和管乐器如风琴管，笛，箫等发声时，吹入的空气湍流使管内空气柱产生驻波振动。管口处是“自由端”形成纵波波腹。另一端如果封闭(图18.35)，则为“固定端”，形成纵波波节；如果开放，则也是自由端，形成波腹。图18.35(a)还画出了闭管中空气柱的基频简正振动模式曲线，表示$\lambda_1=L/4$。你能画出下两个波长较短的谐频简正振动模式曲线吗？请在图18.35(b)、(c)中画出。此闭管可能发出的声音的频率

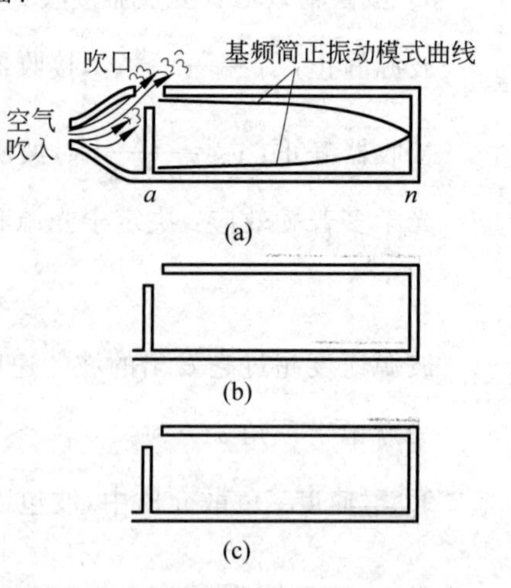

图18.35 闭管空气柱振动简正模式
(a) 基频；(b)、(c) 谐频

和管长应该有什么关系？

18.12　两个喇叭并排放置，由同一话筒驱动，以相同的功率向前发送声波。下述两种情况下，在它们前方较远处的 P 点的声强和单独一个喇叭发声时在该点的声强相比如何？

(1) P 点到两个喇叭的距离相等；

(2) P 点到两个喇叭的距离差半个波长。

18.13　如果在你做健身操时，头顶有飞机飞过，你会发现你向下弯腰和向上直起时所听到的飞机声音音调不同。为什么？何时听到的音调高些？

18.14　在有北风的情况下，站在南方的人听到在北方的警笛发出的声音和无风的情况下听到的有何不同？你能导出一个相应的公式吗？

*18.15　2004 年圣诞节泰国避暑胜地普吉岛遭遇海啸袭击，损失惨重。报道称涌上岸的海浪高达 10 m 以上。这是从远洋传来的波浪靠近岸边时后浪推前浪拥塞堆集的结果。你能用浅海水面波速公式 $u_s=\sqrt{gh}$ 来解释这种海啸高浪头的形成过程吗？

习题

18.1　太平洋上有一次形成的洋波速度为 740 km/h，波长为 300 km。这种洋波的频率是多少？横渡太平洋 8000 km 的距离需要多长时间？

18.2　一简谐横波以 0.8 m/s 的速度沿一长弦线传播。在 $x=0.1$ m 处，弦线质点的位移随时间的变化关系为 $y=0.05\sin(1.0-4.0t)$。试写出波函数。

18.3　一横波沿绳传播，其波函数为

$$y=2\times10^{-2}\sin2\pi(200t-2.0x)$$

求：(1) 此横波的波长、频率、波速和传播方向；

(2) 绳上质元振动的最大速度并与波速比较。

18.4　据报道，1976 年唐山大地震时，当地某居民曾被猛地向上抛起 2 m 高。设地震横波为简谐波，且频率为 1 Hz，波速为 3 km/s，它的波长多大？振幅多大？

18.5　一平面简谐波在 $t=0$ 时的波形曲线如图 18.36 所示。

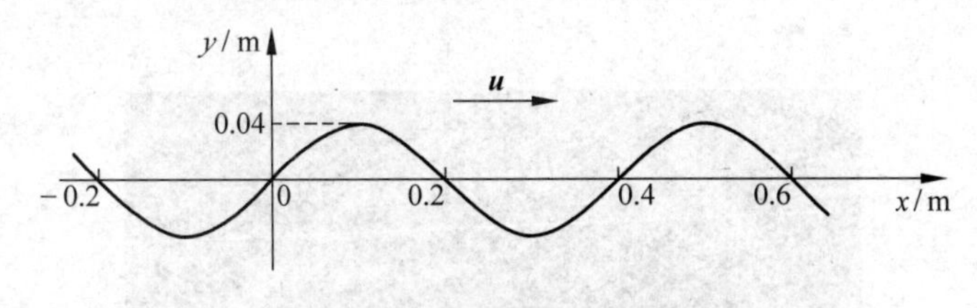

图 18.36　习题 18.5 用图

(1) 已知 $u=0.08$ m/s，写出波函数；

(2) 画出 $t=T/8$ 时的波形曲线。

18.6　已知波的波函数为 $y=A\cos\pi(4t+2x)$。

(1) 写出 $t=4.2$ s 时各波峰位置的坐标表示式，并计算此时离原点最近一个波峰的位置，该波峰何时通过原点？

(2) 画出 $t=4.2$ s 时的波形曲线。

18.7　频率为 500 Hz 的简谐波，波速为 350 m/s。

(1) 沿波的传播方向,相差为60°的两点间相距多远?

(2) 在某点,时间间隔为10^{-3} s的两个振动状态,其相差为多大?

18.8 在海岸抛锚的船因海浪传来而上下振荡,振荡周期为4.0 s,振幅为60 cm,传来的波浪每隔25 m有一波峰。求:

(1) 海波的速度。

*(2) 海面上水的质点作圆周运动的线速度,并和波速比较。由此可知波传播能量的速度可以比介质质元本身运动的速度大得多。

18.9 在标准状态下,声音在氧气中的波速为3.172×10^2 m/s,问氧的比热比γ是多少?

18.10 在钢棒中声速为5100 m/s,求钢的杨氏模量(钢的密度$\rho=7.8\times10^3$ kg/m³)。

18.11 图18.37所示为一次智利地震时在美国华盛顿记录下来的地震波图,其中显示了P波和S波到达的相对时间。如果P波和S波的平均速度分别为8 km/s与6 km/s,试估算此次地震震中到华盛顿的距离。

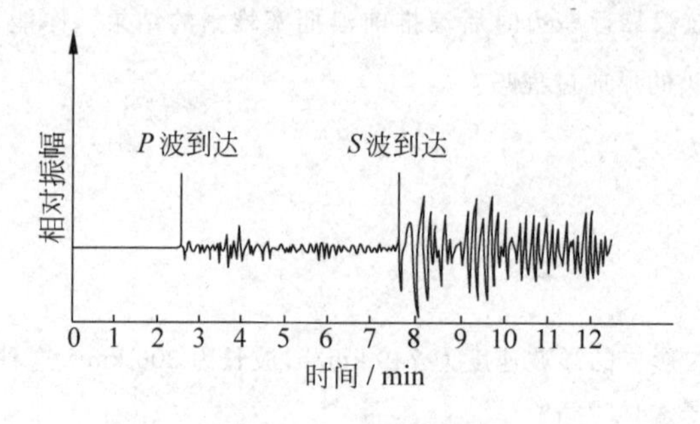

图18.37 地震波记录

18.12 钢轨中声速为5.1×10^3 m/s。今有一声波沿钢轨传播,在某处振幅为1×10^{-9} m,频率为1×10^3 Hz。钢的密度为7.9×10^3 kg/m³,钢轨的截面积按15 cm² 计。试求:

(1) 该声波在该处的强度;

(2) 该声波在该处通过钢轨输送的功率。

18.13 一次地震中地壳释放的能量很大,可能造成巨大灾害。一次地震释放的能量E(J)通常用里氏地震级M表示,它们之间的关系是

$$M = 0.67\lg E - 2.9$$

1976年唐山大地震为里氏9.2级(图18.38)。试求那次地震所释放的总能量,这能量相当于几个百万吨级氢弹爆炸所释放的能量?("百万吨"是指相当的TNT炸药的质量,1 kg TNT炸药爆炸时释放的能量为4.6×10^6 J。)

图18.38 地震后的唐山,新华道两边的房子全部倒塌了

18.14 一日本妇女的喊声曾创吉尼斯世界记录,达到115 dB。这喊声的声强多大?后来一中国女孩破了这个记录,她的喊声达到141 dB,这喊声的声强又是多大?

18.15　位于 A,B 两点的两个波源，振幅相等，频率都是 100 Hz，相差为 π，若 A,B 相距 30 m，波速为 400 m/s，求 AB 连线上二者之间叠加而静止的各点的位置。

18.16　一驻波波函数为

$$y = 0.02\cos 20x \cos 750t$$

求：(1) 形成此驻波的两行波的振幅和波速各为多少？

(2) 相邻两波节间的距离多大？

(3) $t=2.0\times10^{-3}$ s 时，$x=5.0\times10^{-2}$ m 处质点振动的速度多大？

18.17　超声波源常用压电石英晶片的驻波振动。如图 18.39 在两面镀银的石英晶片上加上交变电压，晶片中就沿其厚度的方向上以交变电压的频率产生驻波，有电极的两表面是自由的而成为波腹。设晶片的厚度为 2.00 mm，石英片中沿其厚度方向声速是 5.74×10^3 m/s 要想激起石英片发生基频振动，外加电压的频率应是多少？

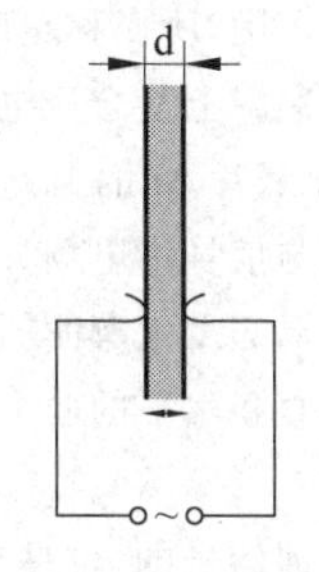

图 18.39　习题 18.17 用图

18.18　一摩托车驾驶者撞人后驾车逃逸，一警车发现后开警车鸣笛追赶。两者均沿同一直路开行。摩托车速率为 80 km/h，警车速率 120 km/h。如果警笛发声频率为 400 Hz，空气中声速为 330 m/s。摩托车驾驶者听到的警笛声的频率是多少？

18.19　海面上波浪的波长为 120 m，周期为 10 s。一只快艇以 24 m/s 的速度迎浪开行。它撞击浪峰的频率是多大？多长时间撞击一次？如果它顺浪开行，它撞击浪峰的频率又是多大？多长时间撞击一次？

18.20　一驱逐舰停在海面上，它的水下声纳向一驶近的潜艇发射 1.8×10^4 Hz 的超声波。由该潜艇反射回来的超声波的频率和发射的相差 220 Hz，求该潜艇的速度。已知海水中声速为 1.54×10^3 m/s。

18.21　主动脉内血液的流速一般是 0.32 m/s。今沿血流方向发射 4.0 MHz 的超声波，被红血球反射回的波与原发射波将形成的拍频是多少？已知声波在人体内的传播速度为 1.54×10^3 m/s。

18.22　公路检查站上警察用雷达测速仪测来往汽车的速度，所用雷达波的频率为 5.0×10^{10} Hz。发出的雷达波被一迎面开来的汽车反射回来，与入射波形成了频率为 1.1×10^4 Hz 的拍频。此汽车是否已超过了限定车速 100 km/h。

18.23　物体超过声速的速度常用**马赫数**表示，马赫数定义为物体速度与介质中声速之比。一架超音速飞机以马赫数为 2.3 的速度在 5000 m 高空水平飞行，声速按 330 m/s 计。

(1) 求空气中马赫锥的半顶角的大小。

(2) 飞机从人头顶上飞过后要经过多长时间人才能听到飞机产生的冲击波声？

18.24　千岛湖水面上快艇以 60 km/h 的速率开行时，在其后留下的“艏波”的张角约为 10°(图 18.40)。试估算湖面水波的静水波速。

图 18.40　习题 18.24 用图

18.25　有两列平面波，其波函数分别为

$$y_1 = A\sin(5x - 10t)$$
$$y_2 = A\sin(4x - 9t)$$

求：(1) 两波叠加后，合成波的波函数；

(2) 合成波的群速度。

18.26　**超声电机**。超声电机是利用压电材料的电致伸缩效应制成的。因其中压电材料的工作频率在超声范围，所以称超声电机。一种超声电机的基本结构如图 18.41(a)所示，在一片薄金属弹性体 M 的下表面黏附上复合压电陶瓷片 P_1 和 P_2(每一片的两半的电极化方向相反，如箭头所示)，构成电机的“定子”。金属片 M 的上方压上金属滑块 R 作为电机的“转子”。当交流电信号加在压电陶瓷片上时，其电极化方向与信号中电场方向相同的半片略变厚，其电极化方向相反的半片略变薄。这将导致压电片上方的金属片局部发生弯曲振动。由于输入 P_1 和 P_2 的信号的相位不同，就有弯曲行波在金属片中产生。这种波的竖直和水平的两个分量的位移函数分别为

$$\xi_y = A_y\sin(\omega t - kx),\quad \xi_x = A_x\cos(\omega t - kx)$$

式中 ω 即信号的，也是它引起的弹性金属片中波的频率。这样，金属表面每一质元(x 一定)的合运动都将是两个相互垂直的振动的合成图 18.41(b)，在其与上面金属滑块接触处的各质元(从左向右)都将依次向左运动。在这接触处涂有摩擦材料，借助于摩擦力，金属滑块将被推动向左运动，形成电机的基本动作。

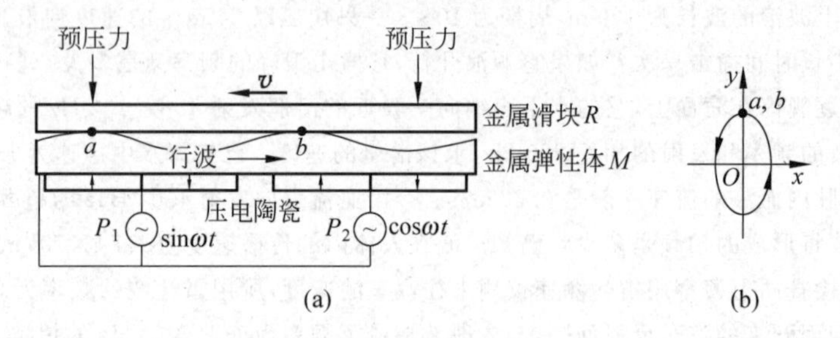

图 18.41　超声电机

(a) 一种超声电机结构图；(b) a,b 两点的运动

如果将薄金属弹性体做成扁环形体，在其下面沿环的方向黏附压电陶瓷片，在其上压上环形金属滑块，则在输入交流电信号时，滑块将被摩擦带动进行旋转，这将做成旋转的超声电机。

超声电机通常都造得很小，它和微型电磁电机相比具有体积小，转矩大，惯性小，无噪声等优点。现已被应用到精密设备，如照相机，扫描隧穿显微镜甚至航天设备中。图 18.42 是清华大学物理系声学研究室 2001 年研制成的直径 1 mm，长 5 mm，重 36 mg 的旋转超声电机，曾用于 OCT 内窥镜中驱动其中的扫描反射镜。

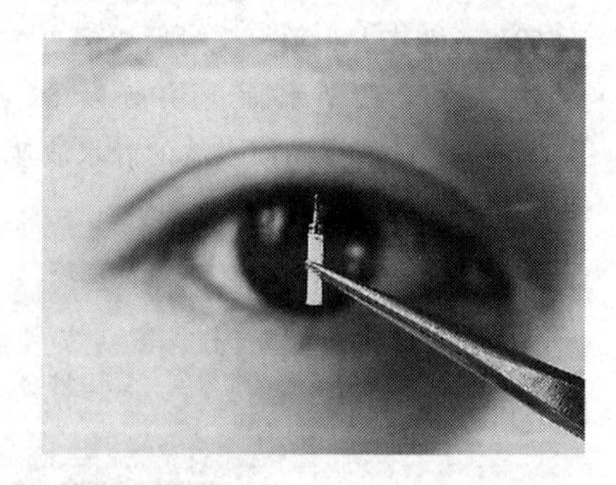

图 18.42　清华大学声学研究室研制成的直径 1 mm 的旋转超声电机(镊子夹住的)

就图 18.41 所示的超声电机，(1) 证明，薄金属片中各质元的合运动轨迹都是正椭圆，其轨迹方程为

$$\frac{\xi_x^2}{A_x^2} + \frac{\xi_y^2}{A_y^2} = 1$$

(2) 证明，薄金属片与金属滑块接触时的水平速率都是

$$v = -\omega A_x$$

负号表示此速度方向沿图 18.41 中 x 负方向，即向左。

第19章

光的干涉

光是一种电磁波。此后3章介绍光作为一种波动所表现出的一些规律性。先介绍由于光波服从叠加原理而产生的干涉和衍射现象的规律，然后介绍光波作为一种横波所具有的一些特征。这些内容都属于经典意义上的物理光学的范畴。

通常意义上的光是指**可见光**，即能引起人的视觉的电磁波。它的频率在 $3.9\times10^{14}\sim8.6\times10^{14}$ Hz之间，相应地在真空中的波长在 0.35～0.77 μm 之间。不同频率的可见光给人以不同颜色的感觉，频率从大到小给出从紫到红的各种颜色。

上一章讲过两列频率相同、振动方向相同但传播方向相反的波叠加就产生驻波现象。光波也能产生驻波。但对光波来说，实际上更重要的是一般的情况：满足一定条件的两束光叠加时，在叠加区域光的强度或明暗有一稳定的分布。这种现象称做**光的干涉**，干涉现象是光波以及一般的波动的特征。

本章讲述光的干涉的规律，包括干涉的条件和明暗条纹分布的规律。这些规律对其他种类的波，例如机械波和物质波都是同样成立的。

19.1 杨氏双缝干涉

托马斯·杨在1801年做成功了一个判定光的性质的关键性实验——光的干涉实验。他用图19.1来说明实验原理。S_1 和 S_2 是两个点光源，它们发出的光波在右方叠加。在叠加区域放一白屏，就能看到在白屏上有等距离的明暗相间的条纹出现。这种现象只能用光是一种波动来解释，杨还由此实验测出了光的波长。就这样，杨首次通过实验肯定了光的波动性。

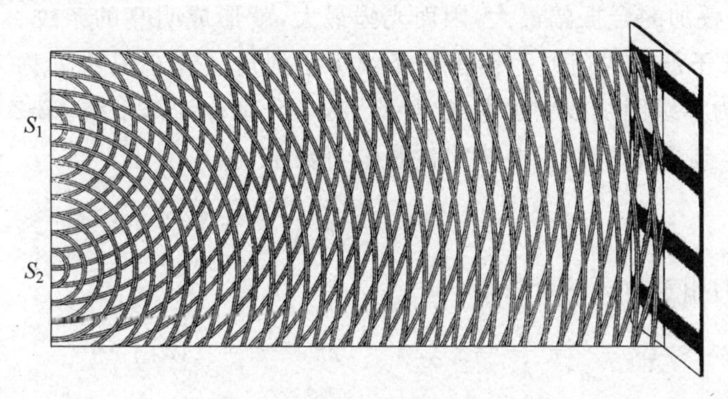

图19.1 托马斯·杨的光的干涉图

现在的类似实验用双缝代替杨氏的两个点光源，因此叫杨氏双缝干涉实验。这实验如图19.2所示，S是一**线光源**（它通常是用强的单色光照射的一条狭缝），其长度方向与纸面垂直。它发出的光为单色光，波长为λ。G是一个遮光屏，其上开有两条平行的细缝S_1和S_2。图中画的S_1和S_2离光源S等距，S_1和S_2之间的距离为d。H是一个与G平行的白屏，它与G的距离为D。通常实验中总是使$D \gg d$，例如$D \approx 1$ m，而$d \approx 10^{-4}$ m。

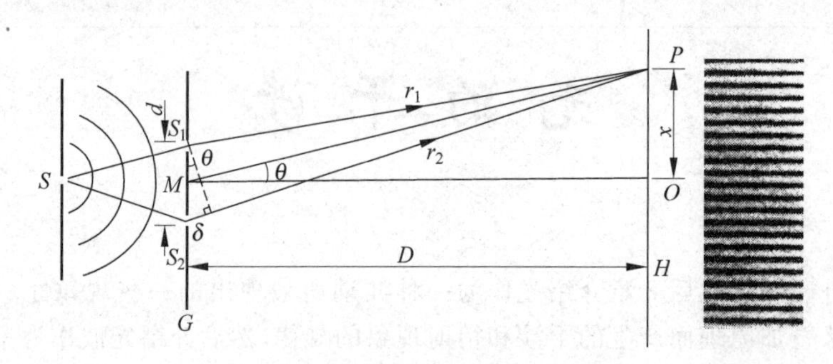

图19.2 杨氏双缝干涉实验

在如图19.2的实验中，由光源S发出的光的波阵面同时到达S_1和S_2。通过S_1和S_2的光将发生衍射现象而叠加在一起。由于S_1和S_2是由S发出的同一波阵面的两部分，所以这种产生光的干涉的方法叫做**分波阵面法**。

下面利用波的叠加原理来分析双缝干涉实验中光的强度分布，这一分布是在屏H上以各处明暗不同的形式显示出来的。

考虑屏上任一点P，从S_1和S_2到P的距离分别为r_1和r_2。由于在图示装置中，从S到S_1和S_2等远，所以S_1和S_2是两个**同相**波源。因此在P处波的强度就仅由从S_1和S_2到P点的波程差决定。由图19.2可知，这一波程差为

$$\delta = r_2 - r_1 \approx d\sin\theta \tag{19.1}$$

式中θ是P点的角位置，即S_1S_2的中垂线MO与MP之间的夹角。通常这一夹角很小。

根据同方向的振动叠加的规律，当从S_1和S_2到P点的波程差为波长的整数倍

$$\delta = d\sin\theta = \pm k\lambda, \quad k = 0,1,2,\cdots \tag{19.2}$$

亦即从S_1和S_2发出的光到达P点的相差为2π的整数倍

$$\Delta\varphi = 2\pi\frac{\delta}{\lambda} = 2k\pi, \quad k = 0,1,2,\cdots \tag{19.3}$$

时，两束光在P点叠加的合振幅最大，因而光强最大，就形成明亮的条纹。这种合成振幅最大的叠加称做**相长干涉**。式(19.2)给出明条纹中心的角位置θ，其中k称为明条纹的**级次**。$k=0$的明条纹称为零级明纹或中央明纹，$k=1,2,\cdots$分别称为第1级、第2级……明纹。

当从S_1和S_2到P点的波程差为半波长的奇数倍

$$\delta = d\sin\theta = \pm(2k-1)\frac{\lambda}{2}, \quad k = 1,2,3,\cdots \tag{19.4}$$

亦即P点两束光的相差为π的奇数倍

$$\Delta\varphi = 2\pi\frac{\delta}{\lambda} = \pm(2k-1)\pi, \quad k = 1,2,3,\cdots \tag{19.5}$$

时，叠加后的合振幅最小，因而强度最小而形成暗纹。这种叠加称为**相消干涉**。式(19.4)给

出暗纹中心的角位置，而 k 即暗纹的级次。

波程差为其他值的各点，光强介于最明和最暗之间。

在实际的实验中，可以在屏 H 上看到稳定分布的明暗相间的条纹。这与上面给出的结果相符：中央为零级明纹，两侧对称地分布着较高级次的明暗相间的条纹。若以 x 表示 P 点在屏 H 上的位置，则由图 19.2 可得它与角位置的关系为

$$x = D\tan\theta$$

当 θ 很小时，$\tan\theta \approx \sin\theta$。再利用式(19.2)可得明纹中心的位置为

$$x = \pm k \frac{D}{d}\lambda, \quad k = 0,1,2,\cdots \tag{19.6}$$

利用式(19.4)可得暗纹中心的位置为

$$x = \pm (2k-1) \frac{D}{2d}\lambda, \quad k = 1,2,3,\cdots \tag{19.7}$$

相邻两明纹或暗纹中心间的距离都是

$$\Delta x = \frac{D}{d}\lambda \tag{19.8}$$

此式表明 Δx 与级次 k 无关，因而条纹是等间隔地排列的。实验上常根据测得的 Δx 值和 D，d 的值求出光的波长。

关于条纹的亮度，也可以根据叠加原理进行计算。在屏 H 上离中央条纹很近的范围，即 θ 很小的范围内，两缝 S_1 和 S_2 距屏上各点的距离基本相同，因此由 S_1 和 S_2 发出到达屏上各点的光波的振幅可视为相等。以 E_1 表示由 S_1 或 S_2 发的光到达屏上各点时的振幅，则根据叠加原理，在暗纹中心相消干涉处，两列光波引起的振动反相，合振幅为零，而光的强度为零。在明纹中心相长干涉处，两列光波引起的振动同相，合振幅应为 $2E_1$。再由波的强度与振幅的平方成正比的关系，可知在明纹中心光的强度应为

$$I = (2E_1)^2 = 4E_1^2 = 4I_1 \tag{19.9}$$

即该处光强应为一个缝发出的光的光强的 4 倍。其他处的光强都介于 $4I_1$ 和 0 之间，光强分布曲线如图 19.3 所示。

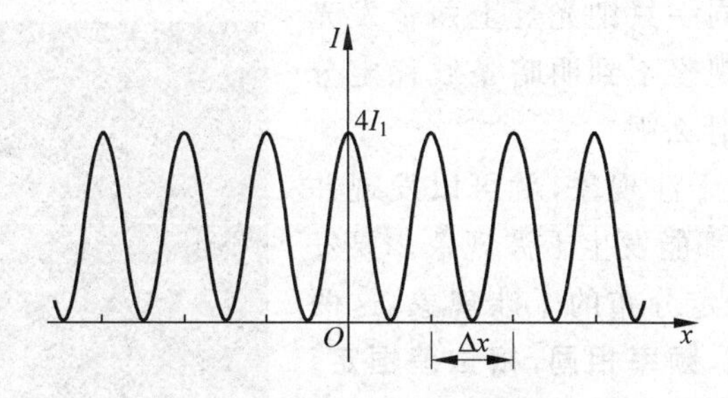

图 19.3　双缝干涉条纹的光强分布曲线

以上讨论的是**单色光**的双缝干涉。式(19.8)表明相邻明纹(或暗纹)的间距和波长成正比。因此，如果用白光做实验，则除了 $k=0$ 的中央明纹的中部因各单色光重合而显示为白色外，其他各级明纹将因不同色光的波长不同，它们的极大所出现的位置错开而变成彩色的光谱，并且各种颜色级次稍高的条纹将发生重叠以致模糊一片分不清条纹了。白光干涉条纹的这一特点在干涉测量中可用来判断是否出现了零级条纹。

例 19.1 双缝干涉光谱。用白光作光源观察双缝干涉。设缝间距为 d,试求能观察到的清晰可见光谱的级次。

解 白光波长在 390～750 nm 范围。明纹条件为

$$d\sin\theta = \pm k\lambda$$

在 $\theta=0$ 处,各种波长的光波程差均为零,所以各种波长的零级条纹在屏上 $x=0$ 处重叠,形成中央白色明纹。

在中央明纹两侧,各种波长的同一级次的明纹,由于波长不同而角位置不同,因而彼此错开,并产生不同级次的条纹的重叠。最先发生重叠的是某一级次的红光(波长为 λ_r)和高一级次的紫光(波长为 λ_v)。因此,能观察到的从紫到红清晰的可见光谱的级次可由下式求得:

$$k\lambda_r = (k+1)\lambda_v$$

因而

$$k = \frac{\lambda_v}{\lambda_r - \lambda_v} = \frac{390}{750-390} = 1.08$$

由于 k 只能取整数,所以这一计算结果表明,从紫到红排列清晰的可见光谱只有正负各一级,如图 19.4 所示。

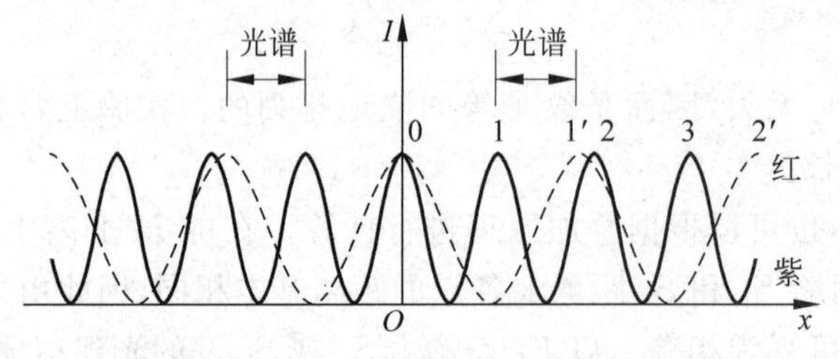

图 19.4 例 19.1 的白光干涉条纹强度分布

19.2 相干光

两列光波叠加时,既然能产生干涉现象,为什么室内用两个灯泡照明时,墙上不出现明暗条纹的稳定分布呢？不但如此,在实验室内,使两个单色光源,例如两只钠光灯(发黄光)发的光相叠加,甚至使同一只钠光灯上两个发光点发的光叠加,也还是观察不到明暗条纹稳定分布的干涉现象。这是为什么呢？

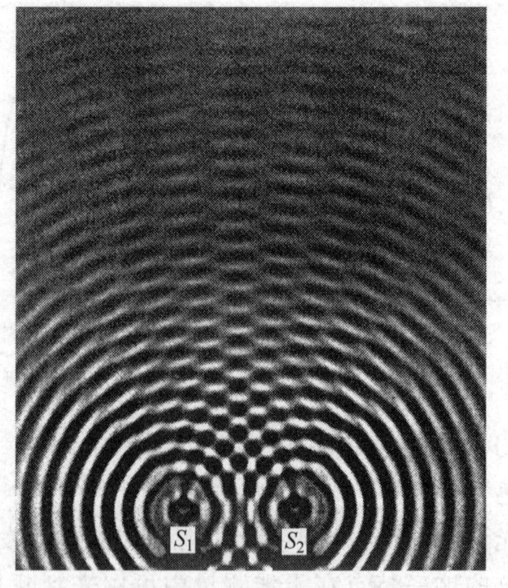

图 19.5 水波干涉实验

仔细分析一下双缝干涉现象,就可以发现并不是任何两列波相叠加都能发生干涉现象。要发生合振动强弱在空间稳定分布的干涉现象,这两列波必须**振动方向相同,频率相同,相位差恒定**。这些要求叫做波的**相干条件**,满足这些相干条件的波叫**相干波**。振动方向相同和频率相同保证叠加时的振幅由式(19.3)和式(19.5)所表示的相差决定,从而合振动有强弱之分。相位差恒定则是保证强弱分布**稳定**所不可或缺的条件。这些条件对机械波来说,比较容易满足。图 19.5 就是水波叠加产生的干涉图像,其中两水波波源是由同一

簧片上的两个触点振动时不断撞击水面形成的，这样形成的两列水波自然是相干波。用普通光源要获得相干光波就复杂了，这和普通光源的发光机理有关。下面来说明这一点。

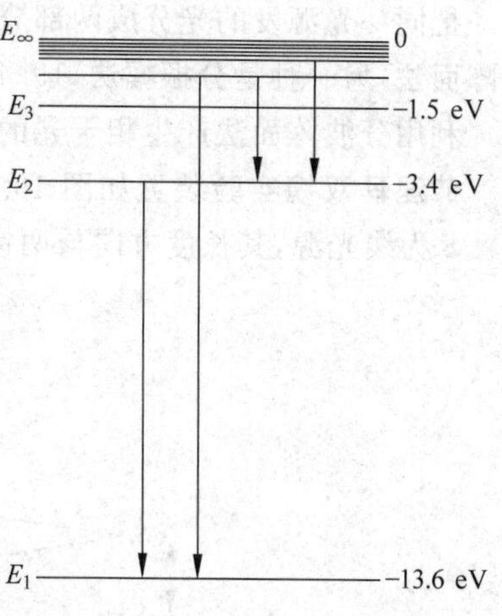

图 19.6 氢原子的能级及发光跃迁

光源的发光是其中大量的分子或原子进行的一种微观过程。现代物理学理论已完全肯定分子或原子的能量只能具有**离散的值**，这些值分别称做**能级**。例如氢原子的能级如图 19.6 所示。能量最低的状态叫**基态**，其他能量较高的状态都叫**激发态**。由于外界条件的激励，如通过碰撞，原子就可以处在激发态中。处于激发态的原子是不稳定的，它会自发地由高激发态回到低激发态或基态。这一过程叫从高能级到低能级的**跃迁**。通过这种跃迁，原子的能量减小，也正是在这种跃迁过程中，原子向外发射电磁波，这电磁波就携带着原子所减少的能量。这一跃迁过程所经历的时间是很短的，约为 10^{-8} s，这也就是一个原子一次发光所持续的时间。把光看成电磁波，一个原子每一次发光就只能发出一段**长度有限**、**频率一定**(实际上频率是在一个很小范围内)和**振动方向一定**(记住，电磁波是横波)的光波(图 19.7)。这一段光波叫做一个**波列**。

当然，一个原子经过一次发光跃迁后，还可以再次被激发到较高的能级，因而又可以再次发光。因此，原子的发光都是断续的。

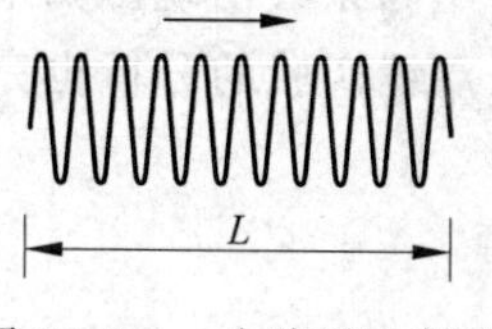

图 19.7 一个波列示意图

在普通的光源内，有非常多的原子在发光，这些原子的发光远**不是同步的**。这是因为在这些光源内原子处于激发态时，它向低能级的跃迁完全是**自发的**，是按照一定的概率发生的。各原子的各次发光完全是**相互独立**、互不相关的。各次发出的波列的频率和振动方向可能不同，而且它们每次何时发光是完全不确定的。在实验中所观察到的光是由光源中的许多原子所发出的、许多相互独立的波列组成的。尽管在有些条件下(如在单色光源内)可以使这些波列的频率基本相同，但是两个相同的光源或同一光源上的两部分发的光叠加时，在任一点(如图 19.8 中屏 H 上 P 点)，这些波列的振动方向不可能都相同，特别是相差不可能保持恒定，因而**合振幅不可能稳定**，也就不可能产生光的强弱在空间稳定分布的干涉现象了(图 19.8)。

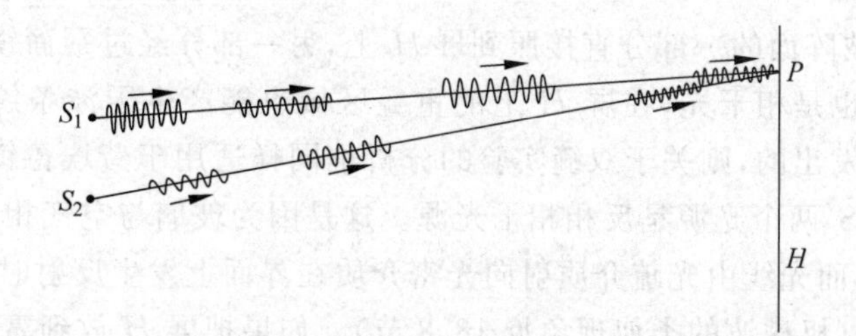

图 19.8 两个“普通”光源发的光叠加时不产生干涉条纹示意图

实际上，利用普通光源获得相干光的方法的基本原理是，把由光源上同一点发的光设法分成两部分，然后再使这两部分叠加起来。由于这两部分光的相应部分实际上都来自同一

发光原子的同一次发光，所以它们将满足相干条件而成为相干光。

把同一光源发的光分成两部分的方法有两种。一种就是上面杨氏双缝实验中利用的**分波阵面法**，另一种是**分振幅法**，19.4节将要讲的薄膜干涉用的就是后一种方法。

利用分波阵面法产生相干光的实验还有菲涅耳双镜实验、劳埃德镜实验等。

菲涅耳双镜实验装置如图19.9所示。它是由两个交角很小的平面镜 M_1 和 M_2 构成的。S 为线光源，其长度方向与两镜面的交线平行。

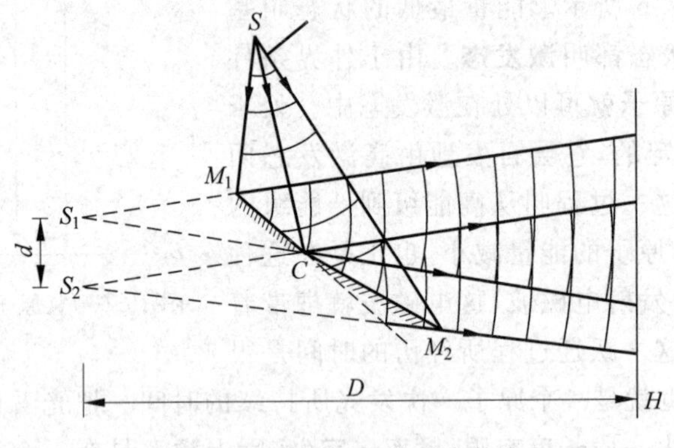

图19.9 菲涅耳双镜干涉实验

由 S 发的光的波阵面到达镜面上时也分成两部分，它们分别由两个平面镜反射。两束反射光也是相干光，它们也有部分重叠，在屏 H 上的重叠区域也有明暗条纹出现。如果把两束相干光分别看作是由两个虚光源 S_1 和 S_2 发出的，则关于杨氏双缝实验的分析也完全适用于这种双镜实验。

劳埃德镜实验就用一个平面镜 M，如图19.10所示，S 为线光源。

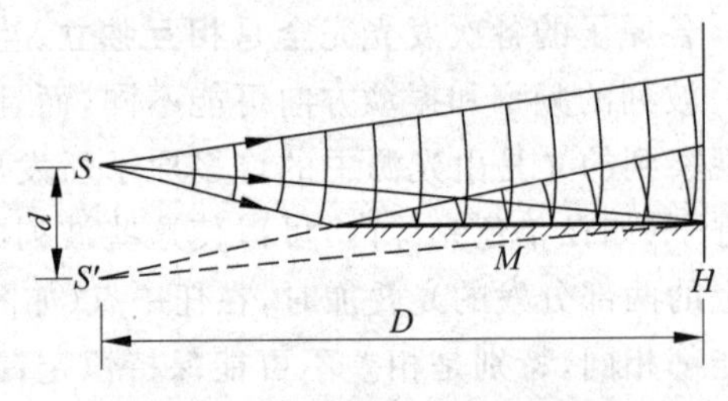

图19.10 劳埃德镜干涉实验

S 发出的光的波阵面的一部分直接照到屏 H 上，另一部分经过平面镜反射后再射到屏 H 上。这两部分光也是相干光，在屏 H 上的重叠区域也能产生干涉条纹。如果把反射光看作是由虚光源 S' 发出的，则关于双缝实验的分析也同样适用于劳埃德镜干涉实验。不过这时必须认为 S 和 S' 两个光源是反相相干光源。这是因为玻璃与空气相比，玻璃是光密介质(折射率 n 较大)，而光线由光疏介质射向光密介质在界面上发生反射时有半波损失(或 π 的位相突变)的缘故(机械波的类似现象见18.8节)。如果把屏 H 放到靠在平面镜的边上，则在接触处屏上出现的是暗条纹。一方面由于此处是未经反射的光和刚刚反射的光相叠加，它们的完全相消就说明光在平面镜上反射时确有半波损失；另一方面，由于这一位置相当于双缝实验的中央条纹，它是暗纹就说明 S 和 S' 是反相的。

以上说明的是利用"普通"光源产生相干光进行干涉实验的方法，现代的干涉实验大多采用激光光源。激光光源的发光面（即激光管的输出端面）上各点发出的光都是频率相同，振动方向相同而且同相的相干光波（基横模输出情况）。因此使一个激光光源的发光面的两部分发的光直接叠加起来，甚至使两个同频率的激光光源发的光叠加，也可以产生明显的干涉现象。现代精密技术中就有很多地方利用激光产生的干涉现象。

19.3 光程

相差的计算在分析光的叠加现象时十分重要。为了方便地比较、计算光经过不同介质时引起的相差，引入了**光程**的概念。

光在介质中传播时，光振动的相位沿传播方向逐点落后。以λ'表示光在介质中的波长，则通过路程r时，光振动相位落后的值为

$$\Delta\varphi = \frac{2\pi}{\lambda'}r$$

同一束光在不同介质中传播时，频率不变而波长不同。以λ表示光在真空中的波长，以n表示介质的折射率。由于$n=c/u$，而$\lambda'/\lambda=\lambda'\nu/\lambda\nu=u/c=1/n$，所以有

$$\lambda' = \frac{\lambda}{n} \tag{19.10}$$

将此关系代入上式中，可得

$$\Delta\varphi = \frac{2\pi}{\lambda}nr$$

此式的右侧表示光在真空中传播路径nr时所引起的相位落后。由此可知，同一频率的光在折射率为n的介质中通过r的距离时引起的相位落后和在真空中通过nr的距离时所引起的相位落后相同。因此nr就叫做与路程r相应的光程。它实际上是把**光在介质中通过的路程按相位变化相同折合到真空中的路程**。这样折合的好处是可以统一地用光在**真空中的波长λ**来计算光的相位变化。相差和光程差的关系是

$$相差 = \frac{2\pi}{\lambda} \times 光程差 \tag{19.11}$$

例如，在图19.11中有两种介质，折射率分别为n和n'。由两光源发出的光到达P点所经过的光程分别是$n'r_1$和$n'(r_2-d)+nd$，它们的光程差为$n'(r_2-d)+nd-n'r_1$。由此光程差引起的相差就是

$$\Delta\varphi = \frac{2\pi}{\lambda}[n'(r_2-d)+nd-n'r_1]$$

式中λ是光在真空中的波长。

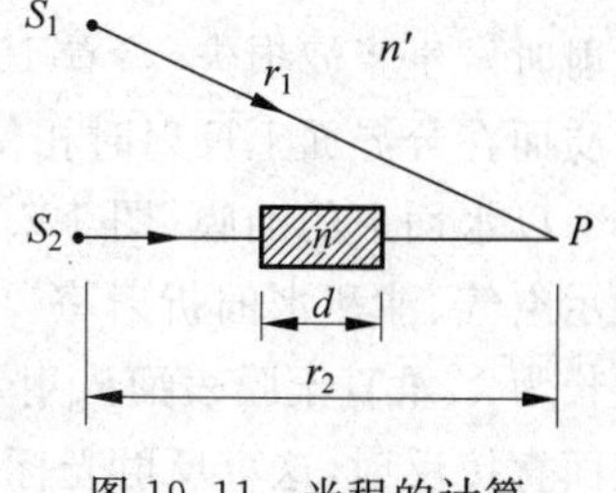

图19.11 光程的计算

在干涉和衍射装置中，经常要用到透镜。下面简单说明通过透镜的各光线的**等光程性**。

平行光通过透镜后，各光线要会聚在焦点，形成一亮点（图19.12(a)，(b)）。这一事实说明，在焦点处各光线是同相的。由于平行光的同相面与光线垂直，所以从入射平行光内任一与光线垂直的平面算起，直到会聚点，各光线的光程都是相等的。例如在图19.12(a)（或(b)）中，

从 a,b,c 到 F(或 F')或者从 A,B,C 到 F(或 F')的3条光线都是等光程的。

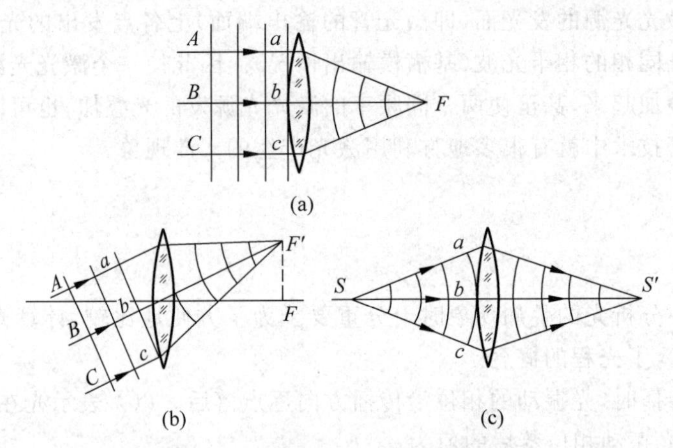

图19.12 通过透镜的各光线的光程相等

这一等光程性可作如下解释。如图19.12(a)(或(b))所示,A,B,C 为垂直于入射光束的同一平面上的3点,光线 AaF,CcF 在空气中传播的路径长,在透镜中传播的路径短;而光线 BbF 在空气中传播的路径短,在透镜中传播的路径长。由于透镜的折射率大于空气的折射率,所以折算成光程,各光线光程将相等。这就是说,透镜可以改变光线的传播方向,但不附加光程差。在图19.12(c)中,物点 S 发的光经透镜成像为 S',说明物点和像点之间各光线也是等光程的。

19.4 薄膜干涉

马路上积水表面的油膜在太阳光照射下,会显示各种颜色。肥皂泡在太阳光照射下,更显得绚丽多彩。这些在薄膜表面显示彩色的现象也是光的干涉现象。它们是太阳光经油膜或肥皂液膜两个表面反射后叠加的结果。这两束反射光叠加时相长还是相消也由它们的相差决定。该相差来自两方面:其一是由于两束反射光通过的几何路程不同而产生的光程差,其二是在反射时可能发生的相位突变 π 或半波损失。光由光疏介质(在其中光速较大,这种介质的折射率较小)射向光密介质(在其中光速较小,这种介质的折射率较大)而在分界面上反射时发生半波损失(参看19.2节中对劳埃德镜干涉实验的说明),光由光密介质射向光疏介质而在分界面上反射时相位不变,光越过两种介质分界面传播时在分界面上相位也不变。

以水面上的油膜(图19.13)为例。以 n_o,n_c 和 n_w 分别表示空气、油和水的折射率。设入射光为单色光,在真空中波长为 λ,垂直于膜表面入射。此入射光的一部分在油膜上表面直接反射,这束反射光标以"1";另一部分光进入油膜在其下表面被反射再次通过油膜而射回空气中,这束反射光标以"2"(图19.13中为了表示1,2两束反射光,将入射光的方向画得稍微偏离了膜表面的法线方向,图中"3"为透入水中的光线)。反射光束1,2由于是从同一入射光束分出来的,当然是相干光。它们在会合前所经过的几何路程有 $2h$ 之

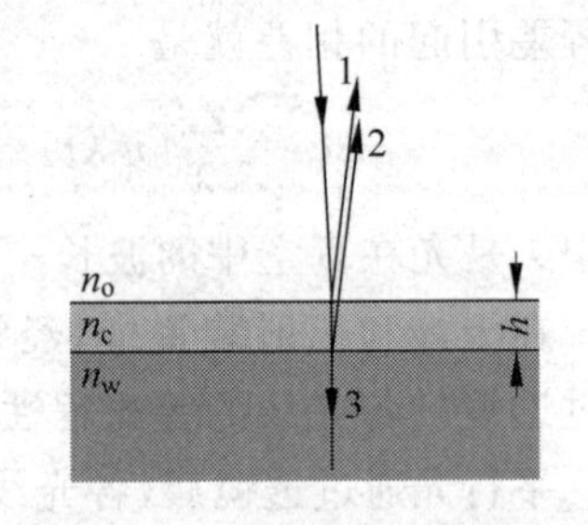

图19.13 光在油膜上下表面反射后叠加在一起

差,由此产生了光程差 $2n_ch$。通常 3 种介质的折射率有 $n_o<n_c<n_w$ 的关系,光束在油膜上下两表面上反射时都会产生相位突变 π,因而光束 1 和 2 不会由于反射产生相差,这样反射光 1 和 2 的相差就是 $2n_ch$。由叠加时相长和相消的规律可知,当

$$2n_ch=k\lambda,\quad k=1,2,3,\cdots$$

即膜厚度为

$$h=\frac{k}{2n_c}\lambda \tag{19.12}$$

时,反射光相长干涉,反射光显示最大光强。当

$$2n_ch=(2k-1)\frac{\lambda}{2},\quad k=1,2,3,\cdots$$

即膜厚度为

$$h=\frac{2k-1}{4n_c}\lambda \tag{19.13}$$

时,反射光相消干涉,反射光显示最小光强。

根据式(19.12)和式(19.13)可知,在给定厚度处,反射光强和入射光的波长有关,因此油膜厚度就决定了反射光的颜色。水面上油膜厚度一般不会很均匀,太阳光中又包含了各种波长的光,所以在各处反射的光就会由于波长不同而显出彩色了。

对于肥皂膜(图 19.14)在太阳光照射下显示彩色的现象也可以作如上分析,不过这时由于肥皂泡内外皆为空气,其折射率都小于皂膜液体的折射率,因此光在泡膜的外表面反射时有相位突变 π,而光在泡膜的内表面反射时没有相位改变。这样在计算从泡膜内外表面反射的两束光的相位差时,就需要在考虑路程差的基础上再加上半波损失,使总的光程差变为 $2n_ch+\lambda/2$。

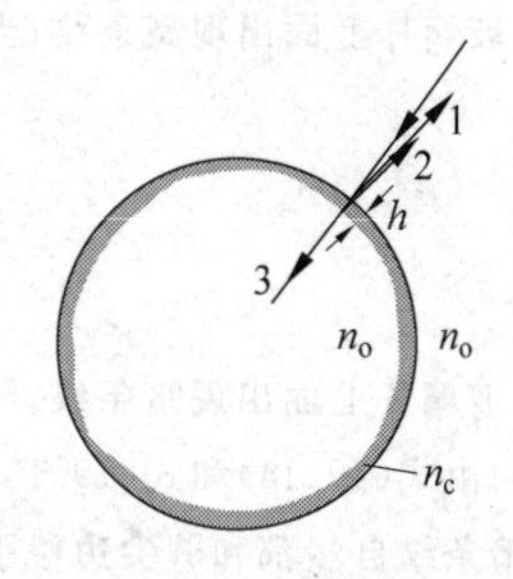

图 19.14 肥皂泡液膜两表面反射光的叠加

图 19.13 所示的薄膜干涉现象有实际的应用。在照相机和助视光学仪器如望远镜中,为了增加进入仪器的光强,就在镜头透镜外表面上镀一层薄膜(常用 MgF_2),其厚度就由相消干涉条件公式(19.13)决定。这样就使反射光强度为零,从而增大了透射光的光强。这一层薄膜叫**增透膜**。一般使薄膜的厚度相应于人眼最敏感的黄绿光,其波长为 550 nm。

例 19.2 **干涉测长**。为了精确地测量一根细丝的直径,可以把它夹在两块玻璃片之间,使两片之间形成一个很薄的劈形空气薄膜(图 19.15(a)画出了装置的侧视图)。当用波长为 λ 的平行单色光垂直照射玻璃片而从上方观察反射光时,会发现玻璃表面出现与劈尖边棱平行的明暗相间的等距条纹(图 19.15(b))。试分析明暗条纹出现的条件。设在一次实验中,所用入射光为钠黄光,其波长为 590 nm,在玻片上共出现了 7 条明纹,细丝的直径应是多少?

解 当入射光照射时,上述玻璃片的上下表面都会有反射。在利用普通光源照射时,由于玻璃片的厚度比一个光波波列的长度大得多,所以由玻璃片上下表面反射的同一波列的反射波不可能相遇而发生干涉现象。这就是说,从玻璃片上下表面反射的光是不相干的。两玻璃片之间的空气层很薄,由它的上下两个与玻璃的分界面反射的两束光才是相干的。

如图 19.15(a)所示,以 h(图中 h 放大了许多)表示在某处空气层的厚度,则该处由空气层上下两表面

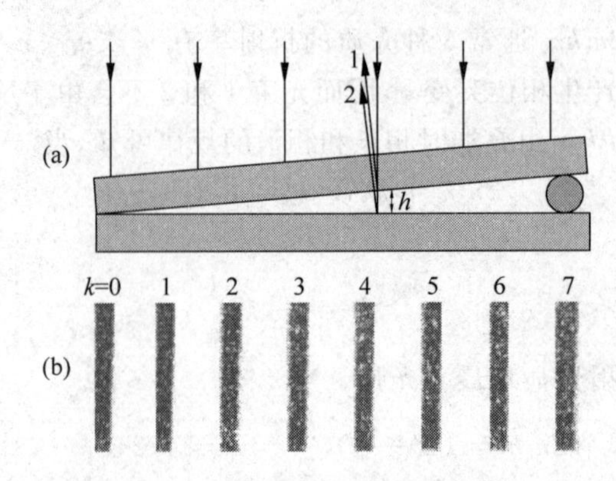

图 19.15 劈形空气薄膜干涉实验

(a) 实验装置；(b) 空气表面的明暗条纹，数字号暗纹级次

反射的光的光程差就是 $2nh+\lambda/2$，式中 n 为空气的折射率，$\lambda/2$ 是由于在空气层下表面反射时有半波损失而引入的。由光的干涉的相长和相消的条件可得，当

$$2nh+\lambda/2=k\lambda,\quad k=1,2,3,\cdots$$

即

$$h=(2k-1)\lambda/4n \tag{19.14}$$

时，玻璃片上面出现亮条纹；当

$$2nh+\lambda/2=(2k+1)\lambda/2,\quad k=0,1,2,3,\cdots$$

即

$$h=\frac{k\lambda}{2n} \tag{19.15}$$

时，玻璃片上面出现暗条纹。

由式(19.14)和式(19.15)可看出，条纹中心的位置都只由空气层的厚度决定，由劈形空气薄膜形成的明暗条纹自然都和劈尖边棱平行而且等间距。二式中的 k 就是从劈尖边棱向上数的条纹的级次。

由图 19.15(b)可知，细丝所在处暗纹的级次 $k=7$。再由题设条件 $\lambda=590$ nm，$n=1.0$，代入式(19.15)可得细丝直径为

$$h=\frac{k\lambda}{2n}=\frac{7\times 590}{2\times 1.0}=2.07\times 10^{3}\ (\text{nm})=2.07\ (\mu\text{m})$$

19.5 迈克耳孙干涉仪

迈克耳孙干涉仪是100多年前迈克耳孙设计制成的用分振幅法产生双光束干涉的仪器。迈克耳孙所用干涉仪简图和光路图如图19.16所示。图中 M_1 和 M_2 是两面精密磨光的平面反射镜，分别安装在相互垂直的两臂上。其中 M_2 固定，M_1 通过精密丝杠的带动，可以沿臂轴方向移动。在两臂相交处放一与两臂成45°的平行平面玻璃板 G_1。在 G_1 的后表面镀有一层半透明半反射的薄银膜，这银膜的作用是将入射光束分成振幅近于相等的透射光束2和反射光束1。因此 G_1 称为**分光板**。

由面光源 S 发出的光，射向分光板 G_1，经分光后形成两部分，透射光束2通过另一块与 G_1 完全相同而且与 G_1 平行放置的玻璃板 G_2（无银膜）射向 M_2，经 M_2 反射后又经过 G_2 到达 G_1，再经半反射膜反射到 E 处；反射光束1射向 M_1，经 M_1 反射后透过 G_1 也射向 E 处。

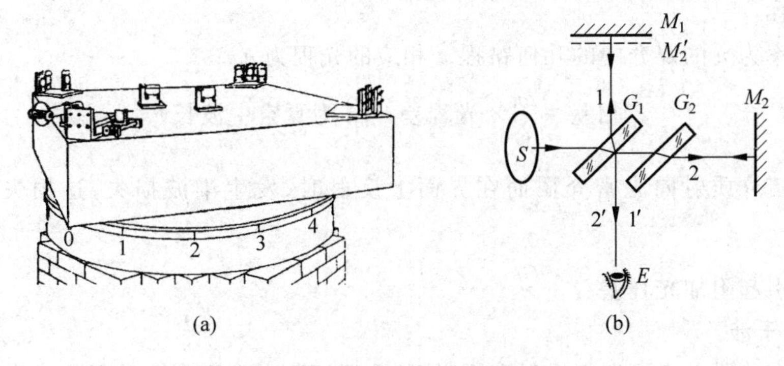

图 19.16　迈克耳孙干涉仪

(a) 结构简图；(b) 光路图

两相干光束 $11'$ 和 $22'$ 干涉产生的干涉图样，在 E 处观察。

由光路图可看出，由于玻璃板 G_2 的插入，光束 1 和光束 2 一样都是两次通过玻璃板，这样光束 1 和光束 2 的光程差就和在玻璃板中的光程无关了。因此，玻璃板 G_2 称为**补偿板**。

分光板 G_1 后表面的半反射膜，在 E 处看来，使 M_2 在 M_1 附近形成一虚像 M_2'，光束 $22'$ 如同从 M_2' 反射的一样。因而干涉所产生的图样就如同由 M_2' 和 M_1 之间的空气膜产生的一样。

当 M_1，M_2 不严格垂直时[①]，M_1，M_2' 之间形成劈形空气薄膜，这时可观察到明暗条纹。当 M_1 移动时，空气层厚度改变，可以方便地观察条纹的变化。

迈克耳孙干涉仪的主要特点是两相干光束在空间上是完全分开的，并且可用移动反射镜或在光路中加入另外介质的方法改变两光束的光程差，这就使干涉仪具有广泛的用途，如用于测长度，测折射率和检查光学元件的质量等。1881 年迈克耳孙曾用他的干涉仪做了著名的迈克耳孙-莫雷实验，其结果是相对论的实验基础之一。

提要

1. 光的干涉现象：指两列光波叠加时产生的光强在空间内有一稳定分布的现象。这一现象要求叠加的光是相干的，相干条件是振动方向相同，频率相同，相位差恒定。

普通光源发光时，其中各原子各自独立地发出振动方向、频率以及初相各不相同的波列，这些光不是相干光。

用普通光源产生两束相干光，需要把原来同一束光分成两束。分法有两种，即分波阵面法（如杨氏实验）和分振幅法（如薄膜干涉）。

2. 杨氏双缝干涉实验：

用分波阵面法产生两个相干光源。干涉条纹是等间距的直条纹。

条纹间距：

$$\Delta x - \frac{D}{d}\lambda$$

---

① 当 M_1，M_2 严格垂直时，将可看到同心的明暗相间的圆形条纹。

3. 光程：

和折射率为 n 的媒介中的几何路程 x 相应的光程为 nx。

$$相差=\frac{2\pi}{\lambda}\times光程差 \quad (\lambda 为真空中波长)$$

光由光疏介质射向光密介质而在界面上反射时，发生半波损失，这损失相当于 $\frac{\lambda}{2}$ 的光程。

透镜不引起附加光程差。

4. 薄膜干涉：

入射光在薄膜上表面由于反射和折射而“分振幅”，在上下表面反射的光为相干光。

光程差的计算有两项，一项是由几何路程差引起的，另一项要考虑反射面情况，决定是否有半波损失。

5. 迈克耳孙干涉仪：

利用分振幅法使两个相互垂直的平面镜形成一等效的空气薄膜。

思考题

19.1 用白色线光源做双缝干涉实验时，若在缝 S_1 后面放一红色滤光片，S_2 后面放一绿色滤光片，问能否观察到干涉条纹？为什么？

19.2 用图 19.17 所示装置做双缝干涉实验，是否都能观察到干涉条纹？为什么？

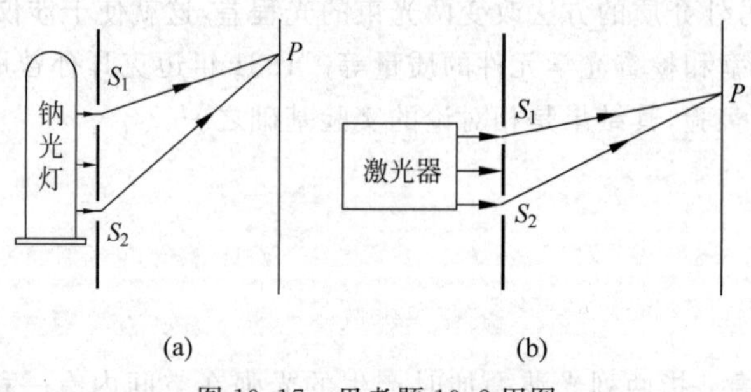

图 19.17 思考题 19.2 用图

19.3 在水波干涉图样(图 19.5)中，平静水面形成的曲线是双曲线。为什么？

19.4 把一对顶角很小的玻璃棱镜底边粘贴在一起(图 19.18)做成“双棱镜”，就可以利用一个普通缝光源 S 来做双缝干涉实验(菲涅耳双棱镜实验)。试在图中画出两相干光源的位置和它们发出的波的叠加干涉区域。

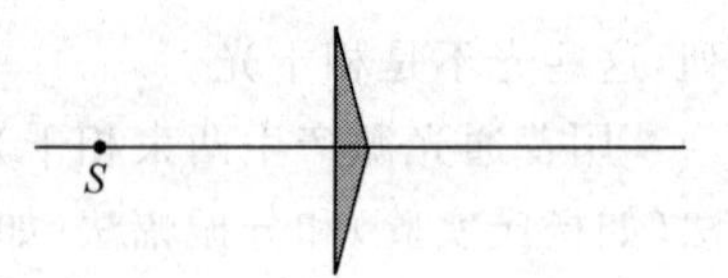

图 19.18 思考题 19.4 用图

19.5 如果两束光是相干的，在两束光重叠处总光强如何计算？如果两束光是不相干的，又怎样计算？(分别以 I_1 和 I_2 表示两束光的光强)

19.6 在双缝干涉实验中

(1) 当缝间距 d 不断增大时，干涉条纹如何变化？为什么？

(2) 当缝光源 S 在平行于双缝屏面向下或向上移动时，干涉条纹如何变化？

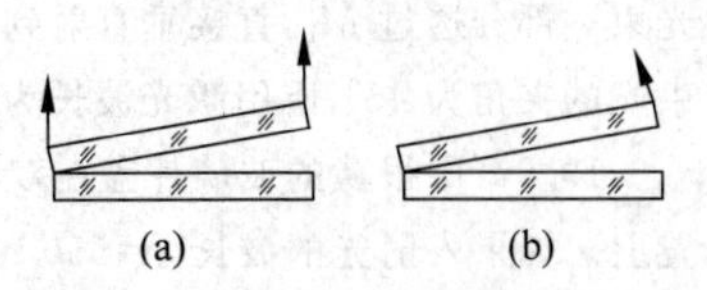

图 19.19 思考题 19.7 用图

19.7 用两块平玻璃构成的尖劈(图 19.19)观察干涉条纹时，若把尖劈上表面向上缓慢地平移(图(a))，干涉条纹有什么变化？若把劈尖角逐渐增大(图(b))，干涉条纹又有什么变化？

19.8 用两块玻璃片叠在一起形成空气尖劈观察干涉条纹时，如果发现条纹不是平行的直条，而是弯弯曲曲的线条，试说明两玻璃片相对的两面有什么特殊之处？

19.9 隐形飞机所以很难为敌方雷达发现，可能是由于飞机表面涂敷了一层电介质(如塑料或橡胶)从而使入射的雷达波反射极微。试说明这层电介质可能是怎样减弱反射波的。

19.10 在双缝干涉实验中，如果在上方的缝后面贴一片薄的透明云母片，干涉条纹的间距有无变化？中央条纹的位置有无变化？

习题

19.1 汞弧灯发出的光通过一滤光片后照射双缝干涉装置。已知缝间距 $d=0.60$ mm，观察屏与双缝相距 $D=2.5$ m，并测得相邻明纹间距离 $\Delta x=2.27$ mm。试计算入射光的波长，并指出属于什么颜色。

19.2 劳埃德镜干涉装置如图 19.20 所示，光源波长 $\lambda=7.2\times10^{-7}$ m，试求镜的右边缘到第一条明纹的距离。

19.3 一双缝实验中两缝间距为 0.15 mm，在 1.0 m 远处测得第 1 级和第 10 级暗纹之间的距离为 36 mm。求所用单色光的波长。

19.4 沿南北方向相隔 3.0 km 有两座无线发射台，它们同时发出频率为 2.0×10^5 Hz 的无线电波。南台比北台的无线电波的相位落后 $\pi/2$。求在远处无线电波发生相长干涉的方位角(相对于东西方向)。

19.5 使一束水平的氦氖激光器发出的激光($\lambda=632.8$ nm)垂直照射一双缝。在缝后 2.0 m 处的墙上观察到中央明纹和第 1 级明纹的间隔为 14 cm。

(1) 求两缝的间距；

(2) 在中央条纹以上还能看到几条明纹？

19.6 一束激光斜入射到间距为 d 的双缝上，入射角为 φ。

(1) 证明双缝后出现明纹的角度 θ 由下式给出：

$$d\sin\theta-d\sin\varphi=\pm k\lambda,\quad k=0,1,2,\cdots$$

(2) 证明在 θ 很小的区域，相邻明纹的角距离 $\Delta\theta$ 与 φ 无关。

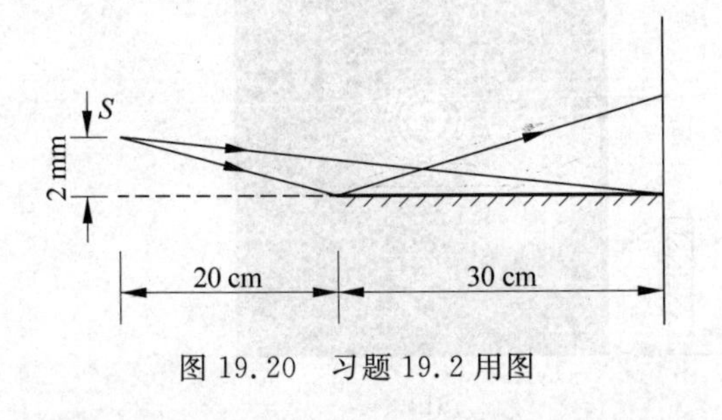

图 19.20 习题 19.2 用图

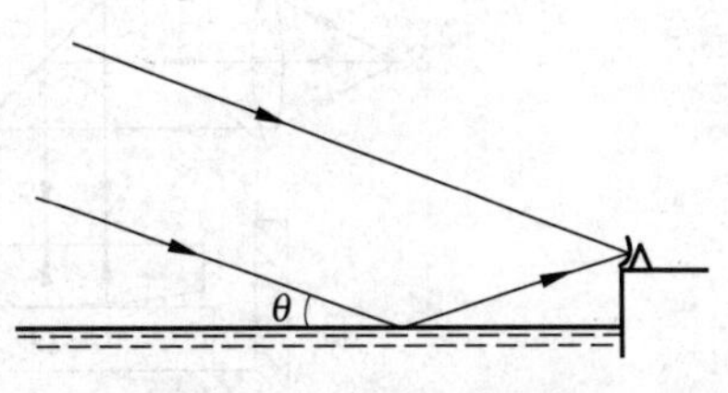

图 19.21 习题 19.7 用图

19.7 澳大利亚天文学家通过观察太阳发出的无线电波，第一次把干涉现象用于天文观测。这无线电波一部分直接射向他们的天线，另一部分经海面反射到他们的天线(图 19.21)。设无线电的频率为 6.0×10^7 Hz，而无线电接收器高出海面 25 m。求观察到相消干涉时太阳光线的掠射角 θ 的最小值。

19.8 图 19.22 所示为利用激光做干涉实验。M_1 为一半镀银平面镜，M_2 为一反射平面镜。入射激

光束一部分透过 M_1，直接垂直射到屏 G 上，另一部分经过 M_1 和 M_2 反射与前一部分叠加。在叠加区域两束光的夹角为 45°，所用激光波长为 632.8 nm。求在屏上干涉条纹的间距。

19.9 用很薄的玻璃片盖在双缝干涉装置的一条缝上，这时屏上零级条纹移到原来第 7 级明纹的位置上。如果入射光的波长 $\lambda=550$ nm，玻璃片的折射率 $n=1.58$，试求此玻璃片的厚度。

19.10 制造半导体元件时，常常要精确测定硅片上二氧化硅薄膜的厚度，这时可把二氧化硅薄膜的一部分腐蚀掉，使其形成尖劈，利用等厚条纹测出其厚度。已知 Si 的折射率为 3.42，SiO_2 的折射率为 1.5，入射光波长为 589.3 nm，观察到 7 条暗纹(如图 19.23 所示)。问 SiO_2 薄膜的厚度 h 是多少？

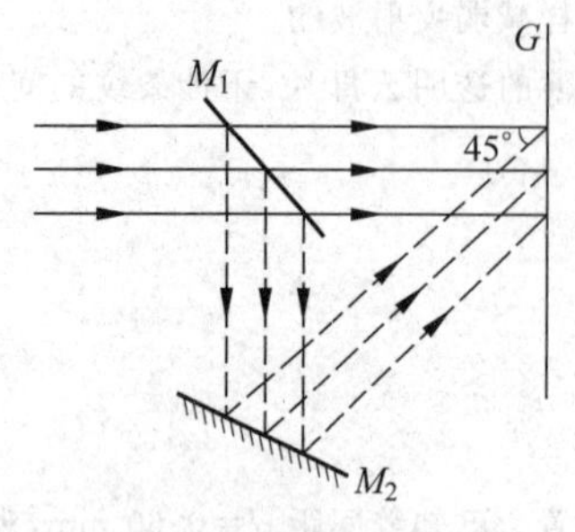

图 19.22 习题 19.8 用图

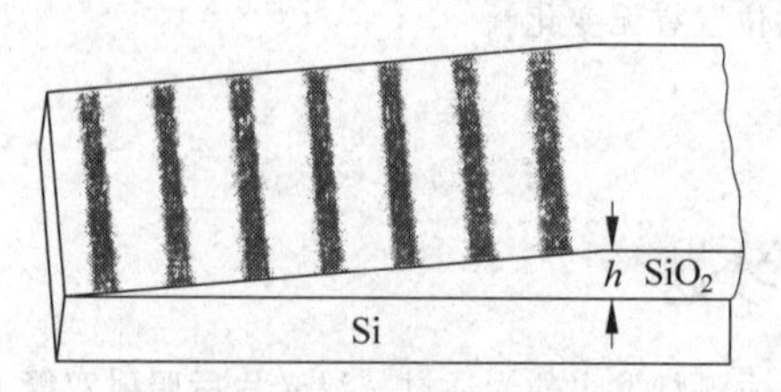

图 19.23 习题 19.10 用图

19.11 一薄玻璃片，厚度为 0.4 μm，折射率为 1.50，用白光垂直照射，问在可见光范围内，哪些波长的光在反射中加强？哪些波长的光在透射中加强？

19.12 在制作珠宝时，为了使人造水晶($n=1.5$)具有强反射本领，就在其表面上镀一层一氧化硅($n=2.0$)。要使波长为 560 nm 的光强烈反射，这镀层至少应多厚？

19.13 在折射率 $n_1=1.52$ 的镜头表面涂有一层折射率 $n_2=1.38$ 的 MgF_2 增透膜，如果此膜适用于波长 $\lambda=550$ nm 的光，膜的厚度应是多少？

19.14 如图 19.24(a)所示，在一块平玻璃 B 上放一曲率半径 R 很大的平凸透镜 A，在 A，B 之间就形成一薄的劈形空气层。当单色平行光垂直入射于平凸透镜时，可以观察到(为了使光源 S 发出的光能垂直射向空气层并观察反射光，在装置中加进了一个 45°放置的半反射半透射的平面镜 M)在透镜下表面出现一组干涉条纹，这些条纹是以接触点 O 为中心的同心圆环，称为**牛顿环**(图 19.24(b))。试分析干涉的起因并求出环半径 r 与 R 的关系。

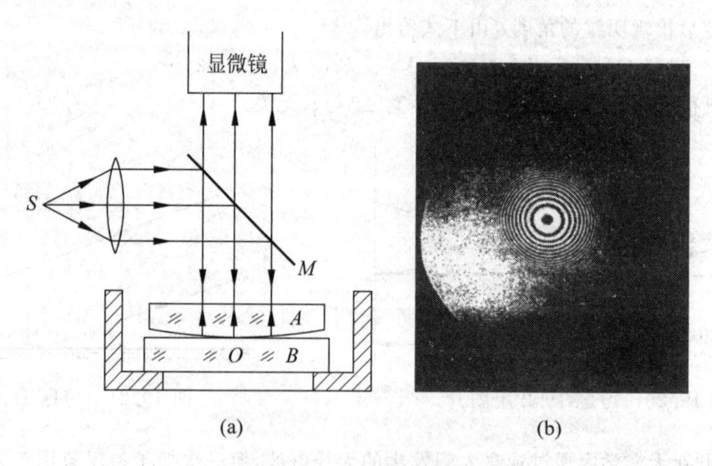

图 19.24 牛顿环实验

(a) 装置简图；(b) 牛顿环照相

设在某一次实验中，测得某一明环的直径为 3.00 mm，它外面第 5 个明环的直径为 4.60 mm，平凸透镜的半径为 1.03 m，求此单色光的波长。

19.15 利用迈克耳孙干涉仪可以测量光的波长。在一次实验中，观察到干涉条纹，当推进可动反射镜时，可看到条纹在视场中移动。当可动反射镜被推进 0.187 mm 时，在视场中某定点共通过了 635 条暗纹。试由此求所用入射光的波长。

第20章

光的衍射

在第18章中已介绍过，波的衍射是指波在其传播路径上如果遇到障碍物，它能绕过障碍物的边缘而进入几何阴影内传播的现象。作为电磁波，光也能产生衍射现象。本章讨论光的衍射现象的规律。所讲内容不只是说明光能绕过遮光屏边缘传播，而且根据叠加原理说明了在光的衍射现象中光的强度分布。为简单起见，本章只讨论远场衍射，即夫琅禾费衍射，包括单缝衍射、细丝衍射和光栅衍射。最后介绍有很多实际应用的X射线衍射。

20.1 光的衍射和惠更斯-菲涅耳原理

在实验室内可以很容易地看到光的衍射现象。例如，在图20.1所示的实验中，S为一单色点光源，G为一遮光屏，上面开了一个直径为十分之几毫米的小圆孔，H为一白色观察屏。实验中可以发现，在观察屏上形成的光斑比圆孔大了许多，而且明显地由几个明暗相间的环组成。如果将遮光屏G拿去，换上一个与圆孔大小差不多的不透明的小圆板，则在屏上可看到在圆板阴影的中心是一个亮斑，周围也有一些圆环。如果用针或细丝替换小圆板，则在屏上可看到有明暗条纹出现。

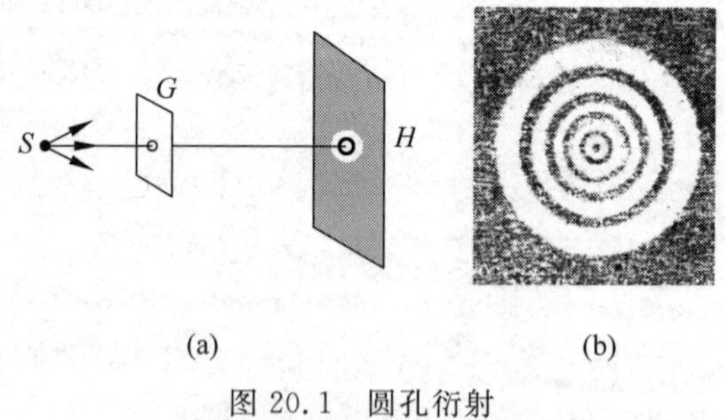

图20.1 圆孔衍射

(a) 实验装置；(b) 衍射图样[①]

在图20.2所示的实验中，遮光屏G上开了一条宽度为十分之几毫米的狭缝，并在缝的前后放两个透镜，单色线光源S和观察屏H分别置于这两个透镜的焦平面上。这样入射到

---

① 改变屏H到衍射孔的距离，衍射图样中心也可能出现亮点。

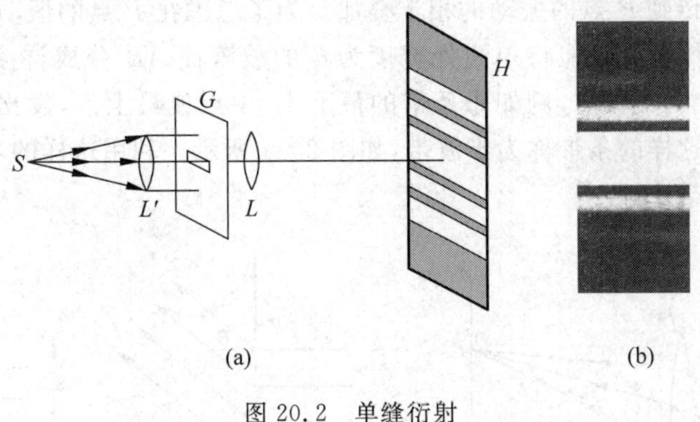

(a) (b)

图 20.2 单缝衍射
(a) 实验装置；(b) 衍射图样

狭缝的光就是平行光束，光透过它后又被透镜会聚到观察屏 H 上。实验中发现，屏 H 上的亮区也比狭缝宽了许多，而且是由明暗相间的许多平直条纹组成的。

以上实验都说明了光能产生衍射现象，即光也能绕过障碍物的边缘传播，而且衍射后能形成具有**明暗相间的衍射图样**。

用肉眼也可以发现光的衍射现象。如果你眯缝着眼，使光通过一条缝进入眼内，当你看远处发光的灯泡时，就会看到它向上向下发出长的光芒。这就是光在视网膜上的衍射图像产生的感觉。五指并拢，使指缝与日光灯平行，透过指缝看发光的日光灯，也会看到如图 20.2(b) 所示的带有淡彩色的明暗条纹。

根据观察方式的不同，通常把衍射现象分为两类。一类如图 20.1 所示那样，光源和观察屏（或二者之一）离开衍射孔（或缝）的距离有限，这种衍射称为**菲涅耳衍射，或近场衍射**。另一种是光源和观察屏都在离衍射孔（或缝）无限远处，这种衍射称为**夫琅禾费衍射，或远场衍射**。夫琅禾费衍射实际上是菲涅耳衍射的极限情形。图 20.2 所示的衍射实验就是夫琅禾费衍射，因为两个透镜的应用，对衍射缝来讲，就相当于把光源和观察屏都推到无穷远处去了。

对于衍射的理论分析，在第 18 章中曾提到过惠更斯原理。它的基本内容是把波阵面上各点都看成是子波波源，已经指出它只能定性地解决衍射现象中光的传播方向问题。为了说明光波衍射图样中的强度分布，菲涅耳又补充指出：**衍射时波场中各点的强度由各子波在该点的相干叠加决定**。利用相干叠加概念发展了的惠更斯原理叫**惠更斯-菲涅耳原理**。

具体地利用惠更斯-菲涅耳原理计算衍射图样中的光强分布时，需要考虑每个子波波源发出的子波的振幅和相跟传播距离及传播方向的关系。这种计算对于菲涅耳衍射相当复杂，而对于夫琅禾费衍射则比较简单。为了比较简单地阐述衍射的规律，同时考虑到夫琅禾费衍射也有许多重要的实际应用，本章将主要讲述夫琅禾费衍射。

20.2 单缝的夫琅禾费衍射

图 20.2(a)所示就是单缝的夫琅禾费衍射实验，图 20.3 中又画出了这一实验的光路图，为了便于解说，在此图中大大扩大了缝的宽度 a（缝的长度是垂直于纸面的）。

根据惠更斯-菲涅耳原理，单缝后面空间任一点 P 的光振动是单缝处波阵面上所有子波波源发出的子波传到P点的振动的相干叠加。为了考虑在P点的振动的合成，我们想象在衍射角θ为某些特定值时能将单缝处宽度为a的波阵面AB分成许多等宽度的纵长条带，并使相邻两带上的对应点，例如每条带的最下点、中点或最上点，发出的光在P点的**光程差为半个波长**。这样的条带称为**半波带**，如图20.4所示。利用这样的半波带来分析衍射图样的方法叫**半波带法**。

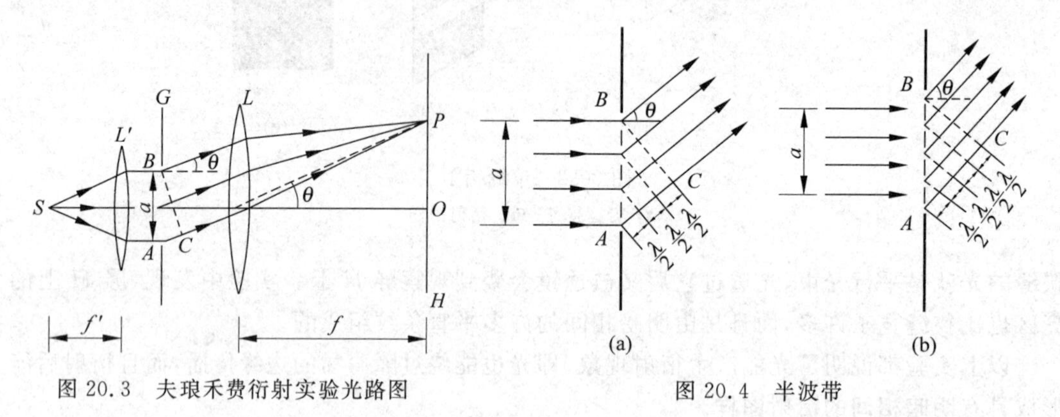

图20.3 夫琅禾费衍射实验光路图

图20.4 半波带

衍射角θ是衍射光线与单缝平面法线间的夹角。衍射角不同，则单缝处波阵面分出的半波带个数也不同。半波带的个数取决于单缝两边缘处衍射光线之间的光程差AC(BC和衍射光线垂直)。由图20.3可见

$$AC = a\sin\theta$$

当AC等于半波长的奇数倍时，单缝处波阵面可分为奇数个半波带(图20.4(a))；当AC是半波长的偶数倍时，单缝处波阵面可分为偶数个半波带(图20.4(b))。

这样分出的各个半波带，由于它们到P点的距离近似相等，因而各个带发出的子波在P点的振幅近似相等，而相邻两带的对应点上发出的子波在P点的相差为π。因此相邻两波带发出的振动在P点合成时将互相抵消。这样，如果单缝处波阵面被分成偶数个半波带，则由于一对对相邻的半波带发出的光都分别在P点相互抵消，所以合振幅为零，P点应是暗条纹的中心。如果单缝处波阵面被分为奇数个半波带，则一对对相邻的半波带发出的光分别在P点相互抵消后，还剩一个半波带发的光到达P点合成。这时，P点应近似为明条纹的中心，而且θ角越大，半波带面积越小，明纹光强越小。当$\theta=0$时，各衍射光光程差为零，通过透镜后会聚在透镜焦平面上，这就是中央明纹(或零级明纹)中心的位置，该处光强最大。对于任意其他的衍射角θ，AB一般不能恰巧分成整数个半波带。此时，衍射光束形成介于最明和最暗之间的中间区域。

综上所述可知，当平行光垂直于单缝平面入射时，单缝衍射形成的明暗条纹的位置用衍射角θ表示，由以下公式决定：

暗条纹中心

$$a\sin\theta = \pm k\lambda, \quad k = 1,2,3,\cdots \tag{20.1}$$

明条纹中心(近似)

$$a\sin\theta = \pm(2k+1)\frac{\lambda}{2}, \quad k = 1,2,3,\cdots \tag{20.2}$$

中央条纹中心

$$\theta = 0$$

单缝衍射光强分布如图 20.5 所示。此图表明，单缝衍射图样中各极大处的光强是不相同的。中央明纹光强最大，其他明纹光强迅速下降。本节后部将导出光强分布的精确公式。

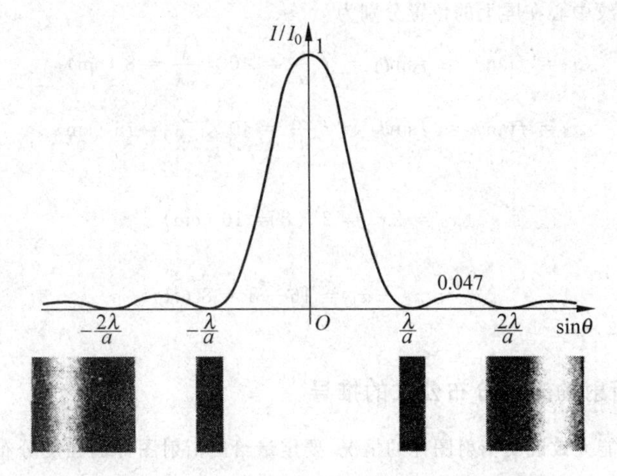

图 20.5 单缝的衍射图样和光强分布

两个第 1 级暗条纹中心间的距离即为中央明条纹的宽度，中央明条纹的宽度最宽，约为其他明条纹宽度的两倍。考虑到一般 θ 角较小，中央明条纹的**半角宽度**为

$$\theta \approx \sin\theta = \frac{\lambda}{a} \tag{20.3}$$

以 f 表示透镜 L 的焦距，则得观察屏上中央明条纹的**线宽度**为

$$\Delta x = 2f\tan\theta \approx 2f\sin\theta = 2f\frac{\lambda}{a} \tag{20.4}$$

上式表明，中央明条纹的宽度正比于波长 λ，反比于缝宽 a。这一关系又称为**衍射反比律**。缝越窄，衍射越显著；缝越宽，衍射越不明显。当缝宽 $a \gg \lambda$ 时，各级衍射条纹向中央靠拢，密集得以至无法分辨，只显出单一的明条纹。实际上这明条纹就是线光源 S 通过透镜所成的几何光学的像，这个像相应于从单缝射出的光是直线传播的平行光束。由此可见，光的直线传播现象，是光的波长较透光孔或缝（或障碍物）的线度小很多时，衍射现象不显著的情形。由于几何光学是以光的直线传播为基础的理论，所以**几何光学是波动光学在 $\lambda/a \to 0$ 时的极限情形**。对于透镜成像讲，仅当衍射不显著时，才能形成物的几何像，如果衍射不能忽略，则透镜所成的像将不是物的几何像，而是一个衍射图样。

这里我们再说明一下衍射的概念。上一章讲双缝的干涉时，曾利用了波的叠加的规律。这一节我们分析单缝的衍射时，也用了波的叠加的规律。可见它们都是光波相干叠加的表现。那么，干涉和衍射有什么区别呢？从本质上讲，确实并无区别。习惯上说，干涉总是指那些有限多的（分立的）光束的相干叠加，而衍射总是指波阵面上（连续的）无穷多子波发出的光波的相干叠加。这样区别之后，二者常常出现于同一现象中。例如双缝干涉的图样实际上是两个缝发出的光束的干涉和每个缝自身发出的光的衍射的综合效果（参看例 20.2）。20.5 节讲的光栅衍射实际上是多光束干涉和单缝衍射的综合效果。

例 20.1 夫琅禾费衍射。 在一单缝夫琅禾费衍射实验中，缝宽 $a = 5\lambda$，缝后透镜焦距

$f=40$ cm，试求中央条纹和第1级亮纹的宽度。

解 由公式(20.1)可得对第一和第二级暗纹中心有

$$a\sin\theta_1=\lambda,\quad a\sin\theta_2=2\lambda$$

因此第1级和第2级暗纹中心在屏上的位置分别为

$$x_1=f\tan\theta_1\approx f\sin\theta_1=f\frac{\lambda}{a}=40\times\frac{\lambda}{5\lambda}=8\ (\text{cm})$$

$$x_2=f\tan\theta_2\approx f\sin\theta_2=f\frac{2\lambda}{a}=40\times\frac{2\lambda}{5\lambda}=16\ (\text{cm})$$

由此得中央亮纹宽度为

$$\Delta x_0=2x_1=2\times 8=16\ (\text{cm})$$

第1级亮纹的宽度为

$$\Delta x_1=x_2-x_1=16-8=8\ (\text{cm})$$

这只是中央亮纹宽度的一半。

夫琅禾费单缝衍射的光强分布公式的推导

菲涅耳半波带法只能大致说明衍射图样的情况，要定量给出衍射图样的强度分布，需要对子波进行相干叠加。下面用相量图法导出夫琅禾费单缝衍射的强度公式。

为了用惠更斯-菲涅耳原理计算屏上各点光强，想象将单缝处的波阵面 AB 分成 N 条(N 很大)等宽度的波带，每条波带的宽度为 $\mathrm{d}s=a/N$(图20.6)。由于各波带发出的子波到 P 点的传播方向一样，距离也近似相等，所以在 P 点各子波的振幅也近似相等，今以 ΔA 表示此振幅。相邻两波带发出的子波传到 P 点时的光程差都是

$$\Delta L=\frac{AC}{N}=\frac{a\sin\theta}{N}\tag{20.5}$$

相应的相差都是

$$\delta=\frac{2\pi}{\lambda}\frac{a\sin\theta}{N}\tag{20.6}$$

根据菲涅耳的叠加思想，P 点光振动的合振幅，就应等于这 N 个波带发出的子波在 P 点的振幅的矢量合成，也就等于 N 个同频率、等振幅(ΔA)、相差依次都是 δ 的振动的合成。这一合振幅可借助图20.7的相量图计算出来。图中 $\Delta\boldsymbol{A}_1,\Delta\boldsymbol{A}_2,\cdots,\Delta\boldsymbol{A}_N$ 表示各分振幅矢量，相邻两个分振幅矢量的相差就是式(20.6)给出的 δ。各分振幅矢量首尾相接构成一正多边形的一部分，此正多边形有一外接圆。以 R 表示此外接圆的半径，则合振幅 A_θ 对应的圆心角就是 $N\delta$，而 A_θ 的值为

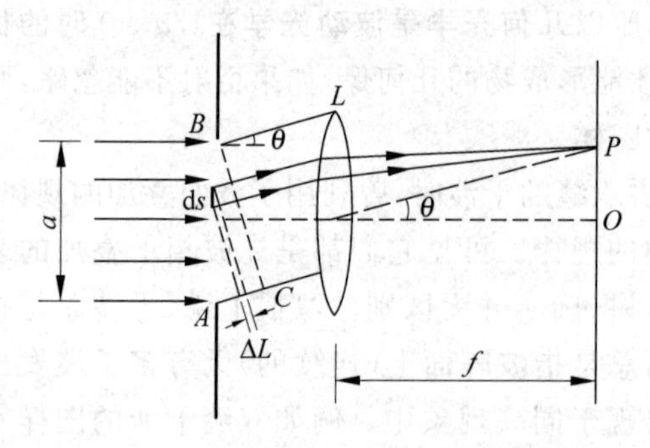

图20.6 推导单缝衍射强度用图

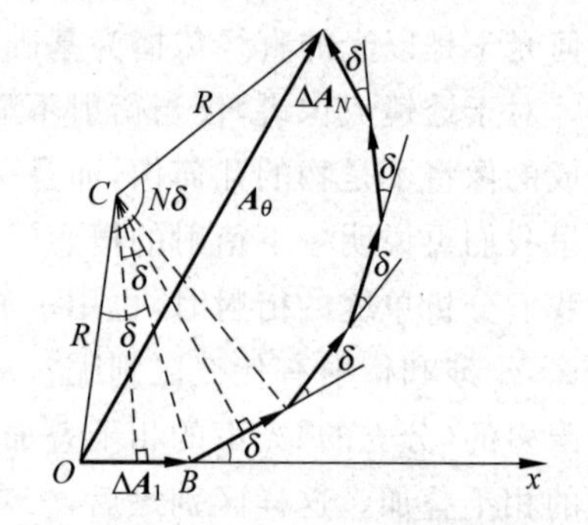

图20.7 N 个等振幅、相邻振动相差为 δ 的振动的合成相量图

$$A_\theta = 2R\sin\frac{N\delta}{2}$$

在$\triangle OCB$中$\Delta \boldsymbol{A}_1$之振幅即前述等振幅ΔA，显见

$$\Delta A = 2R\sin\frac{\delta}{2}$$

以上两式相除可得衍射角为θ的P处的合振幅应为

$$A_\theta = \Delta A\frac{\sin\frac{N\delta}{2}}{\sin\frac{\delta}{2}}$$

由于N非常大，所以δ非常小，$\sin\frac{\delta}{2}\approx\frac{\delta}{2}$，因而又可得

$$A_\theta = \Delta A\frac{\sin\frac{N\delta}{2}}{\frac{\delta}{2}} = N\Delta A\frac{\sin\frac{N\delta}{2}}{\frac{N\delta}{2}}$$

令
$$\beta = \frac{N\delta}{2} = \frac{\pi a\sin\theta}{\lambda} \tag{20.7}$$

则
$$A_\theta = N\Delta A\frac{\sin\beta}{\beta}$$

此式中，当$\theta=0$时，$\beta=0$，而$\frac{\sin\beta}{\beta}=1$，$A_\theta=N\Delta A$。由此可知，$N\Delta A$为中央条纹中点$O$处的合振幅。以$A_0$表示此振幅，则$P$点的合振幅为

$$A_\theta = A_0\frac{\sin\beta}{\beta} \tag{20.8}$$

两边平方可得P点的光强为

$$I = I_0\left(\frac{\sin\beta}{\beta}\right)^2 \tag{20.9}$$

式中$I_0=A_0^2$为中央明纹中心处的光强。此式即单缝夫琅禾费衍射的光强公式。用相对光强表示，则有

$$\frac{I}{I_0} = \left(\frac{\sin\beta}{\beta}\right)^2 \tag{20.10}$$

图20.5中的相对光强分布曲线就是根据这一公式画出的。由式(20.9)或式(20.10)可求出光强极大和极小的条件及相应的角位置。

(1) 主极大

在$\theta=0$处，$\beta=0$，$\sin\beta/\beta=1$，$I=I_0$，光强最大，称为主极大，此即中央明纹中心的光强。

(2) 极小

$\beta=k\pi$，$k=\pm1,\pm2,\pm3,\cdots$时，$\sin\beta=0$，$I=0$，光强最小。因为$\beta=\frac{\pi a\sin\theta}{\lambda}$，于是得

$$a\sin\theta = k\lambda,\quad k=\pm1,\pm2,\pm3,\cdots$$

此即暗纹中心的条件。这一结论与半波带法所得结果式(20.1)一致。

(3) 次极大

令$\frac{\mathrm{d}}{\mathrm{d}\beta}\left(\frac{\sin\beta}{\beta}\right)^2=0$，可求得次极大的条件为

$$\tan\beta = \beta$$

用图解法可求得和各次极大相应的β值为

$$\beta = \pm1.43\pi,\pm2.46\pi,\pm3.47\pi,\cdots$$

相应地有

$$a\sin\theta = \pm1.43\lambda,\pm2.46\lambda,\pm3.47\lambda,\cdots$$

以上结果表明,次极大差不多在相邻两暗纹的中点,但朝主极大方向稍偏一点。将此结果和用半波带法所得出的明纹近似条件式(20.2) $a\sin\theta=\pm\left(k+\frac{1}{2}\right)\lambda$ 相比,可知式(20.2)是一个相当好的近似结果。

把上述 β 值代入光强公式(20.10),可求得各次极大的强度。计算结果表明,次极大的强度随着级次 k 值的增大迅速减小。第1级次极大的光强还不到主极大光强的5%。

20.3 光学仪器的分辨本领

借助光学仪器观察细小物体时,不仅要有一定的放大倍数,还要有足够的分辨本领,才能把微小物体放大到清晰可见的程度。

从波动光学角度来看,即使没有任何像差的理想成像系统,它的分辨本领也要受到衍射的限制。光通过光学系统中的光阑、透镜等限制光波传播的光学元件时要发生衍射,因而一个点光源并不成点像,而是在点像处呈现一衍射图样(图20.8)。例如眼睛的瞳孔、望远镜、显微镜、照相机等的物镜,在成像过程中都是一些衍射孔。两个点光源或同一物体上的两点发的光通过这些衍射孔成像时,由于衍射会形成两个衍射斑,它们的像就是这两个衍射斑的**非相干叠加**。如果两个衍射斑之间的距离过近,斑点过大,则两个物点或同一物体上的两点的像就不能分辨,像也就不清晰了(图20.9(c))。

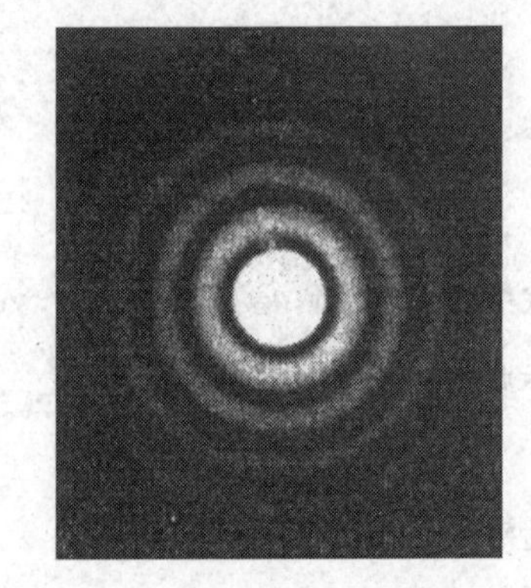

图20.8 圆孔的夫琅禾费衍射图样

怎样才算能分辨?瑞利提出了一个标准,称做**瑞利判据**。它说的是,对于两个强度相等的**不相干**的点光源(物点),一个点光源的衍射图样的主极大刚好和另一点光源衍射图样的第1个极小相重合时,两个衍射图样的合成光强的谷、峰比约为0.8。这时,就可以认为,两个点光源(或物点)恰为这一光学仪器所分辨(图20.9(b))。两个点光源的衍射斑相距更远时,它们就能十分清晰地被分辨了(图20.9(a))。

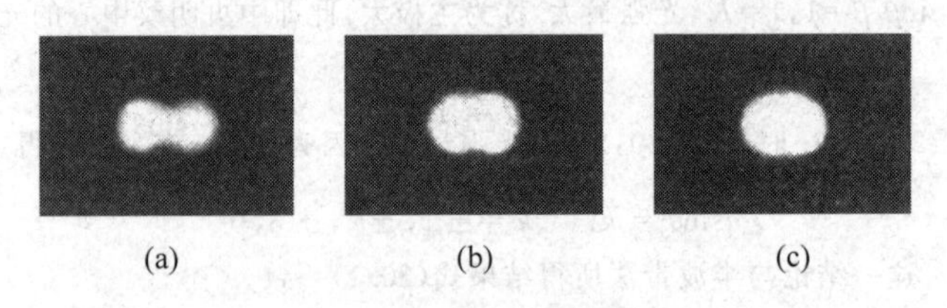

(a) (b) (c)

图20.9 瑞利判据说明

(a) 分辨清晰;(b) 刚能分辨;(c) 不能分辨

以透镜为例,恰能分辨时,两物点在透镜处的张角称为最小分辨角,用 δ 表示,如图20.10所示。最小分辨角也叫**角分辨率**,它的倒数称为**分辨本领**(或分辨率)。

对**直径为 D 的圆孔**的夫琅禾费衍射来讲,中央衍射斑的角半径为衍射斑的中心到第1个极小的角距离。第1极小的角位置 θ 由下式给出(和式(20.3)略有差别):

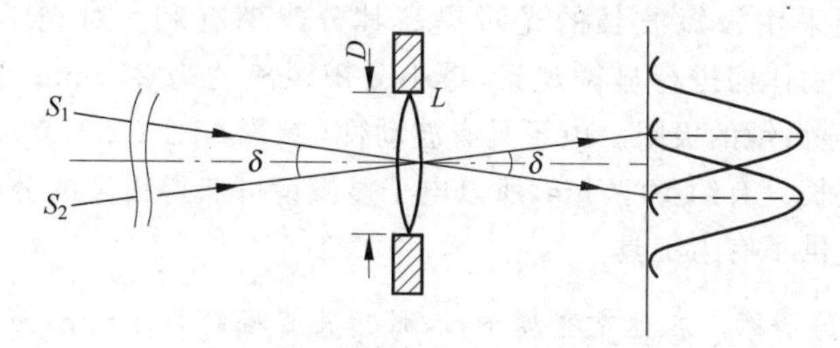

图 20.10 透镜最小分辨角

$$\sin\theta = 1.22\,\frac{\lambda}{D} \tag{20.11}$$

θ 角很小时，

$$\theta \approx \sin\theta = 1.22\,\frac{\lambda}{D}$$

根据瑞利判据，当两个衍射斑中心的角距离等于衍射斑的角半径时，两个相应的物点恰能分辨，所以角分辨率应为

$$\delta = \theta = 1.22\,\frac{\lambda}{D} \tag{20.12}$$

相应的分辨率为

$$R \equiv \frac{1}{\delta} = \frac{D}{1.22\lambda} \tag{20.13}$$

上式表明，分辨率的大小与仪器的孔径 D 和光波波长有关。因此，大口径的物镜对提高望远镜的分辨率有利。1990 年发射的哈勃太空望远镜的凹面物镜的直径为 2.4 m，角分辨率约为 0.1″([角]秒)，在大气层外 615 km 高空绕地球运行(图 20.11)。它采用计算机处理图像技术，把图像资料传回地球。它可观察 130 亿光年远的太空深处，发现了 500 亿个星系。这也并不满足科学家的期望。目前正在设计制造凹面物镜的直径为 8 m 的巨大太空望远镜，用以取代哈勃望远镜，期望能观察到“大爆炸”开端的宇宙实体。

图 20.11 哈勃太空望远镜

对于显微镜，则采用极短波长的光对提高其分辨率有利。对光学显微镜，使用 $\lambda=400\ \text{nm}$ 的紫光照射物体而进行显微观察，最小分辨距离约为 200 nm，最大放大倍数约为 2000。这已是光学显微镜的极限。电子具有波动性(参看本书 22.4 节)。当加速电压为几十万伏时，电子的波长只有约 10^{-3} nm，所以电子显微镜可获得很高的分辨率。这就为研究分子、原子的结构提供了有力工具。

例 20.2　人眼分辨率。 在通常亮度下，人眼瞳孔直径约为 3 mm，问人眼的最小分辨角是多大？远处两根细丝之间的距离为 2.0 mm，问细丝离开多远时人眼恰能分辨？

解　视觉最敏感的黄绿光波长 $\lambda=550\ \text{nm}$，因此，由式(20.12)可得人眼的最小分辨角为

$$\delta=1.22\frac{\lambda}{D}=1.22\times\frac{550\times10^{-9}}{3\times10^{-3}}$$
$$=2.24\times10^{-4}\ (\text{rad})\approx1'$$

设细丝间距离为 Δs，人与细丝相距 L，则两丝对人眼的张角 θ 为

$$\theta=\frac{\Delta s}{L}$$

恰能分辨时应有

$$\theta=\delta$$

于是有

$$L=\frac{\Delta s}{\delta}=\frac{2.0\times10^{-3}}{2.24\times10^{-4}}=8.9\ (\text{m})$$

超过上述距离，则人眼不能分辨。

20.4　细丝和细粒的衍射

不但光通过细缝和小孔时会产生衍射现象，可以观察到衍射条纹，当光射向不透明的细丝或细粒时，也会产生衍射现象，在细丝或细粒后面也会观察到衍射条纹。图 20.12 就是单色光越过一微小不透光圆片时产生的衍射图样，其中心的小亮点称做泊松斑[①]。实际上同样线度的细缝或小孔与细丝或细粒产生的衍射图样是一样的，下面用叠加原理来证明这一点。

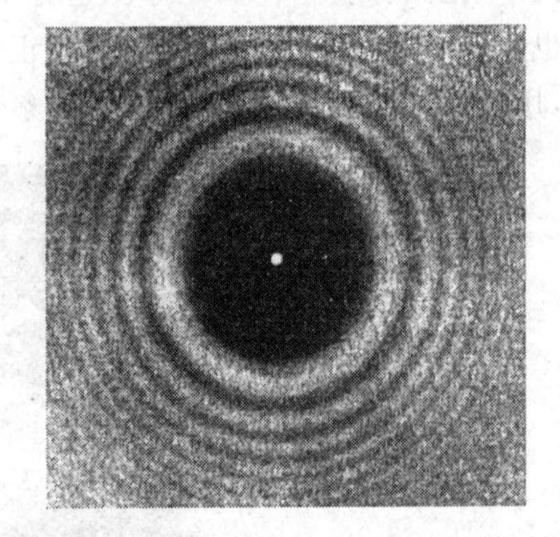

图 20.12　不透光小圆片产生的衍射图样

如图 20.13(a)所示，使一束平行光垂直射向遮光板 G，在遮光板上有一个圆洞，直径为 a。图 20.13(b)为两个透光屏，直径也是 a，正好能嵌入遮光板 G 上的圆洞中。屏 A 上有十字透光缝，屏 B 上有一十字丝，正好能填满屏 A 上的十字缝。这样的两个屏称为互补屏。根据惠更斯-费涅耳原理可知，当屏 A 嵌入遮光板上的圆洞时，其后屏 H 上各点的振幅应是十字缝上各子波波源所发的子波在各点的振幅之和。以 E_1 表示此

① 泊松于 1818 年首先根据费涅耳的波动论导出了不透光圆片对光的衍射会在其正后方产生一亮斑。他本人不相信波动说，认为这一理论结果是不可信的。他在学会上发表此结果是想为难费涅耳，否定波动说。没想到随后费涅耳就用实验演示了这一亮斑的存在，使波动说有了更强的说服力。

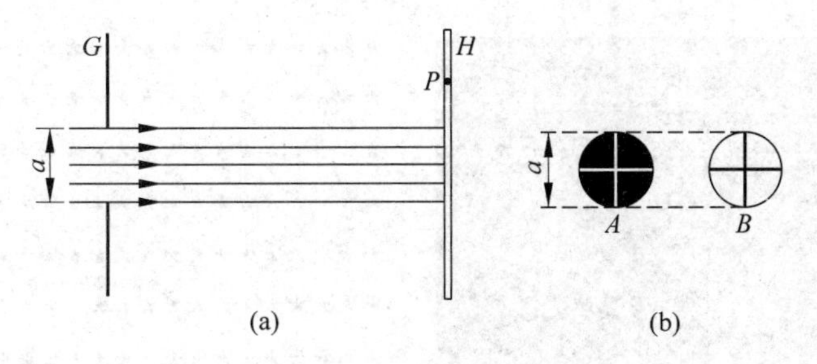

图 20.13 说明巴比涅原理用图

(a) 衍射装置；(b) 互补透光屏

振幅分布。同理，当屏 B 嵌入遮光板上的圆洞时，屏 H 上各点的振幅应是四象限透光平面(十字丝除外)上各子波波源在各点的振幅之和。以 E_2 表示此振幅分布。若将圆洞全部敞开，屏 H 上的振幅分布就相当于十字缝和透光四象限同时密合相接时二者所分别产生的振幅分布之和。以 E_0 表示圆洞全部敞开时屏 H 上的振幅分布，则应有

$$E_0 = E_1 + E_2 \tag{20.14}$$

此式表明，两个互补透光屏所产生的振幅分布之和等于全透屏所产生的振幅分布。这一结论叫**巴比涅原理**。

回到图 20.13 的情况，在 $a \gg \lambda$(范围约在 $10^3\lambda$ 到 10λ 之间)时，屏 H 上的几何阴影部分(亦即衍射区)总光强为零，即 $E_0=0$，此时式(20.14)给出

$$E_1 = -E_2 \tag{20.15}$$

由于光强和振幅的平方成正比，所以又可得

$$I_1 = I_2 \tag{20.16}$$

即两个互补的透光屏所产生的衍射光强分布相同，因而具有相同的衍射图样。

细丝和细缝互补，细粒和小孔互补，它们自然就产生相同的衍射图样了。

图 20.14(a)，(b)是一对互补的透光屏，图(a)有星形透光孔，图(b)有星形遮光花，图(c)，(d)是和二者分别对应的衍射图样。看起来图(c)，(d)是完全一样的，只是在图(d)的中心有较强的亮光。屏(b)的绝大部分是透光的，图(d)中的中心亮区就是垂直通过此屏的广大透光区而几乎没有衍射的光形成的。

例 20.3 细丝衍射。为了保证抽丝机所抽出的细丝粗细均匀，可以利用光的衍射原理。如图 20.15 所示，让一束激光照射抽动的细丝，在细丝另一侧 $D=2.0$ m 处设置一接收屏(其后接光电转换装置)接收激光衍射图样。当衍射的中央条纹宽度和预设宽度不合时，光电装置就将信息反馈给抽丝机以改变抽出丝的粗细使之符合要求。如果所用激光器为氦氖激光器，激光波长为 $\lambda=632.8$ nm，而细丝直径要求为 $a=20\ \mu$m，求接收屏上衍射图样中的中央亮纹宽度是多大？

解 根据巴比涅原理，细丝产生的衍射图样应和等宽的单缝相同，接收屏上中央亮纹的宽度应为

$$l = 2D\tan\theta_1 = 2D\sin\theta_1 = 2D\lambda/a$$

将已知数据代入上式可得

$$l = \frac{2 \times 2.0 \times 632.8 \times 10^{-9}}{20 \times 10^{-6}} = 0.13\ (\text{m})$$

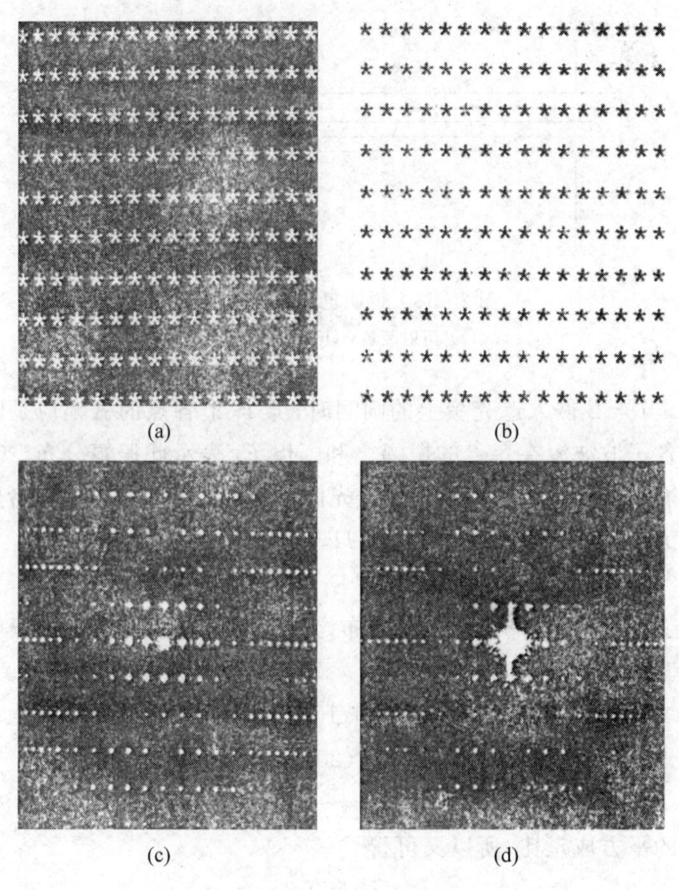

图 20.14 说明巴比涅原理用图

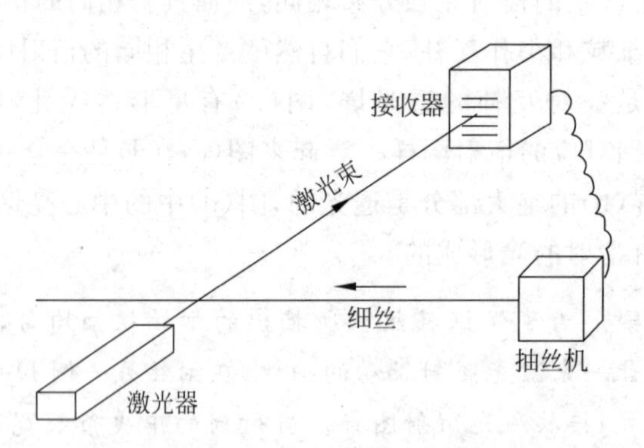

图 20.15 抽丝自动监控装置示意图

20.5 光栅衍射

许多等宽的狭缝等距离地排列起来形成的光学元件叫**光栅**。在一块很平的玻璃上用金刚石刀尖或电子束刻出一系列等宽等距的平行刻痕，刻痕处因漫反射而不大透光，相当于不透光部分；未刻过的部分相当于透光的狭缝；这样就做成了透射光栅(图 20.16(a))。在光洁度很高的金属表面刻出一系列等间距的平行细槽，就做成了反射光栅(图 20.16(b))。简易的光栅可用照相的方法制造，印有一系列平行而且等间距的黑色条纹的照相底片就是透射光栅。

实用光栅，每毫米内有几十条，上千条甚至几万条刻痕。一块 100 mm×100 mm 的光栅上可能刻有 10^4 条到 10^6 条刻痕。这样的原刻光栅是非常贵重的。

实验中用光透过光栅的衍射现象产生明亮尖锐的亮纹，或在入射光是复色光的情况下，产生光谱以进行光谱分析。它是近代物理实验中用到的一种重要光学元件。本节讨论光栅衍射的基本规律。

如何分析光通过光栅后的强度分布呢？在 19 章我们讲过双缝干涉的规律。光栅有许多缝，可以想到各个缝发出的光将发生干涉。在 20.2 节我们讲了单缝衍射的规律，可以想到每个缝发出的光本身会产生衍射，正是这各缝之间的干涉和每缝自身的衍射决定了光通过光栅后的光强分布。下面就根据这一思想进行分析。

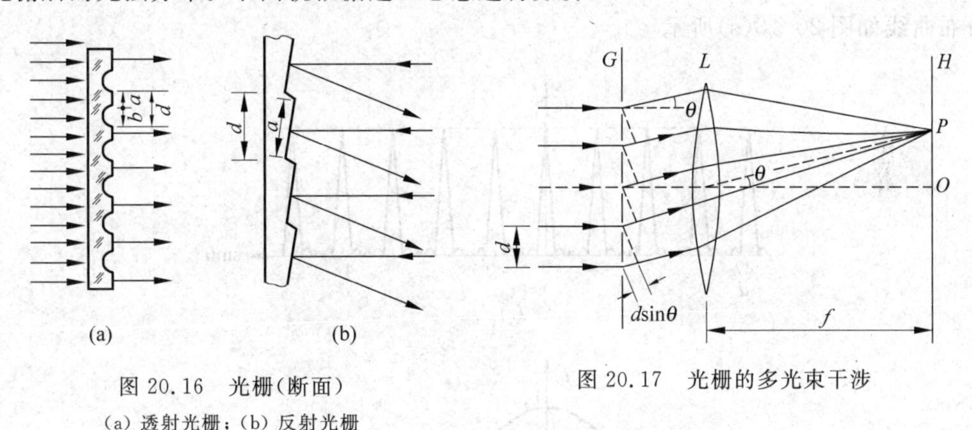

图 20.16　光栅(断面)

(a) 透射光栅；(b) 反射光栅

图 20.17　光栅的多光束干涉

设图 20.17 中光栅的每一条透光部分宽度为 a，不透光部分宽度为 b(参看图 20.16(a))。$a+b=d$ 叫做**光栅常量**，是光栅的空间周期性的表示。以 N 表示光栅的总缝数，并设平面单色光波垂直入射到光栅表面上。先考虑多缝干涉的影响，这时可以认为各缝共形成 N 个间距都是 d 的同相的子波波源，它们沿每一方向都发出频率相同、振幅相同的光波。这些光波的叠加就成了**多光束的干涉**。在衍射角为 θ 时，光栅上从上到下，相邻两缝发出的光到达屏 H 上 P 点时的光程差都是相等的。由图 20.17 可知，这一光程差等于 $d\sin\theta$。由振动的叠加规律可知，当 θ 满足

$$d\sin\theta = \pm k\lambda, \quad k = 0,1,2,\cdots\text{(光栅主极大)} \tag{20.17}$$

时，所有的缝发出的光到达 P 点时都将是同相的。它们将发生相长干涉从而在 θ 方向形成明条纹。值得注意的是，这时在 P 点的合振幅应是来自一条缝的光的振幅的 N 倍，而合光强将是来自一条缝的光强的 N^2 倍。这就是说，光栅的多光束干涉形成的明纹的亮度要比一条缝发的光的亮度大多了，而且 N 越大，条纹越亮。和这些明条纹相应的光强的极大值叫**主极大**，决定主极大位置的式(20.17)叫做**光栅方程**。

光栅的缝很多还有　个明显的效果：使土极大明条纹变得很窄。以中央明条纹为例，它出现在 $\theta=0$ 处。在稍稍偏过一点的 $\Delta\theta$ 方向，如果光栅的最上一条缝和最下一条缝发出的光的光程差等于波长 λ，即

$$Nd\sin\Delta\theta = \lambda$$

时，则光栅上下两半宽度内相应的缝发出的光到达屏上将都是反相的(想想分析单缝衍射的半波带法)，它们都将相消干涉以致总光强为零。由于 N 一般很大，所以 $\sin\Delta\theta=\lambda/Nd$ 可以很小，因此可得 $\Delta\theta=\sin\theta=\lambda/Nd$。由它所限的中央明条纹的角宽度将是 $2\Delta\theta=2\lambda/Nd$。由光栅方程(20.17)求得的中央明条纹到第1级明条纹的角距离为 $\theta_1>\sin\theta_1=\lambda/d$。$\theta_1$ 要比 $2\Delta\theta$ 的 $N/2$ 倍还大。由于 N 很大，所以中央明条纹宽度要比它和第1级明条纹的间距小得多。对其他级明条纹的分析结果也一样[①]：明条纹的宽度比它们的间距小得多，也就是条纹越细。在两个主极大之间也还有总光强为零的位置(如使最上面的缝和最下面的缝发的光的光程差为 $2\lambda,3\lambda,\cdots,(N-1)\lambda$ 的方向)。在这些位置之间光强不为零。但由于在这些区域从各缝发来的光叠加时总有许多缝的光干涉相消，所以其总光强比主极大要小得多。这样，多光束干涉的结果就是：**在几乎黑暗的背景上出现了一系列又细又亮的明条纹，而且光栅总缝数 N 越大，所形成的明条纹也越细越亮**。这样的明条纹叫做**光谱线**。这一结果的光强分布曲线如图20.18(a)所示。

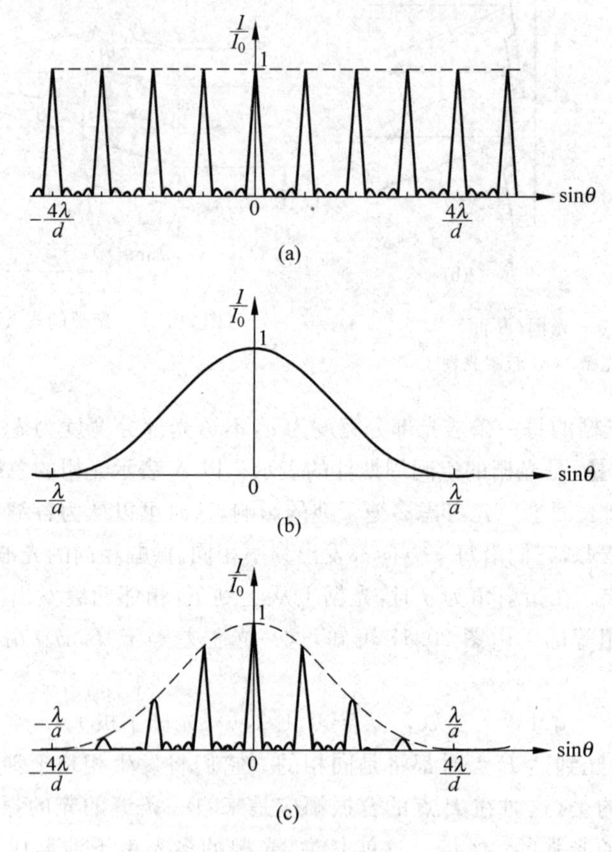

图20.18　光栅衍射的光强分布

(a) 多光束干涉的光强分布；(b) 单缝衍射的光强分布；(c) 光栅衍射的总光强分布

---

① 第 k 级主极大的半角宽应为 $\Delta\theta=\lambda/Nd\cos\theta$，$\theta$ 为第 k 级主极大的角位置。

图 20.18(a)中的光强分布曲线是假设各缝在各方向的衍射光的强度都一样而得出的。实际上，每条缝发的光，由于衍射，不同 θ 方向上的强度是不同的，其强度分布如图 20.18(b)所示(它就是图 20.5 中的分布曲线的中央亮纹)。不同 θ 方向的衍射光相干叠加形成的主极大也就要受衍射光强的影响，或者说，**各主极大要受单缝衍射的调制**：衍射光强大的方向的主极大的光强也大，衍射光强小的方向的主极大光强也小。多光束干涉和单缝衍射共同决定的光栅衍射的总光强分布如图 20.18(c)所示。图 20.19 是两张光栅衍射图样的照片。虽然所用光栅的缝数还相当少，但其明条纹的特征已相当明显了。

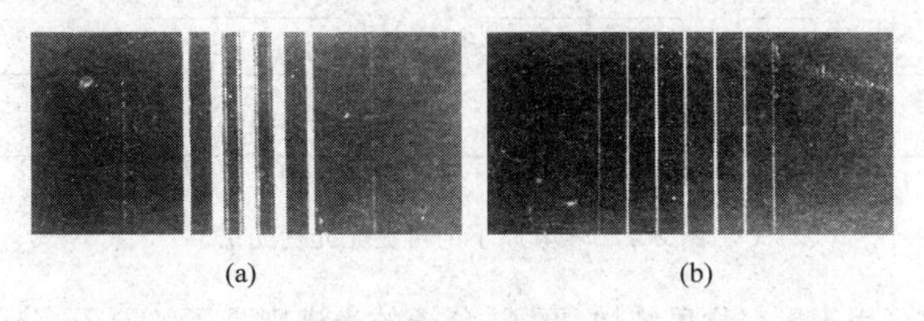

(a) (b)

图 20.19 光栅衍射图样照片

(a) $N=5$; (b) $N=20$

还应指出的是，由于单缝衍射的光强分布在某些 θ 值时可能为零，所以，如果对应于这些 θ 值按多光束干涉出现某些级的主极大时，这些主极大将消失。这种衍射调制的特殊结果叫**缺级现象**，所缺的级次由光栅常数 d 与缝宽 a 的比值确定。因为主极大满足式(20.17)，即

$$d\sin\theta = \pm k\lambda$$

而衍射极小(为零)满足式(20.1)，即

$$a\sin\theta = \pm k'\lambda$$

如果某一 θ 角同时满足这两个方程，则 k 级主极大缺级。两式相除，可得

$$k = \pm \frac{d}{a}k', \quad k' = 1,2,3,\cdots \tag{20.18}$$

例如，当 $d/a=4$ 时，则缺 $k=\pm4,\pm8,\cdots$ 诸级主极大。图 20.18(c)画的就是这种情形。

例 20.4 光栅谱线。使波长为 480 nm 的单色光垂直入射到每毫米有 250 条狭缝的光栅上，光栅常量为一条缝宽的 3 位。(1)求第一级谱线的角位置；(2)总共可以观察到几条光谱线？

解 (1) 根据光栅方程(20.17)，可知第一级($k=1$)谱线的角位置 θ_1 由 $d\sin\theta_1=\pm\lambda$ 决定，从而有

$$\theta_1 = \arcsin(\pm\lambda/d) = \arcsin\left(\pm\frac{480\times10^{-9}}{10^{-3}/250}\right)$$
$$= \arcsin(\pm0.12) \approx 0.12$$

(2) 谱线的最大可能角位置为 $\pi/2$，由光栅方程可知级次的最大值 $k_{\max}$ 为

$$k_{\max} = \pm\frac{d\sin(\pi/2)}{\lambda} = \pm\frac{4\times10^{-6}\times1}{480\times10^{-9}} = \pm8.3$$

由于 k 值只能是整数，所以应有 $k_{\max}=8$。

加上中央谱线，总共可能观察到的谱线数为 $k_{\max}\times2+1=17$。但由于 $d=3a$，根据式(20.18)，$k=\pm3$，±6 的级次应该缺级，所以总共可以观察到的谱线数应为 $17-2\times2-13$。

以上讲了单色光垂直入射到光栅上时形成谱线的规律。根据光栅方程(20.17)

$$d\sin\theta = \pm k\lambda$$

可知，如果是复色光入射，则由于各成分色光的 λ 不同，除中央零级条纹外，各成分色光的其他同级明条纹将在不同的衍射角出现。同级的不同颜色的明条纹将按波长顺序排列成**光栅光谱**，这就是光栅的分光作用。如果入射复色光中只包含若干个波长成分，则光栅光谱由若干条不同颜色的细亮谱线组成。图 20.20 是氢原子的可见光光栅光谱的第 1，2，4 级谱线（第 3 级缺级），H_α（红），H_β，H_γ，H_δ（紫）的波长分别是 656.3，486.1，434.1，410.2 nm。中央主极大处各色都有，应是氢原子发出复合光，为淡粉色。

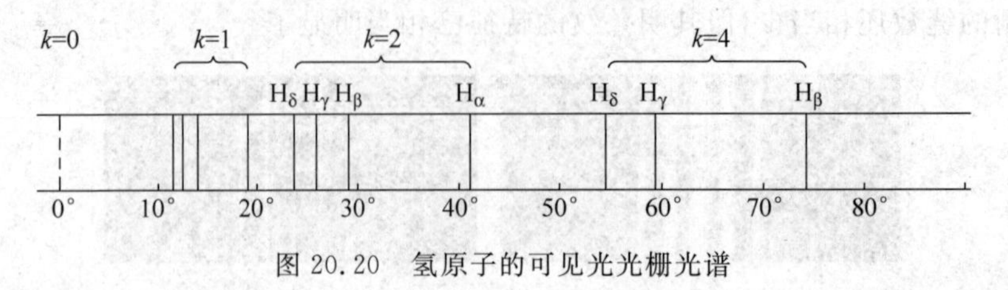

图 20.20　氢原子的可见光光栅光谱

物质的光谱可用于研究物质结构，原子、分子的光谱则是了解原子、分子结构及其运动规律的重要依据。光谱分析是现代物理学研究的重要手段，在工程技术中，也广泛地应用于分析、鉴定等方面。

例 20.5　光栅斜入射。用每毫米内有 500 条缝的光栅，观察钠光谱线。光线以 $i=30^\circ$ 斜入射光栅时，谱线的最高级次是多少？并与垂直入射时比较。

解　斜入射时，相邻两缝的入射光束在入射前有光程差 AB，衍射后有光程差 CD，如图 20.21 所示。总光程差为 $CD-AB=d(\sin\theta-\sin i)$，因此斜入射的光栅方程为

$$d(\sin\theta-\sin i)=\pm k\lambda,\quad k=0,1,2,\cdots$$

谱线级次为

$$k=\pm\frac{d(\sin\theta-\sin i)}{\lambda}$$

此式表明，斜入射时，零级谱线不在屏中心，而移到 $\theta=i$ 的角位置处。可能的最高级次相应于 $\theta=-\frac{\pi}{2}$。由于 $d=\frac{1}{500}\ \mathrm{mm}=2\times10^{-6}\ \mathrm{m}$，代入上式得

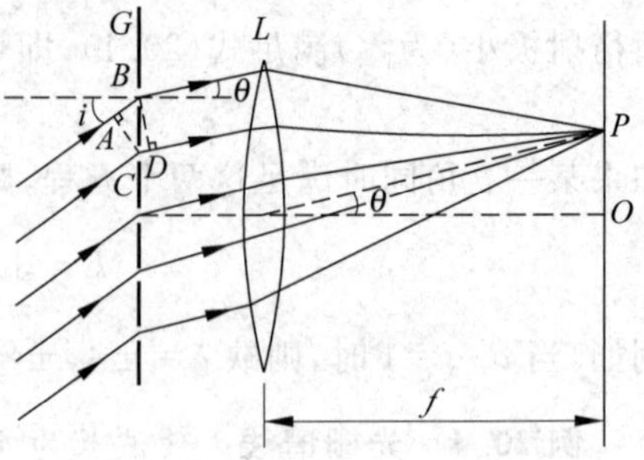

图 20.21　斜入射时光程差计算用图

$$k_{\max}=-\frac{2\times10^{-6}\left[\sin\left(-\frac{\pi}{2}\right)-\sin30^\circ\right]}{589.3\times10^{-9}}=5.1$$

级次取较小的整数，得最高级次为 5。

垂直入射时，$i=0$，最高级次相应于 $\theta=\pi/2$，于是有

$$k_{\max}=\frac{2\times10^{-6}\sin\frac{\pi}{2}}{589.3\times10^{-9}}=3.4$$

最高级次应为 3。可见斜入射比垂直入射可以观察到更高级次的谱线。

20.6　X 射线衍射

X 射线是伦琴于 1895 年发现的，故又称伦琴射线。图 20.22 所示为一种近代 X 射线管的结构示意图。抽成真空的玻璃管中密封有阴极和阳极。阴极上的热灯丝能发射电子。当

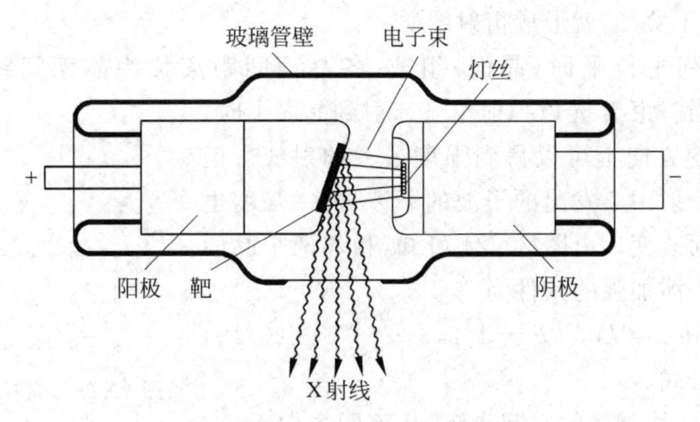

图 20.22　X射线管简图

两极间加数万伏高电压时，阴极发射的电子在强电场作用下被加速。当由此形成的高速电子撞击阳极上的靶(一般为金属)时，就从靶上发出X射线。

这种射线人眼看不见，具有很强的穿透能力，在当时是前所未知的一种射线，故称为X射线。

后来认识到，X射线是一种波长很短的电磁波，波长在0.01～10 nm之间。既然X射线是一种电磁波，也应该有干涉和衍射现象。但是由于X射线波长太短，用普通光栅观察不到X射线的衍射现象，而且也无法用机械方法制造出适用于X射线的光栅。

1912年德国物理学家劳厄想到，晶体由于其中粒子的规则排列应是一种适合于X射线的三维空间光栅。他进行了实验，第一次圆满地获得了X射线的衍射图样，从而证实了X射线的波动性。劳厄实验装置简图如图20.23所示。图20.23(a)中PP'为铅板，上有一小孔，X射线由小孔通过；C为晶体，E为照相底片。图20.23(b)是X射线通过NaCl晶体后投射到底片上形成的衍射斑，称为劳厄斑。对劳厄斑的定量研究，涉及空间光栅的衍射原理，这里不作介绍。

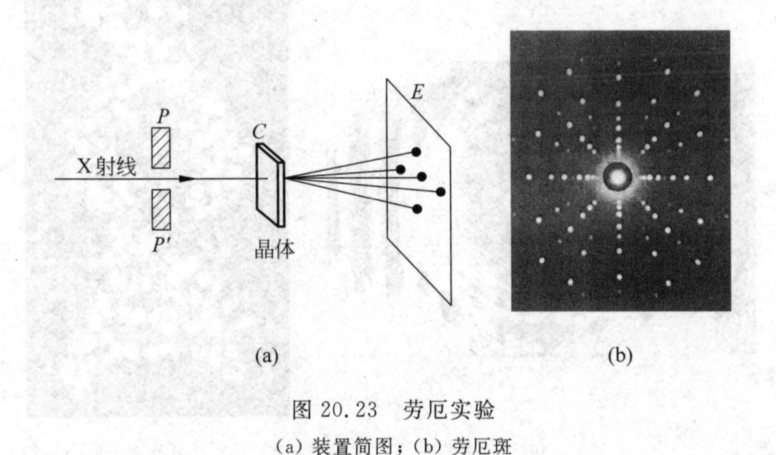

图 20.23　劳厄实验

(a) 装置简图；(b) 劳厄斑

下面介绍苏联乌利夫和英国布拉格父子独立地提出的一种研究方法。这种方法研究X射线在晶体表面上反射时的干涉，原理比较简单。

X射线照射晶体时，晶体中每一个微粒都是发射子波的衍射中心，它们向各个方向发射子波，这些子波相干叠加，就形成衍射图样。

晶体由一系列平行平面（晶面）组成，各晶面间距离称为晶面间距，用 d 表示，如图 20.24 所示。当一束 X 光以掠射角 φ 入射到晶面上时，在符合反射定律的方向上可以得到强度最大的射线。但由于各个晶面上衍射中心发出的子波的干涉，这一强度也随掠射角的改变而改变。由图 20.24 可知，相邻两个晶面反射的两条光线干涉加强的条件为

$$2d\sin\varphi = k\lambda,\quad k = 1,2,3,\cdots \tag{20.19}$$

此式称为**布拉格公式**。

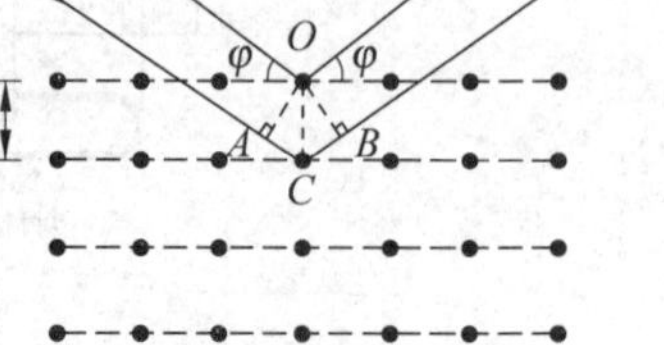

图 20.24 布拉格公式导出图示

应该指出，同一块晶体的空间点阵，从不同方向看去，可以看到粒子形成取向不相同，间距也各不相同的许多晶面族。当 X 射线入射到晶体表面上时，对于不同的晶面族，掠射角 φ 不同，晶面间距 d 也不同。凡是满足式(20.19)的，都能在相应的反射方向得到加强。

布拉格公式是 X 射线衍射的基本规律，它的应用是多方面的。若由别的方法测出了晶面间距 d，就可以根据 X 射线衍射实验由掠射角 φ 算出入射 X 射线的波长，从而研究 X 射线谱，进而研究原子结构。反之，若用已知波长的 X 射线投射到某种晶体的晶面上，由出现最大强度的掠射角 φ 可以算出相应的晶面间距 d 从而研究晶体结构，进而研究材料性能。这些研究在科学和工程技术上都是很重要的。例如对大生物分子 DNA 晶体的成千张的 X 射线衍射照片（图 20.25(a)）的分析，显示出 DNA 分子的双螺旋结构（图 20.25(b)）。

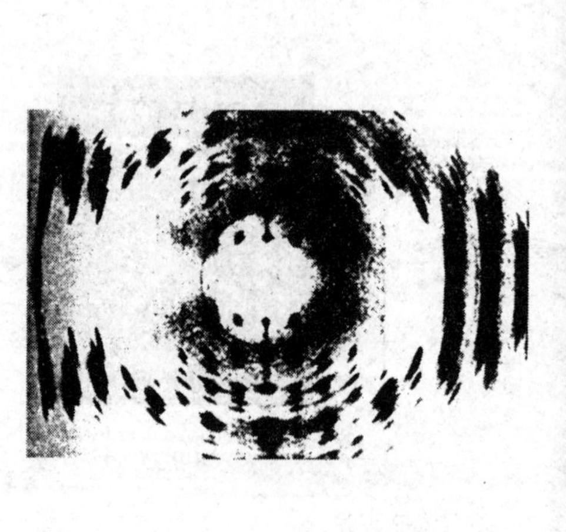

(a)

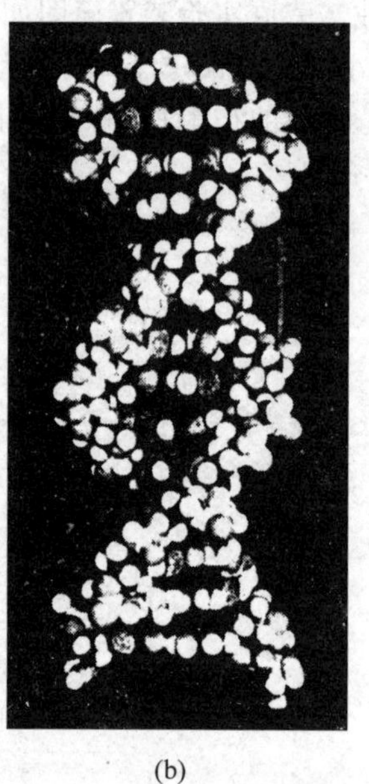

(b)

图 20.25 DNA 晶体的 X 射线衍射照片(a)和 DNA 分子的双螺旋结构(b)

提要

1. 惠更斯-菲涅耳原理的基本概念：波阵面上各点都可以当成子波波源，其后波场中各点波的强度由各子波在各该点的相干叠加决定。

2. 夫琅禾费衍射：

单缝衍射：可用半波带法分析。单色光垂直入射时，衍射暗条纹中心位置满足

$$a\sin\theta = \pm k\lambda \quad (a \text{ 为缝宽})$$

圆孔衍射：单色光垂直入射时，中央亮斑的角半径为 θ，且

$$D\sin\theta = 1.22\lambda \quad (D \text{ 为圆孔直径})$$

根据巴比涅原理，细丝(或细粒)和细缝(或小孔)按同样规律产生衍射图样。

3. 光学仪器的分辨本领：根据圆孔衍射规律和瑞利判据可得

最小分辨角(角分辨率) $\qquad \delta = 1.22\dfrac{\lambda}{D}$

分辨率 $\qquad R = \dfrac{1}{\delta} = \dfrac{D}{1.22\lambda}$

4. 光栅衍射：在黑暗的背景上显现窄细明亮的谱线。缝数越多，谱线越细越亮。

单色光垂直入射时，谱线(主极大)的位置满足

$$d\sin\theta = k\lambda \quad (d \text{ 为光栅常量})$$

谱线强度受单缝衍射调制，有时有缺级现象。

5. X 射线衍射的布拉格公式：

$$2d\sin\varphi = k\lambda$$

思考题

20.1 在日常经验中，为什么声波的衍射比光波的衍射更加显著？

20.2 在观察夫琅禾费衍射的装置中，透镜的作用是什么？

20.3 在单缝的夫琅禾费衍射中，若单缝处波阵面恰好分成 4 个半波带，如图 20.26 所示。此时光线 1 与 3 是同位相的，光线 2 与 4 也是同位相的，为什么 P 点光强不是极大而是极小？

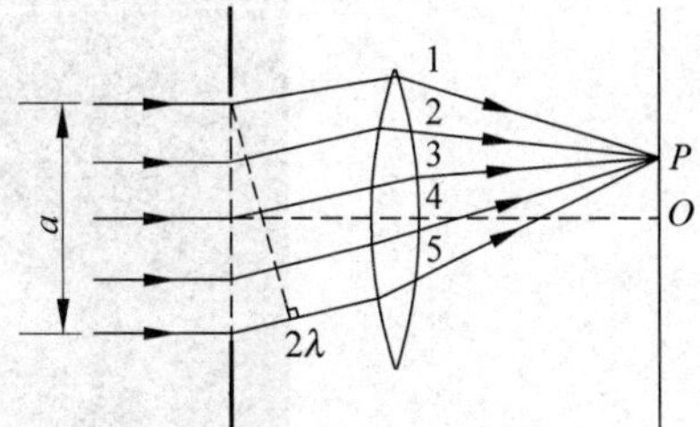

图 20.26 思考题 20.3 用图

20.4 在观察单缝夫琅禾费衍射时，

(1) 如果单缝垂直于它后面的透镜的光轴向上或向下移动，屏上衍射图样是否改变？为什么？

(2) 若将线光源 S 垂直于光轴向下或向上移动，屏上衍射图样是否改变？为什么？

20.5 在单缝的夫琅禾费衍射中，如果将单缝宽度逐渐加宽，衍射图样发生什么变化？

20.6 在杨氏双缝实验中，每一条缝自身(即把另一缝遮住)的衍射条纹光强分布各如何？双缝同时打开时条纹光强分布又如何？前两个光强分布图的简单相加能得到后一个光强分布图吗？大略地在同一

张图中画出这3个光强分布曲线来。

20.7 一个“杂乱”光栅,每条缝的宽度是一样的,但缝间距离有大有小随机分布。单色光垂直入射这种光栅时,其衍射图样会是什么样子的?

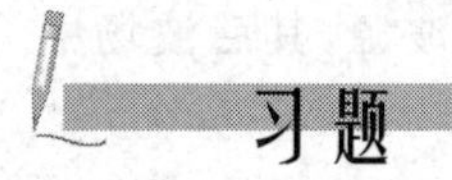

习题

20.1 有一单缝,缝宽 $a=0.10$ mm,在缝后放一焦距为50 cm的会聚透镜,用波长 $\lambda=546.1$ nm的平行光垂直照射单缝,试求位于透镜焦平面处屏上中央明纹的宽度。

20.2 用波长 $\lambda=632.8$ nm的激光垂直照射单缝时,其夫琅禾费衍射图样的第1极小与单缝法线的夹角为5°,试求该缝的缝宽。

20.3 一单色平行光垂直入射一单缝,其衍射第3级明纹位置恰与波长为600 nm的单色光垂直入射该缝时衍射的第2级明纹位置重合,试求该单色光波长。

20.4 波长为20 m的海面波垂直进入宽50 m的港口。在港内海面上衍射波的中央波束的角宽度是多少?

20.5 用肉眼观察星体时,星光通过瞳孔的衍射在视网膜上形成一个小亮斑。

(1) 瞳孔最大直径为7.0 mm,入射光波长为550 nm。星体在视网膜上的像的角宽度多大?

(2) 瞳孔到视网膜的距离为23 mm。视网膜上星体的像的直径多大?

(3) 视网膜中央小凹(直径0.25 mm)中的柱状感光细胞每平方毫米约 1.5×10^5 个。星体的像照亮了几个这样的细胞?

20.6 有一种利用太阳能的设想是在 3.5×10^4 km的高空放置一块大的太阳能电池板,把它收集到的太阳能用微波形式传回地球。设所用微波波长为10 cm,而发射微波的抛物天线的直径为1.5 km。此天线发射的微波的中央波束的角宽度是多少?在地球表面它所覆盖的面积的直径多大?

20.7 在迎面驶来的汽车上,两盏前灯相距120 cm。试问汽车离人多远的地方,眼睛恰能分辨这两盏前灯?设夜间人眼瞳孔直径为5.0 mm,入射光波长为550 nm,而且仅考虑人眼瞳孔的衍射效应。

20.8 据说间谍卫星上的照相机能清楚识别地面上汽车的牌照号码。

(1) 如果需要识别的牌照上的字划间的距离为5 cm,在160 km高空的卫星上的照相机的角分辨率应多大?

(2) 此照相机的孔径需要多大?光的波长按500 nm计。

20.9 被誉为“中国天眼”的500 m口径球面射电望远镜(简称FAST)于2016年9月在贵州省黔南布

图20.27 习题20.9用图

依族自治州平塘县落成启用。计算这台望远镜在瞬时“物镜”镜面孔径为 300 m，工作波长为 20 cm(L 波段)时的角分辨率。

20.10　大熊星座 ζ 星(图 20.28)实际上是一对双星。两星的角距离是 14″([角]秒)。试问望远镜物镜的直径至少要多大才能把这两颗星分辨开来？使用的光的波长按 550 nm 计。

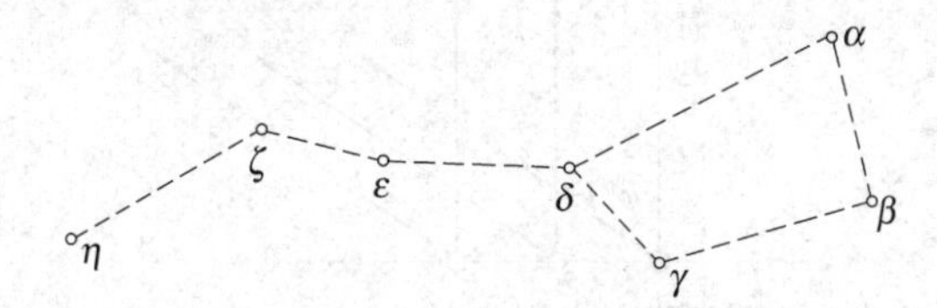

图 20.28　大熊星座诸成员星

20.11　一双缝，缝间距 $d=0.10$ mm，缝宽 $a=0.02$ mm，用波长 $\lambda=480$ nm 的平行单色光垂直入射该双缝，双缝后放一焦距为 50 cm 的透镜，试求：

(1) 透镜焦平面处屏上干涉条纹的间距；

(2) 单缝衍射中央亮纹的宽度；

(3) 单缝衍射的中央包线内有多少条干涉的主极大。

20.12　一光栅，宽 2.0 cm，共有 6000 条缝。今用钠黄光垂直入射，问在哪些角位置出现主极大？

20.13　某单色光垂直入射到每厘米有 6000 条刻痕的光栅上，其第 1 级谱线的角位置为 20°，试求该单色光波长。它的第 2 级谱线在何处？

20.14　试根据图 20.20 所示光谱图，估算所用光栅的光栅常数和每条缝的宽度。

20.15　北京天文台的米波综合孔径射电望远镜由设置在东西方向上的一列共 28 个抛物面组成(图 20.29)。这些用作天线的望远镜都用等长的电缆连到同一个接收器上(这样各电缆对各天线接收的电磁波信号不会产生附加的相差)，接收由空间射电源发射的 232 MHz 的电磁波。工作时各天线的作用等效于间距为 6 m，总数为 192 个天线的一维天线阵列。接收器接收到的从正天顶上的一颗射电源发来的电磁波将产生极大强度还是极小强度？在正天顶东方多大角度的射电源发来的电磁波将产生第一级极小强度？又在正天顶东方多大角度的射电源发来的电磁波将产生下一级极大强度？

图 20.29　北京天文台密云站的天线阵

20.16　在图 20.24 中，若 $\varphi=45°$，入射的 X 射线包含有从 0.095～0.130 nm 这一波带中的各种波长。已知晶格常数 $d=0.275$ nm，问是否会有干涉加强的衍射 X 射线产生？如果有，这种 X 射线的波长如何？

*20.17 1927 年戴维孙和革末用电子束射到镍晶体上的衍射(散射)实验证实了电子的波动性。实验中电子束垂直入射到晶面上。他们在 $\varphi=50^\circ$ 的方向测得了衍射电子流的极大强度(图 20.30)。已知晶面上原子间距为 $d=0.215$ nm,求与入射电子束相应的电子波波长。

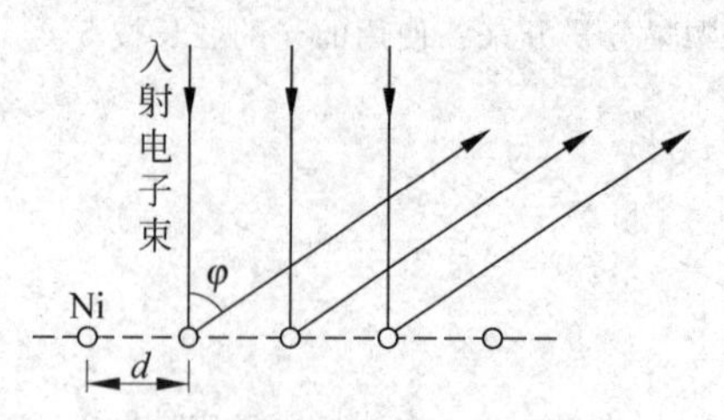

图 20.30 习题 20.17 用图

今日物理趣闻 C

全息照相

全息照相(简称全息)原理是1948年伽伯(Dennis Gabor)为了提高电子显微镜的分辨本领而提出的。他曾用汞灯作光源拍摄了第一张全息照片。其后,这方面的工作进展相当缓慢。直到1960年激光出现以后,全息技术才获得了迅速发展,现在它已是一门应用广泛的重要技术。

全息照相的"全息"是指物体发出的光波的全部信息:既包括振幅或强度,也包括相位。和普通照相比较,全息照相的基本原理、拍摄过程和观察方法都不相同。

C.1 全息照片的拍摄

照相技术是利用了光能引起感光乳胶发生化学变化这一原理。这化学变化的深度随入射光强度的增大而增大,因而冲洗过的底片上各处会有明暗之分。普通照相使用透镜成像原理,底片上各处乳剂化学反应的深度直接由物体各处的明暗决定,因而底片就记录了明暗,或者说,记录了入射光波的强度或振幅。全息照相不但记录了入射光波的强度,而且还能记录下入射光波的相位。之所以能如此,是因为全息照相利用了光的干涉现象。

全息照相没有利用透镜成像原理,拍摄全息照片的基本光路大致如图C.1所示。来自同一激光光源(波长为λ)的光分成两部分:一部分直接照到照相底片上,叫**参考光**;另一部分用来照明被拍摄物体,物体表面上各处散射的光也射到照相底片上,这部分光叫**物光**。参

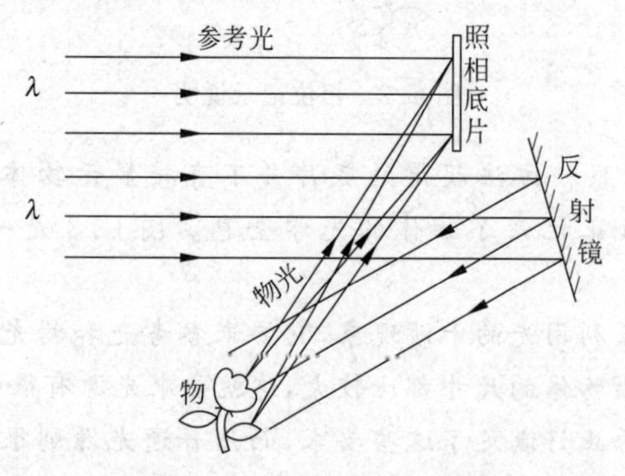

图C.1 全息照片的拍摄

考光和物光是相干光,在底片上各处相遇时将发生干涉。所产生的干涉条纹既记录了来自物体各处的光波的强度,也记录了这些光波的相位。

干涉条纹记录光波的强度的原理是容易理解的。因为射到底片上的参考光的强度是各处一样的,但物光的强度则各处不同,其分布由物体上各处发来的光决定,这样参考光和物光叠加干涉时形成的干涉条纹在底片上各处的浓淡也不同。这浓淡就反映物体上各处发光的强度,这一点是与普通照相类似的。

干涉条纹是怎样记录相位的呢?请看图C.2,设O为物体上某一发光点。它发的光和参考光在底片上形成干涉条纹。设a,b为某相邻两条暗纹(底片冲洗后变为透光缝)所在处,距O点的距离为r。要形成暗纹,在a,b两处的物光和参考光必须都反相。由于参考光在a,b两处是相同的(如图设参考光平行垂直入射,但实际上也可以斜入射),所以到达a,b两处的物光的光程差必相差λ。由图示几何关系可知

$$\lambda = \sin\theta \mathrm{d}x$$

由此得

$$\mathrm{d}x = \frac{\lambda}{\sin\theta} = \frac{\lambda r}{x} \tag{C.1}$$

这一公式说明,在底片上同一处,来自物体上不同发光点的光,由于它们的θ或r不同,与参考光形成的干涉条纹的间距就不同,因此底片上各处干涉条纹的间距(以及条纹的方向)就反映了物光光波相位的不同,这不同实际上反映了物体上各发光点的位置(前后、上下、左右)的不同。整个底片上形成的干涉条纹实际上是物体上各发光点发出的物光与参考光所形成的干涉条纹的叠加。这种把相位不同转化为干涉条纹间距(或方向)不同从而被感光底片记录下来的方法是普通照相方法中不曾有的。

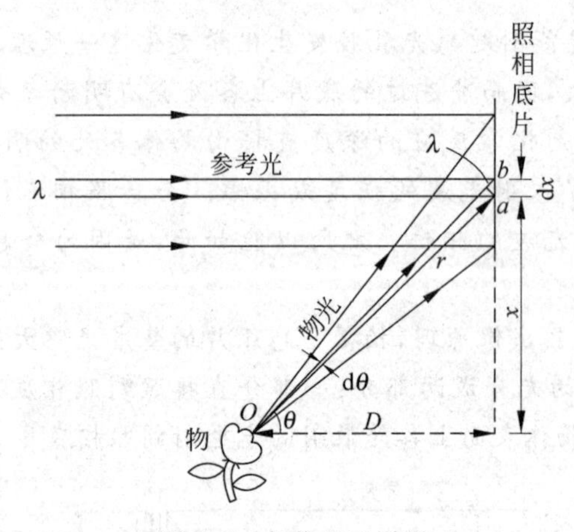

图C.2 相位记录说明

由上述可知,用全息照相方法获得的底片并不直接显示物体的形象,而是一幅复杂的条纹图像,而这些条纹正记录了物体的光学全息。图C.3是一张全息照片的部分放大图。

由于全息照片的拍摄利用光的干涉现象,它要求参考光和物光是彼此相干的。实际上所用仪器设备以及被拍摄物体的尺寸都比较大,这就要求光源有很强的相干性。激光,作为一种相干性很强的强光源正好满足了这些要求,而用普通光源则很难做到。这正是激光出现后全息技术才得到长足发展的原因。

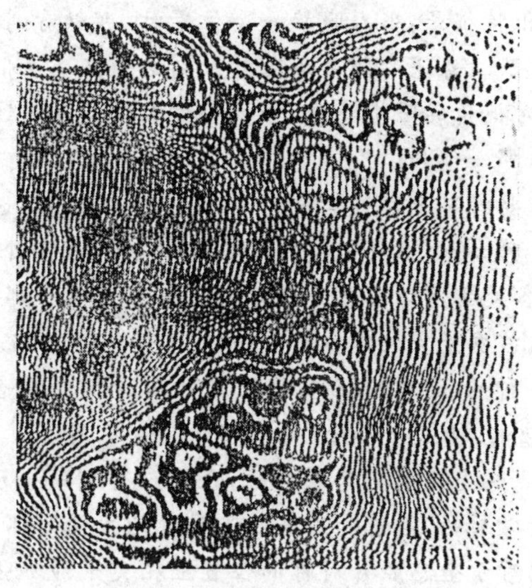

图 C.3　全息照片外观

C.2　全息图像的观察

观察一张全息照片所记录的物体的形象时，只需用拍摄该照片时所用的同一波长的照明光沿原参考光的方向照射照片即可，如图 C.4 所示。这时在照片的背面向照片看，就可看到在原位置处原物体的完整的立体形象，而照片就像一个窗口一样。所以能有这样的效果，是因为光的衍射的缘故。仍考虑两相邻的条纹 a 和 b，这时它们是两条透光缝，照明光透过它们将发生衍射。沿原方向前进的光波不产生成像效果，只是其强度受到照片的调制而不再均匀。沿原来从物体上 O 点发来的物光的方向的那两束衍射光，其光程差一定也就是波长 λ。这两束光被人眼会聚将叠加形成 $+1$ 级极大，这一极大正对应于发光点 O。由发光点 O 原来在底片上各处造成的透光条纹透过的光的衍射的总效果就会使人眼感到在原来 O 所在处有一发光点 O'。发光体上所有发光点在照片上产生的透光条纹对入射照明光的衍射，就会使人眼看到一个在原来位置处的一个原物的完整的**立体虚像**。注意，这个立体

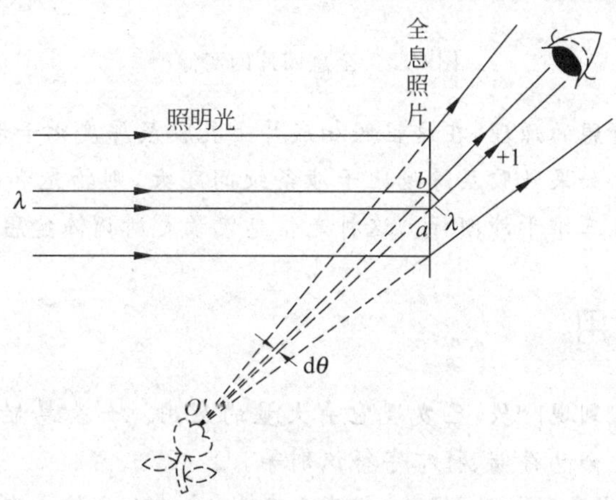

图 C.4　全息照片虚像的形成

虚像**真正是立体的**，其突出特征是：当人眼换一个位置时，可以看到物体的侧面像，原来被挡住的地方这时也显露出来了。普通的照片不可能做到这一点。人们看普通照片时也会有立体的感觉，那是因为人脑对视角的习惯感受，如远小近大等。在普通照片上无论如何也不能看到物体上原来被挡住的那一部分。

全息照片还有一个重要特征是通过其一部分，例如一块残片，也可以看到整个物体的立体像。这是因为拍摄照片时，物体上任一发光点发出的物光在整个底片上各处都和参考光发生干涉，因而在底片上各处都有该发光点的记录。取照片的一部分用照明光照射时，这一部分上的记录就会显示出该发光点的像。对物体上所有发光点都是这样，所不同的只是观察的“窗口”小了一点。这种点-面对应记录的优点是用透镜拍摄普通照片时所不具有的。普通照片与物是点-点对应的，撕去一部分，这一部分就看不到了。

还需要指出的是，用照明光照射全息照片时，还可以得到一个原物的实像，如图C.5所示。从a和b两条透光缝衍射的，沿着和原来物光对称的方向的那两束光，其光程差也正好相差λ。它们将在和O'点对于全息照片对称的位置上相交干涉加强形成-1级极大。从照片上各处由O点发出的光形成的透光条纹所衍射的相应方向的光将会聚于O''点而成为O点的实像。整个照片上的所有条纹对照明光的衍射的-1级极大将形成原物的实像。但在此实像中，由于原物的“前边”变成了“后边”，“外边”翻到了“里边”，和人对原物的观察不相符合而成为一种“幻视像”，所以很少有实际用处。

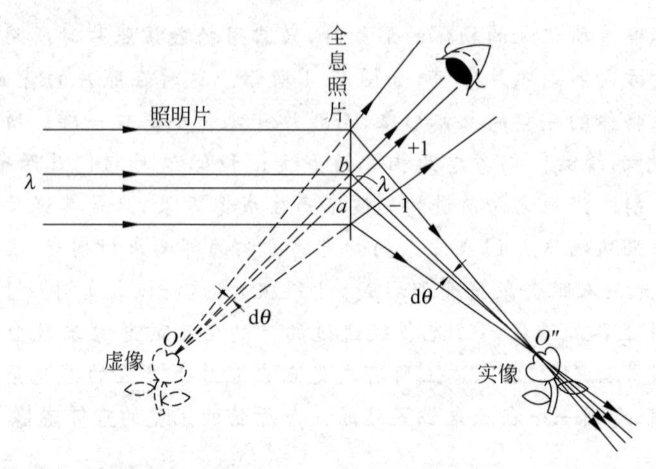

图C.5 全息照片的实像

以上所述是**平面全息**的原理，在这里照相底片上乳胶层厚度比干涉条纹间距小得多，因而干涉条纹是两维的。如果乳胶层厚度比干涉条纹间距大，则物光和参考光有可能在乳胶层深处发生干涉而形成三维干涉图样。这种光信息记录是所谓**体全息**。

C.3 全息的应用

全息照相技术发展到现阶段，已发现它有大量的应用。如全息显微术、全息X射线显微镜、全息干涉计量术、全息存储、特征字符识别等。

除光学全息外，还发展了红外、微波、超声全息术，这些全息技术在军事侦察或监视上具有重要意义。如对可见光不透明的物体,往往对超声波“透明”,因而超声全息可用于水下侦察和监视,也可用于医疗透视以及工业无损探伤等。

应该指出的是,由于全息照相具有一系列优点,当然引起人们很大的兴趣与注意,应用前途是很广泛的。但直到目前为止,上述应用还多处于实验阶段,到成熟的应用还有大量的工作要做。

第21章

光的偏振

光波是特定频率范围内的电磁波。在这种电磁波中起光作用(如引起视网膜受刺激或照相胶片感光的光化学作用)的主要是电场矢量。因此,这电场矢量又称**光矢量**。由于电磁波是横波,所以光波中的光矢量的振动方向总和光的传播方向垂直。在光源直接发出的光束中,由于光源中各个原子或分子各次发出的波列的光振动方向彼此互不相关而随机分布,所以在垂直于传播方向的平面内,各方向振动的光矢量的振幅相同。但在许多情况下,在垂直于光的传播方向的平面内,光振动在某一方向的振幅显著较大,或只在某一方向上有光振动。这种情况叫**光的偏振**。本章介绍有关光的偏振的一些现象和规律。

21.1 自然光和偏振光

一束光,在垂直于其传播方向的平面内,沿各方向振动的光矢量都有。平均来讲,光矢量的分布各向均匀,而且各方向光振动的振幅都相同(图 21.1(a))。这种光称**自然光**。自然光中各光矢量之间没有固定的相位关系,也常根据振动分解的道理用两个相互垂直的振幅相等的光振动来表示自然光(图 21.1(b))。从侧面表示这种光线时,光振动用交替配置的点和短线表示(图 21.1(c)),点表示垂直于纸面的光振动,短线表示纸面内的光振动。自然光是非偏振光。

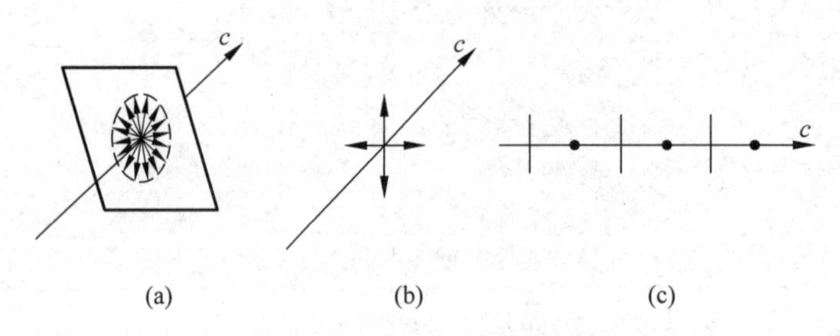

图 21.1 自然光及其图示法

如果在垂直于其传播方向的平面内,光矢量 $\boldsymbol{E}$ 只沿某个确定的方向振动,这种光就是一种完全偏振光,叫**线偏振光**。线偏振光的光矢量方向和光的传播方向构成的平面叫**振动面**(图 21.2(a))。图 21.2(b)是线偏振光的图示方法,其中上图表示振动面在纸面内,下图表示振动面与纸面垂直。

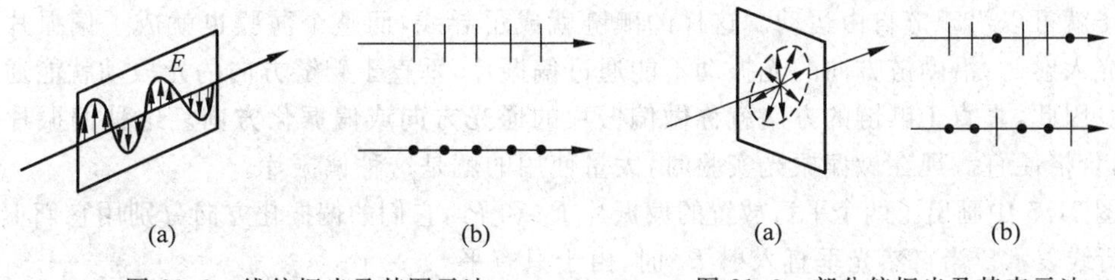

图 21.2 线偏振光及其图示法　　图 21.3 部分偏振光及其表示法

如果在垂直于其传播方向的平面内，光矢量 $\boldsymbol{E}$ 各方向都有，但在某一方向 $\boldsymbol{E}$ 的振幅明显较大，这种光是部分偏振光(图 21.3(a))。图 21.3(b)是部分偏振光的表示方法。部分偏振光可以看成是自然光和线偏振光的混合。自然界我们看到的光一般都是部分偏振光，例如，仰头看到的“天光”和俯首看到的“湖光”都是部分偏振光。

21.2 由介质吸收引起的光的偏振

线偏振光一般需要通过特殊的方法获得，本节介绍一种利用介质的选择吸收产生线偏振光的方法。为此先看一个关于微波的实验。

如图 21.4 所示，T 和 R 分别是一套微波装置的发射机和接收机，该微波发射机发出的无线电波波长约 3 cm。这微波是完全偏振的，它的电矢量方向沿竖直方向。在发射机 T 和接收机 R 之间放了一个由平行的金属线(或金属条)做成的“线栅”，线的间隔约 1 cm。线栅平面垂直微波传播方向，即由 T 向 R 的方向。今保持线栅平面方向不变而转动线栅，当其中导线方向沿竖直方向时，接收机完全接收不到信号，而当线栅转到其中导线沿水平方向时，接收机接收到最强的信号。这是为什么呢？这是因为当导线方向为竖直方向时，它就和微波中电矢量的方向平行。这电矢量就在导线中激起电流，它的能量就被导线吸收转变为焦耳热，这时就没有微波通过线栅。当导线方向改为水平方向时，它和微波中的电矢量方向垂直。这时微波不能在导线中激起电流，因而就能无耗损地通过线栅而到达接收机了。

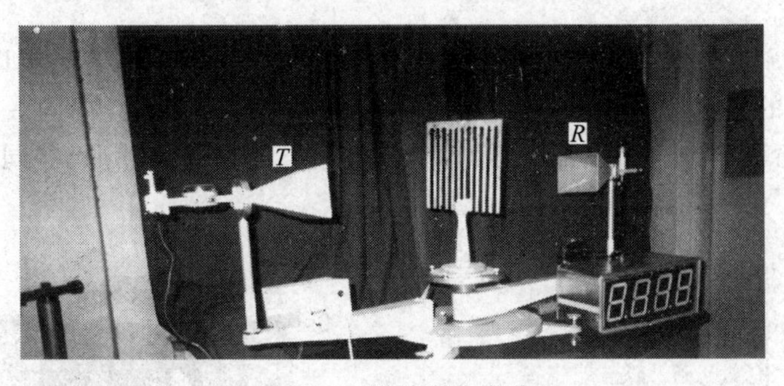

图 21.4 微波吸收实验

由于线栅的导线间距比光的波长大得多，用这种线栅不能检验光的偏振。实用的光学线栅称为**“偏振片”**，它是 1928 年一位19 岁的美国大学生兰德(E. H. Land)发明的。起初是把一种针状粉末晶体(硫酸碘奎宁)有序地蒸镀在透明基片上做成的。1938 年则改为把聚乙烯醇薄膜加热，并沿一个方向拉长，使其中碳氢化合物分子沿拉伸方向形成链状。然后将此薄膜浸入富含碘的溶液中，使碘原子附着在长分子上形成一条条“碘链”。碘原子中的自由电子就可以沿碘链自由运动。这样的碘链就成了导线，而整个薄膜也就成了偏振片。当自然光入射时，沿碘链方向的光振动不能通过偏振片，垂直于碘链方向的光振动就能通过偏振片。因此，垂直于碘链的方向就称做偏振片的**通光方向**或**偏振化方向**。这种偏振片制作容易，价格便宜。现在做偏振光实验时，大量使用的就是这种偏振片。

图 21.5 中画出了两个平行放置的偏振片 P_1 和 P_2，它们的偏振化方向分别用它们上面的虚平行线表示。当自然光垂直入射 P_1 时，由于只有平行于偏振化方向的光矢量才能透过，所以透过的光就变成了线偏振光。又由于自然光中光矢量对称均匀，所以将 P_1 绕光的传播方向慢慢转动时，透过 P_1 的光强不随 P_1 的转动而变化，但它只有入射光强的一半。偏振片这样用来产生偏振光时，它叫**起偏器**。再使透过 P_1 形成的线偏振光入射于偏振片 P_2，这时如果将 P_2 绕光的传播方向慢慢转动，则因为只有平行于 P_2 偏振化方向的光振动才允许通过，透过 P_2 的光强将随 P_2 的转动而变化。和图 21.4 描述的微波实验类似，当 P_2 的偏振化方向平行于入射光的光矢量方向时，透过它的光强最强。当 P_2 的偏振化方向垂直于入射光的光矢量方向时，透过它的光强为零，称为**消光**。将 P_2 旋转一周时，透射光光强出现两次最强，两次消光。这种情况只有在入射到 P_2 上的光是线偏振光时才会发生，因而这也就成为识别入射光是线偏振光的依据。偏振片这样用来检验光的偏振状态时，它叫**检偏器**。

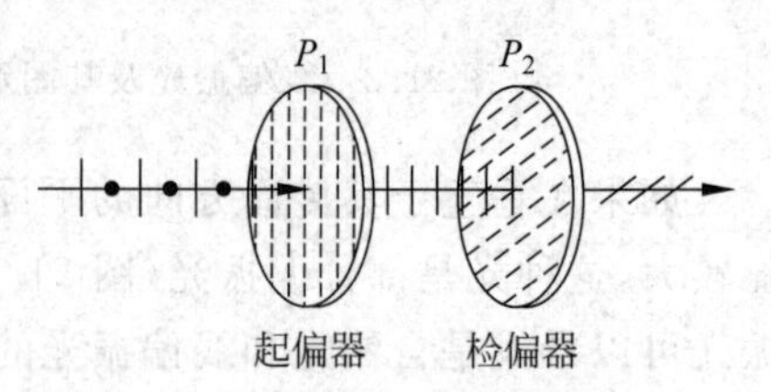

图 21.5 偏振片的应用

以 A_0 表示线偏振光的光矢量的振幅，当入射的线偏振光的光矢量振动方向与检偏器的偏振化方向成 α 角时(图 21.6)，透过检偏器的光矢量振幅 A 只是 A_0 在偏振化方向的投影，即 $A=A_0\cos\alpha$。由于光强和光振动振幅的平方成正比，若以 I_0 表示入射线偏振光的光强，则透过检偏器后的光强 I 为

$$I = I_0\cos^2\alpha \tag{21.1}$$

这一公式称为**马吕斯定律**。由此式可见，当 $\alpha=0$ 或 180°时，$I=I_0$，光强最大。当 $\alpha=90°$ 或 270°时，$I=0$，没有光从检偏器射出，这就是两个消光位置。当 α 为其他值时，光强 I 介于 0 和 I_0 之间。

偏振片的应用很广。如汽车夜间行车时为了避免对方汽车灯光晃眼以保证安全行车，可以在所有汽车的车窗玻璃和车灯前装上与水平方向成 45°，而且向同一方向倾斜的偏振片。这样，相向行驶的汽车可以都不必熄灯，各自前方的道路仍然照亮，同时也不会被对方车灯晃眼了。

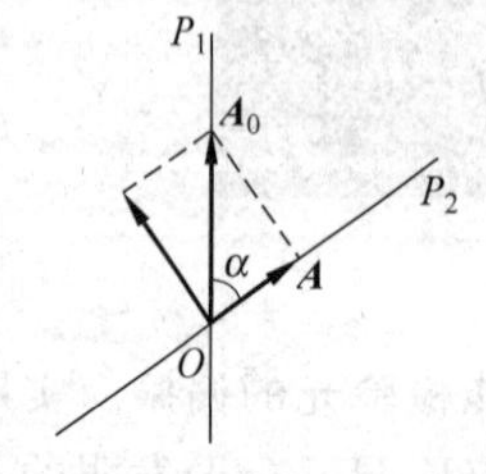

图 21.6 马吕斯定律用图

图 21.7 交叉的偏振太阳镜片不透光

偏振片也可用于制成太阳镜和照相机的滤光镜。有的太阳镜，特别是观看立体电影的眼镜的左右两个镜片就是用偏振片做的，它们的偏振化方向互相垂直(图 21.7)。

例 21.1 偏振片组合。如图 21.8 所示，在两块正交偏振片（偏振化方向相互垂直）P_1，P_3 之间插入另一块偏振片 P_2，光强为 I_0 的自然光垂直入射于偏振片 P_1，求转动 P_2 时，透过 P_3 的光强 I 与转角的关系。

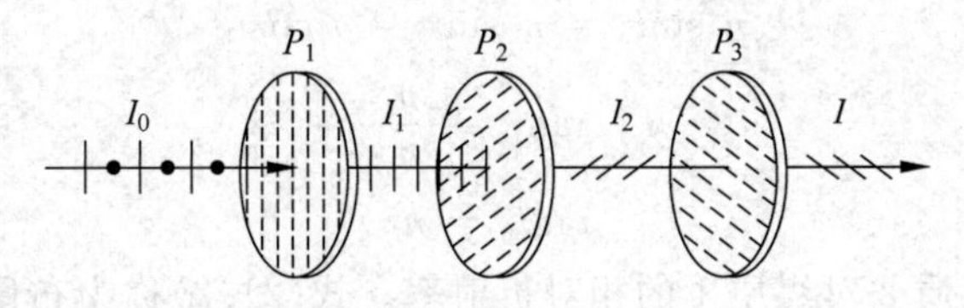

图 21.8 例 21.1 用图

解 透过各偏振片的光振幅矢量如图 21.9 所示，其中 α 为 P_1 和 P_2 的偏振化方向间的夹角。由于各偏振片只允许和自己的偏振化方向相同的偏振光透过，所以透过各偏振片的光振幅的关系为

$$A_2 = A_1\cos\alpha,\quad A_3 = A_2\cos\left(\frac{\pi}{2}-\alpha\right)$$

因而

$$A_3 = A_1\cos\alpha\cos\left(\frac{\pi}{2}-\alpha\right) = A_1\cos\alpha\sin\alpha = \frac{1}{2}A_1\sin2\alpha$$

于是光强

$$I_3 = \frac{1}{4}I_1\sin^2 2\alpha$$

又由于 $I_1=\frac{1}{2}I_0$，所以最后得

$$I = \frac{1}{8}I_0\sin^2 2\alpha$$

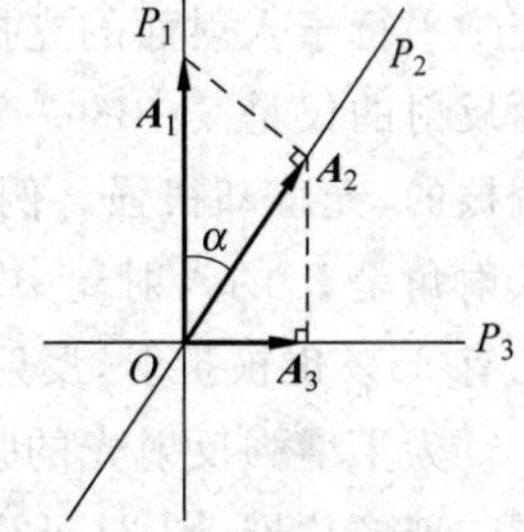

图 21.9 例 21.1 解用图

21.3 由反射引起的光的偏振

自然光在两种各向同性的电介质的分界面上反射和折射时，不仅光的传播方向要改变，而且偏振状态也要发生变化。一般情况下，反射光是部分偏振光，而折射光也就成了部分偏振光。在反射光中垂直于入射面的光振动多于平行振动，而在折射光中平行于入射面的光振动多于垂直振动（图 21.10）。“湖光山色”中的“湖光”所以是部分偏振光就是因为光在湖面上经过反射的缘故。

理论和实验都证明，反射光的偏振化程度和入射角有关。当入射角等于某一特定值 i_b 时，**反射光是光振动垂直于入射面的线偏振光**（图 21.11）。这个特定的入射角 i_b 称为**起偏振角**，或称为**布儒斯特角**。

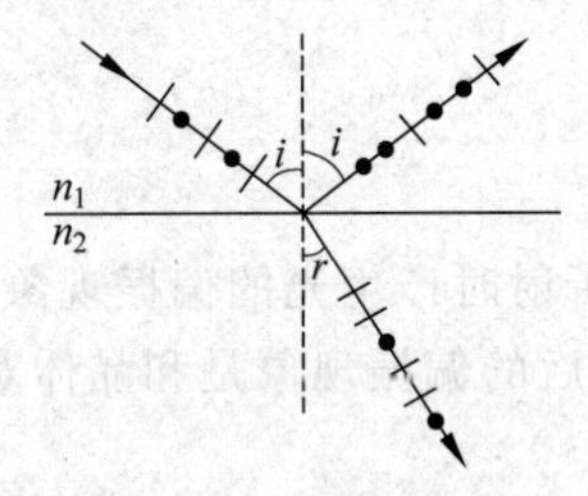

图 21.10 自然光反射和折射后产生部分偏振光

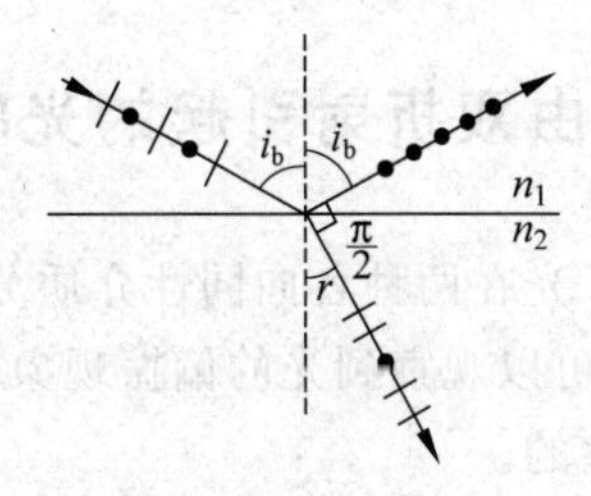

图 21.11 起偏振角

实验还发现,当光线以起偏振角入射时,反射光和折射光的传播方向相互垂直,即

$$i_b + r = 90°$$

根据折射定律,有

$$n_1 \sin i_b = n_2 \sin r = n_2 \cos i_b$$

即

$$\tan i_b = \frac{n_2}{n_1}$$

或

$$\tan i_b = n_{21} \tag{21.2}$$

式中 $n_{21}=n_2/n_1$,是媒质2对媒质1的相对折射率。式(21.2)称为**布儒斯特定律**,是为了纪念在1812年从实验上确定这一定律的布儒斯特而命名的。根据后来的麦克斯韦电磁场方程可以从理论上严格证明这一定律。

当自然光以起偏振角 i_b 入射时,由于反射光中只有垂直于入射面的光振动,所以入射光中平行于入射面的光振动全部被折射。又由于垂直于入射面的光振动也大部分被折射,而反射的仅是其中的一部分,所以,反射光虽然是完全偏振的,但光强较弱,而折射光是部分偏振的,光强却很强。例如,自然光从空气射向玻璃而反射时,$n_{21}=1.50$,起偏振角 $i_b \approx 56°$。入射角是 i_b 的入射光中平行于入射面的光振动全部被折射,垂直于入射面的光振动的光强约有85%也被折射,反射的只占15%。

为了增强反射光的强度和折射光的偏振化程度,把许多相互平行的玻璃片装在一起,构成一玻璃片堆(图21.12)。自然光以布儒斯特角入射玻璃片堆时,光在各层玻璃面上反射和折射,这样就可以使反射光的光强得到加强,同时折射光中的垂直分量也因多次被反射而减小。当玻璃片足够多时,透射光就接近完全偏振光了,而且透射偏振光的振动面和反射偏振光的振动面相互垂直。

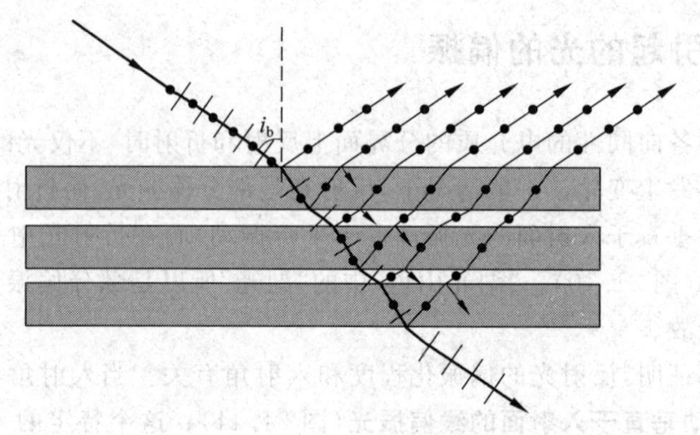

图21.12 玻璃片堆产生线偏振光

21.4 由双折射引起的光的偏振

除了光在两种各向同性介质分界面上反射折射时产生光的偏振现象外,自然光通过晶体后,也可以观察到光的偏振现象。光通过晶体后的偏振现象是和晶体对光的双折射现象同时发生的。

把一块普通玻璃片放在有字的纸上,通过玻璃片看到的是一个字成一个像。这是通常

的光的折射的结果。如果改用透明的方解石(化学成分是 $CaCO_3$)晶片放到纸上，看到的却是一个字呈现双像(图 21.13)。这说明光进入方解石后分成了两束。这种一束光射入各向异性介质(除立方系晶体，如岩盐外)时，折射光分成两束的现象称为**双折射现象**(图 21.14)。当光垂直于晶体表面入射而产生双折射现象时，如果将晶体绕光的入射方向慢慢转动，则其中按原方向传播的那一束光方向不变，而另一束光随着晶体的转动绕前一束光旋转。根据折射定律，入射角 $i=0$ 时，折射光应沿着原方向传播，可见沿原方向传播的光束是遵守折射定律的，而另一束却不遵守。更一般的实验表明，改变入射角 i 时，两束折射光中的一束恒遵守折射定律，这束光称为**寻常光线**，通常用 o 表示，并简称 o 光。另一束光则不遵守折射定律，即当入射角 i 改变时，$\sin i/\sin r$ 的比值不是一个常数，该光束一般也不在入射面内。这束光称为**非常光线**，并用 e 表示，简称 e 光。

图 21.13　透过方解石看到了双像

用检偏器检验的结果表明，o 光和 e 光都是线偏振光，而且它们的振动面相互垂直。

双折射现象可作如下解释。晶体，如方解石、石英、冰等，是各向异性的物质。非常光线在晶体内各个方向上的折射率(或 $\sin i/\sin r$ 的比值)不相等，而折射率和光线传播速度有关，因而非常光线在晶体内的传播速度是随方向的不同而改变的。寻常光线则不同，在晶体中各个方向上的折射率以及传播速度都是相同的。图 21.15 画出了方解石晶体内从 O 点发出的自然光中 o 光和 e 光的波面图。

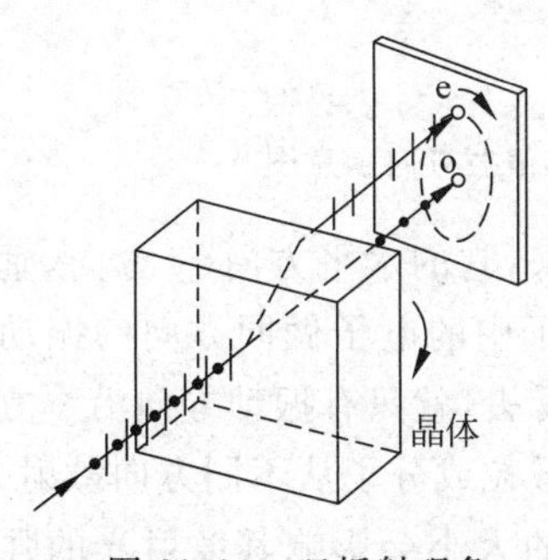

图 21.14　双折射现象

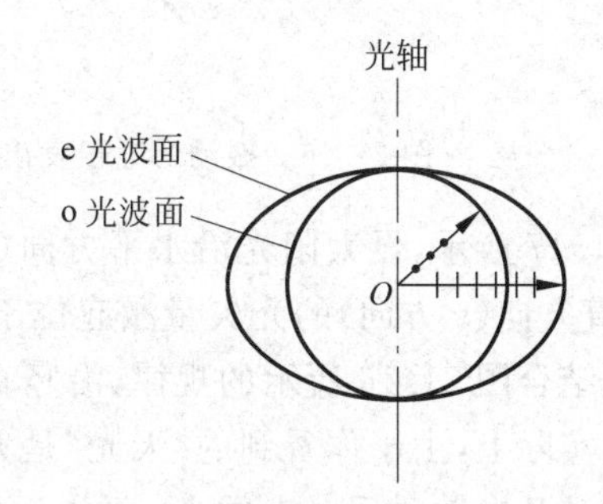

图 21.15　方解石晶体内 e 光和 o 光的波面图

研究指出，在晶体内部存在着某些特殊的方向，光沿着这些特殊方向传播时，寻常光线和非常光线的折射率相等，光的传播速度也相等。晶体内部的这个特殊的方向称为晶体的**光轴**。如果晶体磨制得表面与其光轴垂直，则当自然光垂直射向晶体表面时，由于沿此方向o光和e光的折射率相等，所以二者不能分开。如果晶体磨制得表面与其光轴不垂直，则当自然光垂直入射时，其中o光成分将按原方向射入晶体，而e光由于在晶体内各方向的传播速率不等，射入晶体时就要改变方向和o光分开了。图21.14表示的就是这后一种情形。

*21.5　由散射引起的光的偏振

拿一块偏振片放在眼前向天空望去，当你转动偏振片时，会发现透过它的“天光”有明暗的变化。这说明“天光”是部分偏振了的，这种部分偏振光是大气中的微粒或分子对太阳光散射的结果。

一束光射到一个微粒或分子上，就会使其中的电子在光束内的电场矢量的作用下振动。这振动中的电子会向其周围四面八方发射同频率的电磁波，即光。这种现象叫**光的散射**。正是由于这种散射才使得从侧面能看到有灰尘的室内的太阳光束或大型晚会上的彩色激光射线。

分子中的一个电子振动时发出的光是偏振的，它的光振动的方向总垂直于光线的方向(横波)，并和电子的振动方向在同一个平面内。但是，向各方向的光的强度不同：在垂直于电子振动的方向，强度最大；在沿电子振动的方向，强度为零。图21.16表示了这种情形，O处有一电子沿竖直方向振动，它发出的球面波向四外传播，各条光线上的短线表示该方向上光振动的方向，短线的长短大致地表示该方向上光振动的振幅的相对大小。

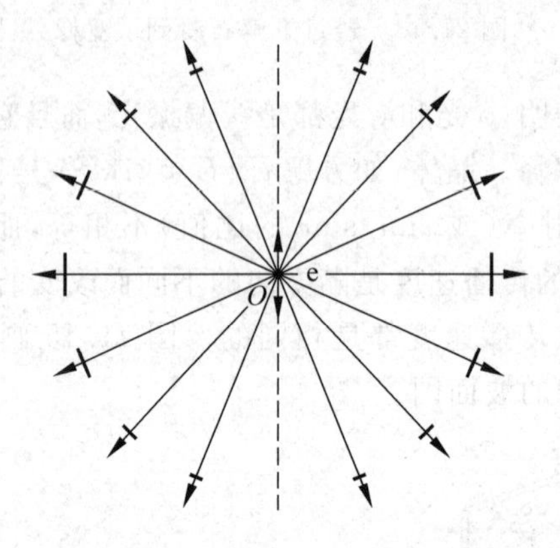

图21.16　振动的电子发出的光的振幅和偏振方向示意图

如图21.17所示，设太阳光沿水平方向(x方向)射来，它的水平方向(y方向，垂直纸面向内)和竖直方向(z方向)的光矢量激起位于O处的分子中的电子做同方向的振动而发生光的散射。结合图21.16所示的规律，沿竖直方向向上看去，就只有振动方向沿y方向的线偏振光了。实际上，由于你看到的“天光”是大气中许多微粒或分子从不同方向散射来的光，也可能是经过几次散射后射来的光，又由于微粒或分子的大小会影响其散射光的强度等原因，你看到的“天光”就是部分偏振的了。

顺便说明一下，由于散射光的强度和光的频率的4次方成正比，所以太阳光中的蓝色光成分比红色光成分散射得更厉害些。因此，天空看起来是蓝色的。在早晨或傍晚，太阳光沿地平线射来，在大气层中传播的距离较长，其中的蓝色成分大都散射掉了，余下的进入人眼的光就主要是频率较低的红色光了，这就是朝阳或夕阳看起来发红的原因。

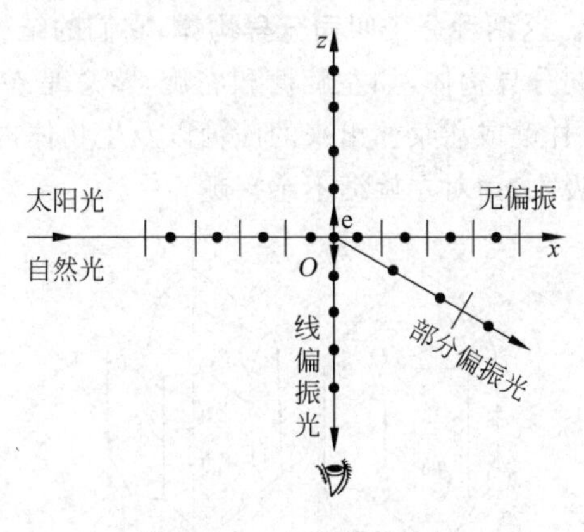

图 21.17　太阳光的散射

*21.6　旋光现象

1811年，法国物理学家阿喇果（D. F. J. Arago）发现，线偏振光沿光轴方向通过石英晶体时，其偏振面会发生旋转。这种现象称为**旋光现象**。如图21.18所示，当线偏振光沿光轴方向通过石英晶体时，其偏振面会旋转一个角度 θ。实验证明，角度 θ 和光线在晶体内通过的路程 l 成正比，即

$$\theta = \alpha l \tag{21.3}$$

式中 α 叫做石英的**旋光率**。不同晶体的旋光率不同，旋光率的数值还和光的波长有关。例如，石英对 $\lambda=589$ nm 的黄光，$\alpha=21.75°/\text{mm}$；对 $\lambda=408$ nm 的紫光，$\alpha=48.9°/\text{mm}$。

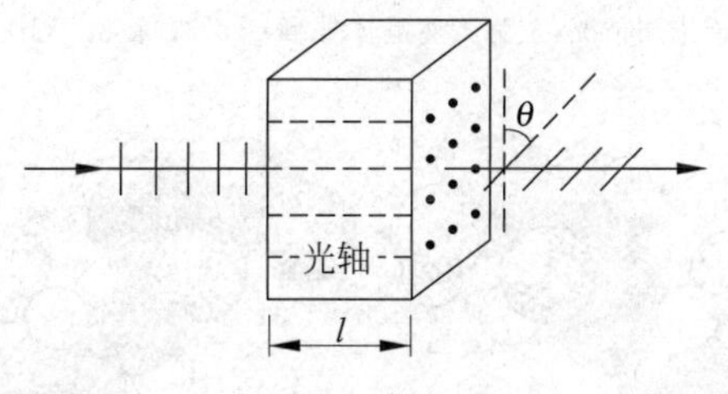

图 21.18　旋光现象

很多液体，如松节油、乳酸、糖的溶液也具有旋光性。线偏振光通过这些液体时，偏振面旋转的角度 θ 和光在液体中通过的路程 l 成正比，也和溶液的浓度 C 成正比，即

$$\theta = [\alpha]Cl \tag{21.4}$$

式中$[\alpha]$称为液体或溶液的**旋光率**。蔗糖水溶液在20℃时，对 $\lambda=589$ nm 的黄光，其旋光率 $[\alpha]=66.46°/(\text{dm}\cdot(\text{g/mm}^3))$。糖溶液的这种性质被用来检测糖浆或糖尿中的糖分。

同一种旋光物质由于使光振面旋转的方向不同而分为左旋的和右旋的。迎着光线望去，光振动面沿顺时针方向旋转的称右旋物质，反之，称左旋物质。石英晶体的旋光性是由于其中的原子排列具有螺旋形结构，而左旋石英和右旋石英中螺旋绕行的方向不同。不论内部结构还是天然外形，左旋和右旋晶体均互为镜像（图21.19）。溶液的左右旋光性则是

其中分子本身特殊结构引起的。左右旋分子，如葡萄糖分子，它们的原子组成一样，都是$C_6H_{12}O_6$，但空间结构不同。这两种分子叫**同分异构体**，它们的结构也互为镜像(图21.20)。令人不解的是人工合成的同分异构体，如左旋糖和右旋糖，总是左右旋分子各半，而来自生命物质的同分异构体，如由甘蔗或甜菜榨出来的蔗糖以及生物体内的葡萄糖则都是右旋的。生物总是选择右旋糖消化吸收，而对左旋糖不感兴趣。

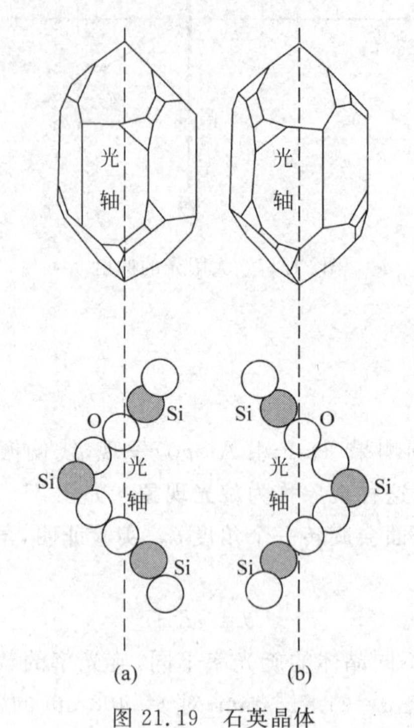

图21.19 石英晶体

(下为原子排列情况，上为天然晶体外形) (a) 右旋型；(b) 左旋型

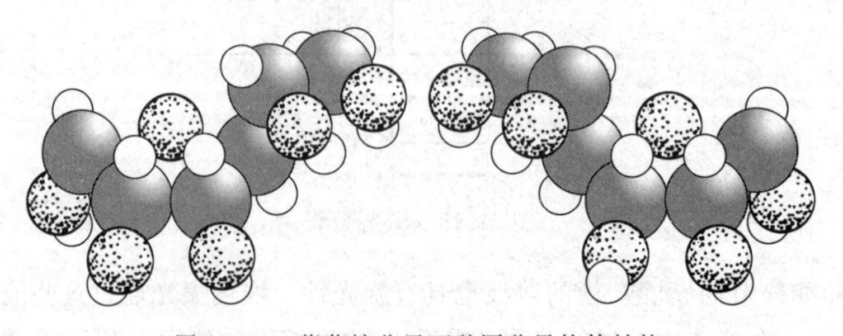

图21.20 葡萄糖分子两种同分异构体结构

提要

1. 自然光和偏振光：光是横波。在垂直于光的传播方向的平面内，光振动(即电场振动)各方向振幅都相等的光为自然光，只在某一方向有电场振动的光叫**线偏振光**，各方向光振动都有但振幅不同的叫**部分偏振光**。

2. 由介质吸收引起的光的偏振：偏振片只允许某一方向的光振动通过，和这一方向垂直的光振动被完全吸收。偏振片可用作起偏器，也可用作检偏器。

入射线偏振光强度为 I_0。当它的光振动方向与偏振片的通光方向夹角为 α 时，通过偏振片的光的强度是

$$I = I_0 \cos^2 \alpha$$

这是**马吕斯定律**。

3. 由反射引起的光的偏振：自然光在电介质表面反射时，反射光是部分偏振光。当入射角 i_b 满足

$$\tan i_b = \frac{n_2}{n_1} = n_{21}$$

的条件时，反射光为线偏振光，其光振动方向与入射面垂直。i_b 称为相关介质的**布儒斯特角**。

4. 由双折射引起的光的偏振：一束自然光射入某些晶体时，会分成两束：一束遵守折射定律，折射率不随入射方向改变，叫**寻常光**；另一束折射率随入射方向改变，叫**非常光**。寻常光和非常光都是线偏振光，而且二者光振动方向相互垂直。

5. 由散射引起的光的偏振：自然光在传播路径上遇到小微粒或分子时，会激起微粒中的电子振动而向四周发射光线，这就是**散射**。垂直于入射光方向的散射光是线偏振光，其光振动方向与入射光和散射光形成的平面垂直。其他方向的散射光是部分偏振的。

6. 旋光现象：指线偏振光通过物质时振动面旋转的现象。旋转角度与光通过物质的路径长度成正比。

思考题

21.1 某束光可能是：(1)线偏振光；(2)部分偏振光；(3)自然光。你如何用实验决定这束光究竟是哪一种光？

21.2 通常偏振片的偏振化方向是没有标明的，你有什么简易的方法将它确定下来？

21.3 一束光入射到两种透明介质的分界面上时，发现只有透射光而无反射光，试说明这束光是怎样入射的？其偏振状态如何？

21.4 自然光入射到两个偏振片上，这两个偏振片的取向使得光不能透过。如果在这两个偏振片之间插入第三块偏振片后，有光透过，那么这第三块偏振片是怎样放置的？如果仍然无光透过，又是怎样放置的？试用图表示出来。

21.5 1906年巴克拉(C. G. Barkla，1917年诺贝尔物理奖获得者)曾做过下述“双散射”实验。如图21.21所示，先让一束从X射线管射出的X射线沿水平方向射入一碳块而被向各方向散射。在与入射线垂直的水平方向上放置另一炭块，接收沿水平方向射来的散射的X射线。在这第二个碳块的上下方向就没有再观察到X射线的散射光。他由此证实了X射线是一种电磁波的想法。他是如何论证的？

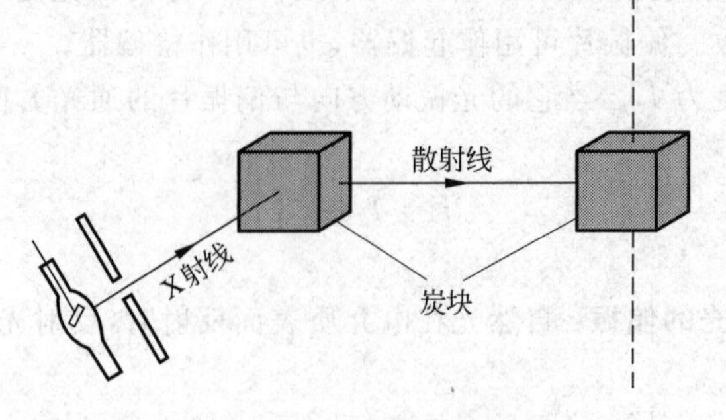

图 21.21 思考题 21.5 用图

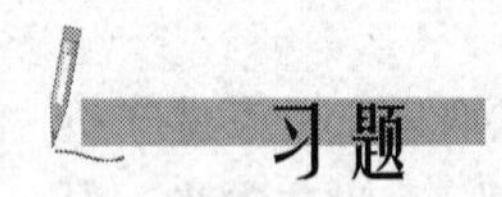

习题

21.1 自然光通过两个偏振化方向间成 60°的偏振片，透射光强为 I_1。若在这两个偏振片之间再插入另一偏振片，它的偏振化方向与前两个偏振片均成 30°，则透射光强为多少？

21.2 自然光入射到两个互相重叠的偏振片上。如果透射光强为(1)透射光最大强度的三分之一，或(2)入射光强度的三分之一，则这两个偏振片的偏振化方向间的夹角是多少？

21.3 使一束部分偏振光垂直射向一偏振片，在保持偏振片平面方向不变而转动偏振片 360°的过程中，发现透过偏振片的光的最大强度是最小强度的 3 倍。试问在入射光束中线偏振光的强度是总强度的几分之几？

21.4 水的折射率为 1.33，玻璃的折射率为 1.50，当光由水中射向玻璃而反射时，起偏振角为多少？当光由玻璃中射向水而反射时，起偏振角又为多少？这两个起偏振角的数值间是什么关系？

21.5 光在某两种介质界面上的临界角是 45°，它在界面同一侧的起偏振角是多少？

21.6 根据布儒斯特定律可以测定不透明介质的折射率。今测得釉质的起偏振角 $i_b=58°$，试求它的折射率。

21.7 已知从一池静水的表面反射出来的太阳光是线偏振光，此时，太阳在地平线上多大仰角处？

第5篇 量子物理基础

量子概念是1900年普朗克首先提出的，此后，经过爱因斯坦、玻尔、德布罗意、玻恩、海森伯、薛定谔、狄拉克等许多物理大师的创新努力，到20世纪30年代，就已经建成了一套完整的量子力学理论。这一理论是关于微观世界的理论，它和相对论一起已成为现代物理学的理论基础。量子力学已在现代科学和技术中获得了很大的成功，尽管它的哲学意义还在科学家中间争论不休。应用到宏观领域时①，量子力学就转化为经典力学，正像在低速领域相对论转化为经典理论一样。

量子力学是一门奇妙的理论。它的许多基本概念、规律与方法都和经典物理的基本概念、规律和方法截然不同。本篇将介绍有关量子力学的基础知识。第22章先介绍量子概念的引入——微观粒子的二象性，由此而引起的描述微观粒子状态的特殊方法——波函数，以及微观粒子不同于经典粒子的基本特征——不确定关系。然后介绍微观粒子的基本运动方程(非相对论形式)——薛定谔方程。对于此方程，首先把它应用于势阱中的粒子，得出微观粒子在束缚态中的基本特征——能量量子化、势垒穿透等。

第23章用量子概念介绍(未经详细的数学推导)了电子在原子中运动的规律，包括能量、角动量的量子化，自旋的概念。在此基础上介绍了原子中电子的排布，X光和激光的原理等。

第24章介绍固体中电子的量子特征，包括金属中自由电子的能量分布以及导电机理，能带理论及对导体、绝缘体、半导体性能的解释。

最后一章介绍原子核的基础知识，包括核的一般性质、结合能、

① 近年来，已发现不少宏观量子现象。

核模型、核衰变及核反应等。

本篇所采用的量子物理基础知识系统图

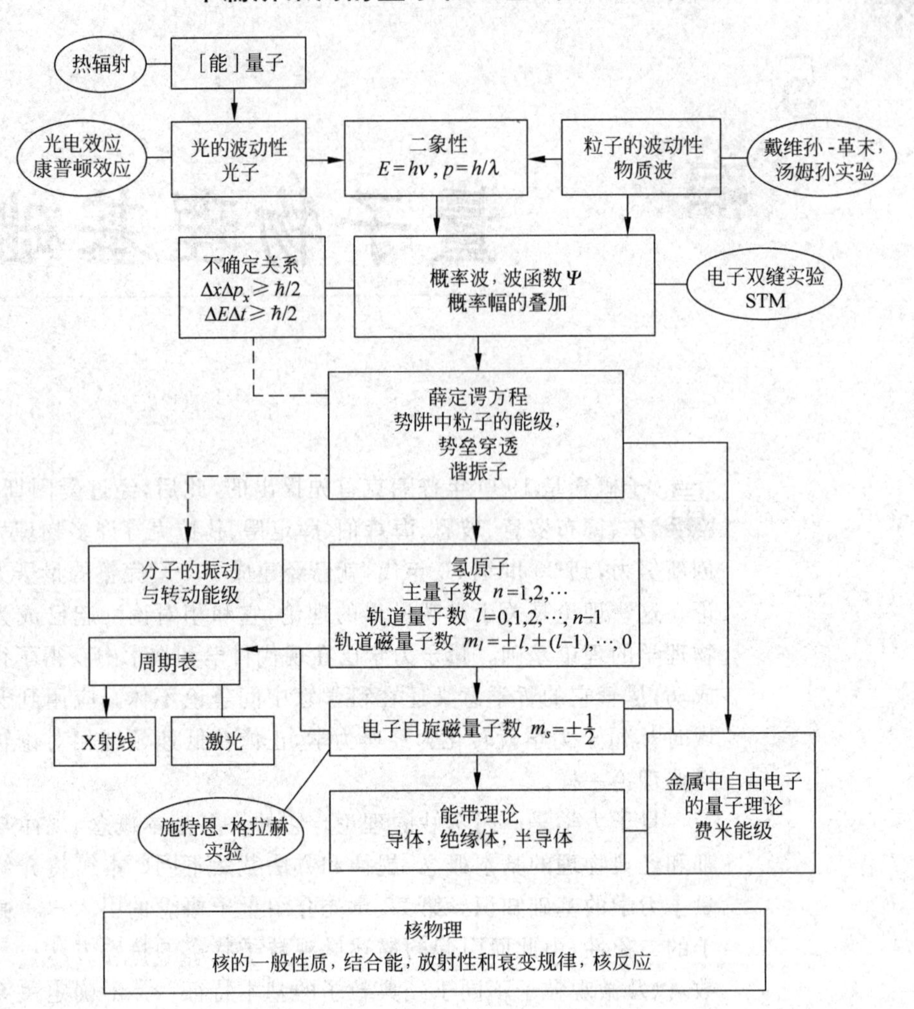

第22章

量子物理的基本概念

量子物理理论起源于对物质的波粒二象性的认识，本章着重说明二象性的发现过程、定量表述和它们的深刻意义。先介绍普朗克的量子概念、爱因斯坦的光子概念、康普顿散射，再说明德布罗意的物质波概念。然后讲述概率波、概率幅和不确定关系等关于物质波的特征的概念。最后讨论了物质波的"动力学方程"——薛定谔方程，以及由它导出的能量量子化和势垒穿透等现象。

22.1 量子概念的诞生

"量子"这一概念是在20世纪第一年由德国物理学家普朗克，为了消除热辐射研究中的理论"灾难"而提出的。

当加热铁块时，开始看不出它发光。随着温度的不断升高，它变得暗红、赤红、橙色而最后成为黄白色。其他物体加热时发的光的颜色也有类似的随温度而改变的现象。这似乎说明在不同温度下物体能发出频率不同的电磁波。事实上，仔细的实验证明，在任何温度下，物体都向外发射各种频率的电磁波。只是在不同的温度下所发出的各种电磁波的能量按频率有不同的分布，所以才表现为不同的颜色。这种能量按频率的分布随温度而不同的电磁辐射叫做**热辐射**。

物体在进行热辐射的同时，也吸收照射到它的表面的电磁波。实验证明，物体的辐射能力和吸收能力都和它的表面的材料有关，而吸收本领越大的物体，它辐射的本领也越强。白色表面吸收电磁波的能力小，在同温度下它辐射的电磁波的强度也小；表面越黑，吸收电磁波的能力就越大，在同温度下它辐射的电磁波的强度也越大。能完全吸收射到它上面的电磁波的表面叫绝对黑体，简称**黑体**。因而黑体辐射的电磁波的强度最大，这样研究**黑体辐射**的规律就具有重要的理论意义。

煤烟是很黑的，但也只能吸收99%的入射电磁波的能量，还不是理想黑体。不管用什么不透明材料制成一个空腔，如果在腔壁上开一个小洞(图22.1)，那么射入小洞的光会被腔内壁多次反射而最后被腔壁完全吸收，很难有机会再从小洞出来。这样一个小洞实际上就能完全吸收各种波长的入射电磁波而成了一个黑体。加热这个空腔到不同温度，小洞就成了

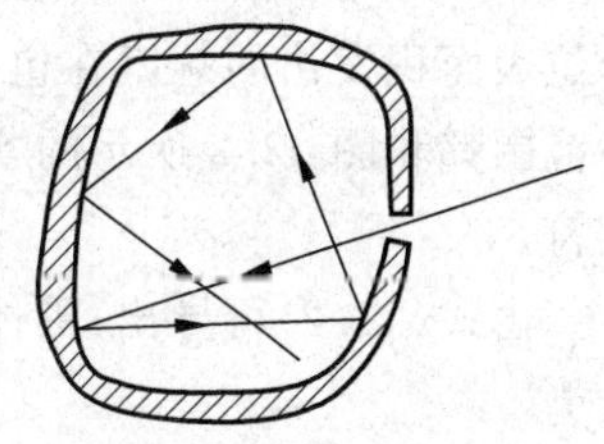
图22.1 黑体模型

不同温度下的黑体。用分光技术可测出不同温度下由它发出的电磁波的强度按频率分布的规律,如图22.2中的曲线所示。

19世纪末,在德国钢铁工业大发展的背景下,许多德国的实验和理论物理学家都很关注对黑体辐射的研究。有人用精巧的实验测出了图22.2那样的曲线,有人就试图从理论上给予说明,但用当时已被认为“完善”的经典电磁理论和热力学理论得出的结果都和图22.2所显示的实验结果不符。特别是在高频范围内差别更明显,因为当时得出的理论结果竟是在高频范围内黑体辐射出的电磁波强度随频率的二次方不断增大,以致可趋于无穷大。这一经典理论与实验结果的巨大差别就被当时的科学家称为“紫外灾难”。

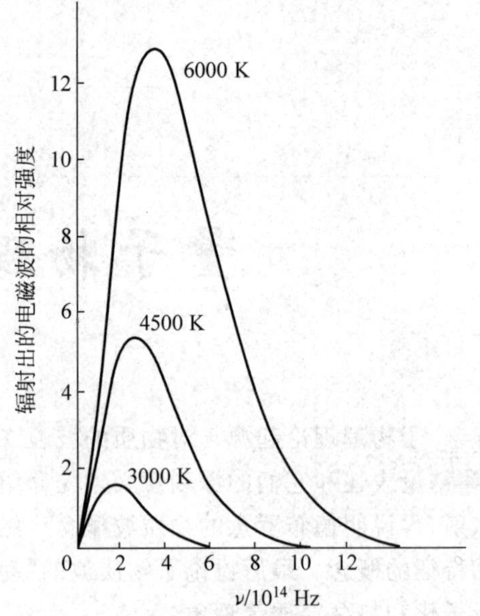

图22.2 不同温度下的普朗克热辐射曲线

经典物理学带出的这一理论灾难是在1900年由普朗克消除的,他的理论认为空腔黑体的热辐射是腔壁中的带电谐振子向外辐射各种频率的电磁波的结果。为了使他的理论和实验曲线符合,他作了一个经典理论所不允许的假设:**谐振子可能具有的能量是不连续的,而只能取一些离散的值**。以E表示一个频率为ν的谐振子的能量,普朗克假定这个谐振子的能量由下式表示:

$$E = nh\nu, \quad n = 0,1,2,\cdots \tag{22.1}$$

即E只能是$h\nu$的整数倍。上式中h是一常量,后来就叫**普朗克常量**。它的现代最优值为

$$h = 6.626\,068\,76(52) \times 10^{-34}\ \mathrm{J \cdot s}$$

普朗克把式(22.1)给出的每一个能量值称做“**能量子**”,这是物理学史上第一次提出量子的概念。由于这一概念的革命性和重要意义,普朗克获得了1918年诺贝尔物理学奖。

至于普朗克本人,在“绝望地”、“不惜任何代价地”提出量子概念后,还长期尝试用经典物理理论来解释它的由来,但都失败了。直到1911年,他才真正认识到量子化的全新的、基础性的意义,它是根本不能由经典物理导出的。

普朗克在上述量子假说的基础上利用统计规律导出的热辐射公式,称为**普朗克公式**,为

$$M_\nu = \frac{2\pi h}{c^2} \frac{\nu^3}{e^{h\nu/kT} - 1} \tag{22.2}$$

此式中c为光在真空中的速率,k为玻耳兹曼常量,M_ν是温度为T的黑体在单位时间内从单位表面积发出的频率在包含ν在内的单位频率区间的电磁波的能量。这一公式在全部频率范围都和图22.2所示的实验结果(图22.2中纵轴的标度与式(22.2)中的M_ν成正比)相符。

由式(22.2)可导出:黑体在单位时间内从单位表面积发出的各种频率的电磁波的总能量为

$$M = \sigma T^4 \tag{22.3}$$

此式称为**斯特藩-玻耳兹曼定律**,式中 σ 叫**斯特藩-玻耳兹曼常量**,其值为

$$\sigma = 5.670\,51\times10^{-8}\ \mathrm{W/(m^2\cdot K^4)}$$

22.2 光的粒子性的提出

正当普朗克寻找他的能量子的经典根源时,爱因斯坦在能量子概念的发展上前进了一大步,这体现在他对光电效应实验规律的理论解释上。

19 世纪末,人们已发现,当光照射到金属表面上时,电子会从金属表面逸出。这种现象称为**光电效应**。

图 22.3 所示为光电效应的实验装置简图,图中上方为一抽成真空的玻璃管。当光通过石英窗口照射由金属或其氧化物做成的阴极 K 时,就有电子从阴极表面逸出,这电子叫**光电子**。光电子在电场加速下向阳极 A 运动,就形成**光电流**。

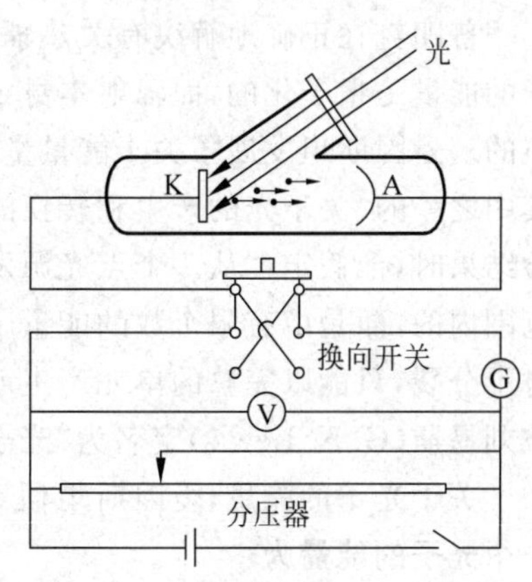

图 22.3 光电效应实验示意图

实验发现,不但如图 22.3 所示那样,当阳极电势高于阴极电势时,在入射光照射下,有光电流产生,而且当所加电压反向,即阳极电势低于阴极电势时,仍有光电流产生。只是当此反向电压值大于某一值 U_c(不同金属有不同的 U_c 值)时,光电流才等于零。这一电压值称为**遏止电压**。遏止电压的存在,说明此时从阴极逸出的最快的光电子,由于受到电场的阻碍,也不能到达阳极了。根据能量分析可得光电子逸出时的最大初动能和遏止电压 U_c 的关系应为

$$\frac{1}{2}m_0 v_m^2 = eU_c \tag{22.4}$$

其中 m_0 和 e 分别是电子的质量和电量,v_m 是光电子逸出金属表面时的最大速度。

可以利用式(22.4)测量光电子的最大初动能。实验结果显示,光电子的最大初动能和入射光的频率成线性关系,而且只有当入射光的频率大于某一值 ν_0 时,才能从金属表面释放电子。几种金属的光电子的最大初动能和入射光频率的线性关系(直线)如图 22.4 所示,直线和横轴的交点就是要发生光电效应所需的入射光的最小频率。这一频率 ν_0 叫做光电效应的**红限频率**,相应的光的波长叫红限波长。不同金属的红限频率不同。

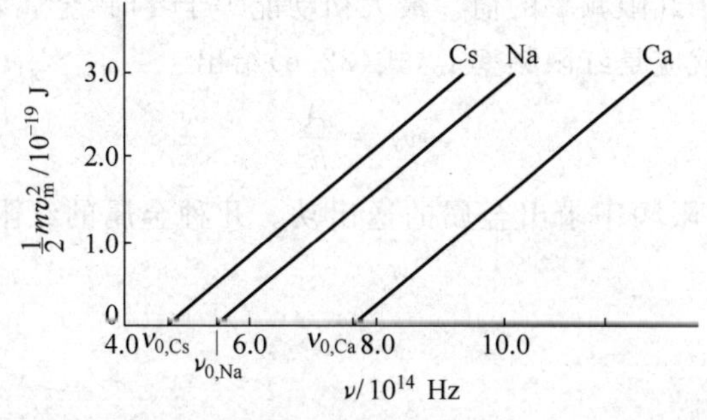

图 22.4 光电效应中光电子最大初动能和入射光频率的关系

光电效应释放出的光电子的最大初动能由入射光的频率决定，这一实验结果是光的波动理论无法解释的。因为按波动理论，光的强度决定于光波的振幅，金属内电子吸收光波后逸出金属表面的光电子的动能应该随波振幅的增大而增大，不应该与入射光的频率有直线关系。

光电效应的实验结果还有一点值得注意，就是光电子的逸出，几乎是在光照射到金属表面上的同时发生的，实际延迟时间在 10^{-9} s 以下。即使用极弱的入射光，也是这样。这一点用经典波动理论也不能解释。因为在入射光极弱时，按经典波动理论，金属中的电子必须经过长时间才能从光波中收集和积累到足够的能量而逸出金属表面，而这一时间，按此理论计算竟然要达到几分钟或更长。

光的波动理论在光电效应的实验结果上也遇上了“灾难”。

普朗克在正确地解决有关热辐射的电磁波的问题时，只假定了辐射电磁波的带电谐振子的能量是量子化的，而辐射本身，作为广布于空间的电磁波，它的能量还被认为是连续分布的。爱因斯坦发展了关于能量量子化的概念。他于1905年发表了三篇著名的科学论文，其中之一的“关于光的产生和转换的一个有启发性的观点”的文章中，论及光电效应等的实验结果时，他假定：“从一个点光源发出的光线的能量并不是连续地分布在逐渐扩大的空间范围内的，而是由有限个数的能量子组成的。这些能量子个个都只占据空间的一些点，运动时不分裂，只能以完整的单元产生或被吸收。”在这里首次提出的光的能量子单元在1926年被刘易斯(G. N. Lewis)定名为**“光子”**。

关于光子的能量，爱因斯坦假定，不同颜色的光，其光子的能量不同。**频率为 ν 的光的一个光子的能量**为

$$E = h\nu \tag{22.5}$$

其中 h 为普朗克常量。

为了解释光电效应，爱因斯坦在1905年上述那篇文章中写道：“最简单的方法是设想一个光子将它的全部能量给予一个电子”。[①] 电子获得此能量后动能就增加了，从而有可能逸出金属表面。以 A 表示电子从金属表面逸出时克服金属内正电荷的吸引力需要做的功（这功叫**逸出功**），则由能量守恒可得一个电子逸出金属表面后的最大初动能应为

$$\frac{1}{2}m_0 v_{\mathrm{m}}^2 = h\nu - A \tag{22.6}$$

此式叫**光电效应方程**。

基于光子概念的光电效应方程(22.6)完全说明了光电子的最大初动能和入射光的频率的线性关系，并且给出了红限频率的值。最大初动能等于零时，金属表面将不再有光电子逸出，这时入射光的频率就应是红限频率 ν_0，式(22.6)给出

$$\nu_0 = \frac{A}{h} \tag{22.7}$$

借助式(22.7)可以由红限频率求出金属的逸出功。几种金属的红限频率和逸出功都列在表22.1中。

---

① 现在利用激光可以使几个光子一次连续地被一个电子吸收。

表 22.1 几种金属的逸出功和红限频率

金　属	钨	锌	钙	钠	钾	铷	铯
红限频率 $\nu_0/10^{14}$ Hz	10.95	8.065	7.73	5.53	5.44	5.15	4.69
逸出功 A/eV	4.54	3.34	3.20	2.29	2.25	2.13	1.94

此外，根据图 22.4 中实验曲线的斜率还可以求出普朗克常量 h，因为该斜率就等于 h。1916 年密立根(R. A. Milikan)曾对光电效应进行了精确的测量，并利用图 22.4 求出

$$h = 6.56 \times 10^{-34}\ \mathrm{J \cdot s}$$

这和当时用其他方法测得的值符合得很好。

光电效应的延迟时间极短也可以用光子概念加以说明，因为一个电子一次吸收一个具有足够能量的光子而逸出金属表面是不需要多长时间的。

就这样，光子概念被证明是正确的。

在 19 世纪，通过光的干涉、衍射等实验，人们已认识到光是一种波动——电磁波，并建立了光的电磁理论——麦克斯韦理论。进入 20 世纪，从爱因斯坦起，人们又认识到光是粒子流——光子流。综合起来，关于光的本性的全面认识就是：**光既具有波动性，又具有粒子性**，相辅相成。在有些情况下，光突出地显示出其波动性，而在另一些情况下，则突出地显示出其粒子性。光的这种本性被称做**波粒二象性**。光既不是经典意义上的“单纯的”波，也不是经典意义上的“单纯的”粒子。

光的波动性用光波的波长 λ 和频率 ν 描述，光的粒子性用光子的质量、能量和动量描述。由式(22.5)给出的一个光子的能量，再根据相对论的质能关系 $E=mc^2$，可得一个光子的相对论质量为

$$m = \frac{h\nu}{c^2} = \frac{h}{c\lambda} \tag{22.8}$$

我们知道，粒子质量和运动速度的关系为

$$m = \frac{m_0}{\sqrt{1-\left(\frac{v}{c}\right)^2}}$$

对于光子，$v=c$，而 m 是有限的，所以只能是 $m_0=0$，即光子是**静止质量为零**的一种粒子。但是，由于光速不变，光子对于任何参考系都不会静止，所以在任何参考系中光子的质量实际上都不会是零。

根据相对论的能量-动量关系

$$E^2 = p^2c^2 + m_0^2c^4$$

对于光子，$m_0=0$，所以光子的动量为

$$p = \frac{E}{c} = \frac{h\nu}{c} \tag{22.9}$$

或

$$p = \frac{h}{\lambda} \tag{22.10}$$

式(22.5)和式(22.10)是描述光的性质的基本关系式，式中左侧的量描述光的粒子性，右侧的量描述光的波动性。注意，光的这两种性质在数量上是通过普朗克常量联系在一

起的。

例 22.1 光子。求下述几种辐射的光子的能量、动量和质量：(1)$\lambda=700$ nm 的红光；(2)$\lambda=7.1\times10^{-2}$ nm 的 X 射线；(3)$\lambda=1.24\times10^{-3}$ nm 的 γ 射线。

解 利用式(22.5)、式(22.8)和式(22.10)可求解。

(1) 对 $\lambda=700$ nm 的红光光子，

$$E=1.78\ \mathrm{eV},\quad p=9.47\times10^{-28}\ \mathrm{kg\cdot m\cdot s^{-1}},\quad m=3.16\times10^{-36}\ \mathrm{kg}$$

(2) 对 $\lambda=7.1\times10^{-2}$ nm 的 X 射线光子，

$$E=1.75\times10^{4}\ \mathrm{eV},\quad p=9.34\times10^{-24}\ \mathrm{kg\cdot m\cdot s^{-1}},\quad m=3.11\times10^{-32}\ \mathrm{kg}$$

(3) 对 $\lambda=1.24\times10^{-3}$ nm 的 γ 光子，

$$E=1.00\times10^{6}\ \mathrm{eV},\quad p=5.35\times10^{-22}\ \mathrm{kg\cdot m\cdot s^{-1}},\quad m=1.78\times10^{-30}\ \mathrm{kg}$$

此 γ 光子的质量差不多等于电子静质量的两倍！

22.3 康普顿散射

1923 年康普顿(A. H. Compton)及其后不久吴有训研究了 X 射线通过物质时向各方向散射的现象。他们在实验中发现，在散射的 X 射线中，除了有波长与原射线相同的成分外，还有波长较长的成分。这种有波长改变的散射称为**康普顿散射**(或称康普顿效应)，这种散射也可以用光子理论加以圆满的解释。

根据光子理论，X 射线的散射是单个光子和单个电子发生弹性碰撞的结果。对于这种碰撞的分析计算如下。

在固体如各种金属中，有许多和原子核联系较弱的电子可以看作自由电子。由于这些电子的热运动平均动能(约百分之几电子伏特)和入射的 X 射线光子的能量($10^4\sim10^5$ eV)比起来，可以略去不计，因而这些电子在碰撞前，可以看作是静止的。一个电子的静止能量为 m_0c^2，动量为零。设入射光的频率为 ν_0，它的一个光子就具有能量 $h\nu_0$，动量 $\frac{h\nu_0}{c}\boldsymbol{e}_0$。再设弹性碰撞后，电子的能量变为 mc^2，动量变为 $m\boldsymbol{v}$；散射光子的能量为 $h\nu$，动量为 $\frac{h\nu}{c}\boldsymbol{e}$，散射角为 φ。这里 $\boldsymbol{e}_0$ 和 $\boldsymbol{e}$ 分别为在碰撞前和碰撞后的光子运动方向上的单位矢量(图 22.5)。按照能量和动量守恒定律，应该有

$$h\nu_0+m_0c^2=h\nu+mc^2 \tag{22.11}$$

和

$$\frac{h\nu_0}{c}\boldsymbol{e}_0=\frac{h\nu}{c}\boldsymbol{e}+m\boldsymbol{v} \tag{22.12}$$

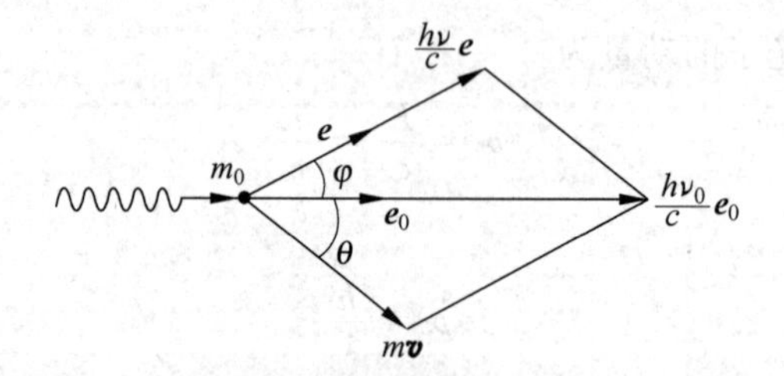

图 22.5 光子与静止的自由电子的碰撞分析矢量图

考虑到反冲电子的速度可能很大，式中 $m=m_0\Big/\sqrt{1-\frac{v^2}{c^2}}$。由上述两个式子可解得(见本节后部)

$$\Delta\lambda=\lambda-\lambda_0=\frac{h}{m_0c}(1-\cos\varphi) \tag{22.13}$$

式中 λ 和 λ_0 分别表示散射光和入射光的波长。此式称为**康普顿散射公式**。式中 $\frac{h}{m_0c}$ 具有波长的量纲，称为电子的**康普顿波长**，以 λ_C 表示。将 h,c,m_0 的值代入可算出

$$\lambda_C=2.43\times10^{-3}\ \text{nm}$$

它与短波 X 射线的波长相当。

从上述分析可知，入射光子和电子碰撞时，把一部分能量传给了电子。因而光子能量减少，频率降低，波长变长。波长偏移 $\Delta\lambda$ 和散射角 φ 的关系式(22.13)也与实验结果定量地符合。式(22.13)还表明，波长的偏移 $\Delta\lambda$ 与散射物质以及入射 X 射线的波长 λ_0 无关，而只与散射角 φ 有关。这一规律也已为实验证实。

康普顿散射的理论和实验的完全相符，曾在量子论的发展中起过重要的作用。它不仅有力地证明了光具有二象性，而且还证明了光子和微观粒子的相互作用过程也是严格地遵守动量守恒定律和能量守恒定律的。

应该指出，康普顿散射只有在入射波的波长与电子的康普顿波长可以相比拟时，才是显著的。例如入射波波长 $\lambda_0=400$ nm 时，在 $\varphi=\pi$ 的方向上，散射波波长偏移 $\Delta\lambda=4.8\times10^{-3}$ nm，$\Delta\lambda/\lambda_0=10^{-5}$。这种情况下，很难观察到康普顿散射。当入射波波长 $\lambda_0=0.05$ nm，$\varphi=\pi$ 时，虽然波长的偏移仍是 $\Delta\lambda=4.8\times10^{-3}$ nm，但 $\Delta\lambda/\lambda\approx10\%$，这时就能比较明显地观察到康普顿散射了。这也就是选用 X 射线观察康普顿散射的原因。

在光电效应中，入射光是可见光或紫外线，所以康普顿效应不显著。

例 22.2 康普顿散射。波长 $\lambda_0=0.01$ nm 的 X 射线与静止的自由电子碰撞。在与入射方向成 90°的方向上观察时，康普顿散射 X 射线的波长多大？反冲电子的动能和动量各如何？

解 将 $\varphi=90°$ 代入式(22.13)可得

$$\Delta\lambda=\lambda-\lambda_0=\lambda_C(1-\cos\varphi)=\lambda_C(1-\cos90°)=\lambda_C$$

由此得康普顿散射波长为

$$\lambda=\lambda_0+\lambda_C=0.01+0.0024=0.0124\ (\text{nm})$$

至于反冲电子，根据能量守恒，它所获得的动能 E_k 就等于入射光子损失的能量，即

$$E_k=h\nu_0-h\nu=hc\left(\frac{1}{\lambda_0}-\frac{1}{\lambda}\right)=\frac{hc\Delta\lambda}{\lambda_0\lambda}$$

$$=\frac{6.63\times10^{-34}\times3\times10^8\times0.0024\times10^{-9}}{0.01\times10^{-9}\times0.0124\times10^{-9}}$$

$$=3.8\times10^{-15}\ (\text{J})=2.4\times10^4\ (\text{eV})$$

计算电子的动量，可参看图 22.6，其中 $\boldsymbol{p}_e$ 为电子碰撞后的动量。根据动量守恒，有

$$p_e\cos\theta=\frac{h}{\lambda_0},\quad p_e\sin\theta=\frac{h}{\lambda}$$

两式平方相加并开方，得

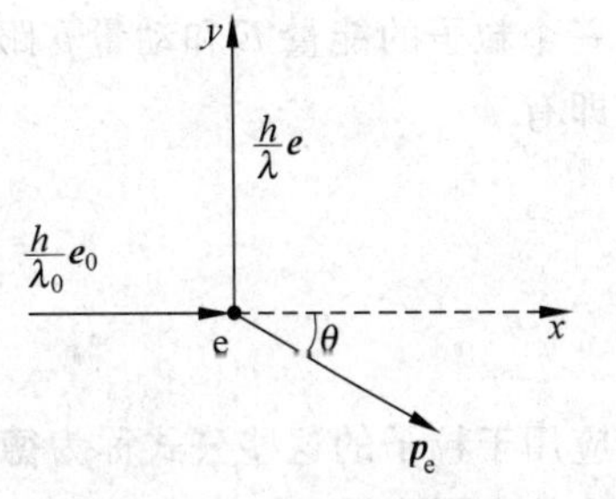

图 22.6 例 22.2 用图

$$p_e = \frac{(\lambda_0^2+\lambda^2)^{\frac{1}{2}}}{\lambda_0\lambda}h$$

$$= \frac{[(0.01\times10^{-9})^2+(0.0124\times10^{-9})^2]^{1/2}}{0.01\times10^{-9}\times0.0124\times10^{-9}}\times6.63\times10^{-34}$$

$$= 8.5\times10^{-23}\ (\text{kg}\cdot\text{m/s})$$

$$\cos\theta = \frac{h}{p_e\lambda_0} = \frac{6.63\times10^{-34}}{0.01\times10^{-9}\times8.5\times10^{-23}} = 0.78$$

由此得

$$\theta = 38°44'$$

康普顿散射公式(22.13)的推导：

将式(22.12)改写为

$$m\boldsymbol{v} = \frac{h\nu_0}{c}\boldsymbol{e}_0 - \frac{h\nu}{c}\boldsymbol{e}$$

两边平方得

$$m^2v^2 = \left(\frac{h\nu_0}{c}\right)^2 + \left(\frac{h\nu}{c}\right)^2 - 2\frac{h^2\nu_0\nu}{c^2}\boldsymbol{e}_0\cdot\boldsymbol{e}$$

由于 $\boldsymbol{e}_0\cdot\boldsymbol{e}=\cos\varphi$，所以由上式可得

$$m^2v^2c^2 = h^2\nu_0^2 + h^2\nu^2 - 2h^2\nu_0\nu\cos\varphi \tag{22.14}$$

将式(22.11)改写为

$$mc^2 = h(\nu_0-\nu) + m_0c^2$$

将此式平方，再减去式(22.14)，并将 m^2 换写成 $m_0^2/(1-v^2/c^2)$，化简后即可得

$$\frac{c}{\nu} - \frac{c}{\nu_0} = \frac{h}{m_0c}(1-\cos\varphi)$$

将 ν 换用波长 λ 表示，即得式(22.13)。

22.4 粒子的波动性

1924 年法国青年物理学家德布罗意(L. V. de Broglie)在光的二象性的启发下想到：自然界在许多方面都是明显地对称的，如果光具有波粒二象性，则实物粒子，如电子，也应该具有波粒二象性。他提出了这样的问题："整个世纪以来，在辐射理论上，比起波动的研究方法来，是过于忽略了粒子的研究方法；在实物理论上，是否发生了相反的错误呢？是不是我们关于'粒子'的图像想得太多，而过分地忽略了波的图像呢？"于是，他大胆地提出假设：**实物粒子也具有波动性**。他借助光子的能量-频率和动量-波长的关系式(22.5)和(22.10)，认为一个粒子的能量 E 和动量 p 跟和它相联系的波的频率 ν 和波长 λ 的定量关系与光子的一样，即有

$$\nu = \frac{E}{h} = \frac{mc^2}{h} \tag{22.15}$$

$$\lambda = \frac{h}{p} = \frac{h}{mv} \tag{22.16}$$

应用于粒子的这些公式称为**德布罗意公式**或德布罗意假设。和粒子相联系的波称为**物质波**或**德布罗意波**，式(22.16)给出了相应的**德布罗意波长**。

德布罗意是采用类比方法提出他的假设的，当时并没有任何直接的证据。但是，爱因斯坦慧眼有识。当他闻知德布罗意的假设后就评论说："我相信这一假设的意义远远超出了单纯的类比。"事实上，德布罗意的假设不久就得到了实验证实，而且引发了一门新理论——量子力学——的建立。

1927 年，戴维孙(C. J. Davisson)和革末(L. A. Germer)在爱尔萨塞(Elsasser)的启发下，做了电子束在晶体表面上散射的实验，观察到了和 X 射线衍射类似的电子衍射现象，首先证实了电子的波动性。他们用的实验装置简图如图 22.7(a)所示，使一束电子射到镍晶体的特选晶面上，同时用探测器测量沿不同方向散射的电子束的强度。实验中发现，当入射电子的能量为 54 eV 时，在 $\varphi=50°$ 的方向上散射电子束强度最大(图 22.7(b))。按类似于 X 射线在晶体表面衍射的分析，由图 22.7(c)可知，散射电子束极大的方向应满足下列条件：

$$d\sin\varphi = \lambda \tag{22.17}$$

已知镍晶面上原子间距为 $d=2.15\times10^{-10}$ m，式(22.17)给出"电子波"的波长应为

$$\lambda = d\sin\varphi = 2.15\times10^{-10}\times\sin50° = 1.65\times10^{-10}\ (\text{m})$$

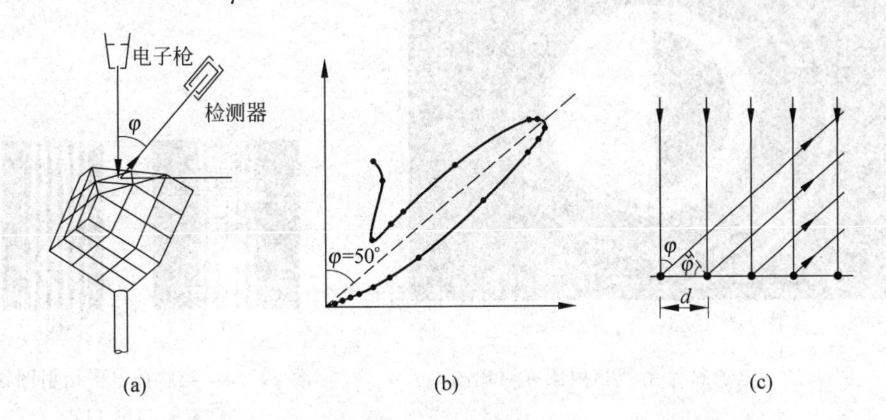

图 22.7 戴维孙-革末实验

(a) 装置简图；(b) 散射电子束强度分布；(c) 衍射分析

按德布罗意假设公式(22.16)，该"电子波"的波长应为

$$\lambda = \frac{h}{m_e v} = \frac{h}{\sqrt{2m_e E_k}} = \frac{6.63\times10^{-34}}{\sqrt{2\times0.91\times10^{-31}\times54\times1.6\times10^{-19}}}$$

$$= 1.67\times10^{-10}\ (\text{m})$$

这一结果和上面的实验结果符合得很好。

同年，汤姆孙(G. P. Thomson)做了电子束穿过多晶薄膜的衍射实验(图 22.8(a))，成功地得到了和 X 射线通过多晶薄膜后产生的衍射图样极为相似的衍射图样(图 22.8(b))。

图 22.9 是一幅波长相同的 X 射线和电子衍射图样对比图。后来，1961 年约恩孙(C. Jönsson)做了电子的单缝、双缝、三缝等衍射实验，得出的明暗条纹(图 22.10)更加直接地说明了电子具有波动性。

除了电子外，以后还陆续用实验证实了中子、质子以及原子甚至分子等都具有波动性，德布罗意公式对这些粒子同样正确。这就说明，一切微观粒子都具有波粒二象性，德布罗意公式就是描述微观粒子波粒二象性的基本公式。

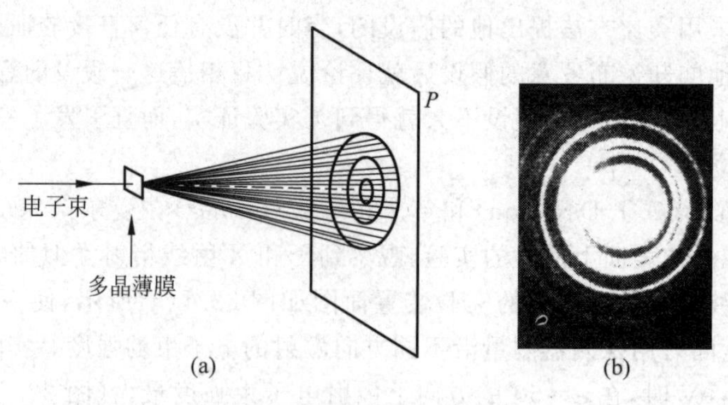

图 22.8 汤姆孙电子衍射实验

(a) 实验简图；(b) 衍射图样

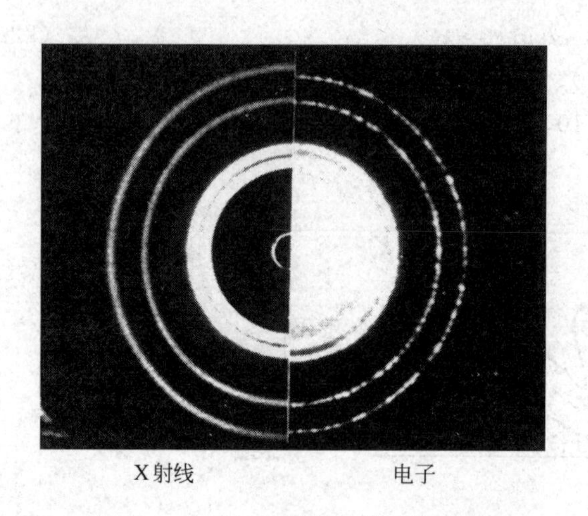

图 22.9 电子和X射线衍射图样对比图

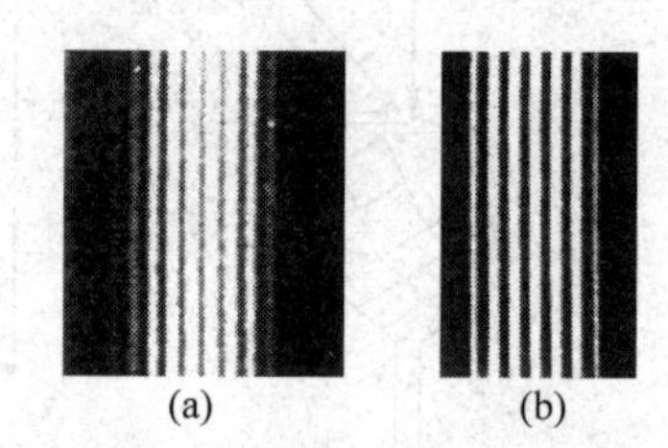

图 22.10 约恩孙电子衍射图样

(a) 双缝；(b) 四缝

粒子的波动性已有很多的重要应用。例如，由于低能电子波穿透深度较X光小，所以低能电子衍射被广泛地用于固体表面性质的研究。由于中子易被氢原子散射，所以中子衍射就被用来研究含氢的晶体。电子显微镜利用了电子的波动性更是大家熟知的，由于电子的波长可以很短，电子显微镜的分辨能力可以达到0.1 nm。

例 22.3 德布罗意波长。 计算电子经过 $U_1=100$ V 和 $U_2=10\,000$ V 的电压加速后的德布罗意波长 λ_1 和 λ_2 分别是多少？

解 经过电压 U 加速后，电子的动能为

$$\frac{1}{2}mv^2=eU$$

由此得

$$v=\sqrt{\frac{2eU}{m}}$$

根据德布罗意公式，此时电子波的波长为

$$\lambda=\frac{h}{mv}=\frac{h}{\sqrt{2em}}\frac{1}{\sqrt{U}}$$

将已知数据代入计算可得

$$\lambda_1=0.123\ \text{nm},\quad \lambda_2=0.0123\ \text{nm}$$①

这都和X射线的波长相当。可见一般实验中电子波的波长是很短的，正是因为这个缘故，观察电子衍射时就需要利用晶体。

例 22.4 子弹的德布罗意波长。计算质量 $m=0.01$ kg，速率 $v=300$ m/s 的子弹的德布罗意波长。

解 根据德布罗意公式可得

$$\lambda=\frac{h}{mv}=\frac{6.63\times10^{-34}}{0.01\times300}=2.21\times10^{-34}\ (\text{m})$$

可以看出，因为普朗克常量是个极微小的量，所以宏观物体的波长小到实验难以测量的程度，因而宏观物体仅表现出粒子性。

例 22.5 物质波的速率。证明物质波的相速度 u 与相应粒子运动速度 v 之间的关系为

$$u=\frac{c^2}{v}$$

证 波的相速度为 $u=\nu\lambda$，根据德布罗意公式，可得

$$\lambda=\frac{h}{mv},\quad \nu=\frac{mc^2}{h}$$

两式相乘即可得

$$u=\lambda\nu=\frac{c^2}{v}$$

此式表明物质波的相速度并不等于相应粒子的运动速度②。

22.5 概率波与概率幅

德布罗意提出的波的物理意义是什么呢？他本人曾认为那种与粒子相联系的波是引导粒子运动的“导波”，并由此预言了电子的双缝干涉的实验结果。这种波以相速度 $u=c^2/v$ 传播而其群速度就正好是粒子运动的速度 v。对这种波的本质是什么，他并没有给出明确的回答，只是说它是虚拟的和非物质的。

量子力学的创始人之一薛定谔在1926年曾说过，电子的德布罗意波描述了电量在空间的连续分布。为了解释电子是粒子的事实，他认为电子是许多波合成的波包。这种说法很快就被否定了。因为，第一，波包总是要发散而解体的，这和电子的稳定性相矛盾；第二，电子在原子散射过程中仍保持稳定也很难用波包来说明。

当前得到公认的关于德布罗意波的实质的解释是玻恩(M. Born)在1926年提出的。在玻恩之前，爱因斯坦谈及他本人论述的光子和电磁波的关系时曾提出电磁场是一种“鬼场”。这种场引导光子的运动，而各处电磁波振幅的平方决定在各处的单位体积内一个光子存在的概率。玻恩发展了爱因斯坦的思想。他保留了粒子的微粒性，而认为物质波描述了粒子在各处被发现的概率。这就是说，**德布罗意波是概率波**。

---

① 由于此时电子速度已大到 $0.2c$，故需考虑相对论效应，根据相对论计算出的 $\lambda_2=0.0122$ nm，上面结果误差约为1%。

② 由于 $v<c$，所以 $u>c$，即相速度大于光速。这并不和相对论矛盾。因为对一个粒子，其能量或质量是以群速度传播的。德布罗意曾证明，和粒子相联系的物质波的群速度等于粒子的运动速度。

玻恩的概率波概念可以用电子双缝衍射的实验结果来说明①。图22.10(a)的电子双缝衍射图样和光的双缝衍射图样完全一样,显示不出粒子性,更没有什么概率那样的不确定特征。但那是用大量的电子(或光子)做出的实验结果。如果减弱入射电子束的强度以致使一个一个电子依次通过双缝,则随着电子数的积累,衍射"图样"将依次如图22.11中各图所示。图(a)是只有一个电子穿过双缝所形成的图像,图(b)是几个电子穿过后形成的图像,图(c)是几十个电子穿过后形成的图像。这几幅图像说明电子确是粒子,因为图像是由点组成的。它们同时也说明,电子的去向是完全不确定的,一个电子到达何处完全是概率事件。随着入射电子总数的增多,衍射图样依次如(d),(e),(f)诸图所示,电子的堆积情况逐渐显示出了条纹,最后就呈现明晰的衍射条纹,这条纹和大量电子短时间内通过双缝后形成的条纹(图22.10(a))一样。这些条纹把单个电子的概率行为完全淹没了。这又说明,尽管单个电子的去向是概率性的,但其概率在一定条件(如双缝)下还是有确定的规律的。这些就是玻恩概率波概念的核心。

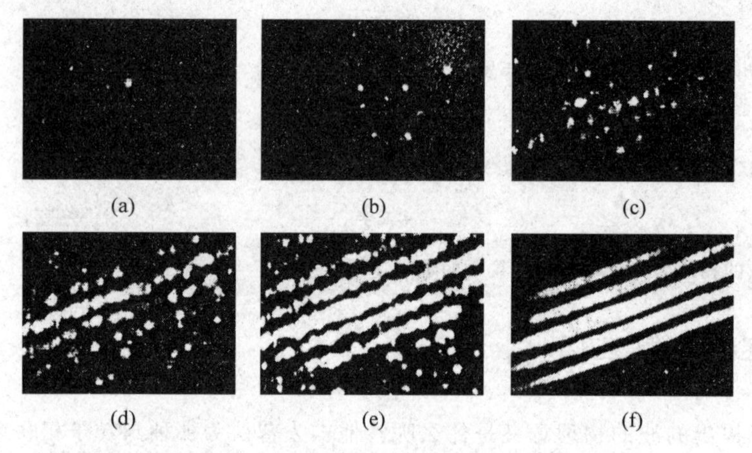

图22.11 电子逐个穿过双缝的衍射实验结果

图22.11表示的实验结果明确地说明了物质波并不是经典的波。经典的波是一种运动形式。在双缝实验中,不管入射波强度如何小,经典的波在缝后的屏上都"应该"显示出强弱连续分布的衍射条纹,只是亮度微弱而已。但图22.11明确地显示物质波的主体仍是粒子,而且该种粒子的运动并不具有经典的振动形式。

图22.11表示的实验结果也说明微观粒子并不是经典的粒子。在双缝实验中,大量电子形成的衍射图样是若干条强度大致相同的较窄的条纹,如图22.12(a)所示。如果只开一条缝,另一条缝闭合,则会形成单缝衍射条纹,其特征是几乎只有强度较大的较宽的中央明纹(图22.12(b)中的 P_1 和 P_2)。如果先开缝1,同时关闭缝2,经过一段时间后改开缝2,同时关闭缝1,这样做实验的结果所形成的总的衍射图样 P_{12} 将是两次单缝衍射图样的叠加,其强度分布和同时打开两缝时的双缝衍射图样是截然不同的。

如果是经典的粒子,它们通过双缝时,都各自有确定的轨道,不是通过缝1就是通过缝2。通过缝1的那些粒子,如果也能衍射的话,将形成单缝衍射图样。通过缝2的那些粒子,将形成另一幅单缝衍射图样。不管是两缝同时开,还是依次只开一个缝,最后形成的衍射条

① 关于光的双缝衍射实验,也做出了完全相似的结果。

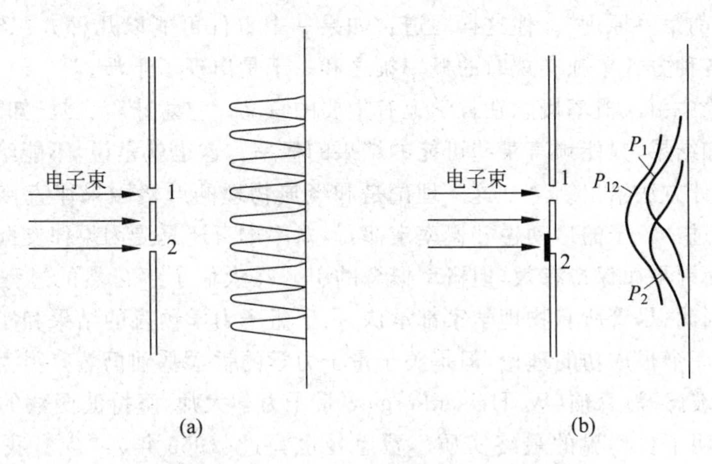

图 22.12 电子双缝衍射实验示意图

(a) 两缝同时打开；(b) 依次打开一个缝

纹都应该是图 22.12(b)那样的两个单缝衍射图样的叠加。实验结果显示实际的微观粒子的表现并不是这样。这就说明，微观粒子并不是经典的粒子。在只开一条缝时，实际粒子形成单缝衍射图样。在两缝同时打开时，实际粒子的运动就有两种可能：或是通过缝 1 或是通过缝 2。如果还按经典粒子设想，为了解释双缝衍射图样，就必须认为通过这个缝时，它好像“知道”另一个缝也在开着，于是就按双缝条件下的概率来行动了。这种说法只是一种“拟人”的想象，实际上不可能从实验上测知某个微观粒子“到底”是通过了哪个缝，我们**只能说**它通过双缝时有两种可能。微观粒子由于其波动性而表现得如此不可思议地奇特！但客观事实的确就是这样！

为了定量地描述微观粒子的状态，量子力学中引入了**波函数**，并用 Ψ 表示。一般来讲，波函数是空间和时间的函数，并且是复函数，即 $\Psi=\Psi(x,y,z,t)$。将爱因斯坦的“鬼场”和光子存在的概率之间的关系加以推广，玻恩假定 $|\Psi|^2=\Psi\Psi^*$ 就是粒子的**概率密度**，即在时刻 t，在点 (x,y,z) 附近单位体积内发现粒子的概率。波函数 Ψ 因此就称为**概率幅**。对双缝实验来说，以 Ψ_1 表示单开缝 1 时粒子在底板附近的概率幅分布，则 $|\Psi_1|^2=P_1$ 即粒子在底板上的概率分布，它对应于单缝衍射图样 P_1(图 22.12(b))。以 Ψ_2 表示单开缝 2 时的概率幅，则 $|\Psi_2|^2=P_2$ 表示粒子此时在底板上的概率分布，它对应于单缝衍射图样 P_2。如果两缝同时打开，经典概率理论给出，这时底板上粒子的概率分布应为

$$P_{12}=P_1+P_2=|\Psi_1|^2+|\Psi_2|^2$$

但事实不是这样！两缝同开时，入射的每个粒子的去向有两种可能，它们可以“任意”通过其中的一条缝。这时不是概率相叠加，而是**概率幅叠加**，即

$$\Psi_{12}=\Psi_1+\Psi_2 \tag{22.18}$$

相应的概率分布为

$$P_{12}=|\Psi_{12}|^2=|\Psi_1+\Psi_2|^2 \tag{22.19}$$

这里最后的结果就会出现 Ψ_1 和 Ψ_2 的交叉项。正是这交叉项给出了两缝之间的干涉效果，使双缝同开和两缝依次单开的两种条件下的衍射图样不同。

概率幅叠加这样的奇特规律，被费恩曼(R. P. Feynman)在他的著名的《物理学讲义》中

称为“量子力学的第一原理”。他这样写道:“如果一个事件可能以几种方式实现,则该事件的概率幅就是各种方式单独实现时的概率幅之和。于是出现了干涉。”

在物理理论中引入概率概念在哲学上有重要的意义。它意味着:在已知给定条件下,不可能精确地预知结果,只能预言某些可能的结果的概率。这也就是说,不能给出唯一的肯定结果,只能用统计方法给出结论。这一理论是和经典物理的严格因果律直接矛盾的。玻恩在1926年曾说过:“粒子的运动遵守概率定律,但概率本身还是受因果律支配的。”这句话虽然以某种方式使因果律保持有效,但概率概念的引入在人们了解自然的过程中还是一个非常大的转变。因此,尽管所有物理学家都承认,由于量子力学预言的结果和实验异常精确地相符,所以它是一个很成功的理论,但是关于量子力学的哲学基础仍然有很大的争论。哥本哈根学派,包括玻恩、海森伯(W. Heisenberg)等量子力学大师,坚持波函数的概率或统计解释,认为它就表明了自然界的最终实质。费恩曼也写过(1965年):“现时我们限于计算概率。我们说‘现时’,但是我们强烈地期望将永远是这样——解除这一困惑是不可能的——自然界就是按这样的方式行事的。”

另一些人不同意这样的结论,最主要的反对者是爱因斯坦。他在1927年就说过:“上帝并不是跟宇宙玩掷骰子游戏。”德布罗意的话(1957年)更发人深思:“不确定性是物理实质,这样的主张并不是完全站得住的。将来对物理实在的认识达到一个更深的层次时,我们可能对概率定律和量子力学作出新的解释,即它们是目前我们尚未发现的那些变量的完全确定的数值演变的结果。我们现在开始用来击碎原子核并产生新粒子的强有力的方法可能有一天向我们揭示关于这一更深层次的目前我们还不知道的知识。阻止对量子力学目前的观点作进一步探索的尝试对科学发展来说是非常危险的,而且它也背离了我们从科学史中得到的教训。实际上,科学史告诉我们,已获得的知识常常是暂时的,在这些知识之外,肯定有更广阔的新领域有待探索。”最后,还可以引述一段量子力学大师狄拉克(P. A. M. Dirac)在1972年的一段话:“在我看来,我们还没有量子力学的基本定律。目前还在使用的定律需要作重要的修改,……当我们作出这样剧烈的修改后,当然,我们用统计计算对理论作出物理解释的观念可能会被彻底地改变。”

22.6 不确定关系

22.5节讲过,波动性使得实际粒子和牛顿力学所设想的“经典粒子”根本不同。根据牛顿力学理论(或者说是牛顿力学的一个基本假设),质点的运动都沿着一定的轨道,在轨道上任意时刻质点都有确定的位置和动量。在牛顿力学中也正是用位置和动量来描述一个质点在任一时刻的运动状态的。对于实际的粒子则不然,由于其粒子性,可以谈论它的位置和动量,但由于其波动性,它的空间位置需要用概率波来描述,而概率波只能给出粒子在各处出现的概率,所以在任一时刻粒子不具有确定的位置,与此相联系,粒子在各时刻也不具有确定的动量。这也可以说,由于二象性,在任意时刻粒子的位置和动量都有一个不确定量。量子力学理论证明,在某一方向,例如x方向上,粒子的位置不确定量Δx和在该方向上的动量的不确定量Δp_x有一个简单的关系,这一关系叫做**不确定[性]关系**(也曾叫做测不准关系)。下面我们借助于电子单缝衍射实验来粗略地推导这一关系。

如图22.13所示,一束动量为p的电子通过宽为Δx的单缝后发生衍射而在屏上形成衍射条纹。让我们考虑一个电子通过缝时的位置和动量。对一个电子来说,我们不能确定地说它是从缝中哪一点通过的,而只能说它是从宽为 Δx 的缝中通过的,因此它在 x 方向上的位置不确定量就是 Δx。它沿 x 方向的动量 p_x 是多大呢?如果说它在缝前的 p_x 等于零,在过缝时,p_x 就不再是零了。因为如果还是零,电子就要沿原方向前进而不会发生衍射现象了。屏上电子落点沿 x 方向展开,说明电子通过缝时已有了不为零的 p_x 值。忽略次级极大,可以认为电子都落在中央亮纹内,因而电子在通过缝时,运动方向可以有大到 θ_1 角的偏转。根据动量矢量的合成,可知一个电子在通过缝时在 x 方向动量的分量 p_x 的大小为下列不等式所限:

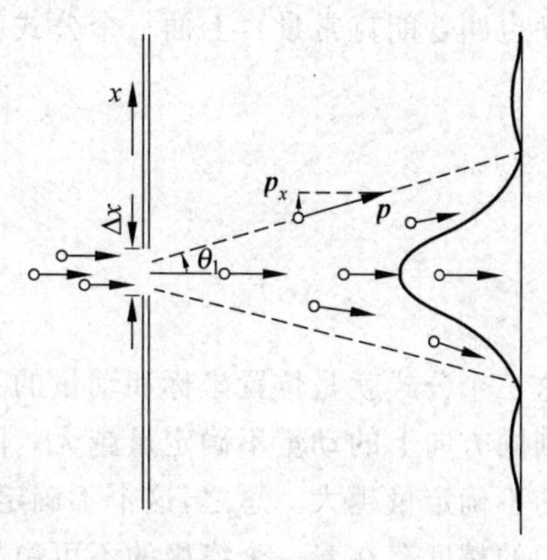

图 22.13 电子单缝衍射说明

$$0 \leqslant p_x \leqslant p\sin\theta_1$$

这表明,一个电子通过缝时在 x 方向上的动量不确定量为

$$\Delta p_x = p\sin\theta_1$$

考虑到衍射条纹的次级极大,可得

$$\Delta p_x \geqslant p\sin\theta_1 \tag{22.20}$$

由单缝衍射公式,第一级暗纹中心的角位置 θ_1 由下式决定:

$$\Delta x \sin\theta_1 = \lambda$$

此式中 λ 为电子波的波长,根据德布罗意公式

$$\lambda = \frac{h}{p}$$

所以有

$$\sin\theta_1 = \frac{h}{p\,\Delta x}$$

将此式代入式(22.20)可得

$$\Delta p_x \geqslant \frac{h}{\Delta x}$$

或

$$\Delta x \Delta p_x \geqslant h \tag{22.21}$$

更一般的理论给出

$$\Delta x \Delta p_x \geqslant \frac{h}{4\pi}$$

对于其他的分量,类似地有

$$\Delta y \Delta p_y \geqslant \frac{h}{4\pi}$$

$$\Delta z \Delta p_z \geqslant \frac{h}{4\pi}$$

引入另一个常用的量

$$\hbar = \frac{h}{2\pi} = 1.054\,588\,7 \times 10^{-34}\ \mathrm{J \cdot s} \tag{22.22}$$

($\hbar$也叫普朗克常量),上面三个公式就可写成[①]

$$\Delta x \Delta p_x \geqslant \frac{\hbar}{2} \tag{22.23}$$

$$\Delta y \Delta p_y \geqslant \frac{\hbar}{2} \tag{22.24}$$

$$\Delta z \Delta p_z \geqslant \frac{\hbar}{2} \tag{22.25}$$

这三个公式就是位置坐标和动量的不确定关系。它们说明粒子的位置坐标不确定量越小,则同方向上的动量不确定量越大。同样,某方向上动量不确定量越小,则此方向上粒子位置的不确定量越大。总之,这个不确定关系告诉我们,在表明或测量粒子的位置和动量时,它们的精度存在着一个终极的不可逾越的限制。

不确定关系是海森伯于1927年给出的,因此常被称为海森伯不确定关系或不确定原理。它的根源是波粒二象性。费恩曼曾把它称做“自然界的根本属性”,并且还说“现在我们用来描述原子以及,实际上,所有物质的量子力学的全部理论都有赖于不确定原理的正确性。”

除了坐标和动量的不确定关系外,对粒子的行为说明还常用到能量和时间的不确定关系。考虑一个粒子在一段时间 Δt 内的动量为 $\boldsymbol{p}$,沿 x 方向,而能量为 E。根据相对论,有

$$p^2 c^2 = E^2 - m_0^2 c^4$$

而其动量的不确定量为

$$\Delta p = \Delta\left(\frac{1}{c}\sqrt{E^2 - m_0^2 c^4}\right) = \frac{E}{c^2 p}\Delta E$$

在 Δt 时间内,粒子可能发生的位移为 $\Delta x = v\Delta t = \frac{p}{m}\Delta t$。这位移也就是在这段时间内粒子的位置坐标不确定度,即

$$\Delta x = \frac{p}{m}\Delta t$$

将上两式相乘,得

$$\Delta x \Delta p = \frac{E}{mc^2}\Delta E \Delta t$$

由于 $E = mc^2$,再根据不确定关系式(22.23),就可得

$$\Delta E \Delta t \geqslant \frac{\hbar}{2} \tag{22.26}$$

这就是关于能量和时间的不确定关系。

例22.6 子弹的粒子性。 设子弹的质量为0.01 kg,枪口的直径为0.5 cm,试用不确定性关系计算子弹射出枪口时的横向速度。

解 枪口直径可以当作子弹射出枪口时的位置不确定量 Δx,由于 $\Delta p_x = m\Delta v_x$,所以由式(22.23)可得

$$\Delta x\, m \Delta v_x \geqslant \hbar/2$$

取等号计算,

① 在作数量级的估算时,常用$\hbar$代替$\hbar/2$。

$$\Delta v_x = \frac{\hbar}{2m\Delta x} = \frac{1.05\times10^{-34}}{2\times0.01\times0.5\times10^{-2}} = 1.1\times10^{-30}\ (\mathrm{m/s})$$

这也就是子弹的横向速度。和子弹飞行速度每秒几百米相比，这一速度引起的运动方向的偏转是微不足道的。因此对于子弹这种宏观粒子，它的波动性不会对它的“经典式”运动以及射击时的瞄准带来任何实际的影响。

例 22.7 电子的波动性。原子的线度为 10^{-10} m，求原子中电子速度的不确定量。

解 说“电子在原子中”就意味着电子的位置不确定量为 $\Delta x=10^{-10}$ m，由不确定关系可得

$$\Delta v_x=\frac{\hbar}{m\Delta x}=\frac{1.05\times10^{-34}}{9.11\times10^{-31}\times10^{-10}}=1.2\times10^{6}\ (\mathrm{m/s})$$

按照牛顿力学计算，氢原子中电子的轨道运动速度约为 10^6 m/s，它与上面的速度不确定量有相同的数量级。可见对原子范围内的电子，谈论其速度是没有什么实际意义的。这时电子的波动性十分显著，描述它的运动时必须抛弃轨道概念而代之以说明电子在空间的概率分布的电子云图像。

例 22.8 光子与波列。氦氖激光器所发红光波长为 $\lambda=632.8$ nm，此波长的不确定度，即谱线宽度 $\Delta\lambda=10^{-9}$ nm，求当这种光子沿 x 方向传播时，它的 x 坐标的不确定量多大？

解 光子具有二象性，所以也应满足不确定关系。由于 $p_x=h/\lambda$，所以数值上

$$\Delta p_x=\frac{h}{\lambda^2}\Delta\lambda$$

将此式代入式(22.23)，可得

$$\Delta x=\frac{\hbar}{2\Delta p_x}=\frac{\lambda^2}{4\pi\Delta\lambda}\approx\frac{\lambda^2}{\Delta\lambda}$$

将 λ 和 $\Delta\lambda$ 的值代入上式，可得

$$\Delta x\approx\frac{\lambda^2}{\Delta\lambda}=\frac{(632.8\times10^{-9})^2}{10^{-18}}=4\times10^{5}\ (\mathrm{m})=400\ (\mathrm{km})$$

原子在一次能级跃迁过程中发出一个光子（粒子性），从波动说的观点看，是发出了一个波列（参看19.2节）。将这两种观点对照可知，光子的位置不确定量也就是相应的波列的长度。

例 22.9 零点能。求线性谐振子的最小可能能量（又叫**零点能**）。

解 线性谐振子沿直线在平衡位置附近振动，坐标和动量都有一定限制。因此可以用坐标-动量不确定关系来计算其最小可能能量。

已知沿 x 方向的线性谐振子能量为

$$E=\frac{1}{2}mv^2+\frac{1}{2}kx^2=\frac{p^2}{2m}+\frac{1}{2}m\omega^2x^2$$

由于振子在平衡位置附近振动，所以可取

$$\Delta x\approx x,\quad \Delta p\approx p$$

这样，

$$E=\frac{(\Delta p)^2}{2m}+\frac{1}{2}m\omega^2(\Delta x)^2$$

利用式(22.23)，取等号，可得

$$E=\frac{\hbar^2}{8m(\Delta x)^2}+\frac{1}{2}m\omega^2(\Delta x)^2 \tag{22.27}$$

为求 E 的最小值，先计算

$$\frac{\mathrm{d}E}{\mathrm{d}(\Delta x)}=-\frac{\hbar^2}{4m(\Delta x)^3}+m\omega^2(\Delta x)$$

令 $\mathrm{d}E/\mathrm{d}(\Delta x)=0$，可得 $(\Delta x)^2=\dfrac{\hbar}{2m\omega}$。将此值代入式(22.27)可得最小可能能量为

$$E_{\min}=\frac{1}{2}\hbar\omega=\frac{1}{2}h\nu$$

例 22.10 粒子的寿命与能量。(1)J/ψ 粒子的静能为 3100 MeV,寿命为 5.2×10^{-21} s。它的能量不确定度是多大?占静能的几分之几? (2)ρ 介子的静能是 765 MeV,寿命是 2.2×10^{-24} s。它的能量不确定度多大? 又占其静能的几分之几?

解 绝大多数粒子都是不稳定的,生成后经过或长或短的时间就转变为别的粒子。一种粒子的寿命是它的存在时间的统计平均值。亦即它的存在时间的不确定度。由此,根据式(22.26),该种粒子的能量也就有一不确定度。

(1) 由式(22.26),取等号可得 $\Delta E=\hbar/2\Delta t$,此处 Δt 即粒子的寿命。对 J/ψ 粒子,

$$\Delta E=\frac{\hbar}{2\Delta t}=\frac{1.05\times10^{-34}}{2\times5.2\times10^{-21}\times1.6\times10^{-13}}=0.063\ (\text{MeV})$$

$$\frac{\Delta E}{E}=\frac{0.063}{3100}=2.0\times10^{-5}$$

(2) 对 ρ 介子,

$$\Delta E=\frac{\hbar}{2\Delta t}=\frac{1.05\times10^{-34}}{2\times2.2\times10^{-24}\times1.6\times10^{-13}}=150\ (\text{MeV})$$

$$\frac{\Delta E}{E}=\frac{150}{765}=0.20$$

22.7 薛定谔方程

德布罗意引入了和粒子相联系的波。粒子的运动用波函数 $\Psi=\Psi(x,y,z,t)$ 来描述,而粒子在时刻 t 在各处的概率密度为 $|\Psi|^2$。但是,怎样确定在给定条件(一般是给定一势场)下的波函数呢?

1925 年在瑞士,德拜(P. J. W. Debye)让他的学生薛定谔作一个关于德布罗意波的学术报告。报告后,德拜提醒薛定谔:"对于波,应该有一个波动方程。"薛定谔此前就曾注意到爱因斯坦对德布罗意假设的评论,此时又受到了德拜的鼓励,于是就努力钻研。几个月后,他就向世人拿出了一个波动方程,这就是现在大家称谓的薛定谔方程。

薛定谔方程在量子力学中的地位和作用相当于牛顿方程在经典力学中的地位和作用。用薛定谔方程可以求出在给定势场中的波函数,从而了解粒子的运动情况。作为一个基本方程,薛定谔方程不可能由其他更基本的方程推导出来。它只能通过某种方式建立起来,然后主要看所得的结论应用于微观粒子时是否与实验结果相符。薛定谔当初就是"猜"加"凑"出来他的方程的。

为简单起见,本书只介绍粒子在恒定的势场 U 中运动的情形。这种情况下,粒子的概率密度将和时间无关而只是空间坐标的函数。在一维的情况下,将用 $\psi(x)$ 代替 22.5 节中的波函数 $\Psi=\Psi(x,y,z,t)$,$\psi(x)$ 称为**定态波函数**。由定态波函数描写的粒子的运动状态称为**定态**。

决定粒子定态波函数的**定态薛定谔方程**(一维形式)为

$$-\frac{\hbar^2}{2m}\frac{\partial^2\psi}{\partial x^2}+U\psi=E\psi \tag{22.28}$$

关于薛定谔方程(22.28)需要说明两点。第一,它是**线性微分方程**。这就意味着作为它

的解的波函数或概率幅 ψ 满足叠加原理，这正是 22.5 节中提到的“量子力学的第一原理”所要求的。

第二，从数学上来说，对于任何能量 E 的值，方程(22.28)都有解，但并非对所有 E 值的解都能满足物理上的要求。这些要求最一般的是，作为有物理意义的波函数，这些解必须是**单值的，有限的**和**连续的**。这些条件叫做波函数的**标准条件**。令人惊奇的是，根据这些条件，由薛定谔方程“自然地”、“顺理成章地”就能得出微观粒子的重要特征——量子化条件。这些量子化条件在普朗克和波尔那里都是“强加”给微观系统的。作为量子力学基本方程的薛定谔方程当然还给出了微观系统的许多其他奇异的性质。

下面举一些例子说明由薛定谔方程(22.28)所决定的粒子运动的一些基本特征。

22.8 无限深方势阱中的粒子

本节讨论粒子在一种简单的外力场中做一维运动的情形，分析薛定谔方程会给出什么结果。粒子在这种外力场中的势能函数为

$$U=\begin{cases}0, & 0\leqslant x\leqslant a\\ \infty, & x<0 \text{ 和 } x>a\end{cases} \tag{22.29}$$

这种势能函数的势能曲线如图 22.14 所示。由于图形像井，所以这种势能分布叫**势阱**。图 22.14 中的井深无限，所以叫**无限深方势阱**。在阱内，由于势能是常量，所以粒子不受力而做自由运动；在边界 $x=0$ 和 a 处，势能突然增至无限大，所以粒子会受到无限大的指向阱内的力。因此，粒子的位置就被限制在阱内，粒子这时的状态称为**束缚态**。

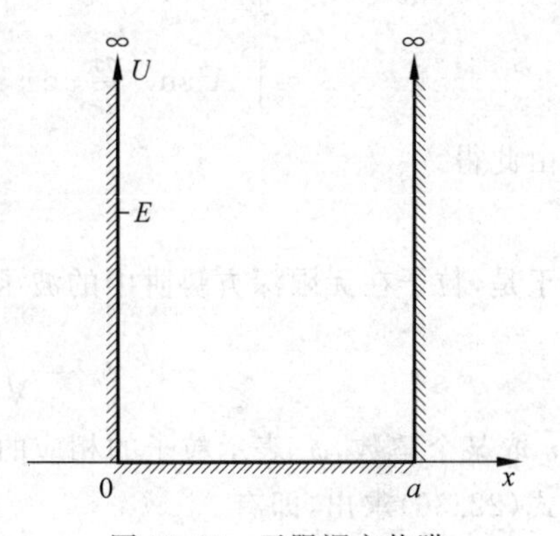

图 22.14 无限深方势阱

势阱是一种简单的理论模型。自由电子在金属块内部可以自由运动，但很难逸出金属表面。这种情况下，自由电子就可以认为是处于以金属块表面为边界的无限深势阱中。在粗略地分析自由电子的运动(不考虑点阵离子的电场)时，就可以利用无限深方势阱这一模型。

为研究粒子的运动，利用薛定谔方程(22.28)

$$-\frac{\hbar^2}{2m}\frac{\partial^2\psi}{\partial x^2}+U\psi=E\psi$$

在势阱外，即 $x<0$ 和 $x>a$ 的区域，由于 $U=\infty$，所以必须有

$$\psi=0,\quad x<0 \text{ 和 } x>a \tag{22.30}$$

否则，式(22.28)将给不出任何有意义的解。$\psi=0$ 说明粒子不可能到达这一区域，这是和经典概念相符的。

在势阱内，即 $0\leqslant x\leqslant a$ 的区域，由于 $U=0$，式(22.28)可写成

$$\frac{\partial^2\psi}{\partial x^2}=-\frac{2mE}{\hbar^2}\psi=-k^2\psi \tag{22.31}$$

式中

$$k = \sqrt{2mE}/\hbar \tag{22.32}$$

式(22.31)和简谐运动的微分方程式(17.11)形式上一样，其解应为

$$\psi = A\sin(kx + \varphi), \quad 0 \leqslant x \leqslant a \tag{22.33}$$

式(22.30)和式(22.33)分别表示的两区域的解在各区域内显然是单值而有限且连续的，但整个波函数还要在 $x=0$ 和 $x=a$ 处是连续的，即在 $x=0$ 处应有

$$A\sin\varphi = 0 \tag{22.34}$$

而在 $x=a$ 处应有

$$A\sin(ka + \varphi) = 0 \tag{22.35}$$

式(22.34)给出 $\varphi=0$，于是式(22.35)又给出

$$ka = n\pi, \quad n = 1,2,3,\cdots \tag{22.36}$$

将此结果代入式(22.33)，可得

$$\psi = A\sin\frac{n\pi}{a}x, \quad n = 1,2,3,\cdots \tag{22.37}$$

振幅 A 的值，可以根据**归一化条件**，即粒子在空间各处的概率的总和应该等于1，来求得。利用式(22.30)和式(22.37)以及概率和波函数的关系可得

$$\begin{aligned} 1 &= \int_{-\infty}^{+\infty} |\psi|^2 \mathrm{d}x = \int_{-\infty}^{0} |\psi|^2 \mathrm{d}x + \int_{0}^{a} |\psi|^2 \mathrm{d}x + \int_{a}^{+\infty} |\psi|^2 \mathrm{d}x \\ &= \int_{0}^{a} A^2 \sin^2 \frac{n\pi}{a}x \,\mathrm{d}x = \frac{a}{2}A^2 \end{aligned}$$

由此得

$$A = \sqrt{2/a} \tag{22.38}$$

于是，粒子在无限深方势阱中的波函数为

$$\psi_n = \sqrt{\frac{2}{a}}\sin\frac{n\pi}{a}x, \quad n = 1,2,3,\cdots \tag{22.39}$$

n 取某个整数，ψ_n 表示粒子的相应的定态波函数，相应的粒子的能量可以由式(22.32)代入式(22.36)求出，即有

$$E_n = \frac{\pi^2 \hbar^2}{2ma^2}n^2, \quad n = 1,2,3,\cdots \tag{22.40}$$

式中 n 只能取整数值。这样，根据标准条件的要求由薛定谔方程就自然地得出：束缚在势阱内的粒子的能量只能取**离散**的值，即**能量是量子化**的。每一个能量值对应于一个**能级**。这些能量值称为**能量本征值**，而 n 称为**量子数**。

波函数 ψ 叫做**能量本征波函数**。由每个本征波函数所描述的粒子的状态称为粒子的**能量本征态**，其中能量最低的态称为**基态**，其上的能量较大的系统称为**激发态**。

式(22.33)所表示的波函数和坐标的关系如图22.15中的实线所示。图中虚线表示相应的概率密度与坐标的关系。注意，这里由粒子的波动性给出的概率密度的周期性分布和经典粒子的完全不同。按经典理论，粒子在阱内来来回回自由运动，在各处的概率密度应该是相等的，而且与粒子的能量无关。

和经典粒子不同的另一点是，由式(22.40)知，量子粒子的最小能量，即基态能量为 $E_1 = \pi^2\hbar^2/(2ma^2)$，不等于零。这是符合不确定关系的，因为量子粒子在有限空间内运动，其速度不可能为零，而经典粒子可能处于静止的能量为零的最低能态。

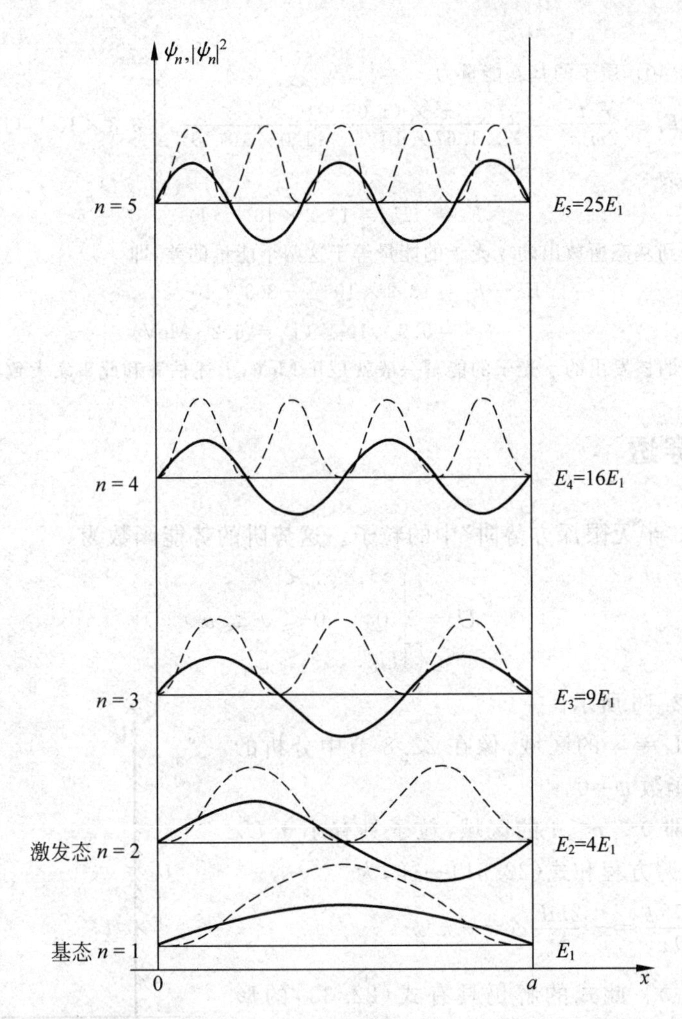

图 22.15 无限深方势阱中粒子的能量本征函数(实线)及概率密度(虚线)与坐标的关系

由式(22.40)可以得到粒子在势阱中运动的动量为

$$p_n = \pm \sqrt{2mE_n} = \pm n\frac{\pi\hbar}{a} = \pm k\hbar \tag{22.41}$$

相应地,粒子的德布罗意波长为

$$\lambda_n = \frac{h}{p_n} = \frac{2\pi}{k} = \frac{2a}{n} \tag{22.42}$$

此波长也量子化了,它只能是势阱宽度两倍的整数分之一。这一结果也由图 22.15 中的实线显示出来了。

这一结果使我们回想起两端固定的弦中产生驻波的情况。图 22.15 和图 18.24 是一样的,而式(22.42)和式(18.38)相同。因此可以说,无限深方势阱中粒子的每一个能量本征态对应于德布罗意波的一个特定波长的驻波。

例 22.11 核内质子能态。 在核内的质子和中子可粗略地当成是处于无限深势阱中而不能逸出,它们在核中的运动也可以认为是自由的。按一维无限深方势阱估算,质子从第 1 激发态($n=2$)到基态($n=1$)转变时,放出的 γ 光子的能量是多少 MeV? 核的线度按 1.0×

10^{-14} m 计。

解 由式(22.40),质子的基态能量为

$$E_1=\frac{\pi^2\hbar^2}{2m_pa^2}=\frac{\pi^2\times(1.05\times10^{-34})^2}{2\times1.67\times10^{-27}\times(1.0\times10^{-14})^2}=3.3\times10^{-13}\ (\mathrm{J})$$

第1激发态的能量为

$$E_2=4E_1=13.2\times10^{-13}\ (\mathrm{J})$$

从第1激发态转变到基态所放出的 γ 光子的能量等于这两个能量的差,即

$$\begin{aligned}E_2-E_1&=13.2\times10^{-13}-3.3\times10^{-13}\\&=9.9\times10^{-13}\ (\mathrm{J})=6.2\ (\mathrm{MeV})\end{aligned}$$

实验中观察到的核发出的 γ 光子的能量一般就是几 MeV,上述估算和此事实大致相符。

22.9 势垒穿透

让我们考虑“半无限深方势阱”中的粒子。这势阱的势能函数为

$$U=\begin{cases}\infty, & x<0\\ 0, & 0\leqslant x\leqslant a\\ U_0, & x>a\end{cases}\tag{22.43}$$

势能曲线如图22.16所示。

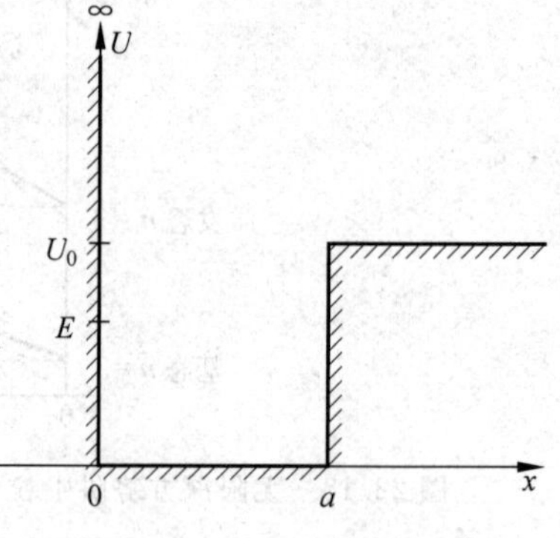

图22.16 半无限深方势阱

在 $x<0$ 而 $U=\infty$ 的区域,像在22.8节中分析的那样,粒子的波函数 $\psi=0$。

在阱内部,即 $0\leqslant x\leqslant a$ 的区域,粒子具有小于 U_0 的能量 E。薛定谔方程和式(22.31)一样,为

$$\frac{\partial^2\psi}{\partial x^2}=-\frac{2mE}{\hbar^2}\psi=-k^2\psi$$

式中 $k=\sqrt{2mE}/\hbar$。此式的解仍具有式(22.33)的形式,即

$$\psi=A\sin(kx+\varphi),\quad 0<x<a$$

在 $x>a$ 的区域,薛定谔方程(22.28)可写成

$$\frac{\partial^2\psi}{\partial x^2}=\frac{2m}{\hbar^2}(U_0-E)\psi=k'^2\psi\tag{22.44}$$

其中

$$k'=\sqrt{2m(U_0-E)}/\hbar\tag{22.45}$$

注意,对 $E<U_0$ 的粒子,$k'^2>0$,式(22.44)是有指数解的,其解可以为

$$\psi=Ce^{-k'x},\quad x>a\tag{22.46}$$

这说明,在 $x>a$ 而势能有限的区域,粒子出现的概率不为零,即粒子在运动中也可能到达 $x>a$ 的区域,不过到达的概率随 x 增大而按指数规律减小。

由于数学推演比较复杂,我们不再介绍波函数的细节。只是要说明,由波函数标准条件可以得出:对于束缚在阱内的粒子(即 $E<U_0$ 的粒子),其能量也是量子化的,不过其能量的本征值不能再用式(22.40)表示。对于适当的 U_0 值,粒子处于可能的基态和第1、第2激发态(U_0 太小时,粒子不能被束缚在阱内)的波函数如图22.17中的实线所示,虚线表示粒子

的概率密度分布。

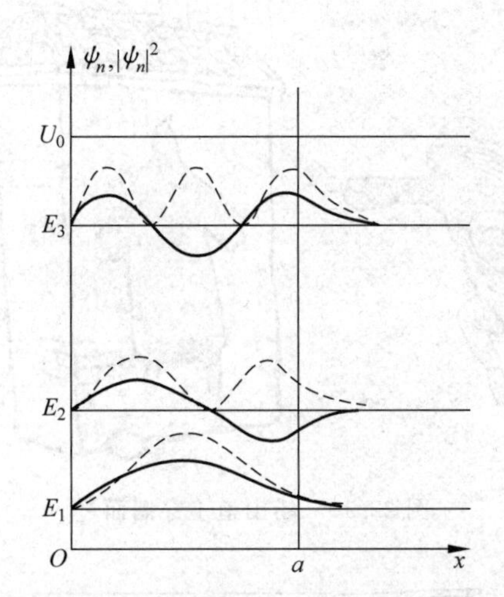

图 22.17 半无限深方势阱中粒子的波函数(实线)与概率密度(虚线)分布

这里我们又一次看到量子力学给出的结果与经典力学给出的结果不同。除了处于束缚态的粒子的能量是量子化的这一点以外,上述结果还显示,**粒子可以到达其总能量 E 小于势能 U_0 的区域**。由于在 $E<U_0$ 的区域,粒子的动能 $E_k(E_k=E-U_0)$ 已变为负值,因而在经典力学中粒子是不可能进入这一区域的。粒子运动的这一量子力学特征是由不确定关系决定的。

由于粒子可以进入 $U_0>E$ 的区域,如果这一高势能区域是有限的,即粒子在运动中为一**势垒**所阻(如图 22.18 所示),则粒子就有可能穿过势垒而到达势垒的另一侧。这一量子力学现象叫做**势垒穿透**或**隧穿效应**。

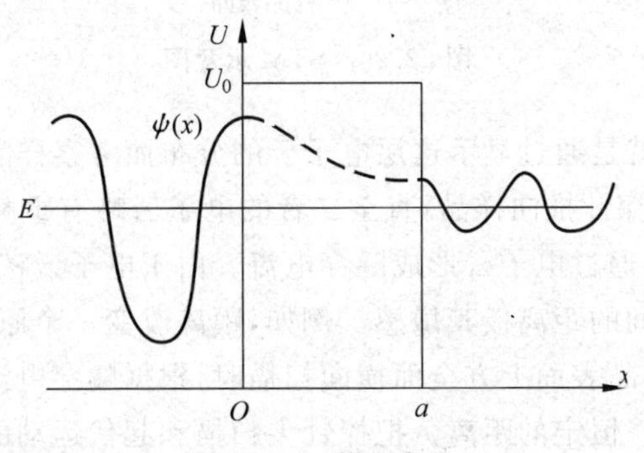

图 22.18 势垒穿透

在《聊斋志异》中,蒲松龄讲述了一个故事,说的是一个崂山道士能够穿墙而过(图 22.19)。这虽然是虚妄之谈,但从量子力学的观点来看,也还不能说是完全没有道理的!只不过是概率"小"了一些。

势垒穿透现象目前的一个重要应用是**扫描隧穿显微镜**,简称 STM。它的设备和原理示意图如图 22.20 所示。

在样品的表面有一表面势垒阻止内部的电子向外运动。但正如量子力学所指出的那样,表面内的电子能够穿过这表面势垒,到达表面外形成一层电子云。这层电子云的密度随着与表面的距离的增大而按指数规律迅速减小。这层电子云的纵向和横向分布由样品表面

图 22.19　崂山道士穿墙而过

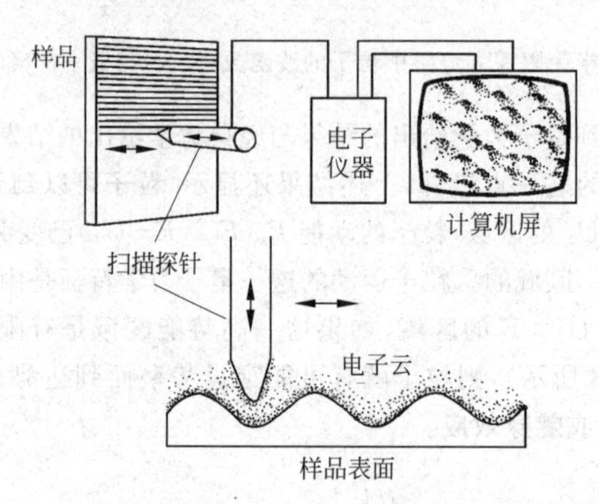

图 22.20　STM 示意图

的微观结构决定，STM 就是通过显示这层电子云的分布而考察样品表面的微观结构的。

使用 STM 时，先将探针推向样品，直至二者的电子云略有重叠为止。这时在探针和样品间加上电压，电子便会通过电子云形成隧穿电流。由于电子云密度随距离迅速变化，所以隧穿电流对针尖与表面间的距离极其敏感。例如，距离改变一个原子的直径，隧穿电流会变化 1000 倍。当探针在样品表面上方全面横向扫描时，根据隧穿电流的变化利用一反馈装置控制针尖与表面间保持一恒定的距离。把探针尖扫描和起伏运动的数据送入计算机进行处理，就可以在荧光屏或绘图机上显示出样品表面的三维图像，和实际尺寸相比，这一图像可放大到 1 亿倍。

目前用 STM 已对石墨、硅、超导体以及纳米材料等的表面状况进行了观察，取得了很好的结果。图 22.21 是 STM 的石墨表面碳原子排列的计算机照片。

STM 不但可以当作“眼”来观察材料表面的细微结构，而且可以用作“手”来摆弄单个原子。可以用它的探针尖吸住一个孤立原子，然后把该原子放到另一个位置。这就迈出了人类用单个原子这样的“砖块”来建造“大厦”即各种理想材料的第一步。图 22.22 是 1993 年 IBM 公司的科学家精心制作的**“量子围栏”**的计算机照片。他们在 4 K 的温度下用 STM 的针尖一个个地把 48 个铁原子“栽”到了一块精制的铜表面上，围成一个圆圈，圈内就形成了一个势阱,把在该处铜表面运动的电子圈了起来。图中圈内的圆形波纹就是这些电子的波动图景,它的大小及图形和量子力学的预言符合得非常好。

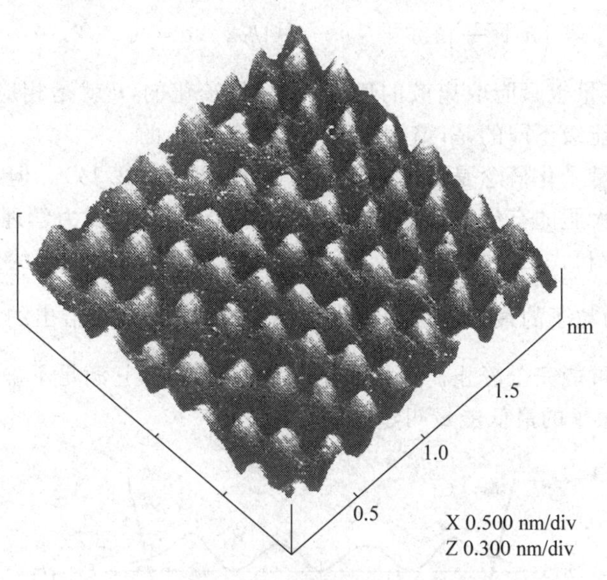

图 22.21 石墨表面的 STM 照片

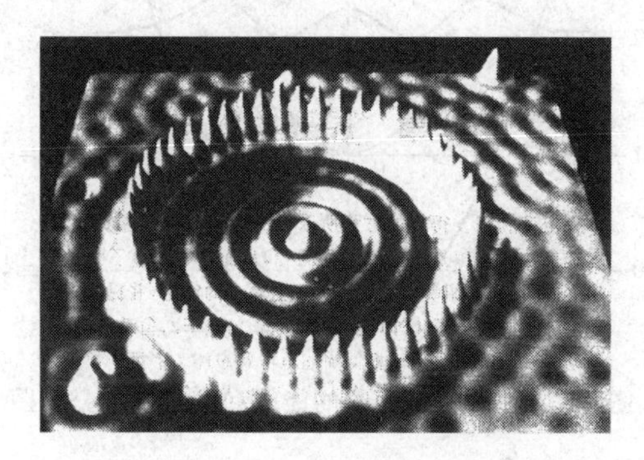

图 22.22 量子围栏照片

*22.10 谐振子

本节讨论粒子在略微复杂的势场中做一维运动的情形,即谐振子的运动。这也是一个很有用的模型,固体中原子的振动就可以用这种模型加以近似地描述。

一维谐振子的势能函数为

$$U=\frac{1}{2}kx^2=\frac{1}{2}m\omega^2x^2 \tag{22.47}$$

其中 $\omega=\sqrt{k/m}$ 是振子的固有角频率,m 是振子的质量,k 是振子的等效劲度系数。将此式代入式(22.28),可得一维谐振子的薛定谔方程为

$$\frac{\mathrm{d}^2\psi}{\mathrm{d}x^2}+\frac{2m}{\hbar^2}\left(E-\frac{1}{2}m\omega^2x^2\right)\psi=0 \tag{22.48}$$

这是一个变系数的常微分方程,求解较为复杂。因此我们将不再给出波函数的解析式,只是着重指出:为了使波函数 ψ 满足单值、有限和连续的标准条件,谐振子的能量只能是

$$E_n = \left(n+\frac{1}{2}\right)\hbar\,\omega = \left(n+\frac{1}{2}\right)h\nu, \quad n = 0,1,2,\cdots \tag{22.49}$$

这说明,谐振子的能量也只能取离散的值,即也是量子化的,n 就是相应的量子数。和无限深方势阱中粒子的能级不同的是,谐振子的能级是等间距的。

谐振子的能量量子化概念是普朗克首先提出的(见式(22.1))。但在普朗克那里,这种能量量子化是一个大胆的有创造性的假设。在这里,它成了量子力学理论的一个自然推论。从量上说,式(22.1)和式(22.49)还有不同。式(22.1)给出的谐振子的最低能量为零,这符合经典概念,即认为粒子的最低能态为静止状态。但式(22.49)给出的最低能量为$\frac{1}{2}h\nu$,这意味着微观粒子不可能完全静止。这是波粒二象性的表现,它满足不确定关系的要求(参看例22.9)。这一谐振子的最低能量叫**零点能**。

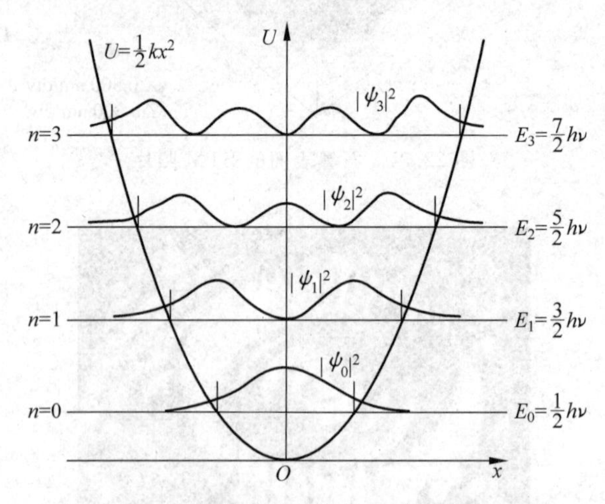

图22.23 一维谐振子的能级和概率密度分布图

图22.23中画出了谐振子的势能曲线、能级以及概率密度与坐标 x 的关系曲线。由图中可以看出,在任一能级上,在势能曲线 $U=U(x)$ 以外,概率密度并不为零。这也表明了微观粒子运动的这一特点:它在运动中有可能进入势能大于其总能量的区域,这在经典理论看来是不可能出现的。

例22.12 宏观振子。设想一质量为 $m=1$ g 的小珠子悬挂在一个小轻弹簧下面做振幅为 $A=1$ mm 的谐振动。弹簧的劲度系数为 $k=0.1$ N/m。按量子理论计算,此弹簧振子的能级间隔多大?和它现有的振动能量对应的量子数 n 是多少?

解 弹簧振子的角频率是

$$\omega = \sqrt{\frac{k}{m}} = \sqrt{\frac{0.1}{10^{-3}}} = 10\ (\mathrm{s}^{-1})$$

据式(22.49),能级间隔为

$$\Delta E = \hbar\omega = 1.05\times10^{-34}\times10 = 1.05\times10^{-33}\ (\mathrm{J})$$

振子现有的能量为

$$E=\frac{1}{2}kA^2=\frac{1}{2}\times 0.1\times(10^{-3})^2=5\times 10^{-8}\ (\mathrm{J})$$

再由式(22.49)可知相应的量子数

$$n=\frac{E}{\hbar\omega}-\frac{1}{2}=4.7\times 10^{25}$$

这说明,用量子的概念,宏观谐振子是处于能量非常高的状态的。相对于这种状态的能量,两个相邻能级的间隔 ΔE 是完全可以忽略的。因此,当宏观谐振子的振幅发生变化时,它的能量将连续地变化。这就是经典力学关于谐振子能量的结论。

提 要

1. 黑体辐射：能量的频率分布由温度决定的电磁辐射。

普朗克量子化假设：谐振子能量为

$$E=nh\nu,\qquad n=0,1,2,\cdots$$

普朗克热辐射公式 $M_\nu=\dfrac{2\pi h}{c^2}\dfrac{\nu^3}{e^{h\nu/kT}-1}$

斯特藩-玻耳兹曼定律 $M=\sigma T^4$

2. 光电效应

现象特征：光电子最大初动能与入射光频率成线性关系;发出光电子的延迟时间极短。

光子：光(电磁波)是由光子组成的。

每个光子的能量 $E=h\nu$， 质量 $m=h\nu/c^2$， 动量 $p=\dfrac{E}{c}=\dfrac{h}{\lambda}$

光电效应方程 $\dfrac{1}{2}m_0v_{\max}^2=h\nu-A$

光电效应的红限频率 $\nu_0=A/h$

3. 康普顿散射：用光子和“静止的”电子的碰撞解释。

散射公式 $\Delta\lambda=\lambda-\lambda_0=\dfrac{h}{m_0c}(1-\cos\varphi)$

康普顿波长(电子) $\lambda_C=2.4263\times 10^{-3}\ \mathrm{nm}$

4. 粒子的波动性

德布罗意假设：粒子的波长 $\lambda=h/p=h/mv$

5. 概率波与概率幅

德布罗意波是概率波,它描述粒子在各处被发现的概率。

用波函数 Ψ 描述微观粒子的状态。Ψ 叫概率幅,$|\Psi|^2$ 为概率密度。概率幅具有叠加性。

6. 不确定关系：它是粒子二象性的反映。

位置动量不确定关系 $\Delta x\Delta p_x\geqslant\dfrac{\hbar}{2}$

能量时间不确定关系 $\Delta E\Delta t\geqslant\dfrac{\hbar}{2}$

7. 定态薛定谔方程(一维)

$$-\frac{\hbar^2}{2m}\frac{\partial^2\psi}{\partial x^2}+U\psi=E\psi$$

ψ 称为定态波函数，E 是粒子的能量。

此微分方程是线性的，说明 ψ 满足叠加原理。

波函数必须满足的标准物理条件：单值、有限、连续。

8. 一维无限深方势阱中的粒子

能量量子化 $E_n=\frac{\pi^2\hbar^2}{2ma^2}n^2,\quad n=1,2,3,\cdots$

概率密度分布不均匀。

德布罗意波长量子化 $\lambda_n=2a/n=\frac{2\pi}{k}$

此式类似于经典的两端固定的弦驻波。

9. 势垒穿透

微观粒子可以进入其势能(有限的)大于其总能量的区域，这是由不确定关系决定的。

在势垒有限的情况下，粒子可以穿过势垒到达另一侧，这种现象又称隧穿效应。

***10. 谐振子**

能量量子化 $E_n=\left(n+\frac{1}{2}\right)h\nu,\quad n=0,1,2,3,\cdots$

零点能 $E_0=\frac{1}{2}h\nu$

思考题

22.1 霓虹灯发的光是热辐射吗？熔炉中的铁水发的光是热辐射吗？

22.2 人体也向外发出热辐射，为什么在黑暗中还是看不见人呢？用夜视镜为什么又能看见呢？

22.3 刚粉刷完的房间从房外远处看，即使在白天，它的开着的窗口也是黑的。为什么？

22.4 用可见光能产生康普顿效应吗？能观察到吗？

22.5 若一个电子和一个质子具有同样的动能，哪个粒子的德布罗意波长较大？

22.6 电子显微镜所用电子波长常小于 0.01 nm，为什么不用这么短的波长的光子来制造显微镜？

22.7 如果普朗克常量 $h\to 0$，对波粒二象性会有什么影响？如果光在真空中的速率 $c\to\infty$，对时间空间的相对性会有什么影响？

22.8 根据不确定关系，一个分子即使在 0 K，它能完全静止吗？

22.9 德布罗意波是什么波？什么是概率密度？概率密度和波函数有什么关系？

22.10 什么是定态薛定谔方程？为什么说是定态的？

22.11 什么是波函数必须满足的标准条件？

22.12 波函数归一化是什么意思？

22.13 量子力学给出的势阱内的粒子在各处的概率和经典结论有何不同？关于粒子可能具有的能量二者给出的结论又有何不同？

22.14 什么叫势垒穿透？经典物理能解释这一现象吗？

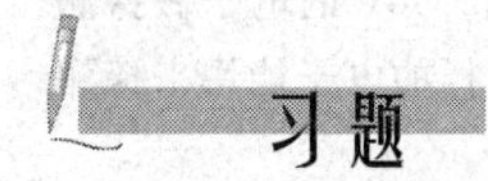

习题

22.1　夜间地面降温主要是由于地面的热辐射。如果晴天夜里地面温度为-5℃，按黑体辐射计算，1 m^2 地面失去热量的速率多大？

22.2　在地球表面，太阳光的强度是 1.0×10^3 W/m^2。地球轨道半径以 1.5×10^8 km 计，太阳半径以 7.0×10^8 m 计，并视太阳为黑体，试估算太阳表面的温度。

22.3　太阳的总辐射功率为 $P_S=3.9\times10^{26}$ W。

(1) 以 r 表示行星绕太阳运行的轨道半径。试根据热平衡的要求证明：行星表面的温度 T 由下式给出：

$$T^4=\frac{P_S}{16\pi\sigma r^2}$$

其中 σ 为斯特藩-玻耳兹曼常量。（行星辐射按黑体计。）

(2) 用上式计算地球和冥王星的表面温度，已知地球 $r_E=1.5\times10^{11}$ m，冥王星 $r_P=5.9\times10^{12}$ m。

22.4　Procyon B 星距地球 11 l. y.，它发的光到达地球表面的强度为 1.7×10^{-12} W/m^2，该星的表面温度为 6600 K，求该星的线度。

22.5　宇宙大爆炸遗留在宇宙空间的均匀各向同性的背景热辐射相当于 3 K 黑体辐射。地球表面接收此辐射的功率是多大？

22.6　铝的逸出功是 4.2 eV，今用波长为 200 nm 的光照射铝表面，求：

(1) 光电子的最大动能；

(2) 截止电压；

(3) 铝的红限波长。

22.7　银河系间宇宙空间内星光的能量密度为 10^{-15} J/m^3，相应的光子数密度多大？假定光子平均波长为 500 nm。

22.8　入射的 X 射线光子的能量为 0.60 MeV，被自由电子散射后波长变化了 20%。求反冲电子的动能。

22.9　一个静止电子与一能量为 4.0×10^3 eV 的光子碰撞后，它能获得的最大动能是多少？

22.10　电子和光子各具有波长 0.20 nm，它们的动量和总能量各是多少？

22.11　一电子显微镜的加速电压为 40 keV，经过这一电压加速的电子的德布罗意波长是多少？

22.12　德布罗意关于玻尔角动量量子化的解释。以 r 表示氢原子中电子绕核运行的轨道半径，以 λ 表示电子波的波长。氢原子的稳定性要求电子在轨道上运行时电子波应沿整个轨道形成整数波长(图 22.24)。试由此并结合德布罗意公式(22.16)导出电子轨道运动的角动量应为

$$L=m_e rv=n\hbar,\quad n=1,2,\cdots$$

这正是当时已被玻尔提出的电子轨道角动量量子化的假设。

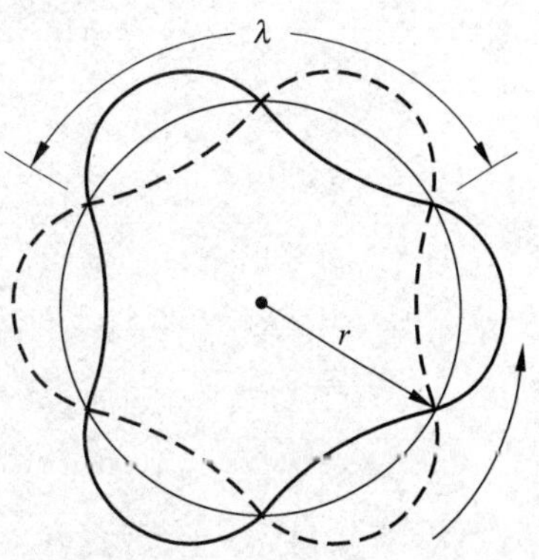

图 22.24　习题 22.12 用图

22.13　电视机显像管中电子的加速电压为 9 kV，电子枪枪口直径取 0.50 mm，枪口离荧光屏距离为 0.30 m。求荧光屏上一个电子形成的亮斑直径。这样大小的亮斑影响电视图像的清晰度吗？

22.14　卢瑟福的 α 散射实验所用 α 粒子的能量为 7.7 MeV。α 粒子的质量为 6.7×10^{-27} kg，所用 α 粒子的波长是多少？对原子的线度 10^{-10} m 来说，这种 α 粒子能像卢瑟福做的那样按经典

力学处理吗？（这要求 α 粒子的波长比原子的线度小得多。）

22.15　为了探测质子和中子的内部结构，曾在斯坦福直线加速器中用能量为 22 GeV 的电子做探测粒子轰击质子。这样的电子的德布罗意波长是多少？已知质子的线度为 10^{-15} m，这样的电子能用来探测质子内部的情况吗？

22.16　一个细胞的线度为 10^{-5} m，其中一粒子质量为 10^{-14} g。按一维无限深方势阱计算，这个粒子的 $n_1=100$ 和 $n_2=101$ 的能级和它们的差各是多大？

22.17　一个氧分子被封闭在一个盒子内。按一维无限深方势阱计算，并设势阱宽度为 10 cm。

(1) 该氧分子的基态能量是多大？

(2) 设该分子的能量等于 $T=300$ K 时的平均热运动能量 $\frac{3}{2}kT$，相应的量子数 n 的值是多少？这第 n 激发态和第 $n+1$ 激发态的能量差是多少？

22.18　一维无限深方势阱中的粒子的波函数在边界处为零。这种定态物质波相当于两端固定的弦中的驻波，因而势阱宽度 a 必须等于德布罗意波的半波长的整数倍。试由此求出粒子能量的本征值为

$$E_n = \frac{\pi^2 \hbar^2}{2ma^2} n^2$$

第23章

原子中的电子

薛定谔利用他得到的方程所取得的第一个突出成就是，更自然地解决了当时有关氢原子的问题，从而开始了量子力学理论的建立。本章先介绍薛定谔方程关于氢原子的结论，并提及多电子原子。除了能量量子化外，还要说明原子内电子的角动量(包括自旋角动量)的量子化。然后根据描述电子状态的4个量子数讲解原子中电子排布的规律，从而说明元素周期表中各元素的排序以及X光的发射机制。其后介绍激光产生的原理及其应用，最后介绍分子的能级以及分子光谱的特征。

23.1 氢原子

氢原子是一个三维系统，其电子在质子的库仑场内运动，处于束缚状态。它的势能为

$$U(r)=-\frac{e^2}{4\pi\varepsilon_0 r} \tag{23.1}$$

其中r为电子到质子的距离。由于此势能具有球对称性，在求解氢原子中电子运动的波函数时，就不能用如式(22.28)那样的薛定谔方程的一维形式，而要用该方程的三维形式，而且为了方便起见，还要用该方程三维球坐标形式。这样，数学求解步骤过于复杂，本书对此不再介绍。下面就只介绍在式(23.1)的势能函数的条件下，薛定谔方程给出的结果。

根据处于束缚态的粒子的波函数必须满足的标准条件，薛定谔方程**自然地**(即不是作为假设条件提出的)给出了量子化的结果，即氢原子中电子的状态由3个量子数n,l,m_l决定，它们的名称和可能取值如表23.1所示。下面说明它们的意义。

表23.1 氢原子的量子数

名　称	符　号	可 能 取 值
主量子数	n	$1,2,3,4,5,\cdots$
轨道量子数	l	$0,1,2,3,4,\cdots,n-1$
轨道磁量子数	m_l	$-l,-(l-1),\cdots,0,1,2,\cdots,l$

主量子数 n 决定电子的，也就是整个氢原子的能量。这一能量的表示式为[①]

$$E_n = -\frac{m_e e^4}{2(4\pi\varepsilon_0)^2 \hbar^2}\frac{1}{n^2} \tag{23.2}$$

其中 m_e 是电子的质量。此式表示氢原子的能量只能取离散的值，这就是**能量的量子化**。式(23.2)也可以写成

$$E_n = -\frac{e^2}{2(4\pi\varepsilon_0)a_0}\frac{1}{n^2} \tag{23.3}$$

式中

$$a_0 = \frac{4\pi\varepsilon_0 \hbar^2}{m_e e^2} \tag{23.4}$$

具有长度的量纲，叫**玻尔半径**[②]。将各常量值代入可得其值为

$$a_0 = 0.529 \times 10^{-10}\ \text{m} = 0.0529\ \text{nm}$$

$n=1$ 的状态叫氢原子的**基态**。代入各常量后，可得氢原子的基态能量为

$$E_1 = -\frac{m_e e^4}{2(4\pi\varepsilon_0)^2 \hbar^2} = -13.6\ \text{eV}$$

式(23.2)给出的每一个能量的可能取值叫做一个能级。氢原子的能级可以用图23.1所示的能级图表示(也见图19.6)。$E>0$ 的情况表示电子已脱离原子核的吸引，即氢原子已电离。这时的电子成为自由电子，其能量可以具有大于零的连续值。

使氢原子电离所必需的最小能量叫**电离能**，它的值就等于 E_1。

$n>1$ 的状态统称为**激发态**。在通常情况下，氢原子就处在能量最低的基态。但当外界供给能量时，氢原子也可以跃迁到某一激发态。常见的激发方式之一是氢原子吸收一个光子而得到能量 $h\nu$。处于激发态的原子是不稳定的，经过或长或短的时间(典型的为 10^{-8} s)，它会跃迁到能量较低的状态而以光子或其他方式放出能量。不论向上或向下跃迁，氢原子所吸收或放出的能量都必须等于相应的能级差。就吸收或放出光子来说，必须有

$$h\nu = E_h - E_l \tag{23.5}$$

其中 E_h 和 E_l 分别表示氢原子的高能级和低能级。式(23.5)叫**玻尔频率条件**。

在氢气放电管放电发光的过程中，氢原子可以被激发到各个高能级中。从这些高能级向不同的较低能级跃迁时，就会发出各种相应的频率的光。经过分光镜或光栅后，每种频率的光都会形成一条条**谱线**。这些谱线的总体称为**光谱**。氢原子的光谱由一组组的**谱线系**组成，如图23.1所示。从较高能级回到基态的跃迁形成**莱曼系**，这些光在紫外区。从较高能级回到 $n=2$ 的能级的跃迁发出的光形成**巴耳末系**，处于可见光区。从较高能级回到 $n=3$ 的能级的跃迁发出的光形成**帕邢系**，在红外区等。

例23.1 **巴耳末系**。求巴耳末系光谱的最大和最小波长。

解 由 $h\nu=E_h-E_l$ 和 $\lambda\nu=c$ 可得最大波长为

$$\begin{aligned}\lambda_{\max} &= \frac{ch}{E_3-E_2} = \frac{3\times10^8\times6.63\times10^{-34}}{[-13.6/3^2-(-13.6/2^2)]\times1.6\times10^{-19}}\\ &= 6.58\times10^{-7}\ (\text{m}) = 658\ (\text{nm})\end{aligned}$$

---

① 式(23.2)是丹麦物理学家玻尔1913年首先推出的，当时他应用牛顿定律和库仑定律计算电子绕原子核作圆周运动时的能量。只用经典理论不可能得到能量量子化，为了满足实验结果的要求，他创造性地给电子的运动强加了一个条件：电子对核中心的角动量只能是 $h/2\pi$ 的整数倍(h 是普朗态常量)。这样做了之后，他才得出了式(23.2)的结果。(参看习题11.17。)

② 在玻尔的理论中，电子是在以氢核为心的圆轨道上运动的，这些可能的圆轨道的半径为 $r_n=n^2a_0$。由能量式(23.2)可知，能量越高的轨道(n 越大)其半径越大。

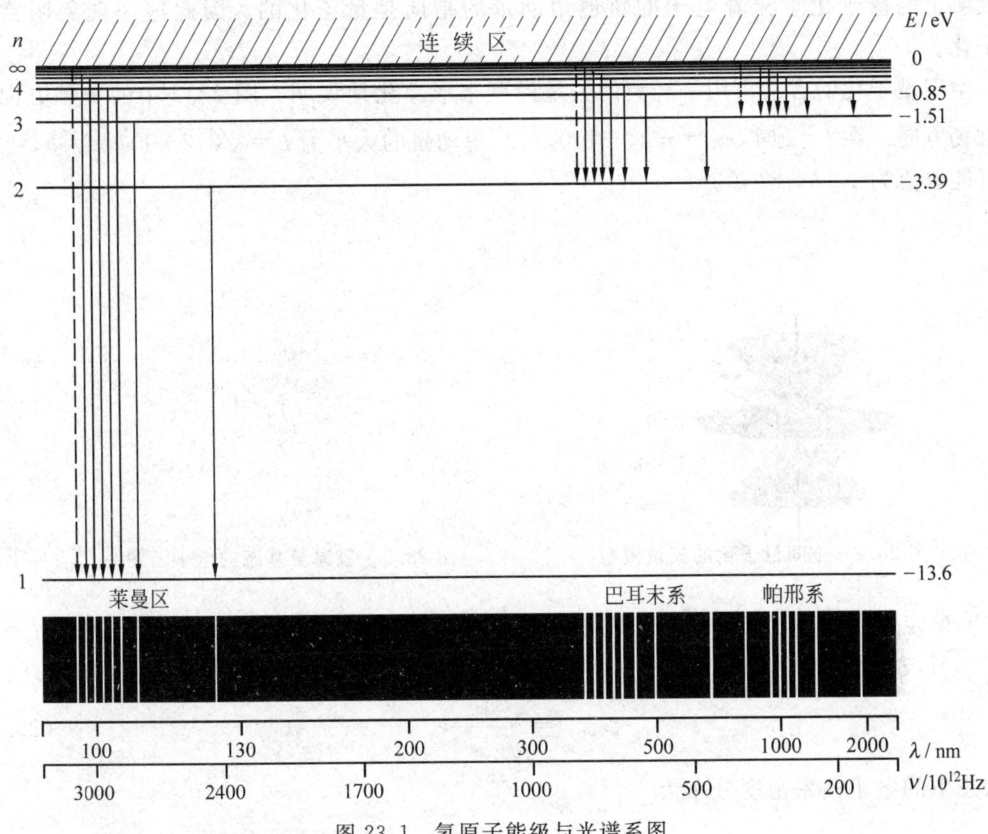

图 23.1 氢原子能级与光谱系图

这一波长的光为红光。最小波长为

$$\lambda_{\min}=\frac{ch}{E_{\infty}-E_2}=\frac{3\times10^8\times6.63\times10^{-34}}{0-(-13.6/2^2)\times1.6\times10^{-19}}$$

$$=3.66\times10^{-7}\ (\mathrm{m})=366\ (\mathrm{nm})$$

这一波长的光在近紫外区，此波长叫巴耳末系的**极限波长**。$E>0$ 的自由电子跃迁到 $n=2$ 的能级所发的光在此极限波长之外形成连续谱。

轨道量子数 l 决定电子的轨道角动量的大小 L。电子在核周围运动的角动量的可能取值为

$$L=\sqrt{l(l+1)}\,\hbar \tag{23.6}$$

这说明轨道角动量的数值也是量子化的。①

轨道磁量子数 m_l 决定电子轨道角动量 $\boldsymbol{L}$ 在空间某一方向(如 z 方向)的投影。在通常情况下，自由空间是各向同性的，z 轴可以取任意方向，这一量子数没有什么实际意义。如果把原子放到磁场中，则磁场方向就是一个特定的方向，取磁场方向为 z 方向，m_l 就决定了轨道角动量在 z 方向的投影(这也就是 m_l 所以叫做磁量子数的原因)。这一投影也是量子化的，其可能取值为

$$L_z=m_l\,\hbar \tag{23.7}$$

---

① 根据索末菲对玻尔理论的修改补充，能量相同(n 相同)而轨道角动量不同(即 l 不同)的电子轨道是绕氢核的不同偏心率的椭圆。

此投影值的量子化意味着电子的轨道角动量的指向是量子化的。因此这一现象叫**空间量子化**。

空间量子化的含义可用一经典的矢量模型来形象化地说明。图23.2中的z轴方向为外磁场方向。在$l=2$时，$m_l=-2,-1,0,1,2$，角动量的大小为$L=\sqrt{2(2+1)}\hbar=\sqrt{6}\hbar$，而$L_z$的可能取值为$\pm 2\hbar, \pm\hbar, 0$。

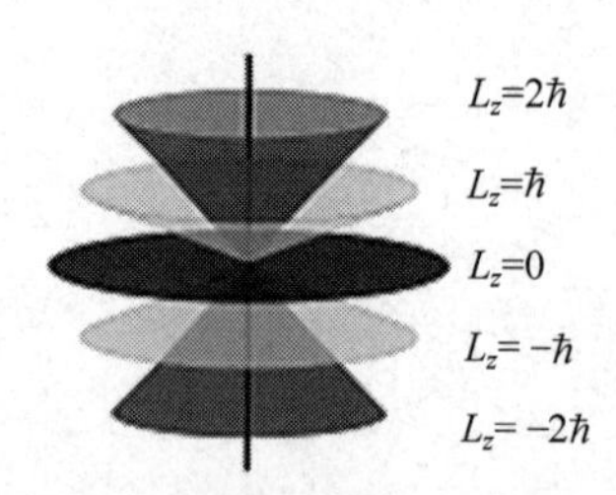

图23.2　空间量子化的矢量模型

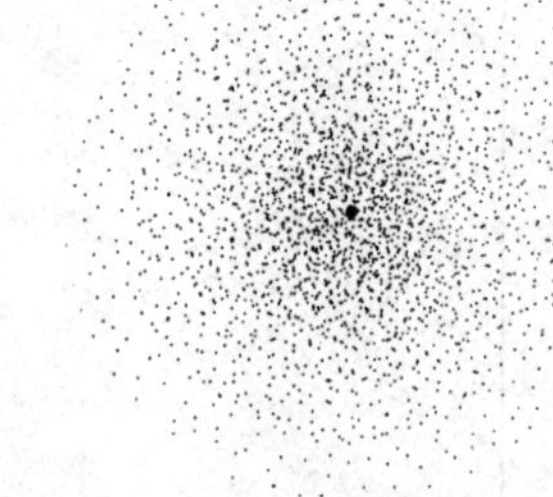

图23.3　氢原子基态的电子云图

有确定量子数n,l,m_l的电子状态的定态波函数记作ψ_{n,l,m_l}。对于基态，$n=1,l=0$，$m_l=0$，其波函数为

$$\psi_{1,0,0}=\frac{1}{\sqrt{\pi}a_0^{3/2}}\mathrm{e}^{-r/a_0} \tag{23.8}$$

此状态下的电子概率密度分布为

$$|\psi_{1,0,0}|^2=\frac{1}{\pi a_0^3}\mathrm{e}^{-2r/a_0} \tag{23.9}$$

这是一个球对称分布。以点的密度表示概率密度的大小，则基态下氢原子中电子的概率密度分布可以形象化地用图23.3表示。这种图常被说成是“**电子云**”图。注意，量子力学对电子绕原子核**运动**的图像(或意义)只是给出这个疏密分布，即只能说出电子在空间某处小体积内出现的概率多大，而没有经典的位移随时间变化的概念，因而也就没有轨道的概念。早期量子论，如玻尔最先提出的原子模型，认为电子是绕原子核在确定的轨道上运动的，这种概念今天看来是错误的。上面提到角动量时所加的“轨道”二字只是沿用的词，不能认为是电子沿某封闭轨道运动时的角动量。现在可以理解为“和位置变动相联系的”角动量，以区别于在23.2节将要讨论的“自旋角动量”。

对于$n=2$的状态，l可取0和1两个值。$l=0$时，$m_l=0$；$l=1$时，$m_l=-1,0$或$+1$。这几个状态下氢原子电子云图如图23.4所示。$l=0,m_l=0$的电子云分布具有球对称性。$l=1,m_l=\pm 1$这两个状态的电子云分布是完全一样的。它们和$l=1,m_l=0$的状态的电子云分布都具有对z轴的轴对称性。对孤立的氢原子来说，空间没有确定的方向，可以认为电子平均地往返于这三种状态之间。如果把这三种状态的概率密度加在一起，就发现总和也是球对称的。由此我们可以把$l=1$的三个相互独立的波函数归为一组。一般地说，l相同的波函数都可归为一组，这样的一组叫一个**支壳层**，其中电子概率密度分布的总和具有球对称性。$l=0,1,2,3,4,\cdots$的支壳层分别依次命名为$s,p,d,f,g,\cdots$支壳层。

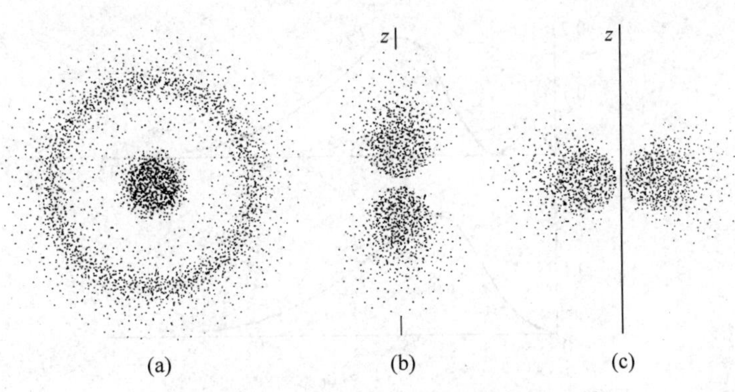

图 23.4 氢原子 $n=2$ 的各状态的电子云图
(a) $l=0, m_l=0$; (b) $l=1, m_l=0$; (c) $l=1, m_l=\pm 1$

由式(23.2)可以看到氢原子的能量只和主量子数 n 有关，n 相同而 l 和 m_l 不同的各状态的能量是相同的。这种情形叫能级的**简并**。具有同一能级的各状态称为**简并态**。具有同一主量子数的各状态可以认为组成一组，这样的一组叫做一个**壳层**①。$n=1,2,3,4,\cdots$的壳层分别依次命名为 $K,L,M,N,\cdots$壳层。联系到上面提到的支壳层的意义可知，主量子数为 n 的壳层内共有 n 个支壳层。

对于概率密度分布，考虑到势能的球对称性，我们更感兴趣的是**径向概率密度** $P(r)$。它的定义是：在半径为 r 和 $r+\mathrm{d}r$ 的两球面间的体积内电子出现的概率为 $P(r)\mathrm{d}r$。对于氢原子基态，由于式(23.9)表示的概率密度分布是球对称的，因此可以有

$$P_{1,0,0}(r)\mathrm{d}r = |\psi_{1,0,0}|^2 \cdot 4\pi r^2 \mathrm{d}r$$

由此可得

$$P_{1,0,0}(r) = |\psi_{1,0,0}|^2 \cdot 4\pi r^2 = \frac{4}{a_0^3} r^2 \mathrm{e}^{-2r/a_0} \tag{23.10}$$

此式所表示的关系如图 23.5 所示。由式(23.10)可求得 $P_{1,0,0}(r)$的极大值出现在 $r=a_0$ 处，即从离原子核远近来说，电子出现在 $r=a_0$ 附近的概率最大。在量子论早期，玻尔用半经典理论求出的氢原子中电子绕核运动的最小的可能圆轨道的半径就是这个 a_0 值，这也是把 a_0 叫做玻尔半径的原因。

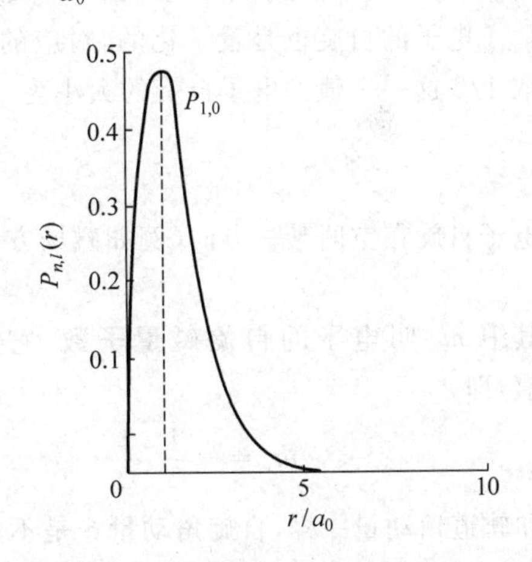

图 23.5 氢原子基态的电子径向概率密度分布曲线

$n=2, l=0$ 的支壳层的径向概率密度分布如图 23.6 中的 $P_{2,0}$ 曲线所示，它对应于图 23.4(a)的电子云分布。$n=2, l=1$ 的支壳层的径向概率密度分布如图 23.6 中的 $P_{2,1}$ 曲线所示，它对应于图 23.4(b)，(c)叠加后的电子云分布。$P_{2,1}$ 曲线的极大值出现在 $r=4a_0$ 的地方。

一般说来，对于主量子数为 n 而轨道量子数

① 根据玻尔理论，n 相同的电子的可能轨道都在以氢核为心的球面上。这一球面被称为“壳层”。按量子力学理论，电子在氢核周围的运动状态只能用概率密度描述，并不存在严格意义上的“壳层”。

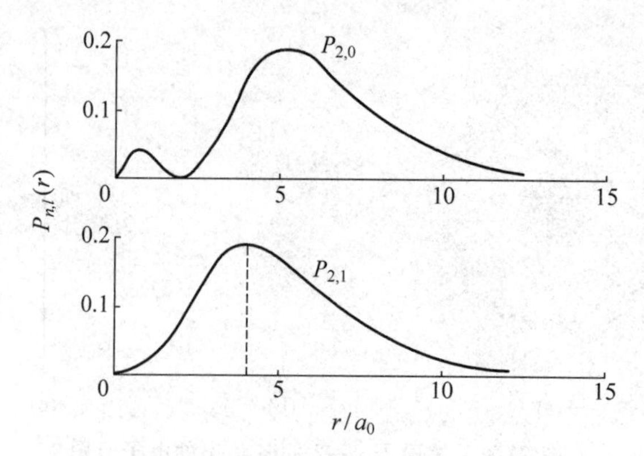

图 23.6 $n=2$ 的电子径向概率密度分布曲线

$l=n-1$ 的支壳层，其电子的径向概率密度分布只有一个极大值，出现在 $r_n=n^2a_0$ 处。例如 $n=3$ 时，出现在 $r_3=9a_0$ 处。这一 r_n 的值就是玻尔半经典理论给出的氢原子中电子运动的可能圆轨道的半径值。

23.2 电子的自旋与自旋轨道耦合

原子中的电子不但具有轨道角动量，而且具有**自旋角动量**。这一事实的经典模型是太阳系中地球的运动。地球不但绕太阳运动具有轨道角动量，而且由于围绕自己的轴旋转而具有自旋角动量。但是，正像不能用轨道概念来描述电子在原子核周围的运动一样，也不能把经典的小球的自旋图像硬套在电子的自旋上。电子的自旋和电子的电量及质量一样，是一种“内禀的”，即本身固有的性质。由于这种性质具有角动量的一切特征(例如参与角动量守恒)，所以称为自旋角动量，也简称**自旋**。

电子的自旋也是量子化的，对应的**自旋量子数**用 s 表示。和轨道量子数 l 不同，s 只能取 1/2 这一个值。电子自旋的大小为

$$S=\sqrt{s(s+1)}\,\hbar=\sqrt{\frac{3}{4}}\,\hbar \tag{23.11}$$

电子自旋在空间某一方向(例如磁场方向)的投影为

$$S_z=m_s\,\hbar \tag{23.12}$$

其中 m_s 叫电子的**自旋磁量子数**，它只取两个值，即

$$m_s=-\frac{1}{2},\frac{1}{2} \tag{23.13}$$

和轨道角动量一样，自旋角动量 $\boldsymbol{S}$ 是不能测定的，只有 S_z 可以测定(图 23.7)。

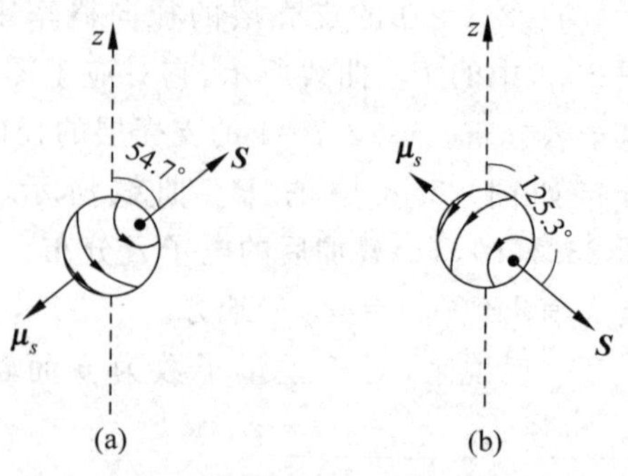

图 23.7 电子自旋的经典矢量模型

(a) $m_s=1/2$；(b) $m_s=-1/2$

一个电子绕核运动时，既有轨道角动量 $\boldsymbol{L}$，又有自旋角动量 $\boldsymbol{S}$。这时电子的状态和总的角动量 $\boldsymbol{J}$ 有关，总角动量为前二者的和，即

$$\boldsymbol{J}=\boldsymbol{L}+\boldsymbol{S} \tag{23.14}$$

这一角动量的合成叫**自旋轨道耦合**。量子力学给出，J 也是量子化的。相应的总角动量量子数用 j 表示，则总角动量的值为

$$J = \sqrt{j(j+1)}\,\hbar \tag{23.15}$$

j 的取值取决于 l 和 s。在 $l=0$ 时，$\boldsymbol{J}=\boldsymbol{S}$，$j=s=1/2$。在 $l\neq 0$ 时，$j=l+s=l+1/2$ 或 $j=l-s=l-1/2$。$j=l+1/2$ 的情况称为自旋和轨道角动量平行，$j=l-1/2$ 的情况称为自旋和轨道角动量反平行。图 23.8 画出 $l=1$ 时这两种情况下角动量合成的经典矢量模型图，其中 $S=\sqrt{3}\hbar/2$，$L=\sqrt{2}\hbar$，$J=\sqrt{15}\hbar/2$ 或 $\sqrt{3}\hbar/2$。

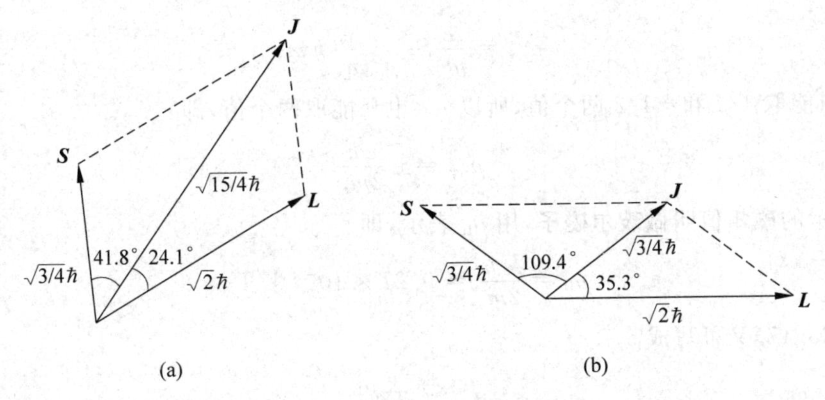

图 23.8　自旋轨道耦合矢量模型

(a) $j=3/2$；(b) $j=1/2$

在实际的氢原子中，自旋轨道耦合可以用图 23.9 所示的玻尔模型图来定性地说明。在原子核参考系中(图 23.9(a))，原子核 p 静止，电子 e 围绕它做圆周运动。在电子参考系中(图 23.9(b)，(c))电子是静止的，而原子核绕电子做相同转向的圆周运动，因而在电子所在处产生向上的磁场 $\boldsymbol{B}$。以 $\boldsymbol{B}$ 的方向为 z 方向，则电子的角动量相对于此方向，只可能有平行

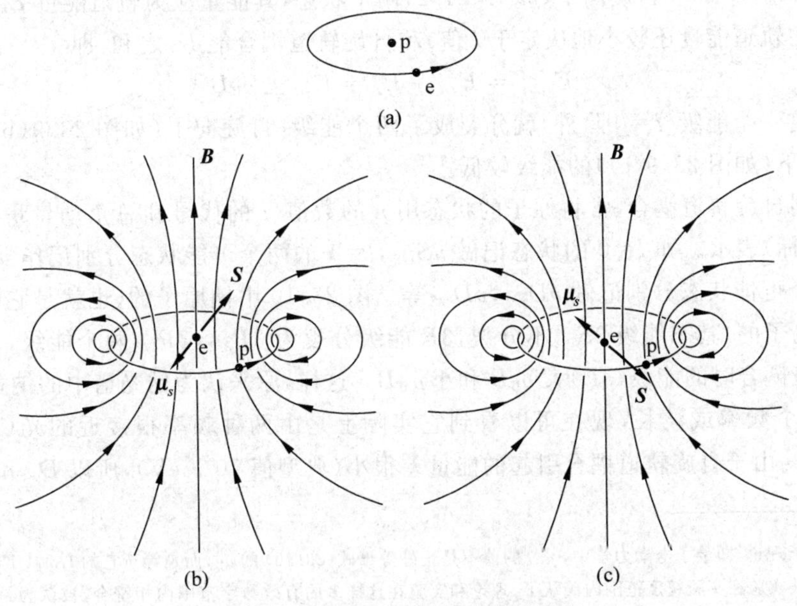

图 23.9　自旋轨道耦合的简单说明

与反平行两个方向。图 23.9(b),(c)分别画出了这两种情况。

自旋轨道耦合使得电子在 l 为某一值($l=0$ 除外)时,其能量由单一的 $E_{n,l}$ 值分裂为两个值,即同一个 l 能级分裂为 $j=l+1/2$ 和 $j=l-1/2$ 两个能级。这是因为和电子的自旋相联系,电子具有内禀**自旋磁矩** $\boldsymbol{\mu}_s$。量子理论给出,电子的自旋磁矩与自旋角动量 $\boldsymbol{S}$ 有以下关系:

$$\boldsymbol{\mu}_s = -\frac{e}{m_e}\boldsymbol{S} \tag{23.16}$$

它在 z 方向的投影为

$$\mu_{s,z} = \frac{e}{m_e}S_z = \frac{e}{m_e}\hbar m_s$$

由于 m_s 只能取 1/2 和 $-1/2$ 两个值,所以 $\mu_{s,z}$ 也只能取两个值,即

$$\mu_{s,z} = \pm\frac{e\hbar}{2m_e} \tag{23.17}$$

此式所表示的磁矩值叫做**玻尔磁子**,用 μ_B 表示,即

$$\mu_B = \frac{e\hbar}{2m_e} = 9.27\times10^{-24}\ \text{J/T} \tag{23.18}$$

因此,式(23.17)又可写成①

$$\mu_{s,z} = \pm\mu_B \tag{23.19}$$

在电磁学中学过,磁矩 $\boldsymbol{\mu}_s$ 在磁场中是具有能量的,其能量为

$$E_s = -\boldsymbol{\mu}_s\cdot\boldsymbol{B} = -\mu_{s,z}B \tag{23.20}$$

将式(23.19)代入,可知由于自旋轨道耦合,电子所具有的能量为

$$E_s = \mp\mu_B B \tag{23.21}$$

其中 B 是电子在原子中所感受到的磁场。

对孤立的原子来说,电子在某一主量子数 n 和轨道量子数 l 所决定的状态内,还可能有自旋向上($m_s=1/2$)和自旋向下($m_s=-1/2$)两个状态,其能量应为轨道能量 $E_{n,l}$(多电子原子中电子的轨道能量还较小地决定于 l 值)和自旋轨道耦合能 E_s 之和,即

$$E_{n,l,s} = E_{n,l} + E_s = E_{n,l}\pm\mu_B B \tag{23.22}$$

这样,$E_{n,l}$ 这一个能级($l=0$ 除外)就分裂成了两个能级,自旋向上(如图 23.9(b))的能级较高,自旋向下(如图 23.9(c))的能级较低。

考虑到自旋轨道耦合,常将原子的状态用 n 的数值、l 的代号和总角动量量子数 j 的数值(作为下标)表示。如 $l=0$ 的状态记做 $nS_{1/2}$,$l=1$ 的两个可能状态分别记作 $nP_{3/2}$,$nP_{1/2}$,$l=2$ 的两个可能状态分别记做 $nD_{5/2}$,$nD_{3/2}$ 等。图 23.10 中钠原子的(也就是它的最外层的那一个价电子的)基态能级 $3S_{1/2}$ 不分裂,$3P$ 能级分裂为 $3P_{3/2}$,$3P_{1/2}$ 两个能级,分别比不考虑自旋轨道耦合时的能级($3P$)大 $\mu_B B$ 和小 $\mu_B B$。这样,原来认为钠光谱中的钠黄光谱线(D 线)只有一个频率或波长,现在可以看到它实际上是由两种频率很接近的光(D_1 线和 D_2 线)组成的。由于自旋轨道耦合引起的能量差很小(典型值 10^{-5} eV),所以 D_1 和 D_2 的频率

① 在高等量子理论,即量子电动力学中,$\mu_{s,z}$ 的值不是正好等于式(23.18)的 μ_B,而是等于它的 1.001 159 652 38 倍。这一结果已被实验在实验精度范围内确认了。理论和实验在这样多的有效数字范围内相符合,被认为是物理学的惊人的突出成就之一。

或波长差也是很小的，但用较精密的光谱仪还是很容易观察到的。这样形成的光谱线组合叫光谱的**精细结构**，组成钠黄线的两条谱线的波长分别为 $\lambda_{D_1}=589.592$ nm 和 $\lambda_{D_2}=588.995$ nm。

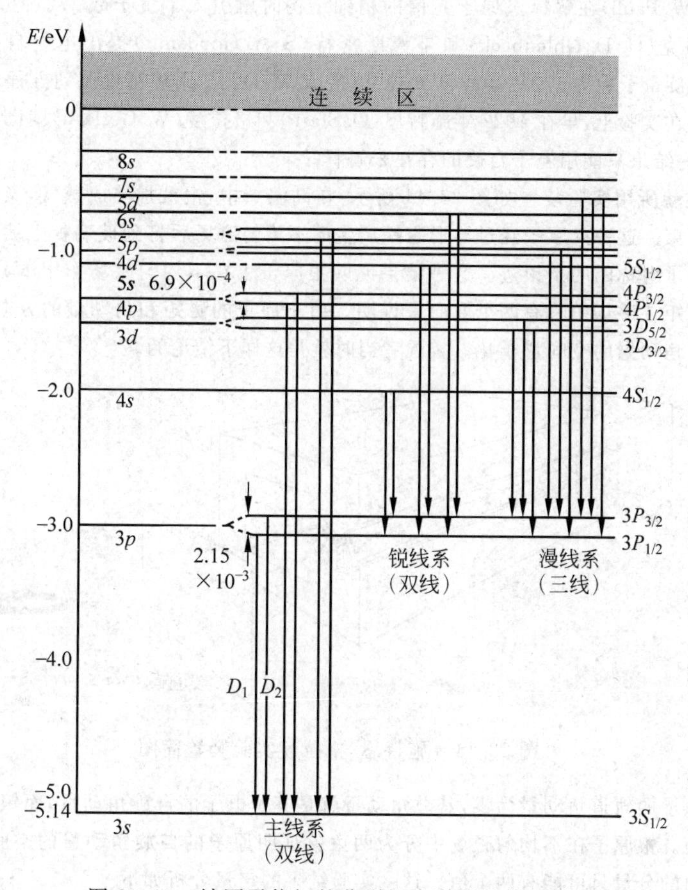

图 23.10　钠原子能级的分裂和光谱线的精细结构

例 23.2　钠黄双线。试根据钠黄线双线的波长求钠原子 $3P_{1/2}$ 态和 $3P_{3/2}$ 态的能级差，并估算在该能级时价电子所感受到的磁场。

解　由于

$$h\nu_{D_1}=\frac{hc}{\lambda_{D_1}}=E_{3P_{1/2}}-E_{3S_{1/2}}$$

$$h\nu_{D_2}=\frac{hc}{\lambda_{D_2}}=E_{3P_{3/2}}-E_{3S_{1/2}}$$

所以有

$$\begin{aligned}\Delta E&=E_{3P_{3/2}}-E_{3P_{1/2}}=hc\left(\frac{1}{\lambda_{D_2}}-\frac{1}{\lambda_{D_1}}\right)\\&=6.63\times10^{-34}\times3\times10^{8}\times\left(\frac{1}{588.995}-\frac{1}{589.592}\right)\times\frac{1}{10^{-9}}\\&=3.44\times10^{-22}\ (\mathrm{J})=2.15\times10^{-3}\ (\mathrm{eV})\end{aligned}$$

又由于 $\Delta E=2\mu_B B$，所以有

$$B=\frac{\Delta E}{2\mu_B}=\frac{3.44\times10^{-22}}{2\times9.27\times10^{-24}}=18.6\ (\mathrm{T})$$

这是一个相当强的磁场。

施特恩-格拉赫实验

1924年泡利(W. Pauli)在解释氢原子光谱的精细结构时就引入了量子数1/2,但是未能给予物理解释。1925年乌伦贝克(G. E. Uhlenbeck)和哥德斯密特(S. A. Goudsmit)提出电子自旋的概念,并给出式(23.11),指出自旋量子数为1/2。1928年狄拉克(P. A. M. Dirac)用相对论波动方程自然地得出了电子具有自旋的结论。在实验上,早在1922年施特恩(O. Stern)和格拉赫(W. Gerlach)就已得出了角动量空间量子化的结果,这一结果只能用电子自旋的存在来解释。

施特恩和格拉赫所用实验装置如图23.11所示,在高温炉中,银被加热成蒸气,飞出的银原子经过准直屏后形成银原子束。这一束原子经过异形磁铁产生的不均匀磁场后打到玻璃板上淀积下来。实验结果是在玻璃板上出现了对称的两条银迹。这一结果说明银原子束在不均匀磁场作用下分成了两束,而这又只能用银原子的磁矩在磁场中只有两个取向来说明。由于原子的磁矩和角动量的方向相同(或相反),所以此结果就说明了**角动量**的空间量子化。实验者当时就是这样下结论的。

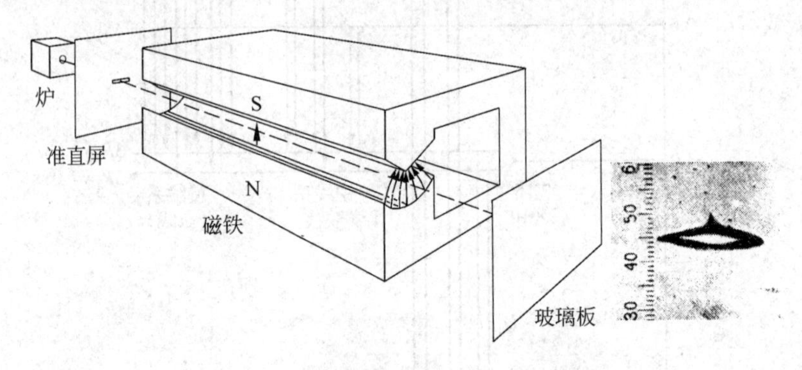

图23.11 施特恩-格拉赫实验装置简图

后来知道银原子的轨道角动量为零,其总角动量就是其价电子的自旋角动量,而银原子的磁矩就是其价电子的自旋磁矩。银原子在不均匀磁场中分为两束就证明原子的**自旋角动量**的空间量子化,而且这一角动量沿磁场方向的分量只可能有两个值。这一实验结果的定量分析如下。

电子磁矩在磁场中的能量由式(23.21)给出。在不均匀磁场中,电子磁矩会受到磁场力 F_m 的作用。由于力等于相应能量的梯度,再利用式(23.21)可得

$$F_m = -\frac{\partial E_s}{\partial z} = -\frac{d}{dz}(\mp \mu_B B) = \pm \mu_B \frac{dB}{dz} \tag{23.23}$$

此力与磁场增强的方向相同或相反,视磁矩的方向而定,如图23.12所示。在此力作用下,银原子束将向相反方向偏折。以 m 表示银原子的质量,则银原子受力而产生的垂直于初速方向的加速度为

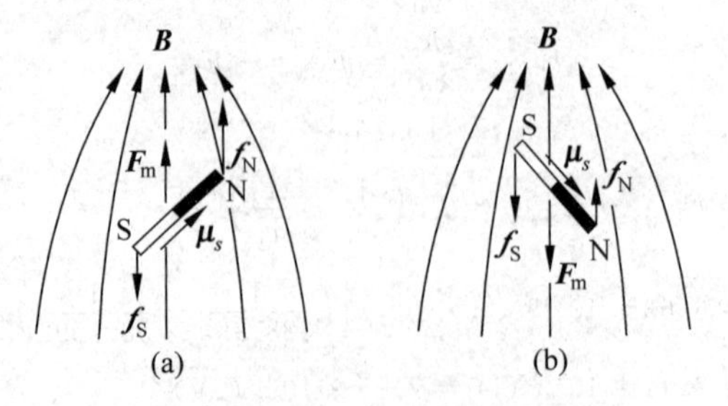

图23.12 磁矩在不均匀磁场中受的力

(a) 自旋向下;(b) 自旋向上

$$a = \frac{F_{\mathrm{m}}}{m} = \pm \frac{\mu_{\mathrm{B}}}{m} \frac{\mathrm{d}B}{\mathrm{d}z}$$

以 d 表示磁铁极隙的长度,以 v 表示银原子的速度,则可得出两束银原子飞出磁场时的间隔为

$$\Delta z = 2 \times \frac{1}{2} \mid a \mid \left(\frac{d}{v}\right)^2 = \frac{\mu_{\mathrm{B}}}{m} \frac{\mathrm{d}B}{\mathrm{d}z} \left(\frac{d}{v}\right)^2$$

银原子的速度可由炉的温度 T 根据 $v = \sqrt{3kT/m}$ 求得。所以最后可得

$$\Delta z = \frac{\mu_{\mathrm{B}} d^2}{3kT} \frac{\mathrm{d}B}{\mathrm{d}z} \tag{23.24}$$

根据实验中测得的数据利用式(23.24)计算出的 μ_{B} 值和式(23.18)相符,证明电子自旋概念是正确的。

23.3 各种原子中电子的排布

对于多电子原子,薛定谔方程不能完全精确地求解,但可以利用近似方法求得足够精确的解,其结果是在原子中每个电子的状态仍可以用 n, l, m_l 和 m_s 四个量子数来确定。主量子数 n 和电子的概率密度分布的径向部分有关,n 越大,电子离核越远。电子的能量主要由 n,较小程度上由 l 所决定。一般地,n 越大,l 越大,则电子能量越大。轨道磁量子数 m_l 决定电子的轨道角动量在 z 方向的分量。自旋磁量子数 m_s 决定自旋方向是“向上”还是“向下”,它对电子的能量也稍有影响。由各量子数可能取值的范围可以求出电子以四个量子数为标志的可能状态数分布如下:

n, l, m_l 相同,但 m_s 不同的可能状态有 2 个。

n, l 相同,但 m_l, m_s 不同的可能状态有 $2(2l+1)$ 个,这些状态组成一个支壳层。

n 相同,但 l, m_l 和 m_s 不同的可能状态有 $2n^2$ 个,这些状态组成一个壳层。

原子处于基态时,其中各电子各处于一定的状态。这时各电子**实际上**处于哪个状态,由两条规律决定:

其一是**能量最低原理**,即电子总处于可能最低的能级;

其二是**泡利不相容原理**[①],即同一状态不可能有多于一个电子存在。

元素周期表中各元素是按原子序数 Z 由小到大依次排列的。原子序数就是各元素原子的核中的质子数,也就是正常情况下各元素原子中的核外电子数。各元素的原子在基态时核外电子的排布情况如表 23.2 所示。下面举几个典型例子说明电子排布的规律性。

表 23.2 各元素原子在基态时核外电子的排布

元素	Z	K	L		M			N				O				P			Q	电离能/eV
		$1s$	$2s$	$2p$	$3s$	$3p$	$3d$	$4s$	$4p$	$4d$	$4f$	$5s$	$5p$	$5d$	$5f$	$6s$	$6p$	$6d$	$7s$	
H	1	1																		13.5981
He	2	2																		22.5868
Li	3	2	1																	5.3916
Be	4	2	2																	9.322

① 量子理论将粒子按其遵守的统计规律的不同区分为两种。一种粒子的自旋量子数是半整数,如 1/2,3/2,5/2 等。它们称为**费米子**。这种粒子遵守泡利不相容原理,即一个量子状态不可能有多于一个粒子存在。另一种粒子的自旋量子数是整数,如 0,1,2,…。它们称为**玻色子**。这种粒子不遵守泡利不相容原理,在一个量子态中可以有任意多的这种粒子。

续表

元素	Z	K	L		M			N				O				P			Q	电离能/eV
		1s	2s	2p	3s	3p	3d	4s	4p	4d	4f	5s	5p	5d	5f	6s	6p	6d	7s	
B	5	2	2	1																8.298
C	6	2	2	2																11.260
N	7	2	2	3																14.534
O	8	2	2	4																13.618
F	9	2	2	5																17.422
Ne	10	2	2	6																21.564
Na	11	2	2	6	1															5.139
Mg	12	2	2	6	2															7.646
Al	13	2	2	6	2	1														5.986
Si	14	2	2	6	2	2														8.151
P	15	2	2	6	2	3														10.486
S	16	2	2	6	2	4														10.360
Cl	17	2	2	6	2	5														12.967
Ar	18	2	2	6	2	6														15.759
K	19	2	2	6	2	6		1												4.341
Ca	20	2	2	6	2	6		2												6.113
Sc	21	2	2	6	2	6	1	2												6.54
Ti	22	2	2	6	2	6	2	2												6.82
V	23	2	2	6	2	6	3	2												6.74
Cr	24	2	2	6	2	6	5	1												6.765
Mn	25	2	2	6	2	6	5	2												7.432
Fe	26	2	2	6	2	6	6	2												7.870
Co	27	2	2	6	2	6	7	2												7.86
Ni	28	2	2	6	2	6	8	2												7.635
Cu	29	2	2	6	2	6	10	1												7.726
Zn	30	2	2	6	2	6	10	2												9.394
Ga	31	2	2	6	2	6	10	2	1											5.999
Ge	32	2	2	6	2	6	10	2	2											7.899
As	33	2	2	6	2	6	10	2	3											9.81
Se	34	2	2	6	2	6	10	2	4											9.752
Br	35	2	2	6	2	6	10	2	5											11.814
Kr	36	2	2	6	2	6	10	2	6											13.999
Rb	37	2	2	6	2	6	10	2	6			1								4.177
Sr	38	2	2	6	2	6	10	2	6			2								5.693
Y	39	2	2	6	2	6	10	2	6	1		2								6.38
Zr	40	2	2	6	2	6	10	2	6	2		2								6.84
Nb	41	2	2	6	2	6	10	2	6	4		1								6.88
Mo	42	2	2	6	2	6	10	2	6	5		1								7.10
Tc	43	2	2	6	2	6	10	2	6	5		2								7.28
Ru	44	2	2	6	2	6	10	2	6	7		1								7.366
Rh	45	2	2	6	2	6	10	2	6	8		1								7.46

续表

元素	Z	K	L		M			N				O				P			Q	电离能
		$1s$	$2s$	$2p$	$3s$	$3p$	$3d$	$4s$	$4p$	$4d$	$4f$	$5s$	$5p$	$5d$	$5f$	$6s$	$6p$	$6d$	$7s$	/eV
Pd	46	2	2	6	2	6	10	2	6	10										8.33
Ag	47	2	2	6	2	6	10	2	6	10		1								7.576
Cd	48	2	2	6	2	6	10	2	6	10		2								8.993
In	49	2	2	6	2	6	10	2	6	10		2	1							5.786
Sn	50	2	2	6	2	6	10	2	6	10		2	2							7.344
Sb	51	2	2	6	2	6	10	2	6	10		2	3							8.641
Te	52	2	2	6	2	6	10	2	6	10		2	4							9.01
I	53	2	2	6	2	6	10	2	6	10		2	5							10.457
Xe	54	2	2	6	2	6	10	2	6	10		2	6							12.130
Cs	55	2	2	6	2	6	10	2	6	10		2	6			1				3.894
Ba	56	2	2	6	2	6	10	2	6	10		2	6			2				5.211
La	57	2	2	6	2	6	10	2	6	10		2	6	1		2				5.5770
Ce	58	2	2	6	2	6	10	2	6	10	1	2	6	1		2				5.466
Pr	59	2	2	6	2	6	10	2	6	10	3	2	6			2				5.422
Nd	60	2	2	6	2	6	10	2	6	10	4	2	6			2				5.489
Pm	61	2	2	6	2	6	10	2	6	10	5	2	6			2				5.554
Sm	62	2	2	6	2	6	10	2	6	10	6	2	6			2				5.631
Eu	63	2	2	6	2	6	10	2	6	10	7	2	6			2				5.666
Gd	64	2	2	6	2	6	10	2	6	10	7	2	6	1		2				6.141
Tb	65	2	2	6	2	6	10	2	6	10	(8)	2	6	(1)		(2)				5.852
Dy	66	2	2	6	2	6	10	2	6	10	10	2	6			2				5.927
Ho	67	2	2	6	2	6	10	2	6	10	11	2	6			2				6.018
Er	68	2	2	6	2	6	10	2	6	10	12	2	6			2				6.101
Tm	69	2	2	6	2	6	10	2	6	10	13	2	6			2				6.184
Yb	70	2	2	6	2	6	10	2	6	10	14	2	6			2				6.254
Lu	71	2	2	6	2	6	10	2	6	10	14	2	6	1		2				5.426
Hf	72	2	2	6	2	6	10	2	6	10	14	2	6	2		2				6.865
Ta	73	2	2	6	2	6	10	2	6	10	14	2	6	3		2				7.88
W	74	2	2	6	2	6	10	2	6	10	14	2	6	4		2				7.98
Re	75	2	2	6	2	6	10	2	6	10	14	2	6	5		2				7.87
Os	76	2	2	6	2	6	10	2	6	10	14	2	6	6		2				8.5
Ir	77	2	2	6	2	6	10	2	6	10	14	2	6	7		2				9.1
Pt	78	2	2	6	2	6	10	2	6	10	14	2	6	9		1				9.0
Au	79	2	2	6	2	6	10	2	6	10	14	2	6	10		1				9.22
Hg	80	2	2	6	2	6	10	2	6	10	14	2	6	10		2				10.43
Tl	81	2	2	6	2	6	10	2	6	10	14	2	6	10		2	1			6.108
Pb	82	2	2	6	2	6	10	2	6	10	14	2	6	10		2	2			7.417
Bi	83	2	2	6	2	6	10	2	6	10	14	2	6	10		2	3			7.289
Po	84	2	2	6	2	6	10	2	6	10	14	2	6	10		2	4			8.43
At	85	2	2	6	2	6	10	2	6	10	14	2	6	10		2	5			8.8
Rn	86	2	2	6	2	6	10	2	6	10	14	2	6	10		2	6			10.749
Fr	87	2	2	6	2	6	10	2	6	10	14	2	6	10		2	6		(1)	3.8
Ra	88	2	2	6	2	6	10	2	6	10	14	2	6	10		2	6		2	5.278
Ac	89	2	2	6	2	6	10	2	6	10	14	2	6	10		2	6	1	2	5.17
Th	90	2	2	6	2	6	10	2	6	10	14	2	6	10		2	6	2	2	6.08

续表

元素	Z	K	L		M			N				O				P			Q	电离能
		1s	2s	2p	3s	3p	3d	4s	4p	4d	4f	5s	5p	5d	5f	6s	6p	6d	7s	/eV
Pa	91	2	2	6	2	6	10	2	6	10	14	2	6	10	2	2	6	1	2	5.89
U	92	2	2	6	2	6	10	2	6	10	14	2	6	10	3	2	6	1	2	6.05
Np	93	2	2	6	2	6	10	2	6	10	14	2	6	10	4	2	6	1	2	6.19
Pu	94	2	2	6	2	6	10	2	6	10	14	2	6	10	6	2	6		2	6.06
Am	95	2	2	6	2	6	10	2	6	10	14	2	6	10	7	2	6		2	5.993
Cm	96	2	2	6	2	6	10	2	6	10	14	2	6	10	7	2	6	1	2	6.02
Bk	97	2	2	6	2	6	10	2	6	10	14	2	6	10	(9)	2	6	(0)	(2)	6.23
Cf	98	2	2	6	2	6	10	2	6	10	14	2	6	10	(10)	2	6	(0)	(2)	6.30
Es	99	2	2	6	2	6	10	2	6	10	14	2	6	10	(11)	2	6	(0)	(2)	6.42
Fm	100	2	2	6	2	6	10	2	6	10	14	2	6	10	(12)	2	6	(0)	(2)	6.50
Md	101	2	2	6	2	6	10	2	6	10	14	2	6	10	(13)	2	6	(0)	(2)	6.58
No	102	2	2	6	2	6	10	2	6	10	14	2	6	10	(14)	2	6	(0)	(2)	6.65
Lw	103	2	2	6	2	6	10	2	6	10	14	2	6	10	(14)	2	6	(1)	(2)	8.6

注：括号内的数字尚有疑问。

氢(H,$Z=1$)　它的一个电子就在 K 壳层($n=1$)内，$m_s=1/2$ 或 $-1/2$。

氦(He,$Z=2$)　它的两个电子都在 K 壳层内，m_s 分别是 1/2 和 $-1/2$。K 壳层已被填满了。

锂(Li,$Z=3$)　它的两个电子填满 K 壳层，第三个电子只能进入能量较高的 L 壳层($n=2$)的 s 支壳层($l=0$)内。这种排布记作 $1s^2 2s^1$，其中，数字表示壳层的 n 值，其后的字母是 n 壳层中支壳层的符号，指数表示在该支壳层中的电子数。

氖(Ne,$Z=10$)　电子的排布为 $1s^2 2s^2 2p^6$。由于各支壳层的电子都已成对，所以总自旋角动量为零。又由于 p 支壳层都已填满，所以这一支壳层中的电子云的分布具有球对称性，而电子的轨道角动量在各可能的方向都有(参看图 23.2)。这些可能方向的轨道角动量矢量叠加的结果，使得这一支壳层中电子的总轨道角动量也等于零。这一情况叫做支壳层的**闭合**。由于这一闭合，使得氖原子不容易和其他原子结合而成为"惰性"原子。

钠(Na,$Z=11$)　电子的排布为 $1s^2 2s^2 2p^6 3s^1$。由于 3 个内壳层都是闭合的，而最外的一个电子离核又较远因而受核的束缚较弱，所以钠原子很容易失去这个电子而与其他原子结合，例如与氯原子结合。这就是钠原子化学活性很强的原因。

氯(Cl,$Z=17$)　电子的排布为 $1s^2 2s^2 2p^6 3s^2 3p^5$。$3p$ 支壳层可以容纳 6 个电子而闭合，这里已有了 5 个电子，所以还有一个电子的"空位"。这使得氯原子很容易夺取其他原子的电子来填补这一空位而形成闭合支壳层，从而和其他原子形成稳定的分子。这样氯原子也成为化学活性大的原子。

铁(Fe,$Z=26$)　电子的排布是 $1s^2 2s^2 2p^6 3s^2 3p^6 3d^6 4s^2$，直到 $3p^6$ 的 18 个电子的排布是"正常"的。d 支壳层可以容纳 10 个电子，但 $3d$ 支壳层还未填满，最后两个电子就进入了 $4s$ 支壳层。这是由于 $3d^6 4s^2$ 的排布的能量比 $3d^8$ 排布的能量还要低的缘故。这种排布的"反常"对电子较多的原子是常有的现象。在此顺便指出，铁的铁磁性就和这两个 $4s$ 电子有关。

银(Ag,$Z=47$)　电子的排布是 $1s^2 2s^2 2p^6 3s^2 3p^6 3d^{10} 4s^2 4p^6 4d^{10} 5s^1$。这一排布中，除了 $4f(l=3)$ 支壳层似乎"应该"填入而没有填入，而最后一个电子就填入了 $5s$ 支壳层这种"反

常”现象外，可以注意到已填入电子的各支壳层都已闭合，因而它们的总角动量为零，而银原子的总角动量就是这个 5s 电子的自旋角动量。在施特恩-格拉赫实验中，银原子束的分裂能说明电子自旋的量子化就是这个缘故。

*23.4　X 射线谱

X 射线的波长可以用衍射的方法测出(见 20.6 节)。图 23.13 是 X 射线谱的两个实例。图(a)是在同样电压(35 kV)下不同靶材料(钨、钼、铬)发出的 X 射线谱，图(b)是同一种靶材料(钨)在不同电压下发射的 X 射线谱。从图中可看出，X 射线谱一般分为两部分：**连续谱**和**线状谱**。不同电压下的连续谱都有一个**截止波长**(或频率)，电压越高，截止波长越短，而且在同一电压下不同材料发出的 X 射线的截止波长一样。线状谱有明显的强度峰——谱线，不同材料的谱线的位置(即波长)不同，这谱线就叫各种材料的**特征谱线**(钨和铬的特征谱线波长在图 23.13(a)所示的波长范围以外)。

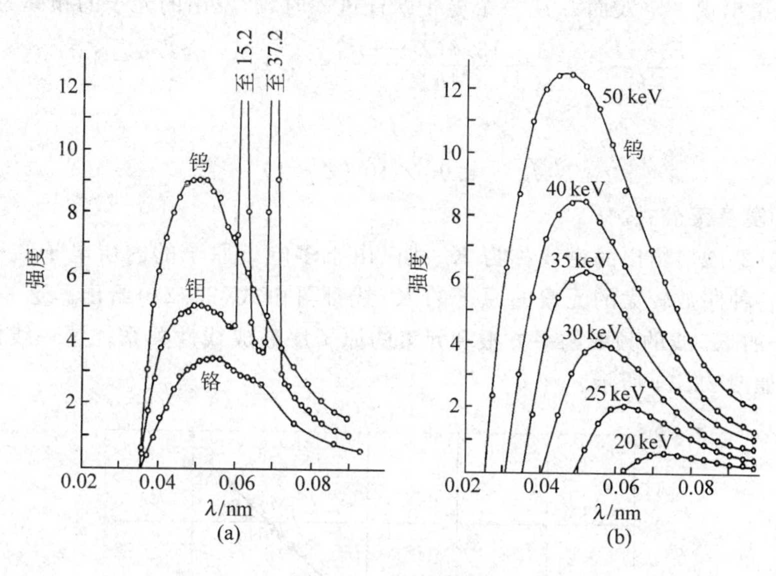

图 23.13　X 射线谱

X 射线连续谱是电子和靶原子非弹性碰撞的结果，这种产生 X 射线的方式叫**韧致辐射**。入射电子经历每一次碰撞都会损失一部分能量，这能量就以光子的形式发射出去。由于每个电子可能经历多次碰撞，每一次碰撞损失的能量又可能大小不同，所以就辐射出各种能量不同的光子而形成连续谱。由于电子所损失的能量的最大值就是电子本身从加速电场获得的能量，所以发出的光子的最大能量也就是这个能量。因此在一定的电压下发出的 X 射线的频率有一极大值。相应地，波长有一极小值，这就是截止波长。以 E_k 表示射入靶的电子的动能，则有 $h\nu_{max}=E_k$。由此可得截止波长为

$$\lambda_{cut}=\frac{c}{\nu_{max}}=\frac{hc}{E_k} \tag{23.25}$$

例如，当 $E_k=35$ keV 时，上式给出 $\lambda_{cut}=0.036$ nm，和图 23.13 所给的相符。

X 射线特征谱线只能和可见光谱一样，是原子能级跃迁的结果。但是由于 X 射线光子

能量比可见光光子能量大得多，所以不可能是原子中外层电子能级跃迁的结果，但可以用内层电子在不同壳层间的跃迁来说明。然而在正常情况下，原子的内壳层都已为电子填满，由泡利不相容原理可知，电子不可能再跃入。在这里，加速电子的碰撞起了关键的作用。加速电子的碰撞有可能将内壳层(如 K 壳层)的电子击出原子，这样便在内壳层留下一个空穴。这时，较外壳层的电子就有可能跃迁入这一空穴而发射出能量较大的光子。以 K 壳层为例，填满时有两个电子。其中一个电子所感受到的核的库仑场，由于另一电子的屏蔽作用，就约相当于 $Z-1$ 个质子的库仑场。仿照氢原子的能量公式，可得此壳层上一个电子的能量应为

$$E_1=-\frac{m_e(Z-1)^2e^4}{2(4\pi\varepsilon_0)^2\hbar^2}\frac{1}{n^2}=-13.6(Z-1)^2\ \mathrm{eV} \tag{23.26}$$

同理，在 L 壳层内一个电子的能量为

$$E_2=-\frac{13.6(Z-1)^2}{4}\ \mathrm{eV}$$

因此，当 K 壳层出现一空穴而 L 层一个电子跃迁进入时，所发出的光子的频率为

$$\nu=\frac{E_2-E_1}{h}=\frac{3\times13.6(Z-1)^2}{4h}=2.46\times10^{15}(Z-1)^2$$

或者

$$\sqrt{\nu}=4.96\times10^7(Z-1) \tag{23.27}$$

这一公式称为**莫塞莱公式**。

频率由式(23.27)给出的谱线称为 K_α 线。由于多电子原子的内层电子结构基本上是一样的，所以各种序数较大的元素的原子的 K_α 线都可由式(23.27)给出。这一公式说明，不同元素原子的 K_α 线的频率的平方根和元素的原子序数成线性关系。这一线性关系已为实验所证实，如图23.14所示。

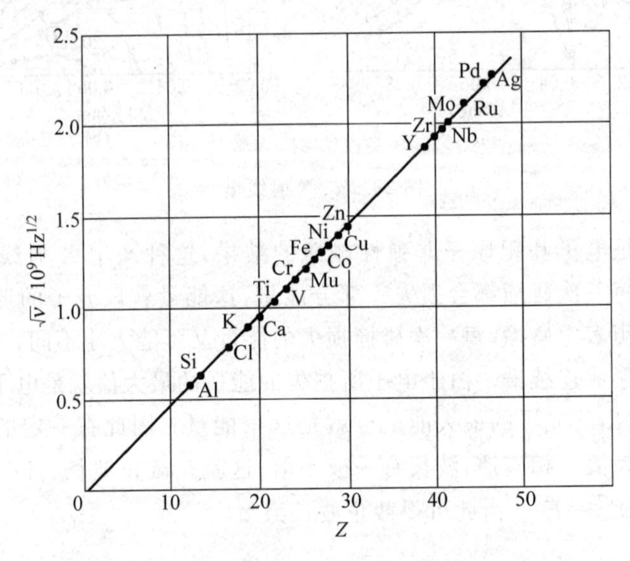

图23.14　K_α 线的频率的平方根和原子序数的关系

由 M 壳层($n=3$)电子跃入 K 壳层空穴形成的X射线叫 K_β 线。K_α，K_β 和更外的壳层跃入 K 壳层空穴形成的诸谱线组成X射线的 K 系，由较外壳层跃入 L 壳层的空穴形成的

谱线组成 L 系，类似地还有 M 系、N 系等。实际上，由于各壳层(K 壳层除外)的能级分裂，各系的每条谱线都还有较精细的结构。图 23.15 给出了铀(U)的 X 射线能级及跃迁图。

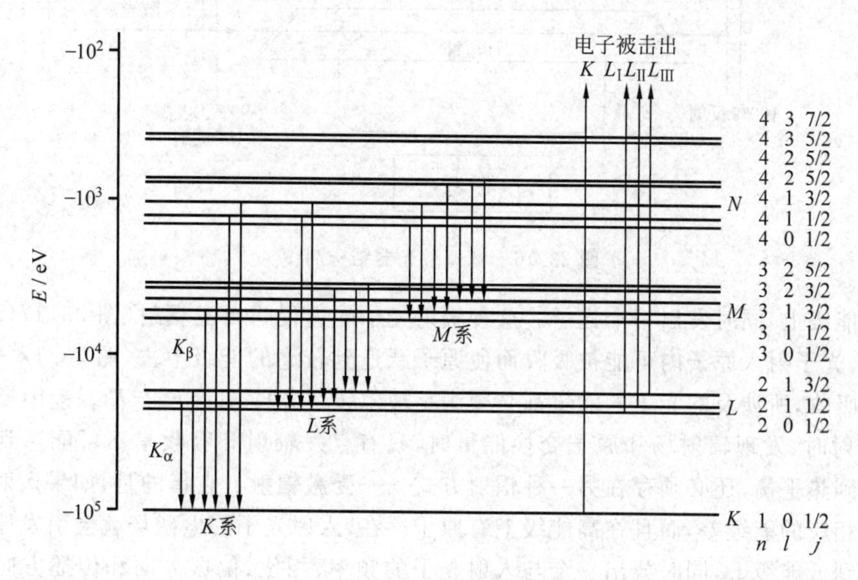

图 23.15 U 原子的 X 射线能级图

1913 年莫塞莱(H. G. J. Moseley)仔细地用晶体测定了近 40 种元素的原子的 X 射线的 K 线和 L 线，首次得出了式(23.27)。当年玻尔发表了他的氢原子模型理论。这使得莫塞莱可以得出下述结论："我们已证实原子有一个基本量，它从一个元素到下一个元素有规律地递增。这个量只能是原子核的电量。"当年由他准确测定的 Z 值曾校验了当时周期表中各元素的排序。至今超铀元素的认定也靠足够量的这些元素的 X 射线谱。

23.5 激光

激光现今已得到了极为广泛的应用。从光缆的信息传输到光盘的读写，从视网膜的修复到大地的测量，从工件的焊接到热核反应的引发等都利用了激光。"激光"是"受激辐射的光放大"的简称[①]。第一台激光器是 1960 年休斯飞机公司实验室的梅曼(T. H. Maiman)首先制成的，在此之前的 1954 年哥伦比亚大学的唐斯(C. H. Townes)已制成了受激辐射的微波放大装置。但是，它的基本原理早在 1916 年已由爱因斯坦提出了。

激光是怎么产生的？它有哪些特点？为什么有这些特点呢？下面以氦氖激光器为例加以说明。

氦氖激光器的主要结构如图 23.16 所示，玻璃管内充有氦气(压强约为 1 mmHg[②])和氖气(压强约为 0.1 mmHg)。所发激光是氖原子发出的，波长为 632.8 nm 的红光，它是氖原子由 $5s$ 能级跃迁到 $3p$ 能级的结果。

处于激发态的原子(或分子)是不稳定的，经过或长或短的时间(例如 10^{-8} s)会自发地

① 激光的英文为 laser，它是 light amplification by stimulated emission of radiation 一词的首字母缩略词。

② 1 mmHg＝133 Pa。

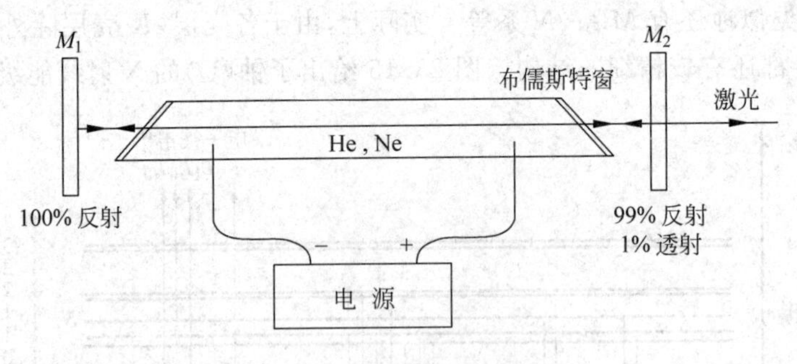

图 23.16　氦氖激光器结构简图

跃迁到低能级上，同时发出一个光子。这种辐射光子的过程叫**自发辐射**(图 23.17(a))。相反的过程，光子射入原子内可能被吸收而使原子跃迁到较高的能级上去(图 23.17(b))。不论发射和吸收，所涉及的光子的能量都必须满足玻尔频率条件 $h\nu = E_h - E_l$。爱因斯坦在研究黑体辐射时，发现辐射场和原子交换能量时，只有自发辐射和吸收是不可能达到热平衡的。要达到热平衡，还必须存在另一种辐射方式——**受激辐射**。它指的是，如果入射光子的能量等于相应的能级差，而且在高能级上有原子存在，入射光子的电磁场就会引发原子从高能级跃迁到低能级上，同时放出一个与入射光子的频率、相位、偏振方向和传播方向都完全相同的光子(图 23.17(c))。在一种材料中，如果有一个光子引发了一次受激辐射，就会产生两个相同的光子。这两个光子如果都再遇到类似的情况，就能够产生 4 个相同的光子。由此可以产生 8 个、16 个……为数不断倍增的光子，这就可以形成“光放大”。看来，只要有一个适当的光子入射到给定的材料内就可以很容易地得到光放大了，其实不然。

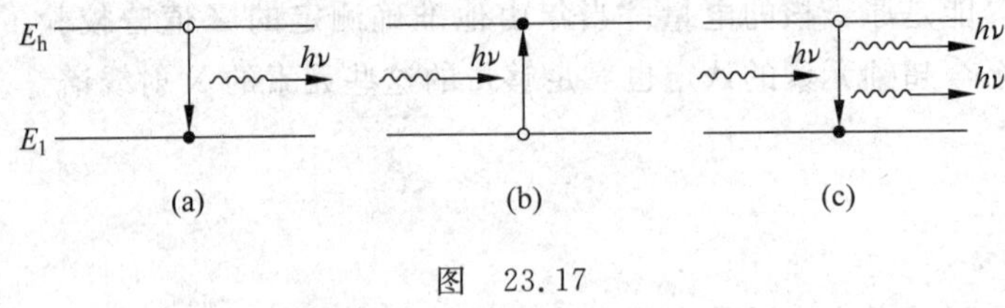

图　23.17

(a) 自发辐射；(b) 吸收；(c) 受激辐射

这里还有原子数的问题。在正常情况下，在高能级 E_h 上的原子数 N_h 总比在低能级 E_l 上的原子数 N_l 小得多。它们的比值由玻耳兹曼关系决定，即

$$\frac{N_h}{N_l} = e^{-(E_h - E_l)/kT} \tag{23.28}$$

以氦氖激光器为例，在室温热平衡的条件下，相应于激光波长 632.8 nm 的两能级上氖原子数的比为

$$\frac{N_h}{N_l} = e^{-(E_h - E_l)/kT} = \exp\left(-\frac{hc}{\lambda kT}\right)$$

$$= \exp\left(-\frac{6.63 \times 10^{-34} \times 3 \times 10^{8}}{632.8 \times 10^{-9} \times 1.38 \times 10^{-23} \times 300}\right) = e^{-76} = 10^{-33}$$

这一极小的数值说明 $N_h \ll N_l$。爱因斯坦理论指出原子受激辐射的概率和吸收的概率是相同的。因此，合适的光子入射到处于正常状态的材料中，主要的还是被吸收而不可能发生光放大现象。

如上所述，要想实现光放大，必须使材料处于一种“反常”状态，即 $N_h > N_l$。这种状态叫**粒子数布居反转**。要想使处于正常状态的材料转化为这种状态，必须激发低能态的原子使之跃迁到高能态，而且在高能态有较长的“寿命”。激发的方式有光激发、碰撞激发等方式。氦氖激光器的激发方式是碰撞激发。这里以产生波长为 632.8 nm 的激光为例。氦原子和氖原子的有关能级如图 23.18 所示。氦原子的 2*s* 能级(20.61 eV)和氖原子的 5*s* 能级(20.66 eV)非常接近。当激光管加上电压后，管内产生电子流，运动的电子和氦原子的碰撞可使之升到 2*s* 能级上。处于此激发态的氦原子和处于基态(2*p*)的氖原子相碰时，就能将能量传给氖原子使之达到 5*s* 态。氦原子的 2*s* 态和氖原子的 5*s* 态的寿命相对地较长(这种状态叫亚稳态)，而氖原子的 3*p* 态的寿命很短。这一方面保证了氖原子有充分的激发能源，同时由于处于 3*p* 态的氖原子很快地由于自发辐射而减少，所以就实现了氖原子在 5*s* 态和 3*p* 态之间的粒子数布居反转，从而为光放大提供了必要条件①。一旦有一个光子由于氖原子从 5*s* 态到 3*p* 态的自发辐射而产生，这种光将由于不断的受激辐射而急剧增加。在激光器两端的平面镜(或凹面镜)M_1 和 M_2(见图 23.16)的反射下，光子来回穿行于激光管内，这更增大了加倍的机会从而产生很强的光。这光的一部分从稍微透射的镜 M_2 射出就成了实际应用的激光束。

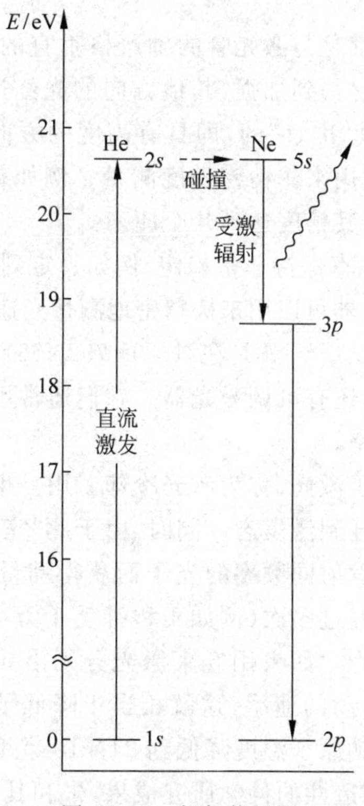

图 23.18 氦氖能级图

由于受激辐射产生的光子频率与偏振方向都相同，所以经放大后的激光束，不管光束截面多大，都是完全相干的。普通光源发的光是不相干的，所发光的强度是各原子发的光的

① 现在有人正在研究不用粒子数布居反转就能产生激光的机制，一种非受激辐射的自由电子激光已经制成。它的基本原理是通过自由电子束和光的相互作用，在频率合适时，电子能将其能量转送给光束而使光强增大。

非相干叠加，因而和原子数成正比。激光发射时，由于各原子发的光是相干的，其强度是各原子发的光的相干叠加，因而和原子数的平方成正比。由于光源内原子数很大，因而和普通光源发的光相比，激光光强可以大得惊人。例如经过会聚的激光强度可达 10^{17} W/cm^2，而氧炔焰的强度不过 10^3 W/cm^2。针头大的半导体激光器（现已制造出纳米级的半导体激光器）的功率可达 200 mW，连续功率达 1 kW 的激光器已经制成，而用于热核反应实验的激光器的脉冲平均功率已达 10^{14} W（这大约是目前全世界所有电站总功率的 100 倍），可以产生 10^8 K 的高温以引发氘-氚燃料微粒发生聚变。

在图 23.16 中，激光是在两面反射镜 M_1 和 M_2 之间来回反射的。作为电磁波，激光将在 M_1，M_2 之间形成驻波，驻波的波长和 M_1，M_2 之间的距离是有确定关系的。在实际的激光器中 M_1，M_2 之间的距离都已调至和所发出激光波长严格地相对应，其他波长的光不能形成驻波因而不能加强。在激光器稳定工作时，激光由于来回反射过程中的受激辐射而得到的加强，即能量增益，和各种能量损耗正好相等，因而使激光振幅保持不变。这相当于无限长的波列，因而所发出的激光束就可能是高度单色性的。普通氖红光的单色性（$\Delta\nu/\nu$）不过 10^{-6}，而激光则可达到 10^{-15}。这种单色性有重要的应用，例如可以准确地选择原子而用在单原子探测中。

图 23.16 中的两个反射镜都是与激光管的轴严格垂直的，因此只有那些传播方向与管轴严格平行的激光才能来回反射得到加强，其他方向的光经过几次反射就要逸出管外。因此由 M_2 透出的激光束将是高度“准直”的，即具有高度的方向性，其发散角一般在 $1'$（[角]分）以下。这种高度的方向性被用来作精密长度测量。例如曾利用月亮上的反射镜对激光的反射来测量地月之间的距离，其精度达到几个厘米。

现在利用反馈可使激光的频率保持非常稳定，例如稳定到 2×10^{-12} 甚至 10^{-14}（这相当于每年变化 10^{-7} s!）这种稳定激光器可以用来极精密地测量光速，以致在 1983 年国际计量大会上利用光速值来规定“米”的定义：1 m 就是在(1/299 792 458) s 内光在真空中传播的距离。

除了固定波长的激光器外，还有可调激光器。它们通常用化学染料做工作物质，可以在一定范围内调节输出激光的频率。

一种现代致冷技术也利用了激光，称为**激光冷却**。用一束激光照射迎面飞来的原子，此原子吸收一个光子后由基态跃迁到激发态。同时，由于此“完全非弹性碰撞”，该原子原来的动量就减小了。此后该原子会发射同频率的光子而获得动量。但因发射过程的随机性，向各方向发射的概率相同，这样，经过多次（例如 1 秒钟上千万次）的吸收和发射，原子在入射光束方向的动量就会明显地减小。如果用 6 束激光分别沿 x，y，z 方向射向原点处的原子群，就能非常有效地减小原子运动的速率，这就相当于降低了原子群的温度。1995 年朱棣文小组曾利用这种方法使一群钠原子温度降低到 24×10^{-12} K，这相当于钠原子的平均速率只有约 10^{-14} m/s！由于这一创造性的科学研究成果，朱和其他两位（C. C-Tannoudji 和 W. D. Phillips）共同获得了 1997 年诺贝尔物理学奖。

*23.6 分子的振动和转动能级

由两个或更多的原子组成的分子，其能量不仅决定于每个原子中电子的状态，而且和整个分子的振动与转动状态有关。作为粗略模型，分子可以想象为用弹簧联系在一起的许多小球，这些小球就是一个个原子核(或原子实)，而弹簧就是电子，这些电子的存在和运动就产生了分子中原子之间的相互作用力。每个原子的电子状态一定时，“弹簧”的劲度系数就有一定的值。这时分子的能量除了由电子的状态决定的能量外，还有分子内原子的振动和分子转动所决定的能量。

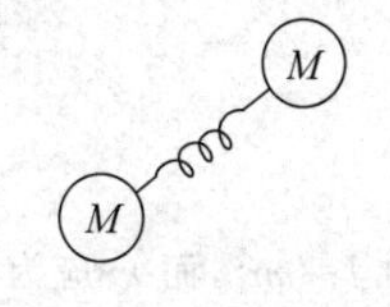

图 23.19 双原子分子振动模型

以双原子分子(图 23.19)为例，其振动能量是

$$E_{\text{vib}} = \left(v + \frac{1}{2}\right)\hbar\omega_0, \quad v = 0,1,2,\cdots \tag{23.29}$$

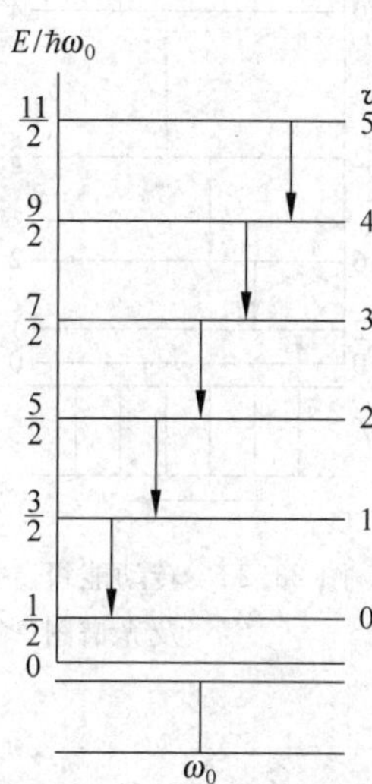

图 23.20 分子振动能级和光谱图

其中 ω_0 是振动角频率，v 是振动量子数。此式给出的能级图是等间距的[①]，如图 23.20 所示。振动能级的典型数值在 10^{-1} eV 到 10^{-2} eV 之间。

分子的振动状态的变化只可能在相邻能级之间发生。于是，如图 23.20 所示，由于振动能级的变化，分子发出的光只有一个频率，其光谱线只有一条。各种分子的振动光谱的频率大都在红外范围。

分子的转动能量可计算如下。以 J 表示分子绕通过自己的质心的轴的转动惯量(图 23.21)，而以 $L=J\omega$ 表示其角动量，其中 J 是转动惯量，则转动能量为

$$E_{\text{rot}} = \frac{1}{2}J\omega^2 = \frac{L^2}{2J}$$

分子的角动量也遵守量子化规律，即

$$L = \sqrt{j(j+1)}\,\hbar, \quad j = 0,1,2,\cdots$$

式中 j 是转动量子数。将此 L 值代入上一式，可得分子的转动能级为

$$E_{\text{rot}} = \frac{1}{2J}j(j+1)\hbar^2, \quad j = 0,1,2,\cdots \tag{23.30}$$

和此式对应的能级图如图 23.22 所示。

转动能级的典型数值在 10^{-3} eV 到 10^{-4} eV 之间。

分子的转动状态的变化也只可能在相邻能级之间发生。于是，由于分子转动能级的改变，所能发出的光子的频率为

$$\nu_{\text{rot}} = \frac{E_{j+1} - E_j}{h} = \frac{\hbar}{2\pi J}(j+1), \quad j = 0,1,2,\cdots \tag{23.31}$$

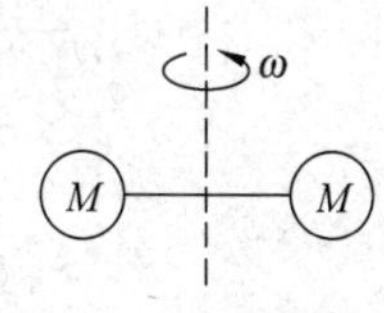

图 23.21 双原子分子转动模型

转动光谱一般在远红外甚至延伸到微波范围。从图 23.22 中还可以看出转动光谱中各谱线以频率表示时都是等间距的。

例 23.3 转动光谱。求 NO 分子的转动光谱的最大波长。设 NO 分子中两原子的间距为 $r_0=0.11$ nm。

解 如图 23.22 所示，NO 分子的转动光谱的最大波长应是分子从 $j=1$ 跃迁到 $j=0$ 状态时所发出的光子的波长，所以

① 但对应于较大的 v 值，分子间的势能函数不再是抛物线型，能级的间距将随 v 的增大而减小。

$$\lambda_{\max}=\frac{ch}{E_{\mathrm{rot},1}-E_{\mathrm{rot},0}}=\frac{ch}{\hbar^2/J}$$
$$=\frac{2\pi c}{\hbar}J=\frac{2\pi c}{\hbar}(mr_0^2)$$

式中 $J=mr_0^2$，而 m 应为 NO 两原子的约化质量，即 $m=m_{\mathrm{N}}m_{\mathrm{O}}/(m_{\mathrm{N}}+m_{\mathrm{O}})$，因而

$$\lambda_{\max}=\frac{2\pi c\, m_{\mathrm{N}}m_{\mathrm{O}}}{\hbar(m_{\mathrm{N}}+m_{\mathrm{O}})}r_0^2$$
$$=\frac{2\pi\times 3\times 10^8\times 14\times 16\times(1.66\times 10^{-27})^2}{1.05\times 10^{-34}(14+16)\times 1.66\times 10^{-27}}\times(0.11\times 10^{-9})^2$$
$$=2.7\times 10^{-3}\ (\mathrm{m})=2.7\ (\mathrm{mm})$$

此波长在微波范围。

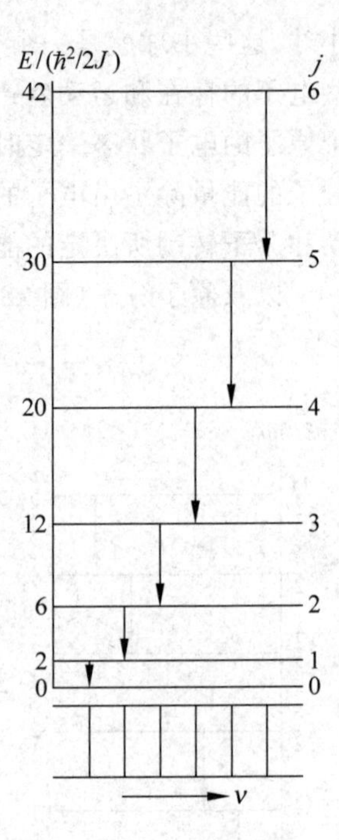

图 23.22 转动能级及光谱图

如果将分子内的电子能级 E_{elec} 一并考虑，则分子的总能量为

$$E=E_{\mathrm{elec}}+E_{\mathrm{vib}}+E_{\mathrm{rot}} \tag{23.32}$$

等号右边三项的大小不同，如图 23.23 所示。如果电子能级也发生变化，则分子发出的光的频率为

$$\nu=\nu_{\mathrm{elec}}+\nu_{\mathrm{vib}}+\nu_{\mathrm{rot}} \tag{23.33}$$

由于和 ν_{elec} 相比，ν_{vib} 和 ν_{rot} 都很小，所以当观察到由第一项所显示的谱线系时，后两项实际上就分辨不出了。这时，观察到的光谱在可见光范围，称为分子的**光学光谱**。

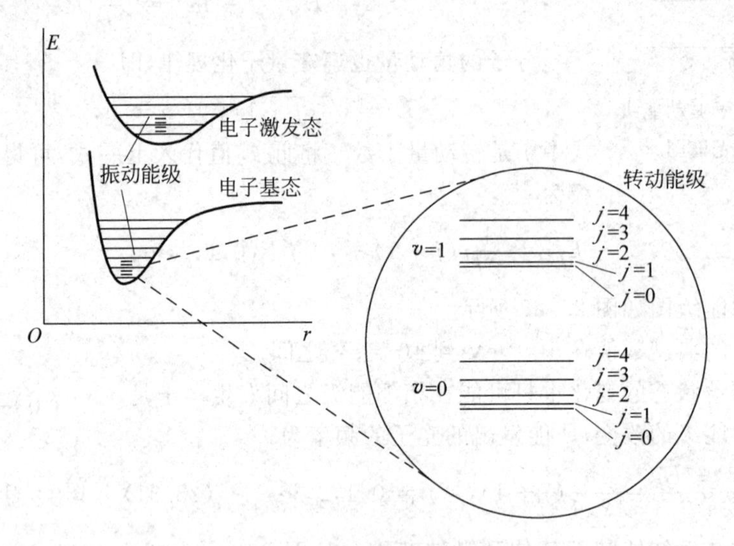

图 23.23 分子的总能级图

在红外范围，可以看到只是由于分子的振动和转动能级发生改变（但分子的电子能态不变）而形成的光谱。对分子来说，由于 $\Delta E_{\mathrm{rot}}\ll\Delta E_{\mathrm{vib}}$，所以在同一振动能级跃迁所产生的光谱实际上是由很多密集的由转动能级跃迁所产生的谱线组成的。分辨率不大的分光镜不能分辨这些谱线而会形成连续的谱带。有这种谱带出现的振动和转动合成的光谱就叫**带状谱**，图 23.24 就是 N_2 的带状光谱的例子。

分子光谱是分子内部结构的反映，因此，研究分子光谱可以获得关于分子内部情况的信

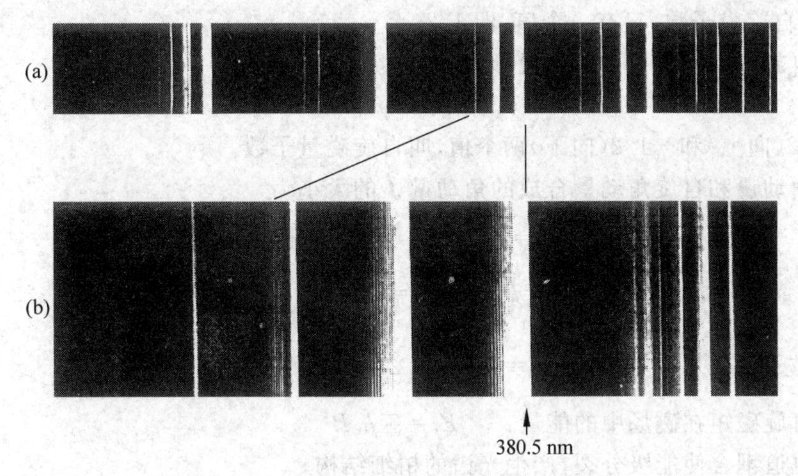

图 23.24　N_2 的带状谱(a)及其局部放大(b)

息，帮助人们了解分子的结构。分子光谱是研究分子结构，特别是有机分子结构的非常重要的手段。

提要

1. 氢原子：其电子在势能 $U=-e^2/4\pi\varepsilon_0 r$ 的库仑场中运动。由薛定谔方程和标准条件得到 3 个量子数：

主量子数　$n=1,2,3,4,\cdots$

轨道量子数　$l=0,1,2,\cdots,n-1$

轨道磁量子数　$m_l=-l,-(l-1),\cdots,0,1,\cdots,l$

氢原子能级：

$$E_n=-\frac{m_e e^4}{2(4\pi\varepsilon_0)^2\hbar^2}\frac{1}{n^2}=-\frac{e^2}{2(4\pi\varepsilon_0)a_0}\frac{1}{n^2}=-13.6\times\frac{1}{n^2}(\text{eV})$$

玻尔频率条件：　$h\nu=E_h-E_l$

轨道角动量：　$L=\sqrt{l(l+1)}\hbar$

轨道角动量沿某特定方向(如磁场方向)的分量：$L_z=m_l\hbar$

原子内电子的运动不能用轨道描述，只能用波函数给出的概率密度描述，形象化地用电子云图来描绘。

简并态：能量相同的各个状态。

径向概率密度 $P(r)$：在半径为 r 和 $r+\mathrm{d}r$ 的两球面间的体积内电子出现的概率为 $P(r)\mathrm{d}r$。

2. 电子的自旋与自旋轨道耦合

电子自旋角动量是电子的内禀性质。它的大小是

$$S=\sqrt{s(s+1)}\hbar=\sqrt{\frac{3}{4}}\hbar$$

s 是电子的自旋量子数，只有一个值，即 1/2。

电子自旋在空间某一方向的投影为

$$S_z = m_s \hbar$$

m_s 只有 1/2(向上)和 $-1/2$(向下)两个值，叫自旋磁量子数。

轨道角动量和自旋角动量合成的角动量 $\boldsymbol{J}$ 的大小为

$$J = |\boldsymbol{L}+\boldsymbol{S}| = \sqrt{j(j+1)}\,\hbar$$

j 为总角动量量子数，可取值为 $j=l+\frac{1}{2}$ 和 $j=l-\frac{1}{2}$。

玻尔磁子：
$$\mu_B = \frac{e\hbar}{2m_e} = 9.27\times10^{-24}\ \mathrm{J/T}$$

电子自旋磁矩在磁场中的能量： $E_s = \mp\mu_B B$

自旋轨道耦合使能级分裂，产生光谱的精细结构。

3. 多电子原子中电子的排布

电子的状态用 4 个量子数 n,l,m_l,m_s 确定。n 相同的状态组成一壳层，可容纳 $2n^2$ 个电子；n 一定而 l 相同的状态组成一支壳层，可容纳 $2(2l+1)$ 个电子。

基态原子中电子排布遵循两个规律：

(1) 能量最低原理，即电子总处于可能最低的能级。一般地说，n 越大，l 越大，能量就越高。

(2) 泡利不相容原理，即同一状态(4 个量子数 n,l,m_l,m_s 都已确定)不可能有多于一个电子存在。

***4. X 射线谱**：X 射线谱有连续谱和线状谱之分。

连续谱是入射高能电子与靶原子发生非弹性碰撞时发出(轫致辐射)。截止波长由入射电子的能量 E_k 决定，即

$$\lambda_{cut} = hc/E_k$$

线状谱为靶元素的特征谱线，它是由靶原子中的电子在内壳层间跃迁时发出的光子形成的。这需要入射电子将内层电子击出而产生空穴。以 Z 表示元素的原子序数，则这种元素的 X 射线的 K_α 谱线的频率 ν 由下式给出：

$$\sqrt{\nu} = 4.96\times10^7(Z-1)$$

5. 激光：激光由原子的受激辐射产生，这需要在发光材料中造成粒子数布居反转状态。

激光是完全相干的，光强和原子数的平方成正比，所以光强可以非常大。

激光器两端反射镜之间的距离控制其间驻波的波长，因而激光有极高的单色性。

激光器两端反射镜严格与管轴垂直，使得激光具有高度的指向性。

***6. 分子的振动和转动能级**

分子的振动能级

$$E_{vib} = \left(v+\frac{1}{2}\right)\hbar\omega_0,\quad v=0,1,2,\cdots$$

大小约为 $10^{-1}\sim10^{-2}$ eV，振动光谱在红外区。

分子的转动能级：

$$E_{rot} = \frac{1}{2J}j(j+1)\hbar^2,\quad j=0,1,2,\cdots$$

大小约为 $10^{-3} \sim 10^{-4}$ eV,转动光谱在远红外甚至微波范围。

转动和振动能级同时发生跃迁时产生的分子光谱为带状谱。

思考题

23.1 为什么说根据量子理论原子内电子的运动状态用轨道来描述是错误的?

23.2 什么是能级的简并?若不考虑电子自旋,氢原子的能级由什么量子数决定?

23.3 氢原子光谱的巴耳末系是电子在哪些能级之间跃迁时发出的光形成的?

23.4 什么是空间量子化? $l=3$ 时,氢原子中电子的轨道角动量的指向可能有几个确定的方向(相对外磁场方向而言)?画矢量模型图表示之。

23.5 电子的自旋量子数是多大?它的自旋角动量可以取几个方向?

23.6 为什么考虑到电子的自旋轨道耦合时,由 n 和 l 决定的能级就会分裂为 2 个能级?

23.7 什么是能量最低原理?什么是泡利不相容原理?

23.8 $n=3$ 的壳层内有几个支壳层?各支壳层都可容纳多少个电子?

23.9 1966 年用加速器"制成"了**反氢原子**,它是由一个反质子和围绕它运动的正电子组成。你认为它的光谱和氢原子的光谱会完全相同吗?

*23.10 什么是 X 射线的连续谱?它是怎样形成的?什么是 X 射线的特征谱?它又是怎样形成的?

*23.11 在保持 X 射线管的电压不变的情况下,将银靶换为铜靶,所产生的 X 射线的截止波长有何变化?

23.12 原子的自发辐射与受激辐射有什么区别?受激辐射有何特点?

23.13 什么是粒子数布居反转?为什么氦氖激光器必须利用粒子数布居反转?

23.14 和普通光源发的光相比,为什么激光的相干性特好,光强特大,单色性特好而发散角又很小?

23.15 为了得到线偏振光,就在激光管两端安装一个玻璃制的"布儒斯特窗"(见图 23.16),使其法线与管轴的夹角为布儒斯特角。为什么这样射出的光就是线偏振的?光振动沿哪个方向?

*23.16 分子的电子能级、振动能级和转动能级在数量级上有何差别?带光谱是怎么产生的?

*23.17 为什么在常温下,分子的转动状态可以通过加热而改变,因而分子转动和气体比热有关?为什么振动状态却是"冻结"着而不能改变,因而对气体比热无贡献?电子能级也是"冻结"着吗?

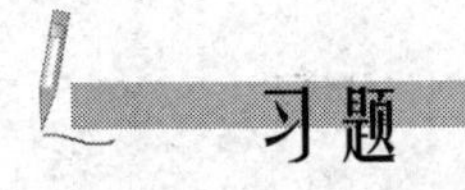

习题

23.1 求氢原子光谱莱曼系的最小波长和最大波长。

23.2 一个被冷却到几乎静止的氢原子从 $n=5$ 的状态跃迁到基态时发出的光子的波长多大?氢原子反冲的速率多大?

23.3 证明:氢原子的能级公式也可以写成

$$E_n = -\frac{\hbar^2}{2m_e a_0^2}\frac{1}{n^2}$$

或

$$E_n = -\frac{e^2}{8\pi\varepsilon_0 a_0}\frac{1}{n^2}$$

23.4 证明 $n=1$ 时,式(23.3)所给出的能量等于经典图像中电子围绕质子作半径为 a_0 的圆周运动时的总能量。

*23.5 1884年瑞士的一所女子中学的教师巴耳末仔细研究氢原子光谱的各可见光谱线的"波数"$\tilde{\nu}$(即$1/\lambda$)时,发现它们可以用下式表示:

$$\tilde{\nu} = R\left(\frac{1}{4} - \frac{1}{n^2}\right), \quad n = 3,4,5,\cdots$$

其中R为一常量,叫**里德伯常量**。试由氢原子的能级公式求里德伯常量的表示式并求其值(现代光谱学给出的数值是$R=1.097\,373\,153\,4\times10^7\ \mathrm{m}^{-1}$)。

*23.6 **电子偶素**的原子是由一个电子和一个正电子围绕它们的共同质心转动形成的。设想这一系统的总角动量是量子化的,即$L_n=n\hbar$,用经典理论计算这一原子的最小可能圆形轨道的半径多大?当此原子从$n=2$的轨道跃迁到$n=1$的轨道上时,所发出的光子的频率多大?

23.7 原则上讲,玻尔理论也适用于太阳系:太阳相当于核,万有引力相当于库仑电力,而行星相当于电子,其角动量是量子化的,即$L_n=n\hbar$,而且其运动服从经典理论。

(1) 求地球绕太阳运动的可能轨道的半径的公式;

(2) 地球运行轨道的半径实际上是1.50×10^{11} m,和此半径对应的量子数n是多少?

(3) 地球实际运行轨道和它的下一个较大的可能轨道的半径相差多少?

23.8 由于自旋轨道耦合效应,氢原子的$2P_{3/2}$和$2P_{1/2}$的能级差为4.5×10^{-5} eV。

(1) 求莱曼系的最小频率的两条精细结构谱线的频率差和波长差。

(2) 氢原子处于$n=2,l=1$的状态时,其中电子感受到的磁场多大?

23.9 证明:在原子内,

(1) n,l相同的状态最多可容纳$2(2l+1)$个电子;

(2) n相同的状态最多可容纳$2n^2$个电子。

23.10 写出硼(B,$Z=5$),氩(Ar,$Z=18$),铜(Cu,$Z=29$),溴(Br,$Z=35$)等原子在基态时的电子排布式。

*23.11 用能量为30 keV的电子产生的X射线的截止波长为0.041 nm,试由此计算普朗克常量值。

23.12 CO_2激光器发出的激光波长为10.6 μm。

(1) 和此波长相应的CO_2的能级差是多少?

(2) 温度为300 K时,处于热平衡的CO_2气体中在相应的高能级上的分子数是低能级上的分子数的百分之几?

*(3) 如果此激光器工作时其中CO_2分子在高能级上的分子数比低能级上的分子数多1%,则和此粒子数布居反转对应的热力学温度是多少?

23.13 现今激光器可以产生的一个光脉冲的延续时间只有10 fs(1 fs$=10^{-15}$ s)。这样一个光脉冲中有几个波长?设光波波长为500 nm。

23.14 一脉冲激光器发出的光波长为694.4 nm的脉冲,延续时间为12 ps(1 ps$=10^{-12}$ s),能量为0.150 J。求:

(1) 该脉冲的长度;

(2) 该脉冲的功率;

(3) 一个脉冲中的光子数。

23.15 GaAlAs半导体激光器的体积可小到200 $\mu\mathrm{m}^3$(即$2\times10^{-7}\ \mathrm{mm}^3$),但仍能以5.0 mW的功率连续发射波长为0.80 μm的激光。这一小激光器每秒发射多少光子?

23.16 一氩离子激光器发射的激光束截面直径为3.00 mm,功率为5.00 W,波长为515 nm。使此束激光沿主轴方向射向一焦距为3.50 cm的凸透镜,透过后在一毛玻璃上聚焦,形成一衍射中心亮斑。

(1) 求入射光束的平均强度多大?

(2) 求衍射中心亮斑的半径多大?

(3) 衍射中心亮斑占有全部功率的84%,此中心亮斑的强度多大?

第24章

固体中的电子

固体,严格地说指晶体,是物质的一种常见的凝聚态,在现代技术中有很多的应用。它的许多性质,特别是导电性,和其中电子的行为有关。本章先用量子论介绍金属中自由电子的分布规律,较详细地解释了金属的导电机制。然后用能带理论说明了绝缘体、半导体等的特性。最后介绍了关于半导体器件的简单知识。

24.1 自由电子按能量的分布

通常我们把金属中的电子称做**自由电子**,是认为它们不受力的作用而可以自由运动。实际并不是这样。在金属中那些“公共的”电子都要受晶格上正离子的库仑力的作用。这些正离子对电子形成一个周期性的库仑势场,其空间周期就是离子的间距 d(图 24.1)。不过,在一定条件下,这种势场的作用可以忽略不计。这是因为从量子观点看来,电子具有波动性。对于波动,线度比波长小得多的障碍物对波的传播是没有什么影响的。在金属中的电子只要它们的德布罗意波长比周期性势场的空间周期大得多,它们的运动也就不会受到这种势场的明显影响。在这种势场中,波长较长的电子感受到的是一种平均的均匀的势场,因而不受力的作用。只是在这个意义上,金属中那些公共的电子才可被认为是自由电子,而其集体才能称为是**自由电子气**。

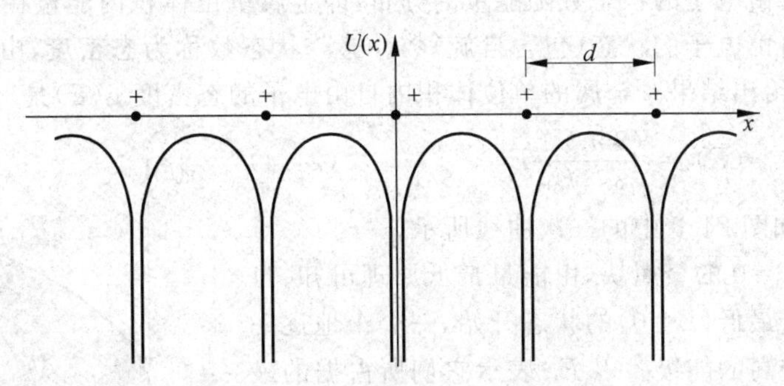

图 24.1　一维正离子形成的库仑势场

对于铜块,其中铜离子的间距可估算如下。铜的密度取 $10\times10^3\ \mathrm{kg/m^3}$,则离子间距为

$$d=\left[1\Big/\left(\frac{10\times10^{3}}{64\times10^{-3}}\times6.02\times10^{23}\right)\right]^{1/2}$$

$$\approx 2\times 10^{-10}\ (\text{m})$$

在室温(T=300 K),电子的方均根速率为 $v=\sqrt{3kT/m_e}$,相应的德布罗意波长为

$$\lambda=\frac{h}{m_e v}=\frac{h}{\sqrt{3m_e kT}}=\frac{6.63\times 10^{-34}}{\sqrt{3\times 9.1\times 10^{-31}\times 1.38\times 10^{-23}\times 300}}$$
$$=6\times 10^{-9}\ (\text{m})$$

此波长比离子间距大得多,所以铜块中的电子可以看成是自由电子。

由于在通常温度或更低温度下,电子很难逸出表面,所以可以认为金属表面对电子有一个很高的势垒。这样,作为一级近似,可以认为金属块中的自由电子处于一个三维的无限深方势阱中。如图24.2,设金属块为一边长为 a 的正立方体,沿三个棱的方向分别取作 x, y 和 z 轴。在22.8节中曾说明一维无限深方势阱中粒子的每一个能量本征态对应于德布罗意波的一个特定波长的驻波。三维情况下的驻波要求每个方向都为驻波的形式,因而应有

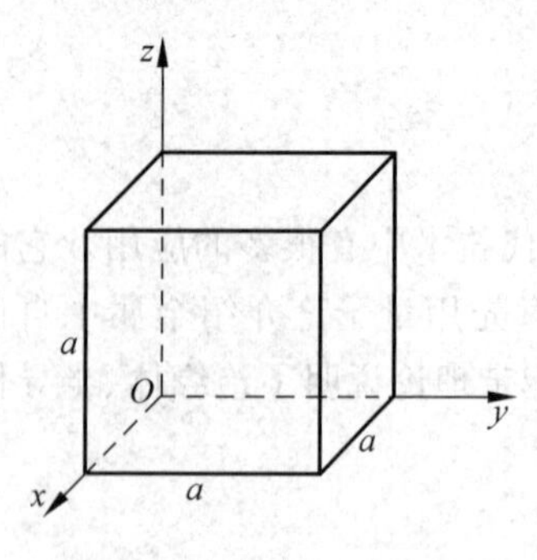

图24.2 金属正立方体

$$\lambda_x=\frac{2a}{n_x},\quad \lambda_y=\frac{2a}{n_y},\quad \lambda_z=\frac{2a}{n_z}\tag{24.1}$$

其中量子数 n_x, n_y 和 n_z 都可以独立地分别任意取1,2,3,…整数值。

对应于式(24.1)的波长,电子在各方向的动量分量为

$$p_x=\frac{\pi\hbar}{a}n_x,\quad p_y=\frac{\pi\hbar}{a}n_y,\quad p_z=\frac{\pi\hbar}{a}n_z\tag{24.2}$$

由此可进一步求得电子的能量(按非相对论情况考虑)为

$$E=\frac{p^2}{2m_e}=\frac{1}{2m_e}(p_x^2+p_y^2+p_z^2)$$
$$=\frac{\pi^2\hbar^2}{2m_e a^2}(n_x^2+n_y^2+n_z^2)\tag{24.3}$$

此式说明,对于任一个由 n_x, n_y, n_z 各取一给定值所确定的空间或轨道状态,电子具有一定的能量。但应注意,由于同一($n_x^2+n_y^2+n_z^2$)值可以由许多 n_x, n_y, n_z 值组合而得,所以电子的一个能级可以包含许多轨道状态。也就是说,电子的能级是简并的。根据式(24.3)可以求出金属块中自由电子的状态数随能量的分布,即金属单位体积内能量在包含能量 E 的单位能量区间内自由电子的状态(包含自旋)数。这一状态数称为**态密度**,由于推导过程比较复杂,我们将只给出结果。金属的单位体积内自由电子的态密度 $g(E)$ 是

$$g(E)=\frac{(2m_e)^{3/2}}{2\pi^2\hbar^3}E^{1/2}\tag{24.4}$$

它和 E 的关系如图24.3中的二次曲线所示。

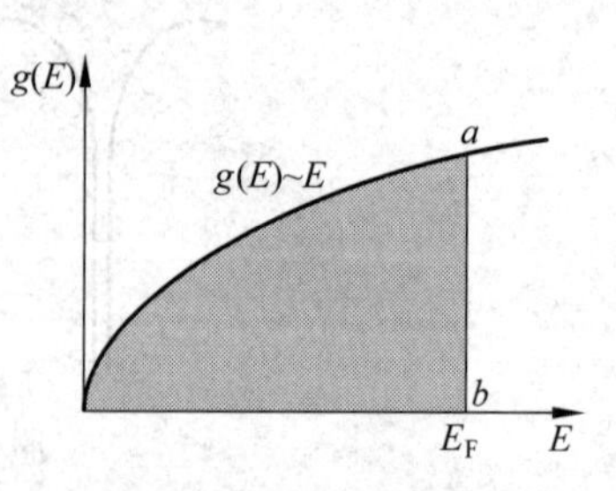

图24.3 自由电子态密度曲线。0 K时,电子都分布在 $E\leqslant E_F$ 的能级(密集直线)上

现在考虑 $T=0$ 的金属块,由能量最低原理可知,自由电子将从能量最低($E=0$)的状态开始,一个个地逐一向上占据能量较高的能级。以 E_F 表示它们所占据的最高能级。根据泡利不相容原理,一个量子状态只能由一个电子占据。因此,在 $E\leqslant E_F$ 的各能级上的状态总数,亦即态密度式(24.4)对能量从 O 到 E_F 的积分,就应该等于金属单位体积内的电子数,亦即自由电子数密度 n。

这就是说

$$n=\int_0^{E_F} g(E)\mathrm{d}E=\frac{(2m_e)^{3/2}}{2\pi^2\hbar^3}\int_0^{E_F} E^{1/2}\mathrm{d}E=\frac{(2m_e)^{3/2}}{3\pi^2\hbar^3}E_F^{3/2}$$

由此可得

$$E_F=(3\pi^2)^{2/3}\frac{\hbar^2}{2m_e}n^{2/3} \tag{24.5}$$

这一能级叫**费米能级**,相应的能量叫**费米能量**,式(24.5)说明,$T=0$ K 时金属的费米能量只决定于金属的自由电子数密度,几种金属在 $T=0$ K 时的费米能量如表 24.1 所列。

表 24.1 $T=0$ K 时一些金属的费米参量

金 属	电子数密度 n/m^{-3}	费米能量 E_F/eV	费米速率 $v_F/(\mathrm{m/s})$	费米温度 T_F/K
Li	4.70×10^{28}	4.76	1.29×10^6	5.52×10^4
Na	2.65×10^{28}	3.24	1.07×10^6	3.76×10^4
Al	18.1×10^{28}	11.7	2.02×10^6	13.6×10^4
K	1.40×10^{28}	2.12	0.86×10^6	2.46×10^4
Fe	17.0×10^{28}	11.2	1.98×10^6	13.0×10^4
Cu	8.49×10^{28}	7.05	1.57×10^6	8.18×10^4
Ag	5.85×10^{28}	5.50	1.39×10^6	6.38×10^4
Au	5.90×10^{28}	5.53	1.39×10^6	6.41×10^4

和费米能量对应,可以认为自由电子具有一定的最大速率,叫**费米速率**。它的值可以按 $v_F=\sqrt{2E_F/m_e}$ 算出,也列在表中。费米速度可达 10^6 m/s! 注意,这是在 $T=0$ K 的情况下。这个结果和经典理论是完全不同的。因为,按经典理论,在 $T=0$ K 时,任何粒子的动能应是零而速率也是零。

为了从另一角度表示量子理论和经典理论在电子能量状态上的差别,还引入**费米温度**的概念。费米温度 T_F 是指按经典理论电子具有费米能量时的温度。它可由下式求出:

$$T_F=E_F/k \tag{24.6}$$

式中 k 是玻耳兹曼常量。各金属的费米温度均高于 10^4 K,而实际上金属是在 0 K!

现在考虑温度升高时的电子能量分布。由于温度的升高,电子会由于和晶格离子的无规则碰撞而获得能量。但是,泡利不相容原理对电子的状态改变加了严格的限制。在温度为 T 时,晶格离子的能量为 kT 量级。在常温 300 K 时,$kT\approx0.026$ eV,电子从和离子的碰撞中也就可能得到这样多的能量。由于此能量较 E_F 小得多,所以绝大多数电子不可能借助这一能量而跃迁到 E_F 以上的空能级上去。特别是由于低于 E_F 的能级都已被电子填满,电子又不可能通过**无规则的**碰撞过程吸收这点能量而跃迁到较高能级上去。这就是说,在常温下,绝大部分电子的能量被限死了而不能改变。只有在费米能级以下紧邻的能量在约 0.03 eV 的能量薄层内的电子才能吸收热运动能量而跃迁到上面邻近的空能级上去。

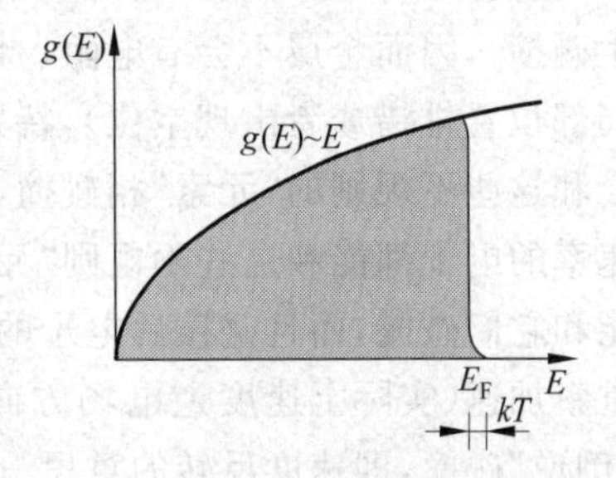

图 24.4 常温下金属中自由电子的能量分布

因此，在常温下，金属中自由电子的能量分布(图24.4)和 $T=0$ K时的分布没有多大差别。甚至到熔点时，其中电子的能量分布和0 K时差别也不大(10^3 K的热运动能量也不过0.87 eV)。这种情况可以形象化地用深海中的水比喻：海面上薄层内可以波浪滔天，但海面下深处的水基本上是静止不动的。

由自由电子的能量分布可以说明金属摩尔热容的实验结果。19世纪就曾测得金属的摩尔热容都约为25 J/(mol·K)，例如，铝的是24.8 J/(mol·K)，铜的是24.7 J/(mol·K)，银的是25.2 J/(mol·K)，等等。经典理论的解释归因于离子的振动的6个自由度。按能量均分定理就可求出摩尔热容为 $6\times R/2=3R=24.9$ J/(mol·K)。可是，后来知道金属中有大量自由电子，其数目和离子数同量级。电子的自由运动应有3个自由度，对热容就应该有 $3\times R/2=12.5$ J/(mol·K)的贡献(这差不多是实验值的一半)，实际上却没有，这是为什么呢？

这个问题用上述自由电子的量子理论很好解决，这是泡利不相容原理的结果。绝大多数自由电子的状态都被固定死了，它们不可能吸收热运动能量，因而对金属热容不会有贡献。只是能量在 E_F 附近 kT 能量薄层内的电子能吸收热能，这些电子的数目占总数的比例约为 kT/E_F。按经典理论计算这些电子才能对热容有贡献，但贡献也不过 $3\times(R/2)\times(kT/E_F)$(准确理论结果为 $\pi^2\times(R/2)\times(kT/E_F)$)。由于 E_F 的典型值为几eV，而室温时 kT 不过0.03 eV，这一贡献也不过经典预计值的1%，所以实验中就不会有明显的显示了。

24.2 金属导电的量子论解释

用24.1节介绍的自由电子的量子理论可以对金属导电做出圆满的解释。首先注意到，尽管绝大多数电子状态已固定，但泡利不相容原理并不能阻止电子的加速。在热运动中，电子只能通过无规则碰撞从离子获得能量，一个电子碰撞时，另一比它能量稍高的电子可能并未碰撞，因而保持在原来的量子态上而拒绝其他电子进入。但是金属导电的情况不同。在加上电场后，金属内所有电子都将同时从电场获得能量和动量，因而每个电子都在不停地离开自己的能级高升或下降，同时为下一能级的电子腾出位置。整个电子的能级分布就这样松动了。这也就意味着金属中的自由电子可以在外电场的作用下作宏观的定向运动而形成电流。

和经典理论不同的是，量子理论给出纯净而结构完美的金属正离子的结晶点阵，由于电子的波动性，对电子的定向运动不构成任何阻碍(按粒子图像所示，电子不会和点阵离子发生碰撞)，因而金属不会有电阻。但是实际的金属导体内总存在着杂质原子和晶体缺陷(如局部位置排错或者出现空位)，特别是离子总在做无规则热振动，自由电子在定向运动中总会和这些不规则的"元素"相碰撞，即电子被它们散射。不过，量子理论还给出，并不是任何速率的电子都能和这些不规则"元素"碰撞，只有那些**速率被电场加速到费米速率的电子**，才能和它们碰撞，而且碰撞后电子的速度变为反向而大小略减，接着这电子就在电场的作用下重新加速(实际上速度逆电场方向先开始减小，变为零，再正向逐渐增大)。这种碰撞称为**"倒逆"**碰撞，即速度反转的意思。

由于倒逆碰撞的不断发生，自由电子的定向速度不能无限增大。而最后会形成一定的与外电场方向相反的定向平均速率，即漂移速率。在第3篇电磁学13.2节中，曾用经典理论和图像导出了金属电导率公式，即 $\sigma=ne^2\tau/m_e$，其中 τ 为自由电子的自由飞行时间。以平均自由程 $\bar{\lambda}$ 和平均速率 $\bar{v}$ 表示 τ，即 $\tau=\bar{\lambda}/\bar{v}$，电导率又可写作

$$\sigma=\frac{ne^2\bar{\lambda}}{m_e\bar{v}} \tag{24.7}$$

根据上面讲的量子论图像，只有那些速度达到 v_F 的电子才发生碰撞，所以可以把上式中的 $\bar{v}$ 换成 v_F 而得到量子论的电导率公式，即

$$\sigma=\frac{ne^2\bar{\lambda}}{m_e v_F} \tag{24.8}$$

由于 $v_F\gg\bar{v}$，似乎这一结果将与实验不符。但上述量子力学关于电子定向运动受到碰撞的特点给出的 $\bar{\lambda}$ 值要比经典结果大得多，例如可以大到上千倍。这样，量子力学给出的理论结果也就能和实验相符了。

24.3 能带 导体和绝缘体

在 24.1 节中介绍了自由电子的能量分布。金属中自由电子的行为是忽略了晶体中正离子产生的周期性势场对电子运动的影响的结果。更进一步考虑晶体中电子的行为应该顾及这种周期势场的作用或原子集聚时对电子能级的影响，其结果是在固体中存在着对电子来说的**能带**。能带被电子填满与否决定着固体的电学性质。下面更仔细地说明这一点。

为了说明能带的形成，让我们考虑一个个独立的原子集聚形成晶体时其能级怎么变化。当两个原子相隔很远时，二者的相互影响可以忽略。各原子中电子的能级就如 23.3 节中所说的那样根据泡利不相容原理分壳层和次壳层分布着。当两个原子逐渐靠近时，它们的电子的波函数将逐渐重叠。这时，作为一个系统，泡利原理不允许一个量子态上有两个电子存在。于是原来孤立状态下的每个能级将分裂为 2，这对应于两个孤立原子的波函数的线性叠加形成的两个独立的波函数。这种能级分裂的宽度决定于两个原子中原来能级分布状况以及二者波函数的重叠程度，亦即两个原子中心的间距。图 24.5(a)表示两个钠原子的价电子所在的 3s 能级的分裂随两原子中心间距离 r 变化的情况，图中 r_0 为原子平衡间距。

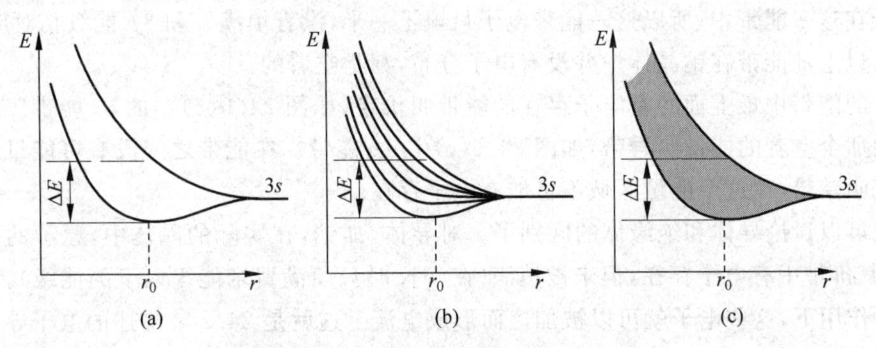

图 24.5 钠晶体中原子 3s 能级的分裂

更多的原子集聚在一起时，类似的能级分裂现象也发生。图 24.5(b)表示 6 个原子相聚时，原来孤立原子的 1 个能级要分裂成 6 个能级，分别对应于孤立原子波函数的 6 个不同的线性叠加。如果 N 个原子集聚形成晶体，则孤立原子的 1 个能级将分裂为 N 个能级。

由于能级分裂的总宽度 ΔE 决定于原子的间距，而晶体中原子的间距是一定的，所以 ΔE 与原子数 N 无关。实际晶体中原子数 N 是非常大的(10^{23} 量级)，所以一个能级分裂成的 N 个能级的间距就非常小，以至于可以认为这 N 个能级形成一个能量连续的区域，这样的一个能量区域就叫一个**能带**。图 24.5(c)表示钠晶体的 $3s$ 能带随晶格间距变化的情况，阴影就表示能级密集的区域。图 24.6(b)画出了钠晶体内其他能级分裂的程度随原子间距变化的情况(注意能量轴的折接)。图 24.6(a)表示在平衡间距 r_0(0.367 nm)处的能带分布，上面几个能带重叠起来了；图 24.6(c)表示在间距为 r_1(8 nm)处的能带分布。

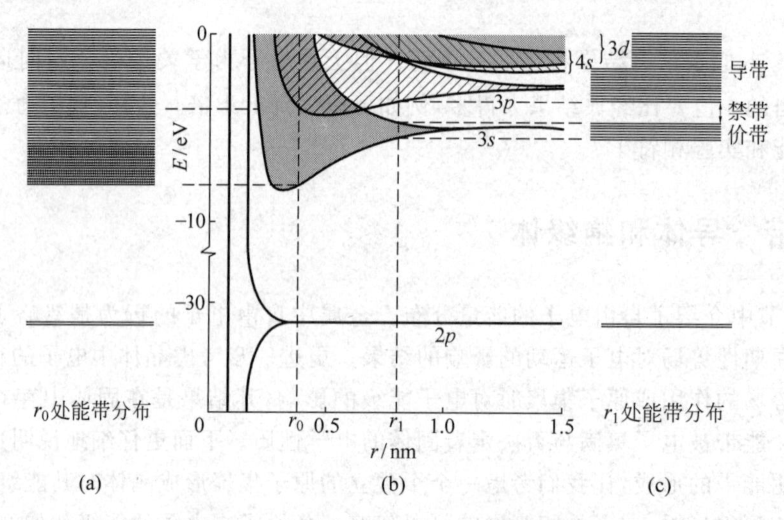

图 24.6 钠晶体的能级分裂成能带的情况

现在注意看图 24.6(c)原子间距为 $r_1=8$ nm 时的能级分布。孤立钠原子的 $2p$ 能级中共有 6 个可能量子态，而各量子态各被一个电子占据。钠晶体中此 $2p$ 能级分裂为一能带，此能带中有 $6N$ 个可能量子态，但也正好有 $6N$ 个原来的 $2p$ 电子，它们各占一量子态，这一 $2p$ 能带就被电子填满了。孤立钠原子的 $3s$ 能级上有 2 个可能量子态，钠原子的一个价电子在其中的一个量子态上。在钠晶体中，$3s$ 能带中共有 $2N$ 个可能量子态，但总共只有 N 个价电子在这一能带中，所以这一能带电子只填了一半，没有填满。和 $3p$ 能级相对应的 $3p$ 能带以及以上的能带在钠晶体中并没有电子分布，都是空着的。

晶体的能带中最上面的有电子存在的能带叫**价带**，如图 24.6(c)中的 $3s$ 能带。价带上面相邻的那个空着的能带叫**导带**，如图 24.6(c)中 $3p$ 能带。在能带之间没有可能量子态的能量区域叫**禁带**，在这个能量区域不可能有电子存在。

现在可以讨论导体和绝缘体的区别了。对导体，如钠，在实际的晶体中，原子的平衡间距为 r_0，其价带中有电子存在，但未被填满(在 0 K 时只填满费米能级以下的能级)。因此，在外电场作用下，这些电子就可以被加速而形成电流。这就是 24.2 节描述的电子导电的情况。这种物质就是导体。铜、金、银、铝等金属都有相似的未填满的价带结构。

有些物质，以金刚石为例，其晶体的能带结构特征是：价带已被电子填满而其上的导带则完全空着(0 K)，价带和导带之间的禁带宽度约为 6 eV。在常温下，价带中电子几乎完全不可能跃入导带。加外电场时，在一般电压下，价电子也不可能获得足够能量跃入导带而被加速，这使得金刚石成为绝缘体了。一般绝缘体都有相似的禁带较宽的能带结构。

图 24.7 就导体(铜)、绝缘体(金刚石)以及半导体(硅)的能带结构作了对比。

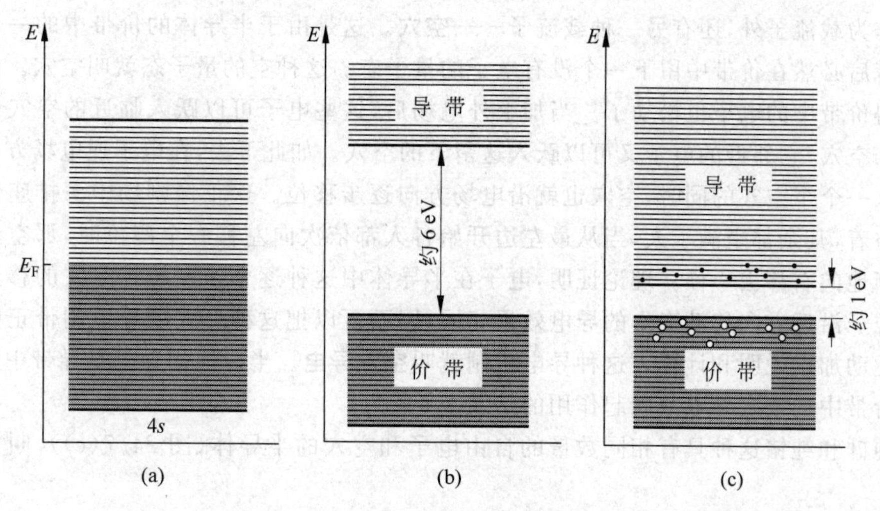

图 24.7 能带结构对比

(a) 铜的; (b) 金刚石的; (c) 硅的

例 24.1 固体的能带。估算:(1)使金刚石变成导体需要加热到多高温度?(2)金刚石的电击穿强度多大?金刚石的禁带宽度 E_g 按 6 eV 计,其中电子运动的平均自由程按 0.2 μm 计。

解 (1) 设温度为 T 时金刚石变为导体,则应有 $kT \approx E_g$,因而

$$T \approx \frac{E_g}{k} = \frac{6 \times 1.6 \times 10^{-19}}{1.3 \times 10^{-23}} \approx 7 \times 10^4 \text{ (K)}$$

而金刚石的熔点约 4×10^3 K!

(2) 以 E_b 表示击穿场强,要击穿,则需要电子在一个平均自由程内从电场获得的能量等于(或大于)禁带宽度,即 $E_b e\lambda = E_g$,由此得

$$E_b = \frac{E_g}{e\lambda} = \frac{6 \times 1.6 \times 10^{-19}}{1.6 \times 10^{-19} \times 0.2 \times 10^{-6}} = 3 \times 10^7 \text{ (V/m)} = 30 \text{ (kV/mm)}$$

空气的击穿场强为 3 kV/mm,为上述结果的 1/10。

24.4 半导体

常用的半导体材料有硅和锗,它们的能带结构和绝缘体类似,但是价带到导带的禁带宽度 E_g 较小(图 24.7(c)),如硅为 1.14 eV,锗为 0.67 eV(均在 300 K)。因此在通常情况下就有一定数量的电子在导带中(在 300 K 时电子数密度在 10^{16} m^{-3} 量级,而金属为 10^{28} m^{-3} 量级)。这些电子在电场作用下可以加速而形成电流,但其电导介于导体和绝缘体之间,所以这样的材料称做**半导体**。在温度升高时,价带中电子能吸收晶格离子热运动能量,大量跃入导带而使自由电子数密度大大增加,其对电导的影响远比晶格离子热振动的加强对电导的负影响为大。因此半导体的电导率随温度的升高而明显地增大,这一点和金属导体的电导率随温度的升高而减小是不同的。利用这种性质可用半导体做成**热敏电阻**。有的半导体,如硒,对光很灵敏,在光照射下自由电子数密度也能大量增加。利用这种性质可做成**光敏电阻**。

半导体导电和金属导电的另一个重要区别是在导电机制方面。在半导体内除了导带内的电子作为载流子外，还有另一种载流子——**空穴**。这是由于半导体的价带中的一个电子跃入导带后必然在价带中留下一个没有电子的量子态。这种空的量子态就叫空穴。空穴的存在使得价带中的电子也松动了。当加上外电场后，这些电子可以跃入临近的空穴而同时留下一个空穴，它邻近的电子又可以跃入这留下的空穴。如此下去，在电子逆电场方向逐次替补进入一个个空穴的同时，空穴也就沿电场方向逐步移位。这正像剧场中一排座位除最左端的空着，其余都坐满了人，当从最左边开始各人都依次向左移一个座位时，那空着的座位就逐渐地向右移去一样。理论证明，电子在半导体中这种逐个依次填补空穴的移位和带正电的粒子沿反方向移动产生的导电效果相同，因而可以把这种形式的导电用带正电的载流子的运动加以说明和计算。这种导电机制就叫**空穴导电**。半导体的导电是导带中的电子导电和价带中的空穴导电共同起作用的结果。

像纯硅和纯锗这种具有相同数量的自由电子和空穴的半导体(图 24.7(c))，叫做**本征半导体**。

实用的半导体一般都是适量掺入了其他种原子的半导体，这种半导体叫**杂质半导体**。硅和锗都是 4 价元素，一种杂质半导体是在硅或锗中掺了 5 价元素(如磷、砷)的原子。一个这种 5 价原子取代一个硅原子后，它的 4 个价电子使磷原子排入硅原子的结晶点阵中，剩下那一个电子由于受磷原子的束缚较弱而能在晶格原子之间游动成为自由电子。从能态上说，这一个电子原来在晶体中的能级处于禁带中导带下很近处，叫**杂质能级**。它和导带底的能量差 E_D 比禁带宽度 E_g 小得多(图 24.8(a))，如磷的 E_D 在硅晶体中只有 0.045 eV。这一杂质能级上的电子很容易被激发而跃入导带，少量的杂质原子(一般掺入 10^{13} 到 10^{19} cm^{-3})就能成百万成千万倍地增加导带中的自由电子数，而使自由电子数大大超过价带中的空穴数。这种半导体叫 **N 型半导体**或电子型半导体。所掺杂质由于能给出电子而被称为**施主**，相应的杂质能级称为施主能级。在 N 型半导体中，电子称为多[数载流]子，空穴称为少[数载流]子。(杂质能级上的空穴是被冻结了的，因为价带中的电子很难有能量跃入此一能级而使一个空穴留在价带中，因此掺杂后价带中的空穴数基本不变。)

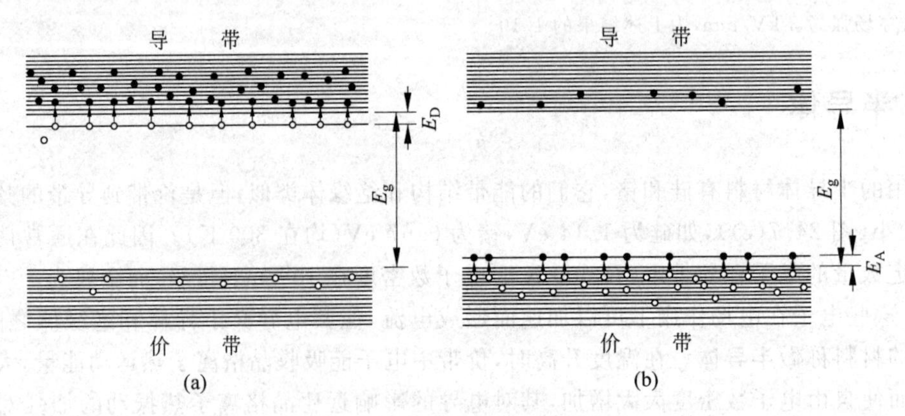

图 24.8 杂质半导体能带示意图

(a) N 型；(b) P 型

如果在硅和锗中掺入 3 价元素如铝、铟，由于这种杂质原子只有 3 个价电子，所以一个这种原子取代一个硅原子后，就在硅的正常晶格内缺了一个电子，即杂质原子带来了一个空穴。从能态上说，这种杂质中电子的能级原来在价带上很近处，它和价带顶的能级差 E_A 比禁带宽度也小得多(图 24.8(b))，如铝的 E_A 在硅晶体中只有 0.067 eV。价带中的电子很容易跃入杂质能级而在价带中产生大量的空穴。(进入杂质能级的电子由于 E_g 较大而很难进入导带，所以导带中的电子数基本不变。)这样，在这种杂质半导体中，空穴成了多子，而电子成了少子。这种半导体称做 **P 型半导体**或空穴型半导体，而掺入的 3 价元素由于接受了电子而被称为**受主**。

24.5 PN 结

现代技术，甚至可以说，现代文明，都是和半导体的应用分不开的，而半导体的各种应用的最基本的结构或者说核心结构是所谓 PN 结。它是在一块本征半导体的两部分分别掺以 3 价和 5 价杂质而制成的。在 N 型和 P 型半导体的接界处就形成 PN 结。下面为了简单起见，我们假设在 PN 结处两型半导体有一个清晰明确的分界面。

如图 24.9 所示，在两种类型的半导体的接界处，N 型区的自由电子将向 P 型区扩散，同时 P 型区的空穴将向 N 型区扩散，在界面附近二者中和(或叫湮灭)。这将导致 N 型侧缺少电子而带正电，P 型侧缺少空穴而带负电。这种空间电荷分布将在界面处产生由 N 侧指向 P 侧的电场 $\boldsymbol{E}$。这一电场有阻碍电子和空穴继续向对方扩散的作用，最后会达到一定平衡状态。此时在 PN 交界面邻近形成一个没有电子和空穴的“真空地带”薄层，其中有从 N 指向 P 的“结电场”$\boldsymbol{E}$，它和电子、空穴的扩散作用相平衡。这一“真空地带”叫**耗尽层**，其厚度约 1 μm，其中电场强度可达 10^4 V/cm 到 10^6 V/cm。

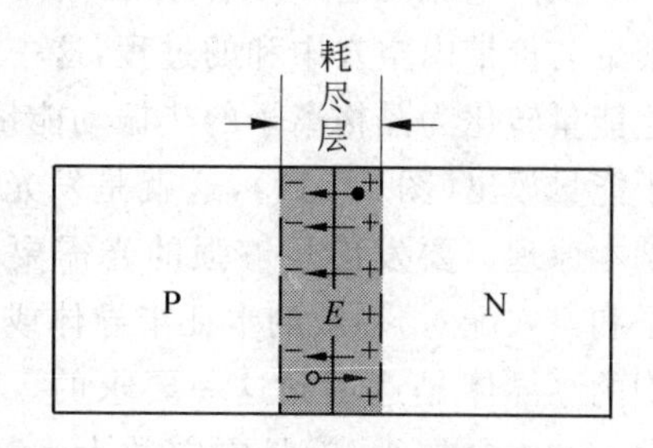

图 24.9 平衡时 PN 结处的耗尽层和层内的电场

PN 结的重要的独特性能是它只允许单向电流通过。如图 24.10(a)那样，将 PN 结的 P 区连电源正极，N 区连电源负极(这种连接叫做**正向偏置**)时，电源加于 PN 结的电场与结内电场方向相反，使耗尽层内电场减弱，耗尽层变薄，层内电场与扩散作用的平衡被打破，P 区内的空穴和 N 区内的电子就能不断通过耗尽层向对方扩散，这就形成了正向电流。这电流随正向电压的增大而迅速增大，如图 24.10(c)中伏安特性曲线在 $U>0$ 的区域那一段所示。

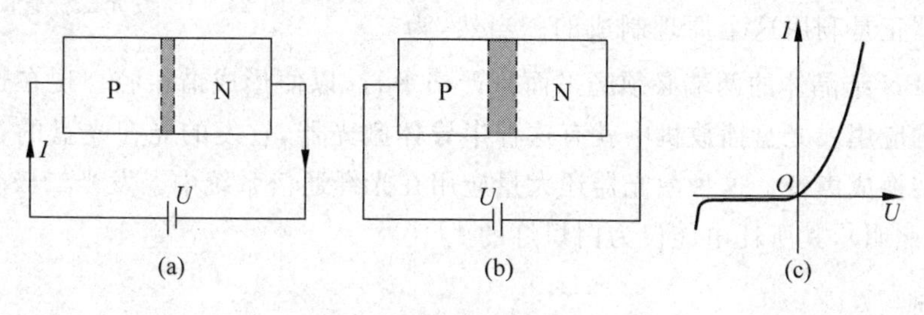

图 24.10

(a) PN 结的正向偏置；(b) 反向偏置；(c) 伏安特性曲线

如果像图 24.10(b)那样，将 PN 结的 P 区与电源负极相连，N 区与电源正极相连(这种连接叫**反向偏置**)时,电源加于PN结的电场与结内电场方向相同,使耗尽层内电场增大,耗尽层变厚。这使得P区内空穴和N区内电子更难于向对方扩散,两区中的多子就不可能形成电流,两区内的少子(即P区的电子和N区的空穴)会沿电场方向产生微弱的反向电流。这微弱电流随着反向电压的增大而很快达到饱和,如图24.10(c)中$U<0$的区域那一段所示。反向电压过大,则PN结将被击穿破坏。

PN结只有在正向偏置时才有电流通过,这就是PN结的单向导电性。这种特性使PN结能在交变电压的作用下提供单一方向的电流——直流。这就是PN结(实际的元件叫半导体二极管)可以用来整流的道理。

24.6 半导体器件

利用PN结可以做成很多有独特功能的器件,下面举几个例子。

1. 发光二极管(LED)

正向电流通过PN结时,在结处电子和空穴的湮灭在能级图上是导带下部的电子越过禁带与价带内空穴中和的过程,这一过程中电子的能量减少因而有能量放出。很多情况下,这能量转化为晶格离子的热振动能量。但是在有些半导体,如砷化镓中,这种能量转化为光子能量放出(图24.11),这就是发光二极管发光的基本原理。要发出足够强的光需要有足够多的电子和空穴配对,一般的本征半导体或只是P型或N型的半导体是达不到这一要求的。因为它们不是电子和空穴较少,就是空穴数大大超过电子数,或是电子数大大超过空穴数。但是用PN结就可以达到目的,因P区有大量空穴而N区有大量电子,它们成对湮灭时就能发出足够强的光。商品发光二极管就是在镓中大量掺入砷、磷而做成的,在适当大的电流通过时发出红光。

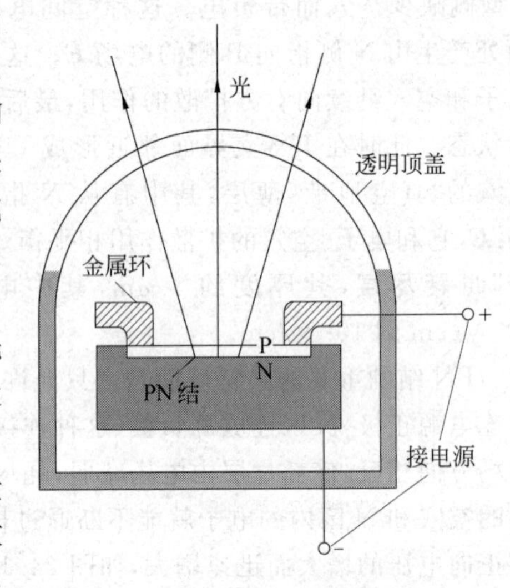

图24.11 发光二极管简图

应注意的是,在发光二极管的PN结内的大量电子是处于导带内而能量较高。这是一种粒子数布居反转状态,因而有可能产生递增的受激辐射,半导体激光器正是利用这个原理制成的。当然,为了产生激光,PN结晶体的两端必须磨平而且严格平行,以便形成谐振腔。现在这种激光器已得到广泛的应用。光盘播放机中就有这种半导体激光器,它发的光在光盘的音轨上反射后被收集再转换成声音。这种激光器还大量应用在光纤通信系统中。发光二极管阵列也用作照明(固态照明),其所耗电能仅为白炽灯的1/10。

2. 光电池

原则上讲,发光二极管反向运行,就成了一个光电池。也就是说,使光照射到PN结上时,会在结处产生电子空穴对。在结内电场作用下,电子移向N区,空穴移向P区而集聚,其结果是P区电势高于N区。当P区和N区分别与负载相连时,就有电流通过负载了,这时的 PN 结就成了电源。目前用硅做的光电池电压约为 0.6 V,光能转换为电能的效率不超过 15%。

3. 半导体三极管

半导体三极管由一薄层杂质半导体夹在相反类型的杂质半导体间构成,这三部分半导体分别称做集电极(c)、基极(b)和发射极(e)。图 24.12 表示一个 NPN 型半导体三极管。工作时,发射极和基极间取正向偏置而集电极和基极间取反向偏置。这样就有大量电子从发射极拥入基极。由于基极很薄,所以拥入的电子在此处只能和少数空穴湮灭,大部分电子都游走到集电极和基极间的 PN 结处。此处结内电场方向由 N 区指向 P 区,游来的电子将被电场拉入集电极而形成集电极电流 I_c,另有少量电子从基极流出形成电流 I_b。I_b 和 I_c 决定于半导体三极管的几何结构和各半导体的性质。对于给定的三极管,

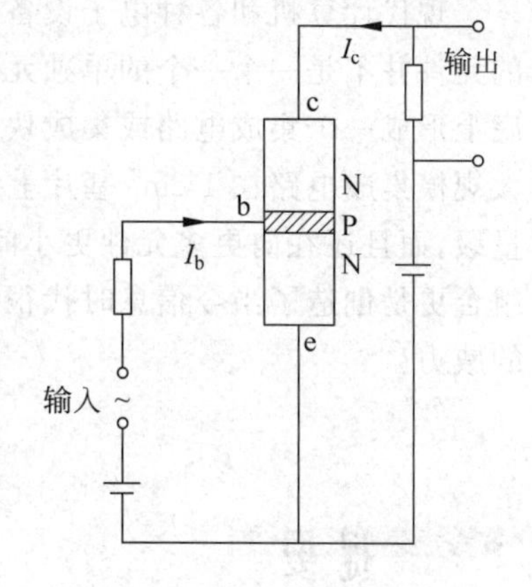

图 24.12 半导体三极管电路

$$\frac{I_c}{I_b} = 常数$$

此常数一般可做到 20 到 200。当电流 I_b 有微小变化时,I_c 可以发生较大的变化,因此这种晶体被用做放大器。

4. 金属氧化物场效应管(MOSFET)

这是一种数字逻辑电路中广泛使用的半导体器件。它能迅速地进行数字 1(通)和 0(断)之间的转换,实现二进制数码的快速运算,其结构如图 24.13 所示。在轻度掺杂的 P 型基底上,用 N 型杂质"过量掺杂"形成两个 N 型"岛",一个叫"源"(S),一个叫"漏"(D),各通过一金属电极和外部相连。在源和漏之间用一 N 型薄层相连形成一个 N 型通道,N 型通道上方则敷以绝缘的氧化物薄层,其上再盖以金属薄层,这层金属薄层叫"栅"(G)。

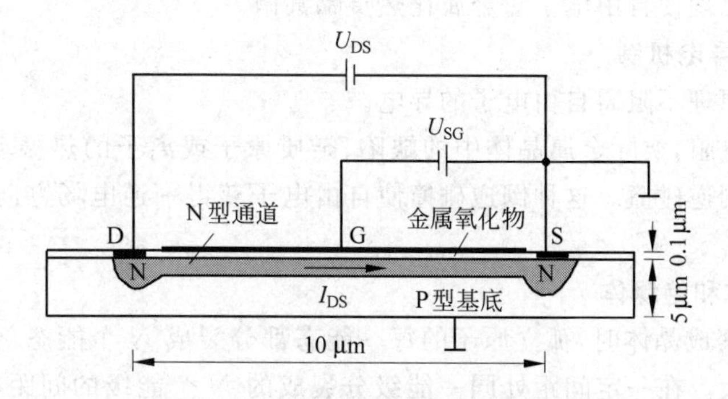

图 24.13 金属氧化物场效应管结构图

先考虑 P 型基底和源接地而栅和电源未相接的情况。这时如果漏和源之间加以电压 $U_{DS}>0$,则电子将从源流向漏形成由漏到源的电流 I_{DS},像图 24.13 所示的那样。

现在在栅和源之间加一电压 U_{SG},使栅电势低于源电势,这将使 N 型通道内形成一指向栅的电场。这一电场将使通道中的电子移向基底从而加宽通道和基底交界处的耗尽层而使

通道变窄，同时还由于通道内电子数减少而使通道电阻增大，这都将使通道电流 I_{DS} 减小。适当增大 U_{SG}，则 I_{DS} 可以完全被阻断。这样，通过改变 U_{SG}，就可以控制 I_{DS} 的通断从而给出数字 1 或 0 的信号。

5. 集成电路

现代计算机和各种电子设备使用成千上万的半导体器件和电阻、电容等元件。这么多的元件并不是一个一个的单独元件连接在一起的，而是极其精巧地制备在一小片半导体基底上形成一个集成电路或集成块。集成电路的元件数从上千、上万不断增加，以致目前的超大规模集成电路在 1 cm^2 基片上可以包含有几十万、上百万个元件，布线的间距已接近纳米量级，而且还在向更多元件更小间距发展。各种各样的集成块具有各种各样的功能，它们的组合更是创造了当今信息时代很多难以想象的奇迹。这不能不使人惊叹人类的智慧和科学的威力！

提要

1. 自由电子按能量分布

自由电子按能量分布的单位体积内的态密度：

$$g(E)=\frac{(2m_e)^{3/2}}{2\pi^2\hbar^3}E^{1/2}$$

在 0 K，自由电子占满 E_F 以下的所有量子态。

0 K 时的费米能量：　$E_F=(3\pi^2)^{2/3}\frac{\hbar^2}{2m_e}n^{2/3}$，一般几个 eV

费米速率：　$v_F=\sqrt{2E_F/m_e}$，一般 10^6 m/s

费米温度：　$T_F=E_F/k$，一般 10^4 K

常温下，自由电子分布和 0 K 时基本相同。

泡利不相容原理使自由电子对金属比热贡献甚微。

2. 自由电子导电机制

泡利不相容原理不阻碍自由电子的导电。

完美晶体无电阻，实际金属晶体中的缺陷、杂质原子或离子的热振动会使速率达到 v_F 的自由电子受到倒逆碰撞。这种倒逆碰撞使自由电子获得一逆电场方向的速度，此速度即电子的漂移速度。

3. 能带、导体和绝缘体

N 个原子集聚成晶体时，孤立原子的每一能态都分裂成 N 个能态，分裂的程度随原子间距的缩小而增大。在一定间距处同一能级分裂成的 N 个能级的间距很小，这 N 个能级就共同构成一能带。

晶体的最上面而且其中有电子存在的能带叫价带，其上相邻的那个空着的能带叫导带，能带间没有可能量子态的区域叫禁带。

价带未填满的晶体为导体。价带为电子填满而且它和导带间的禁带宽度甚大的晶体为绝缘体。

4. 半导体

半导体在 0 K 时,价带为电子填满,导带空着,但价带和导带间的禁带宽度较小。在常温下有电子从价带跃入导带,可以导电。电导率随温度升高而明显增大。除电子导电外,半导体还同时有空穴导电。纯硅纯锗电子和空穴数目相同,为本征半导体。

杂质半导体: 纯硅或纯锗(4 价)掺入 5 价原子成为 N 型半导体,其中电子是多子,空穴是少子;纯硅或纯锗掺入 3 价原子成为 P 型半导体,其中电子是少子,空穴是多子。

5. PN 结

P 型半导体和 N 型半导体相接处的薄层内由于电子和空穴向对方扩散而形成一耗尽层,层内存在由 N 侧指向 P 侧的电场。这一薄层即 PN 结。

PN 结具有单向导电作用。

6. 半导体器件

利用 PN 结做成了各种器件,如发光二极管、光电池、三极管、金属氧化物场效应管等。集成块包含有大量的元件,在现代科学技术中有广泛的应用。

思考题

24.1 金属中的自由电子在什么条件下可以看成是“自由”的?

24.2 金属中的自由电子为什么对比热贡献甚微而却能很好地导电?

24.3 什么是能带、禁带、导带、价带?

24.4 导体、绝缘体和半导体的能带结构有何不同?

24.5 硅晶体掺入磷原子后变成什么型的半导体?这种半导体是电子多了,还是空穴多了?这种半导体是带正电,带负电,还是不带电?

24.6 将铟掺入锗晶体后,空穴数增加了,是否自由电子数也增加了?如果空穴数增加而自由电子数没有增加,锗晶体是否会带上正电荷?

24.7 本征半导体、单一的杂质半导体都和 PN 结一样具有单向导电性吗?

24.8 根据霍尔效应测磁场时,用杂质半导体片比用金属片更为灵敏,为什么?

24.9 水平地放置一片矩形 N 型半导体片,使其长边沿东西方向,再自西向东通入电流。当在片上加以竖直向上的磁场时,片内霍尔电场的方向如何?如果换用 P 型半导体片,而电流和磁场方向不变,片内霍尔电场的方向又如何?

24.10 用本征半导体片能测到霍尔电压吗?

习题

24.1 已知金的密度为 19.3 g/cm^3,试计算金的费米能量、费米速度和费米温度。具有此费米能量的电子的德布罗意波长是多少?

24.2 求 0 K 时单位体积内自由电子的总能量和每个电子的平均能量。

24.3 中子星由费米中子气组成。典型的中子星密度为 5×10^{16} kg/m^3,试求中子星内中子的费米能量和费米速率。

24.4 银的密度为 10.5×10^3 kg/m^3,电阻率为 1.6×10^{-8} $\Omega\cdot m$(在室温下)。

(1) 求其中自由电子的自由飞行时间；

(2) 求自由电子的经典平均自由程；

(3) 用费米速率求平均自由程；

(4) 估算点阵离子间距并和(2),(3)求出的平均自由程对比。

24.5 金刚石的禁带宽度按 5.5 eV 计算。

(1) 禁带顶和底的能级上的电子数的比值是多少？设温度为 300 K。

(2) 使电子越过禁带上升到导带需要的光子的最大波长是多少？

24.6 纯硅晶体中自由电子数密度 n_0 约为 $10^{16}\ \mathrm{m^{-3}}$。如果要用掺磷的方法使其自由电子数密度增大 10^6 倍，试求：

(1) 多大比例的硅原子应被磷原子取代？已知硅的密度为 $2.33\ \mathrm{g/cm^3}$。

(2) 1.0 g 硅这样掺磷需要多少磷？

24.7 硅晶体的禁带宽度为 1.2 eV。适量掺入磷后，施主能级和硅的导带底的能级差为 $\Delta E_D = 0.045$ eV。试计算此掺杂半导体能吸收的光子的最大波长。

24.8 已知 CdS 和 PbS 的禁带宽度分别是 2.42 eV 和 0.30 eV。它们的光电导的吸收限波长各多大？各在什么波段？

24.9 Ga-As-P 半导体发光二极管的禁带宽度是 1.9 eV，它能发出的光的最大波长是多少？

24.10 KCl 晶体在已填满的价带之上有一个 7.6 eV 的禁带。对波长为 140 nm 的光来说，此晶体是透明的还是不透明的？（若光能被晶体吸收，则该晶体为不透明的。）

今日物理趣闻 D

新奇的纳米科技

D.1 什么是纳米科技

“纳米”(nm)是一个长度单位的名称。1 nm=10^{-9} m,约为一个原子直径的几十倍。纳米科技通常指的是1 nm到100 nm的尺度范围内的科技。以往(20世纪80年代以前)物理学在宏观(日常观测的)尺度和微观(原子或更小的)尺度范围内已取得了辉煌的理论成就并得到了广泛的实际应用。但在纳米尺度,也被称作“介观”尺度范围内,虽然物理学的基本定律不会失效,但鲜有具体的理论成就与应用开发。只是在20余年前,这一范围的科学技术问题才又引起人们的注意,而且目前正在兴起一股研究和开发的热潮。

纳米尺度内的物质表现出许多与宏观和微观体系不同的奇特性质。举两个例子如下。

一是纳米体系的材料,其表面的原子数相对地大大增加。例如,边长为10 μm的正立方体中共有1.25×10^{14}个原子(原子的线度按0.2 nm计),其表面共有约1.5×10^{10}个原子。表面原子占原子总数的0.012%。若边长减小到2 nm,则方块内总原子数和表面上的原子数将分别为1000和488个,表面原子数占总原子数的48.8%,即几乎一半的原子在方块的表面。有些物理的或化学的过程,如吸附和催化,都是在物体表面进行的,表面原子数的增大自然会改变材料的性质了。

另一个例子是材料的导电机制。由于宏观的金属导体的线度比其中自由电子热运动的平均自由程大得多。形成电流的自由电子在定向运动中会不断地与正离子发生无规则碰撞。正是这种碰撞导致了金属的电阻产生。但在纳米尺度的金属块内,由于块的线度小于电子运动的平均自由程,入射电子可以直接穿过块体(图D.1)。这将不可避免地使纳米体系的电学性质表现异常。

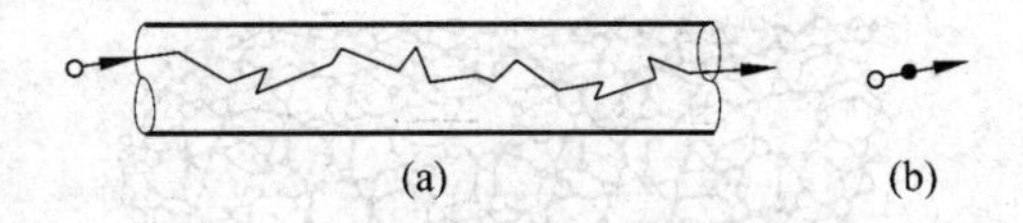

图D.1 电子通过(a)宏观导体和(b)纳米块的不同过程示意图

总之,纳米体系由于其尺寸介于宏观和微观之间,其结构以及其各种物理的和化学的性质都会与常规材料不同而表现出许多新奇的特性。这些新奇的特性及其应用的前景就是目前纳米科技研究和开发的课题。

D.2 纳米材料

纳米材料是至少在一维方向上小于100 nm的材料，分别称为纳米薄膜，纳米线和纳米颗粒(或量子点)。

纳米颗粒有很多目前已研制成功甚至已被大量使用。例如，纳米硅基氧化物(SiO_{2-x})，纳米二氧化钛(TiO_2)，氧化铝(Al_2O_3)以及Fe_3O_4等纳米颗粒和树脂复合制成的各种纳米涂料具有净化空气、清污消毒(通过光催化)、耐磨和抗擦伤、静电和紫外光屏蔽、高介电绝缘、磁性等特性，已广泛应用于墙壁粉刷、汽车面漆、电子电工技术。纳米镍粉用于镍氢电池。纳米碳酸钙与聚氯乙烯等无机/有机复合材料的韧性和强度都大大增加，已在塑料，橡胶，纤维等产品中得到迅速推广使用。纳米磷灰石类骨晶体/聚酰胺高分子生物活性材料(图D.2)已用来进行人体各种硬组织的修复。纳米晶(晶粒尺寸约10 nm)软磁合金已广泛应用于电力、电子和电子信息领域。……

图D.2 纳米磷灰石类骨晶体与聚酰胺复合材料脊柱修复体

现在纳米科技也伸向了医学领域。一方面有用纳米线早期诊断癌症和用纳米颗粒追踪病毒的实验研究；另一方面也在研究纳米粒子可能产生的毒性，例如通过动物实验已发现直径为35 nm的碳纳米粒子可能经呼吸系统伤害大脑，C_{60}球会对鱼脑产生大范围破坏等。

自1991年Iijima发现碳纳米管以来，对它的研究已成为纳米科技的热点之一。碳纳米管是碳原子构成的单层壁或多层壁的管，直径为零点几纳米到几十纳米(图D.3)这种管状结构有许多特殊的物理性能。例如，根据理论计算，这种管有最高的强度和最大的韧性，其强度可达钢的100倍，而密度只有钢的1/6。这种管根据碳原子排列的不同，还会具有导体和半导体的性能。早期用电弧放电法制取的碳纳米管很短而且无序。后来发展了脉冲激光蒸发法和化学沉积法。1996年，中国科学院首先合成出了垂直于基底生长的碳纳米管阵列(或称"碳纳米管森林")。1999年清华大学进一步实现了碳纳米管生长位置和生长方向的控制并对其生长机理进行了实验研究。2002年，他们又发展了一种新方法，从已制取的超

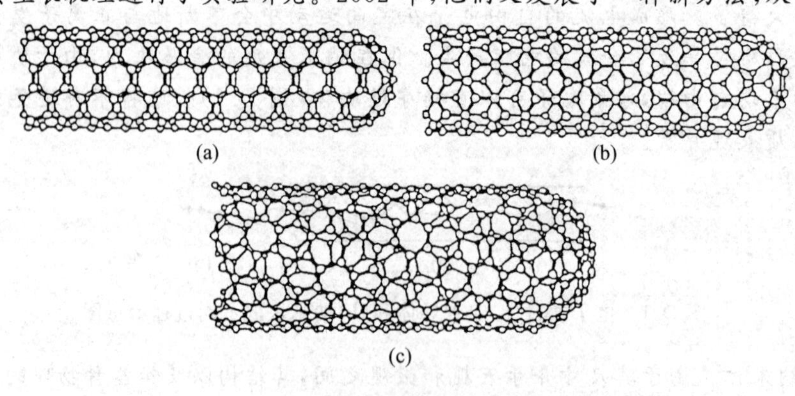

(a) (b) (c)

图D.3 碳纳米管

(a) 单壁；(b) 锯齿形；(c) 手性形

顺排碳纳米管阵列中抽出碳纳米管长线的方法。这就为碳纳米管的应用准备了更好的基础。图 D.4 是他们这种“抽丝”手段的简要说明。

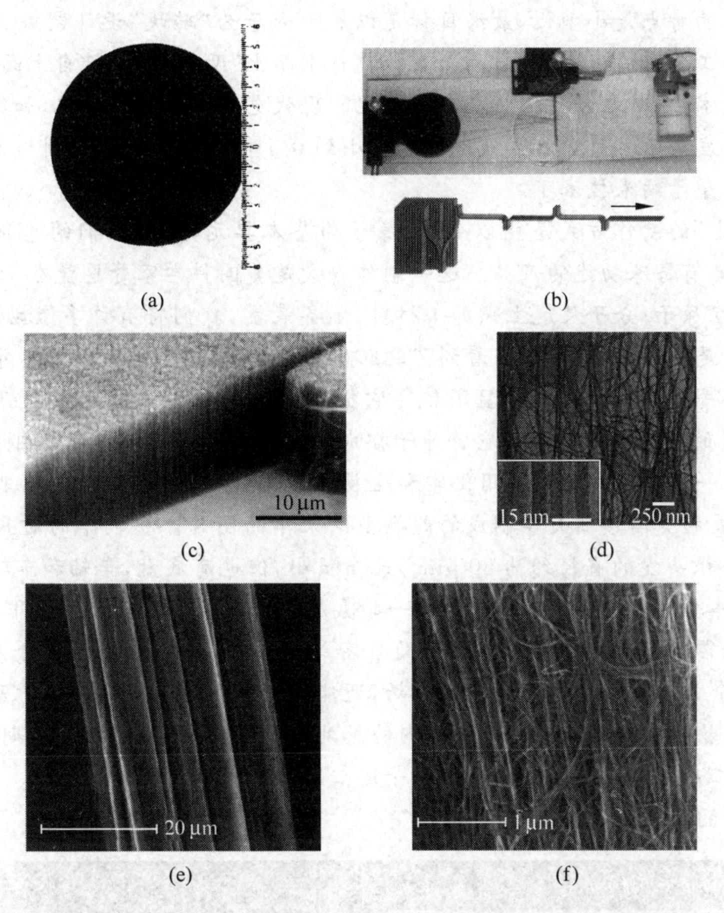

图 D.4　清华-富士康纳米科技研究中心的碳纳米管长线的生产

(a) 在敷有催化剂的硅基底上垂直生长成的超顺排碳纳米管阵列圆饼，厚约 10 μm，直径约 10 cm；(b) 抽丝成线。从碳纳米管阵列抽出的碳纳米管束经酒精液滴浸润处理后合成一根紧凑的碳纳米管线，随后绕在线轴上；(c) 碳纳米管阵列的电子显微镜照相，显示一束束碳纳米管的整齐排列；(d) 碳纳米管束的照相，显示其中碳纳米管的排布；小图显示一根根碳纳米管；(e) 一根碳纳米管线的电子显微镜照相；(f) 碳纳米管线中的碳纳米管照相。(感谢姜开利提供图片)。

D.3 纳米器件

随着各种纳米材料的不断研制成功，研究者们也在各方面利用这些材料研制纳米器件，以使纳米科技进入实用阶段。例如，中国科学院研制了半导体量子点激光器(0.7～2.0 μm)，在有机单体薄膜 NBPDA 上做出点阵，点径小于 0.6 nm，信息点直径较国外研究结果小一个数量级，是目前光盘信息存储密度的近百万倍。清华大学已研制出 100 nm 级 MOS 器件及 系列硅微集成传感器，硅微麦克风，硅微马达集成微型泵等器件，还用碳纳米管线制成了白炽灯和紫外光偏振片等。美国科学家利用碳纳米管制成的天线可以接受光波。哈佛大学用碳纳米导线制成能实时探测单个病毒的传感器。IBM公司制成的能探测单电子自旋的“显微镜”,能打开生物分子和材料原子结构的三维成像之门等。

纳米器件的特点是小型化,最终目标是以原子分子为“砖块”设计制成具有特殊功能的产品。其制作工艺路线可分为“自上而下”和“自下而上”两种方式。“自上而下”是指通过微加工或固态技术,不断在尺寸上将产品微型化。现代电子线路的微型化,如集成块的制作就是沿着这条路发展的。目前集成线路线宽已小到0.1 μm,已达到这一制作方法的极限。再小人们就寄希望于纳米技术了。

“自下而上”的制作方式是指以分子、原子为基本单元,根据人们的意愿进行设计和组装,从而构成具有特殊功能的产品。这一制作方式是美国科学家费恩曼在1959年首先提出的:如果能够在原子/分子尺度上来加工材料,制备装置,我们将有许多激动人心的新发现。这在当时还只是一种梦想,现在已看到了真正实现它的明亮的曙光。1981年出现了纳米科技研究的重要手段——扫描隧穿显微镜。它提供了一种纳米级甚至原子级的表面加工工具。IBM公司的研究人员首先用它将原子摆成了IBM三个字母,展示了利用它构建分子器件的前景。这一制作方式还要利用化学和生物学技术,实现分子器件的自我组装。图D.5是2006年发表的美国赖斯大学制成的超微型纳米车的图片。整辆车的对角线的长度只有3～4 nm(而一根头发的直径约为80 μm。)此车虽小,但也有底盘,车轴和车轮。车轮是富勒烯C_{60}圆球。车体95%是碳原子,其他是一些氢原子和氧原子。车被放在甲苯气体中,置于金片表面上。常温下车的轮子和金片表面紧密结合,车静止不动。当把金片加热到200℃后,车才能在金片表面运动。通过施加磁场,还能改变车的运动方向。科学家期望能用这种纳米车载着药物分子顺着血管到达人体内的患处,释放药物予以治疗。也期望用这种“交通工具”在纳米工厂和工地之间搬运分子原子遂心所欲地构建新材料。

多么新奇的纳米科技!

图D.5 超微型纳米车

第25章

核　物　理

自1911年卢瑟福通过α粒子散射实验发现原子的核式结构以来，已获得了很多关于核的知识，包括核的结构、能量以及核的转化等。有很多知识，如核能、放射性同位素等，已得到了广泛的应用。本章先概述核的一般性质，包括核的组成、大小、自旋等，然后讲解使核保持稳定的核力和结合能。核的模型只着重介绍了液滴模型，以便计算核裂变或聚变时所释放的能量。再然后讲解放射性衰变的规律以及α射线、β射线和γ射线的特征。最后介绍了有关核反应的基本知识。

25.1　核的一般性质

1. 核的组成

卢瑟福的实验结果说明，虽然核的体积只有原子体积的10^{15}分之一，但核中却集中了原子的全部正电荷和几乎全部质量。由于核的正电荷是氢核正电荷的整数倍，所以一般就认为氢核是各种核的组分之一而被称为**质子**。由于核的质量总是大于由其正电荷所显示的质子的总质量，所以人们又设想核是质子和电子的复合体，多于电子的质子的总电荷就是核的电荷。但通过计算知道核内不可能存在单独的电子。1932年查德威克通过实验发现了核内存在一种质量和质子相近但不带电的粒子，以后被称为**中子**。此后人们就公认核是由质子和中子组成的，质子和中子也因此统称为**核子**。

质子和中子的质量大约是电子质量的1840倍。质子所带电量和电子的相等，但符号相反。质子和中子的自旋量子数和电子的一样，都是1/2，它们都是**费米子**。表25.1列出了质子、中子和电子各种内禀性质的比较，其中质量的单位“u”叫**原子质量单位**，它是^{12}C原子的质量的1/12。原子质量单位和其他单位的换算关系为

$$1\ \mathrm{u}=1.660\ 540\ 2\times10^{-27}\ \mathrm{kg}=931.4943\ \mathrm{MeV}/c^2$$

不同元素的原子核中的中子数和质子数不同，质子数Z叫核的**原子序数**。中子数N和质子数Z的和用A表示，即

$$A=Z+N \tag{25.1}$$

A叫核的**质量数**，因为核的质量几乎就等于A乘以一个核子的质量。原子核通常用^A_ZX表示，其中X表示该核所属化学元素的符号。由于各元素的原子序数Z是一定的，所以也常不写Z值，如写成^{16}O，^{107}Ag，^{238}U等。

表 25.1 质子、中子和电子的内禀性质比较

内禀性质	质子	中子	电子
质量/u	1.007 276 466 0	1.008 664 923 5	$5.485\,799\,03\times10^{-4}$
质量/kg	$1.672\,623\,1\times10^{-27}$	$1.674\,928\,6\times10^{-27}$	$9.109\,389\,7\times10^{-31}$
质量/$(\mathrm{MeV}\cdot c^{-2})$	938.272 31	939.565 63	0.5110
电荷/e	+1	0	−1
自旋量子数	1/2	1/2	1/2
磁矩①/$(\mathrm{J}\cdot\mathrm{T}^{-1})$	$1.410\,607\,61\times10^{-26}$	$-0.966\,236\,69\times10^{-26}$	$-9.284\,770\,1\times10^{-24}$

① 所列磁矩的值都是各该磁矩在 z 方向的投影，只有这投影是实际上能测出的。

同一元素的原子的核中的质子数是相同的，但中子数可能不同。质子数相同而中子数不同的核叫**同位素**，取在周期表中位置相同之意。如碳的同位素有$^{8}\mathrm{C}$，$^{9}\mathrm{C}$，…，$^{12}\mathrm{C}$，$^{13}\mathrm{C}$，$^{14}\mathrm{C}$，…，$^{20}\mathrm{C}$等。天然存在的各元素中各同位素的多少是不一样的，各种同位素所占比例叫各该同位素的**天然丰度**。例如在碳的同位素中，$^{12}\mathrm{C}$的天然丰度为 98.90%，$^{13}\mathrm{C}$的为 1.10%，而$^{14}\mathrm{C}$的只是 $1.3\times10^{-10}\%$。许多同位素是不稳定的，经过或长或短的时间要衰变成其他的核。因此，许多同位素，包括 $Z>92$ 的各种核都不是天然存在的，只能在实验室中通过核反应人工地制造出来。

2. 核的大小

卢瑟福根据他们的实验结果计算出来的核的线度为 10^{-15} m 量级。其他实验(包括高能电子散射实验)给出，如果把核看作球形，则核的半径 R 和 $A^{1/3}$ 成正比，即

$$R = r_0 A^{1/3} \tag{25.2}$$

其中 r_0 称为核半径参数，在一定范围内，可视它为一常数：

$$r_0 = 1.2\ \mathrm{fm} = 1.2\times10^{-15}\ \mathrm{m}$$

由式(25.2)可算得$^{56}\mathrm{Fe}$核的半径约为 4.6 fm，$^{238}\mathrm{U}$核的半径约为 7.4 fm。当然，由于粒子的波动性，核不可能有清晰的边界。有的实验还证明，某些核的形状明显地不是球形而是椭球形或梨形。

由于球的体积和半径的 3 次方成正比，所以原子核的体积和质量数 A 成正比。这表示核好像是 A 个不可压缩的小球紧挤在一起形成的。由此也可知各种核的密度都是一样的，其大小为

$$\rho = \frac{m}{V} = \frac{1.67\times10^{-27}A}{\frac{4}{3}\pi\times(1.2\times10^{-15})^3 A} = 2.3\times10^{17}\ (\mathrm{kg/m^3})$$

这一数值比地球的平均密度大到 10^{14} 倍。核密度近似为常数，与 A 无关，这与实验事实相符。

3. 核的自旋和磁矩

核子在核内运动的轨道角动量和自旋角动量之和称为核的自旋角动量，简称**核自旋**。核自旋量子数用 I 表示。按一般的量子规则，核的自旋角动量的大小为 $\sqrt{I(I+1)}\,\hbar$。核自旋在 z 方向的投影为

$$I_z = m_I \hbar, \quad m_I = \pm I, \pm (I-1), \cdots, \pm \frac{1}{2} \text{ 或 } 0 \tag{25.3}$$

I 的值可以是非负半整数或整数。实验结果指出，偶偶核(Z,N 都是偶数)的自旋都是零，如 ^4He，^{12}C，^{238}U 等。奇奇核(Z,N 都是奇数)的自旋都是整数，如^{34}Cl 的是 0，^{10}B 的是 3，^{26}Al 的是 5 等。这些核都是**玻色子**。奇偶核(Z,N 中一个是奇数，一个是偶数)的自旋都是半整数，如^{15}N 的是 1/2，^{29}Na 的是 3/2，^{25}Mg 的是 5/2，^{83}Kr 的是 9/2 等。这些核都是**费米子**。

和角动量相联系，核有磁矩。质子由于其轨道角动量而有轨道磁矩

$$\boldsymbol{\mu}_L = \frac{e}{2m_p}\boldsymbol{L}$$

此磁矩在 z 方向的投影为

$$\mu_{L,z} = \frac{e}{2m_p}L_z = \frac{e\hbar}{2m_p}m_l = \mu_N m_l \tag{25.4}$$

式中常量

$$\mu_N = \frac{e\hbar}{2m_p} = 5.057\,866 \times 10^{-27}\ \text{J/T} \tag{25.5}$$

叫做**核磁子**。它仅为电子玻尔磁子的五万分之一。中子由于不带电，所以没有轨道磁矩。

质子和中子都由于自旋而有自旋磁矩

$$\boldsymbol{\mu}_s = g_s\left(\frac{e}{2m_p}\right)\boldsymbol{S} \tag{25.6}$$

它在 z 方向的投影为

$$\mu_{s,z} = g_s\left(\frac{e\hbar}{2m_p}\right)m_s = g_s\mu_N m_s, \quad m_s = \pm\frac{1}{2} \tag{25.7}$$

式中 g_s 叫 g **因子**。质子的 g 因子 $g_{s,p} = 5.5857$，中子的 g 因子 $g_{s,n} = -3.8261$。由于 $m_s = \pm\frac{1}{2}$，所以质子的自旋磁矩在 z 方向的投影为

$$\mu_{p,z} = 2.7928\mu_N = 1.4106 \times 10^{-26}\ \text{J/T}$$

中子的自旋磁矩在 z 方向的投影为

$$\mu_{n,z} = -1.9131\mu_N = -0.9662 \times 10^{-26}\ \text{J/T}$$

中子的磁矩为负值表示其磁矩方向和自旋方向相反。中子不带电为什么有自旋磁矩呢？这是因为中子只是整体上不带电，但它的内部存在电荷分布。电子散射实验证明，中子由带正电的内核和带负电的外壳构成。按经典模型处理，自旋着的中子就有磁矩而且其磁矩的方向和自旋的方向相反。

对于整个核，它的磁矩是核内所有核子总轨道角动量和总自旋角动量对磁矩贡献之和。用 $\boldsymbol{I}$ 表示整个核的自旋角动量，那么核的磁矩为

$$\boldsymbol{\mu} = g_N\left(\frac{e}{2m_p}\right)\boldsymbol{I}$$

其中 g_N 是核的 g 因子。利用式(25.3)和式(25.5)，核磁矩在 z 方向上的分量为

$$\mu_z = g_N\left(\frac{e}{2m_p}\right)I_z = g_N\left(\frac{e\hbar}{2m_p}\right)m_I = g_N\mu_N m_I$$

25.2 核力

由于核中质子间的距离非常小,因而它们之间的斥力很大。核的稳定性说明核子之间一定存在着另一种和库仑斥力相抗衡的吸引力,这种力叫核力或强力(核子是“强子”)。在核的线度内,核力可能比库仑力大得多。例如,中心相距 2 fm 的两个质子,其间库仑力约为 60 N,而相互吸引的核力可达 2×10^3 N。

核力虽然比电磁力大得多,但力程非常短,它不像电磁力那样是长程力。当两核子中心相距大于核子本身线度时,核力几乎已完全消失。因此,在核内,一个核子只受到和它“紧靠”的其他核子的核力作用,而一个质子却要受到核内所有其他质子的电磁力。

实验证明,核力与电荷无关。质子和质子,质子和中子,中子和中子之间的作用力是一样的。质子-质子和中子-质子的散射实验证明了这一点,一个质子和一个中子的平均结合能相同也支持了这一结论。

实验证明,核力和核子自旋的相对取向有关。两个核子自旋平行时的相互作用力大于它们自旋反平行时的相互作用力。氘核的稳定基态是两个核子的自旋平行状态就说明了这一点。氘的自旋磁矩为 $0.8574\mu_N$,这与质子和中子的磁矩之和 $0.8797\mu_N$ 是十分相近的。

强力不像库仑力那样是有心力。更奇特的是,强力是一种**多体力**,即两个核子的相互作用力和其他相邻的核子的位置有关。因此,强力不遵守叠加原理,强力的这种性质给核子系统的理论计算带来巨大的困难。

由于核力的复杂性,它还没有精确的表达式。通常就用一个势能函数(薛定谔方程就要用这个函数)或势能曲线表示两个核子之间的相互作用。图 25.1 就是两个自旋反平行而轨道角动量为零的两个核子之间的势能曲线。它的形状和两个中性分子或原子之间的势能曲线相似,只是横轴的距离标度小很多(小到 10^{-15} m),而竖轴的能量标度又大很多(大到分子间势能的 10^8 倍)。这种相似不是偶然的。两个中性原子之间的作用力本质上是电磁力。由于每个原子都是中性的,所以它们之间的电磁力是两个带电系统的正负电荷相互作用的电磁力抵消之后的**残余电磁力**。对核子来说,现已确认核子是由夸克组成。每个夸克都有“**色荷**”作为其内禀性质。色荷有三种:“红”、“绿”、“蓝”。三“色”俱全,则色荷为零。色荷具有相互作用力,叫**色力**。每个核子都由三个色荷不同的夸克构成,总色荷为零。两个核子之间的作用力就是组成它们的夸克之间的相互作用力抵消之后的**残余色力**的表现,图 25.1 就是这种残余色力的势能曲线。可以说,和原子之间的力相比较,同为残余力,所以具有形状相似的势能曲线。由图 25.1 可以看出,在两核子相距超过 2 fm 时,核

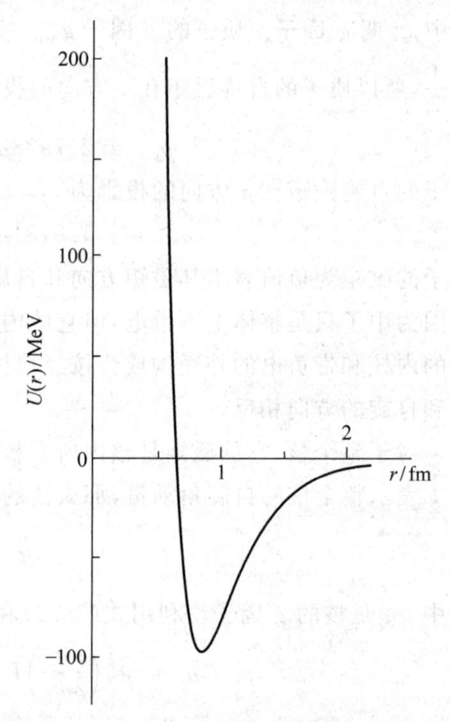

图 25.1 核力势能曲线

力基本上消失了。距离稍近一些，核力是吸引力；相距约小于 1 fm 时，核力为斥力，而且随距离的减小而迅速增大。这可以说明核子有一定“半径”。这种斥力实际上是两个夸克的波函数相互重叠时泡利不相容原理起作用的结果。

例 25.1 核力。估算其势能曲线如图 25.1 所示的那两个核子相距 1.0 fm 时的相互作用核力并与电磁力相比较。

解 在图中作 $r=1.0$ fm 处的曲线的切线，其斜率约为(100/0.7) MeV/fm，于是相互作用核力为

$$F_N = -\frac{\Delta U}{\Delta r} = -\frac{100 \times 10^6 \times 1.6 \times 10^{-19}}{0.7 \times 10^{-15}} = -2.3 \times 10^4\ (\text{N})$$

负号表示在 $r=1.0$ fm 时两核子相互吸引。在该距离时两质子的相互库仑斥力为

$$F_e = \frac{e^2}{4\pi\varepsilon_0 r^2} = \frac{9 \times 10^9 \times (1.6 \times 10^{-19})^2}{(1.0 \times 10^{-15})^2} = 2.3 \times 10^2\ (\text{N})$$

此力较核力小到 10^{-2}。

25.3 核的结合能

由于核力将核子聚集在一起，所以要把一个核分解成单个的中子或质子时必须克服核力做功，为此所需的能量叫做**核的结合能**。它也就是单个核子结合成一个核时所能释放的能量。

一个核的结合能 E_b 可以由爱因斯坦质能关系求出。以 m_N 表示核的质量，则能量守恒给出

$$(Zm_p + Nm_n)c^2 = m_N c^2 + E_b$$

由此得

$$E_b = (Zm_p + Nm_n - m_N)c^2 = \Delta m\, c^2 \tag{25.8}$$

式中 $\Delta m = Zm_p + Nm_n - m_N$ 叫核的**质量亏损**，它是单独的核子结合成核后其总的静质量的减少。由于数据表一般多给出原子的质量，所以利用质量亏损求结合能时多用氢原子的质量 m_H 代替式(25.8)中的 m_p，而用原子质量 m_a 代替其中的核质量 m_N 而写成

$$E_b = (Zm_H + Nm_n - m_a)c^2 \tag{25.9}$$

可以看出在此式中所涉及的电子的质量是消去了的，结果和式(25.8)一样。

例 25.2 核的结合能。计算 ^{5}Li 核和 ^{6}Li 核的结合能，给定 ^{5}Li 原子的质量为 $m_5=5.012\,539$ u，^{6}Li 原子的质量为 $m_6=6.015\,121$ u，氢原子的质量为 $m_H=1.007\,825$ u。比较 ^{5}Li 核的质量与质子及 α 粒子的质量和($m_{He}=4.002\,603$ u)。

解 由式(25.9)可得 ^{5}Li 核和 ^{6}Li 核的结合能分别为

$$E_{b,5} = (3 \times 1.007\,825 + 2 \times 1.008\,665 - 5.012\,539) \times 931.5 = 26.3\ (\text{MeV})$$

$$E_{b,6} = (3 \times 1.007\,825 + 3 \times 1.008\,665 - 6.015\,121) \times 931.5 = 32.0\ (\text{MeV})$$

由于

$$m_5 = 5.012\,539\ \text{u} > m_H + m_{He} = 5.010\,428\ \text{u}$$

可知 ^{5}Li 核的质量大于质子和 α 粒子的质量和。因此 ^{5}Li 核不稳定，它会分裂成一个质子和一个 α 粒子并放出一定的能量，这能量可计算为

$$(5.012\,539 - 5.010\,428) \times 931.5 = 2.0(\text{MeV})$$

不同的核的结合能不相同，更值得注意的是**平均结合能**，即就一个核平均来讲，一个核子的结合能，即 $E_{b,1}=\frac{E_b}{A}$。图 25.2 画出了稳定核的平均结合能 $E_{b,1}$ 和质量数 A 的关系（简称结合能图）。开始时，$E_{b,1}$ 很快随 A 的增大而增大，而在 $A=4$(He)，12(C)，16(O)，20(Ne) 和 24(Mg) 时具有极大值，说明这些核比与其相邻的核更稳定。在 $A>20$ 时 $E_{b,1}$ 差不多与 A 无关，都大约为 8 MeV。这说明核力的一种"饱和性"，这种饱和性是核力的短程性的直接后果。由于一个核子只和与它紧靠的其他核子有相互作用，而在 $A>20$ 时在核内和一个核紧靠的粒子数也基本不变了，因此，核子的平均结合能也就基本上不随 A 的增加而改变了。

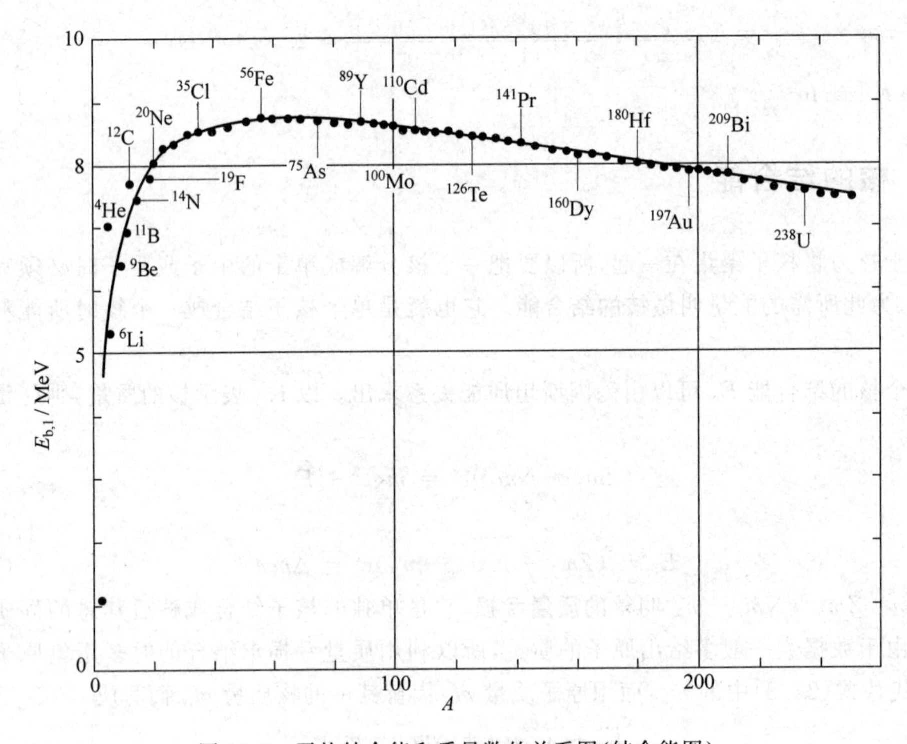

图 25.2 平均结合能和质量数的关系图（结合能图）

核内质子之间有库仑斥力作用。这力和核力不同，为长程力。因此，一个质子要受到核内所有其他质子的作用。当质子数增大时，库仑力的效果渐趋显著。这斥力有减小结合能的作用，这就是图 25.2 中 $A>60$ 时 $E_{b,1}$ 逐渐减小的原因。结合能的减少将削弱核的稳定性。中子不带电，不受库仑斥力的作用，因此，在核内增加质子数的同时，多增加一些中子将会使核更趋稳定。图 25.3 中标出了稳定核的中子数和质子数的关系（核素图），在质量数大时，中子数超过质子数就是由于这种原因。质子数很大时，稳定性将不复存在。实际上，正如图 25.3 所示，在 $Z>81$ 的绝大多数同位素核都是不稳定的，它们都会通过放射现象而衰变。

从图 25.2 的核子平均结合能曲线还可看出，重核分裂为轻核时是会放出能量的（因为两个轻核的结合能大于分裂前那个重核的结合能）。这种释放能量的方式叫**裂变**。裂变除了应用于原子弹的爆炸外，目前已被广泛地应用于发电或供暖，这种原子能发电站的"锅

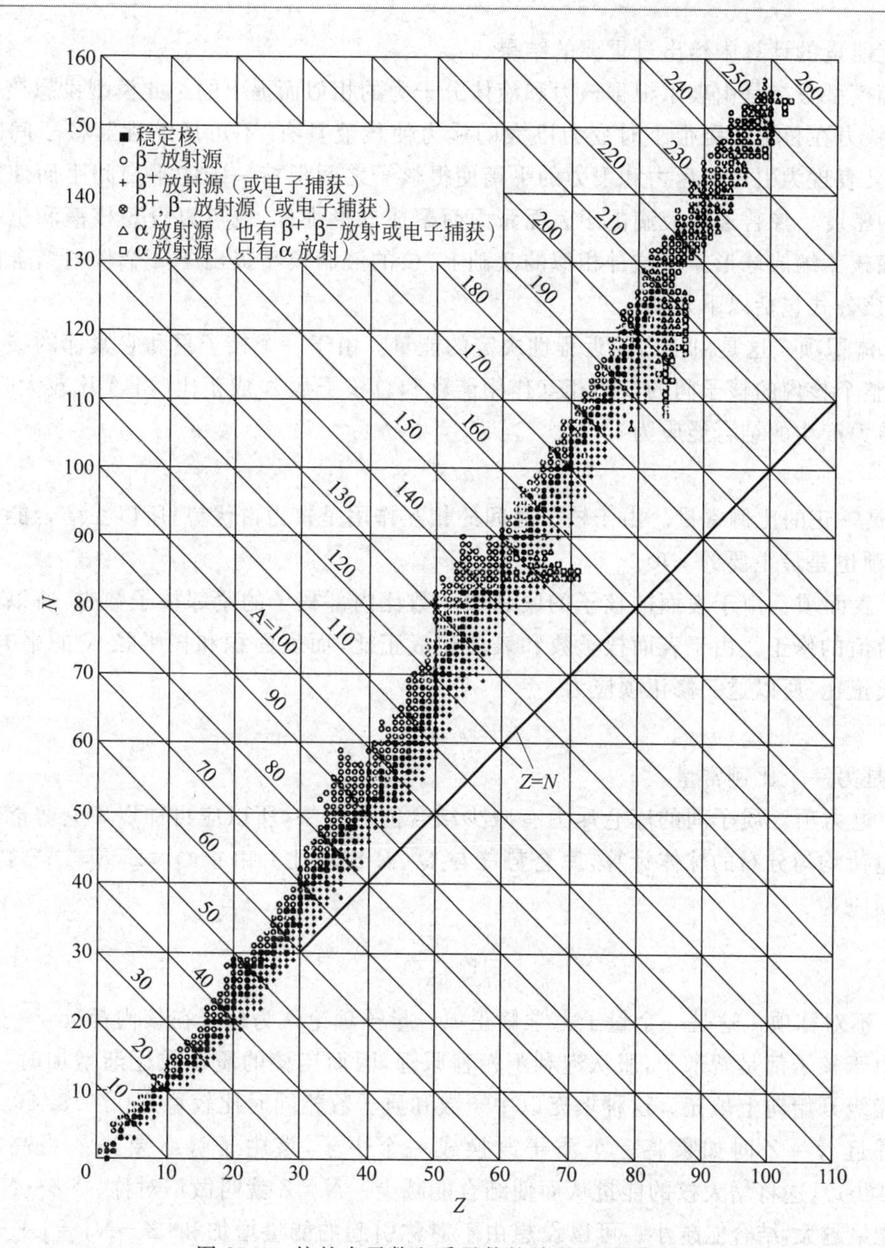

图 25.3 核的中子数和质子数的关系图(核素图)

炉”,即释放核能的部位叫**反应堆**。图 25.2 还说明,两个轻核聚合在一起形成一个新核时也会放出能量(因为原来两个轻核的结合能小于聚合成的新核的结合能)。这种释放能量的方式叫**聚变**。目前已应用于氢弹的爆炸,而人工控制的聚变还正在积极研究中。结合能图(图 25.2)与核素图(图 25.3)是核物理学中最重要的两张图。

*25.4 核的液滴模型

到目前为止,核的结构还不能有精确全面的理论描述,因此,只能利用模型来近似。已提出了许多模型,每种模型能解释某一方面的问题。作为例子,下面介绍核的液滴模型,它曾在裂变能量的计算中给出过重要的结果。

液滴模型最初是由玻尔根据核力和液体分子力的相似而提出的。此模型设想核是一滴"核液",核力在核子间距很小时变为巨大的斥力使核液具有"不可压缩性",核子间距较大时,核力又表现为引力。斥力和引力的平衡使得核子之间保持一定的平衡间距而使核液有一恒定的密度。像普通的液滴由于表面张力而聚成球形那样,也可以设想核液滴也有表面张力而使核紧缩成球形。在这种相似的基础上,核的液滴模型提出了一个核的结合能的计算公式,该公式包括以下几项。

(1) 体积项　这是由核力的近程性决定的能量。由于一个核子只和它紧邻的核子有相互作用,整个核内的核子间的核力相互作用能就和总核子数 A 成正比(当 A 比较大时)。因此由于核力产生的结合能应为

$$a_1 A$$

此处 a_1 是一正的比例常量。由于核子之间的相互作用是核力占优势,所以在结合能表示式中,这一项也是最主要的一项。

(2) 表面项　由于表面的核子的紧邻核子数比内部核子的紧邻核子数少,所以上项应加以一负值的修正。由于表面核子数和表面积成正比,而表面积和核半径 R 的平方,也就是 $A^{2/3}$ 成正比,所以这一修正项应为

$$-a_2 A^{2/3}$$

此处 a_2 是另一个比例常量。

(3) 电力项　质子间的库仑斥力有减少结合能的效果,所以应再加以库仑势能的修正项。按电荷均匀分布的球体计算,库仑势能与 Q^2/R 成正比。由于 $Q \propto Z, R \propto A^{1/3}$,所以这一电力项应为

$$-a_3 \frac{Z^2}{A^{1/3}}$$

(4) 不对称项　这是一个量子力学修正项。量子理论认为核子在核内都处于一定的能级上。由于核子都是费米子,服从泡利不相容原理,因而当核的质量数逐渐增加时,核子将从最低能级开始向上填充。这种填充以中子数和质子数相同时比较稳定(图 25.4(a))。在 A 相同并且 $N=Z$ 时如果将一个质子改换成一个中子,该中子势必要进入更高的能级(图 25.4(b)),这将增大核的能量从而使结合能减少。$N \neq Z$ 就叫做不对称。$|Z-N|$ 越大,则核的能量越大,结合能越小。可以设想由不对称引起的能量增加和 $|Z-N|=|A-2Z|$ 有

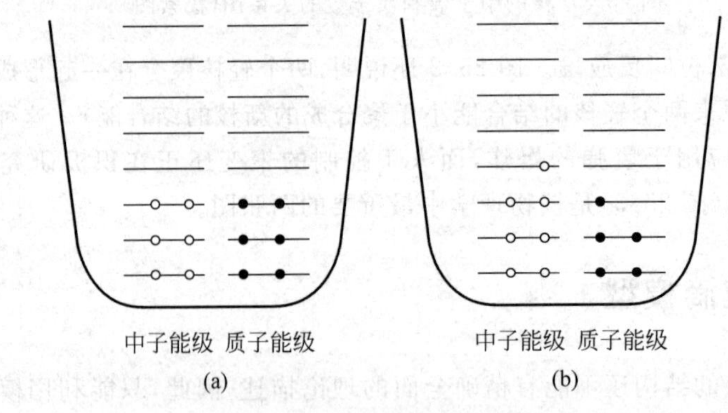

图 25.4 不对称项的说明

关，量子理论计算表明是与$(A-2N)^2$成正比。另外，A越大，核子要填充的能级越高而能级差越小。所以，又可以认为这一项修正和A成反比。于是不对称项就应为

$$-a_4(A-2Z)^2/A$$

(5) 对项 实验上发现偶偶核最稳定，奇奇核最不稳定，这也是一个量子效应。该效应对结合能的影响项为

$$a_5A^{-1/2}$$

对偶偶核$a_5>0$，奇奇核$a_5<0$，奇偶核$a_5=0$。

将以上5项合并，可得整个关于结合能的公式为

$$E_{\mathrm{b}}=a_1A-a_2A^{2/3}-a_3Z^2/A^{1/3}-a_4(A-2Z)^2/A+a_5A^{-1/2} \tag{25.10}$$

式中的5个常量要用最小二乘法和实验结果拟合来求得。下面一组数据使式(25.10)和实验结果非常相近(特别是对于$A>20$的核)：

$$a_1=15.753\ \mathrm{MeV}$$
$$a_2=17.804\ \mathrm{MeV}$$
$$a_3=0.7103\ \mathrm{MeV}$$
$$a_4=23.69\ \mathrm{MeV}$$
$$a_5=\pm 11.18\ \mathrm{MeV}\ \text{或}\ 0$$

式(25.10)最早是由韦塞克(C. F. von Weisäker)于1935年提出的，现在就叫核结合能的**韦塞克半经验公式**。

利用韦塞克半经验公式曾成功地计算过重核的裂变能。考虑^{236}U核(^{235}U核吸收一个中子生成)裂变为两个相等的裂片：

$$^{236}_{92}\mathrm{U}\longrightarrow {}^{118}_{46}\mathrm{Pd}+{}^{118}_{46}\mathrm{Pd}$$

此反应中，质量数为A，质子数为Z的一个核变成了两个质量数为$A/2$，质子数为$Z/2$的核。由韦塞克公式可得原来的重核的结合能为(忽略最后一项)

$$E_{\mathrm{b},A,Z}=\left[15.753A-17.804A^{2/3}-0.7103\frac{Z^2}{A^{1/3}}-23.69\frac{(A-2Z)^2}{A}\right]\mathrm{MeV}$$

裂变后每个核的结合能为

$$E_{\mathrm{b},A/2,Z/2}=\left[15.753\frac{A}{2}-17.804\left(\frac{A}{2}\right)^{2/3}-0.7103\frac{(Z/2)^2}{(A/2)^{1/3}}-23.69\frac{(A/2-2Z/2)^2}{A/2}\right]\mathrm{MeV}$$

此裂变释放出的能量为

$$2E_{\mathrm{b},A/2,Z/2}-E_{\mathrm{b},A,Z}=\left(-4.6A^{2/3}+0.26\frac{Z^2}{A^{1/3}}\right)\mathrm{MeV} \tag{25.11}$$

此结果的第一项是裂变后核的表面积增大而由核“表面张力”做的功，这是核力做的功。式(25.11)右侧第二项是重核裂开时两裂片的质子间的斥力做的功。将$A=236$，$Z=92$代入式(25.11)可得

$$\left(-4.6\times 236^{2/3}+\frac{0.26\times 92^2}{236^{1/3}}\right)\mathrm{MeV}=(-180+360)\ \mathrm{MeV}$$
$$=180\ \mathrm{MeV} \tag{25.12}$$

此式表明，核力做了-180 MeV的功，即重核裂开时，裂片反抗相互吸引的核力做了功，同时库仑斥力使裂片分开做了360 MeV的功。两项抵消后裂片共获得动能180 MeV，这就是裂变所释放的核能或原子能。其实，这核能的真实来源并不是核力，而是静电斥力。

25.5 放射性和衰变定律

放射性是不稳定核自发地发射出一些射线而本身变为新核的现象，这种核的转变也称做**放射性衰变**(或蜕变)。放射性是1896年贝可勒尔(H. Becquerel)发现的，他当时观察到铀盐发射出的射线能透过不透明的纸使其中的照相底片感光。其后卢瑟福和他的合作者把已发现的射线分成α，β和γ三种。再后人们就发现α射线是α粒子，即氦核(^{4}He)流，β射线是电子流，γ射线是光子流。下面列出几个放射性衰变的例子：

$$^{226}\text{Ra} \longrightarrow {}^{222}\text{Rn} + \alpha$$

$$^{238}\text{Ra} \longrightarrow {}^{234}\text{Th} + \alpha$$

$$^{131}\text{I} \longrightarrow {}^{131}\text{Xe} + \beta + \bar{\nu}_e$$

$$^{60}\text{Co} \longrightarrow {}^{60}\text{Ni} + \beta + \bar{\nu}_e$$

式中$\bar{\nu}_e$是反电子中微子的符号。以上衰变例子中原来的核称**母核**，生成的新核叫**子核**。

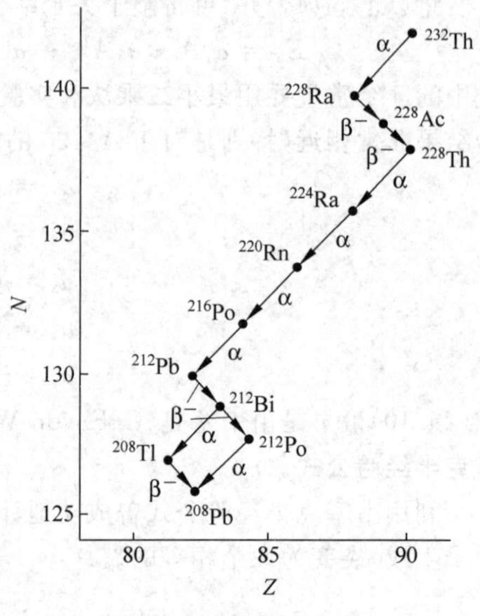

图25.5 钍系衰变图

天然的放射性元素的原子序数Z都大于81，它们都分属三个**放射系**。这三个放射系的起始元素分别为^{238}U，^{235}U和^{232}Th。常根据各系的核的质量数而分别地命名为$4n+2$，$4n+3$和$4n$系，各系的最终核分别是同位素^{206}Pb，^{207}Pb和^{208}Pb。图25.5给出了钍系的衰变顺序图。还有一个系，即$4n+1$系，由于系中各核的半衰期较短，它们在自然界已不存在。此系的起始元素是镎的同位素^{237}Np，而其最终核应为^{209}Pb。

所有放射性核的衰变速率都跟它们的化学和物理环境无关，所有衰变都遵守同样的统计规律：在时间$\mathrm{d}t$内衰变的核的数目$-\mathrm{d}N$和$\mathrm{d}t$开始时放射性核的数目N以及$\mathrm{d}t$成正比。因此可以得到

$$-\mathrm{d}N = \lambda N \mathrm{d}t \tag{25.13}$$

式中常量λ叫**衰变常量**。衰变常量也就是一个放射性核单位时间内衰变的概率。

式(25.13)积分之后，就可得到在时刻t的放射性核的数目为

$$N(t) = N_0 \mathrm{e}^{-\lambda t} \tag{25.14}$$

式中N_0是在$t=0$时放射性核的数目。式(25.14)称为**衰变定律**。

由式(25.13)可知，从$t=0$开始，$-\mathrm{d}N$个放射性核的生存时间为t，所以所有放射性核的**平均寿命**为

$$\tau = \frac{1}{N_0}\int_0^{N_0} t(-\mathrm{d}N) = \frac{1}{N_0}\int_0^{\infty} t\lambda N \mathrm{d}t = \int_0^{\infty} t\lambda \mathrm{e}^{-\lambda t}\mathrm{d}t$$

积分结果是

$$\tau = \frac{1}{\lambda} \tag{25.15}$$

实际上讨论衰变速率时常不用λ和τ，而用**半衰期**。一种放射性核的半衰期是它的给

定样品中的核衰变一半所用去的时间，半衰期用 $t_{1/2}$ 表示。由此定义，根据式(25.14)可知

$$N_0/2 = N_0 e^{-t_{1/2}/\tau}$$

于是有

$$t_{1/2} = (\ln 2)\tau = 0.693\tau = 0.693/\lambda \tag{25.16}$$

不同的放射性核的半衰期不同，而且差别可以很大，从微秒(甚至更小)到万亿年(甚至更长)都有。表 25.2 列出了一些半衰期的实例。

表 25.2 半衰期实例

核	$t_{1/2}$	核	$t_{1/2}$	核	$t_{1/2}$
^{216}Ra	0.18 μs	^{131}I	8.04 d	^{237}Np	2.14×10^{6} a
^{207}Ra	1.3 s	^{60}Co	5.272 a	^{235}U	7.04×10^{8} a
自由中子	12 min	^{226}Ra	1600 a	^{238}U	4.46×10^{9} a
^{191}Au	3.18 h	^{14}C	5730 a	^{232}Th	1.4×10^{10} a

在使用放射性同位素时，常用到**活度**这个量，一个放射性样品的活度是指它每秒钟衰变的次数。以 $A(t)$ 表示活度，再利用式(25.14)可得

$$A(t) = -\frac{dN}{dt} = \lambda N_0 e^{-\lambda t} = \lambda N = A_0 e^{-\lambda t} \tag{25.17}$$

式中 $A_0=\lambda N_0$ 是起始活度。由此式可知，活度与衰变常量以及当时的放射性核的数目成正比。因此，活度和放射性核数以相同的指数速率减小。对于给定的 N_0，半衰期越短，则起始活度越大而活度减小得越快。

活度的国际单位是贝可[勒尔]，符号是 Bq。1 Bq=1 s^{-1}。

活度的常用单位是**居里**，符号为 Ci。其分数单位有毫居(mCi)和微居(μCi)。它最初是用 1 g 的镭的活度定义的，该定义为

$$1\text{Ci} = 3.70 \times 10^{10}\ \text{Bq} \tag{25.18}$$

例 25.3 活度。 ^{226}Ra 的半衰期为 1600 a，1 g 纯 ^{226}Ra 的活度是多少？这一样品经过 400 a 和 6000 a 时的活度又分别是多少？

解 样品中最初的核数为

$$N_0 = \frac{1\times 6.023\times 10^{23}}{226} = 2.66\times 10^{21}$$

衰变常量为

$$\lambda = 0.693/t_{1/2} = \frac{0.693}{1\,600\times 3.156\times 10^{7}} = 1.37\times 10^{-11}\ (\text{s}^{-1})$$

起始活度为

$$A_0 = \lambda N_0 = 1.37\times 10^{-11}\times 2.66\times 10^{21} = 3.65\times 10^{10}\ (\text{Bq})$$

差不多等于 1 Ci，和式(25.18)定义相符合。由式(25.17)可得

$$A_{400} = A_0 e^{-\lambda t} = A_0\times 2^{-t/t_{1/2}} = 3.65\times 10^{10}\times 2^{-400/1600} = 3.07\times 10^{10}\ (\text{Bq}) = 0.83\ (\text{Ci})$$

$$A_{6000} = 3.65\times 10^{10}\times 2^{-6000/1600} = 2.71\times 10^{9}\ (\text{Bq}) = 0.073\ (\text{Ci})$$

上面说过,一个母核生成的子核还可能是放射性的。假定开始时是纯母核 P 的样品,由于它的放射,子核 D 的数目开始时要增大,但是不久此子核的数目就会由于母核数的减少和此子核本身的衰变而逐渐减小。子核数 N_D 随时间的变化率应等于它的产生率(即母核的衰变率的值)和其衰变率之和,即

$$\frac{dN_D}{dt}=\lambda_P N_P-\lambda_D N_D=\lambda_P N_{0P}e^{-\lambda_P t}-\lambda_D N_D \tag{25.19}$$

常常遇到母核的半衰期比子核的半衰期大很多的情况。这种情况下,在时间 t 满足 $t_{1/2,P}\gg t\gg t_{1/2,D}$ 的时期内,由于母核衰变产生子核的速率会等于子核的衰变率而使子核的数目保持不变,即 $dN_D/dt=0$。于是式(25.19)给出

$$N_D=\frac{\lambda_P}{\lambda_D}N_P=\frac{t_{1/2,D}}{t_{1/2,P}}N_P\approx\frac{t_{1/2,D}}{t_{1/2,P}}N_{0P} \tag{25.20}$$

例如,^{238}U 是一种 α 放射源,半衰期为 4.46×10^9 a。它的衰变产物 ^{234}Th 是 β 放射源,半衰期仅为 22.1 d。如果开始的样品中是纯 ^{238}U,它的 α 活度随时间不会有明显的变化。当 ^{234}Th 的产生速率和它由于发射 β 射线而衰变的速率相等时,^{234}Th 核的数目将基本不变。这种长期平衡状态实际上经过约 5 个 ^{234}Th 的半衰期就达到了。此后样品将以基本上不变的速率放射 α 粒子和 β 粒子。贝可勒尔当初观察到的 β 射线就是这些 ^{234}Th 核发生的。(也还有 ^{235}U 核的子核 ^{231}Th 核发出的,这两种核的半衰期分别是 7.04×10^8 a 和 25.2 h。)

放射性的一个重要应用是鉴定古物年龄,这种方法叫**放射性鉴年法**。例如,测定岩石中铀和铅的含量可以确定该岩石的地质年龄。

例 25.4 放射性鉴年法。铷的同位素 $^{87}_{37}Rb$ 是一种 β 放射源,其半衰期为 4.75×10^{10} a。今测得一动物化石中 $^{87}_{38}Sr$ 和 $^{87}_{37}Rb$ 的含量比是 0.0160,设此化石形成时并不含 $^{87}_{38}Sr$,求此化石的年龄。

解 以 λ 表示 $^{87}_{37}Rb$ 的衰变常量,t 表示化石的年龄。则现今尚存的 $^{87}_{37}Rb$ 核数(由式(25.14))为

$$N_{Rb}=N_{Rb,0}e^{-\lambda t}$$

至今已衰变的 $^{87}_{37}Rb$ 核数,就等于现存的 $^{87}_{38}Sr$ 核数,为

$$N_{Sr}=N_{Rb,0}-N_{Rb}=N_{Rb,0}(1-e^{-\lambda t})$$

依题意

$$\frac{N_{Sr}}{N_{Rb}}=\frac{N_{Rb,0}(1-e^{-\lambda t})}{N_{Rb,0}e^{-\lambda t}}=\frac{1-e^{-\lambda t}}{e^{-\lambda t}}=0.0160$$

或

$$1.0160e^{-\lambda t}=1$$

从而有

$$t=\frac{\ln 1.0160}{\lambda}=\frac{t_{1/2}\ln 1.0160}{0.693}=\frac{4.75\times10^{10}\times\ln 1.0160}{0.693}$$

$$=1.09\times10^9\ (a)$$

下面再介绍一种对于生物遗物的 ^{14}C 放射性鉴年法。^{14}C 放射性鉴年法是利用 ^{14}C 的天然放射性来鉴定有生命物体的遗物(如骨骼、皮革、木头、纸等)的年龄的方法。它是 20 世纪 50 年代里贝(W. F. Libby)发明的,并因此获得 1960 年诺贝尔化学奖。各种生物都要吸收空气中的 CO_2 用来合成有机分子。这些天然碳中绝大部分是 ^{12}C,只有很小一部分是 ^{14}C。这些 ^{14}C 是来自太空深处的宇宙射线中的中子和地球大气中的 ^{14}N 核发生下述核反应产生的:

$$n + {}^{14}N \longrightarrow {}^{14}C + p$$

这^{14}C核接着以(5730±30) a 的半衰期进行下述衰变：

$${}^{14}C \longrightarrow {}^{14}N + \beta + \bar{\nu}_e$$

由于产生的速率不变，同时又进行衰变，经过上万年后空气中的^{14}C已达到了恒定的自然丰度，约1.3×10^{-10}%。植物活着的时候，它不断地吸收空气中的CO_2来制造新的组织代替旧的组织。动物一般要吃植物，所以它们也要不断地吸收碳进行新陈代谢。生物组织不能区别^{12}C和^{14}C，所以它们身体组织中的^{14}C的丰度和大气中的一样。但是，一旦它们死了，就再不吸收CO_2了。在它们的遗体中，^{12}C的含量不会改变，但^{14}C由于衰变而不断减少，于是由此衰变产生的活度也将不断减小，测量一定量遗体的活度就能判定该遗体的存在时间，或说年龄。

例 25.5　^{14}C 鉴年法。河北省磁山遗迹中发现有古时的粟。一些这种粟的样品中含有1 g碳，它的活度经测定为2.8×10^{-12} Ci。求这些粟的年龄。

解　1 g新鲜碳中的^{14}C核数为

$$N_0 = 6.023\times10^{23}\times1.3\times10^{-12}/12 = 6.5\times10^{10}$$

这些粟的样品活着的时候，活度应为

$$A_0 = \lambda N_0 = (\ln 2)N_0/t_{1/2} = 0.693\times6.5\times10^{10}/(5730\times3.156\times10^7)$$
$$= 0.25\ (\mathrm{Bq}) = 6.8\times10^{-12}\ (\mathrm{Ci})$$

由于$A_t = 2.8\times10^{-12}$ Ci，按$A_t = A_0 e^{-0.693t/t_{1/2}}$计算可得

$$t = \frac{t_{1/2}}{0.693}\ln\frac{A_0}{A_t} = \frac{5730}{0.693}\ln\frac{6.8\times10^{-12}}{2.8\times10^{-12}} = 7300\ (\mathrm{a})$$

据考证这些粟是世界上发现得最早的粟，比在印度和埃及发现得都要早。

25.6　三种射线

放射性物质发出的射线有α，β，γ三种，下面分别介绍它们的发射机理和作用。

1. α射线

α射线是^{4}He核从核内逸出的放射线。由于^{4}He的结合能特别大，所以在核内两个质子和两个中子就极有可能形成一个单独的单位——α粒子。核对α粒子形成一势阱，因而α粒子从中逃出是一个势垒穿透过程。α粒子逃出时所要穿过的势垒是α粒子和子核的相互作用形成的。图25.6画出了Th的α粒子势能和离核中心的距离的关系。在核外($r>R$，R为核半径)，势能曲线表示α粒子和子核之间的库仑势能。在核内，势能基本上是常量，深度为几十MeV。逃出核的α粒子的能量E_α一般比势垒高峰低得多。

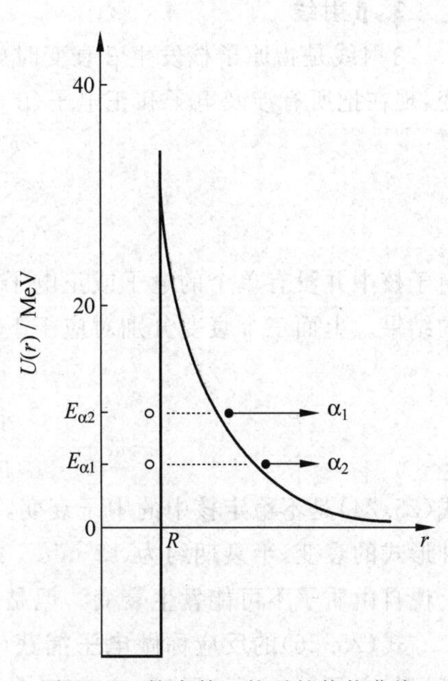

图 25.6　核内外α粒子的势能曲线

同一α放射源可以放射出不同能量的α粒子。

由图 25.6 可知，逸出的 α 粒子的能量越大，它要穿过的势垒的厚度就越小，因而这种 α 粒子穿过势垒的概率就越大，相应的 α 衰变的半衰期就会越短。例如^{232}Th 放射的 α 粒子能量为 4.1 MeV，其半衰期为 1.4×10^{10} a；而^{226}Th 放射的 α 粒子能量为 6.4 MeV，其半衰期只有 31 min（^{232}Th 和^{226}Th 的库仑势垒峰值基本相同）。

α 射线射入物质中时，它将和电子发生碰撞将能量传给电子而使原子电离，从而使有机体受到损伤。由于 α 粒子的质量比电子质量大得多，所以在碰撞后它的运动方向基本不变，又因为它一路遇上的电子很多，被电离的原子也多，所以它在云室中留下的径迹直而粗（图 25.7）。由于碰撞频繁，损失能量较快，所以它的射程较短，穿透能力较差。在空气中只能穿行约 10 cm，用 0.01 mm 厚的铅片甚至一张纸就可以把它遮挡掉了。

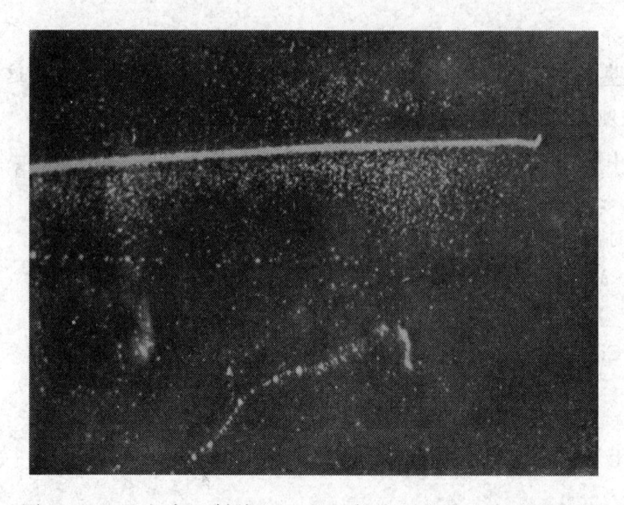

图 25.7　云室中 α 射线（上）和 β 射线（下）产生的径迹照片

2. β 射线

β 射线是指原子核发生 β 衰变时放出的射线。以前 β 衰变只是指核放出电子（β^-）的衰变，现在把所有涉及电子和正电子（β^+）的核转变过程都叫做 β 衰变。实际的例子有

$$^{60}\mathrm{Co} \longrightarrow {}^{60}\mathrm{Ni} + \beta^- + \bar{\nu}_e \tag{25.21}$$

$$^{22}\mathrm{Na} \longrightarrow {}^{22}\mathrm{Ne} + \beta^+ + \nu_e \tag{25.22}$$

$$^{22}\mathrm{Na} + \beta^- \longrightarrow {}^{22}\mathrm{Ne} + \nu_e \tag{25.23}$$

由于核中并没有单个的电子或正电子，所以上述衰变实际上是核中的中子和质子相互变换的结果。上面三个衰变分别对应于下述变换：

$$\mathrm{n} \longrightarrow \mathrm{p} + \beta^- + \bar{\nu}_e \tag{25.24}$$

$$\mathrm{p} \longrightarrow \mathrm{n} + \beta^+ + \nu_e \tag{25.25}$$

$$\mathrm{p} + \beta^- \longrightarrow \mathrm{n} + \nu_e \tag{25.26}$$

式(25.24)是不稳定核中的中子衰变，不同核的中子衰变的半衰期不同。自由中子也发生这种形式的衰变，半衰期约为 12 min。式(25.25)是质子的衰变。由于 $m_p < m_n$，所以从能量上说自由质子不可能发生衰变。但是，在不稳定核内，质子可以获得能量进行这种 β^+ 衰变。

式(25.26)的反应称做**电子捕获**（EC）。在这种反应中，核捕获一个核外电子（常是 K 壳层的电子）。之所以能被核捕获，是因为这电子在核内也有一定的（虽然是很小的）概率出

现。核捕获一电子后，壳层内就出现了一个空穴。因此 EC 经常伴随有 X 光发射。一般来讲，能发生 β^+ 衰变的核也可能发生 EC 衰变。这种核进行两种衰变的概率不同。例如，^{107}Cd样品，0.31%为 β^+ 衰变，99.69%为 EC 衰变。

引起 β 衰变的核内相互作用是“弱”相互作用。在形成原子或核时，强相互作用和电磁相互作用扮演着主要的角色，弱相互作用不参与这种过程。弱相互作用的媒介粒子是 $W^{\pm}$ 和 Z^0 粒子，只在像式(25.21)～式(25.23)那样的过程中起作用，而且经常放出或吸收中微子。

β 衰变所放出的电子的能谱是连续曲线(图 25.8)，它终止于一最大能量，在图 25.8 中这一最大能量是 1.16 MeV。

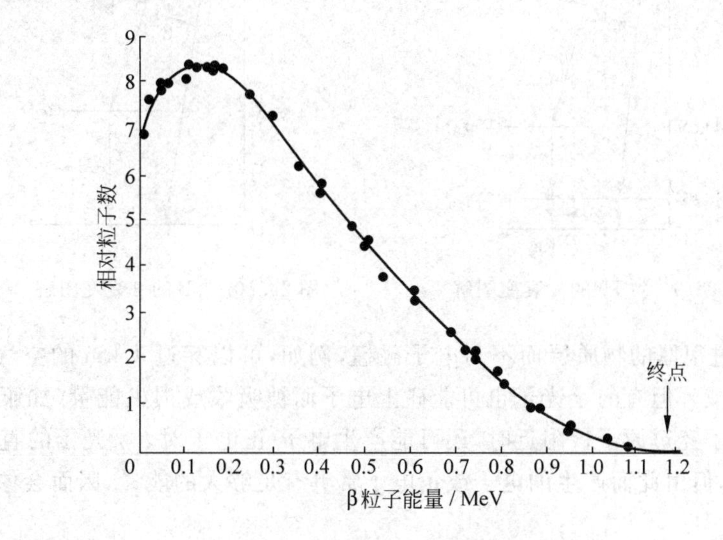

图 25.8 ^{210}Bi的 β 射线能谱

β 能谱的连续性在历史上曾导致中微子概念的提出。β 衰变引起的质量亏损是确定的，所放出的能量就是一定的。如果这能量只在放出的电子和子核之间分配，则由于子核质量比电子质量大得多而几乎得不到能量，衰变能量就应该全归电子而为一确定值。但实际上 β 衰变发出的电子能量却能在最大值以内取连续值。这一能量不守恒现象曾在 20 世纪 20 年代给理论物理学家很大的困惑，以致有人因而怀疑能量守恒定律的普遍性。1931 年泡利提出一种解释：β 衰变时发出了另一种未检测到的粒子带走了那“被消灭”的能量(后来费米把这种轻的中性粒子定名为**中微子**)。当时并无任何其他证据证明此种粒子的存在，泡利的解释完全出自他对守恒定律的坚信不疑。20 年后，1953 年泡利的预言真的被实验证实了，他也因此受到了高度的赞誉。

应该提及的是，吴健雄利用在 0.01 K 的温度下 ^{60}Co 在强磁场中的 β 衰变验证了李政道和杨振宁提出的弱相互作用宇称不守恒的规律。在此实验之前，泡利听到李、杨的提议后，也曾本着他对守恒定律的信念加以反驳。只是在见到吴健雄的实验报告后才承认了错误，而且庆幸自己不曾为此打赌。信念是可贵的，但毕竟，实践是检验真理的唯一标准。

β 射线射入物质中时，也会和其中的电子发生碰撞而使原子电离，但碰撞时，β 射线电子会明显地改变方向。因此，β 射线的径迹是曲线(图 25.7)。β 射线的射程较长，在空气中可以穿行 1 m 左右的距离，用 0.1 mm 的铅片可以遮挡它。

3. γ 射线

γ 射线一般是 α 衰变或 β 衰变的"副产品"。在 α 或 β 衰变中产生的子核常常处于激发态，当它回到基态时就放射出 γ 射线，即 γ 光子。图 25.9 是伴随 ^{227}Th 的 α 衰变放射 γ 光子的例子，图 25.10 是伴随 ^{12}B 的 β 衰变放射 γ 光子的例子。

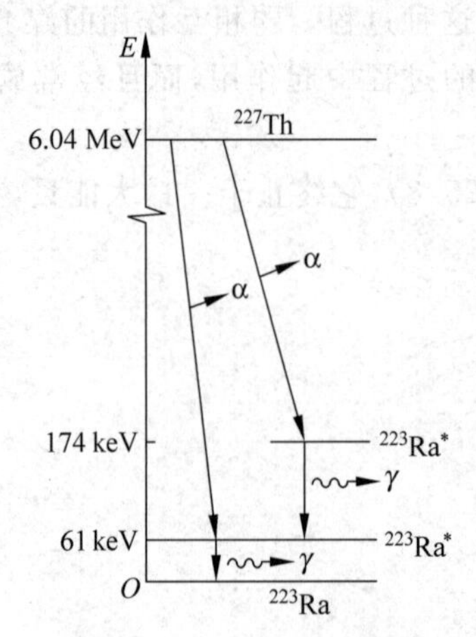

图 25.9 ^{227}Th 的 α 衰变图解

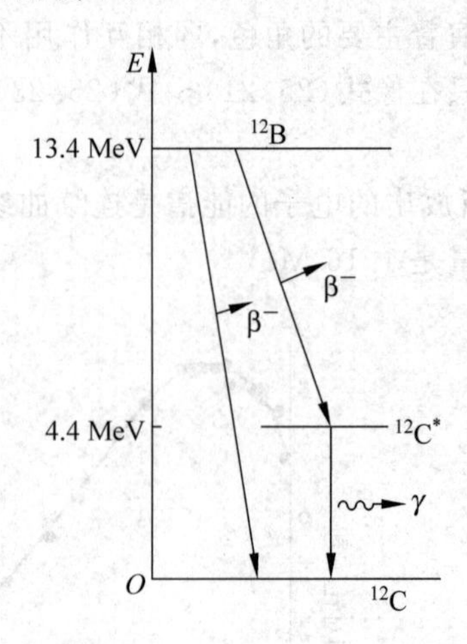

图 25.10 ^{12}B 的 β 衰变图解

γ 射线可穿过很厚的物质层而不与电子碰撞，例如，可以穿过 1 km 的空气层或 10 cm 的铅板而能量不减。但有的 γ 光子也可能碰上电子而被吸收或损失能量（如康普顿效应），足够大能量的光子经过原子核附近时，还可能产生电子-正电子对。γ 光子的直接作用对有机体的损害不大，但由此而产生的电子或正电子常具有足够大的能量，因而会像 β 射线那样造成损害。

25.7 核反应

核反应指的是核的改变，衰变就是一种核反应。但它更多地是指一个入射的高能粒子轰击一靶核时引起的变化，下面举几个例子。

1919 年卢瑟福第一次用 α 粒子轰击氮核实现的人工核嬗变

$$^{4}\mathrm{He}+{}^{14}\mathrm{N}\longrightarrow{}^{17}\mathrm{O}+\mathrm{p}-1.19\ \mathrm{MeV}$$

此反应式也常简写成 $^{14}\mathrm{N}(\alpha,\mathrm{p})^{17}\mathrm{O}$。

1932 年查德威克发现中子的核反应

$$^{4}\mathrm{He}+{}^{9}\mathrm{Be}\longrightarrow{}^{12}\mathrm{C}+\mathrm{n}+5.7\ \mathrm{MeV}$$

此反应式也常简写成 $^{9}\mathrm{Be}(\alpha,\mathrm{n})^{12}\mathrm{C}$。

第一次用加速粒子引发的核反应

$$\mathrm{p}+{}^{7}\mathrm{Li}\longrightarrow{}^{8}\mathrm{B}\longrightarrow 2\,{}^{4}\mathrm{He}+8.03\ \mathrm{MeV}$$

一种可能的铀核裂变反应

$$^{235}\mathrm{U}+\mathrm{n}\longrightarrow{}^{144}\mathrm{Ba}+{}^{89}\mathrm{Kr}+2\mathrm{n}+200\ \mathrm{MeV}$$

氢弹爆炸的热核反应（聚变）

$$^{2}\mathrm{H}+{}^{3}\mathrm{H}\longrightarrow{}^{4}\mathrm{He}+\mathrm{n}+17.6\ \mathrm{MeV}$$

太阳中进行的热核反应(**质子-质子链**)

$$^1H + ^1H \longrightarrow ^2H + e^+ + \nu_e + 0.42\ \text{MeV}$$

$$^1H + ^2H \longrightarrow ^3He + \gamma + 5.49\ \text{MeV}$$

$$^3He + ^3He \longrightarrow ^4He + 2\,^1H + 12.85\ \text{MeV}$$

此质子-质子链的总效果是

$$4\,^1H \longrightarrow ^4He + 2e^+ + 2\nu_e + 2\gamma + 24.67\ \text{MeV}$$

在核反应中,粒子的转变和产生都要遵守一些守恒定律,如质能守恒、电荷守恒、角动量守恒、重子数守恒、轻子数守恒、宇称守恒等。

对于各种核反应,除关注核的自身变化外,还要特别注意能量的转化情况。核反应的Q值,即核反应释放的能量也可通过质量亏损算出。对于如下的典型核反应

$$X(x,y)Y \tag{25.27}$$

它的Q值为

$$Q = (m_X + m_x - m_y - m_Y)c^2 \tag{25.28}$$

对不同的核反应,Q可正可负。$Q>0$时称做**放能反应**,$Q<0$时称做**吸能反应**。

下面考虑一下吸能反应。设想入射粒子的动能为$E_{k,x}$,靶粒子X在实验室中静止。应注意的是,要引发一吸能反应,入射粒子的动能等于该反应的Q值(绝对值)是不够的。这是因为入射粒子和静止的靶粒子的质心动能在反应时不会改变因而不能被利用于核转变。引发核反应的资用能必须大于$|Q|$。一般来讲,上述核反应总要经过入射粒子和靶粒子结合为一体的中间阶段,然后再分解成后来的粒子。分析从最初到两者结合为一体这一过程可以求得入射粒子和靶粒子在它们的质心系中的动能之和为

$$E_{av} = \frac{m_X}{m_x + m_X} E_{k,x}$$

这也就是该吸热反应所可能利用的资用能,此资用能大于$|Q|$时才能引发该吸热反应。因此入射粒子的动能至少应等于

$$E_{th} = \frac{m_x + m_X}{m_X} |Q| = \left(1 + \frac{m_x}{m_X}\right) |Q| \tag{25.29}$$

这一引发吸能核反应所需的入射粒子的最小能量叫该反应的**阈能**。

例 25.6　阈能。计算下述核反应的阈能:

$$^{13}C(n,\alpha)^{10}Be$$

给定原子质量$m_C = 13.003\,355$ u,$m_{Be} = 10.013\,534$ u。

解　由质量亏损计算Q值为

$$Q = (13.003\,355 + 1.008\,665 - 4.002\,603 - 10.013\,534) \times 931.5$$
$$= -3.835\ (\text{MeV})$$

负号表示该反应为吸能反应。由式(25.29)可得在实验室中此核反应的阈能为

$$E_{th} = \left(1 + \frac{m_n}{m_C}\right) |Q| = \left(1 + \frac{1}{13}\right) \times 3.835 = 4.13\ (\text{MeV})$$

以上是在$|Q|$值相对较小的情况下用经典力学计算的结果,近代高能加速器给出的入射粒子的能量可达GeV甚至TeV量级。这样入射粒子和靶核的质心动能就很大,因而资用能只占入射粒子能量的很小一部分。用相对论动量能量关系可求得式(25.27)的核反应的资用能为

$$E_{av} = \sqrt{2m_X c^2 E_{k,x} + [(m_x + m_X)c^2]^2}$$

正是由于用高能粒子去轰击静止的靶核时能量利用率很低，所以现代高能加速器都采用了对撞机的结构。在这种加速器中质量相同的高能粒子对撞时的全部能量都可用来引发核反应。

提要

1. 核的一般性质：

核由中子和质子组成。中子数 N、质子数 Z 和质量数 A 的关系为 $A=Z+N$。

核的半径：
$$R=r_0 A^{1/3},\quad r_0=1.2\ \text{fm}$$

核的自旋：　自旋量子数 I。核自旋角动量在 z 方向的投影 $I_z=m_I\hbar$，$m_I=\pm I, \pm(I-1),\cdots,\pm\frac{1}{2}$ 或 0。

核的磁矩在 z 方向的投影为

$$\mu_z = g\mu_N m_I$$

核磁子：
$$\mu_N=\frac{e\hbar}{2m_p}=5.06\times10^{-27}\ \text{J/T}$$

质子、中子都有磁矩，$\mu_z=g\mu_N m_I$，$m_I=\pm1/2$。

2. 核力： 大而短程，与电荷无关，和核子的自旋取向有关，是一种多体力，不服从叠加原理。核力实际上是核子内部的夸克之间的色相互作用的残余力。

3. 核的结合能： 等于使一个核的各核子完全分开所需要做的功。可由中子和质子组成核时的质量亏损乘以 c^2 算出。大多数核的核子的平均结合能约为 8 MeV/c^2。

4. 核的液滴模型： 韦塞克关于结合能的半经验公式为

$$E_b = a_1 A - a_2 A^{2/3} - a_3 Z^2/A^{1/3} - a_4\frac{(A-2Z)^2}{A} + a_5 A^{-1/2}$$

5. 放射性和衰变定律：

$$N(t) = N_0 e^{-\lambda t} = N_0 e^{-t/\tau}$$

其中，λ 为衰变常量，τ 为平均寿命。

半衰期：
$$t_{1/2}=0.693\tau$$

活度：
$$A(t)=-dN/dt=\lambda N_0 e^{-\lambda t}=\lambda N=A_0 e^{-\lambda t}$$

活度常用单位：
$$1\ \text{Ci}=3.70\times10^{10}\ \text{Bq}$$

6. 三种衰变：

α 衰变：α 粒子穿透势垒的现象。逸出的 α 粒子能量越大，半衰期越短。

β 衰变：包括正、负电子衰变和电子捕获，都是核内质子和中子的相互变换的结果。

γ 衰变：核发生 α 衰变和 β 衰变时常伴随放出 γ 光子的现象。

7. 核反应： 常指入射粒子进入靶核引起变化的过程。

Q 值：核反应释放的能量。$Q>0$ 时是放能反应，$Q<0$ 时是吸能反应。

能引发吸能反应的入射粒子的最小能量称为该反应的阈能 E_{th}，$E_{th}>|Q|$。

思考题

25.1　为什么说核好像是 A 个小硬球挤在一起形成的？

25.2　为什么各种核的密度都大致相等？

25.3　为什么核的由核子间强相互作用决定的结合能和核子数成正比？

25.4　完成下列核衰变方程：

$$^{238}\text{U} \longrightarrow {}^{234}\text{Th} + ?$$

$$^{90}\text{Sr} \longrightarrow {}^{90}\text{Y} + ?$$

$$^{29}\text{Cu} \longrightarrow {}^{29}\text{Ni} + ?$$

$$^{29}\text{Cu} + ? \longrightarrow {}^{29}\text{Zn}$$

25.5　放射性 ^{235}U 系的起始放射核是 ^{235}U，最终核为 ^{207}Pb。从 ^{235}U 到 ^{207}Pb 共经过了几次 α 衰变？几次 β 衰变(所有 β 衰变都是 β^- 衰变)？

25.6　为什么实现吸能核反应的阈能大于该反应的 Q 值的大小？利用对撞机为什么能大大提高引发核反应的能量利用率？

习题

25.1　一个能量为 6 MeV 的 α 粒子和静止的金核(^{197}Au)发生正碰，它能到达离金核的最近距离是多少？如果是氮核(^{14}N)呢？都可以忽略靶核的反冲吗？此 α 粒子可以到达氮核的核力范围之内吗？

25.2　^{16}N，^{16}O 和 ^{16}F 原子的质量分别是 16.006 099 u，15.994 915 u 和16.011 465 u。试计算这些原子的核的结合能。

25.3　求原子序数为 Z 和质量数为 A 的核内的质子的费米能量(式(24.5))和每个质子的平均能量。对 ^{56}Fe 核和 ^{238}U 核求这些能量的数值(以 MeV 为单位)。

*25.4　假设一个 ^{232}Th 核分裂成相等的两块。试用结合能的半经验公式计算此反应所释放的能量。

25.5　天然钾中放射性同位素 ^{40}K 的丰度为 1.2×10^{-4}，此种同位素的半衰期为 1.3×10^{9} a。钾是活细胞的必要成分，约占人体重量的 0.37%。求每个人体内这种放射源的活度。

25.6　一个病人服用 30 μCi 的放射性碘 ^{123}I 后 24 h，测得其甲状腺部位的活度为 4 μCi。已知 ^{123}I 的半衰期为 13.1 h。求在这 24 h 内多大比例的被服用的 ^{123}I 集聚在甲状腺部位了。(一般正常人此比例约为 15%到 40%。)

25.7　向一人静脉注射含有放射性 ^{24}Na 而活度为 300 kBq 的食盐水。10 h 后他的血液每 cm^3 的活度是 30 Bq。求此人全身血液的总体积，已知 ^{24}Na 的半衰期为 14.97 h。

25.8　一年龄待测的古木片在纯氧氛围中燃烧后收集了 0.3 mol 的 CO_2。这样品由于 ^{14}C 衰变而产生的总活度测得为每分钟 9 次计数。试由此确定古木片的年龄。

25.9　一块岩石样品中含有 0.3 g 的 ^{238}U 和 0.12 g 的 ^{206}Pb。假设这些铅全来自 ^{238}U 的衰变，试求这块岩石的地质年龄。

25.10　^{226}Ra 放射的 α 粒子的动能为 4.7825 MeV，求子核的反冲能量。此 α 衰变放出的总能量是多少？

25.11　计算下列反应的 Q 值并指出何者吸热，何者放热：

$$^{13}\text{C}(\text{p},\alpha)^{10}\text{B},\quad {}^{13}\text{C}(\text{p},\text{d})^{12}\text{C},\quad {}^{13}\text{C}(\text{p},\gamma)^{14}\text{N}$$

给定一些原子的质量为

^{13}C：13.003 355 u　　^{1}H：1.007 825 u　　^{4}He：4.002 603 u

^{10}B：10.012 937 u　　^{2}H：2.014 102 u　　^{14}N：14.003 074 u

25.12　计算反应 $^{13}C(p,\alpha)^{10}B$ 的阈能。注意，入射质子必须具有足够大的能量以便进入靶核 ^{13}C 的半径以内。(原子质量数据见习题25.11)

25.13　目前太阳内含有约 1.5×10^{30} kg 的氢，而其辐射总功率为 3.9×10^{26} W。按此功率辐射下去，经多长时间太阳内的氢就要烧光了？

25.14　在温度比太阳高的恒星内氢的燃烧据信是通过**碳循环**进行的，其分过程如下：

$$^{1}H+{}^{12}C\longrightarrow{}^{13}N+\gamma$$

$$^{13}N\longrightarrow{}^{13}C+e^{+}+\nu_{e}$$

$$^{1}H+{}^{13}C\longrightarrow{}^{14}N+\gamma$$

$$^{1}H+{}^{14}N\longrightarrow{}^{15}O+\gamma$$

$$^{15}O\longrightarrow{}^{15}N+e^{+}+\nu_{e}$$

$$^{1}H+{}^{15}N\longrightarrow{}^{12}C+{}^{4}He$$

(1) 说明此循环并不消耗碳，其总效果和质子-质子循环一样。

(2) 计算此循环中每一反应或衰变所释放的能量。

(3) 释放的总能量是多少？

给定一些原子的质量为

^{1}H：1.007 825 u　　^{13}N：13.005 738 u　　^{14}N：14.003 074 u

^{15}N：15.000 109 u　　^{13}C：13.003 355 u　　^{15}O：15.003 065 u

元素周期表

原子序数 ← 19 K → 元素符号
钾 → 元素名称
注 * 的是人造元素
原子量 ← 39.0983

族/周期	IA	IIA	IIIB	IVB	VB	VIB	VIIB	VIII	VIII	VIII	IB	IIB	IIIA	IVA	VA	VIA	VIIA	0	电子层	0族电子数
1	1 H 氢 1.00794(7)																	2 He 氦 4.002602(2)	K	2
2	3 Li 锂 6.941(2)	4 Be 铍 9.012182(3)											5 B 硼 10.811(7)	6 C 碳 12.0107(8)	7 N 氮 14.0067(2)	8 O 氧 15.9994(3)	9 F 氟 18.9984032(5)	10 Ne 氖 20.1797(6)	L K	8 2
3	11 Na 钠 22.989770(2)	12 Mg 镁 24.3050(6)											13 Al 铝 26.981538(2)	14 Si 硅 28.0855(3)	15 P 磷 30.973761(2)	16 S 硫 32.065(5)	17 Cl 氯 35.453(2)	18 Ar 氩 39.948(1)	M L K	8 8 2
4	19 K 钾 39.0983(1)	20 Ca 钙 40.078(4)	21 Sc 钪 44.955910(8)	22 Ti 钛 47.867(1)	23 V 钒 50.9415(1)	24 Cr 铬 51.9961(6)	25 Mn 锰 54.938049(9)	26 Fe 铁 55.845(2)	27 Co 钴 58.933200(9)	28 Ni 镍 58.6934(2)	29 Cu 铜 63.546(3)	30 Zn 锌 65.39(2)	31 Ga 镓 69.723(1)	32 Ge 锗 72.64(1)	33 As 砷 74.92160(2)	34 Se 硒 78.96(3)	35 Br 溴 79.904(1)	36 Kr 氪 83.80(1)	N M L K	8 18 8 2
5	37 Rb 铷 85.4678(3)	38 Sr 锶 87.62(1)	39 Y 钇 88.90585(2)	40 Zr 锆 91.224(2)	41 Nb 铌 92.90638(2)	42 Mo 钼 95.94(1)	43 Tc 锝 (97.99)	44 Ru 钌 101.07(2)	45 Rh 铑 102.90550(2)	46 Pd 钯 106.42(1)	47 Ag 银 107.8682(2)	48 Cd 镉 112.411(8)	49 In 铟 114.818(3)	50 Sn 锡 118.710(7)	51 Sb 锑 121.760(1)	52 Te 碲 127.60(3)	53 I 碘 126.90447(3)	54 Xe 氙 131.293(6)	O N M L K	8 18 18 8 2
6	55 Cs 铯 132.90545(2)	56 Ba 钡 137.327(7)	57－71 La-Lu 镧系	72 Hf 铪 178.49(2)	73 Ta 钽 180.9479(1)	74 W 钨 183.84(1)	75 Re 铼 186.207(1)	76 Os 锇 190.23(3)	77 Ir 铱 192.217(3)	78 Pt 铂 195.078(2)	79 Au 金 196.96655(2)	80 Hg 汞 200.59(2)	81 Tl 铊 204.3833(2)	82 Pb 铅 207.2(1)	83 Bi 铋 208.98038(2)	84 Po 钋 (209,210)	85 At 砹 (210)	86 Rn 氡 (222)	P O N M L K	8 18 32 18 8 2
7	87 Fr 钫 (223)	88 Ra 镭 (226)	89－103 Ac-Lr 锕系	104 Rf 𬬻* (261)	105 Db 𬭊* (262)	106 Sg 𬭳* (263)	107 Bh 𬭛* (264)	108 Hs 𬭶* (265)	109 Mt 鿏* (268)	110 Ds 𫟼* (269)	111 Uuu * (272)	112 Uub * (277)								

镧系	57 La 镧 138.9055(2)	58 Ce 铈 140.116(1)	59 Pr 镨 140.90765(2)	60 Nd 钕 144.24(3)	61 Pm 钷* (147)	62 Sm 钐 150.36(3)	63 Eu 铕 151.964(1)	64 Gd 钆 157.25(3)	65 Tb 铽 158.92534(2)	66 Dy 镝 162.50(3)	67 Ho 钬 164.93032(2)	68 Er 铒 167.259(3)	69 Tm 铥 168.93421(2)	70 Yb 镱 173.04(3)	71 Lu 镥 174.967(1)
锕系	89 Ac 锕 (227)	90 Th 钍 232.0381(1)	91 Pa 镤 231.03588(2)	92 U 铀 238.02891(3)	93 Np 镎 (237)	94 Pu 钚 (239.244)	95 Am 镅* (243)	96 Cm 锔* (247)	97 Bk 锫* (247)	98 Cf 锎* (251)	99 Es 锿* (252)	100 Fm 镄* (257)	101 Md 钔* (258)	102 No 锘* (259)	103 Lr 铹* (260)

注：1. 原子量录自 1999 年国际原子量表，以 $^{12}C=12$ 为基准。原子量的末位数的准确度加注在其后括号内。

2. 括号内数据是天然放射性元素较重要的同位素的质量数或人造元素半衰期最长的同位素的质量数。

数值表

物理常量表

名　称	符号	计算用值	2006 最佳值[①]
真空中的光速	c	3.00×10^{8} m/s	2.997 924 58(精确)
普朗克常量	h	6.63×10^{-34} J·s	6.626 068 96(33)
	$\hbar$	$=h/2\pi$	
		$=1.05\times10^{-34}$ J·s	1.054 571 628(53)
玻耳兹曼常量	k	1.38×10^{-23} J/K	1.380 6504(24)
真空磁导率	μ_0	$4\pi\times10^{-7}$ N/A^2	(精确)
		$=1.26\times10^{-6}$ N/A^2	1.256 637 061…
真空介电常量	ε_0	$=1/\mu_0 c^2$	(精确)
		$=8.85\times10^{-12}$ F/m	8.854 187 817
引力常量	G	6.67×10^{-11} N·m^2/kg^2	6.674 28(67)
阿伏伽德罗常量	N_A	6.02×10^{23} mol^{-1}	6.022 141 79(30)
元电荷	e	1.60×10^{-19} C	1.602 176 487(40)
电子静质量	m_e	9.11×10^{-31} kg	9.109 382 15(45)
		5.49×10^{-4} u	5.485 799 0943(23)
		0.5110 MeV/c^2	0.510 998 910(13)
质子静质量	m_p	1.67×10^{-27} kg	1.672 621 637(83)
		1.0073 u	1.007 276 466 77(10)
		938.3 MeV/c^2	938.272 013(23)
中子静质量	m_n	1.67×10^{-27} kg	1.674 927 211(84)
		1.0087 u	1.008 664 915 97(43)
		939.6 MeV/c^2	939.565 346(23)
α粒子静质量	m_α	4.0026 u	4.001 506 179 127(62)
玻尔磁子	μ_B	9.27×10^{-24} J/T	9.274 009 15(23)
电子磁矩	μ_e	-9.28×10^{-24} J/T	−9.284 763 77(23)
核磁子	μ_N	5.05×10^{-27} J/T	5.050 783 24(13)
质子磁矩	μ_p	1.41×10^{-26} J/T	1.410 606 662(37)
中子磁矩	μ_n	-0.966×10^{-26} J/T	−0.966 236 41(23)
里德伯常量	R	1.10×10^{7} m^{-1}	1.097 373 156 8527(73)
玻尔半径	a_0	5.29×10^{-11} m	5.291 772 0859(36)
经典电子半径	r_e	2.82×10^{-15} m	2.817 940 2894(58)
电子康普顿波长	$\lambda_{C,e}$	2.43×10^{-12} m	2.426 310 2175(33)
斯特藩-玻耳兹曼常量	σ	5.67×10^{-8} W·m^{-2}·K^{-4}	5.670 400(40)

① 所列最佳值摘自《2006 CODATA INTERNATIONALLY RECOMMEDED VALUES OF THE FUNDAMENTAL PHYSICAL CONSTANTS》(www. physics. nist. gov)。

一些天体数据

名　称	计算用值
我们的银河系	
质量	10^{42} kg
半径	10^5 l. y.
恒星数	1.6×10^{11}
太阳	
质量	1.99×10^{30} kg
半径	6.96×10^8 m
平均密度	1.41×10^3 kg/m^3
表面重力加速度	274 m/s^2
自转周期	25 d(赤道),37 d(靠近极地)
对银河系中心的公转周期	2.5×10^8 a
总辐射功率	4×10^{26} W
地球	
质量	5.98×10^{24} kg
赤道半径	6.378×10^6 m
极半径	6.357×10^6 m
平均密度	5.52×10^3 kg/m^3
表面重力加速度	9.81 m/s^2
自转周期	1 恒星日$=8.616\times10^4$ s
对自转轴的转动惯量	8.05×10^{37} kg·m^2
到太阳的平均距离	1.50×10^{11} m
公转周期	1 a$=3.16\times10^7$ s
公转速率	29.8 m/s
月球	
质量	7.35×10^{22} kg
半径	1.74×10^6 m
平均密度	3.34×10^3 kg/m^3
表面重力加速度	1.62 m/s^2
自转周期	27.3 d
到地球的平均距离	3.82×10^8 m
绕地球运行周期	1 恒星月$=27.3$ d

几个换算关系

名　称	符号	计算用值	1998 最佳值
1[标准]大气压	atm	1 atm$=1.013\times10^5$ Pa	$1.013\,250\times10^5$
1 埃	Å	1 Å$=1\times10^{-10}$ m	(精确)
1 光年	l. y.	1 l. y. $=9.46\times10^{15}$ m	
1 电子伏	eV	1 eV$=1.602\times10^{-19}$ J	1.602 176 462(63)
1 特[斯拉]	T	1 T$=1\times10^4$ G	(精确)
1 原子质量单位	u	1 u$=1.66\times10^{-27}$ kg	1.660 538 73(13)
		$=931.5$ MeV/c^2	931.494 013(37)
1 居里	Ci	1 Ci$=3.70\times10^{10}$ Bq	(精确)

习题答案

第 10 章

10.1 $5q/2\pi\varepsilon_0 a^2$， 指向$-4q$

10.2 $\sqrt{3}q/3$

10.3 51.2 N

10.5 $\lambda^2/4\pi\varepsilon_0 a$，垂直于带电直线，相互吸引

10.6 $\lambda L/4\pi\varepsilon_0(r^2-L^2/4)$，沿带电直线指向远方

10.7 $\lambda/2\pi\varepsilon_0 R$

10.8 0.72 V/m，指向缝隙

10.10 (1) $q/6\varepsilon_0$； (2) 0，$q/24\varepsilon_0$

10.11 6.64×10^5 个/cm^2

10.12 缺少，1.38×10^7 个/m^3

10.13 $E=0\ (r<a)$； $E=\sigma a/\varepsilon_0 r\ (r>a)$

10.14 $E=0\ (r<R_1)$； $E=\dfrac{\lambda}{2\pi\varepsilon_0 r}\ (R_1<r<R_2)$； $E=0\ (r>R_2)$

10.15 $\dfrac{e}{8\pi\varepsilon_0 b^2 r^2}[(-r^2-2br-2b^2)\mathrm{e}^{-r/b}+2b^2]$； 1.2×10^{21} N/C

10.16 $\dfrac{\rho}{3\varepsilon_0}\boldsymbol{a}$，$\boldsymbol{a}$ 为从带电球体中心到空腔中心的矢量线段

10.17 $F_{q_b}=F_{q_c}=0, F_{q_d}=\dfrac{q_b+q_c}{4\pi\varepsilon_0 r^2}q_d$（近似）

10.18 1.2×10^7 m/s， 2.2×10^{-13} J， 1.1×10^{-34} J·s， 6.5×10^{20} Hz

10.19 3.1×10^{-16} m， 5.0×10^{-35} C·m

10.20 0.48 mm

第 11 章

11.1 (1) 900 V； (2) 450 V

11.2 $\dfrac{U_{12}}{r^2}\dfrac{R_1R_2}{R_2-R_1}$

11.3 (1) 2.5×10^3 V； (2) 4.3×10^3 V

11.4 $\dfrac{\lambda}{2\pi\varepsilon_0}\ln\dfrac{R_2}{R_1}$

11.5 (1) 2.14×10^7 V/m； (2) 1.36×10^4 V/m

11.6 (1) 36 V； (2) 57 V

11.7 1.6×10^7 V； 2.4×10^7 V

11.8 (1) 3×10^{10} J； (2) 416 天

11.9 (1) 2.5×10^4 eV； (2) 9.4×10^7 m/s

11.10 $-\sqrt{3}q/2\pi\varepsilon_0 a$； $-\sqrt{3}qQ/2\pi\varepsilon_0 a$

11.11 (1) $q_{B,\text{in}}=-3\times10^{-8}$ C，$q_{B,\text{out}}=5\times10^{-8}$ C

$\varphi_A=5.6\times10^3$ V，$\varphi_B=4.5\times10^{-3}$ V；

(2) $q_A=2.1\times10^{-8}$ C；$q_{B,\text{int}}=-2.1\times10^{-8}$ C，$q_{B,\text{ext}}=-9\times10^{-9}$ C；

$\varphi_A=0$，$\varphi_B=-8.1\times10^2$ V

11.12 上板 上表面：6.5×10^{-6} C/m^2，下表面：-4.9×10^{-6} C/m^2；

中板 上表面：4.9×10^{-6} C/m^2，下表面：8.1×10^{-6} C/m^2；

下板 上表面：-8.1×10^{-6} C/m^2，下表面：6.5×10^{-6} C/m^2

11.13 $q/4\pi\varepsilon_0 r$

*11.14 -4.0×10^{-17} J

*11.15 $e^2/4\pi\varepsilon_0 m_e c^2$； 2.81×10^{-15} m

11.16 (1) 4.4×10^{-8} J/m^3； (2) 6.3×10^4 kW·h

*11.17 (3) -13.6 eV

第 12 章

12.1 7.1×10^{-4}F

12.2 0.152 mm

12.3 5.3×10^{-10} F/m^2

12.4 (1) 25 μF；

(2) $U_1=U_2=U_3=50$ V，$Q_1=2.5\times10^{-3}$ C，$Q_2=1.5\times10^{-3}$ C，$Q_3=1.0\times10^{-3}$ C

12.5 (1) 5000 V，5×10^{-3} C； (2) 20×10^{-3} C，200 V

12.6 $U_1'=U_2'=40$ V；$Q_1'=8\times10^4$ C，$Q_2'=16\times10^{-4}$ C

12.7 (1) 9.8×10^6 V/m； (2) 51 mV

12.8 7.4 m^2

12.10 $(\varepsilon_{r_1}+\varepsilon_{r_2})\varepsilon_0 S/2d$

12.11 1.7×10^{-6} C/m，1.7×10^{-7} C/m，1.7×10^{-8} C/m

12.13 $1+(\varepsilon_r-1)\dfrac{h}{a}$，甲醇

*12.14 (1) $-\dfrac{Q^2 b}{2\varepsilon_0 S}$； (2) $-\dfrac{Q^2 b}{2\varepsilon_0 S}$，吸入； (3) $\dfrac{\varepsilon_0 U^2 Sb}{2d(d-b)}$，$-\dfrac{\varepsilon_0 U^2 Sb}{2d(d-b)}$

第 13 章

13.1 4×10^{10}个

13.2 4×10^{-3} m/s； 1.1×10^5 m/s

13.3 (1) $3.0\times10^{13}\ \Omega\cdot m$； (2) 196 Ω

13.4 (a) $\frac{\mu_0 I}{4\pi a}$,垂直纸面向外；(b) $\frac{\mu_0 I}{3\pi r}+\frac{\mu_0 I}{4r}$垂直纸面向里；(c) $\frac{q\mu_0 I}{2\pi a}$,垂直纸面向里

13.5 (1) 1.4×10^{-5} T； (2) 0.24

13.6 0

13.7 (1) 10^{-5} T； (2) 2.2×10^{-6} Wb

13.9 11.6 T

13.10 环外 $B=0$,环内 $B=\frac{\mu_0 NI}{2\pi r}$；$\Phi=\frac{\mu_0 NIh}{2\pi}\ln\frac{R_2}{R_1}$

13.11 板间：$B=\mu_0 j$,平行于板且垂直于电流；板外：$B=0$

13.12 $\mu_0 \boldsymbol{j}\times\boldsymbol{d}/2$,$\boldsymbol{d}$ 的方向由 0 指向 0!

13.13 2.8×10^{-7} T

第 14 章

14.1 (1) 1.1×10^{-3} T,垂直纸面向里； (2) 1.6×10^{-8} S

14.2 3.6×10^{-6} S,1.6×10^{-4} m,1.5×10^{-3} m

14.3 2 mm,无影响

14.4 0.244 T

14.5 1.1 km, 23 m

14.6 (1) 11 MHz； (2) 7.6 MeV

14.7 (1) -2.23×10^{-5} V； (2) 无影响

14.8 (1) 负电荷； (2) 2.86×10^{20} 个/m^3

14.9 1.34×10^{-2} T

14.10 (2) 338 A/cm^2

14.11 0.63 m/s

14.12 (1) 36 A·m^2； (2) 144 N·m

14.13 $\frac{\mu_0 II_1 lb}{2\pi a(a+b)}$,指向电流 I； 0

14.14 (1) 1.8×10^5； (2) 4.1×10^6 A； (3) 2.9 MkW

14.15 $\mu_0 j^2/2$,沿径向向筒内

14.16 3.6×10^{-3} N/m； 3.2×10^{20} N/m

*14.17 2.3×10^{-8} N,排斥力;2.3×10^{-12} N,吸引

第 15 章

*15.1 (1) 1.6×10^{24}(个)； (2) 15 A·m^2； (3) 1.9×10^5 A； (4) 2.0 T

*15.2 (1) 0.27 A·m^2； (2) 1.4×10^{-5} N·m； (3) 1.4×10^{-5} J

15.3 (1) 2.5×10^{-5} T,20A/m； (2) 0.11 T, 20 A/m；
(3) 2.5×10^{-5} T, 0.11 T

15.4 (1) 2×10^{-2} T； (2) 32 A/m； (3) 1.6×10^4 A/m；

(4) 6.3×10^{-4} H/m, 5.0×10^{2}

15.5 (1) 2.1×10^{3} A/m； (2) 4.7×10^{-4} H/m, 3.8×10^{2}； (3) 8.0×10^{5} A/m

15.6 2.6×10^{4} A

15.7 0.21 A

15.8 4.9×10^{4} 安匝

15.9 133 安匝, 1.46×10^{3} 匝

第 16 章

16.1 1.1×10^{-5} V, a 端电势高

16.2 1.7 V,使线圈绕垂直于 **B** 的直径旋转,当线圈平面法线与 **B** 垂直时,$\mathscr{E}$ 最大

16.3 2×10^{-3} V

16.4 $-4.4\times10^{-2}\cos(100\pi t)$ (V)

16.5 $\frac{L}{2}\sqrt{R^2-\left(\frac{L}{2}\right)^2}\frac{\mathrm{d}B}{\mathrm{d}t}$, b 端电势高

16.6 2.2×10^{-5} T

16.7 0.50 m/s

16.8 40 s^{-1}

16.9 $B=qR/NS$

16.10 $(Bar)^2wb/\rho$

16.12 $\mu_0 N_1 N_2 \pi R^2/l$

16.13 (1) 6.3×10^{-6} H； (2) -3.1×10^{-6} Wb/s； (3) 3.1×10^{-4} V

16.14 (1) 7.6×10^{-3} H； (2) 2.3 V

16.15 0.8 mH, 400 匝

16.16 (1) $\frac{\mu_0 N^2 h}{2\pi}\ln\frac{R_2}{R_1}$； (2) $\frac{\mu_0 Nh}{2\pi}\ln\frac{R_2}{R_1}$,相等

16.18 4.4×10^{4} kg/m^3

16.19 1.6×10^{6} J/m^3, 4.4 J/m^3,磁场

16.20 9.0 m^3, 29 H

16.21 7.2×10^{2} V/m, 2.4×10^{-6} T

16.22 1.1×10^{14} W/m^2; 2.8×10^{8} V/m, 0.93 T

16.23 (1) 168 m； (2) 0.043 W/m^2

*16.24 (1) 1×10^{10} Hz； (2) 1×10^{-7} T； (3) 2×10^{-9} N

*16.25 2.8×10^{-6} N

*16.26 7.7 MPa

*16.27 6.3×10^{-4} mm,作匀速直线运动

第 17 章

17.1 (1) $8\pi s^{-1}$, 0.25 s, 0.05 m, $\pi/3$, 1.26 m/s, 31.6 m/s^2；

(2) $25\pi/3$, $49\pi/3$, $241\pi/3$

17.2 (1) π；(2) $-\pi/2$；(3) $\pi/3$

17.3 (1) 0, $\pi/3$, $\pi/2$, $2\pi/3$, $4\pi/3$；(2) $x=0.05\cos\left(\frac{5}{6}\pi t-\frac{\pi}{3}\right)$

17.4 (1) 4.2 s；(2) 4.5×10^{-2} m/s^2；(3) $x=0.02\cos\left(1.5t-\frac{\pi}{2}\right)$

17.5 (1) $x=0.02\cos(4\pi t+\pi/3)$；(2) $x=0.02\cos(4\pi t-2\pi/3)$

17.6 (1) $x_2=A\cos(\omega t+\varphi-\pi/2)$, $\Delta\varphi=-\pi/2$

17.7 (1) 0.25 m；(2) ±0.18 m；(3) 0.2 J

17.8 $m\frac{d^2x}{dt^2}=-kx$, $T=2\pi\sqrt{\frac{m}{k}}$； 总能量是$\frac{1}{2}kA^2$

17.10 31.8 Hz

*17.11 (1) GM_Emr/R_E^3, r 为球到地心的距离；(2),(3) $2\pi R_E\sqrt{R_E/GM_E}$

*17.12 (1) 0.031 m；(2) 2.2 Hz

17.13 0.90 s

17.14 0.77 s

*17.15 $\frac{1}{2\pi}\sqrt{\frac{Qq}{4\pi\varepsilon_0 mR^3}}$

17.17 $2\pi\sqrt{2R/g}$

17.18 311 s, 2.2×10^{-3} s^{-1}, 712

17.19 $x=0.06\cos(2t+0.08)$

*17.20 长半轴 0.06 m,短半轴 0.04 m,0.1 s;右旋

第 18 章

18.1 6.9×10^{-4} Hz, 10.8 h

18.2 $y=0.5\sin(4.0t-5x+2.64)$

18.3 (1) 0.50 m, 200 Hz, 100 m/s,沿 x 轴正向；(2) 25 m/s

18.4 3 km, 1.0 m

18.5 (1) $y=0.04\cos\left(0.4\pi t-5\pi x+\frac{\pi}{2}\right)$

18.6 (1) $x=n-8.4$, $n=0,\pm1,\pm2,\cdots$, -0.4 m, 4 s

18.7 (1) 0.12 m；(2) π

18.8 (1) 6.25 m/s；*(2) 0.94 m/s

18.9 1.42

18.10 2.03×10^{11} N/m^2

18.11 7.3×10^3 km

18.12 (1) 8×10^{-4} W/m^2；(2) 1.2×10^{-6} W

18.13 10^{18} J, 217 个

18.14 0.316 W/m^2；126 W/m^2

18.15 x 轴正向沿 AB 方向,原点取在 A 点,静止的各点的位置为 $x=15-2n$,

$n=0, \pm 1, \pm 2, \cdots, \pm 7$

18.16 (1) 0.01 m, 37.5 m/s; (2) 0.157 m; (3) −8.08 m/s

18.17 1.44 MHz

18.18 415 Hz

18.19 0.30 Hz, 3.3 s; 0.10 Hz, 10 s

18.20 9.4 m/s

18.21 1.66×10^3 Hz

18.22 超了

18.23 (1) 25.8°; (2) 13.6 s

18.24 1.46 m/s

18.25 (1) $y=2A\cos(0.5x-0.5t)\sin(4.5x-9.5t)$; (2) 1 m/s

第 19 章

19.1 545 nm,绿色

19.2 4.5×10^{-5} m

19.3 0.60 μm

19.4 −39°, −7.2°, 22°, 61°

19.5 (1) 9.0 μm; (2) 14 条

19.7 5.7°

19.8 447.5 nm

19.9 6.6 μm

19.10 1.28 μm

19.11 反射加强 $\lambda=480$ nm;透射加强 $\lambda_1=600$ nm,$\lambda_2=400$ nm

19.12 70 nm

19.13 $(99.6+199.3k)$ nm, $k=0,1,2,\cdots$, 最薄 99.6 nm

19.14 暗环半径 $r=\sqrt{kR\lambda}$, $k=0,1,2,\cdots$

明环半径 $r=\sqrt{(2k-1)R\lambda/2}$, $k=1,2,3\cdots$

590 nm

19.15 589 nm

第 20 章

20.1 5.46 mm

20.2 7.26 μm

20.3 429 nm

20.4 47°

20.5 (1) 1.9×10^{-4} rad; (2) 4.4×10^{-3} mm; (3) 2.3 个

20.6 1.6×10^{-4} rad, 7.1 km

20.7 8.9 km

20.8 (1) 3×10^{-7} rad； (2) 2 m

20.9 8.1×10^{-4} rad(或 2.8′)

20.10 1.0 cm

20.11 (1) 2.4 mm； (2) 2.4 cm； (3) 9

20.12 arcsin($\pm0.1768k$)， $k=0,1,\cdots,5$

20.13 570 nm, 43.2°

20.14 2.0×10^{-6} m, 6.7×10^{-7} m

20.15 极大,3.85′, 12.4°

20.16 有，0.130 nm，0.097 nm

*20.17 0.165 nm

第 21 章

21.1 $2.25I_1$

21.2 (1) 54°44′； (2) 35°16′

21.3 1/2

21.4 48°26′, 41°34′, 互余

21.5 35°16′

21.6 1.60

21.7 36°56′

第 22 章

22.1 292 W/m^2

22.2 5.3×10^3 K

22.3 (2) 279 K, 45 K

22.4 2.6×10^7 m

22.5 2.36×10^9 W

22.6 (1) 2.0 eV； (2) 2.0 V； (3) 296 nm

22.7 2.5×10^3 m^{-3}

22.8 0.10 MeV

22.9 62 eV

22.10 3.32×10^{-24} kg·m/s, 3.32×10^{-24} kg·m/s
5.12×10^5 eV， 6.19×10^3 eV

22.11 6.1×10^{-12} m

22.13 1.2 nm,不

22.14 5.2×10^{-15} m,能

22.15 5.7×10^{-17} m, 能

22.16 5.4×10^{-37} J, 5.5×10^{-37} J,1×10^{-38} J

22.17 (1) 1.0×10^{-40} J； (2) 7.8×10^9, 1.6×10^{-30} J

第 23 章

23.1　91.4 nm，122 nm

23.2　95.2 nm，4.17 m/s

*23.5　$me^4/2\pi(4\pi\varepsilon_0)^2\hbar^3c$，　$1.11\times10^7\ m^{-1}$

*23.6　5.3×10^{-11} m，1.25×10^{15} Hz

23.7　(1) $R_n=(\hbar^2/GMm^2)n^2$；　(2) 2.54×10^{74}；　(3) 1.18×10^{-63} m

23.8　(1) 1.1×10^{10} Hz，　0.54 pm；　(2) 0.39 T

23.10　$B(1s^22s^22p^1)$，　$Ar(1s^22s^22p^63s^23p^6)$

$Cu(1s^22s^22p^63s^23p^63d^{10}4s^1)$，$Br(1s^22s^22p^63s^23p^63d^{10}4s^24p^5)$

*23.11　6.6×10^{-34} J·s

23.12　(1) 0.117 eV；　(2) 1.07%；　*(3) -1.37×10^5 K

23.13　6

23.14　(1) 0.36 mm；　(2) 12.5 GW；　(3) 5.2×10^{17}

23.15　$2.0\times10^{16}\ s^{-1}$

23.16　(1) $7.07\times10^5\ W/m^2$；　(2) 7.33 μm；　(3) $2.49\times10^{10}\ W/m^2$

第 24 章

24.1　5.50 eV，1.39×10^6 m/s，6.38×10^4 K，0.524 nm

24.2　$3nE_F/5$，$3E_F/5$

24.3　19 MeV，6.0×10^7 m/s

24.4　(1) 3.8×10^{-14} s；　(2) 4.09 nm；　(3) 53 nm；　(4) 0.26 nm

24.5　(1) 4.9×10^{-93}；　(2) 226 nm

24.6　(1) $1/(5\times10^6)$；　(2) 0.22 μg

24.7　27.6 μm

24.8　513 nm，可见光；　4.14 μm，红外线

24.9　654 nm

24.10　不透明

第 25 章

25.1　3.8×10^{-14} m，4.32×10^{-15} m；N 核不可，否

25.2　118.0 MeV，127.2 MeV，111.5 MeV

25.3　$53(Z/A)^{2/3}$ MeV，$32(Z/A)^{2/3}$ MeV；　^{56}Fe 核：32 MeV，19 MeV；

^{238}U 核：28 MeV，17 MeV

*25.4　169 MeV

25.5　8.1 kBq

25.6　48%

25.7　6.29 L

25.8　1.5×10^4 a

25.9　2.45×10^{9} a

25.10　0.0862 MeV，4.8707 MeV

25.11　−4.06 MeV(吸)，−2.72 MeV(吸)，7.55 MeV(放)

25.12　6.7 MeV

25.13　7.2×10^{10} a

25.14　(2) 1.944 MeV，1.198 MeV，7.551 MeV，7.297 MeV，1.732 MeV，4.966 MeV；(3) 24.69 MeV

索引 INDEX

A

B

C

D

E

F

—G—

—H—

J

K

L

M

N

O

P

Q

R

S

T

W

X

Y

Z

参考文献

[1] 张三慧.大学物理学[M].3版.北京：清华大学出版社，2010.